건축기사/건축산업기사 단기합격반

기초부터 탄탄히 다지고 싶은 수험생
0원 환급반
- 수강과목: 필기+실기+기출문제
- 수강기간: 180일+**무료연장 90일**
- 최종합격시 수강료 100%환급(환급절차 ✍ 확인)

기초부터 탄탄히 다지고 싶은 수험생
연간 프리패스
- 수강과목: 필기+실기+기출문제
- 수강기간: 1년+**무료연장 1년**
- 불합격 걱정없이 넉넉하게 공부하세요

기초부터 탄탄히 다지고 싶은 수험생
종합반
- 수강과목: 필기+실기+기출문제
- 수강기간: 180일+**무료연장 90일**
- 필기+실기 한번에 해결!

필기시험에 도전하는 수험생
필기반
- 수강과목: 필기+기출문제
- 수강기간: 90일+**무료연장 45일**
- 시험에 나오는 핵심부분만 정리

필기시험 합격 후, 실기시험을 준비하는 수험생
실기반
- 수강과목: 실기+기출문제
- 수강기간: 90일+**무료연장 45일**
- 필답형 핵심노하우 전수

※ 상품명 및 수강기간은 변동 가능합니다.

단기합격 비법은 초압축 커리큘럼에서 시작된다.
따라만 하면 단기합격 커리큘럼

STEP 1 필기/실기 — 오리엔테이션
합격비법소개

STEP 2 필기 — 핵심이론+단원별 핵심문제
시험에 반드시 출제되는 핵심개념 압축 정리+문제

STEP 3 필기 — 기출문제
출제 경향 파악 최신 기출문제 반복 학습

STEP 4 필기 — 알짜 마무리특강
필기요약 최종마무리 정리

STEP 1 실기 — 필답형 핵심이론+단원별 핵심문제
시험에 반드시 출제되는 필답형 핵심이론+문제

STEP 2 실기 — 필답형 기출문제
출제 경향 파악 최신 기출문제 반복 학습

 건축기사/건축산업기사 **최종합격**

에듀마켓 | 온라인 동영상강의 전문사이트 | 02-3141-9491 | ▶ YouTube에서 **에듀마켓**을 검색해보세요

건축(산업)기사
필기 이론서

**Stand by
Strategy
Satisfaction**

새로운 출제경향에 맞춘 수험서의 완벽서

머리말
INTRO

   본 이론서에서는 건축기사 자격증을 취득하기 위해 치러야 하는 필기시험 5과목의 기본 이론과 문제를 해결하기 위해 필요한 핵심 내용을 다루고 있다. 이러한 이론 내용은 지난 7개년 동안의 기출문제를 분석하여 작성되었다. 건축기사 및 건축산업기사의 필기시험 준비는 관련 이론을 여러 번의 반복 회독을 거쳐 충분히 학습한 후 과년도의 기출문제를 풀어 학습한 이론이 문제에 어떻게 적용되는지를 연마하는 것이 반드시 필요하다. 또한 건축기사 시험의 특성상 일정한 비율의 기출문제를 동일하게 출제하는 경향이 있어 기출문제의 중요성은 좀 더 높아지고 있는 추세이다. 또한 건축산업기사 시험의 필기 과목도 건축기사의 필기 과목과 동일한 과목으로 출제범위는 약간 다르지만 출제위원이 같으므로 요즈음의 추세는 건축기사와 건축산업기사의 구분이 점점 없어져 가고 있는 실정이다.

   ※ **건축기사/건축산업기사 필기시험 과목**
      건축계획, 건축시공, 건축구조, 건축설비, 건축법규

   이 교재의 특징은 다음과 같다.

- **첫째**, 수험생들이 효율적으로 학습하는 것을 최우선으로 하여 각 과목별로 최소한의 노력으로 최대한의 효과를 얻을 수 있도록 하였다.
- **둘째**, 각 문제에 대한 정답 해설을 꼭 필요한 부분만 설명하여 수험생들의 학습량을 최소화하는데 중점을 두었다.
- **셋째**, 이론 강의에서의 단어-단어 암기법을 기초로 방대한 분량의 내용을 암기하기 쉽도록 기술하여 동영상 강의와 병행하면 누구나 쉽게 이해하고 학습할 수 있도록 하였다.
- **넷째**, 최근 개정된 법령에 맞춰 과년도 문제를 출제 당시의 법령에 따른 풀이와 현재의 법령으로 풀이한 경우를 병행하여 기술하였다.

   수험생들을 생각해 최대한 효율적으로 공부할 수 있도록 고민하고 노력해서 완성된 교재이지만 혹시라도 미흡한 부분은 추후 보완할 것을 약속드리며, 마지막으로 본 교재를 발간하는 데 많은 도움을 주신 (주)서울고시각 관계자분들께 감사를 드립니다.

저자 안남식

자격시험 정보
GUIDE

※ 본 시험 정보는 '2025년 Q-Net 건축기사/건축산업기사 시험 정보'를 토대로 구성하였습니다. 시험 일정 등 변경사항이 있을 수 있으니 자세한 내용은 Q-Net 홈페이지 또는 공고를 참고하시기 바랍니다.

[1] 자격명
건축기사(Architectural Engineer)/건축산업기사(Architectural Industrial Engineer)

[2] 관련부처
국토교통부

[3] 시행기관
한국산업인력공단

[4] 자격시험 일정 및 수수료(건축기사/건축산업기사)
① 시험 일정

구분	필기원서접수(인터넷) (휴일 제외)	필기시험	필기합격 (예정자) 발표
정기 기사 1회	1월 중순	2월 초~3월 초	3월 중순
정기 기사 2회	4월 중순	5월 초~5월 말	6월 중순
정기 기사 3회	7월 중순	8월 초~8월 말	9월 중순

※ 원서접수시간은 원서접수 첫날 10:00부터 마지막 날 18:00까지임
※ 시험 일정은 종목별, 지역별로 상이할 수 있음

② 수수료 : [건축기사] 필기-19,400원 / 실기-22,600원
　　　　　　[건축산업기사] 필기-19,400원 / 실기-20,800원

[5] 취득방법(건축기사/건축산업기사)
① 시행처 : 한국산업인력공단
② 관련학과 : [건축기사] 대학이나 전문대학의 건축, 건축공학, 건축설비, 실내건축 관련학과
　　　　　　　[건축산업기사] 대학이나 전문대학의 건축 관련학과
③ 시험과목
- 필기 : 1. 건축계획, 2. 건축시공, 3. 건축구조, 4. 건축설비, 5. 건축관계법규
- 실기 : 건축시공 실무
④ 검정방법
- 필기 : 객관식 4지 택일형 과목당 20문항(과목당 30분)
- 실기 : [건축기사] 필답형(3시간)
　　　　 [건축산업기사] 필답형(2시간 30분)

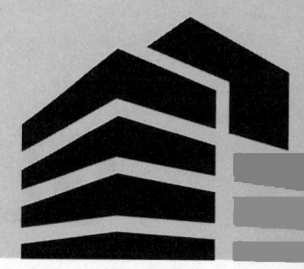

⑤ 합격기준
- 필기 : 100점을 만점으로 하여 과목당 40점 이상, 전과목 평균 60점 이상
- 실기 : 100점을 만점으로 하여 60점 이상

[6] 최근 6개년 종목별 검정현황

① 건축기사

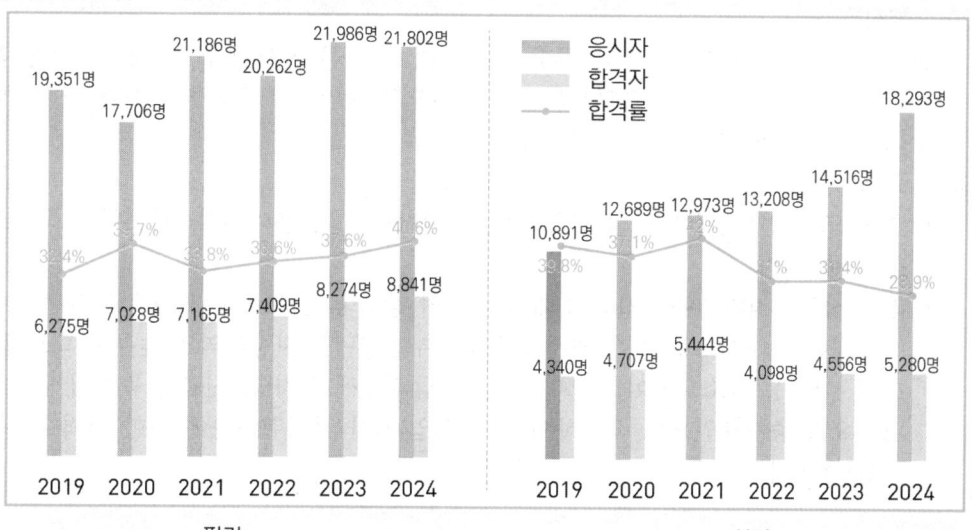

② 건축산업기사

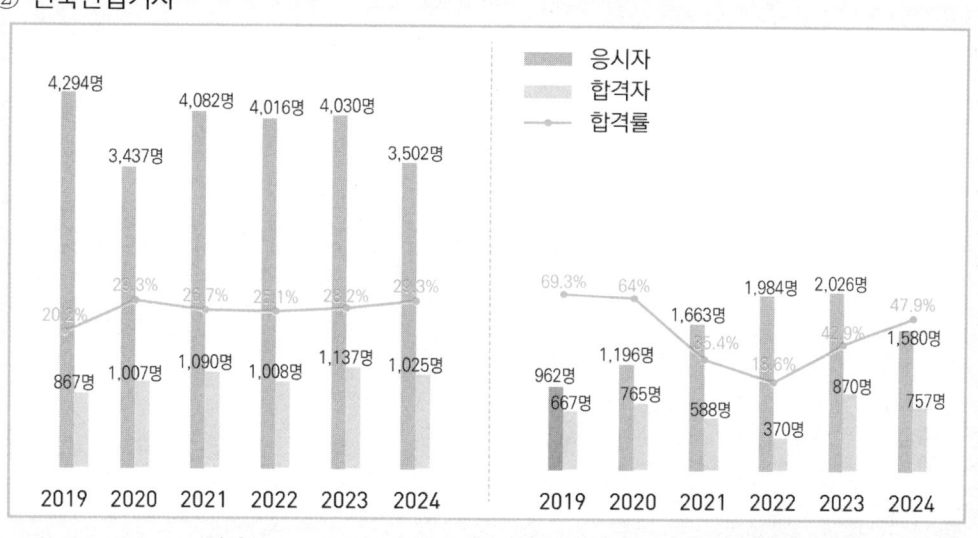

자격시험 정보
GUIDE

[7] 기본정보

① 개요
건축물의 계획 및 설계에서 시공에 이르기까지 전 과정에 관한 공학적 지식과 기술을 갖춘 기술인력으로 하여금 건축업무를 수행하게 함으로써 안전한 건축물 창조를 위하여 자격제도 제정

② 수행직무
건축시공에 관한 공학적 기술이론을 활용하여, 건축물 공사의 공정, 품질, 안전, 환경, 공무관리 등을 통해 건축 프로젝트를 전체적으로 관리하고 공종별 공사를 진행하며 시공에 필요한 기술적 지원을 하는 등의 업무 수행

③ 진로 및 전망
- 종합 또는 전문건설회사의 건설현장, 건축사사무소, 용역회사, 시공회사 등으로 진출할 수 있다.
- 신규 착공부지의 부족, 기업에 대한 정부의 강도 높은 부동산 제재로 투자위축 우려, 전세대란의 대책으로 인한 재건축사업의 부진 우려, 지방지역의 높은 주택보급률에 대한 부담 등 감소요인이 있으나, 최근 저금리추세가 지속, 신규 공동주택에 대한 매매수요가 증가요인으로 작용하여 건축(산업)기사 자격취득자에 대한 인력수요는 증가할 것이다.

[8] 건축기사 출제기준(적용기간 : 2025.1.1. ~ 2029.12.31.)

필기 과목명	출제 문제수	주요항목	세부항목	세세항목
건축 계획	20	1. 건축계획원론	(1) 건축계획일반	① 건축계획의 정의와 영역 ② 건축계획과정
			(2) 건축사	① 한국건축사 ② 서양건축사
			(3) 건축설계 이해	① 건축도면의 이해 ② 건축도면의 표현
		2. 각종 건축물의 건축 계획	(1) 주거건축계획	① 단독주택 ② 공동주택 ③ 단지계획
			(2) 상업건축계획	① 사무소　　② 상점
			(3) 공공문화건축계획	① 극장　　　　② 미술관 ③ 도서관
			(4) 기타 건축물계획	① 병원 ② 공장 ③ 학교 ④ 숙박시설 ⑤ 장애인·노인·임산부 등의 편의시설 계획 ⑥ 기타건축물
건축 시공	20	1. 건설경영	(1) 건설업과 건설경영	① 건설업과 건설경영 ② 건설생산조직 ③ 건설사업관리
			(2) 건설계약 및 공사관리	① 건설계약 ② 건축공사 시공방식 ③ 시공계획 ④ 공사진행관리 ⑤ 크레임관리
			(3) 건축적산	① 적산일반 ② 가설공사 ③ 토공사 및 기초공사 ④ 철근콘크리트공사 ⑤ 철골공사 ⑥ 조적공사 ⑦ 목공사 ⑧ 창호공사 ⑨ 수장 및 마무리공사
			(4) 안전관리	① 건설공사의 안전 ② 건설재해 및 대책

자격시험 정보
GUIDE

필기 과목명	출제 문제수	주요항목	세부항목	세세항목
			(5) 공정관리 및 기타	① 공정관리 ② 원가관리 ③ 품질관리 ④ 환경관리
		2. 건축시공기술 및 건축재료	(1) 착공 및 기초공사	① 착공계획수립 ② 지반조사 ③ 가설공사 ④ 토공사 및 기초공사
			(2) 구조체공사 및 마감공사	① 철근콘크리트공사 ② 철골공사 ③ 조적공사 ④ 목공사 ⑤ 방수공사 ⑥ 지붕공사 ⑦ 창호 및 유리공사 ⑧ 미장, 타일공사 ⑨ 도장공사 ⑩ 단열공사 ⑪ 해체공사
			(3) 건축재료	① 철근 및 철강재 ② 목재 ③ 석재 ④ 시멘트 및 콘크리트 ⑤ 점토질재료 ⑥ 금속재 ⑦ 합성수지 ⑧ 도장재료 ⑨ 창호 및 유리 ⑩ 방수재료 및 미장재료 ⑪ 접착제
건축 구조	20	1. 건축구조의 일반사항	(1) 건축구조의 개념	① 건축구조의 개념 ② 건축구조의 분류
			(2) 건축물 기초설계	① 토질 ② 기초
			(3) 내진·내풍설계	① 내진·내풍설계의 개념 ② 내진·내풍설계의 원리
			(4) 사용성 설계	① 처짐·진동에 관한 구조제한 ② 소음에 관한 구조제한
		2. 구조역학	(1) 구조역학의 일반사항	① 힘과 모멘트 ② 구조물의 특성 ③ 구조물의 판별
			(2) 정정구조물의 해석	① 보의 해석 ② 라멘의 해석 ③ 트러스의 해석 ④ 아치의 해석

필기 과목명	출제 문제수	주요항목	세부항목	세세항목
			(3) 탄성체의 성질	① 응력도와 변형도 ② 단면의 성질
			(4) 부재의 설계	① 단면의 응력도 ② 부재단면의 설계
			(5) 구조물의 변형	① 구조물의 변형
			(6) 부정정구조물의 해석	① 부정정구조물의 개요 ② 변위일치법 ③ 처짐각법 ④ 모멘트분배법
		3. 철근콘크리트구조	(1) 철근콘크리트구조의 일반사항	① 철근콘크리트구조의 개요 ② 철근콘크리트구조 설계방법
			(2) 철근콘크리트구조설계	① 구조계획 ② 각부 구조의 설계 및 계산 ③ 각부 구조설계기준 및 구조제한
			(3) 철근의 이음·정착	① 철근의 부착 ② 정착길이 ③ 갈고리에 의한 정착 ④ 철근의 이음
			(4) 철근콘크리트구조의 사용성	① 철근콘크리트구조의 처짐 ② 철근콘크리트구조의 내구성 ③ 철근콘크리트구조의 균열
		4. 철골구조	(1) 철골구조의 일반사항	① 철골구조의 개요 ② 철골구조의 구조설계방법
			(2) 철골구조설계	① 철골구조계획 ② 각부 구조의 구조설계 및 계산 ③ 각부 구조설계기준 및 구조제한
			(3) 접합부설계	① 접합의 종류 및 특징 ② 각부 접합부의 설계와 계산
			(4) 제작 및 품질	① 공장제작 정밀도 및 검사 ② 현장설치 정밀도 및 검사
건축 설비	20	1. 환경계획원론	(1) 건축과 환경	① 건축과 풍토 ② 건축과 기후 ③ 일조와 일사 ④ 건축과 바람 ⑤ 친환경건축 ⑥ 신재생에너지
			(2) 열환경	① 전열이론 ② 단열 및 보온계획 ③ 습기와 결로 ④ 건물에너지 해석

자격시험 정보
GUIDE

필기 과목명	출제 문제수	주요항목	세부항목	세세항목
			(3) 공기환경	① 공기의 오염인자 및 영향 ② 환기와 통풍 ③ 필요환기량 산정
			(4) 빛환경	① 빛 이론 ② 자연채광 ③ 인공조명
			(5) 음환경	① 음향이론 ② 흡음과 차음 ③ 실내음향 ④ 소음과 진동
		2. 전기설비	(1) 기초적인 사항	① 전류와 전압 ② 직류와 교류 ③ 전자력, 정전기
			(2) 조명설비	① 조명의 기초사항 ② 광원의 종류 ③ 조명방식 및 특징
			(3) 전원 및 배전, 배선설비	① 수변전설비 및 예비전원 ② 전기방식 및 배선설비 ③ 동력 및 콘센트설비
			(4) 피뢰침설비	① 피뢰설비 ② 항공장애등설비
			(5) 통신 및 신호설비	① 전화설비 ② 인터폰설비 ③ TV공동수신설비 ④ 표시설비 ⑤ 정보화설비
			(6) 방재설비	① 방범설비 ② 자동화재탐지설비
		3. 위생설비	(1) 기초적인 사항	① 유체의 물리적 성질 ② 위생설비용 배관 재료 ③ 관의 접합 및 용도 ④ 펌프의 종류 및 용도
			(2) 급수 및 급탕설비	① 급수・급탕량 산정 ② 급수방식 및 특징 ③ 급탕방식 및 특징
			(3) 배수 및 통기설비	① 위생기구의 종류 및 특징 ② 배수의 종류와 배수방식 ③ 통기방식 ④ 배수・통기관의 재료 및 특징 ⑤ 우수배수

필기 과목명	출제 문제수	주요항목	세부항목	세세항목
			(4) 오수정화설비	① 오수의 양과 질 ② 오수정화방식 및 특징
			(5) 소방시설	① 소화의 원리 ② 소화설비 ③ 경보설비 ④ 피난구조설비 ⑤ 소화용수설비 ⑥ 소화활동설비
			(6) 가스설비	① 도시가스 및 액화석유가스 ② 가스공급과 배관방식 ③ 가스설비용기기
		4. 공기조화설비	(1) 기초적인 사항	① 공기의 기본 구성 ② 습공기의 성질 및 습공기 선도 ③ 공기조화(냉·난방) 부하 ④ 공기조화계산식과 공조프로세스
			(2) 환기 및 배연설비	① 오염물질의 종류 및 필요 환기량 ② 환기설비의 종류 및 특징 ③ 배연설비 기준
			(3) 난방설비	① 난방설비의 종류 및 특징 ② 난방설비의 구성요소 및 특징
			(4) 공기조화용 기기	① 중앙 및 개별 공기조화기 ② 덕트와 부속기구 ③ 취출구·흡입구와 기류 분포 ④ 열원기기 ⑤ 전열교환기 ⑥ 펌프와 송풍기 ⑦ 공기조화배관
			(5) 공기조화방식	① 공기조화방식의 분류 ② 각종 공조방식 및 특징 ③ 조닝계획과 에너지절약계획
		5. 승강설비	(1) 엘리베이터설비	① 엘리베이터의 종류 및 특징 ② 엘리베이터의 대수 산정 ③ 엘리베이터의 배치 ④ 엘리베이터 설치시 고려사항
			(2) 에스컬레이터설비	① 에스컬레이터의 구조 및 특징 ② 에스컬레이터의 대수 산정 ③ 에스컬레이터의 배열
			(3) 기타 수송설비	① 덤웨이터 ② 이동보도 ③ 컨베이어

자격시험 정보
GUIDE

필기 과목명	출제 문제수	주요항목	세부항목	세세항목
건축 관계 법규	20	1. 건축법·시행령·시행규칙	(1) 건축법	① 총칙 ② 건축물의 건축 ③ 건축물의 유지와 관리 ④ 건축물의 대지와 도로 ⑤ 건축물의 구조 및 재료 등 ⑥ 지역 및 지구의 건축물 ⑦ 건축설비 ⑧ 특별건축구역 등 ⑨ 보칙
			(2) 건축법 시행령	① 총칙 ② 건축물의 건축 ③ 건축물의 유지와 관리 ④ 건축물의 대지 및 도로 ⑤ 건축물의 구조 및 재료 등 ⑥ 지역 및 지구의 건축물 ⑦ 건축물의 설비 등 ⑧ 특별건축구역 ⑨ 보칙
			(3) 건축법 시행규칙	① 총칙 ② 건축물의 건축 ③ 건축물의 유지와 관리 ④ 건축물의 대지와 도로 ⑤ 건축물의 구조 및 재료 등 ⑥ 지역 및 지구의 건축물 ⑦ 건축설비 ⑧ 특별건축구역 등 ⑨ 보칙
			(4) 건축물의 설비기준 등에 관한 규칙 및 건축물의 피난·방화구조 등의 기준에 관한 규칙	① 건축물의 설비기준 등에 관한 규칙 ② 건축물의 피난·방화구조 등의 기준에 관한 규칙
		2. 주차장법·시행령·시행규칙	(1) 주차장법	① 총칙 ② 노상주차장 ③ 노외주차장 ④ 부설주차장 ⑤ 기계식주차장 ⑥ 보칙

필기 과목명	출제 문제수	주요항목	세부항목	세세항목
			(2) 주차장법 시행령	① 총칙 ② 노상주차장 ③ 노외주차장 ④ 부설주차장 ⑤ 기계식주차장 ⑥ 보칙
			(3) 주차장법 시행규칙	① 총칙 ② 노상주차장 ③ 노외주차장 ④ 부설주차장 ⑤ 기계식주차장 ⑥ 보칙
		3. 국토의 계획 및 이용에 관한 법·시행령·시행규칙	(1) 국토의 계획 및 이용에 관한 법률	① 총칙 ② 광역도시계획 ③ 도시·군 기본계획 ④ 도시·군 관리계획 ⑤ 개발행위의 허가 등 ⑥ 용도지역·용도지구 및 용도구역에서의 행위제한 ⑦ 도시·군 계획시설 사업의 시행 ⑧ 도시계획위원회
			(2) 국토의 계획 및 이용에 관한 법률 시행령	① 총칙 ② 광역도시계획 ③ 도시·군 기본계획 ④ 도시·군 관리계획 ⑤ 개발행위의 허가 등 ⑥ 용도지역·용도지구 및 용도구역에서의 행위제한 ⑦ 도시·군 계획시설 사업의 시행 ⑧ 도시계획위원회
			(3) 국토의 계획 및 이용에 관한 법률 시행규칙	① 총칙 ② 광역도시계획 ③ 도시·군 기본계획 ④ 도시·군 관리계획 ⑤ 개발행위의 허가 등 ⑥ 용도지역·용도지구 및 용도구역에서의 행위제한 ⑦ 도시·군 계획시설 사업의 시행 ⑧ 도시계획위원회

자격시험 정보
GUIDE

건축산업기사 출제기준(적용기간 : 2025.1.1. ~ 2029.12.31.)

필기 과목명	출제 문제수	주요항목	세부항목	세세항목
건축 계획	20	1. 건축계획원론	(1) 건축계획일반	① 건축계획의 정의와 영역 ② 건축계획과정
		2. 각종 건축물의 건축계획	(1) 주거건축계획	① 단독주택 ② 공동주택 ③ 단지계획
			(2) 상업건축계획	① 사무소 ② 상점
			(3) 기타 건축물계획	① 학교 ② 공장
건축 시공	20	1. 건설경영	(1) 건설업과 건설경영	① 건설업과 건설경영 ② 건설생산조직 ③ 건설사업관리
			(2) 건설계약 및 공사관리	① 건설계약 ② 건축공사 시공방식 ③ 시공계획 ④ 공사진행관리 ⑤ 크레임관리
			(3) 건축적산	① 적산일반 ② 가설공사 ③ 토공사 및 기초공사 ④ 철근콘크리트공사 ⑤ 철골공사 ⑥ 조적공사 ⑦ 목공사 ⑧ 창호공사 ⑨ 수장 및 마무리공사
			(4) 안전관리	① 건설공사의 안전 ② 건설재해 및 대책
			(5) 공정관리 및 기타	① 공정관리 ② 원가관리 ③ 품질관리
		2. 건축시공기술 및 건축재료	(1) 착공 및 기초공사	① 착공계획수립 ② 지반조사 ③ 가설공사 ④ 토공사 및 기초공사
			(2) 구조체공사 및 마감공사	① 철근콘크리트공사 ② 철골공사 ③ 조적공사 ④ 목공사 ⑤ 방수공사 ⑥ 지붕공사 ⑦ 창호 및 유리공사 ⑧ 미장, 타일공사 ⑨ 도장공사

필기 과목명	출제 문제수	주요항목	세부항목	세세항목
			(3) 건축재료	① 철근 및 철강재 ② 목재 ③ 석재 ④ 시멘트 및 콘크리트 ⑤ 점토질재료 ⑥ 금속재 ⑦ 합성수지 ⑧ 도장재료 ⑨ 창호 및 유리 ⑩ 방수재료 및 미장재료 ⑪ 접착제
건축 구조	20	1. 건축구조의 일반사항	(1) 건축구조의 개념	① 건축구조의 개념 ② 건축구조의 분류
			(2) 건축물 기초설계	① 토질 ② 기초
		2. 구조역학	(1) 구조역학의 일반사항	① 힘과 모멘트 ② 구조물의 특성 ③ 구조물의 판별
			(2) 정정구조물의 해석	① 보의 해석 ② 라멘의 해석 ③ 트러스의 해석 ④ 아치의 해석
			(3) 탄성체의 성질	① 응력도와 변형도 ② 단면의 성질
			(4) 부재의 설계	① 단면의 응력도 ② 부재단면의 설계
			(5) 구조물의 변형	① 구조물의 변형
			(6) 부정정구조물의 해석	① 부정정구조물의 개요 ② 변위일치법 ③ 처짐각법 ④ 모멘트분배법
		3. 철근콘크리트구조	(1) 철근콘크리트구조의 일반사항	① 철근콘크리트구조의 개요 ② 철근콘크리트구조 설계방법
			(2) 철근콘크리트구조설계	① 구조계획 ② 각부 구조의 설계 및 계산 ③ 각부 구조설계기준 및 구조제한
			(3) 철근의 이음·정착	① 철근의 부착 ② 정착길이 ③ 갈고리에 의한 정착 ④ 철근의 이음

자격시험 정보
GUIDE

필기 과목명	출제 문제수	주요항목	세부항목	세세항목
			(4) 철근콘크리트구조의 사용성	① 철근콘크리트구조의 처짐 ② 철근콘크리트구조의 내구성 ③ 철근콘크리트구조의 균열
		4. 철골구조	(1) 철골구조의 일반사항	① 철골구조의 개요 ② 철골구조의 구조설계방법
			(2) 철골구조설계	① 철골구조계획 ② 각부 구조설계기준 및 구조제한
			(3) 접합부설계	① 접합의 종류 및 특징 ② 각부 접합부의 설계일반
			(4) 제작 및 품질	① 공장제작 정도 ② 현장설치 정도
건축 설비	20	1. 전기설비	(1) 기초적인 사항	① 전류와 전압 ② 직류와 교류 ③ 전자력, 정전기
			(2) 조명설비	① 조명의 기초사항 ② 광원의 종류 ③ 조명방식 및 특징
			(3) 전원 및 배전, 배선설비	① 수변전설비 및 예비전원 ② 전기방식 및 배선설비 ③ 동력 및 콘센트설비
			(4) 피뢰침설비	① 피뢰설비 ② 항공장애등설비
			(5) 통신 및 신호설비	① 전화설비 ② 인터폰설비 ③ TV공동수신설비 ④ 표시설비 ⑤ 정보화설비
			(6) 방재설비	① 방범설비 ② 자동화재탐지설비
		2. 위생설비	(1) 기초적인 사항	① 유체의 물리적 성질 ② 위생설비용 배관 재료 ③ 관의 접합 및 용도 ④ 펌프의 종류 및 용도
			(2) 급수 및 급탕설비	① 급수·급탕량 산정 ② 급수방식 및 특징 ③ 급탕방식 및 특징
			(3) 배수 및 통기설비	① 위생기구의 종류 및 특징 ② 배수의 종류와 배수방식 ③ 통기방식 ④ 배수·통기관의 재료 및 특징 ⑤ 우수배수
			(4) 오수정화설비	① 오수의 양과 질 ② 오수정화방식 및 특징

필기 과목명	출제 문제수	주요항목	세부항목	세세항목
			(5) 소방시설	① 소화의 원리 ② 소화설비 ③ 경보설비 ④ 피난구조설비 ⑤ 소화용수설비 ⑥ 소화활동설비
			(6) 가스설비	① 도시가스 및 액화석유가스 ② 가스공급과 배관방식 ③ 가스설비용기기
		3. 공기조화설비	(1) 기초적인 사항	① 공기의 기본 구성 ② 습공기의 성질 및 습공기 선도 ③ 공기조화(냉·난방) 부하 ④ 공기조화계산식과 공조프로세스
			(2) 환기 및 배연설비	① 오염물질의 종류 및 필요환기량 ② 환기설비의 종류 및 특징 ③ 배연설비 기준
			(3) 난방설비	① 난방설비의 종류 및 특징 ② 난방설비의 구성요소 및 특징
			(4) 공기조화용 기기	① 중앙 및 개별 공기조화기 ② 덕트와 부속기구 ③ 취출구·흡입구와 기류 분포 ④ 열원기기 ⑤ 전열교환기 ⑥ 펌프와 송풍기 ⑦ 공기조화배관
			(5) 공기조화방식	① 공기조화방식의 분류 ② 각종 공조방식 및 특징 ③ 조닝계획과 에너지절약계획
건축 관계 법규	20	1. 건축법·시행령· 시행규칙	(1) 건축법	① 총칙 ② 건축물의 건축 ③ 건축물의 유지와 관리 ④ 건축물의 대지와 도로 ⑤ 건축물의 구조 및 재료 등 ⑥ 지역 및 지구의 건축물 ⑦ 건축설비 ⑧ 특별건축구역 등 ⑨ 보칙
			(2) 건축법 시행령	① 총칙 ② 건축물의 건축 ③ 건축물의 유지와 관리 ④ 건축물의 대지 및 도로 ⑤ 건축물의 구조 및 재료 등 ⑥ 지역 및 지구의 건축물 ⑦ 건축물의 설비 등 ⑧ 특별건축구역 ⑨ 보칙

자격시험 정보
GUIDE

필기 과목명	출제 문제수	주요항목	세부항목	세세항목
			(3) 건축법 시행규칙	① 총칙 ② 건축물의 건축 ③ 건축물의 유지와 관리 ④ 건축물의 대지와 도로 ⑤ 건축물의 구조 및 재료 등 ⑥ 지역 및 지구의 건축물 ⑦ 건축설비 ⑧ 특별건축구역 등 ⑨ 보칙
			(4) 건축물의 피난·방화구조 등의 기준에 관한 규칙 및 건축물의 설비기준 등에 관한 규칙	① 건축물의 피난·방화구조 등의 기준에 관한 규칙 ② 건축물의 설비기준 등에 관한 규칙
		2. 주차장법·시행령·시행규칙	(1) 주차장법	① 총칙　　　② 노상주차장 ③ 노외주차장　④ 부설주차장 ⑤ 기계식주차장　⑥ 보칙
			(2) 주차장법 시행령	① 총칙 ② 노상주차장 ③ 노외주차장 ④ 부설주차장 ⑤ 기계식주차장 ⑥ 보칙
			(3) 주차장법 시행규칙	① 총칙 ② 노상주차장 ③ 노외주차장 ④ 부설주차장 ⑤ 기계식주차장 ⑥ 보칙
		3. 국토의 계획 및 이용에 관한 법·시행령·시행규칙	(1) 국토의 계획 및 이용에 관한 법률	① 총칙 ② 도시·군 관리계획 ③ 용도지역·용도지구 및 용도구역에서의 행위제한
			(2) 국토의 계획 및 이용에 관한 법률 시행령	① 총칙 ② 도시·군 관리계획 ③ 용도지역·용도지구 및 용도구역에서의 행위제한
			(3) 국토의 계획 및 이용에 관한 법률 시행규칙	① 총칙 ② 도시·군 관리계획 ③ 용도지역·용도지구 및 용도구역에서의 행위제한

출제경향과 수험대책
TREND & MEASURE

📋 출제경향

　건축기사 및 건축산업기사 필기시험은 일정한 비율의 기출문제를 문제은행식으로 동일하게 출제하는 경향이 있는 것이 특징이고, 만점을 방지한다는 이유인지는 모르겠으나 지난 10년 동안 한 번도 출제되지 않았던 새롭고 지엽적인 문제들도 2~3문제는 꼭 출제되고 있는 실정이다.

　또한 수험생들이 공통적으로 어렵다고 말하는 건축구조 과목에서 그림과 수치들도 동일하게 출제되고 있으므로 이러한 특성들을 고려한다면 충분히 합격점수를 받을 수 있을 것으로 판단된다.

　간혹 건축법규와 건축구조기준에서 개정된 기준을 적용한 문제들도 출제되고 있으니 이에 대한 대비도 필요할 것으로 보인다.

📋 수험대책

　위의 출제경향에 맞춰 단기 합격을 위한 학습법은 반복 학습이 최고라고 단언할 수 있다. 지난 20여 년의 강의 경력을 토대로 기출문제를 정밀하게 분석해 보면 건축기사 및 건축산업기사 필기시험은 7개년의 과년도 기출문제만 충실하게 반복 학습할 경우 합격할 확률이 거의 100%에 가까울 것으로 확신하고 있다.

　그 이유는 출제경향에서도 밝혔듯 문제은행식으로 오답의 수치까지 동일하게 출제되므로 반복학습을 하다보면 이러한 문제들에 익숙해지며, 1년에 3회 실시되는 자격증 시험의 특성상 상대평가보다는 5과목 평균이 100점 만점에 60점 이상이면 합격하는 절대평가의 기준이므로 전체 5과목 중 한두 과목에서 낮은 점수를 받아도 나머지 과목에서 만회가 가능하기 때문이다.

　따라서 이론서를 통해 전체적인 이론을 학습한 후 과년도 기출문제를 반복해서 풀어보고 문제들을 숙지하는 것이 단기 합격으로 가는 지름길이라는 것은 자명할 것이다. 또한 수험생들이 공통적으로 어려움을 호소하는 건축구조 과목의 경우 처음에는 이해도가 많이 떨어져도 끝까지 1회독하는 것을 목표로 완강할 것을 권유드리며 적어도 3회독 이상 반복 학습한다면 틀림없이 좋은 결과를 얻을 수 있을 것이다.

CONTENTS

PART 01　건축계획

Chapter 01　건축일반・주거건축・숙박시설　　3
제1절　건축일반　　3
제2절　단독주택　　6
제3절　공동주택　　13
제4절　호 텔　　27
▸ 단원별 경향문제 / 30

Chapter 02　상업・업무・산업건축　　32
제1절　상 점　　32
제2절　백화점　　36
제3절　사무소　　41
제4절　은 행　　49
제5절　공 장　　51
▸ 단원별 경향문제 / 55

Chapter 03　학교・문화・병원건축　　57
제1절　학 교　　57
제2절　도서관　　63
제3절　미술관　　65
제4절　극장 및 영화관　　68
제5절　병 원　　74
▸ 단원별 경향문제 / 78

Chapter 04　건축사・부록　　80
제1절　한국건축사　　80
제2절　서양건축사　　86
제3절　부 록　　96
▸ 단원별 경향문제 / 101

PART 02 건축시공

Chapter 01 시공총론·가설공사·토공사 — 105
- 제1절 시공총론 — 105
- 제2절 가설공사 및 토공사 — 121
- 단원별 경향문제 / 139

Chapter 02 철근콘크리트(RC)공사·철골공사 — 141
- 제1절 철근콘크리트(RC)공사 — 141
- 제2절 철골공사 — 171
- 단원별 경향문제 / 183

Chapter 03 목공사·조적공사 — 185
- 제1절 목공사 — 185
- 제2절 조적공사 — 190
- 단원별 경향문제 / 204

Chapter 04 기타공사·적산 — 206
- 제1절 방수공사 — 206
- 제2절 지붕공사·홈통공사 — 213
- 제3절 창호공사·유리공사 — 214
- 제4절 마감공사 — 219
- 제5절 적 산 — 229
- 단원별 경향문제 / 237

차례
CONTENTS

PART 03 건축구조

Chapter 01 건축물과 구조역학　241
제1절　구조역학의 일반사항　241
제2절　힘과 평형조건　244
제3절　단면의 성질　247
제4절　응력과 변형률　254
제5절　정정보　258
제6절　트러스(Truss)　265
제7절　라멘 및 아치　271
제8절　구조물의 변형　275
제9절　부정정구조물　278
제10절　보의 해석 및 설계　286
제11절　기둥 및 기초의 해석　289
▤ 단원별 경향문제 / 294

Chapter 02 일반구조　296
제1절　설계하중　296
제2절　기초구조　301
제3절　목구조　307
▤ 단원별 경향문제 / 308

Chapter 03 철근콘크리트구조　310
제1절　구조설계　310
제2절　철근콘크리트구조의 특성　314
제3절　보의 휨해석 및 설계　320
제4절　보의 전단설계　329
제5절　보의 처짐 검토　331
제6절　기둥의 설계　333
제7절　슬래브 설계　335
제8절　기초의 설계　340
제9절　철근의 정착 및 이음　342
제10절　벽체 및 옹벽 설계　345
▤ 단원별 경향문제 / 347

Chapter 04 **철골구조** 349
- 제1절 강구조 일반사항 349
- 제2절 강구조 설계 352
- 제3절 철골구조의 특성 352
- 제4절 강구조의 접합 356
- 제5절 인장재 설계 362
- 제6절 압축재 설계 363
- 제7절 철골 보의 해석 367
- 단원별 경향문제 / 369

PART 04 건축설비

Chapter 01 **위생설비** 373
- 제1절 급수설비 373
- 제2절 급탕설비 388
- 제3절 배수 및 통기설비 394
- 제4절 배관재료 402
- 제5절 오수처리설비 407
- 단원별 경향문제 / 409

Chapter 02 **공기조화설비** 411
- 제1절 공기조화설비 411
- 제2절 난방설비 426
- 제3절 냉방 및 냉동 설비 436
- 단원별 경향문제 / 439

Chapter 03 **전기설비** 441
- 제1절 강전 설비 441
- 제2절 약전 설비 455
- 제3절 조명 설비 460
- 제4절 승강 및 운송 설비 468
- 단원별 경향문제 / 474

차례
CONTENTS

Chapter 04 기타 설비 ... 476
- 제1절 소화 설비 ... 476
- 제2절 가스 설비 ... 480
- 단원별 경향문제 / 483

PART 05 건축법규

Chapter 01 건축법 ... 487
- 제1절 총 칙 ... 487
- 제2절 건축물의 건축 ... 506
- 제3절 건축물의 대지 및 도로 ... 513
- 단원별 경향문제 / 518
- 제4절 건축물의 구조 및 재료 ... 520
- 제5절 지역 및 지구의 건축물 ... 534
- 제6절 건축설비 ... 539
- 단원별 경향문제 / 545

Chapter 02 주차장법 ... 547
- 제1절 총 칙 ... 547
- 제2절 주차장기준 등 ... 548
- 제3절 노상주차장 ... 549
- 제4절 노외주차장 ... 550
- 제5절 부설주차장 ... 553
- 제6절 기계식주차장 ... 557
- 단원별 경향문제 / 559

Chapter 03 국토의 계획 및 이용에 관한 법률 ... 561
- 제1절 총 칙 ... 561
- 제2절 광역도시계획 ... 564
- 제3절 도시·군기본계획 ... 565
- 제4절 시·군관리계획 ... 566
- 제5절 용도지역·용도지구·용도구역 안에서의 행위제한 ... 572
- 제6절 도시계획위원회 ... 576
- 단원별 경향문제 / 577

건축기사 / 건축산업기사

PART 1

건축계획

건축기사 / 건축산업기사

CHAPTER 01 건축일반 · 주거건축 · 숙박시설

제1절 | 건축일반

1 개요

1. 건축의 정의
건축은 인류가 지구상에 출현하였을 때부터 시작되었으며 건축에 대한 정의나 견해도 여러 학자에 따라 서로 의견이 다름
① 르 코르뷔제 : '건축은 인간이 살기 위한 기계'
② 프랭크 로이드 라이트 : '건축은 시대와 시대, 세대와 세대를 이어 내려오는 위대한 삶의 창조적인 정신이다.'

2. 건축의 3대 요소
일반적으로 건축의 필수요소로 기능, 구조와 형태를 말하며, 이를 건축의 3부론이라 하며, 형태는 구조가 받쳐주고 기능이 유기적으로 연계될 때 합리적으로 이루어짐

3. 건축형태의 구성요소
건축의 형태는 몇 가지의 기본적인 패턴으로 구성되는데 일반적으로 이를 시각적 표현상 최소의 기본단위인 '구성요소'라고 한다.
① 점 : 형태적 구성요소의 기본이 됨
② 선 : 점보다 강하고 뚜렷한 형태적 효과를 나타냄
③ 형 : 3차원적인 요소
④ 질감 : 물체를 만져보지 않고도 눈으로만 그 표면의 상태를 알 수 있는 것
- ■ 건축계획 미의 특성 중 변화 혹은 다양성을 얻는 방식
  - 억양(Accent)
  - 대비(Contrast)
  - 균제(Proportion)

4. 건축프로세스

건축프로세스는 건축계획을 포함한 건축생산 전 과정을 말하는 것으로서 기획에서 유지보수 관리 단계까지를 지칭함

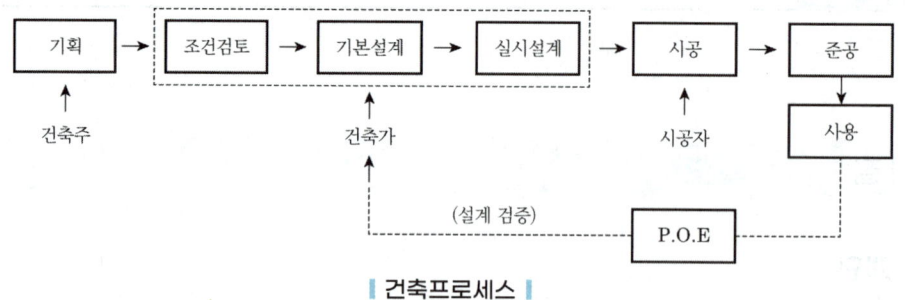

| 건축프로세스 |

5. P.O.E(거주 후 평가, Post Occupancy Evaluation)

(1) P.O.E 개념

거주 후 평가란 인터뷰, 현지답사 및 관찰 등의 방법들을 이용하여 건축물이 완공된 후 사용 중인 건축물이 본래의 기능을 제대로 수행하고 있는지의 여부를 사용자들의 반응을 진단, 연구하는 과정을 말함

(2) P.O.E의 내용

① 평가 결과를 조건 파악으로 환류
② 새로운 디자인 기준으로 제공
③ 현재 거주자들의 거주 경향 파악
④ 향후 유사 용도의 설계에 적용

6. 건축계획 조사방법

(1) 문헌조사법

비용과 시간이 최소로 소요됨, 가장 많이 사용되며 문헌 자체의 오류와 한계를 고려해야 함

(2) 관찰법

관찰법은 인간의 행태에 대한 연구에 보통 사용되는 방법(어린이의 행동)

(3) 면담법

① 회답의 신뢰도 확인이 가능하며, 보충 설명 또한 가능함
② 그러나 시간 및 기간 등 조사 경비가 상당히 필요하며, 목적에 따라 면담할 대상자를 사전에 선정해야 할 경우 등 응답자에 대한 선정을 고려해야 함

(4) Factor Analysis(요인 분석법)

여러 변수 간의 상호관계를 통해 공통의 변량을 구하고, 측정치의 중복성을 찾아 몇 개의 기본 변수군을 추출해내는 계획 조사기법

(5) 설문지법
설문지는 적절한 문구와 이해하기 쉬운 단어 및 문장으로 구성되어야 하며, 또한 응답자 역시 기초적인 문장의 이해 능력을 갖추어야 함

(6) P.O.E(거주 후 평가)
완성된 건물의 사용자에 대한 반응을 조사하여 계획자가 설계한 본래의 요구 기능이 충족되어 수행되는지를 평가하는 방법

2 모듈과 MC설계

1. 모듈(Module)
모듈이란 기준 치수, 척도, 건축생산 수단의 기준 치수의 종합을 의미함

2. 모듈의 종류
(1) **기본모듈** : 기준척도 10cm를 1M으로 표시함
(2) **복합모듈** : 기본모듈 1M의 배수가 되는 모듈임
   - 예 2M=20cm : 건물 높이 방향의 기준배수
     3M=30cm : 건물 수평 방향의 기준배수

3. 건축의 척도 조정(MC : Modular Coordination)
MC란 구성재의 크기를 정하기 위한 치수의 조정을 의미함

(1) MC의 장단점

장점	단점
• 재료규격의 표준화 • 공장화로 대량생산 가능 • 조립화로 공사기간 단축 • 설계와 시공이 간편 • 건식화로 연중공사 가능	• 융통성이 없음 • 인간성, 창조성 상실 우려

3 실내공간의 구성기법

1. 개방형 공간구성(Open Planning)
필요한 영역을 제외하고는 가능한 한 많은 폐쇄공간을 없애는 공간구성 방식
① 프라이버시 나쁨(소음, 시선 등)
② 공간사용의 극대화(원룸 등)
③ 에너지 손실이 많음(비경제적)

2. 폐쇄형 공간구성(Closed Planning)
공간 사용에 있어서 융통성이 부족함

3. 다목적 공간구성
장래의 공간 활용에 있어 양적, 질적으로 변화에 대처할 수 있음

4. 건축공간의 치수계획
① 물리적 스케일 : 출입구의 크기가 사람이나 물체의 물리적 크기에 의해 결정
② 생리적 스케일 : 실내의 창문 크기가 필요 채광량 및 환기량으로 결정
③ 심리적 스케일 : 압박감을 느끼지 않을 만큼의 천장 높이 결정

제 2 절 | 단독주택

1 주택의 분류

1. 주거 양식에 의한 분류

분류	한식주택	양식주택
평면의 차이	• 실의 조합(은폐적) • 실의 분화(사랑방, 안방, 행랑방 등)	• 실의 분화(개방적) • 기능별 분화(거실, 식당, 침실 등)
용도의 차이	• 방의 혼합용도	• 방의 단일 용도
구조의 차이	• 목조 가구식 • 바닥이 높고, 개구부가 큼	• 벽돌 조적식 • 바닥이 낮고 개구부가 작음
습관의 차이	• 좌식 생활 – 온돌, 탈화	• 입식 생활 – 침대, 착화
난방방식	• 복사난방	• 대류난방
가구의 차이	• 가구는 부차적 존재(가구와 관계없이 각 소요실의 크기와 설비가 결정)	• 가구는 중요한 내용물(가구의 종류와 형에 따라 실의 크기와 폭의 비가 결정)

2. 평면 형식에 의한 분류
① 편복도형, ② 중복도형, ③ 중정형
④ 코어(Core)형 : 건축에서 평면, 구조, 설비의 관점에서 건물의 일부분이 어떤 집약된 형태로 존재하는 것을 의미함

> • Tip 코어의 역할
>
> • 평면적 코어 : 홀이나 계단 등을 건물의 중심적 위치에 집약하고 유효 면적을 증대시킨 것
> • 구조적 코어 : 건물의 일부에 내진벽 등을 배치하여 건물 전체의 강도를 높이려는 것
> • 설비적 코어 : 부엌, 욕실 및 화장실 등 설비 부분을 건물의 일부에 집약, 배치시켜 설비 공사비를 감소시키려는 것

2 주택설계의 새로운 방향

① 가족 본위의 주거(가장 중심 → 주부 중심)
② 가사노동의 경감(주부의 동선 단축)
   ㉠ 필요 이상의 넓은 주거를 지양하여 청소 등의 노동을 절감할 것
   ㉡ 평면에서 주부의 동선을 단축할 것
③ 좌식＋입식(의자식)의 혼용
④ 개인생활의 프라이버시(독립성) 확보
⑤ 생활의 쾌적함 증대

3 주생활 수준의 기준

주생활 수준의 기준은 1인당 주거 면적으로 나타내며, 이때의 주거 면적은 주택 연면적에서 공용 부분을 제외한 순수 거주 면적을 의미함(건축 연면적의 50~60% 정도)

(1) 1인당 점유 바닥면적(주거면적)
최소 $10m^2$, 표준 $16.5m^2$

(2) 각국의 기준
① Frank Am Mein의 국제주거회의 : $15m^2$/인
② 숑바르 드 로브(Chombard de Lawve)의 기준
   ㉠ 병리 기준 : $8m^2$/인
   ㉡ 한계 기준 : $14m^2$/인
   ㉢ 표준 기준 : $16m^2$/인

4 평면계획(주택설계 시 가장 기본이 되는 계획)

1. 공간의 구역부분(Zoning)

(1) 생활공간에 의한 분류

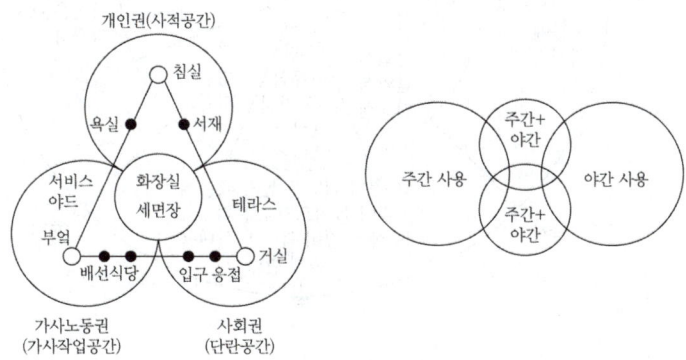

│ 생활공간의 분류 │

① 개인권 : 개인의 사용공간(침실, 노인실, 자녀실 등)
② 사회권 : 가족의 사용공간(거실, 식사실)
③ 가사노동권 : 주부의 사용공간(주방, 가사실)

> **Tip 조닝(Zoning)**
>
> 공간을 몇 개의 구역별로 나누는 것, 융통성과는 반대의 개념
> - 가족 전체와 개인에 의한 조닝
> - 정적 공간과 동적 공간에 의한 조닝
> - 주간과 야간의 사용시간에 의한 조닝

2. 동선계획
(1) **동선의 3요소** : 속도, 빈도, 하중
(2) **동선의 원칙**
　① 단순, 명쾌하게 함(가능한 한 짧고 굵게)
　② 다른 종류의 동선은 분리시키고 교차는 피함
　③ 개인권, 사회권, 가사노동권은 유기적으로 분리(독립성 유지)
　④ 동선에는 공간(space)이 필요하고 가구를 둘 수 없음

3. 방위에 따른 각 실의 배치

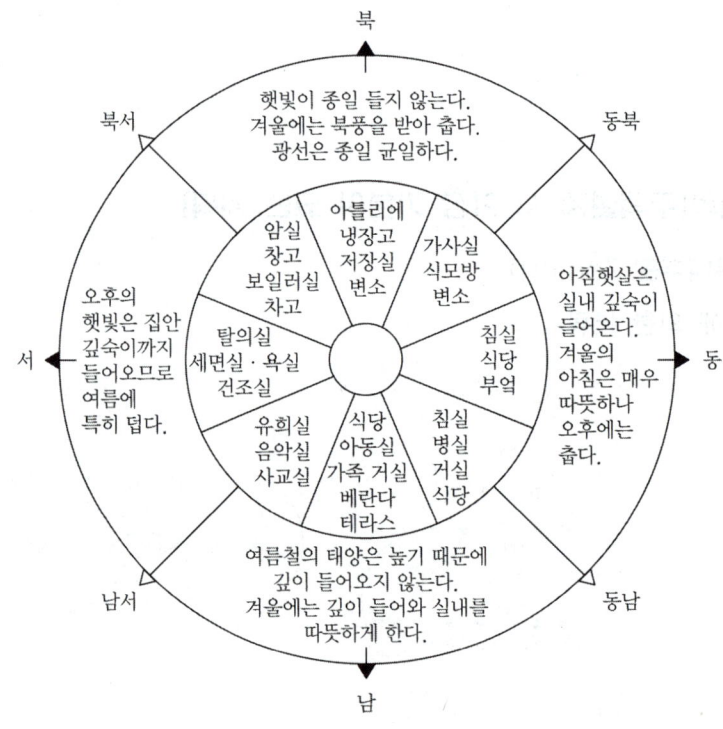

| 각 실과 방위와의 관계 |

(1) 가사노동의 동선
  ① 하중이 크므로 굵게 한다.
  ② 되도록 남쪽에 오도록 하며 짧게 한다.
(2) 기타 주택의 특성
  ① 경사지 주택의 유리한 특성 : 통풍, 조망, 프라이버시
  ② 평지 주택의 유리한 특성 : 접근성

5 각 실의 세부계획

1. 현관(Entrance)
건물 내·외부의 특징을 결정짓는 중요한 표출적 공간
  ① 최소 크기 : 폭 1.2m, 깊이 0.9m 이상
  ② 방위보다는 도로와의 관계와 경사도 및 대지의 형태에 영향을 받음

2. 복도(Corridor)
실과 실을 연결하는 기능적 공간
  ① 최소크기 : 폭 0.9m 이상(일반적으로 105~120cm 정도)
  ② 기능
    ㉠ 내부의 통로(동선의 이동공간)
    ㉡ 선룸(Sun Room)의 역할
    ㉢ 방 차단
    ㉣ 어린이 놀이터, 응접실의 역할(폭 1.5m 이상)
  ③ 소규모 주택(50m² 이하)에 복도는 비경제적

> • Tip **주택의 평면과 각 부위의 치수 및 기준척도**
> ① 치수 및 기준척도는 안목치수를 원칙으로 할 것
> ② 거실 및 침실의 평면 각 변의 길이는 5cm를 단위로 한 것을 기준척도로 할 것
> ③ 부엌·식당·욕실·화장실·복도·계단 및 계단참 등의 평면 각 변의 길이 또는 너비는 5cm를 단위로 한 것을 기준척도로 할 것
> ④ 거실 및 침실의 반자높이(반자를 설치하는 경우만 해당한다)는 2.2m 이상으로 하고 층높이는 2.4m 이상으로 하되, 각각 5cm를 단위로 한 것을 기준척도로 할 것

3. 계단(stair)
  ① 현관, 홀, 식당, 욕실, 화장실과 인접하게 함
  ② 경사가 완만할수록 올라가기가 편한 것은 아님
  ③ 계단을 거실에 설치하는 경우 열손실에 대한 고려가 필요함
  ④ 돌음계단은 일반적으로 긴 물건을 운반하기 곤란함

4. 거실(Living Room) : 가족생활의 중심

(1) 1인당 소요바닥면적

최소 4~6m² 정도, 전체 연면적의 약 30% 정도의 규모가 일반적임

(2) 거실의 위치

① 거실에서 문이 열린 침실의 내부가 보이지 않게 함
② 다른 실의 통로나 홀로 사용되어서는 안 됨(프라이버시 확보)
③ 거실의 출입구에서 의자나 소파에 앉을 경우 동선이 차단되지 않도록 함
④ 거실과 정원 사이에 테라스를 둘 경우 거실의 연장 효과가 있음
⑤ 가능한 한 동측이나 남측에 배치하여 일조 및 채광을 충분히 확보할 수 있도록 함

(3) 소주택일 경우 서재, 응접, 리빙키친(식당+거실+부엌)으로 이용

(4) 거실의 가구와 배치 유형

① 원형
  ㉠ 탁자를 중심으로 좌석을 원형으로 배치한 형태
  ㉡ 자연스런 대화 분위기 형성
② 코너형
  ㉠ 안정감 있는 배치(좌석에 앉은 사람끼리 시선은 마주치지 않음)
  ㉡ 공간 활용이 큼(좁은 공간일 경우 효과적)
③ 직선형
  ㉠ 폭이 좁은 거실에 적합
  ㉡ 단란한 느낌이 없으며 대화하기에 적합하지 않음
④ 복합형
  ㉠ 활동영역을 구분하여 가구를 배치함
  ㉡ 여러 가지 다른 디자인적 요소도 포함시킬 수 있으므로 계획이 자유스러움

5. 식당(Dining Room)

(1) 분리형 : 부엌이나 거실과 완전히 독립된 식사실

(2) 개방형

① Dining Kitchen(DK) : 부엌+식탁을 겸함
  ㉠ 소규모 주택에 적합한 형식
  ㉡ 식사와 취침은 분리하지만 단란한 생활형은 취침하는 곳과 겹칠 수 있음
② Dining Alcove(LD) : 거실+식탁을 겸함
③ Living Kitchen(LDK) : 거실+식사실+부엌을 겸함
  ㉠ 주부의 동선이 단축됨
  ㉡ 공간의 이용률 극대화
  ㉢ 조리, 식사, 정리 작업 능률화

㉣ 소규모 주택에 주로 사용
㉤ 식당을 중심으로 한 단란한 생활형에 적합

6. 부엌(Kitchen)

(1) 작업순서
냉장고 → 개수대(싱크대) → 조리대(작업대) → 가열대(레인지) → 배선대

(2) 작업삼각형(냉장고+개수대+가열대를 연결하는 삼각형)
① 세 변의 합이 짧을수록 효과적
② 능률적인 길이는 3.6~6.6m
③ 주부의 동선 절약이 목적임

(3) 부엌의 유형

일렬형(직선형)	• 동선과 배치가 간단한 평면형 • 소규모 주택의 좁은 부엌에만 적합 • 설비기구가 많은 경우 동선이 길어지므로 작업량이 많아지는 단점
병렬형	• 외부로 통하는 출입구가 필요한 경우에 사용 • 일렬형에 비하여 작업동선이 줄어들기는 하지만 작업 시 몸을 앞뒤로 바꾸어야 하는 불편이 있음
ㄱ자형(L자형)	• 모서리 부분의 이용도가 낮음 • 작업대의 코너 부분에 개수대 또는 레인지를 설치할 수 없음 • 정방향의 비교적 넓은 부엌에서 능률적
ㄷ자형(U자형)	• 병렬형과 ㄱ자형을 혼합한 평면형 • 평면계획상 외부로 통하는 출입구의 설치가 곤란함 • 수납공간이 넓고 이용하기 편리함

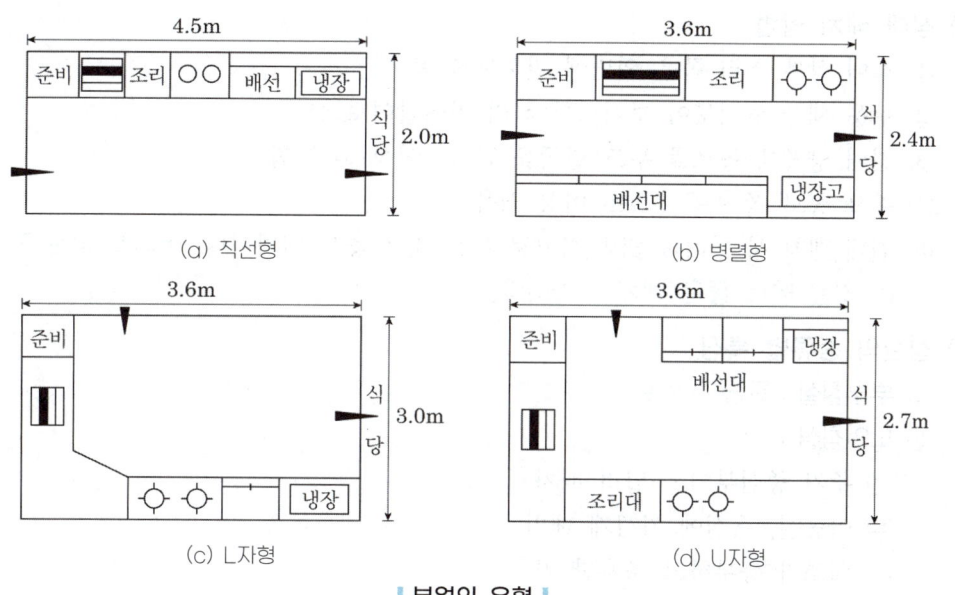

┃ 부엌의 유형 ┃

■ 키친 네트
- 작업대 길이가 2m 정도인 수형 주방 가구가 배치된 간이 부엌의 형식
- 사무실이나 독신자 아파트에 주로 설치

(4) 기타 부속공간
① 가사실(Utility Space)
  ㉠ 주부의 세탁, 다림질 등의 작업을 하는 공간
  ㉡ 여러 실(욕실 및 부엌, 서비스 관계)과 접한 위치에 두고 서로 연락이 편리하게 함
② 다용도실 : 독립된 실 또는 발코니와 주방 사이의 공간을 이용하여 세탁, 걸레 빨기 및 잡품창고를 겸한 공간
③ 배선실(Pantry) : 식품, 식기 등을 저장하기 위해 설치한 실

(5) 부엌의 크기 결정요소
① 작업대의 면적
② 주택의 연면적
③ 주부의 동작에 필요한 공간

7. 침실(Bed room)
(1) 침실의 사용 인원수에 따른 1인당 소요 바닥면적
① 성인 1인당 필요로 하는 신선한 공기 요구량 : $50m^3/h$(아동은 1/2)
② 소요공간의 크기 : 자연환기 횟수를 2회/h로 가정하면,
  $50m^3/h \div 2회/h = 25m^3$이다.
③ 1인당 소요 바닥면적 : 천장높이(h)가 2.5m일 경우
  $25m^3 \div 2.5m = 10m^2$

(2) 침대 배치 방법
① 침대 상부 머리 쪽은 외벽에 면하도록 함
② 누운 채로 출입문이 보이도록 하며 안여닫이로 함
③ 침대 양쪽에 통로를 두고 한쪽을 75cm 이상 되게 함
④ 주요 통로 쪽 폭은 90cm 이상 띄움
⑤ 침대 배치 시 머리를 외벽 쪽으로 두는 것은 좋은 배치이나, 머리를 창문 쪽으로 두는 것은 별로 좋은 배치가 아니다.

(3) 침실의 종류별 특징
① 부부침실 : 독립성 확보
② 노인침실
  ㉠ 주거 중심부에서 멀리 배치
  ㉡ 아동실, 욕실에 가깝게 배치
  ㉢ 일조가 충분하고 조용한 곳

8. 차고

(1) 구조
① 차고의 천장이나 벽 등을 방화구조로 하고 출입구나 개구부에 60분 방화문을 설치함
② 바닥 : 내수재료를 사용하고 경사도는 1/50 정도로 함

(2) 출입구
도로로부터 직접 출입이 가능한 위치(부지경계선에서 1m 이상 후퇴시킴)

> **• Tip** 주택에서 공간 사이의 경계에 높이 차를 두는 경우
>
> 내부와 외부의 연결, 이용성, 실의 기능 차이 등을 고려하여 공간 사이의 경계에 높이 차를 둘 필요가 있다.
> ① 현관과 거실
> ② 화장실과 거실
> ③ 거실과 거실 앞의 테라스
>
> **예외** │ 거실과 식당은 가급적 높이차를 두지 않음

제3절 │ 공동주택

1 공동주택

1. 성립 요건
① 도시의 인구밀도 증가
② 세대 구성인원 감소
③ 도시 생활자의 이동성 증가
④ 가용 토지 부족으로 지가가 상승하여 고밀개발 필요성(대지비, 유지비 절약)

2. 공동주택의 장단점

장점	단점
• 주거환경의 질을 높일 수 있음 • 설비의 집약화(세대당 건설비·유지비 절감) • 도시생활의 커뮤니티화 • 동일한 규모의 단독주택보다 대지비나 건축비 절감	• 프라이버시 불리 • 각 설비의 개별제어 불가

2 연립주택

1. 연립주택의 장단점

(1) 장점
① 각 세대마다 전용의 뜰이 있음(테라스 하우스)
② 토지 이용률을 높일 수 있음
③ 경사지, 소규모 택지의 이용이 가능함
④ 대지의 형태 및 지형에 조화시켜 계획함으로써 다양한 배치와 외관의 변화가 가능함

(2) 단점
① 프라이버시 유지에 불리함
② 벽체의 공유로 인하여 일조, 채광, 통풍이 불리하고 평면계획에 제약이 있음

2. 연립주택의 분류

(1) 테라스 하우스(Terrace House)
① 경사지 이용에 적절한 절토에 의해 건축물을 테라스형으로 축조한 것으로, 각 주호마다 전용의 정원을 가짐
② 각 세대의 깊이는 6~7.5m 정도로 하여야 함(이유 : 후문에 창문이 없음)
③ 테라스 하우스의 종류

상향식	하향식
• 상층 : 침실 등의 수면 공간 • 하층 : 거실 등의 활동 공간	• 상층 : 거실 등의 활동 공간 • 하층 : 침실 등의 수면 공간
상향식과 하향식 모두 스플릿 레벨(Split Level)이 가능하다는 특징이 있음	

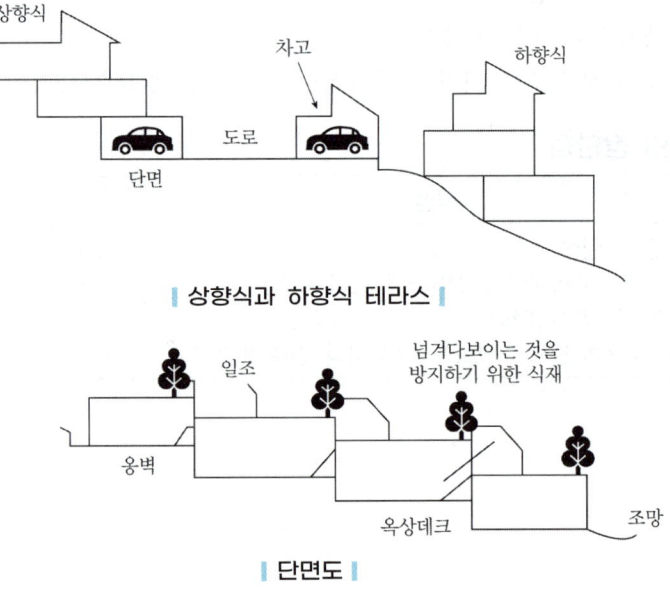

| 상향식과 하향식 테라스 |

| 단면도 |

(2) 중정형 하우스(Patio House, Courtyard House)
중정을 향해 L자형으로 둘러싸인 연립주택(한 세대가 한 층을 점유)

(3) 타운 하우스(Town House)
토지의 효율적인 이용, 건설비와 유지 관리비의 절약을 위한 단독주택의 이점을 최대한 살린 연립주택의 한 종류

① 공간구성
  ㉠ 1층 : 거실·부엌·식당 등의 생활공간
  ㉡ 2층 : 침실과 서재 등의 휴식, 수면공간
② 특징
  ㉠ 각 세대별 주차 용이
  ㉡ 경계벽이 있어 프라이버시 확보 및 건설비 절감
  ㉢ 배치의 다양한 변화 가능
  ㉣ 프라이버시 확보를 위한 적정 거리 : 25m

(4) 로우 하우스(Row House)
토지의 효율적인 이용, 건설비의 절약, 유지관리비의 절감을 고려한 타운 하우스와 마찬가지의 형식임. 단독주택보다 높은 밀도를 유지할 수 있으며, 공공시설도 적절히 배치할 수 있어 도시형 주택의 이상형임. 배치, 구성 등은 타운하우스와 동일함

3 아파트(APT)

1. 아파트의 평면 형식상의 분류(통로형식, 출입구 형식)
- 계단실형(홀형, Hall System)
- 복도형(Corridor System) : 편복도형(갓복도형), 중복도형
- 집중형

(1) 계단실형(홀형)
계단실이나 E/V홀로부터 직접 각 주호에 들어가는 형식

장점	단점
• 독립성이 좋음 • 통행부 면적 감소(건물의 이용도가 높음)	고층 아파트의 경우 계단실마다 EV를 설치해야 하므로 시설비가 많이 소요됨

① 계단실에 면하는 각 세대의 현관문은 계단의 통행에 지장이 되지 아니하도록 할 것
② 계단실 최상부에는 배연 등에 유효한 개구부를 설치할 것
③ 계단실의 각 층별로 층수를 표시할 것
④ 계단실의 벽 및 반자의 마감은 불연재료 또는 준불연재료로 할 것

(2) 편(갓)복도형(Corridor System)
복도에 의해 각 주호로 출입하는 형식

장점	단점
• 복도개방 시 채광·환기 유리 • EV 1대당 이용 주호수가 계단실형에 비해 많음 • 고층아파트에 적합	• 복도를 통해 각 주호의 프라이버시가 침해받기 쉬움 • 복도 개방 시 외부에 노출(위험) • 고층아파트의 경우 난간을 높게 해야 함

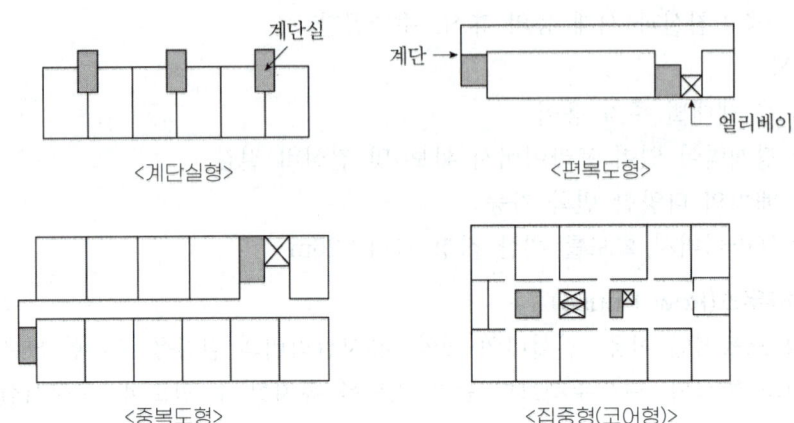

┃ 코어타입에 따른 평면상 분류 ┃

(3) 중복도형(Middle Corridor System)
복도 양측에 각 주호가 배치된 형식

장점	단점
• 부지의 이용률이 높음	• 독립성이 나쁘며 소음이 심함 • 채광, 환기 불리 • 복도의 면적이 넓어짐

① 중복도형은 남북으로 길게 건물을 설계하는 것이 좋다.
② 독신자 APT
  ㉠ 보통 중복도식
  ㉡ 공용식당·공용욕실(단위평면에 부엌, 욕실이 없음)

(4) 집중형(코어형)
계단실과 EV를 중심으로 다수의 주호를 배치한 형식

장점	단점
• 많은 주호를 집중배치 • 부지의 이용률이 가장 높음	• 독립성이 매우 나쁨 • 채광, 환기 극히 불리 • 복도의 환기 문제 : 고도의 설비시설 필요

(5) 아파트의 평면형식별 특징
① 공동주택의 독립성(프라이버시)이 좋은 순서

홀형(계단실형) > 편복도형 > 중복도형 > 집중형

② 아파트의 평면형식과 용도

종류	용도
계단실형	저층 APT
편복도형	도심지 고층 APT
중복도형	독신자 APT
집중형	주상복합 APT

③ 판상형과 탑상형의 특성 비교

구분	판상형	탑상형
장점	• 환경 균등	• 조망 및 경관 유리 • 일조영향 작음 • 랜드마크적 역할
단점	• 경관, 조망 불리 • 일조영향 큼	• 환경 불균등

2. 아파트의 입체형식(단면형식) 상의 분류
(1) **단층형**(Flat Type, Simplex Type) : 각 주호가 한 층으로 구성
(2) **복층형**(Duplex, Maisonette) : 한 주호가 2개 층 이상에 걸쳐 구성되는 형

장점	단점
• 독립성이 가장 양호 • 통로면적 감소 → 임대면적 증가 • EV의 정지층 수를 적게 할 수 있음(효율적, 경제적) • 다양한 평면 구성 가능 • 복도가 없는 층 : 프라이버시 확보 용이 • 복도가 없는 층 : 남북이 트여 채광이 유리	• 복도가 없는 층 : 피난상 불리 • 소규모 주택에는 비경제적 • 구조상 복잡

(3) **트리플렉스형**

듀플렉스형보다 프라이버시의 확보율이 높고 통로면적(공용면적)이 더 적게 필요함

(4) **스킵플로어형**(Skip Floor Type) – 반 층 높이 차이
① 엘리베이터와 연결하는 복도가 2층 또는 3층마다 있고 2층에서 상하층에 계단으로 연락함
② 구조 및 설비계획상 복잡한 단점이 있음
③ 일반적으로 복층형으로 간주하나 단층형과 복층형이 존재함

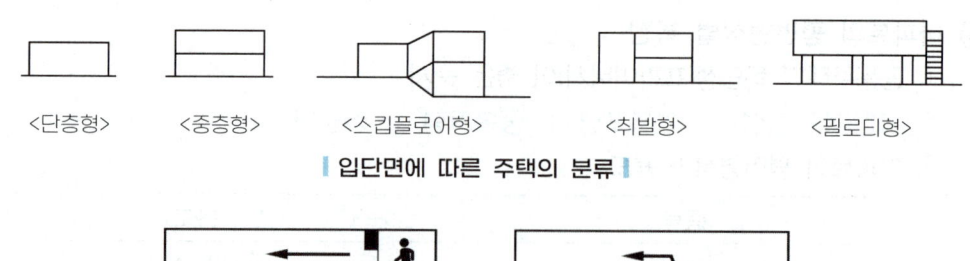

| 입단면에 따른 주택의 분류 |

| 아파트의 입체형식 |

3. 평면계획

(1) 블록 플랜(Block Plan)의 결정 조건
① 현관은 계단에서 6m 이내일 것(계단실형인 경우)
② 모퉁이 내에서 다른 주호가 들여다보이지 않을 것
③ 중요한 거실이 모퉁이에 배치되지 않도록 할 것
④ 각 단위 플랜이 2면 이상 외기에 면할 것
⑤ 주동 배치 시 남북 간 인동간격의 결정요소
　㉠ 일조와 채광
　㉡ 건물의 높이
　㉢ 프라이버시의 유지
⑥ 공간의 융통성 계획(APT)
　㉠ 침실 간 인접한 벽은 비내력벽
　㉡ 식당과 거실을 동일실로 함(부엌 분리)
　㉢ 거실에 인접한 침실은 거실을 거치지 않도록 함
　㉣ 침실은 서로 분리(독립성 ○, 융통성 ×)
　㉤ 거실의 독립성 부여

(2) 단위평면(Unit Plan)의 결정 조건
① 거실에는 직접 출입이 가능하도록 함
② 침실에는 직접 출입이 가능하도록 하며 타실을 통하여 통행하지 않도록 함
③ 부엌과 식사실은 직접 연결하고 외부에서 직접 출입할 수 있도록 함
④ 동선은 단순하고 혼란되지 않도록 계획함

4. 세부 계획
(1) 공동 부분
① 계단
  ㉠ 단 높이는 18cm, 단 너비는 28cm, 물매는 30° 이하, 계단 폭은 1.8~2.1m
  ㉡ 배수는 기준층에서 처리함
  ㉢ 주택단지 안의 건축물 또는 옥외에 설치하는 계단의 각 부위의 치수

(단위 : cm)

계단의 종류	유효 폭	단 높이	단 너비
공동으로 사용하는 계단	120 이상	18 이하	26 이상
세대 내 계단 또는 건축물의 옥외계단	90 이상 (세대 내 계단의 경우는 75 이상)	20 이하	24 이상

  ㉣ 공동주택 계단 난간의 각 부위 치수
    ⓐ 난간의 높이 : 바닥의 마감면으로부터 120cm 이상(다만, 건축물 내부 계단에 설치하는 난간, 계단중간에 설치하는 난간 기타 이와 유사한 것으로 위험이 적은 장소에 설치하는 난간의 경우에는 90cm 이상으로 할 수 있다.)
    ⓑ 난간의 간살의 간격 : 안목치수 10cm

② 복도
  ㉠ 기준층에서의 복도 폭 : 1.8~2.1m
  ㉡ 보행 거리
    ⓐ 주요 구조부가 내화구조인 경우 : 50m
    ⓑ 비내화구조인 경우 : 30m
  ㉢ 출입구의 높이 : 1.8m
  ㉣ 계단참 : 3m 이상 높이의 경우는 3m 이내마다 1개소씩 설치
  ㉤ 법규상 복도의 폭(공동주택, 오피스텔)
    ⓐ 중복도 : 1.8m 이상
    ⓑ 편(갓)복도 : 1.2m 이상
  ㉥ 공동주택 복도 규정
    ⓐ 외기에 개방된 복도에는 배수구를 설치하고, 바닥의 배수에 지장이 없도록 할 것
    ⓑ 중복도에는 채광 및 통풍이 원활하도록 40m 이내마다 1개소 이상 외기에 면하는 개구부를 설치할 것
    ⓒ 복도의 벽 및 반자의 마감(마감을 위한 바탕을 포함)은 불연재료 또는 준불연재료로 할 것

③ 엘리베이터(EV)
  ㉠ 배치
    ⓐ 복도형일 때 : 단위 플랜에서 30~40m 이내
    ⓑ 홀형일 때 : 홀에 배치

ⓒ EV 대수 산출 시 가정 조건

> • 2층 이상 거주자의 30%를 15분간에 일방 수송한다.
> • 한 층에서 승객을 기다리는 시간은 평균 10초로 한다.
> • 1인의 승강에 필요한 시간은 문의 개폐시간을 포함해서 6초로 한다.
> • 실제 주행속도는 전 속도의 80%로 한다.
> • 정원의 80%를 수송 인원으로 본다.

ⓒ EV 1대당 50~100호가 적당, 10인승 이하의 소규모가 좋음
② 승강기의 종류별 특성
  ⓐ 승용승강기 : 6층 이상의 공동주택은 설치 의무 → 대당 6인승 이상(단, 6층인 공동 주택 바닥면적 300m² 이내마다 거실로부터 직통계단 → 제외)

계단실형	계단실마다 1대 이상 승용승강기 설치
복도형	1+(A−100세대)/100 이상(A−세대수)

  ⓑ 비상용 승강기 : 10층 이상 공동주택 → 비상용 승강기 설치 의무
  ⓒ 화물용 승강기 : 7층 이상 공동주택 → 화물용 승강기 설치 의무
⑩ 화물용 승강기의 설치 기준
  ⓐ 적재하중은 0.9톤 이상이어야 함
  ⓑ 계단실형인 공동주택의 경우에는 계단실마다 설치함
  ⓒ 승강기의 폭 또는 너비 중 한 변은 1.35m 이상, 다른 한 변은 1.6m 이상으로 함
  ⓓ 복도형인 공동주택의 경우에는 100세대까지 1대를 설치하되 100세대를 넘는 경우에는 100세대마다 1대를 추가로 설치한다.
④ 아파트의 지상에 필로티를 두는 목적
  ㉠ 개방감의 확보
  ㉡ 원활한 보행동선의 연결
  ㉢ 오픈스페이스로서의 활용 가능
  ㉣ 용적률의 감축
    ▶ 아파트의 지상에 필로티를 두면 공사비가 증대됨
⑤ 공동주택을 건설하는 주택단지는 기간도로와 접하거나 기간도로로부터 당해 단지에 이르는 진입도로가 있어야 함. 이 경우 기간도로와 접하는 폭 및 진입도로의 폭은 다음 표와 같음

주택단지의 총 세대수	기간도로와 접하는 폭 또는 진입도로의 폭
300세대 미만	6m 이상
300세대 이상 500세대 미만	8m 이상
500세대 이상 1천 세대 미만	12m 이상
1천 세대 이상 2천 세대 미만	15m 이상
2천 세대 이상	20m 이상

⑥ 도로의 구조·시설기준에 관한 규칙에는 주택단지 안의 폭 8m 이상인 도로에 설치해야 하는 보도의 최소 폭을 1.5m로 규정하고 있음
⑦ 주택법상 주택단지의 복리시설 : 관리사무소, 경로당, 어린이놀이터
⑧ 공동주택단지 안의 도로의 설계속도 : 20km/h
⑨ 공중가로 : 전통적인 주택의 골목길을 적층(積層) 주택인 아파트에 구현하고자 했던 설계어휘

(2) 아파트에서 친교공간 형성을 위한 계획 방법
① 아파트에서의 통행을 공동 출입구로 집중시킨다.
② 별도의 계단실과 입구 주위에 집합단위를 만든다.
③ 아파트에서 큰 건물이나 큰 단지로 설계하면 친교공간 형성에 어려움이 많으므로 작은 단지로 설계한다.
④ 공동으로 이용되는 서비스 시설을 현관에 인접하여 통행의 주된 흐름에 약간 벗어난 곳에 위치시킨다.

(3) 지속가능한(Sustainable) 공동주택의 설계개념
① 환경친화적 설계
② 지형순응형 배치
③ 가변적 구조체의 확대 적용

4 단지계획

1. 개요
도시계획이 인간 활동을 서로 결합하는 과정이고, 건축이 인간 활동을 담는 용기를 만드는 것이라고 한다면, 단지계획(Site Planning)은 이 두 가지가 서로 조화될 수 있는 환경을 조성하는 것임

(1) 공동체 의식 향상방안
① 클러스트형의 주호군 배치
② 이용거리를 고려한 공공시설물 배치 및 공동공간(Communal Space)의 조성
③ 보차분리형의 가로망 계획 : Cul-de-Sac, Loop 등

2. 주거단지 계획의 이론

(1) 페리(Clarence Arther Perry)의 근린주구
일반적으로 초등학교 한 곳을 필요로 하는 인구가 적당하며, 지역의 반지름이 400m인 단위를 잡고 있음

┃ 페리의 근린주구 모델 ┃

구성요소	원칙
규모(site)	초등학교 1개소가 구성될 수 있는 인구, 물리적 크기는 인구밀도에 의해 결정
경계(Boundary)	주구를 둘러싼 간선도로, 통과 교통 배제
공지(Open Space)	소공원, 레크리에이션 용지, 공원의 체계화
공공시설 용지 (Institution Site)	학교, 기타 공공시설들이 중심지 또는 공공지역에 적합하게 군집되어 입지
지구점포(Local Shop)	거주인구에 적합한 상점지구가 주거지 내에 1개소 이상 입지, 위치는 교통의 결절점이거나 혹은 인접 상점지구와 근접 배치
내부가로체계 (Internal Street System)	가로망은 교통량에 비례하고, 지구 내 교통을 용이하게 하면서 통과 교통 방지

(2) 라이트(Henry Wright)와 스타인(Clarence S. Stein)의 래드번

미국 뉴저지의 래드번(Radburn) 설계(1928)는 영국의 '막다른 골목(Dead-end-Street)'과는 구별되는 것으로 주거들은 막다른 골목의 끝에 자유로이 배치되어 차고를 설치하며 질서를 부여함

① **주된 특징 : 자동차와 보행자의 분리**
② **슈퍼블록**(Super Block)으로 주택들과 가구 안의 시설, 학교, 공원 등은 보도에 의해 연결
   ㉠ 주거지 내의 통과교통을 허용하지 않음
   ㉡ 간선도로에 의해 분할되지 않는 주구로 10~20ha로 구성
   ㉢ 중앙에는 학교, 공공건축용지 및 대공원 설치를 계획
③ **쿨데삭**(Cul-de-Sac)은 차량의 서비스 도로역할을 하며 주호 내 서비스실은 쿨데삭 쪽에 배치하여 차량이 집과의 접근, 배달, 서비스 활동을 가능하게 함

④ 보도에 의해 가구 안의 시설물에 접근함

■ 보행자, 자동차의 동선 분리방법

평면 분리	• 쿨데삭, 루프, T자형
입체 분리	• 오버브리지, 언더패스 • 페데스트리언 데크, 지하도

(3) 쿨데삭
① 통과 교통이 방지되어 보차분리가 이루어짐
② 보행로의 배치가 자유로움
③ 주거환경의 쾌적성 및 안전성 확보가 용이
④ 적정길이는 120~300m, 최대길이는 300m 이하
⑤ 우회도로가 없기 때문에 방재상으로는 불리함

(4) 루프형(Loop, 고리형)
① 불필요한 차량 진입이 배제되는 이점을 살리면서 우회도로가 없는 쿨데삭(Cul-De-Sac)형의 결점을 개량하여 만든 형식
② 통과교통이 없기 때문에 주거환경의 쾌적성과 안정성은 확보되지만 도로율이 높아지는 단점이 있음
③ 사람과 차량의 동선이 교차된다는 문제점이 있음

(5) 래드번 시스템의 기본 원리
① 보도와 차도의 평면적 및 입체적 분리(또는 완전한 분리)
② 쿨데삭(막힌 골목길)
③ 대가구 계획(슈퍼블록)
④ 간선도로로 둘러싸이고, 간선도로가 중앙을 관통하지 않음
⑤ 기능에 따른 4가지 종류의 도로 구분
⑥ 주택단지 어디로나 통할 수 있는 공동의 오픈 스페이스 조성

(6) 슈퍼블록 구성의 이점
① 보차분리
② 내부통과교통 없음
③ 건물의 집약화(고층화, 효율화)
④ 충분한 오픈 스페이스 확보
⑤ 도시 시설의 공동화

> **Tip** 케빈 린치의 도시 이미지 요소
> ① Paths(통로) ② Edges(접촉부)
> ③ Nodes(중심) ④ Districts(구역)
> ⑤ Landmark(기념물)

3. 주거단지의 구성
(1) 생활권 체계
1단지 주택계획은 인보구 < 근린분구 < 근린주구로 구성된다.

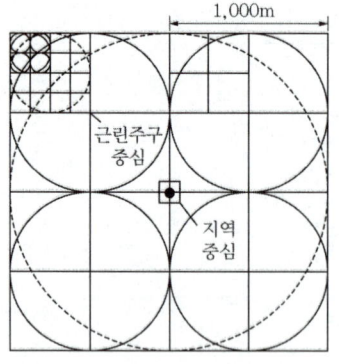

(1) 지역 Community 약 400ha
 (약 100,000명)

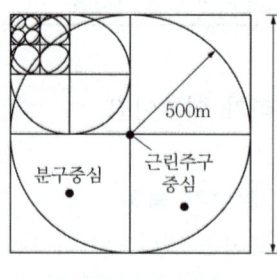

(2) 근린주구 약 100ha
 (약 8,000명)

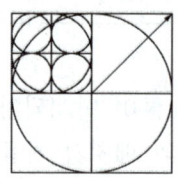

(3) 근린분구
 약 25ha
 (약 2,000명)

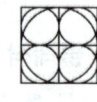

(4) 인보구
 약 6ha
 (약 150명)

근린주구의 단계별 규모

구분	면적	호수	인구규모	중심시설	비고
인보구	0.5~2.5ha	20~40호	100~200명	철근콘크리트 3~4층 아파트 1~2동	• 유아놀이터 • 공동세탁장
근린분구	15~25ha	400~500호	2,000~2,500명	일반 소비 생활에 필요한 공동시설을 운영할 수 있는 체계	• 소비시설 : 잡화, 음식점 • 보건위생시설 : 공중목욕탕, 약국, 이용실, 미용실, 진료소 • 보육시설 : 유치원, 어린이집, 어린이공원
근린주구	100ha	1,600~2,000호	8,000~10,000명	초등학교를 중심으로 한 근린 분구 여러 개의 집합체	• 교육문화시설 : 잡화, 음식점 • 행정시설 : 동사무소, 우체국, 소방서 • 의료시설 : 병원 • 공원시설 : 공원, 운동장
근린지구	400ha	20,000호	100,000명	—	• 도시생활의 대부분의 시설 (경찰서, 전화국)

4. 주거단지의 계획
(1) 동선 계획
① 보행자 동선
  ㉠ 대지 주변부의 보행자 전용로와 연결
  ㉡ 목적동선은 최단거리로 할 것
  ㉢ 생활편의시설을 집중적으로 배치
  ㉣ 놀이터나 공원 등 어린이 놀이터 동선은 보행자 전용도로에 인접해서 설치
② 동선계획의 고려사항
  ㉠ 최단거리 등이 되도록 계획
  ㉡ 안전성
  ㉢ 쾌적성
  ㉣ 인지성

(2) 공동시설
① 이용성, 기능상의 인접성, 토지이용의 효율성에 따라 인접하여 배치
② 중심을 형성할 수 있는 곳에 설치
③ 중심지역에는 시설광장을 설치하여 공원, 녹지, 학교 등과 관련시켜 계획
④ 확장 또는 증설을 위한 용지를 확보
⑤ 이용 빈도가 높은 건물은 이용거리를 짧게 함

5. 교통계획
(1) 교통계획 시 고려사항
① 통행량이 많은 고속도로는 근린주구 단위를 분리함
② 근린주구 단위 내부로의 자동차 통과 진입을 극소화시킴
③ 도로 패턴은 조직적이어야 하며, 주요 차도와 보도의 입구는 분명히 특징지을 수 있어야 함
④ 2차 도로체계(Sub-System)는 주도로와 연결되어 쿨데삭(Cul-de-Sac)을 이루게 함
⑤ 단지 내의 통과교통량을 줄이기 위해 고밀도 지역은 진입구 주변에 배치함
⑥ 통과도로는 다른 도로들보다 중요하게 취급되어 방문자들이 필요없이 방황하거나 길을 잃지 않도록 하여야 함

(2) 차량 교통계획
① 간선도로 계획
  ㉠ 지구 내 간선도로는 지선로에 의해 자주 끊겨서는 안 됨
  ㉡ 간선도로에서 횡단보도는 최소 300m마다 설치
  ㉢ 간선도로 교차는 T자형으로 하며, 교차지점 간의 간격은 최소 400m 이상으로 함
  ㉣ 모든 공공시설물은 인접된 둘 이상의 간선도로에서 보행거리 내에 설치하는 것이 바람직

② 도로의 형식
　　㉠ 격자형 도로(Grid Pattern) : 교통을 균등분산, 넓은 지역을 서비스, 교차점은 40m 이상 이격, 업무나 주거지역으로 직접 연결되어서는 안 됨
　　㉡ 선형도로(Linear Road Pattern) : 폭이 좁은 건축단지에 유리
　　㉢ 쿨데삭(Cul-De-Sac) : 쿨데삭의 적정길이는 120~300m, 최대길이는 300m 이하
　　㉣ 단지순환로(Ring Road) : 도로가 단지 주변에 분포하는 경우 최소한 4~5m 정도 완충지를 두고 식재함. 단지가 공원 또는 다른 오픈 스페이스와 인접할 경우 7~8m 정도의 여유를 두고 후퇴 배치 고려

(3) 보행자 교통계획
① 보행자 공간계획 시 유의사항
　　㉠ 안전하고 쾌적할 것
　　㉡ 보행로에 흥미를 부여(질감, 밀도, 조경 및 스케일에 변화)
　　㉢ 광장 등을 보행자공간에 포함
　　㉣ 보행자가 차도를 걷거나 횡단하기 쉽지 않게 할 것
　　㉤ 통행인의 습관이나 형태에 맞추어 최단거리로 함
　　㉥ 보·차 교차부분은 시계를 넓게 하고 차도를 쉽게 인지할 수 있도록 함
　　㉦ 교차부분은 직각으로, 단차를 적게 함
　　㉧ 주민들의 접촉을 보행로에서 일어나도록 함
　　㉨ 커뮤니티의 중심부에는 유보로(Promenade)를 설치함
　　㉩ 활동의 결절점(Activity Node)은 커뮤니티의 어느 곳에서도 10분 정도의 보행거리 내에 위치하도록 하며, 오픈 스페이스를 둠
② 보행자 도로
　　㉠ 최소 폭 : 2.4m 이상(3인 정도 통과 고려)
　　㉡ 도로 폭이 10m 이상일 경우 보도 필요
　　㉢ 보도는 블록 내에서 단절되지 말아야 하며, 다른 시설들로부터 방해를 받지 말아야 함
　　㉣ 규모가 큰 건축물의 입구가 직접 면하지 말아야 함
　　㉤ 자전거 도로의 경우 보도와의 사이에 가드레일(Guardrail) 또는 단차가 많이 나는 보도를 설치해야 함
　　㉥ 보도 폭 : 주간선도로(3m), 보조간선도로 및 세로(2m), 통학로(4m 이상)

제 4 절 | 호텔

1 호텔의 종류

1. 시티 호텔(City hotel)
도심에 위치하여 일반 여행객의 단기 체재나 연회 등의 장소로 이용됨

커머셜 호텔	• 일반 여행객용 호텔(편리와 능률이 중요) • 외래객에게 개방(연회, 집회) • 교통이 편리한 도시 중심지에 위치함 • 주로 고층화가 보통
레지덴셜 호텔	• 상업상 단기 체재하는 여행객용 호텔 • 커머셜 호텔보다 소규모이고, 설비는 고급 • 도심을 피하여 한적한 곳에 위치
아파트먼트 호텔	• 장기간 체재하는 데 적당 • 부엌과 셀프서비스 시설을 갖춤
터미널 호텔	• 교통의 발착지점에 위치한 호텔을 말함 • 공항 호텔(Airport hotel) • 철도역 호텔(station hotel) • 부두 호텔(Harvor hotel)

2. 리조트 호텔(Resort hotel)
여름과 겨울의 휴가를 위해 관광객이나 휴양객에게 많이 이용되는 호텔
① 클럽 하우스(club house) : 스포츠 및 레저 시설에 주로 이용되는 시설
② 산장 호텔(mountain hotel)
③ 온천 호텔(hot spring hotel)
④ 해변 호텔(beach hotel)
⑤ 스포츠 호텔(sport hotel)
⑥ 스키 호텔(ski hotel)

3. 호텔의 대지 선정 조건

시티호텔	• 교통이 편리할 것 • 자동차 접근이 양호할 것 • 주차시설이 충분할 것 • 부지의 제약으로 복도면적을 작게 하고 고층화에 적합한 평면형이 필요

2 평면계획

1. 호텔의 기능별 실의 구성

기능	기능별 각 실의 구성
관리부분	• 프런트 오피스, 클로크룸, 지배인실, 사무실, 공작실, 창고, 화장실, 계단, 복도, 전화 교환실
공용(사교)부분	• 현관 홀, 로비, 라운지, 식당, 연회장, 매점, 나이트클럽, 커피숍, 담화실, 독서실, 흡연실, 프런트 카운터, 미용실, 이용실, 엘리베이터, 계단, 정원
숙박부분	• 객실, 욕실, 공동화장실, 보이실, 메이드실, 린넨실, 트렁크실

2. 각 실의 면적 구성비

① 숙박면적비 : 커머셜 > 레지덴셜 > 리조트 > 아파트먼트
② 공용면적비 : 아파트먼트 > 리조트 > 레지덴셜 > 커머셜
③ 1객실 면적 : 아파트먼트 > 리조트 > 레지덴셜 > 커머셜

구분	리조트호텔	커머셜호텔	아파트먼트 호텔
규모(객실 1개에 대한 연면적)	40~91m²	28~50m²	70~100m²
숙박부 면적비(연면적 기준)	41~56%	49~73%	32~48%
공용 면적비(연면적 기준)	22~38%	11~30%	35~58%
관리부 면적비(연면적 기준)	6.5~9.3%		
설비 면적비(연면적 기준)	약 5.2%		
로비 면적(객실 1개에 대한 면적)	3~6.2m²	1.9~3.2m²	5.3~8.5m²

3. 호텔의 기준층 계획의 고려사항

① 기준층은 호텔에서 객실이 있는 대표적인 층을 의미
② 동일 기준층에 필요한 것으로는 서비스실, 배선실 등이 있음
③ 기준층의 객실 수는 기준층의 면적이나 기둥간격의 구조적인 문제에 영향을 받음
④ H형 또는 ㅁ자형 평면은 거주성이 좋지 않음

3 세부계획

1. 객실
(1) 객실의 형
  ① 침대의 배치 : 가로·세로의 비, 욕실, 벽장의 위치에 의해서 결정
  ② 평면형의 결정 조건 : 침대·욕실·화장실의 위치

(2) 호텔 객실의 침대 및 가구의 배치에 영향을 끼치는 요인
  ① 반침의 위치
  ② 욕실의 위치
  ③ 실 폭과 실 길이의 비

2. 종업원과 관련된 공간

린넨실	• 객실 내부에서 사용하는 물건의 보관 또는 숙박객의 세탁물을 보관하는 실

3. 기타 항목
(1) 연회장의 출입
  연회장은 외부에서 직접 출입할 수 있어야 함

(2) 호텔 건축의 일반사항
  ① 호텔의 숙박부분에 의해 호텔의 외형이 결정됨
  ② 호텔의 공공부분은 호텔 전체의 매개 공간 역할을 함
  ③ 호텔의 공공부분 중 수익성 부분은 일반적으로 1층과 지하층에 두는 경우가 많음
  ④ 호텔의 숙박부분은 호텔의 가장 중요한 부분으로 객실은 쾌적성과 개성을 필요로 함

(3) 호텔 건축계획의 공공부분
  ① 일반적으로 호텔의 형태는 숙박부분의 계획에 의해 영향을 받음
  ② 공공부분, 사교부분은 일반적으로 저층에 배치하는 것이 바람직
  ③ 로비(Lobby)는 퍼블릭 스페이스(Public Space)의 중심이 되도록 계획
  ④ 로비와 라운지는 개방성과 연계성이 중요시됨

(4) 호텔의 퍼블릭 스페이스(Public Space) 계획
  ① 로비는 개방성과 다른 공간과의 연계성이 중요하다.
  ② 프론트 데스크 후방에 프론트 오피스를 연속시킨다.
  ③ 주식당은 외래객이 편리하게 이용할 수 있도록 출입구를 별도로 설치한다.
  ④ 현대 호텔의 프론트 오피스는 기계화된 설비를 적극 활용하여 고객의 편의와 능률을 높이는 추세이다.

단원별 경향문제

01
주택의 부엌에서 작업삼각형(Work Triangle)의 구성 요소에 속하지 않는 것은?
① 냉장고
② 배선대
③ 개수대
④ 레인지

해설 답 ②

작업삼각형의 정의
냉장고+개수대+가열대(레인지)를 잇는 삼각형

02
공동주택에 관한 설명으로 옳지 않은 것은?
① 단독주택보다 독립성이 크다.
② 주거환경의 질을 높일 수 있다.
③ 도시생활의 커뮤니티화가 가능하다.
④ 동일한 규모의 단독주택보다 대지비나 건축비가 적게 든다.

해설 답 ①

공동주택의 특성
① 프라이버시 유지 불리 → 독립성이 낮음

03
다음 중 근린주구 생활권의 주택지 단위로서 규모가 가장 작은 것은?
① 인보구   ② 근린주구
③ 근린지구   ④ 근린분구

해설 답 ①

주거단지 단위
인보구 < 근린분구 < 근린주구 < 근린지구

04
탑상형(Tower Type) 공동주택에 대한 설명으로 옳지 않은 것은?
① 각 세대에 시각적인 개방감을 줄 수 있다.
② 다른 주거동에 미치는 일조의 영향이 크다.
③ 단지 내의 랜드마크(Land Mark)적인 역할이 가능하다.
④ 각 세대에 일조 및 채광 등의 거주환경을 균등하게 제공하는 것이 어렵다.

해설 답 ②

아파트의 판상형/탑상형 특성 비교

구분	판상형	탑상형
장점	환경 균등	시각적 개방감 일조영향 작음 랜드마크적 역할 경관, 조망 유리
단점	일조영향 큼 조망, 경관 불리	환경 불균등

단원별 경향문제

05
주택의 동선계획에 관한 설명으로 옳지 않은 것은?
① 동선에는 공간이 필요하다.
② 가사노동의 동선은 북쪽에 오는 것이 좋다.
③ 주부의 가사노동 단축을 위해 평면에서의 주부의 동선을 짧게 한다.
④ 개인, 사회, 가사노동권의 3개 동선을 서로 분리하여 간섭이 없도록 한다.

해설 답 ②

가사노동의 동선계획
가급적 남쪽에 오도록 하며 짧고 굵게 계획

06
실내공간의 구성기법에 관한 설명으로 옳지 않은 것은?
① 폐쇄형 공간구성은 공간 사용에 있어 융통성이 부족하다.
② 개방형 공간구성은 폐쇄형 공간구성보다 에너지 절약에 유리하다.
③ 다목적 공간구성은 장래의 공간 활용에 있어 양적, 질적 변화에 대처할 수 있다.
④ 개방형 공간구성에서 영역의 구획방법으로는 마감재의 변화, 조명의 변화 등이 사용된다.

해설 답 ②
② 개방형 공간구성 에너지 손실이 많아 비경제적이다.

CHAPTER 02 상업·업무·산업건축

제1절 | 상점

1 개요

1. 상점의 광고요소(AIDMA 법칙)
상점의 정면(Facade) 구성에 필요한 5가지 광고요소
① A (주의, Attention)
② I (흥미, Interest)
③ D (욕구, Desire)
④ M (기억, Memory)
⑤ A (행동, Action)

2. 판매형식

(1) 측면판매
진열상품을 고객과 같은 방향으로 보며 판매하는 형식

장점	단점
• 진열면적이 커짐 • 상품에 대한 친근감이 있음 • 충동적 구매와 선택이 용이함	• 종업원의 정위치를 정하기 어렵고 불안정 • 상품의 설명과 포장이 불편함

(2) 대면판매
진열장을 사이에 두고 고객과 상담 또는 판매하는 형식

장점	단점
• 종업원의 정위치를 정하기 쉬움 • 상품의 설명과 포장, 계산이 편리함	• 통로면적 때문에 진열면적 감소 • 진열장이 많아지면 상점의 분위기가 딱딱해짐

3. 상점의 방위
① 식료품점: 석양에 의한 상품 변색을 고려하여 서향은 피함
② 양복점, 서점, 가구점: 가급적 도로의 남측이나 서측이 좋음
③ 귀금속점: 태양광선이 직사하지 않는 방향

2 평면계획

1. 상점구성

판매부분(매장)		부대(관리) 부분	
• 상품 전시 공간	• 통로 공간	• 상품 관리 공간	• 점원 후생 공간
• 도입 공간	• 서비스 공간	• 시설 관리 공간	• 영업 관리 공간
		• 주차장	

2. 동선계획

(1) 고객의 동선
① 충동적 구매를 유발하기 위해 동선의 길이는 길게 함
② 통로폭은 최소 0.9m 이상
③ 입구 부분에서 전체 매장이 한눈에 보이도록 배치함

(2) 종업원의 동선
① 고객동선과 서로 교차되지 않도록 함
② 가능한 짧게 하여 작업능률에 지장이 없도록 함

3. 상점의 외관(facade, 입면 또는 정면)

간판, 아케이드, 광고판 등 외부장치와 쇼윈도, 출입구 및 홀의 입구부분을 포함한 평면적 구성요소를 포함한 입체적인 구성요소의 전체를 의미함

(1) 숍 프런트(Shop Front)에 의한 분류

개방형	전면유리 사용, 도로에 면한 곳이 완전 개방됨(서점, 일용품상점, 철물점)
폐쇄형	출입구 외에는 벽/장식장 등으로 차단되는 방식 고객의 출입이 적고 상점 내에 오래 머무르는 경우에 적합함 상점 내의 분위기가 중요, 고객이 내부 분위기에 만족하도록 계획함 (귀금속점, 미용원, 카메라, 보석상)
중간형	개방형과 폐쇄형을 조합한 형식(가장 많이 사용)

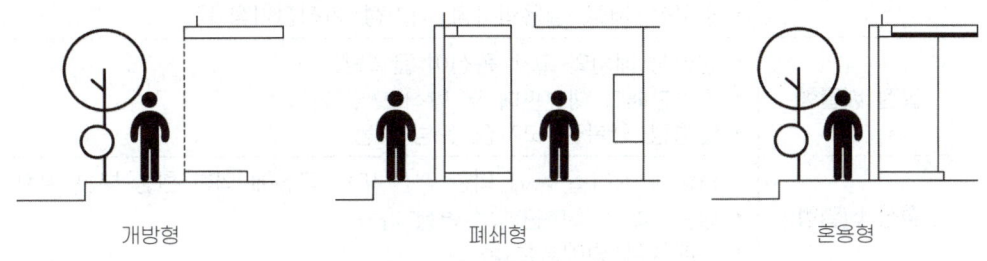

개방형 　　　　　 폐쇄형 　　　　　 혼용형

▮ 숍 프런트의 형식 ▮

■ 숍 프런트(Shop Front) : 전면도로와 상점내부와의 경계

(2) 진열창 형태에 의한 분류

평형	• 쇼윈도를 평면으로 만든 형식으로 가장 일반적임 • 채광이 좋고, 점내를 넓게 사용할 수 있음
만입형	• 점두의 일부를 상점 안으로 후퇴(만입)시킨 형식 • 점내 면적과 자연채광이 감소함 • 혼잡한 도로에서 마음 놓고 상품을 볼 수 있는 형식
돌출형	• 점내의 일부를 돌출시킨 형식(특수 도매상에 사용)
홀형	• 점두가 쇼윈도로 둘러져 있는 형태 • 점내면적 감소
다층형	• 큰 도로나 광장에 면할 경우 효과적인 형식 • 2층 또는 그 이상의 층을 연속될 경우 사용하는 형식

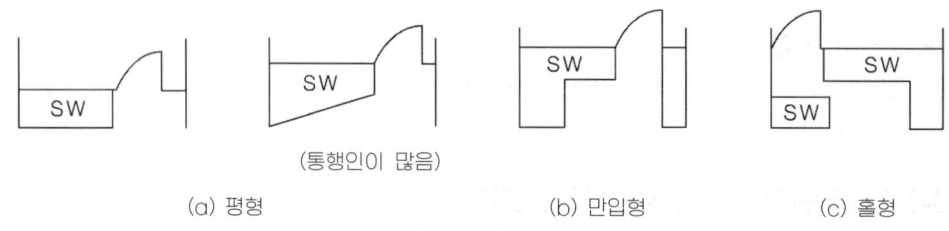

(a) 평형 (통행인이 많음)　　(b) 만입형　　(c) 홀형

┃ 진열창의 평면형식 ┃

(3) 매장의 가구배치 상 고려사항
① 손님 쪽에서 상품이 효과적으로 보이도록 한다.
② 감시하기 쉽고 손님에게 감시한다는 인상을 주지 않게 한다.
③ 들어오는 손님과 종업원의 시선이 직접 마주치지 않도록 한다.
④ 동선이 원활하여 다수의 손님을 수용하고 소수의 종업원으로 관리하게 한다.

(4) 진열장(판매대) 배치방법

직렬 배열형	• 통로가 직선이므로 고객의 흐름이 가장 빠름 • 부분별 상품진열 용이, 대량 판매 가능 • 침구점, 서점, 실용의복점, 식기점, 가정전기점 등
굴절 배열형	• 진열장 배치와 고객 동선이 굴절됨 • 측면판매와 대면판매 두 방식 모두 가능 • 안경점, 양복점, 모자점, 문방구 등
환상 배열형	• 중앙에 케이스 등에 의한 직선 또는 곡선에 의한 환상 부분 설치 • 대면판매와 측면판매의 병행 가능 • 수예품점, 민예품점 등
복합형	• 위와 같은 판매대 형식을 적절히 조합한 형태 • 액세서리점, 서점, 패션점 등

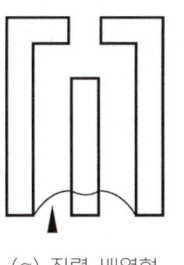 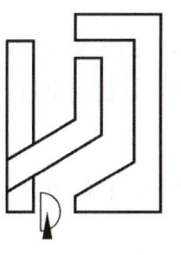 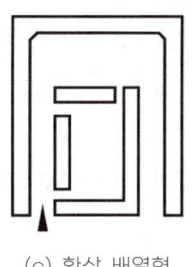 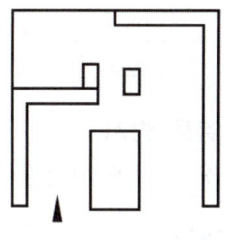

(a) 직렬 배열형　　(b) 굴절 배열형　　(c) 환상 배열형　　(d) 복합형

| 진열장의 평면형식 |

3 세부계획

1. 진열창(Show Window)

진열창은 출입구의 위치와 함께 결정되며 점포 입구의 형식, 상품의 종류, 점포의 폭 및 손님을 맞이할 수 있는 위치를 중심으로 계획함

(1) 현휘(눈부심, Glare) 방지

외부조도가 내부의 10~30배일 때 현휘가 발생함

① 현휘(글레어) 방지대책

주간 시	• 쇼윈도 형태를 만입형으로 계획함 • 쇼윈도 내부의 조도를 외부보다 밝게 함 • 차양을 달아 외부에 그늘을 줌 • 건너편의 건물이 비치는 것을 방지하기 위해 가로수를 심음 • 유리면을 경사지게 하거나 특수한 곡면유리 사용
야간 시	• 광원을 감춤 • 눈에 입사하는 광속을 적게 함

② 조명에 의한 반사 글레어 방지대책
　㉠ 젖빛 유리구 사용
　㉡ 간접 조명방식 채택
　㉢ 광도가 낮은 배광기구 이용

(2) 상점의 기본조명에 필요한 조명기구 수(N)

$$N = \frac{A \cdot E \cdot D}{F \cdot U}$$

A : 실면적(m^2)　　E : 평균조도(lx)　　D : 감광보상률
F : 사용광원 1개의 광속(lm)　　U : 조명률

(3) 쇼윈도(진열창)의 바닥높이
① 상품에 따라 다르게 하며 스포츠용품, 양화점은 낮게 하고, 시계, 귀금속은 높게 함
② 주목을 끌 수 있는 상품은 서 있는 사람의 눈높이보다 약간 낮게 함

(4) 결로 방지
창대 밑에 난방장치를 하여 내·외부 온도차를 적게 함

2. 계단
(1) 설치
① 정방형 평면일 경우 : 중앙에 설치
② 상점 깊이가 깊을 때 : 측벽에 따라 설치

(2) 경사
소규모 상점에 있어서 계단의 경사가 너무 낮을 경우에는 매장 면적을 감소시켜 유효면적이 축소되므로 규모에 알맞은 경사도를 선택할 것

(3) 상점에서의 계단은 훌륭한 장식적 요소가 됨
■ 슈퍼마켓 : 바닥에 고저차를 두지 않으며 매장의 진열장은 이동식 구조로 함

제 2 절 | 백화점

1 기본계획

1. 대지계획

대지 형태	계획 시 고려사항
• 정방형이나 장방형이 좋음 • 긴 변이 주요도로에 면하고 다른 1변 또는 2변이 폭이 큰 도로에 면함이 좋음	• 미래 고객의 인구 조사 • 예상 구매력 파악 • 부근의 상업 상태 조사 • 교통기관의 관계와 교통량 파악

2. 배치계획
① 주요 도로에서의 고객의 교통로와 상품의 반입 및 반송을 위한 교통로는 분리시킴
② 고객, 점원, 상품의 반출입에 해당하는 각 교통로를 어느 도로에서 유도하느냐 하는 계획은 주위 도로의 교통량과 폭 등을 고려하여 결정함

2 세부계획

1. 백화점의 기둥간격 결정요소
① 지하 주차 단위
② 진열장(show case)의 위치
③ 에스컬레이터의 배치 위치
④ 기둥의 간격 결정 요인(사무소)
    ㉠ 구조상의 스팬의 한도
    ㉡ 채광상 층고에 의한 안 깊이
    ㉢ 책상의 배치단위
    ㉣ 지하주차장의 주차구획 크기, 코어의 위치 등

2. 매장
(1) 종류
① 일반 매장 : 자유 형식으로 수층에 걸쳐 동일 면적으로 설치함
② 특별 매장 : 일반 매장 내에 설치하는 특별한 매장

(2) 통로

주요 통로	손님 통로
폭 2.7~3.0m	폭 1.8m 이상

3. 진열장(판매대)의 배치
(1) 직교 배치법
가구와 가구 사이를 열을 지어 직각배치, 직교하는 통로를 만드는 배치
① 가장 간단한 배치법
② 최대의 판매장 면적 이용(경제적)
③ 판매대의 이동 및 변경이 용이
④ 고객 통행량에 따른 통로 폭의 변화가 어려운 단점

(2) 사행 배치법(사교법)
주통로를 직각으로 배치, 부통로를 주통로에 45° 경사지게 배치하는 방법
① 많은 객이 매장 구석까지 가기 쉬운 장점
② 이형의 판매대가 많이 필요함

(3) 방사 배치법 : 판매장의 통로를 방사형으로 배치
① 일반적으로 많이 사용 안 함

(4) 자유 유동 배치법
고객의 통로를 유동 방향에 따라 자유로운 곡선으로 배치함
① 전시에 변화를 주고 판매장의 특수성을 살릴 수 있음

Chapter 02 · 상업 · 업무 · 산업건축

② 진열대 제작비가 고가이고 매장의 변경이 어려운 단점이 있음

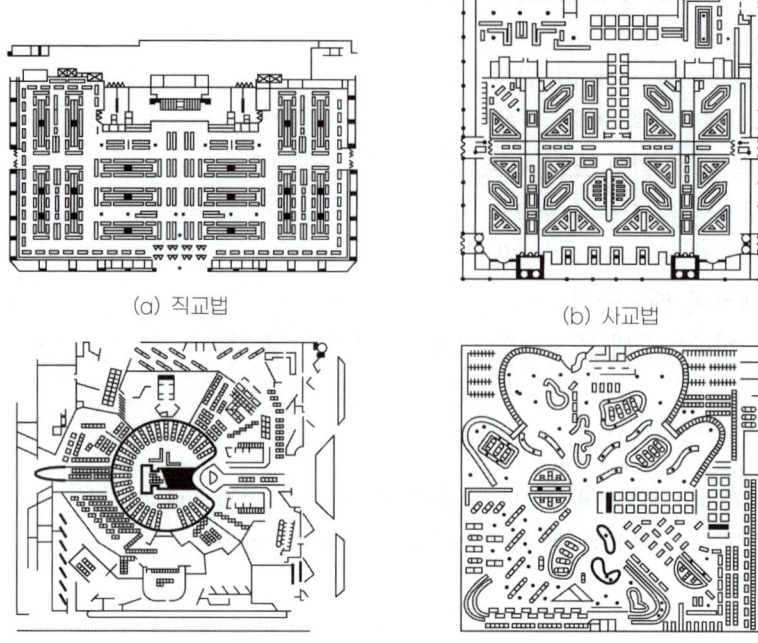

(a) 직교법 (b) 사교법
(c) 방사법 (d) 자유 유동법

| 진열장의 배치법 |

3 환경 및 설비계획

1. 승강설비

(1) 건축물의 용도별 엘리베이터(EV) 집중시간 분석

① 사무용 빌딩 : 출근 시 상승피크로 계산
② 공동주택(APT) : 저녁시간(귀가)의 피크로 계산
③ 호텔 : 저녁시간(체크인, 외출, 부대시설 이용)의 피크로 계산
④ 백화점 : 일요일 정오 전후 피크 발생
⑤ 병원 : 면회시간 개시 직후 피크 발생

(2) 에스컬레이터(ES)

고객의 70~80%가 이용하게 되며 EV 수송 능력의 10배

① 특징

장점	• 수송력에 비해 점유면적이 작음(EV의 1/4~1/5 정도) • 종업원이 적어도 됨 • 고객으로 하여금 기다리지 않게 함 • 매장을 바라보며 승강할 수 있음
단점	• 설비비가 고가 • 층고와 보의 간격에 제약을 받음

② 위치

EV와 출입구의 중간 또는 매장의 중앙에 가까운 장소로서 고객이 알아보기 쉬운 곳에 설치

③ 배치형식

배치형식의 종류		승객의 시야	점유 면적
직렬식		가장 좋음	가장 큼
병렬	단속식	양호함	큼
	연속식	보통	작음
교차식		나쁨	가장 작음

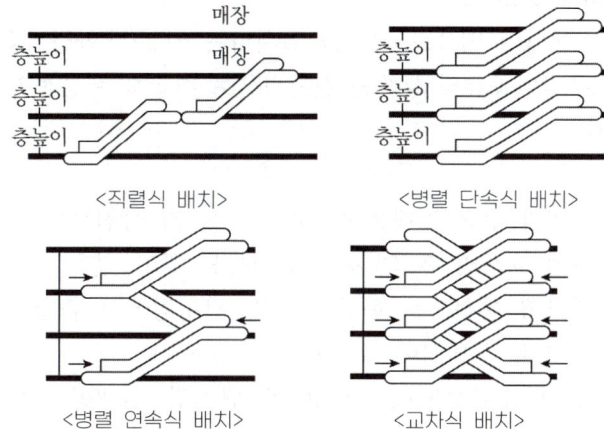

〈직렬식 배치〉　　〈병렬 단속식 배치〉

〈병렬 연속식 배치〉　　〈교차식 배치〉

④ 교차형 ES의 특징
  ㉠ 승강, 하강이 연속적이며 독립적
  ㉡ 대형 백화점에 적합
  ㉢ 승강/하강 시 승강장이 혼잡하지 않음
  ㉣ 설치면적은 가장 작음

⑤ 복렬형 ES의 특징
  ㉠ 순서대로 갈아타면서 갈 수 있음
  ㉡ 중·소규모의 백화점에 이용
  ㉢ 일반적으로 상승 또는 하강 전용
  ㉣ 설치면적은 증대

⑥ 점유면적 및 고객의 시야 확보 : 직렬식 > 병렬식 > 교차식

4 기타

1. 무창 백화점
실내의 진열면을 늘리거나 분위기의 조성을 위해 백화점의 외벽에 창이 없게 처리하는 방식

장점	• 매장 내의 냉난방 효율 증가 • 창의 역광으로 인한 내부 의장의 불리한 요소의 제거 • 외부 벽면에 상품 전시 가능
단점	• 화재나 정전 시 고객들이 혼란에 빠질 우려가 있음

2. 쇼핑센터

(1) 기능 및 공간의 구성요소

① **핵상점** : 쇼핑센터의 핵으로 고객을 유치하는 기능(백화점, 종합 슈퍼마켓)

② **전문점** : 주로 단일종류의 상품을 전문적으로 취급하는 상점과 음식점 등의 서비스점으로 구성됨

③ **몰**
  ㉠ 쇼핑센터 내의 주요 보행동선으로 고객을 각 상점으로 고르게 유도하는 쇼핑거리인 동시에 고객의 휴식처로서의 기능도 갖고 있음
  ㉡ 고객의 주보행 동선으로 핵상점과 각 전문점에서 출입이 이루어지는 곳이므로 확실한 방향성, 식별성이 요구됨
  ㉢ 몰은 개방된 오픈몰(Open mall)과 닫혀진 실내공간으로 형성된 클로즈드몰(Closed mall)로 계획할 수 있으며, 일반적으로 공기조화에 의해 쾌적한 실내 기후를 유지할 수 있는 클로즈드몰이 선호됨

④ **코트(Court)** : 고객이 머무를 수 있는 넓은 공간으로서 몰의 곳곳에 위치하여 고객의 휴식처가 되는 동시에 각종 행사의 장이 되기도 함

⑤ **주차장** : 차를 이용하는 고객의 편의와 고객 유치를 위해 필수적임
   (10~15분이 소요되는 운전거리)

(2) 쇼핑센터 계획 시 고려사항

① 몰(Mall)에는 확실한 방향성과 식별성이 요구된다.
② 전문상점과 핵(중심)상점의 주출입구는 몰(Mall)에 면한다.
③ 페데스트리언 지대(Pedestrian Area)의 구성을 통해 구매의욕을 도모하고 휴식공간을 마련한다.
④ 전문점의 레이아웃(Lay-out)과 전체적인 구성은 쇼핑센터의 특성 및 몰(Mall) 구성의 특색에 따라 결정하는 것이 좋다.

(3) 쇼핑센터의 면적 구성

핵상점	전체면적의 약 50%
전문점	전체면적의 약 25%
몰, 코트 등 공유 공간	전체면적의 약 10% 정도
관리시설, 기계실 등	전체면적의 약 15%

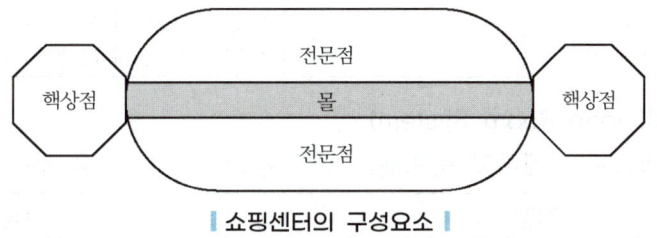

▎쇼핑센터의 구성요소▎

제 3 절 │ 사무소

1 개요

1. 유효율(렌터블비 : Rentable Ratio, %)
연면적에 대한 대실(임대)면적 비율

$$유효율 = \frac{대실(임대)면적}{연면적} \times 100\%$$

① 연면적에 대하여 70~75%
② 기준층에 대하여 80%

2. 사무소의 면적 기준
① 사무실의 크기 결정요소 : 수용인원 수
② 1인당 바닥면적의 기준

기준층	연면적
6m²/인	10m²/인

2 평면계획

1. 실단위에 의한 분류

(1) 개실 배치(Individual Room System)
복도에 의해 각 층의 개실로 들어가는 방법(소규모 사무실에 적합)

장점	단점
• 독립성이 좋음 • 소음이 적음 • 채광, 환기에 유리	• 비교적 공사비가 높음 • 방 길이는 수정 가능 • 방 깊이는 수정 불가능

(2) 개방식 배치(Open Room System)
개방된 큰 방으로 설계하고 중역들을 위해 분리된 작은 방을 두는 배치

장점	단점
• 전체 면적을 유효하게 이용(공간절약) • 공사비 절약(칸막이 없음) • 방길이·깊이 변화 모두 가능	• 프라이버시 결여 • 자연채광+인공조명 필요 • 소음이 큼

[개실 배치(Individual Room System)]　　　　[개방식 배치(Open Room System)]

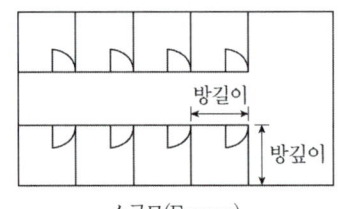　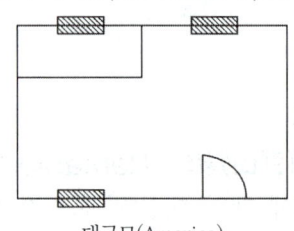

소규모(Europe)　　　　　　　　　대규모(America)

| 개실 배치와 개방식 배치 |

(3) 오피스 랜드스케이핑(Office Landscaping)
기존의 서열에 의한 획일성을 없애고 의사전달이나 사무의 흐름에 기초하여 보다 효율적인 사무환경의 향상을 위한 배치 방법임

① 계획원칙
　㉠ 직위보다 의사 전달과 작업 흐름을 우선으로 하여 배치
　㉡ 고정용 칸막이를 쓰지 않고 낮은 파티션이나 가구 등으로 공간을 구분함
　㉢ 평면배치 구성은 기하학적인 배치에서 탈피, 전체적으로 질서 없이 배치

② 장단점(오피스 랜드스케이핑은 개방식에 속함)

장점	단점
• 사무능률 향상 • 공간의 가변성이 좋음 • 공간이용의 효율성	• 프라이버시 결여 • 소음이 큼
공간의 절약, 공사비(칸막이, 공조, 소화, 조명설비 등) 절약이 가능	

③ 오피스 랜드스케이핑의 특징
  ㉠ 개방식 유형
  ㉡ 업무환경 개선
  ㉢ 경직된 조직 구성에서 탈피
  ㉣ 획일적 배치(×), 격자형 그리드 적용(×), 융통성(○)

(4) 책상배치의 유형
  ① 대향형
    ㉠ 책상이 서로 마주보도록 하는 배치
    ㉡ 면적효율은 좋으나 프라이버시가 침해당함
  ② 동향형
    ㉠ 책상을 같은 방향으로 배치하는 형식(가장 일반적인 배열)
    ㉡ 프라이버시 침해를 최소화
  ③ 좌우대향형
    ㉠ 대향형과 동향형의 절충형
    ㉡ 커뮤니케이션의 형성에 불리함
  ④ 십자형
    ㉠ 4개의 책상이 맞물려 십자를 이루는 배치
    ㉡ 그룹작업을 요하는 전문직 업무에 적합하며, 원활한 의사전달 가능
  ⑤ 자유형
    ㉠ 낮은 칸막이로 한 사람의 작업활동을 위한 공간이 주어짐
    ㉡ 독립성을 요하는 전문직이나 간부급에 적당

2. 복도형에 의한 분류

(1) 단일지역배치(Single Zone Layout, 편복도식)
  ① 복도의 한 쪽에만 사무실이 있는 형식
  ② 경제성보다 분위기, 건강 등의 중요도가 높은 곳에 적당

(2) 2중지역 배치(Double Zone Layout, 중복도식)
  ① 동서방향으로 사무실이 있는 형식
  ② 중규모 크기의 사무소 건축에 적당
  ③ 주계단과 부계단에서 각 실로 들어갈 수 있음

(3) 3중지역 배치(Triple Zone Layout, 2중 복도식)
  ① 방사선 형태의 평면형식, 고층 전용사무실에 주로 사용
  ② 경제적이며 미적, 구조적 견지에서 많은 이점이 있음

(4) 복도형의 특징 비교

구분	단일지역	2중지역	3중지역
경제성	저하	높음	높음
채광	양호	저	저
규모	소규모	중규모	고층전용

3 사무소의 코어 계획(Core Plan)

코어란 사무소건물에서 평면, 구조, 설비의 관점에서 건물의 일정한 부분에 집약된 형태로 존재하는 것을 의미

1. 코어의 역할

평면	구조	설비
• 공용면적을 줄여 유효면적을 높임 • 사무소 공간의 자유로운 공간 확보	내진벽 역할	• 설비시설 집약화 • 각종 설비, EV 등의 집중화 • 설비계통의 순환성 향상

2. 코어의 종류

(1) 편심 코어형
① 바닥면적이 작은 경우에 적합
② 바닥면적이 커지면 코어 외에 피난설비, 설비 샤프트 등이 필요함
③ 고층일 경우 구조상 불리하여 소규모 사무실에 주로 쓰임

(2) 독립 코어형(외 코어형)
① 설비 덕트, 배관을 사무실까지 끌어 들이는 데 제약이 있음
② 방재상 불리하고 바닥면적이 커지면 피난시설을 포함하는 서브코어가 필요함
③ 내진구조에는 불리함
④ 사무실 부분의 내진벽은 외주부에만 하는 경우가 많음

(3) 중심 코어형 – 구조적으로 가장 바람직
① 바닥면적이 큰 경우, 고층·초고층, 내진구조에 적합함
② 임대사무소에서 가장 경제적인 코어형
③ 내부 공간과 외관이 획일적으로 되기 쉬움

(4) 양단 코어형 – 방재계획 상 가장 유리
① 코어가 분리되어 2방향 피난에 유리함
② 하나의 대공간을 필요로 하는 전용 사무소에 적합함

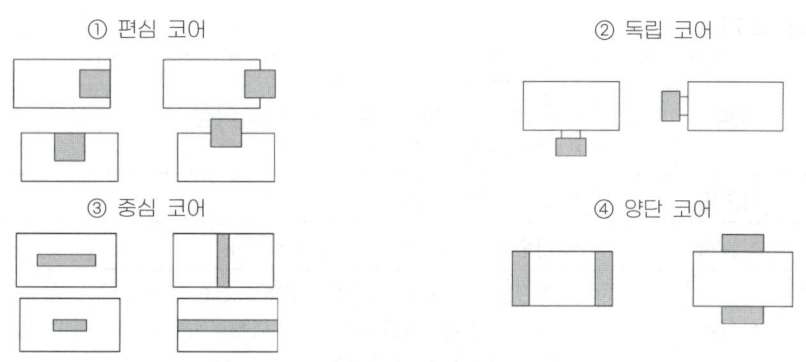

| 코어의 종류 |

3. 코어 계획 시 고려사항
① 계단과 엘리베이터 및 화장실은 가능한 한 접근시킴(단, 피난용 특별계단은 법정거리 한도 내에서 가급적 멀리 둠)
② 엘리베이터 홀이 출입구에 근접해 있지 않도록 함
③ 코어 내 공간의 위치를 명확히 함
④ EV는 가급적 중앙에 배치
⑤ 동선은 짧게 계획(코어 내 공간과 사무실 사이의 동선)

4 단면계획

1. 층고

(1) 사무실의 층고 결정요소
① 사용 목적
② 채광
③ 공조시스템
④ 공사비에 의해서 결정

(2) 사무실의 깊이 결정요소
① 책상 배치
② 채광량

(3) 사무실의 층고를 낮게 잡는 이유
① 건축비 절감
② 많은 층수의 확보
③ 수직동선 단축
④ 공조의 효과

(4) 층고의 크기

1층	• 소규모건물 : 보통 4m • 은행 및 넓은 상점 : 4.5~5m 이상 • 고층건물 : 5.5~6.0m 정도
기준층	• 보통 3.3~4.0m
최상층	• 기준층+30cm(덕트 높이 때문)
지하층	• 중요한 실을 두지 않는 경우 : 3.5~3.8m • 소규모 난방 보일러실 : 4~4.5m • 대규모 난방 보일러실 : 5~6.5m

2. 기준층 계획

(1) 사무소 건축의 기준층 규모산정 시 고려사항

- 구조상 스팬 한도
- 각종 설비 시스템상의 한계
- 동선상의 거리
- 자연광과 실깊이(채광한계)
- 대피상 최대 피난거리
- 방화구획상 면적

(2) 기둥의 간격 결정 요인
① 책상의 배치단위
② 채광상 층고에 의한 안깊이
③ 구조상의 스팬의 한도
④ 지하주차장의 주차구획 크기, 코어의 위치 등

5 세부계획

1. 사무실 계획
(1) 사무실의 안깊이(L)
① 채광 정측에 면하는 실내(L/H) : 1.5~2.0
② 외측에 면하는 실내(L/H) : 2.0~2.4

(2) 화장실의 위치
① 계단, 엘리베이터 홀에 근접
② 각 층 공통 위치
③ 동선이 짧은 곳
④ 1개소 또는 2개소에 집중 배치
⑤ 외기에 접할 것(접하지 않은 경우 환기설비)

6 환경 및 설비계획

1. 엘리베이터(EV)

(1) 배치계획 시 조건
① 주요출입구, 홀에 직면 배치
② 외래자에게 잘 알려질 수 있는 위치가 되도록 할 것
③ 한 곳에 집중해서 배치
④ 4대 이하(직선배치), 6대 이상(대면배치, 알코브)
⑤ 각 층의 위치는 동선이 짧고 간단하게 할 것
⑥ 엘리베이터 홀의 최소 넓이 : $0.5m^2$/인, 폭은 4m가 보통

(2) 대수 결정 조건
① 대수 산정의 기준 : 아침 출근 시 5분간의 이용자
② 1일 이용자가 가장 많은 시간 : 오후 12시~1시(점심시간)

(3) 엘리베이터 배치

직선형	알코브형	대면형	대면혼용형
	3.5~4.5m	3.5~4.5m	저층용/고층용 6m 이상

(4) 엘리베이터 계획 시 고려사항
① 승객의 층별 대기시간은 평균 운전간격 이하가 되게 함
② 군 관리운전의 경우 동일 군내의 서비스 층은 같게 함
③ 초고층, 대규모 빌딩인 경우에는 서비스 그룹을 분할(조닝)하는 것을 검토함
⑤ 건물의 출입층(출발 기준층)이 2개 층이 되는 경우는 각각의 교통수요량 이상이 되어야 함
⑥ 서비스를 균일하게 할 수 있도록 건축물 중심부에 설치하는 것이 좋음
⑦ 엘리베이터 홀은 엘리베이터 정원 합계의 50% 정도를 수용할 수 있어야 하며, 1인당 점유면적은 $0.5~0.8m^2$로 계산함

(5) 고층용 엘리베이터 계획 시 고려사항
① 각 서비스 존은 10~15개 층으로 구분한다.
② 각 서비스 존별 엘리베이터의 수량은 가능한 한 8대 이하로 한다.
③ 출발 기준층은 가급적 1개 층으로 하는 것이 바람직하다.
④ 호텔의 경우는 엘리베이터의 불특정한 이용승객의 인지성 등을 고려하여 40층 이하의 경우에는 1개 존으로 하는 것이 바람직하다.

(6) 엘리베이터 조닝(Zoning) : 엘리베이터 정지층 수를 몇 층마다 분리함
   ① 수송(일주)시간 단축
   ② 경제성 고려
   ③ 유효면적 증가
   ④ 조닝 수가 증가할수록 거주인구는 적어짐

(7) 조닝 방식별 용도
   ① 더블 데크 시스템 : 러시아워 해결용
   ② 스카이로비 시스템 : 100층 이상의 초고층에 채용

2. 스모크 타워(Smoke Tower)

비상계단의 전실에 화재에 의해 침입한 연기를 배기하기 위한 샤프트(Shaft)를 의미
   ① 계단실이 굴뚝 역할을 하는 것을 방지함
   ② 전실의 천장은 가급적 높게 함
   ③ 전실 내 스모크 타워 위치
      ㉠ 배기 위치 : 계단실보다 복도 쪽에 가깝게 배치
      ㉡ 급기 위치 : 계단실 쪽에 가깝게 배치
   ④ 전실의 창과는 별도로 스모크 타워를 반드시 설치해야 함

3. 사무소의 기타사항

(1) 쇼룸(Show Room)
   기업체가 자사제품의 홍보, 판매·촉진 등을 위해 제품 및 기업에 관한 자료를 소비자들에게 직접 호소하여 제품의 우위성을 인식시키는 전시공간

(2) 고층 사무소 건축
   ① 토지이용효율이 높아진다.
   ② 화재와 지진 등의 재난에 대한 대비가 필요하다.
   ③ 층고를 낮게 할 경우 건축비를 절감시킬 수 있다.
   ④ 고층일수록 설비비의 증가로 단위면적당 건축비가 증가된다.

제 4 절 | 은행

1 평면계획

1. 규모의 산정

은행의 규모는 은행원수로 산정함

(1) 영업장 면적의 산정

은행원수×4~6m²

(2) 면적 비율

영업장 : 객장=3 : 2

2 동선계획

① 대규모의 은행이라도 고객 출입구는 되도록 1개소로 함(안여닫이)
② 업무내부의 일의 흐름은 되도록 고객이 알기 어렵게 함
③ 고객의 공간과 업무공간의 사이에는 원칙적으로 구분이 없어야 함
④ 고객과 직원의 출입구 분리
⑤ 고객부분과 내부객실과의 긴밀한 관계가 요구됨

평면형	설명	평면형	설명
	소규모 지점		기본평면 규모가 큰 본점에 적용

평면형	설명	평면형	설명
	약간 크고, 길모퉁이에 적합		규모가 큰 본점에 적용
	외국에서 보편적으로 채용되고 있는 형식		규모가 크나 정면 넓이가 좁을 때 사용

3 세부계획

1. 은행실

(1) 주출입구(현관)
  ① 도난방지상 안여닫이로 함
  ② 전실을 둘 경우 바깥문은 바깥여닫이 또는 자재문으로 함

(2) 영업장
  영업장의 넓이는 은행건축의 규모를 결정(은행원 1인당 4~6m²)
  소요조도 : 작업하는 책상면의 조도는 300~400lux가 보통

(3) 회전문
  ① 어린이 출입이 많은 곳에선 사용 금지
  ② 실내기밀유지
  ③ 인원통제

(4) 카운터(tellers counter)

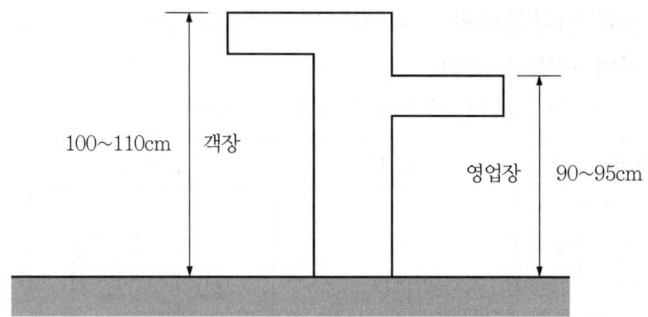

높이	• 객장 : 100~110cm • 영업장 : 90~95cm
폭	60~75cm
길이	150~180cm

제 5 절 | 공장

1 기본계획

1. 공장부지의 조건
① 평탄한 지형으로 부지의 정지 비용이 적게 소요되는 지형일 것
② 노동력 공급이 용이하고 원료의 공급이 풍부할 것
③ 유사공업의 집단지이고 관련 공장과의 인접할 것
④ 지반이 양호하고 습윤하지 않으며 배수가 용이할 것

2. 배치계획
① 장래계획, 확장계획을 충분히 고려해서 배치 계획함
② 원료 및 제품을 운반하는 방법, 작업동선을 고려함
③ 견학자 동선을 고려함

3. 공장건축의 형식과 특징

(1) 분관식(Pavilion type)

대지가 부정형이나 고저차가 있을 때 유리함, 보통 화학공장, 일반기계조립공장, 중층공장의 경우에 적합

(2) 집중식(Block type)

대지가 정형이거나 평탄할 때 유리함, 보통 단층건물이 많으며 평지붕 무창공장에 적합

(3) 특징 비교

분관식(파빌리온 타입)	집중식(블록 타입)
• 신설, 확장이 용이함 • 통풍, 채광 양호함 • 배수, 물홈통설치가 용이함 • 경사지붕, 다층공장에 적합	• 공간 효율이 좋음 • 건축비 저렴함 • 운반이 용이함 • 평지붕, 단층공장에 적합

4. 공장녹지계획의 효용성
① 생산 및 노동 환경의 보전
② 공해 및 재해 파급의 완충
③ 상품 이미지의 향상과 선전

5. 공장 건축계획 시 고려사항
① 계획 시부터 장래 증축을 고려하는 것이 필요하며 평면형은 가능한 요철이 적은 것이 유리하다.
② 재료반입과 제품반출 동선은 분리하고 물품동선과 사람동선은 별도로 하는 것이 바람직하다.

③ 외부인 동선과 작업원 동선은 분리하고, 견학자는 생산과 교차하지 않는 동선을 확보하도록 한다.
④ 자연환기방식의 경우 환기방법은 채광형식과 관련하여 건물형태를 결정하는 매우 중요한 요소가 된다.

2 Layout 계획

1. 레이아웃(Layout)의 개념
① 작업장 내의 기계 설비, 공장 사이의 여러 부분, 작업자의 작업 구역, 자재나 제품을 두는 곳 등 상호 위치 관계를 의미함(평면상 배치계획을 의미-동선계획과 밀접한 관계가 있음)
② 공장 생산성에 미치는 영향이 크므로 공장 배치 계획, 평면계획 시 레이아웃을 건축적으로 종합한 것이 되어야 함

2. 레이아웃의 형식

(1) 제품중심의 레이아웃
생산에 필요한 공정 및 기계 종류를 작업의 흐름에 따라 배치하는 형식

특징	• 대량생산에 유리하고, 생산성이 높음 • 상품의 연속성이 유지됨

(2) 공정중심의 레이아웃(기계설비중심)
다종 소량생산으로 예상 생산이 불가능한 경우나 표준화가 행해지기 어려운 경우에 적합

특징	• 생산성이 낮으나 주문생산에 적합함 • 공정 간의 시간적·수량적 균형을 이루기 어려움

(3) 고정식 레이아웃
주가 되는 재료나 조립 부품이 고정된 장소에 있고 사람이나 기계는 그 장소에 이동해 가서 작업이 행해지는 형식

특징	• 제품이 크고, 생산 수량이 매우 적은 경우에 적합(건축, 선박 등의 제조에 적용)

■ 장치공업(중화학, 시멘트)
① 규모가 크며, 융통성이 없음
② 고정도가 높아 레이아웃 변경이 불가능함(유연성 낮음)

(4) 혼성식 레이아웃
위의 여러 방식이 혼성된 형식

3 구조계획

1. 지붕의 형태

평지붕	• 중층식 건물의 최상층 형식
뾰족지붕	• 동일면에 천장을 내는 방식 • 직사광선을 일정 부분 허용하는 단점
솟을지붕	• 채광·환기 양호
톱날지붕	• 공장 고유의 지붕 형태 • 채광창은 북향으로 균일한 조도 유지가 목적
샤렌지붕	• 기둥이 적게 소요되는 장점이 있음

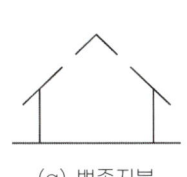
(a) 뾰족지붕

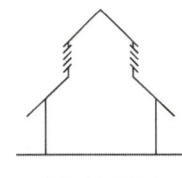
(b) 솟을지붕

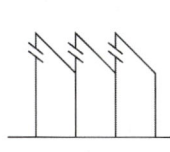
(c) 톱날지붕

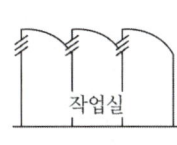
(d) 샤렌지붕

| 지붕의 형태 |

4 기타

1. 채광 및 조명

공장 내의 채광상태는 생산능률, 제품의 질, 화재예방 등의 영향이 큼

(1) 자연채광(창)
① 기계류를 취급하므로 가능한 한 창을 크게 냄
② 젖빛유리나 프리즘 유리 사용(광선을 부드럽게 확산하기 위해)
③ 빛의 반사에 대한 벽 및 색채에 유의함

(2) 측면창에 의한 채광
① 개구부를 가능한 크게 냄
② 가능한 한 동일패턴의 창을 반복하는 것이 바람직

(3) 천장(top light)
넓은 면적에 균일한 채광을 많이 받기 위한 방식

종류	• 지붕경사에 따라 유리창을 설치하는 경우 • 평지붕에 경사가 완만한 유리창을 설치하는 경우 • 뾰족지붕에 설치한 유리창 • 톱날지붕에 설치한 창

2. 무창공장

방직/방적공장 또는 정밀 기계 공장에 적합

특징	• 실내의 조도는 인공조명으로 조절(균일한 조도) • 창호를 설치할 필요가 없음(건설비 저렴) • 실내에서의 소음이 큰 단점 • 외부로부터의 자극이 적어 작업 능률 향상됨 • 온·습도 조정이 쉽고, 유지비가 절감됨

단원별 경향문제

01
공장건축의 레이아웃(Layout) 계획에 관한 설명으로 옳지 않은 것은?
① 고정식 레이아웃은 조선소와 같이 제품이 크고 수량이 적은 경우에 행해진다.
② 레이아웃은 공장 규모의 변화에 대응할 수 있도록 충분한 융통성을 부여하여야 한다.
③ 공장건축에 있어서 이용자의 심리적인 요구를 고려하여 내부환경을 결정하는 것을 의미한다.
④ 작업장 내의 기계설비, 작업자의 작업구역, 자재나 제품 두는 곳 등에 대한 상호관계의 검토가 필요하다.

해설　　　　　　　　　　　　　　답 ③
레이아웃의 정의
공간을 형성하는 부분과 설치되는 물체의 평면상 배치계획을 말함

02
다음 설명이 알맞은 사무소 건축의 복도형식은?

- 편복도식이라고도 한다.
- 경제성보다는 쾌적한 환경이나 분위기 등이 필요한 곳에 적합한 형식이다.

① 단일지역배치
② 2중지역배치
③ 3중지역배치
④ 4중지역배치

해설　　　　　　　　　　　　　　답 ①
① 단일지역배치에 대한 설명

03
상점의 판매방식에 관한 설명으로 옳지 않은 것은?
① 대면판매방식은 측면판매방식에 비해 상품의 진열면적이 감소된다.
② 측면판매방식에서 고객은 상품을 직접 만지고 고를 수 있으므로 선택이 용이하다.
③ 측면판매방식에서 판매원은 쇼 케이스를 중심으로 고정된 자리나 위치를 명확히 확보할 수 있다.
④ 대면판매방식에서 상품의 쇼 케이스가 중앙에 많이 배치되면 상점의 분위기가 다소 혼란해질 수 있다.

해설　　　　　　　　　　　　　　답 ③
측면판매의 특성
③ 종업원의 정위치를 정하기 어렵고 불안정하다.

04
백화점 매장의 배치유형 중 직각배치형에 관한 설명으로 옳지 않은 것은?
① 판매대의 설치가 간단하고 경제적이다.
② 판매장 면적을 최대한으로 이용할 수 있다.
③ 매장의 획일성에서 탈피하여 자유로운 구성이 용이하다.
④ 고객의 통행량에 따라 부분적으로 통로 폭을 조절하기 어렵다.

해설　　　　　　　　　　　　　　답 ③
③은 자유 유동배치법에 대한 설명

05
사무소 건축의 엘리베이터 계획에 관한 설명으로 옳지 않은 것은?
① 수량계산 시 대상 건축물의 교통수요량에 적합해야 한다.
② 승객의 층별 대기시간은 평균 운전간격 이하가 되게 한다.
③ 초고층, 대규모 빌딩인 경우는 서비스 그룹을 분할하여서는 안 된다.
④ 건축물의 출입층이 2개 층이 되는 경우는 각각의 교통수요량 이상이 되도록 한다.

해설 답 ③
③ 초고층, 대규모 빌딩인 경우는 서비스 그룹을 분할하여 계획하는 것이 좋다.

06
은행의 주출입구 계획에 관한 설명으로 옳지 않은 것은?
① 회전문 설치 시 안전성에 대한 고려가 필요하다.
② 고객을 내부로 자연스럽게 유도하는 것이 계획 상 중요하다.
③ 이중문을 설치할 경우, 바깥문은 안여닫이로 계획하여야 한다.
④ 겨울철에 실내온도의 유지 및 바람막이를 위해 방풍실의 전실(前室)을 계획하는 것이 좋다.

해설 답 ③
③ 이중문을 설치할 경우, 바깥문은 밖여닫이 또는 자재문으로 계획한다.

CHAPTER 03 학교·문화·병원건축

제1절 | 학교

1 기본계획

1. 교사계획
(1) 교사의 배치 종류
① 폐쇄형 : 운동장을 남쪽에 확보하여 부지의 북쪽에서 건축하기 시작해서 ㄴ자형에서 ㅁ자형으로 완결지어가는 가장 일반적인 형태

장점	• 부지의 효율적인 이용이 가능
단점	• 일조, 통풍 등 환경 조건이 불균등함 • 운동장에서 교실로의 소음이 큼 • 교사 주변에 활용되지 않는 부분이 많음 • 화재 및 비상시 불리함

② 분산 병렬형 : 일종의 핑거플랜(finger plan)의 형태

장점	• 일조, 통풍 등 교실의 환경 조건이 균등함 • 구조 계획이 간단하고 규격형의 이용이 편리함
단점	• 넓은 부지 필요 • 편복도로 할 경우 유기적인 구성이 어려움

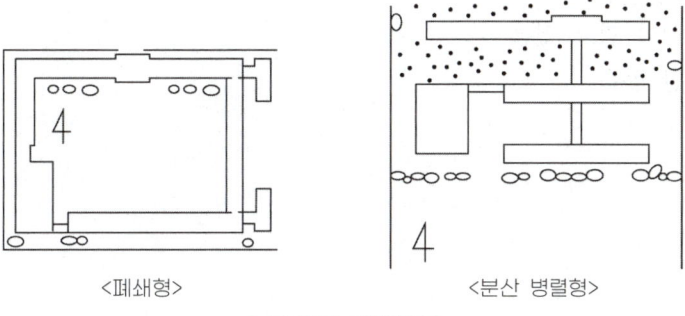

<폐쇄형> <분산 병렬형>

| 교사의 배치형 |

(2) 층별 구성에 따른 교사의 구분

단층교사	다층교사
• 채광·환기에 유리 • 재해 시 피난상 유리함 • 내진·내풍구조가 용이함	• 부지의 활용이 높음 • 부대시설의 집중화 • 저학년(1층), 고학년(2층 이상)

(3) 학교건축계획 시 고려사항
① 교실의 융통성이 확보되어야 한다.
② 지역주민의 이용도 고려해야 한다.
③ 교과내용의 변화에 적응할 수 있어야 한다.
④ 학교운영방식의 변화에 대응할 수 있어야 한다.

(4) 학교건축의 교사 배치계획 시 고려사항
① 교사의 방위는 상풍향을 고려하여 결정하는 것이 바람직하다.
② 학교 행정 및 지원 시설은 학생 등 동선에 지장이 없도록 중심부에 위치시킨다.
③ 교사의 위치는 평지가 아니라도 운동장보다 약간 높은 곳에 위치하는 것이 좋다.
④ 동서 방향으로 긴 대지가 남북 방향으로 긴 대지에 비해 교사의 남향 배치에 유리하다.

2 평면계획

1. 종합교실형
① 초등학교 저학년
② 이용률이 높고, 순수율은 낮음

2. U + V형
① 초등학교 고학년
② 현재 가장 많이 사용됨

3. V형(특별교실형)
① 일반교실이 필요 없음
② 순수율만 높음

4. 학교 운영방식

종류	운영방식	장점	단점	비고
U(A)형 (종합교실형)	교실수는 학급수와 일치	학생의 이동이 전혀 없음 각 학급마다 가정적인 분위기	초등학교의 고학년에는 무리가 있음	초등학교의 저학년에 가장 적합
U+V형 (일반교실+ 특별교실형)	일반교실은 각 학급에 하나씩 배당 그 밖에 특별 교실을 가짐	홈룸활동 및 학생의 소지품을 두는데 안정됨	교실의 이용률은 낮아짐. 따라서, 시설의 수준을 높일수록 비경제적임	우리나라 학교의 70%를 차지하고 있으며, 가장 일반적인 형식
V형 (교과교실형)	모든 교실이 특정 교과를 위해 만들어지고, 일반교실은 없음	각 학과에 순수율이 높은 교실이 주어짐	학생의 이동이 심함. 순수율은 100%로 하는 한 이용률은 반드시 높다고 할 수 없음	이동에 대비해서 소지품을 보관할 장소가 필요함
E형 (U·V형과 V형의 중간)	일반교실수는 학급수보다 적고 특별교실의 순수율은 반드시 100%가 되지 않음	이용률을 상당히 높일 수 있으므로 경제적임	학생의 이동이 비교적 많음	
P형 (플래툰형)	각 학급을 2분단으로 나눔	교과 담임제와 학급 담임제를 병용할 수 있음	교사수와 적당한 시설이 없으면 실시가 어려움. 시간을 배당하는데 상당한 노력이 필요	미국의 초등학교에서 과밀해소를 위해 운영
D형 (달톤형)	학급과 학년을 없애고 학생들은 각자의 능력에 따라서 교과를 선택	하나의 교과에 출석하는 학생 수가 일정하지 않기 때문에 크고 작은 여러 가지의 교실을 설치해야 함		우리나라의 사설학원, 야간 외국어 학원, 입시학원
Open school (개방 학교)	개인의 능력, 자질에 따라 경우에 따라서는 무학년제로 하여 보다 다양한 학습활동을 할 수 있게끔 운영하여 종래의 교실에 비해 넓고 변화 많은 공간으로 구성하는 학교	각자의 흥미, 능력, 자질 등에 의해 그룹핑되고 참여할 수 있기 때문에 잘 적용되면 가장 좋은 방법이 됨	변화가 심한 교과과정에 충분히 대응할 수 있는 교원의 자질과 풍부한 교재, 티칭머신(teaching machine)의 활동 등이 전제	최근 구미 일각에서 발달한 것이나 일반화시키기는 너무 어려움

※ P형 : 2분단형   ※ D형 : 능력형

5. 이용률과 순수율

$$이용률(\%) = \frac{교실이\ 사용되고\ 있는\ 시간}{1주간\ 평균\ 수업\ 시간} \times 100(\%)$$

$$순수율(\%) = \frac{특정한\ 교과를\ 위해\ 사용되는\ 시간}{그\ 교실이\ 사용되고\ 있는\ 시간} \times 100(\%)$$

6. 블록 플랜(Block plan) 결정 조건
(1) 학년 단위로 정리

초등학교(저학년)	• 가급적 1층에 배치 • 중정을 중심으로 둘러싸인 형이 좋음(차폐, 고립된 형) • A(U)형이 이상적임
초등학교(고학년)	• U+V형이 이상적

① 저학년과 고학년의 출입구는 별도로 두는 것이 바람직
② 동일학년의 교실은 집중배치하는 것이 좋음

7. 확장성과 융통성
(1) 확장성
인구의 증가 등에 의해 학생수가 늘어나는 것에 대비

(2) 융통성

원인	해결방법
확장에 대한 융통성	칸막이 변경(건식구조)
광범위한 교과 내용이 변화하는 데 대응하는 융통성	융통성 있는 교실의 배치 (특별교실을 일단으로 하여 배치함)
학교 운영방식이 변화하는데 대응하는 융통성	공간의 다목적성 활용
지역사회의 이용에 의한 융통성	학교시설복합화

3 교실계획

1. 교실의 배치
(1) 엘보 엑세스(Elbow Access)형 : 복도를 교실에서 이격시키는 형태

장점	단점
• 실내환경 균일 • 좁은 대지에서도 가능	• 복도의 면적이 커지면 소음이 큼 • 학생의 배치가 불명확함

(2) 클러스터(cluster)형
① 교실을 소단위로 분리 배치
② 각각의 학급이 전용의 홀로 구성

장점	단점
• 외부와 접하는 면이 많음 • 교실 간에 소음이 적음 • 독립성 큼 • 전체 배치에 융통성 발휘 가능	• 넓은 대지가 필요함 • 관리부의 동선이 길어짐 • 운영비가 많이 소요

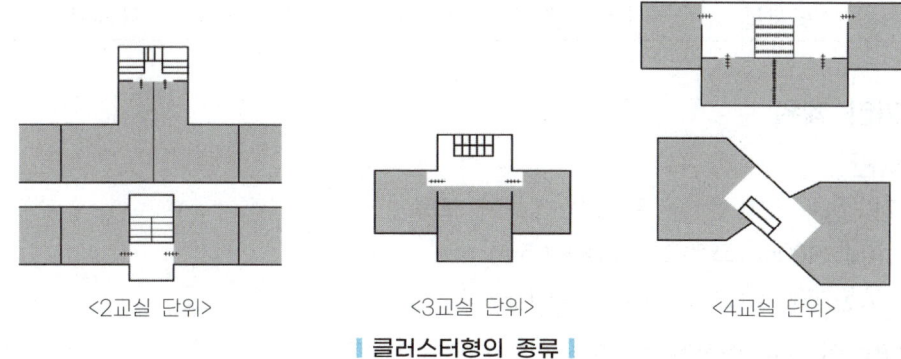

<2교실 단위>　　<3교실 단위>　　<4교실 단위>

▎ 클러스터형의 종류 ▎

2. 배치계획 시 주의사항

(1) 교실의 채광 : 일조시간이 긴 방위를 선택할 것
① 교실을 향해 좌측 채광이 원칙이며, 칠판의 현휘를 막기 위해서 정면의 벽에 접해 1m 정도의 측면벽을 남김
② 채광창의 유리 면적은 실면적의 1/4 이상으로 함(법적기준 : 1/10 이상)
③ 조명은 실내에 음영이 생기지 않게 칠판의 조도가 책상면의 조도보다 높아야 함
④ 교실 채광은 일조시간을 길게 확보할 수 있는 방위를 선택함
⑤ 1방향 채광일 경우 직사광보다는 반사광이 균일한 조도 확보에 유리함
⑥ 교실에 비치는 빛은 칠판을 향해 있을 때 좌측에서 들어오는 것이 일반적임

(2) 학교의 음악교실 계획
① 강당과 연락이 쉬운 위치가 좋다.
② 적당한 잔향시간을 가질 수 있도록 한다.
③ 실은 밝게 하는 것이 음악적으로 좋은 분위기가 될 수 있다.
④ 옥내 운동장이나 공작실 등의 소음을 내는 실과는 가까이 하지 않는 것이 바람직하다.

3. 특별교실 계획

자연과학교실(화학실)	• 드래프트 챔버 설치(실험에 의한 유독가스 제거)
미술실	• 북측 채광(균일 조도)
생물 교실	• 남쪽 1층에 배치(직접 옥외에서 출입)
음악 교실	• 반사재와 흡음재를 적절히 사용(잔향시간 고려)
지학 교실	• 교정 가까이에 배치할 것
가사실습실	• 배기시설에 유의, 청소가 용이할 것
컴퓨터실	• 프린트 실은 분리하는 것이 바람직함
도서실	• 학생이용의 편리상 교실군의 중심부에 위치(개가식)

4 기타 계획

1. 체육관

(1) **크기** : 농구 코트를 둘 수 있을 정도가 보통
　① 최소 400m²(코트 12.8m×22.5m)
　② 보통 500m²(코트 15.2m×28.6m)

(2) **천장높이** : 6m 이상을 할 것

(3) **바닥마감** : 목재 마루판 2중 깔기

(4) **징두리벽의 높이** : 여러 운동기구를 설치할 수 있도록 2.5~2.7m 정도로 한다.

(5) **샤워꼭지 수** : 체육학급 3~4를 1개로 표준으로 함

2. 학교의 실내체육관

　① 강당과 겸하더라도 체육관의 목적에 치중한다.
　② 표준적으로 농구코트를 둘 수 있는 크기가 필요하다.
　③ 채광을 위해 장축을 동/서 방향으로 계획하는 것이 좋다.
　④ 벽면에 창문을 설치할 경우 실내 측에 철망을 붙이고 천창보다는 측창으로 계획하는 것이 좋다.

제 2 절 | 도서관

1 출납/열람시스템

1. 자유개가식(Free open system)
① 열람자가 서가에서 책을 직접 고르고 검열을 받지 않고 열람하는 형식
② 10,000권 이하의 서적 보관에 적당
③ 아동열람실, 참고열람실, 정기간행물실

장점	단점
• 선택이 자유로움(내용 파악 용이) • 대출수속이 가장 간단	• 책의 마모, 망실이 우려됨 • 서가의 정리가 안 되면 혼란스럽게 됨

2. 안전개가식(Safe guarded open access)
자유개가식과 반개가식의 장점을 합한 형식으로, 열람자가 서가에서 직접 책을 꺼낸 후 관원의 검열을 받고 대출의 기록을 남긴 후 열람하는 형식(15,000권 이하)

특징	• 자유개가식과 반개가식의 혼합형 • 도서 열람의 체크시설이 필요함 • 출납 시스템이 필요치 않아 혼잡하지 않음

3. 반개가식(semi open access)
책의 목록에 의해 책의 체제나 표지는 볼 수 있으나 내용을 보려면 관원에게 대출기록을 남긴 후 열람하는 형식

특징	• 출납시설이 필요함 • 신간서적 안내에 적용 • 서가의 열람이나 감시가 불필요함

4. 폐가식(closed system)
① 책의 목록에 의해 책을 선택하여 관원에게 대출기록을 제출한 후 대출받는 방식
② 서고와 열람실이 분리되어 있음

장점	단점
• 도서의 유지 및 관리 양호 • 감시할 필요가 없음	• 관원의 작업량이 가장 많음 • 대출 절차가 복잡함

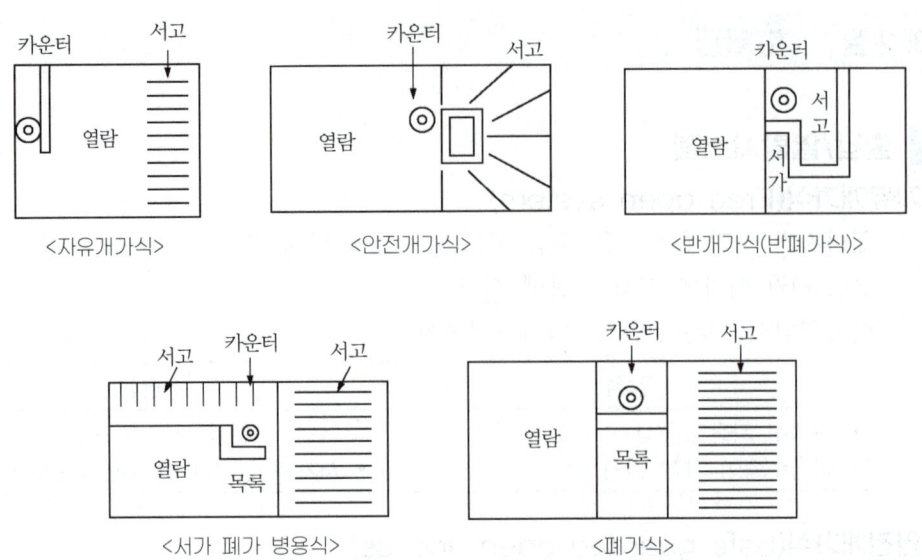

| 출납시스템의 종류 |

2 열람실 계획

1. 특별 열람실(개인 연구실)
① 캐럴(carrel) : 서고 내에 있는 개인 연구실
② 크기 : 1인당 1.1~4.0m²의 면적이 보통

3 서고 계획

1. 계획 시 고려사항
① 도서의 증가에 따른 장래확장을 고려해야 함
② 개가식(규모가 작은 도서관), 폐가식(규모가 큰 도서관)
③ 모듈에 의한 계획이 가능함
④ 서고의 높이는 2.3m 내외로 함
⑤ 도서의 수장, 보존에 적합하도록 방습·방화·유해가스 제거에 유의하며 공조설비를 갖춤

2. 모듈계획을 고려한 서고계획 시 선행되어야 할 요소
① 서가 선반의 배열 깊이
② 서고 내의 주요 통로 및 교차통로의 폭
③ 기둥의 크기와 방향에 따른 서가의 규모 및 배열의 길이
- 도서관의 기둥 간격 결정과 가장 밀접한 공간 : 서고

3. 서고의 크기(수용 능력)

서고 1m²당	서가 1단	서고 공간 1m³
150~250권(평균 200권)	25~30권	약 66권 정도

제 3 절 | 미술관

1 전시실의 세부계획

1. 전시실의 순로 형식

(1) 연속 순로 형식

구형 또는 다각형의 전시실을 연속적으로 연결하는 형식

특징	• 많은 실을 순서별로 통해야 함 • 1실을 닫으면 전체 동선이 막힘 • 공간이 절약되며, 소규모의 전시실에 적합함

(2) 갤러리(Gallery) 및 코리도(Corridor) 형식

연속된 전시실의 한 쪽 복도에 의해서 전시실을 배치한 형식

특징	• 각 실에 직접 들어갈 수 있으며, 필요시 자유로이 독립적으로 폐쇄 가능 • 복도 자체도 전시공간으로 이용 가능함

(3) 중앙홀 형식

중앙부에 하나의 큰 홀을 두고 그 주위에 전시실을 배치하여 자유롭게 출입하는 형식

특징	• 장래 확장에 많은 무리가 있는 단점 • 중앙 홀이 좁으면 동선의 혼란을 가져오기 쉬움 • 대규모 전시실에 가장 적합함

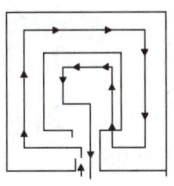
<연속순로 형식>

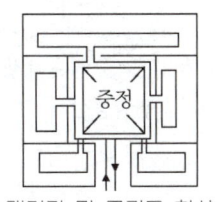
<갤러리 및 코리도 형식>

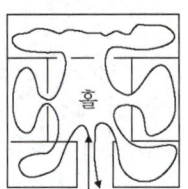
<중앙홀 형식>

| 전시실의 순로 형식 |

2. 특수 전시기법

(1) 파노라마(Panorama) 전시
① 연속적인 주제를 연관성 있게 표현함
② 넓은 시야의 실제 경치를 보는 것 같은 감각이 연출됨
③ 전경으로 펼쳐지도록 연출함

(2) 디오라마(Diorama) 전시
① 하나의 사실 또는 주제의 시간적 상황을 고정하여 연출함
② 현장감 또는 사실감 있는 입체적인 전시기법

(3) 아일랜드(Island) 전시
① 벽이나 천장을 직접 이용하지 않음
② 전시물의 입체 자체를 전시공간에 배치함
③ 전시물의 크기에 상관없이 설치

(4) 하모니카(harmonica) 전시
① 전시 평면이 하모니카처럼 동일 공간으로 연속해서 배치하는 방식
② 동일 종류의 전시물을 반복 전시 때 유리함

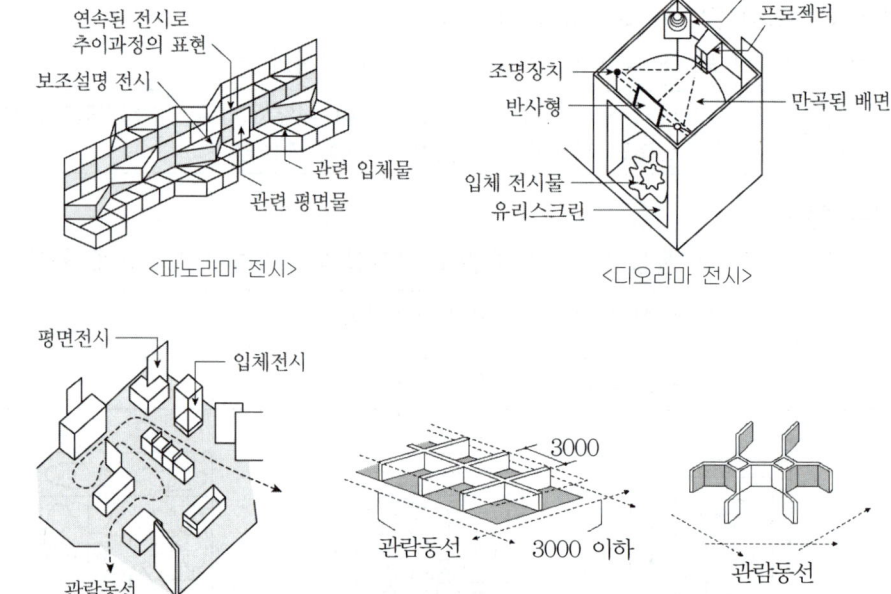

| 특수전시기법의 종류 |

(5) 영상전시
실물을 직접 전시할 수 없거나 오브제(Objet) 전시만의 한계를 극복하기 위해 영상매체를 사용하여 전시하는 방법

2 채광 및 조명계획

1. 채광 설계

(1) 채광 조건

① 수직·수평면 확산 가능성, 가변적 조명, 전시방식의 융통성, 에너지 절약을 우선 고려함
② 반사벽은 전시품의 색과 실내온도의 상승에 영향을 끼침
③ 햇빛은 건물의 창문과 옆 건물과의 거리와 높이의 비가 적어도 2 : 1이 되도록 계획
④ 다층 건물 시 직접 아래층까지 자연광을 유입시킴

(2) 자연채광방식

① 정광 형식(Top light)
   ㉠ 천장의 중앙에 천창을 설치하는 방법
   ㉡ 전시실의 중앙부를 가장 밝게 하여 전시 벽면의 조도를 균등하게 함

특징	• 조각 등의 전시실에는 채광량이 많기 때문에 적합 • 유리케이스 내의 공예품 전시물에는 부적합함 • 반사장애가 일어나기 쉬움(대책 : 루버 설치, 2중 구조)

② 측광 형식(side light)
   측면 창에서 직접 광선을 사입시키는 방식

특징	• 소규모 전시실에만 적합 • 전시실 채광방식 중 가장 불리한 방식

③ 정측광 형식(Top side light monitor)
   ㉠ 측벽에 가깝게 채광창을 설치하는 방식
   ㉡ 관람자가 서 있는 위치, 중앙부는 어둡게 하고 전시벽면에 조도를 밝게 하는 방식

④ 고측광 형식(Clerestory)
   천장과 가까운 측면에서 채광하는 방법으로 측광식과 정광식을 절충한 방식

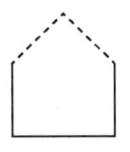 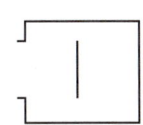 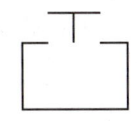 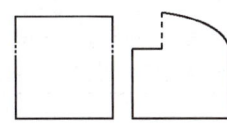 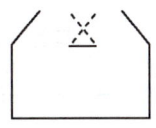

정측광방식   측광창방식   정측광창방식   고측광창방식   특수 채광방식

| 자연채광방식 |

(3) 편측 채광

① 조도분포가 불균일하며 실 안쪽의 조도가 부족한 경우가 많음
② 근린의 상황에 의해 채광이 영향을 받음
③ 투명 부분을 설치하면 해방감이 있음

2. 미술관의 조명계획의 기타사항

(1) 미술관 전시실의 조명설계
① 광색이 부드럽고 밝기의 변화가 없어야 함
② 광원에 의한 현휘를 방지하도록 함
③ 대상에 따라서 스포트라이트도 고려되어야 함
④ 관람객의 그림자가 전시물 위에 생기지 않도록 함

(2) 퐁피두 센터(프랑스 파리)
① 리차드 로저스, 렌조피아노가 설계함
② 전시공간의 융통성을 가장 많이 부여하고 있음
③ 건물 철골이 그대로 드러나는 파격적인 외관이 특징임
④ 다양함과 변화감이 주요 특징임

제 4 절 | 극장 및 영화관

1 일반사항

1. 관람석의 바닥면적(m²)
① 0.5m²/인 정도가 필요
② 건축연면적의 약 50% 내외

2 극장의 평면계획

1. 애리나 스테이지(Arena stage)
무대를 관객석이 360° 둘러싼 형태

특징	• 가장 많은 관객 수용 가능 • 무대 배경은 주로 낮은 가구로 구성됨 • 배경을 만들지 않으므로 경제적

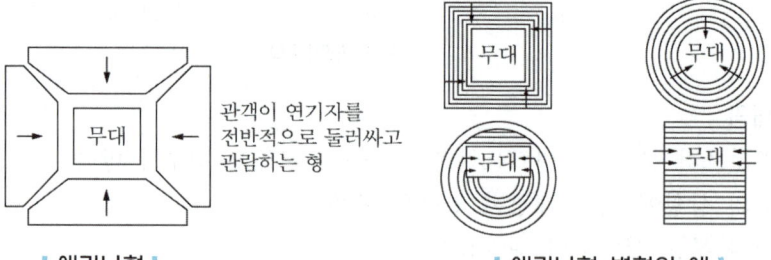

| 애리나형 | | 애리나형 변형의 예 |

관객이 연기자를 전반적으로 둘러싸고 관람하는 형

2. 오픈 스테이지(open stage)

무대를 중심으로 객석이 동일 공간에 있는 형태

① 관객이 90°로 둘러싼 형 : 부채꼴 형태
② 관객이 180°로 둘러싼 형 : 로마 극장 형태
③ 관객이 210°로 둘러싼 형 : 그리스 극장 형태
④ 앤드 스테이지(End stage) : 각도가 없는 관객석을 가진 형태

특징	• 관객이 연기자를 부분적으로 둘러싸고 있는 형태 • 연기자는 다양한 방향감으로 통일된 효과를 내기가 어려움

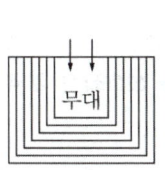 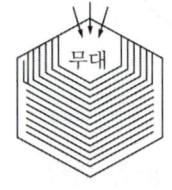  

┃ 오픈 스테이지형 ┃

3. 프로시니엄 스테이지(Proscenium Stage)

픽쳐 프레임 스테이지라고도 하며, 프로시니엄 벽에 의해 연기 공간이 분리되어 관객이 프로시니엄 아치의 개구부를 통해서 무대를 보는 형태

특징	• 연기자가 제한된 방향으로만 관객을 대하게 됨 • 배경은 한 폭의 그림과 같은 느낌을 줌 • 강연, 콘서트, 독주, 연극에 가장 좋음 • 일반 극장의 대부분이 여기에 속함

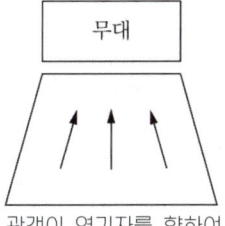 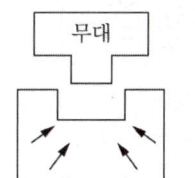

관객이 연기자를 향하여 일방향으로 관람하는 형   관객이 부분적으로 연기자를 둘러싸고 관람하는 형

┃ 프로세니움형 ┃

3 세부계획(관객석, 무대)

1. 관객석 계획
(1) 가시거리 한계

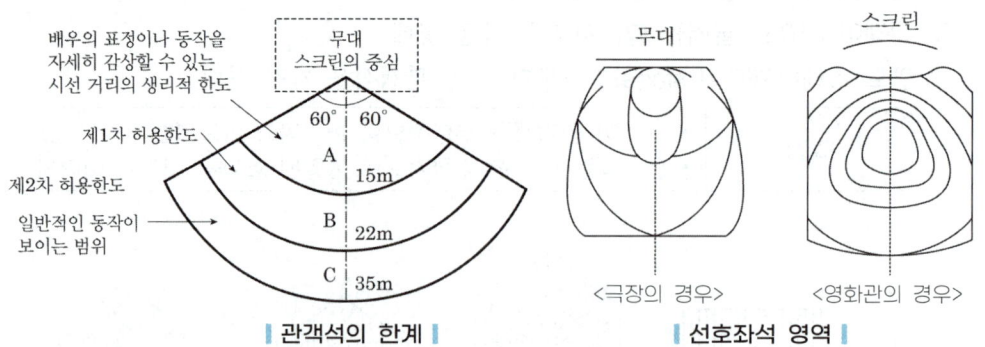

① A구역 : 생리적 한계(15m), 아동극, 인형극, 연극
② B구역 : 제1차 허용한도(22m), 국악, 실내악
③ C구역 : 제2차 허용한도(35m), 그랜드 오페라, 연극, 발레, 뮤지컬, 심포니 오케스트라
④ 무대 예술의 감상에 있어서 배우 상호간, 배우와 배경 간의 관계 때문에 수평 편각의 허용 각도는 중심선에서 좌우 60°의 범위로 함

(2) 좌석의 한도
① 평면상 최전열 좌석의 각도 한도

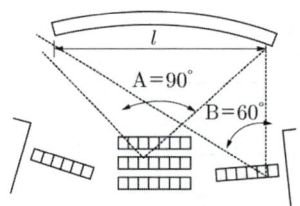

㉠ 중앙부(A) ≤ 90°
㉡ 측면부(B) ≤ 60°

② 단면상 최전열 좌석이 각도 한도

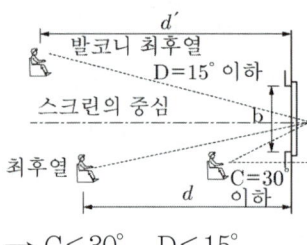

→ C ≤ 30°, D ≤ 15°

(3) 객석의 치수

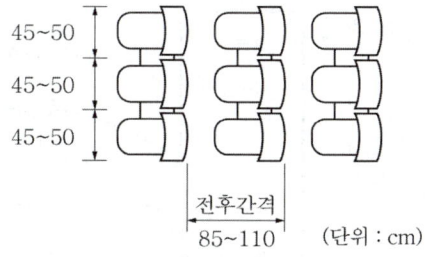

(4) 객석의 음향계획
① 음의 전달계획
  ㉠ 직접음과 1차 반사음 사이의 경로차는 17m 이내일 것
  ㉡ 천장은 음을 객석에 고루 분산시킬 것
  ㉢ 발코니 길이는 객석 길이의 1/3 이내일 것
  ㉣ 발코니 저면 및 후면은 특히 흡음에 유의할 것
  ㉤ 잔향시간을 극의 성격에 맞게 조절할 것
② 소음방지 계획
  ㉠ 객석 내의 소음은 30~35dB 이하로 함
  ㉡ 출입구는 밀폐하고 도로면을 피함(가능한 한 2중문으로 함)
  ㉢ 창은 2중으로 하고 지붕과 천장은 차음구조로 함
  ㉣ 영사실은 천장에 반드시 흡음재를 사용할 것

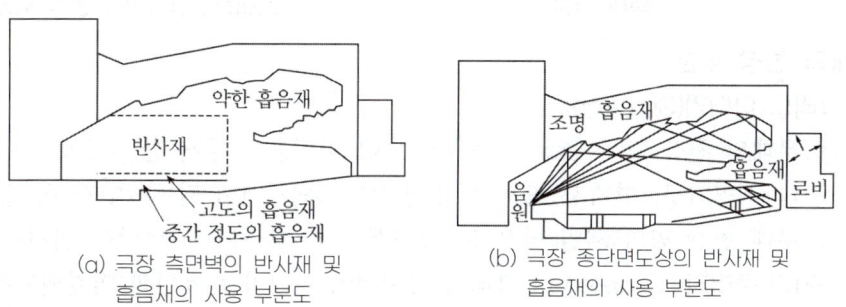

| 음향계획의 재료 사용 |

2. 무대 계획
(1) 무대의 벽과 상부 공간
① 사이클로라마 : 무대 가장 뒤에 설치되는 무대 배경용의 벽
② 사이클로라마의 높이 : 프로세니움 높이의 3배 정도가 적정
③ 플라이 로프트(Fly loft) : 무대 상부의 공간을 의미
④ 플라이 로프트의 높이 : 프로세니움 높이의 4배 이상이 적정

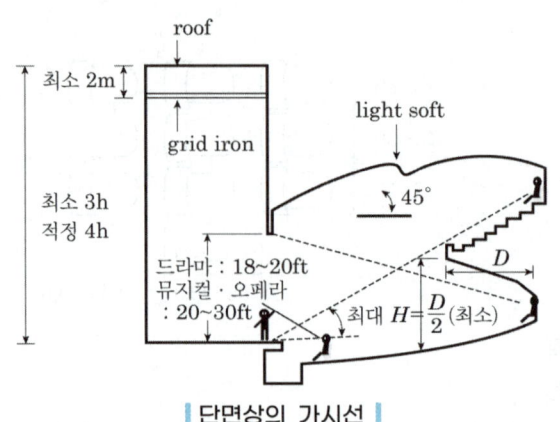

| 단면상의 가시선 |

| 무대 단면 | | 사이클로라마의 평면적 위치 |

(2) 무대의 천장 부분
① 그리드 아이언(Grid iron)
  ㉠ 무대의 천장 밑에 철골로 촘촘히 깔아 바닥을 이루게 한 것으로, 여기에 배경이나 조명기구, 연기자 또는 음향 반사판 등을 매어 달 수 있게 한 장치
  ㉡ 무대 천장 밑의 제일 낮은 보 밑에서 1.8m의 위치에 바닥이 위치하면 됨
② 플라이 갤러리(Fly gallery) : 그리드 아이언에 올라가는 계단과 연결되도록 무대 주위의 벽에 6~9m 높이로 설치되는 좁은 통로(폭은 1.2~2m 정도)
③ 록 레일(Lock rail) : 와이어로프를 한 곳에 모아서 작동하는 장소
④ 티이서 : 객석의 중앙부 단면에서 무대 뒷부분을 가리기 위해 사용
⑤ 매스킹 보더 : 객석의 앞쪽에서 무대 상부를 가리기 위해 사용

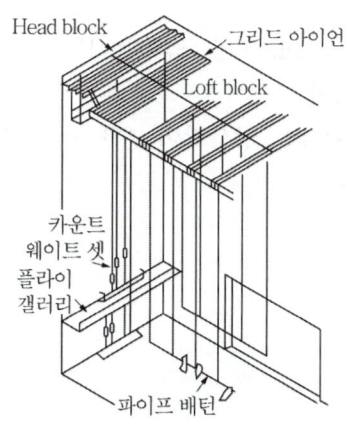

┃ 무대 상부기구 설명도 ┃

(3) 프로세니움 아치

관람석과 무대 사이에 격벽이 설치되고 이 격벽의 개구부를 통해 극을 관람하게 되는데, 이 개구부의 틀을 프로시니엄 아치라 부름

특징	• 조명기구나 막을 막아 후면무대를 가리는 역할이 목적 • 관객의 눈을 무대에 집중시키는 시각적 효과 있음 • 무대와 사이클로라마 사이에 설치함 • 화재 시를 대비해 개구부에 방화막을 설치함

(4) 배경제작실
① 무대에 가까울수록 편리함
② 차음설비 필요함
③ 넓이는 보통 5×7m 내외
④ 천장의 높이는 6m 이상인 경우가 많음

(5) 그린룸(Green room)
① 출연 대기실
② 무대와 같은 층
③ 크기 : 보통 $30m^2$ 정도

(6) 앤티룸(Anteroom)
① 무대와 그린룸 사이의 조그만 방
② 출연 바로 직전 기다리는 방

(7) 의상실
① 실의 크기 : 1인당 최소 $4~5m^2$ 정도
② 실의 위치 : 무대 근처가 좋고 또 같은 층에 있는 것이 이상적임
   (단, 그린룸이 있는 경우 반드시 같은 층에 있을 필요는 없음)

(8) 영화관의 영사실
① 영사실 출입구의 폭은 70cm 이상, 높이는 175cm 이상, 개폐 방법은 외여닫이로 하고, 자폐방화문을 설치함
② 영사실과 스크린과의 관계는 영사각이 0°가 되는 것이 최적이고, 최소 평균 15° 이내로 함

제 5 절 | 병원

1 기본계획

1. 배치형식에 의한 분류
(1) 분관식(Pavilion type)
각 건물은 3층 이하의 저층 건물로 중앙진료부, 외래부, 병동부를 각각 별동으로 분산시켜 복도로 연결시킨 형태

특징	• 일조와 통풍이 유리하며 전염병 예방 시 유리함 • 넓은 대지 필요, 설비가 분산적, 보행거리가 멀어지는 단점 • 재난 시 환자의 대피가 용이

(2) 집중식(Block type)
중앙진료부, 외래부, 병동부를 합쳐서 한 건물로 하고, 특히 병동부의 병동은 고층으로 하여 환자를 엘리베이터로 운송하는 형태

특징	• 일조와 통풍이 불리함(각 병실의 환경이 불균일) • 관리가 편리, 설비 등의 시설비가 적게 소요됨

(3) 다익형
최근 의료수요의 변화, 진료기술 및 설비가 진보함에 따라 병원 각부의 증·개축이 필요하게 되어 출현한 형태

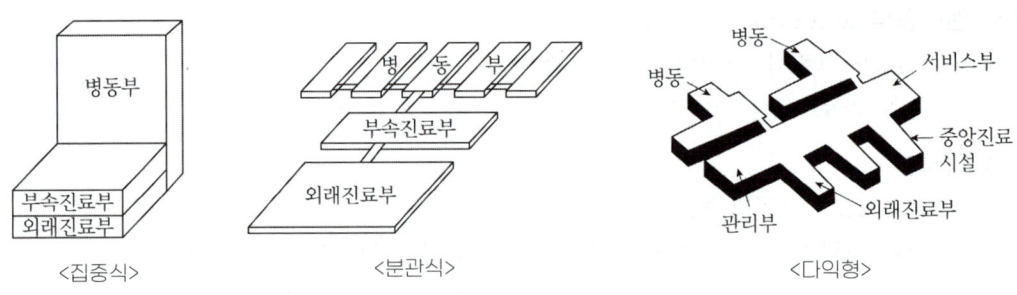

| 병원의 건축양식 |

2. 병원의 규모

(1) 병원의 규모 산정 요소
병상 수에 따라 산정

(2) 병원의 면적 구성 비율
① 병동부 : 30~40%(가장 높음)
② 서비스부 : 20~25%
③ 중앙진료부 : 15~17%
④ 외래진료부 : 10~15%
⑤ 관리부 : 8~10%

2 세부계획

1. 중앙진료부
수술실, 중앙소독재료부, 약국, 주사실, X선부, 분만부, 검사부, 응급부 등으로 구성

(1) 계획상의 주의사항
① 외래부와 병동부의 중간 위치가 바람직
② 수술실, 물리치료실, 분만실 등은 통과교통이 되지 않도록 함
③ 약국은 외래진료부, 현관과의 동선이 짧은 곳에 설치함

(2) 세부구성
① 수술실
  ㉠ 위치
    ⓐ 타 부분의 통과교통이 없는 건물의 끝단부로 격리된 곳에 배치
    ⓑ 중앙 소독 공급부와 수평 또는 수직적으로 가까운 부분
    ⓒ 병동 및 응급부에서 환자 수송이 용이한 위치
  ㉡ 계획상의 요점

규모	• 100병상에 대하여 2실(1실은 대수술실)
온·습도	• 실온 : 26.6℃ 이상, 습도 : 55% 이상
공조설계	• 공조 설비 시 공기는 재순환시키지 않음 • 중앙식보다 개별식으로 함
벽 재료	• 녹색계 타일(적색 식별이 쉽게 하기 위해)
바닥재료	• 전기 도체성 타일(폭발성 마취가스 때문)
출입구	• 쌍여닫이로 1.5m 전후의 폭 필요 • 손잡이는 팔꿈치 조작식 또는 자동문으로 함
천장높이	• 3.5m 내외
방위	• 전혀 무관, 인공조명으로 하여 직사광선을 피하고 밝기가 일정하게 함
안과수술실	• 암막 장치가 필요함

② 의사/간호사의 수술부에서의 동선
    탈의실 → 세면실 → 수술실
③ 병원의 복도
    ㉠ 중복도 : 2.4m 이상
    ㉡ 편복도 : 1.6m 이상
    ㉢ 천장높이 : 2.8m
    ㉣ 경사로 : 1/20 이하

2. 외래진료부

(1) 진료방식의 분류

① 클로즈드 시스템(Closed system)
    대규모의 각종 과를 필요로 하고 환자가 매일 병원에 출입하는 방식
    ㉠ 1일 동안 외래 환자수는 보통 병상 수의 2~3배
    ㉡ 약국, 중앙주사실, 회계 등은 정면 출입구에 위치시킴
    ㉢ 외래진료, 간단한 처치, 소검사 등을 주로 함
        (특수시설을 요하는 의료·검사 시설은 중앙진료부에 위치)
    ㉣ 환자의 이용이 편리하도록 1층 또는 2층 이하에 둠
    ㉤ 외과계통은 대규모의 한 개의 실에 여러 환자를 돌볼 수 있도록 계획함

(2) 각 과별 계획

내과	진료검사에 시간이 걸리므로 소 진료실을 많이 설치
외과	진찰실과 처치실로 구분(깁스실을 인접설치) 각과는 1실에 여러 환자를 볼 수 있도록 대실로 함
소아과	부모가 동반하므로 충분한 공간 필요 소음, 전염 등에 주의하여 배치함
정형외과	최하층에 둠(미끄럼방지, 경사로 등은 피함)
산부인과	내진실은 외부에서 보이지 않도록 커튼 등으로 차단할 것 내진실과 진찰실로 조합하여 몇 개의 유닛으로 구분함
피부비뇨기과	화장실을 인접시킴
이비인후과	남쪽광선 차단하고 북측채광을 함 소수술 후 휴양하는 침대 설치
안과	진료, 처지, 검사, 암실을 설치함 검안을 위해 5m 정도의 거리를 확보 필요
치과	진료실(북쪽), 기공실(배기설비), 휴게실 설치 필요 X선 기계 : 1m×1m 공간 필요

3. 병동부
병실, 간호원 대기실, 의원실, 면회실 등으로 구성됨

(1) 간호단위(Nurse unit) 구성(1간호 단위)
1조(8~10명)의 간호사가 간호하기에 적절한 병상수로 25bed가 이상적이며, 보통 30~40bed가 일반적

(2) 세부 구성
① 병실 크기
  ㉠ 1인용실 : $10m^2$ 이상
  ㉡ 2인용실 : $12.6m^2$ 이상(1인에 대해 $6.3m^2$ 이상)
  ㉢ 소아 전용실은 성인 병실의 2/3 이상
② 간호사 대기실(Nurse station)

위치	• 각 간호 단위 또는 층별, 동별로 설치함 • 병실군의 중앙에 배치(양 끝 배치 금지) • 간호 작업에 용이한 수직 통로 가까운 곳(외인 출입도 감시 가능)
보행거리	• 간호사의 보행거리는 24m 이내로 할 것

(3) 간호단위의 병상 수가 과다한 경우의 문제점
① 병실 간호능력 저하
② 간호사들의 동선이 길어짐
③ 전체 환자의 상태를 파악하기 어려움

단원별 경향문제

01
학교건축에서 단층 교사의 이점이 아닌 것은?
① 재해 시 피난이 용이하다.
② 채광 및 환기에 유리하다.
③ 학습활동을 실외에 연장할 수 있다.
④ 전기, 급배수, 난방 등을 위한 배선·배관의 집약이 용이하다.

해설 답 ④
④는 다층교사에 대한 장점

02
다음 설명에 알맞은 학교운영방식은?

- 초등학교 저학년에 대해 가장 권장할 만한 형식이다.
- 교실의 수는 학급 수와 일치하며, 각 학급은 스스로의 교실 안에서 모든 교과를 행한다.

① 달톤형 ② 플래툰형
③ 종합교실형 ④ 교과교실형

해설 답 ③
③ 종합교실형에 대한 설명

03
다음과 같은 조건에 있는 어느 학교 설계실의 순수율은?

- 설계실 사용시간 : 20시간
- 설계실 사용시간 중 설계 실기수업 시간 : 15시간
- 설계실 사용 중 물리 이론수업 시간 : 5시간

① 25% ② 33%
③ 67% ④ 75%

해설 답 ④

순수율 = $\dfrac{\text{일정한 교과를 위해 사용되는 시간}}{\text{그 교실이 사용되고 있는 시간}} \times 100(\%)$

설계실의 순수율(%) = $\dfrac{15}{20} \times 100\% = 75\%$

04
백화점에 설치하는 에스컬레이터에 관한 설명으로 옳지 않은 것은?
① 수송량에 비해 점유면적이 적다.
② 설치 시 층고 및 보의 간격에 영향을 받는다.
③ 비상계단으로 사용할 수 있어 방재계획에 유리하다.
④ 교차식 배치는 연속적으로 승강이 가능한 형식이다.

해설 답 ③
③ ES는 비상계단으로 사용할 수 없음

단원별 경향문제

05
공장건축에서 제품중심의 레이아웃에 관한 설명으로 옳지 않은 것은?

① 연속 작업식 레이아웃이다.
② 공정 간에 시간적 및 수량적 밸런스가 좋다.
③ 생산성이 낮으나 주문 생산품 공장에 적합하다.
④ 생산에 필요한 모든 공정과 기계류를 제품의 흐름에 따라 배치하는 형식이다.

해설　　　　　　　　　　　답 ③
③은 공정중심의 레이아웃에 대한 설명

06
학교건축에서 블록플랜에 관한 설명으로 옳지 않은 것은?

① 관리부분의 배치는 전체의 중심이 되는 곳이 좋다.
② 클러스터형이란 복도를 따라 교실을 배치하는 형식이다.
③ 초등학교는 학년단위로 배치하는 것이 기본적인 원칙이다.
④ 초등학교 저학년은 될 수 있으면 1층에 있게 하며, 교문에 근접시킨다.

해설　　　　　　　　　　　답 ②
② 클러스터형은 공용공간은 중앙 배치, 교실은 소단위로 분리 배치

CHAPTER 04 건축사 · 부록

제1절 | 한국건축사

1 한국건축문화

1. 한국건축의 주요 특성
(1) 자연과의 조화
- ① 계획과 시공면에서 인위적인 기교를 많이 쓰지 않았음(자연미 표현)
- ② 외관은 간소하고 겸허한 맛을 풍김
- ③ 자연 지세와 환경을 잘 분석하여 활용함

(2) 친근감을 주는 척도
- ① 규모가 장대하지 않아 중압감이 없음
- ② 척도 기준(Module) 사용(외관이 부드럽고 아름다움)
- ③ 인간적 척도(Human Scale)의 크기와 내용 사용(외관이 아담하고 친근감)

(3) 착시보정기법
- ① 기둥에 배흘림(Entasis)을 두었음(기둥의 직경이 밑에서 1/3 지점에서 가장 큼)
- ② 기둥에 안쏠림과 우주(隅柱)의 솟음을 사용
  - ㉠ 안쏠림 : 기둥 상단 부분을 안쪽으로 쏠리게 만든 것으로 시각적으로 건물 전체에 안정감을 줌
  - ㉡ 우주(바깥쪽의 기둥)를 중간에 있는 평주보다 약간 길게 하여 솟아 올리게 해서 처마 곡선과 조화를 이루도록 함
- ③ 지붕처마 곡선의 후림과 조로 수법
  - ㉠ 후림 : 평면에서 처마의 안쪽으로 휘어 들어오는 방식
  - ㉡ 조로 : 입면에서 처마의 양끝이 들려 올라가는 방식

2. 주거공간의 특성
(1) 구성 수법의 특징
- ① 비대칭성 : 자연 형태에 따라 부속건물을 비대칭적으로 배치
- ② 공간의 폐쇄성 : 외적으로는 폐쇄적, 내적으로는 개방적
- ③ 위계적 공간구성 : 지붕의 크기, 지형의 고저차 등을 이용하여 위계를 표현함

④ 연속성 : 주 공간과 부 공간들을 상호 유기적으로 연결함
⑤ 정연하고 계획적인 비례가 특징

(2) 공간구성

가정적 공간	• 취사, 수면 등의 가사 기능 • 부엌, 안방
사회적 공간	• 사랑채를 중심으로 하여 대인 접촉, 학문의 기능 • 서재, 거실, 후원의 공간
제사적 공간	• 조상의 위패를 모시고 제사의 기능 • 사당

2 한국건축의 시대별 특징

1. 고려의 건축

개요	① 외관이 높고 웅대 ② 공포(栱包) 양식이 발전

목조건물	① 주심포식
	  ㉠ 봉정사 극락전(한국 최초 목조건물)
	  ㉡ 부석사 무량수전
	  ㉢ 수덕사 대웅전
	  ㉣ 강릉 객사문
	② 다포식
	  ㉠ 심원사 보광전
	  ㉡ 석왕사 응진전
	  ㉢ 성불사 응진전

2. 조선 건축

개요	① 궁궐과 성곽, 성문, 학교 건축이 중심이 됨 ② 건물 자체의 균형 및 주위 환경과의 조화를 이룸

목조
건축
	① 다포식 : 조선시대 궁궐이나 사찰의 전각에서 주로 이용
	  ㉠ 초기 건축 : 개성 남대문, 서울 남대문(숭례문), 안동 봉정사 대웅전 등
	  ㉡ 후기 건축 : 경주 불국사 극락전, 불국사 대웅전, 수원 팔달문, 서울 창덕궁 인정전, 서울 동대문, 서울 경복궁 근정전 등
	② 주심포식
	  ㉠ 초기 건축 : 영주 부석사 조사당, 강진 무위사 극락전, 승주 송광사 국사전 등
	  ㉡ 후기 건축 : 전주 풍남문, 밀양 영남루 등
	③ 익공식
	  ㉠ 초기 건축 : 합천 해인사 장경판교(초익공), 강릉 오죽헌(이익공) 등
	  ㉡ 후기 건축 : 수원 화서문(이익공), 제주 관덕정(이익공) 등

3. 근대 건축

(1) 구한말의 건축

	건축물	시기	양식	비고
종교 건축	명동 성당	1892~1898	한국유일의 순수고딕	
	정동 교회	1895~1898	단순화된 고딕	
기타	독립문	1896~1897	순수한 석조	
	덕수궁 석조전	1900~1910	고대 그리스 이오니아식 주범	

(2) 일제 시대의 건축

	건축물	시기	양식	비고
기타	서울 성공회 성당	1922~1926	로마네스크	벽돌, 화강석

3 궁궐건축의 이해

1. 궁궐건축

(1) 조선시대 궁궐건축의 특징
① 조선시대의 궁궐건축은 왕실의 존엄과 권위를 상징하기 위해 대규모로 화려하게 조영되었음(정무공간, 생활공간, 정원공간의 세 영역으로 구성)
② 현재는 경복궁, 창경궁, 창덕궁, 덕수궁이 남아 있는데, 경복궁은 이 중 가장 규모가 크고 대표적인 궁궐로서 임진왜란 때 소실 된 것을 고종 때 재건하였음

(2) 종류 및 특징

종류	특징	정전
경복궁	① 정전인 근정전을 중심으로 하여 주요 건물이 남북측을 중심으로 좌우대칭으로 배치함 ② 부속 건물과 정원은 비대칭적으로 자유롭게 배치	근정전

4 한국건축의 구조와 형식

1. 건축의 구축과 주요사항

(1) 공포 구조
① 역할
  ㉠ 기둥 위에 놓여 지붕의 하중을 원활하게 기둥에 전달함
  ㉡ 공포 위에는 보와 도리 및 장혀가 올라가게 됨

② 공포의 분류
  ㉠ 주심포식과 다포식

	주심포식	다포식
공포 특징	① 배흘림이 비교적 큰 편 ② 단아한 외관 ③ 다포에 비해 중요도가 낮은 건물에 사용 ④ 보통 맞배지붕 많이 사용 ⑤ 보통 단장혀 사용 ⑥ 우미량 사용	① 주심포식보다 배흘림이 약함 ② 외형이 정비되고 장중한 외관 보유 ③ 중요도가 높은 건축물에 사용됨 ④ 주로 팔작지붕 많이 사용됨 ⑤ 주로 긴 장혀 사용
공포 배치	기둥 위에 주두를 배치	기둥 위에 창방과 평방을 놓고 그 위에 공포 배치
소로 배치	비교적 자유스럽게 소로 배치	상·하로 동일 수직선상에 위치를 고정
고려시대 건축물	① 봉정사 극락전 ② 부석사 무량수전(팔작지붕) ③ 수덕사 대웅전 ④ 강릉 객사문	① 심원사 보광전 ② 석왕사 응진전
조선시대 건축물	① 초기 건축 : 영주 부석사 조사당(1377), 강화 정수사 법당(1423), 강진 무위사 극락전(1476), 승주 송광사 국사전 등 ② 중기 건축 : 달성 도동서원 강당 및 사당(1604), 안동 봉정사 화엄강당, 안동 봉정사 고금당 등 ③ 후기 건축 : 전주 풍남문, 밀양 영남루 등	① 초기 건축 : 개성 남대문(1394), 서울 남대문(1488), 안동 봉정사 대웅전 등 ② 후기 건축 : 불국사 대웅전(1765), 수원 팔달문(1796), 서울 창덕궁 인정전(1804), 서울 동대문(1869), 서울 경복궁 근정전 등 경복궁의 경회루는 익공식 건축물

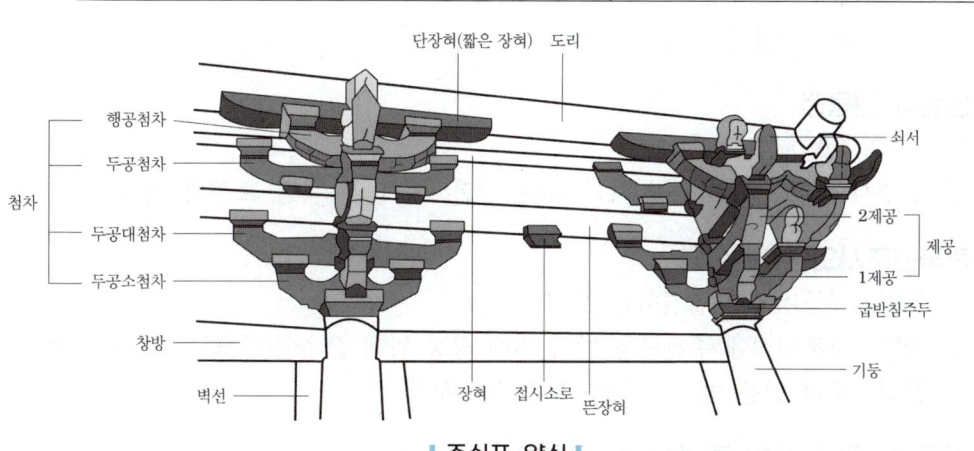

| 주심포 양식 |

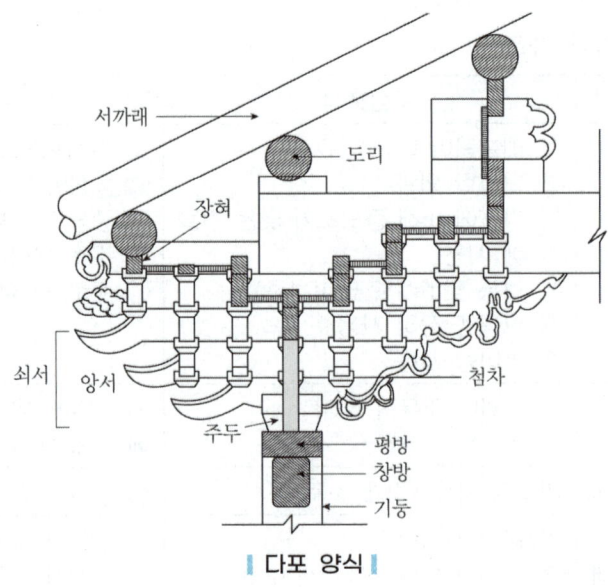

┃ 다포 양식 ┃

(2) 보의 종류별 특성
  ① 창방 : 기둥머리끼리 연결하는 부재
  ② 평방 : 다포형식에 주간포를 받기 위해 창방 위에 같은 방향으로 가로로 놓이는 부재 (단면적은 보통 창방보다 더 큼)
  ③ 충량 : 내부 기둥이 없을 경우 대들보 위에 얹는 보
  ④ 우미량 : 소꼬리처럼 생긴 곡선부재로 단차가 있는 도리를 계단 형식으로 상호 연결하는 부재, 조선 초기까지 주심포 형식에서만 나타남(다포형식이나 익공형식의 집에서는 나타나지 않았음). 수덕사 대웅전에서 양쪽으로 각각 3개씩 6개의 우미량 있음

(3) 한식주택에서 문꼴부분의 면적이 큰 이유
  하기의 고온다습을 견디기 위해서

2. 쌍봉사 대웅전
  ① 3층의 정방형 단칸집
  ② 법주사 팔상전과 더불어 지금은 별로 전하지 않는 목탑 모양의 건물

3. 한국건축사의 부재 설명
  ① 창방 : 기둥머리를 연결하는 부재
  ② 평방 : 다포형식에 주간포를 받기 위해 창방 위에 같은 방향으로 가로로 놓이는 부재
  ③ 장혀 : 도리 밑을 받쳐 도리를 보강하는 부재

4. 한국건축의 가구법 중 칠량가 건축물
  ① 무위사 극락전
  ② 금산사 대적광전

③ 지림사 대적광전
- 수덕사 대웅전 : 9량가

5. 한국의 근대건축물 양식
① 명동성당 : 순수고딕
② 한국은행 : 르네상스 양식
③ 덕수궁 정관헌 : 절충식
④ 서울 성공회성당 : 로마네스크

6. 경복궁의 궁궐 배치
① 전조공간 : 근정전, 사정전, 만춘전, 천추전
② 후침공간 : 강녕전, 교태전

7. 향교의 공간배치원리
① 전묘후학(前廟後學) 배치 : 대지가 평지인 경우에 전면에 배향 공간(대성전, 문묘)이 오고 후면에 강학 공간(명륜당)이 오는 배치
② 전학후묘(前學後廟) 배치 : 대지가 구릉을 낀 경사진 터이면 높은 뒤쪽에 배향 공간(대성전, 문묘)을 두고 전면 낮은 터에 강학공간(명륜당)을 두는 배치

8. 전통 주거양식 분류(평면형태)
전통적 주거양식은 우리나라의 기후와 관련되는데, 북부가 폐쇄적인 것에 비해 남부로 갈수록 개방적인 공간 구성의 특징을 보이고 있다.
① 서울형 : ㄱ, ㄴ, ㅁ자형
② 북부형(함경도지방형) : 田자형
③ 중부지방형 : ㄱ자형이 일반적
④ 남부형 : 부엌, 방, 대청, 방의 순으로 배열되는 一자형이 일반적
⑤ 제주도형 : 남부형과 비슷하나 방 뒤에 폭이 좁은 광을 설치하는 것이 특징

9. 한국 전통건축의 지붕양식
① 우진각지붕 : 원초적인 지붕형태로 원시움집에서부터 사용됨
② 맞배지붕 : 용마루와 내림마루가 있고 추녀마루만 없는 형태임
③ 우진각지붕 : 네 면에 모두 지붕면이 있으며 전후 지붕면은 사다리꼴이고 양측 지붕면은 삼각형임, 용마루와 추녀마루로만 구성된 지붕으로 주로 다포식 건물에 사용함

10. 한국건축사의 기타사항
① 하앙식 공포 건축물 : 화암사 극락전
② 교학건축물인 성균관의 구성
  ㉠ 동재
  ㉡ 존경각
  ㉢ 명륜당

제 2 절 | 서양건축사

1 서양건축의 시대구분

고대	이집트, 서아시아
고전	그리스, 로마
중세	초기기독교, 비잔틴, 로마네스크, 고딕
근세	르네상스, 바로크, 로코코
근대과도기	고전주의, 낭만주의, 절충주의
근대 건축운동	수공예운동(영국), 아르누보(프랑스), 유겐트스틸(독일), 세제션(오스트리아), 시카고파(미국), 공작연맹(독일), 표현주의(독일), 데 스틸(네덜란드), 미래파(이탈리아), 구성주의(러시아), 바우하우스(독일)
근대 국제주의	월터 그로피우스(독일), 프랭크 로이드 라이트(미국), 미스 반 데 로에(독일), 르 꼬르뷔지에(프랑스), CIAM
현대	지역주의, 팀 텐, GEAM, 아키그램, 메타볼리즘, 형태주의, 브루탈리즘
	포스터 모던, 레이트 모던
	대중주의, 지역주의, 해체주의

■ 시대별 건축양식

이집트 → 서아시아 → 그리스 → 로마 → 초기기독교 → 비잔틴 → 로마네스크 → 고딕 → 르네상스 → 바로크 → 로코코 → 수공예운동 → 아르누보 → 세제션 → 시카고파 → 공작연맹 → 데 스틸 → 비우하우스

2 고대건축

1. 이집트 건축

(1) 분묘건축

현세는 일시적 주거이고 사후의 분묘가 영원한 삶이라고 믿었던 이집트인들의 고유한 종교관에 의해 분묘건축이 성행함

(2) 마스타바(Mastaba)
① 피라미드의 전 단계 형식의 건축
② 흙벽돌로 쌓아 지하에 건축한 왕, 왕족, 귀족, 위인의 분묘

(3) 피라미드(Pyramid)
① 왕의 분묘로서 이집트 고대문명을 대표하는 상징 건축물
② 신과 같이 절대적인 왕의 권력을 상징하기 위해 건설

• Tip 지구라트와 피라미드의 비교

구분	지구라트	피라미드
방향	모서리가 동서남북	면이 동서남북
내부	밀적체(빈 공간 없음)	묘실(빈 공간 있음)
재료	흙벽돌	돌
기능	관측소와 제단	분묘

지구라트
① 신에게 제사를 드리는 신전의 기능과 천문관측과 예언을 행하는 천문관측대로서의 기능을 동시에 가지고 있음
② 각 모서리가 동서남북 방향에 일치하며 동쪽의 모서리는 춘분, 추분의 일출지점과 일치함
③ 최상부에는 사당이 위치, 이 사당이 신의 거처이자 천체 관측소
④ 고단 : 하늘, 태양 등 자연신을 숭상하기 위해 제사를 지내는 자가 신에 더 가까이 위치한다는 개념에서 나옴

(4) 암굴분묘
① 타 민족의 침입이나 미술공예품의 약탈을 막기 위해 건설
② 지구라트는 밀적체, 암굴분묘는 빈 공간을 가지고 있음

2. 그리스 건축
(1) 신전건축

구분	내용
주요 건축물	① 파르테논 신전(B.C. 447~432년) • 그리스의 대표적인 건물로서 아테네의 아크로폴리스에 있음 • 도리아식 주범 • 익티누스와 카리크라테스와 피디아스에 의해 건축 ② 에렉테이온 신전(B.C. 420~393년) • 이오니아식 주범의 대표적인 신전 ③ 포세이돈 신전(B.C. 450년) • 도리아식 주범

(2) 기타 건축

구분	내용
아고라 (Agora)	① 광장으로서 옥외공간을 의미함 ② 점포와 열주로 둘러싸여 있는 여러 업무를 위한 야외의 공간이 형성 ③ 공공, 회합의 장소로 사회생활, 정치활동의 중심지 ④ 도시국가의 심장부로서의 역할을 도모함 ⑤ 주위에 도서관, 의회당, 국정청, 재판소, 풍탑, 신전 등을 배치

Tip 그리스 기둥양식의 특징

도리아 주범 (Doric order)	① 가장 단순하며 장중한 느낌, 힘에서 유추, 남성적 오더 ② 가장 오래된 양식(이집트 베니핫산 암굴분묘의 16각 석주에서 그 원형을 모방했음) ③ 주초가 없음 ④ 착시교정(엔타시스 있음) ⑤ 구성 : 프리즈, 아바쿠스, 에키누스
이오니아 주범 (Ionic order)	① 우아, 경쾌, 유연한 여성적 오더 ② 동방 여러 문화의 영향을 받음
코린티안 주범 (Corinthian order)	① 주두에 나뭇잎을 화려하게 장식 ② 너무 화려한 탓으로 소규모의 기념 건축에만 사용

Tip 착시교정 기법

그리스 신전건축은 형태미를 중요시했으며, 완벽하고 이상적인 건축형태의 표현을 위해 착시현상을 교정하는 기법들을 사용했음

배흘림 (엔타시스)	• 기둥중앙부의 직경을 기둥 상하부의 직경보다 약간 크게 하는 기법
라이즈 (Rise)	• 기단과 엔타블레처의 중앙부를 약간씩 솟아 오르게 하는 기법
안쏠림	• 양측 모서리 기둥을 약간씩 안쪽으로 기울이는 법
기둥간격	• 착시현상을 교정하기 위해 모서리로 갈수록 기둥간격을 좁게 함

3. 로마 건축

(1) 건축양식의 특성

시기	• 에트러스컨(B.C. 750~300) • 전기로마(B.C. 300~27) • 후기로마(B.C. 27~ A.D. 365)	재료	① 석재를 주로 사용함 ② 콘크리트 발명 • 화산재+석회석

구조
및
특징
	① 복합양식
	  • 구조특징 : 에트러스컨 건축
	  • 의장특징 : 그리스 건축
	② 벽돌로 리브(rib)를 만들고 볼트(반원통형 및 교차볼트) 등을 사용
	③ 궁륭과 아치를 병용하고, 아케이드는 아치와 기둥을 자유로이 조합하여 사용
	④ 기둥, 보, 아치의 혼용
	⑤ 5가지 기둥양식
	  • 그리스 기둥양식(3개)
	  • 터스칸 오더
	  • 콤포지트 오더
		신전
		건축
			[판테온 신전]
			① 시기 : A.D. 118~128년경
			② 원형 평면(드럼)+돔
			③ 7개의 니치(niche), 7개의 신상을 안치, 벽에는 창이 없음
			④ 현관에 8개의 코린티안 주범의 기둥이 있고 지붕은 돔 형태
			⑤ 원형 평면 부분을 로툰다, rotunda 라고 함

(2) 포럼(Forum)
① 그리스의 아고라와 유사한 기능을 지니는 공공광장
② 도시구조의 중심으로서 정치, 산업, 사교, 교통 등의 기능이 집약되는 공공광장
③ 광장주위에 바실리카, 신전 등의 공공건축물과 개선문, 기념주 등의 기념건축물이 위치함

(3) 신전건축
① 로마인들은 그리스인들에 비해 종교에 무관심했으므로 신전의 중요성이 감소
② 판테온(Pantheon) 신전
   ㉠ 로마의 대표적인 건축물
   ㉡ 거대한 돔을 얹은 로툰다와 대형 열주 현관이라는 2가지 주된 구성요소로 이루어짐
   ㉢ 로툰다 내부는 드럼과 돔 두 부분으로 구성됨
   ㉣ 전면의 열주현관(Portico)은 코린트식 주범의 기둥 8개로 구성됨
   ㉤ 직사각형의 입구 공간은 외부와 내부 사이의 전이공간으로 사용됨

(4) 주거건축
① 로마 주거건축의 세 가지 유형
   ㉠ 도무스(Domus) : 부유층의 개인주택
   ㉡ 빌라(Villa) : 별장 또는 전원주택
   ㉢ 인슐라(Insulla) : 평민과 노예들을 위한 공동집합주택

3 중세건축

1. 초기 기독교 교회
(1) 건축양식의 특성

시기	A.D. 313~604 (밀라노 칙령)	재료	새로운 기술이 개발되지 못해 로마 양식을 계승함
구조 및 특징	① 주축(동서) : 서 → 동 ② 지붕 : 목조 트러스 ③ 측랑 : 2층의 트리포리움 설치 ④ 의장 : 종교적 존엄성과 인상적인 분위기를 조성하기 위하여 실내에 긴 열주로 반복미와 투시효과 조성, 신자의 마음을 영광의 문이 있는 곳으로 유인하도록 고려함		[바실리카식 교회당] 전문 → 아트리움(중정) → 전실(나르텍스) → 회중석(네이브+아일), 좌우의 측랑(트랜셉트) → 성단(앱스), 후진(bema)

2. 비잔틴 건축

(1) 건축양식의 특성

시기	A.D. 330~1453	재료	• 표면을 대리석으로 포장함 • 콘크리트나 벽돌로 구체 구성됨
구조 및 특징	① 사라센 문화의 영향 ② 동양적 요소를 가미한 건축 형식 장려함 ③ 동서 건축의 특징(dosseret) ④ 돔, 아케이드 구법이 발달 • 펜덴티브 돔 창안 ⑤ 평면 • 각 부분을 정사각형으로 다룸 (집중형, 유심형)	[펜덴티브 돔] ① 비잔틴 건축 구조법의 주요 특성 ② 4각형의 평면+돔 (펜덴티브라는 3각형 곡면부 도입함) ③ 주두에 부주두(dosseret)를 얹음	
		주요 건축물	• 성 소피아 성당 • 성 마르크 성당 • 성 비탈레 성당

> • Tip 도서렛(Dosseret : 부주두)
> • 비잔틴 건축의 기둥은 주두가 2중으로 구성
> • 2중주두 중 상부는 부주두(Dosseret)라 함
> • 도서렛은 아치를 지지하는 베이스(base)가 됨
> • 부주두에 동양식의 주두와 서양식의 주두가 혼합되어 나타남
> • 혼합된 양식을 통해 비잔틴을 동·서문화가 합쳐진 양식이라고 여김

(2) 모스크 건축

① 사라센 건축의 대표적 건축양식
② 미나렛 : 고탑을 의미함

3. 로마네스크 건축

(1) 건축양식의 특성

시기	A.D. 1000~1200
구조 및 특징	① 성당, 수도원 건축이 주류 ② 리브볼트 : 하중이 리브를 통해 피어로 전달 ③ Bay system 구축 : 벽체 없이 기둥만으로 평면 구성 ④ 클러스터 피어 ⑤ 버트레스 : 벽체에 축대를 쌓음 ⑥ 채광창인 스테인드글라스 ⑦ 종탑 첨가 ⑧ 교차궁륭 : 아치 구조법 발달함
프랑스	• 아베이 오 홈(Abbey Aux – hemmes) • 성 데니스(S. Denis) 성당 • 성 프롱(S. front) 성당
이탈 리아	• 피사(Pisa)의 성당, 세례당, 종탑 • 미니아토(S.Miniato) • 몬리아레(Monrele) 성당 • 제노 마지오레(S. Zeno Maggiore) 성당 • 암브로지오 성당
독일	• 보름스 대성당 • 마인쯔 대성당

4. 고딕 건축
(1) 건축양식의 특성

시기	A.D. 12~16C

구조 및 특징	① 첨두아치(Pointed Arch)
	② 플라잉 버트레스
	  • 횡력을 합리적으로 처리함
	  • 수직 하중은 피어로, 수평 하중은 플라잉 버트레스에서 부담
	③ 수직성과 수평성
	  • 이전 시대의 장축형 교회의 내부공간에 형성된 수평축에 수직축을 추가
	④ 상승감과 신비감
	  • 벽체가 하중으로부터 해방, 고측창을 넓게 구성, 착색유리로 장식

프랑스	• 파리 노틀담(Notre Dame) 사원 • 아미앵(Amiens) 대성당 • 랑스(Rheimns) 대성당
영국	• 솔즈베리(Salisbury) 성당 • 웰즈(Wells) 성당 • 요크(York) 성당
독일	• 쾰른 대성당(헬렌 키르헤 또는 홀식) • 빈의 성 스테판(ST.Stephen) 대성당 • 성 엘리자베스 대성당(표준형의 홀식) • 울름 대성당(Ulm Cathdral)
이탈리아	• 밀라노 대성당(milano Cathedral) • 플로렌스 대성당

(2) 주요 요소의 특징
① 첨두아치(Pointed Arch) : 기둥간격과 관계없이 아치의 높이조절 가능
② 플라잉 버트레스(Flying Buttress) : 증가된 횡하중을 내민 형상의 플라잉 버트레스가 지지함
③ 리브볼트 : 하중을 리브를 통해 피어로 전달
④ 장미창(Rose WIndow) : 차륜창(Wheel WIndow)이라고도 하며 성당의 입구 위에 거대하고 아름다운 원형의 창을 말함, 특히 프랑스 고딕성당의 특징임
⑤ 채플(Chapel) : 아일 바깥쪽 소예배실
⑥ 콰이어(Choir) : 성가대석
⑦ 엠블리터리(Ambulatory) : 앱스 주변을 둥글게 돌며 예배의식을 드리는 공간

4 근세건축

1. 르네상스 건축
(1) 건축양식의 특성
① 신 중심의 사고관에서 벗어나 합리적, 과학적 사고방식을 한 르네상스 예술가들은 수학적 비례체계가 우주의 질서를 표현한다고 여김
② 수학적 비례체계가 건축물의 기본적 구성 원리로서 르네상스 양식 건축물의 평면과 입면을 지배함

2. 바로크 건축
(1) 건축양식의 특성

시기	A.D. 17~18C		
구조 및 특징	① 고전적 법칙 무시함 ② 극적 효과를 추구함 • 비대칭, 과장, 대비 • 투시도 효과 ③ 화려한 장식 추구 • 주범의 변형 • 곡선형 코니스 • 파동 벽면 ④ 공적 생활 위주로 규모가 장대 • 공공적 특성 • 종교와 절대왕권을 배경	이탈리아	• 마데르나(Maderna) – 성 수잔나 성당 • 베르니니(Bernini) – 성 베드로 사원의 광장과 콜로나데
		프랑스	• 알도안 만사르(Jule Hardouin Mansart) – 앙발리드 교회당 – 베르사이유 궁전 확장 계획
		영국	• 크리스토퍼 렌(Christopher Wren) – 성 파울 사원 • 존 반브로우 – 블렌하임궁

5 근대과도기 건축

1. 과도기적 건축양식의 유형 및 특성
(1) 신고전주의

주요 특징	건축가와 작품
• 그리스와 로마 건축양식의 정확한 복원과 모방에 열중하였으며 특히 주범을 중시함 • 르네상스 건축은 로마건축을 규범으로 하여 창조적으로 이용한 반면, 신고전주의 건축은 그리스와 로마의 건축을 정확하게 복원하는데 주력했음	[이념적 고전주의] ① 로지에(Laugier) : '원시 오두막(primitie hut)' 이론 ② 르두(Ledous : 1736~1806) 농장관리인 주택(플라토닉한 형태로 디자인한 주택계획안) [모방적 고전주의] ① 소온(영)경의 대영박물관 ② 쉰켈(독)의 고대 박물관

6 근대건축

1. 근대건축의 태동
산업혁명과 계몽주의 철학의 등장이라 할 수 있음

2. 근대적 건축운동(여명기)

(1) 수공예 운동(Art and Crafts Movement, 1860~1905, 영국)

개요	• 산업혁명 이후 19C 중반 기계의 대량생산에 대한 반작용으로 전개 • 존 러스킨(John Ruskin)의 영향을 받음

(2) 아르누보(Art-Nouveau)

개요	• 영국의 수공예운동의 영향을 받아 기계생산에 대한 반작용 운동 (주관적이고 낭만적인 사조) • 수공예 운동이 민중을 위한 예술을 주장한 반면 아르누보는 심미적인 운동으로 볼 수 있음

(3) 빈 분리파(Vien Secession, 세제션)

개요	• 19세기 말 오스트리아는 고딕이나 고전, 바로크 건축을 모방하는 사조가 성행하였는데 이에 몇몇 건축가들이 반기를 들었음
특징	• 기계생산에 미온적 태도를 보임 • 과거 역사적 양식건축을 거부하고, 기하학적 형태추구

① 아돌프 로스(Adolf Loos)

특징	• 장식이 없는 것을 선호해 '장식은 죄악이다'라는 말을 남김
주요 작품	• 슈타이너 주택 • 뮬러하우스

② 오토 바그너(Otto Wagner)

특징	• 빈 분리파의 이론적 배경 제공 • 목적을 정확히 파악하고 충족시킬 것 • 적당한 시공재료를 선택할 것 • 경제적인 구조를 채택할 것
주요 작품	• 저서 『근대건축』(합목적적 건축 이론)

(4) 시카고 학파(Chicaho School)

개요	• 1891년 시카고 대화재와 1893년 만국박람회 이후 철골구조에 의한 고층건축을 건축가와 기술자에 의해 발전됨

(5) 독일 공작 연맹(Deutcher Werkbund)

개요	• 독일 공업제품의 질적 향상을 목표로 기계생산에 의한 기술개선과 생산품질 향상에 기여함(영국 미술공예운동의 영향)

(6) 데 스틸(De stijl)

개요	• 1917년 네덜란드에서 결정됨 • 입체파(Cubism)의 영향을 받음 • 수평·수직에 의한 기하학적 질서를 건축구성의 원리로 채택

3. 정착기
(1) 근대건축의 3대 거장
① 프랭크 로이드 라이트

특징	• 미국의 자연과 건물의 조화추구, 유기적 건축
주요 작품	• 낙수장(Kaufman House) • 구겐하임 미술관(Newyork)

② 미스 반 데 로에

특징	• 지지체와 비지지체의 분리(철골구조의 기능성 추구) • "Less is More(보다 적은 것이 더 많은 것이다)" : 장식을 배제한 순수한 형태의 건축미 강조
주요 작품	• 투겐하트 주택(Tugenhadt House) • I.I.T 대학 마스터플랜 • 시그램 빌딩(Seagram building)

③ 르 꼬르뷔지에

특징	• 합리적 기능주의 주장 • 근대 건축의 5원칙 : 필로티, 옥상정원, 자유로운 평면, 자유로운 입면, 수평 띠창
주요 작품	• 사보이 주택 : 건축 5원칙 적용 • 마르세이유 아파트 : 메조넷 구조 • 롱샹 성당 • 샹디갈 도시계획 • 라투레트 수도원

7 현대건축

1. 현대건축의 태동과 유형
근대건축에 무시되던 상징성, 장식 등이 건축에 반영

(1) Brutalism

주요 특징	주요 건축가 및 건축물
• 건축의 윤리성 및 진실성을 강조 • 구조와 재료를 정직하고 솔직하게 표현함 (설비와 서비스 시설을 노출시킴)	• 루이스 칸 : 예일 대학교 미술관 증축, 킴벨 미술관, 방글라데시 정부 종합청사

(2) Late Modernism(후기-현대건축)

주요 특징	주요 건축가 및 건축물
• 발달된 공업기술을 바탕으로 추상적 형태언어와 건물의 기술적 이미지를 과장한 것이 특징 ① 미니멀리스트적 표현 ② 구조 왜곡 및 표피 강조	• 노만 포스터(Norman Foster) • 아이 엠 페이(I.M.Pei)

(3) Post Modernism(탈-현대건축)

주요 특징	주요 건축가 및 건축물
• 현대건축에서 배제되었던 건축의 상징성, 역사와 전통을 연계시킴으로써 새로운 건축양식을 추구하려는 건축 사조 ① 상징성 회복 시도 ② 전통적, 역사적 건축요소와 장식 시도 ③ 혼성적 표현과 모호성을 인정함	• 로버트 벤츄리(Robert Venturi) • 마이클 그레이브스(Michael Graves) • 알도 로시(Aldo Rossi)

> **Tip** 건축의 복합성과 대립성
> - 로버트 벤츄리의 저서
> - 단순성, 순수성의 허구 지적
> - 과거의 의미를 다시 복원시켜야 한다고 주장함

2. 최근 현대 건축물 동향

(1) 해체주의(Deconstrectivisim)

주요 특징	주요 건축가 및 건축물
① 고정관념의 해체를 목적 ② 비정형적 성격	• 프랑크 게리 : 게리하우스, 스페인 빌바오 지역의 구겐하임미술관

(2) 기타 건축가와 작품

① 렌조 피아노 – 로마 오디토리엄

② 장 누엘 – 파리 아랍 문화원

③ 루이스 칸 – 리차드 의학 연구소

④ 안토니오 가우디 – 카사밀라

제3절 | 부록

별표 1 〈개정 2023.12.11〉

편의시설의 구조·재질 등에 관한 세부기준 (제2조 제1항 중 일부)

1. 장애인등의 통행이 가능한 접근로
   가. 유효폭 및 활동공간
      (1) 휠체어사용자가 통행할 수 있도록 접근로의 유효폭은 1.2미터 이상으로 하여야 한다.
      (2) 휠체어사용자가 다른 휠체어 또는 유모차 등과 교행할 수 있도록 50미터마다 1.5미터×1.5미터 이상의 교행구역을 설치할 수 있다.
      (3) 경사진 접근로가 연속될 경우에는 휠체어사용자가 휴식할 수 있도록 30미터마다 1.5미터×1.5미터 이상의 수평면으로 된 참을 설치할 수 있다.
   나. 기울기 등
      (1) 접근로의 기울기는 18분의 1 이하로 하여야 한다. 다만, 지형상 곤란한 경우에는 12분의 1까지 완화할 수 있다.
      (2) 대지 내를 연결하는 주접근로에 단차가 있을 경우 그 높이 차이는 2센티미터 이하로 하여야 한다.

별표 2 〈개정 2024.9.19〉

대상시설별 편의시설의 종류 및 설치기준(제4조 중 일부)

1. 삭제 〈2006.1.19〉
3. 공공건물 및 공중이용시설
   가. 일반사항

편의시설의 종류	설치기준
(2) 장애인 전용 주차구역	(가) 부설주차장에는 장애인전용 주차구역을 주차장법령이 정하는 설치비율에 따라 장애인의 이용이 편리한 위치에 구분·설치하여야 한다. 다만, 부설주차장의 주차대수가 10대 미만인 경우를 제외하며, 산정된 장애인전용주차구역의 주차대수 중 소수점 이하의 끝수는 이를 1대로 본다. (나) 자동차관련시설 중 특별시장·광역시장·시장·군수 또는 구청장이 설치하는 노외주차장에는 장애인전용주차구역을 주차장법령이 정하는 설치기준에 따라 장애인의 이용이 편리한 위치에 구분·설치하여야 한다.
(7) 장애인 등의 이용이 가능한 화장실	장애인 등이 편리하게 이용할 수 있도록 구조, 바닥의 재질 및 마감과 부착물 등을 고려하여 설치하되, 장애인용 대변기는 남자용 및 여자용 각 1개 이상을 설치하여야 하며, 영유아용 거치대 등 임산부 및 영유아가 안전하고 편리하게 이용할 수 있는 시설을 구비하여 설치하여야 한다. 다만, 2024년 6월 1일부터 2025년 5월 31일까지 설치하는 경로당(「노인복지법」 제36조 제1항 제2호에 따른 경로당을 말한다)에는 영유아용 거치대를 설치하지 않을 수 있다.
(8) 장애인 등의 이용이 가능한 욕실	욕실은 1개실 이상을 장애인 등이 편리하게 이용할 수 있도록 구조, 바닥의 재질 및 마감과 부착물 등을 고려하여 설치하여야 한다.

나. 대상시설별로 설치하여야 하는 편의시설의 종류

대상시설	편의시설	매개시설			내부시설			위생시설					안내시설			그 밖의 시설				
		주출입구 접근로	장애인전용주차구역	주출입구 높이차이 제거	출입구(문)	복도	계단 또는 승강기	화장실 대변기	소변기	세면대	욕실	샤워실·탈의실	점자블록	유도 및 안내설비	경보 및 피난설비	객실·침실	관람석·열람석	접수대·작업대	매표소·판매기·음료	임산부 등을 위한 휴게시설
제1종 근린 생활 시설	수퍼마켓 일용품 등의 소매점, 이용원·미용원·목욕장	의무	권장	의무	의무	권장	권장	권장	권장	권장										
	휴게음식점, 제과점 등 음료·차·빵·떡·과자 등을 조리하거나 제조하여 판매하는 시설	의무	권장	의무	의무	권장	권장	권장	권장	권장										
	지역자치센터, 파출소, 지구대, 소방서, 우체국, 방송국, 보건소, 공공도서관, 국민건강보험공단·국민연금공단·한국장애인고용공단·근로복지공단의 지사, 그 밖에 이와 유사한 용도의 시설	의무	의무	의무	의무	의무	의무	의무	권장	권장			의무	권장	의무				의무	
	대피소	의무		의무	의무									권장						
	공중화장실	의무		의무	의무			의무	의무	의무			의무							
	의원·치과의원·한의원·조산원 및 산후조리원(500㎡ 이상만 해당)	의무	의무	의무	의무	의무	의무	의무	권장	권장										

대상시설		편의시설	매개시설			내부시설			위생시설					안내시설			그 밖의 시설				
			주출입구 접근로	장애인전용주차구역	주출입구 높이차이제거	출입구(문)	복도	계단 또는 승강기	화장실			욕실	샤워실·탈의실	점자블록	유도 및 안내설비	경보 및 피난설비	객실·침실	관람석·열람석	접수대·작업대	매표소·판매기·음료	임산부등을 위한 휴게시설
									대변기	소변기	세면대										
제1종 근린 생활 시설	의원·치과의원·한의원·침술원·접골원·조산원 및 산후조리원(500㎡ 미만만 해당)		의무	권장	의무	의무	권장	권장	권장	권장	권장										
	지역아동센터		의무	의무	의무	권장	권장	권장	권장	권장					권장	의무					
업무 시설	국가 또는 지방자치단체의 청사		의무	의무	의무	의무	의무	의무	의무	의무	의무				의무	의무	의무		의무		의무
	금융업소, 사무소, 신문사, 오피스텔, 그 밖에 이와 유사한 용도의 시설(500㎡ 이상만 해당한다)		의무	의무	의무	의무	의무	의무	의무	권장	권장								권장		권장
	국민건강보험공단·국민연금공단·한국장애인고용공단·근로복지공단 및 그 지사(1000㎡ 이상만 해당한다)		의무	의무	의무	의무	의무	의무	의무	의무	의무				의무	의무			의무		권장
숙박 시설	일반숙박시설 및 생활숙박시설		의무	권장	의무	의무	권장	권장	권장	권장	권장					의무	의무	권장		권장	
	관광숙박시설		의무	의무	의무	의무	의무	의무	의무	의무	의무	권장		의무	권장	의무	의무		권장		권장
공장			의무	의무	의무	의무	권장	권장	의무	권장	권장	권장			권장			권장		권장	권장
자동차 관련 시설	주차장		의무	의무	의무		권장														
	운전학원		의무	의무	의무	의무	의무	의무	권장	권장								권장		권장	

4. 공동주택

   나. 대상시설별로 설치하여야 하는 편의시설의 종류

편의시설 대상시설	매개시설			내부시설			위생시설						안내시설			그 밖의 시설					비고
							화장실														
	주출입구 접근로	장애인전용 주차구역	주출입구 높이차이 제거	출입구(문)	복도	계단 또는 승강기	대변기	소변기	세면대	욕실	샤워실·탈의실	점자블록	유도 및 안내설비	경보 및 피난설비	객실·침실	관람석·열람석	접수대·작업대	매표소·판매기·음료	임산부 등을 위한 휴게시설	
아파트	의무	의무	의무	의무	의무	의무	권장	권장	권장	권장	권장			의무	권장					
연립주택	의무	의무	의무	의무	의무	권장	권장	권장	권장	권장	권장			의무	권장					세대 수가 10세대 이상만 해당
다세대주택	의무	의무	의무	의무	의무	권장	권장	권장	권장	권장	권장			의무	권장					세대 수가 10세대 이상만 해당

> **Tip** 장애인 등의 편의시설 중 매개시설
> - 주 출입구 접근로
> - 장애인 전용주차구역
> - 주 출입구 높이 차이 제거

단원별 경향문제

01
공장건축의 배치형식 중 분관식에 관한 설명으로 옳지 않은 것은?
① 작업장으로의 통풍 및 채광이 양호하다.
② 추후 확장계획에 따른 증축이 용이한 유형이다.
③ 각 공장건축물을 동시에 병행할 수 있어 건설기간의 단축이 가능하다.
④ 대지의 형태가 부정형이거나 지형상의 고저차가 있을 때는 적용이 불가능하다.

해설 답 ④
공장의 분관식 특성
④ 대지의 형태가 부정형이거나 지형상의 고저차가 있을 때 유리한 형식이다.

02
업무시설 중 지방자치단체의 청사에 의무적으로 설치하여야 하는 장애인 등의 편의시설에 속하지 않는 것은?
① 장애인 전용주차구역
② 장애인 등의 이용이 가능한 욕실
③ 장애인 등의 이용이 가능한 화장실
④ 높이 차이가 제거된 건축물 출입구

해설 답 ②
②는 공동주택 편의시설 설치기준임

03
아파트에 의무적으로 설치하여야 하는 장애인 등의 편의시설에 속하지 않는 것은?
① 장애인전용주차구역
② 장애인 등의 통행이 가능한 복도
③ 장애인 등의 통행이 가능한 접근로
④ 장애인 등의 출입이 가능한 출입구(문)

해설 답 정답없음
②는 기존의 법규에는 '권장사항'이었으나 최근 기준이 '의무설치'로 개정되어 모든 선지가 의무설치 대상이 됨

04
양식주택과 비교한 한식주택의 특징 설명으로 옳지 않은 것은?
① 가구는 중요한 내용물이다.
② 위치에 따라 실이 구분된다.
③ 실의 기능은 융통성이 높다.
④ 좌식생활을 기준으로 구성된다.

해설 답 ①
① 가구는 양식주택에서 중요한 내용물임

단원별 경향문제

05
한식주택의 특징으로 옳지 않은 것은?
① 단일용도의 실
② 좌식생활 기준
③ 위치별 실의 구분
④ 가구는 부차적 존재

해설 답 ①
① 다용도의 실

06
한식주택과 양식주택에 관한 설명으로 옳지 않은 것은?
① 한식주택은 좌식이나, 양식주택은 입식이다.
② 한식주택의 실은 혼용도이나, 양식주택은 단일 용도이다.
③ 한식주택의 평면은 개방적이나, 양식주택은 은폐적이다.
④ 한식주택의 가구는 부차적이나, 양식주택은 주요한 내용물이다.

해설 답 ③
③ 한식주택의 평면은 실의 조합으로 은폐적이나, 양식주택은 실의 분화로 개방적이다.

건축기사 / 건축산업기사

PART 2

건축시공

건축기사 / 건축산업기사

CHAPTER 01 시공총론 · 가설공사 · 토공사

제1절 | 시공총론

1 시공 일반사항

1. 건축생산의 3S
① 단순화(Simplification)
② 전문화(Specialization)
③ 규격화(Standardization)

2. 관리기법의 종류

(1) 사업관리방식(CM : Construction Management)
① 정의
발주자를 대신하여 설계 및 시공에 필요한 기술과 경험으로 바탕으로, 발주자의 의도에 적합하게 완성물을 인도하기 위하여 발주자(건축주), 설계자, 시공자 조정을 목적으로 함

	장점	단점
특성	① 공기단축, 원가절감, 품질 향상 ② 설계자와 시공자 사이의 의사교환 조정 가능	① 공사비 증가 위험 있음 ② 관리자의 전문성 결여에 따른 부실시공
주요 업무	Pre-Design(계획) 단계	① 공사일정 계획 ② 공사예산 분석
	Design(설계) 단계	① 설계도면 검토 ② 대안공법 검토(가치공학-VE)
	Pre-Construction(발주) 단계	① 입찰서 검토분석 ② 시공자 선임
	Construction(시공) 단계	① 공사계획 관리 ② 공사감리
	Post-Construction(추가적 업무) 단계	① 분쟁(Claim) 관리 ② 하자보수관리

② CM의 주요 업무
  ㉠ 설계부터 공사관리까지 전반적인 지도, 조언, 관리업무
  ㉡ 입찰 및 계약관리 업무와 원가관리 업무
  ㉢ 현장 조직관리 업무와 공정관리 업무
  ㉣ 프로젝트의 계획
  ㉤ 제네콘(genecon) 관리 업무 : 종합건설(general construction)이라는 뜻으로 종합적인 건설관리만을 의미함

③ CM 계약방식의 특성
  ㉠ 대리인형 CM(CM for fee)인 경우 컨설턴트 역할만 하는 방식으로, 공사품질에 책임을 지지 않으며, 품질 문제 발생 시 책임소재가 없다.
  ㉡ 프로젝트의 전 과정에 걸쳐 공사비, 공기 및 시공성에 대한 종합적인 평가 및 설계변경에 대한 효율적인 평가가 가능하여 발주자의 의사결정에 도움이 된다.
  ㉢ 설계과정에서 설계가 시공에 미치는 영향을 예측할 수 있어 설계도서의 현실성을 향상시킬 수 있다.
  ㉣ 단계적 발주 및 시공의 적용이 가능하다.

(2) 태스크포스 조직(Task Force Organization)
  ① 공기단축을 목적으로 공정에 따라 부분적으로 완성된 도면만을 가지고 각 분야별 전문가를 구성하여 패스트 트랙(Fast Track) 공사를 진행하기에 가장 적합한 조직구조
  ② 긴급공사, 중요공사에서 전문가들이 모여 사업수행 기간 동안만 한시적으로 운영하는 건설관리 조직을 말함

(3) 프로젝트 전담조직(project task force organization)의 특성
  ① 전체업무에 대한 높은 수준의 이해도
  ② 새로운 아이디어나 공법 등에 대응 용이
  ③ 밀접한 인간관계 형성
  ④ 임시조직이므로 조직 내 인원의 사내에서의 안정적이지 못한 위치

(4) 가치공학(VE : Value Engineering)
  ① 정의 : 공사에 요구되는 품질, 안정성, 공기 등의 기능을 만족시키는 공사비 절감 개선방안
  ② 특징 : 공사 초기(설계 단계)에 적용하며, VE 활동을 통한 이익의 확대는 타 기업과의 경쟁 없이 이루어지며, 적은 투자로 큰 성과를 얻을 수 있다.
  ③ 사고방식 : 비용 절감, 발주자/사용자 중심의 사고, 기능 중심의 사고
  ④ 수행계획 4단계 : 정보(Informative) - 고안(Speculative) - 분석(Analytical) - 제안(Proposal)
  ⑤ 적용 대상 : 원가절감 효과가 큰 것, 수량이 많은 것, 공사의 개선 효과가 큰 것, 공사비 절감 효과가 큰 것

> **Tip** 달성가치(Earned Value)를 기준으로 한 원가관리의 용어
>
> ① CV(Cost Variance) : 원가차이라고 하며, 실제 투입원가와 계획된 일정에 근거한 진행성과의 차이를 의미함
> ② SV(Schedule Variance) : 일정차이라고 하며, 계획가치와 획득가치의 차이를 말함
> ③ CPI(Cost Performance Index) : 원가수행지수라고 하며, 완료된 공사에 대한 투입원가의 효율성을 말함
> ④ SPI(Schedule Performance Index) : 일정성과지수라고 하며, 계획가치에 대한 획득가치의 비율로 정의함

(5) 종합건설업(EC화 : Engineering Construction)

종래의 단순한 시공업과 비교하여 건설사업의 기획, 설계, 시공 및 유지관리에 이르기까지 사업 전반에 관한 것을 종합, 기획 관리하는 업무영역의 확대

(6) CALS(Continuous Acquisition & Life Cycle Support)

① 건설사업자원 통합 전산망으로 건설 생산활동 전 과정에서 건설 관련 주체가 전산망을 통해 신속히 교환·공유할 수 있도록 지원하는 통합 정보시스템
② 건설공사 기획부터 설계, 입찰 및 구매, 시공, 유지관리의 전 단계에 있어 업무절차의 전자화를 추구하는 종합건설정보망체계를 의미

(7) CIC(Computer Integrated Constructing) : 컴퓨터를 통한 건설통합 생산시스템

건설 프로세스의 효율적인 운영을 위해 형성된 개념의 건설통합 생산시스템으로 이에 관련된 계획, 관리, 엔지니어링, 설계, 구매, 계약, 시공, 유지 및 보수 등의 요소들을 주요 대상으로 하는 것

(8) BIM(Building Information Modeling)

개념설계에서 유지관리 단계에까지 건물의 전 수명주기 동안 다양한 분야에서 적용되는 모든 정보를 생산하고 관리하는 기술

(9) LCC(Life Cycle Cost)

건물의 기획에서부터 계획, 설계, 시공, 유지관리, 철거의 단계까지 전체의 과정에서 사용되는 비용

> **Tip** EVMS(비용-일정 통합관리시스템)
>
> 건설프로젝트의 비용 및 일정에 대한 계획 대비 실적을 통합된 기준으로 비교, 관리하는 통합공정시스템

3. 공사관계자의 분류

(1) 건축주(Owner)
　① 건축물의 이전에 관한 공사를 발주하는 자
　② 공작물의 축조/건축설비의 설치에 관한 공사를 현장 관리인을 두어 스스로 하는 자

(2) 설계자(Designer)
　설계도서 작성자

(3) 감리자(Inspector)
　자기의 책임으로 건축물이 설계도서의 내용대로 시공되는지를 검토/확인하는 자

(4) 시공자
　발주자로부터 건설공사를 도급받은 건설업자(하도급업자 포함) 또는 공사 일체를 책임지고 수행하는 자

4. 건설노무자의 분류

　① 직용 노무자 : 원도급자에게 직접 고용된 노무자
　② 정용 노무자 : 전문건설업체에 소속되어 출역일수에 따라 임금을 받는 노무자
　③ 임시고용 노무자 : 단순 노동력을 제공하는 보조노무자

5. 실행예산

도급자가 공사를 착공하기 전에 공사내용과 공기를 가장 효과적으로 달성하면서 집행 가능한 최소의 투자를 전제하여 시공계획과 손익의 목표를 합리적으로 표현한 금전적 계획서

6. 건축공사의 진행 순서

공사 착공준비 – 가설공사 – 토공사 – 지정 및 기초공사 – 구조체 공사 – 방수공사 – 지붕공사 – 외장공사 – 창호공사 – 내장공사

7. 부대입찰제도

건설공사 입찰에 있어 불공정 하도급거래를 예방하고 하도급 계열화를 촉진하기 위한 목적으로 시행된 제도

8. 대안입찰제도의 특징(정의 : 원안설계는 발주청이 하며 입찰자의 설계에 대해 비교하는 것)

　① 공사비를 절감할 수 있다.
　② 설계상 문제점의 보완이 가능하다.
　③ 신기술의 개발 및 축적을 기대할 수 있다.
　④ 입찰기간이 단축되지 않고 오히려 약간 늘어날 수 있다.

9. 발주자에 의한 현장관리 제도
착공신고제도, 현장회의 운영, 클레임 관리, 중간관리일

> **Tip** 린건설(lean construction)
> 건설프로젝트의 적용 가능성을 제시한 건설관리학계의 한 연구분야
> - 당김생산(Pull 방식)
> - 변이관리
> - 흐름생산
> 여기에서 대량생산은 재고가 많이 쌓이는 방식으로 당김생산의 반대임

10. 건설공사의 일반적인 특징
① 공사비, 공사기일 등의 제약을 받는다.
② 주로 도급식 또는 직영식으로 이루어진다.
③ 육체노동이 주가 되므로 대량생산이 불가능하다.
④ 건설 생산물의 품질이 일정하지 않다.

11. 건설공사 현장관리
① 목재는 건조시키기 위하여 개별로 세워둔다.
② 현장사무소는 본 건물 규모에 따라 적절한 규모로 설치한다.
③ 철근은 그 직경 및 길이별로 분류해둔다.
④ 기와는 옆으로 세워서 보관한다.

12. 공사감리업무
① 설계도서의 적정성 검토
② 시공상의 안전관리 지도
③ 사용자재와 설계도서와의 일치 여부 검토
④ 품질시험의 실시여부 및 시험성과의 검토·확인

13. 공사의 기타사항
① 건설산업기본법 : 건설공사의 조사, 설계, 감리, 기술관리 등에 관한 기본적인 사항과 건설업의 등록 및 건설공사의 도급 등에 필요한 사항을 정한 법
② 시간당 손료계수의 3요소 : 상각비, 관리비, 정비비 계수

2 시공방식(공사시공방식)

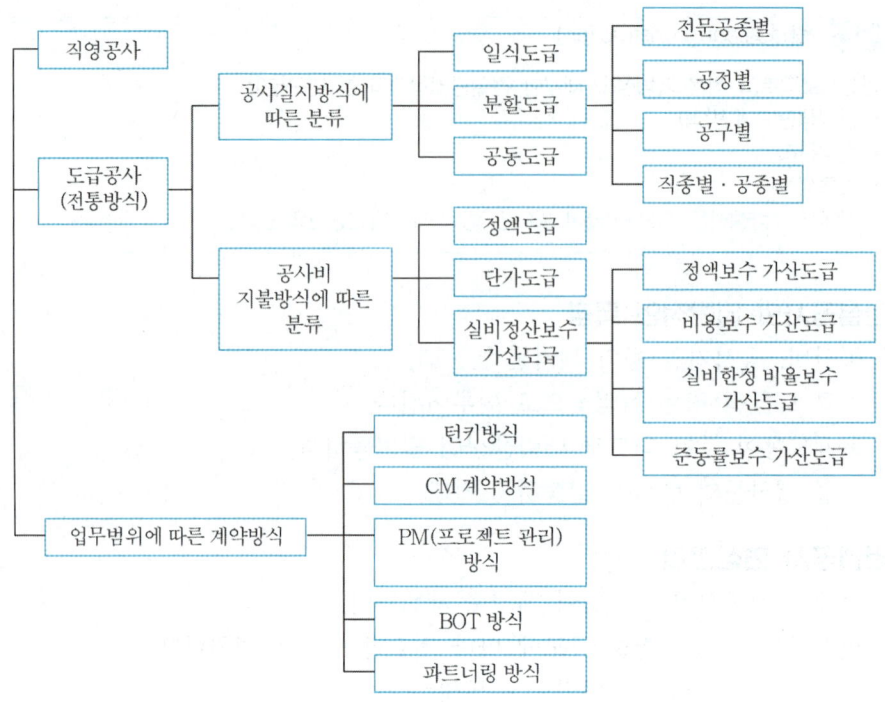

1. 전통 계약방식

(1) 직영공사
① 정의 : 건축주 본인이 공사에 관한 계획을 세우고 재료 구입, 노무자 고용, 시공기계 등을 확보하여 공사를 시행하는 것
② 적용
  ㉠ 단순한 공사의 경우
  ㉡ 일반도급으로 단가를 정하기 곤란하거나, 실험 연구 등이 필요할 때

	장점	단점
특성	① 양질의 공사 기대 ② 임기응변 처리 가능	① 공사비 증가 ② 규모 커지면 관리 곤란

(2) 공사량에 따른 분류
① 일식도급(가장 일반적인 형태)
  ㉠ 정의 : 공사 전체를 한 도급자에게 맡겨 현장 시공업무 일체를 일괄하여 시행하는 방법
  ㉡ 특징 : 계약 및 감독이 비교적 간단하며 합리적으로 자금계획을 수립할 수 있고 공사 전체의 진척이 원활함

② 분할도급

공사를 공구별, 공정별, 공종별, 전문 직종별로 분할하여 각각 전문적인 업자에게 도급하는 방법

③ 공동도급(Joint Venture)
㉠ 정의 : 2명 이상의 도급업자가 공동출자 기업체를 조직하여 한 회사의 입장에서 공사를 수급, 시공하는 방식

참가자는 출자와 관리를 공동으로 하며, 특정한 공사를 목적으로 함

㉡ 목적 : 대규모 공사에 대하여 시공자의 기술, 자본 및 위험의 부담 감소

	장점	단점
특성	① 시공의 확실성(시공 능력 증진) ② 위험의 분산 ③ 융자력 증대 ④ 신용도의 증대	① 책임소재가 불분명하여 분쟁 증가 ② 공동 운영에 따른 공사비 증가

(3) 공사비 지불방식에 따른 분류

① 정액 도급(Lumpsum Contract)

공사비 총액을 확정하여 계약하는 방식으로 공사변경에 따른 공사비의 증감이 곤란함

	장점	단점
특성	① 공사관리 업무 간단 ② 총액 확정으로 자금, 공사계획 등의 수립이 명확	① 공사 변경에 따른 공사비의 증감이 곤란하므로 설계변경이 많은 공사에는 부적당 ② 공사금액 확정시까지 상당한 기간 및 노력 소요

② 단가 도급(Unit Price Contract)

공사금액을 구성하는 물량 또는 단위공사에 대한 단가만을 확정하고 공사가 완료되면 공사 수량에 따라 정산하는 방식

	장점	단점
특성	① 신속한 공사의 착공 ② 설계변경으로 인한 수량증감의 계산 용이	① 공사비 예측의 어려움 및 공사비 증대 우려 ② 대형공사에는 부적합

• Tip **단가계약 제도의 특성**
① 실시 수량의 확정에 따라서 차후 정산하는 방식이다.
② 긴급공사 시 또는 수량이 불명확할 때 간단히 계약할 수 있다.
③ 공사비가 증대될 수 있으며, 단순한 공사에 적용하며 복잡한 공사에 적용하기 어렵다.

③ 실비정산 보수 가산식 도급(Cost Plus Fee Contract)
  ㉠ 정의 : 공사의 실비를 건축주와 도급업자가 확인 정산하고, 건축주는 정한 보수율에 따라 도급자에게 그 보수액을 지불하는 방식

특성	장점	단점
	① 공사품질 향상 ② 양심적 시공 기대	① 공사기간 연장의 우려 ② 공사비 증대 우려

  ㉡ 설계와 시공의 중첩이 가능한 단계별 시공이 가능하다.
  ㉢ 복잡한 변경이 예상되거나 긴급을 요하는 공사에 적합하다.
  ㉣ 계약체결 시 공사비용의 최댓값을 정하는 최대보증한도 실비정산보수가산계약이 일반적으로 사용된다.

2. 공사수행방식에 따른 계약방식

(1) 턴키 방식(Turn Key Contract, 일괄수주방식)
  ① 정의 : 도급자가 대상계획의 기업, 금융, 토지조달, 설계, 시공, 기계·기구설치, 시운전 및 조업 지도까지 주문자가 필요로 하는 모든 것을 조달하여 주문자에게 인도하는 방식으로, 산업기술의 고도화, 전문화와 건축물의 고층화, 대형화에 따라 계속 증가 추세인 것
  ② 특징 : 건축주의 기술능력이 부족할 때 채택, 과다경쟁으로 인한 덤핑의 우려 증가

특성	장점	단점
	① 책임시공 ② 설계, 시공 간의 의사소통 원활 ③ 공사비 절감, 공기 단축	① 최저가낙찰 시 공사의 질 저하 우려 ② 설계, 견적기간이 짧다.

(2) 민간자본 유치방식(Social Overhead Capital : SOC)
민간자본에 의한 공공시설물의 건설을 촉진하는 방안, 투자자는 건설된 공공시설물을 일정기간 운영함으로써 투자비를 회수하는 시공방식

종류		
	BOT	건설된 시설물을 민간이 일정기간 소유, 운영한 뒤 시설물의 소유권을 발주자에게 이전하는 방식
	BTO	건설된 시설물의 소유권을 발주자에게 먼저 이전하고, 민간이 일정기간 동안의 운영권을 갖는 방식이다.
	BLT	민간이 시설물을 완공한 후 일정기간 임대하고, 그 임대료로 투자자금을 회수하고 발주자에게 양도하는 방식
	BTL	민간이 시설물을 완공하고 소유권을 이양하지만 약정된 기간 동안 임대료를 받아 공사비를 회수하는 방식

(3) 컨소시엄(Consortium)
계약제도의 하나로써 독립된 회사의 연합으로 법인을 설립하지 않으며 공사의 책임과 공사클레임 등을 각각 독립된 회사의 계약 당사자가 책임을 지는 방식

3 입찰/계약 및 시공계획

1. 입찰
입찰은 제한경쟁입찰(특명입찰), 공개경쟁입찰, 지명경쟁입찰, 수의계약으로 나눌 수 있음

(1) 입찰의 종류
① 제한경쟁입찰
  ㉠ 정의 : 건축주가 제한 조건을 제시하고 그 조건에 맞는 회사는 누구든지 경쟁에 참여할 수 있는 입찰제도
  ㉡ 특명입찰 : 제한경쟁입찰의 일종으로 건축주가 가장 적격한 건설회사 하나를 선정하여 공사 조건에 대한 협의를 통해 수의 계약하는 방식
  ㉢ 특명입찰을 적용하는 경우 : 우량공사 가능(긴급공사, 난공사, 특수공사, 기밀을 요하는 공사에 적합)

② 일반공개입찰
복수의 건설회사가 제시한 공사조건 중 건축주가 가장 좋은 조건을 제시한 건설회사와 공사계약을 체결하는 방식

	장점	단점
특성	① 균등한 기회를 부여 ② 담합의 우려가 적음	① 과다경쟁으로 공사비가 비교적 낮아짐 ② 부적격자 낙찰 우려(공사가 조악해질 우려)

③ 지명경쟁입찰
건축주가 양질의 시공 결과를 기대할 때 공사수행에 가장 적합하다고 인정되는 다수의 건설회사를 선정하여 경쟁 입찰하는 방식

	장점	단점
특성	① 부적격자 배제 ② 시공상 신뢰도 향상	① 담합이 우려됨 ② 공사비 상승 가능성

(2) 입찰의 순서

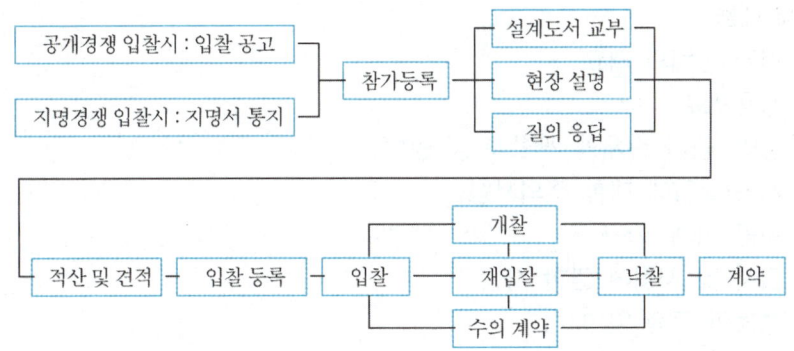

(3) 입찰제도
  ① **부대입찰** : 공사입찰 시 하도급할 업체의 견적서와 계약서를 입찰서류에 첨부하여 입찰하는 제도
  ② **사전자격심사제** : 입찰 참가자격 사전심사제로서 발주자가 공사의 특성 및 전문성을 고려하여 시공 경험실적, 기술력, 경영상태, 신인도 등을 종합평가하여 시공자를 결정하는 방식
  ③ **최저가**(로우어리미트, lower limit) **낙찰제** : 최저가로 응찰한 업자에게 낙찰하는 방식
  ④ **기술제안입찰제도의 특징**
    ㉠ 공사비 절감방안의 제안이 가능하다.
    ㉡ 기술제안서 작성에 추가 비용이 발생된다.
    ㉢ 제안된 기술의 지적재산권 인정이 미흡하다.
    ㉣ 원안 설계에 대한 공법, 품질 확보 등이 핵심 제안 요소이다.

(4) 계약
  ① 계약서류의 종류
    ㉠ 필요서류 : 공사계약서, 설계도, 시방서, 구조계산서
    ㉡ 참고서류 : 공정표, 공사비 내역서, 현장설명서, 질의응답서
  ② 도급계약서의 기재 내용
    ㉠ 공사내용, 도급금액
    ㉡ 설계도와 시방서
    ㉢ 공사 착수시기, 준공시기, 인도시기
    ㉣ 공사비의 지불방법과 지불시기
    ㉤ 천재지변에 의한 손해 부담
    ㉥ 계약에 관한 분쟁의 해결방법
    ㉦ 설계변경과 공사 중지 시의 손해 부담방법
    ㉧ 하자담보책임기간 및 담보방법

(5) 시방서(공사표준시방서)
  ① 정의 : 설계도면만으로는 나타낼 수 없는 부분에 대해 기재한 공사설명 문서
  ② 기재 내용
    ㉠ 건물 전체의 개요
    ㉡ 사용재료
    ㉢ 공법, 공사 순서에 관한 시공 방법
    ㉣ 시공/보양에 대한 주의사항
    ㉤ 시공 기계, 기구
    ㉥ 검사 및 시험에 관한 사항
    ㉦ 성능의 규정 및 지시

③ 기재 시 주의사항
  ㉠ 간단 명료하게 작성하며, 공사 전반에 걸쳐 누락없이 세밀하게 기재함
  ㉡ 도면의 표시가 불충분한 부분은 충분히 보충 설명함
  ㉢ 재료 품종, 공법의 정도 및 마무리 정도를 규정함
④ 시방서의 특성
  ㉠ 시방서는 계약서류와 설계도서에 모두 포함된다.
  ㉡ 시방서에 재료 메이커를 지정하지 않아도 된다.

(6) 공사분쟁(Claim)
  ① 정의 : 계약 당사자 간의 계약조건에 대한 요구/주장이 불일치하여 양 당사자에 의해 해결될 수 없는 것
  ② 발생 요인 : 계약에 없는 추가작업 요구, 공기지연, 계약체결 후 변경, 수정, 개정된 계약도서의 작업
  ③ 해결방안 : 협상, 조정, 중재, 소송
  ④ 계약변경요인 : 설계의 하자, 발주자의 요구조건 변동, 미공개된 기존 조건의 공개
  ⑤ 클레임의 예방대책으로는 프로젝트의 모든 단계에서 시공의 기술과 경험을 이용한 시공성 검토가 있다.
  ⑥ 현장 상이조건 클레임은 주로 예상치 못했던 지하구조물의 출현이나 지반 형태로 인해 시공자가 작업 수행을 위해 입찰 시 책정된 예정 가격을 초과 부담해야 할 경우에 발생한다.
  ⑦ 작업범위 클레임은 주관적인 판단에 의해 클레임의 책임문제가 모호하다.
  ⑧ 클레임의 접근절차는 사전평가단계, 근거자료확보단계, 자료분석단계, 문서작성단계, 청구금액산출단계, 문서제출단계 등으로 진행된다.

(7) 공사계획의 순서
  현장원 편성 → 공정표 작성 → 실행 예산의 편성과 조성 → 하도급자의 선정 → 가설준비물의 결정 → 재료의 선정

(8) 입찰참가 사전자격심사의 특성
  ① 공사입찰 시 참가자의 기술능력, 관리 및 경영상태 등을 종합 평가한다.
  ② 댐, 지하철, 고속도로 등의 토목 대형공사에 주로 적용된다.
  ③ 부실공사를 방지하기 위한 수단이다.

> **Tip** 내역입찰
> 공사입찰 시 입찰자로 하여금 산출내역서를 제출하도록 한 입찰제도

4 공정관리

1. 공정관리의 종류별 특성

(1) **네트워크 공정표** : 작업의 시작, 기간, 완료점을 네트워크와 화살표로 표시한 것
   ① 특성
      ㉠ 화살표 밑에는 계획작업 일수를 숫자로 기재한다.
      ㉡ 더미(dummy)는 화살점선으로 표시한다.
      ㉢ 화살표 위에는 작업명을 기재한다.
      ㉣ 화살표의 길이는 특정한 의미가 없다.
   ② 장점
      ㉠ 작업 상호간의 관련성을 알기 쉬워 공사계획의 전모와 공사 전체의 파악이 용이함
      ㉡ 시간의 경과가 명확해서 공사의 진척 관리를 정확히 할 수 있음
      ㉢ 공기단축 가능 요소의 발견이 용이함
      ㉣ 공정표가 단순하여 경험이 적은 사람도 이해 가능
   ③ 단점
      ㉠ 공정계획의 초기 작성 시간이 길어짐
      ㉡ 주공정선을 파악할 수 없으므로 관리통제가 어려움
      ㉢ 작업상황이 변동되었을 때 탄력성이 없음
   ④ 수순계획
      ㉠ 프로젝트를 단위작업으로 분해
      ㉡ 각 작업의 순서를 붙여서 행하는 네트워크로 표현
      ㉢ 각 작업시간을 견적
   ⑤ 일정계획
      ㉠ 시간계산 실시
      ㉡ 공기조정 실시
      ㉢ 공정표 작성(공사착수 직전에 작성)

(2) **네트워크 공정표의 구성요소**
   ① 결합점(event, ○) : 네트워크 공정표에서 작업의 개시 및 종료를 나타내며 작업과 연결하는 기호
   ② 작업(activity, →) : 네트워크 공정표에서 단위작업을 나타내는 기호 → 위에 작업명, 아래는 시간을 나타냄
   ③ 더미(dummy, ⇢) : 네트워크에서 정상적으로 표현할 수 없는 작업 상호간의 관계만을 표시하는 점선 화살표

(3) 네트워크 공정표의 시간
① 가장 빠른 개시시각(EST) : 작업을 시작할 수 있는 가장 빠른 시각
② 가장 빠른 종료시각(EFT) : 작업을 끝낼 수 있는 가장 빠른 시각
③ 가장 늦은 개시시각(LST) : 공기에 영향이 없는 범위 내에서 작업을 가장 늦게 개시하여도 되는 시각
④ 가장 늦은 종료시각(LFT) : 공기에 영향이 없는 범위 내에서 작업을 가장 늦게 종료하여도 되는 시각

> **Tip** EST와 EFT의 계산방법
> ① 작업의 흐름에 따라 전진 계산한다.
> ② 선행작업이 없는 첫 작업의 EST는 프로젝트의 개시 시간과 동일하다.
> ③ 어느 작업의 EFT는 그 작업의 EST에 소요일수를 더하여 구한다.
> ④ 복수의 작업에 종속되는 작업의 EST는 선행작업 중 EFT의 최댓값으로 한다.

(4) 네트워크 공정표의 플로트(float) : 네트워크 공정표에서 작업의 여유시간
① 전체여유(TF) : 가장 빠른 개시시각에 시작하고 가장 늦은 종료 시각으로 완료할 때 생기는 여유시간
② 자유여유(FF) : 가장 빠른 개시시각에 시작하고 후속하는 작업도 가장 빠른 개시시각에 시작하여도 존재하는 여유시간
③ 간섭여유(DF) : 후속작업의 전체여유(TF)에 영향을 주는 여유

(5) 네트워크 공정표의 기타용어
① 슬랙(slack) : 네트워크에서 결합점이 가지는 여유시간
② 중간관리일 : 전체 공사과정 중 관리상 특히 중요한 몇몇 작업의 시작과 종료를 의미하는 특정시점
③ 특급점 : MCX(Minimum Cost Expediting) 기법에 의한 공기단축에서 아무리 비용을 투자해도 그 이상 공기를 단축할 수 없는 한계점

(6) 주공정선(CP : Critical Path)의 정의 및 특성
① 개시 결합점에서 종료 결합점에 이르는 경로 중 가장 긴 경로
② CP는 공기를 결정하기 때문에 공정계획 및 공정관리 상 가장 중요한 경로가 됨
③ 주공정선상 작업의 여유(Float)와 결합점의 여유(Slack)는 0임
④ Dummy도 주공정선이 될 수 있음
⑤ 네트워크 공정표에서 CP는 복수일 수 있음

(7) 네트워크 공정표의 작성 4원칙

기호	내용
① 공정원칙	작업에 대응하는 결합점이 표시되어야 하며 그 작업은 하나로 함 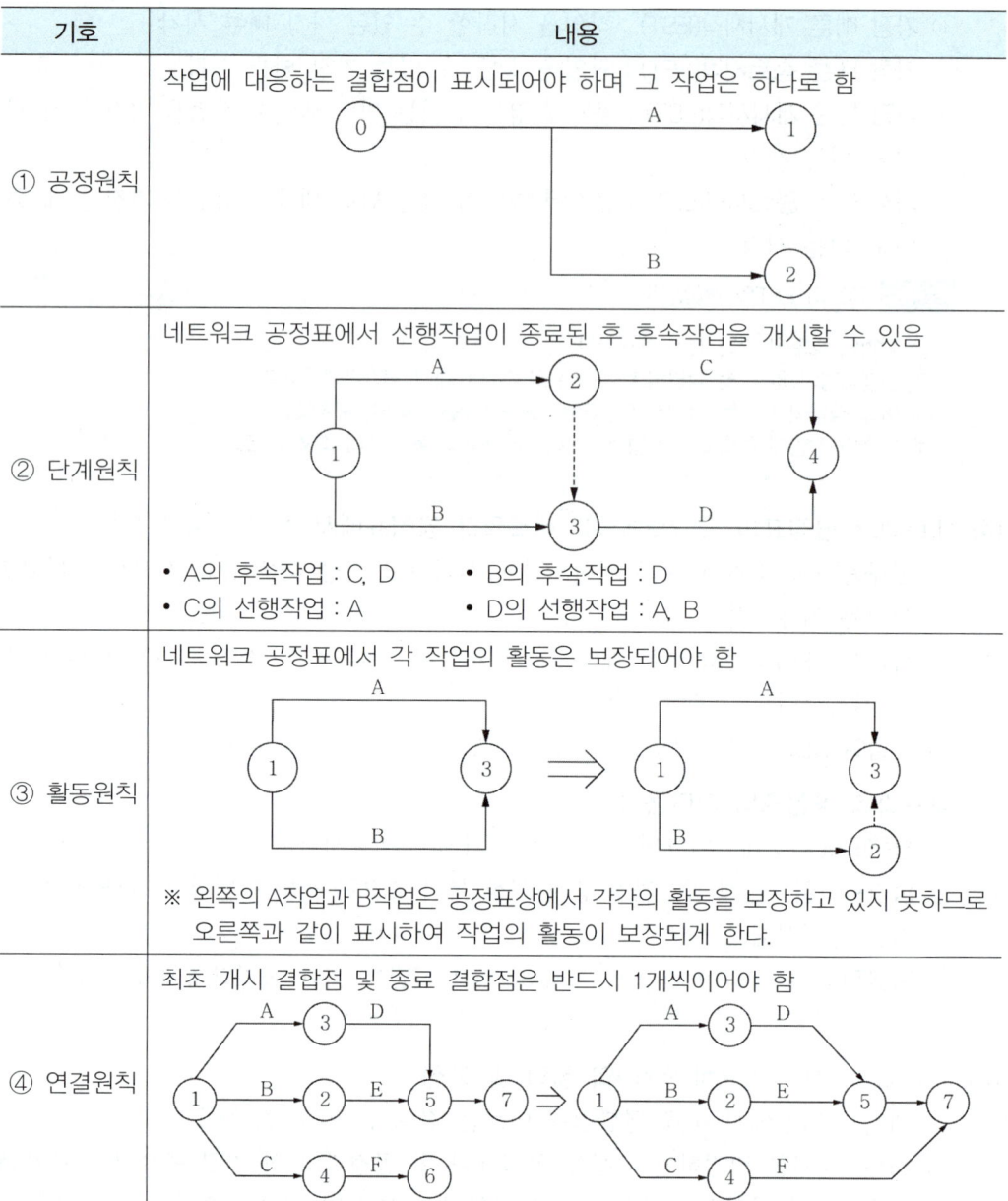
② 단계원칙	네트워크 공정표에서 선행작업이 종료된 후 후속작업을 개시할 수 있음 • A의 후속작업 : C, D • B의 후속작업 : D • C의 선행작업 : A • D의 선행작업 : A, B
③ 활동원칙	네트워크 공정표에서 각 작업의 활동은 보장되어야 함 ※ 왼쪽의 A작업과 B작업은 공정표상에서 각각의 활동을 보장하고 있지 못하므로 오른쪽과 같이 표시하여 작업의 활동이 보장되게 한다.
④ 연결원칙	최초 개시 결합점 및 종료 결합점은 반드시 1개씩이어야 함

> **Tip 일정계산(EST, EFT의 계산 방법)**
> ① 작업의 흐름에 따라 전진 계산을 함
> ② 개시 결합점에서 나간 작업의 EST는 0으로 함
> ③ 임의 작업의 EFT는 당해 작업의 EST에 소요일수를 가산하여 구함
> ④ 종속작업의 EST는 선행작업의 EFT 값으로 함
> ⑤ 복수의 작업에 종속되는 작업의 EST는 선행작업 중 EFT의 최댓값으로 함
> ⑥ 최종 종료 결합점의 끝난 작업의 EFT 값 중 최댓값이 계산공기임

(8) PERT와 CPM
① PERT/CPM 기법의 장점
㉠ 공사착수 전 문제점을 예측할 수 있다.
㉡ 공정정보(공기, 원가, 노무, 자재 등)의 의사소통이 명확하다.
㉢ 최저의 비용으로 공기단축이 가능한 단위 공정을 추정하기 용이하다.
② PERT와 CPM의 특성 비교

구분	PERT	CPM
소요시간 추정	3점 시간 추정 $t_e = \dfrac{t_o + 4t_m + t_p}{6}$ t_e : 평균기대시간 t_0 : 낙관 시간치 t_m : 개연(정상) 시간치 t_p : 비관 시간치	1점 시간 추정 $t_e = t_m$
일정계산	단계 중심의 일정 계산 (ET, LT 사용)	요소작업(Activity) 중심의 일정 계산 (EST, LST, EFT, LFT 사용)
사업대상	비반복작업, 신규사업	반복작업, 경험사업
주목적	공기단축	공사비 절감

(9) 기타 공정표
① LOB(Line of Balance) : 고층건축물 공사(아파트와 오피스)의 반복작업에서 각 작업조의 생산성을 기울기로 하는 직선으로 각 반복작업의 진행을 표시하여 전체공사를 도식화하는 기법
② 열기식 공정표 : 기본공정표와 상세공정표에 표시된 대로 공사를 진행시키기 위해 재료, 노동력, 원척도 등이 필요한 기일까지 반입, 동원될 수 있도록 작성한 공정표
③ 사선공정표(기성고 공정표) : 공사의 속도를 파악하는데 적합

(10) PMIS(프로젝트 관리 정보시스템)의 특징
① 합리적인 의사결정을 위한 프로젝트용 정보관리시스템이다.
② 협업관리체계를 지원하며 정보의 공유와 축적을 지원한다.
③ 공정 진척도는 web 기반으로 구체적으로 측정할 수 있으므로 별도로 관리하지 않는다.
④ 조직 및 월간업무 현황 등을 등록하고 관리한다.

(11) 공급망관리(Supply Chain Management)
① 정의 : 물자, 정보, 재정 등이 공급자로부터 생산자, 도매업자, 소매상인, 그리고 소비자에게 이동함에 따라 그 진행과정을 감독하는 것
② PC(Precast Concrete) 공사, 콘크리트공사, 커튼월 공사 등에 적용(방수공사에는 거의 필요없음)

2. 공기단축(MCX, minimum cost expediting)

(1) 비용구배
① 비용 구배란 공기 1일 단축 시 증가 비용을 의미
② 시간 단축 시 증가되는 비용의 곡선을 직선으로 가정한 기울기의 값

$$비용구배 = \frac{특급비용 - 표준비용}{표준공기 - 특급공기}$$

③ 단위 : 원/일
④ 공기단축 가능일수 = 표준공기 - 특급공기
⑤ 특급점이란 더 이상 단축이 불가능한 시간(절대공기)을 의미

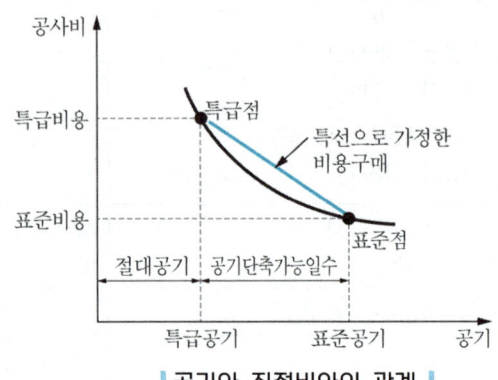

┃ 공기와 직접비와의 관계 ┃

(2) 공정관리에서 공기단축(MCX)의 특징
① 특별한 경우가 아니면 공기단축 시행 시 직접비는 상승하고 간접비는 감소한다.
② 비용구배가 최소인 작업을 우선 단축한다.
③ 주공정선상의 작업을 먼저 대상으로 단축한다.
④ MCX(minimum cost expediting)법은 대표적인 공기단축 방법이다.

5 품질관리

1. 품질관리의 일반사항
① 정의 : 설계도서가 요구하는 품질을 확보하고 하자 발생을 최소화함으로써 산업경쟁력을 확보하며 소비자의 만족을 높이기 위한 관리시스템
② 관리의 사이클 순서
 계획(Plan) → 실시(Do) → 검토(Check) → 시정(Action)
③ 계획(Plan) 단계의 수행 업무
 ㉠ 작업표준 설정
 ㉡ 품질관리 대상 항목 결정
 ㉢ 시방에 의거 품질표준 설정

2. 품질관리(QC) 도구

도구명	내용
히스토그램	모집단에 대한 품질특성을 알기 위하여 모집단의 분포상태 분포의 중심위치, 분포의 산포 등을 쉽게 파악할 수 있도록 막대그래프 형식으로 작성한 도수분포도
특성요인도	요인 간의 상호관계를 쉽게 이해할 수 있도록 화살표를 이용하여 나타낸 그림으로 결과에 원인이 어떻게 관계하고 있는가를 한눈에 알아보기 위하여 작성하는 것(체계적 정리, 원인 발견)
파레토도	층별 요인이나 특성에 대한 불량점유율을 나타낸 그림으로서 불량, 결점, 고장 등의 발생건수를 분류항목별로 나누어 크기 순서대로 나열해 놓은 것(불량항목과 원인의 중요성 발견)
그래프	품질관리에서 얻은 각종 자료의 결과를 알기 쉽게 그림으로 정리한 것
체크시트	계수치의 데이터가 분류항목별로 어디에 집중되어 있는가를 알아보기 쉽게 나타낸 것(불량항목 발생, 상황파악 데이터의 사실 파악)
산점도	서로 대응되는 두 개의 짝으로 된 데이터를 그래프 용지에 점으로 나타내어 두 변수 간의 상관관계를 짐작할 수 있다.
층별	집단을 구성하고 있는 많은 데이터를 어떤 특징에 따라 몇 개의 부분집단으로 나눈 것

제 2 절 | 가설공사 및 토공사

1 가설공사의 일반사항

1. 가설공사

(1) 정의

임시로 설치하는 제반시설 및 수단의 총칭으로 공사가 완료되면 해체, 철거, 정리됨

(2) 공통가설공사

① 가설진입로, 가설울타리, 가설건물(현장 사무실)
② 가설실험실
③ 공사용 동력용수, 가설전기, 급·배수설비, 기계, 기구 설비

(3) 직접(공통)가설공사

① 규준틀 설치
② 비계 설치
③ 안전시설(낙하물 방지망, 보호막) 설치
④ 현장사무실 축조

2. 가설공사의 기타사항

(1) 가설울타리(방진벽)의 설치기준
① 일반 : 높이 1.8m 이상으로 설치
② 공사장 부지 경계선으로부터 50m 이내에 주거, 상가건물이 있는 경우 : 높이 3m 이상으로 설치

(2) Jack Support
가설공사에서 설계기준을 상회하는 과다한 하중 또는 장비사용 시 진동, 충격이 예상되는 부위에 설치하는 서포트

(3) 줄쳐보기
공사착공 전에 건축물의 형태에 맞춰 줄을 띄우거나 석회 등으로 선을 그어 건축물의 건설 위치를 표시하는 것으로 도로 및 인접 건축물과의 관계, 건축물의 건축으로 인한 재해 및 안전대책 점검과 관련 있는 것

(4) 먹매김
이음, 맞춤의 가공, 부재의 부착을 위해 그 형상, 치수 등의 선을 부재 표면에 표시하는 것

(5) 공사 착공시점의 인허가항목
① 비산먼지 발생사업 신고
② 특정공사 사전 신고
③ 가설건축물 축조 신고

2 기준점과 규준틀

1. 기준점(Bench Mark, 벤치마크)

(1) 정의
건축공사 중 높이의 기준이 되도록 건축물 인근에 설치하는 표식

(2) 설치요령
① 바라보기 좋고 공사에 지장이 없는 곳에 공사 착수 전에 설정
② 건물의 각부에서 헤아리기 좋도록 2개소 이상 여러 곳에 설치
③ 이동의 우려가 없는 인근 건물, 담장에 설치
④ 공사가 완료된 뒤라도 건축물의 침하, 경사 등의 확인을 위해 사용되기도 함
⑤ 지표면(G.L)에서 0.5~1.0m 높이에 설치함

2. 수평규준틀
① 구성요소 : 수직재인 규준말뚝과 수평재인 규준대로 구성됨
② 설치목적 : 건물의 각부 위치, 기초의 너비 또는 길이 등을 정확히 결정하기 위해 설치

3. 세로규준틀 : 수직면의 기준으로 사용하기 위한 것

(1) 설치 위치
① 건물의 모서리 등 기준이 될 수 있는 곳에 설치
② 면이 긴 경우 중앙부, 기타 요소에 설치

(2) 수평규준틀과 세로규준틀의 형태

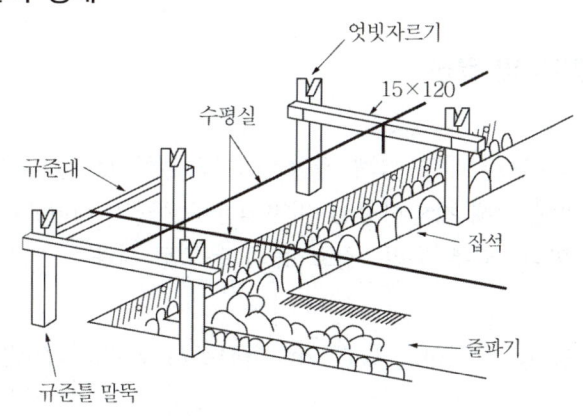

▎수평 규준틀▎

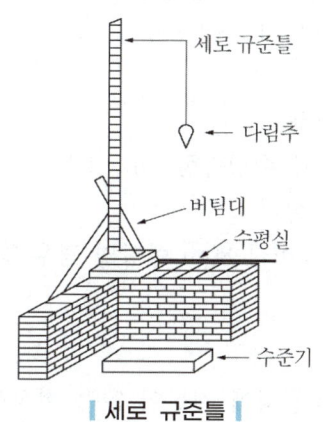

▎세로 규준틀▎

3 가설건축물과 비계

1. 현장사무실
최소면적 : $3.3m^2$/인

2. 시멘트 창고의 유의사항
① 기밀하게 하여 통풍이 안 되게 함
② 마루높이는 지면에서 30cm 이상 높여 방습 처리에 유의함
③ 시멘트 창고의 창은 채광용으로 설치함(여름철의 습기의 침입을 막기 위해 환기창은 설치하지 않음)

④ 시멘트의 쌓기 높이는 13포 이하로 함
⑤ 먼저 쌓은 것부터 사용하도록 함
⑥ 주위에 배수로를 두어 침수를 방지함
⑦ 시멘트 창고의 면적

$$A = 0.4 \times \frac{N}{n} \quad (N : \text{시멘트 포대수}, \; n : \text{쌓기 단수})$$

3. 비계의 종류 및 특성

(1) 달비계
① 와이어로프로 매단 비계 권상기에 의해 상하로 이동시킬 수 있는 공사용 비계
② 현수선에 의해 작업하중이 지지되는 곤돌라(Gondola)식 상자 모양의 비계
③ 외부 마감, 외부 수리, 청소 등의 용도로 사용

(2) 말비계
사다리, 말 등으로 설치 높이 2m 이하로서 실내공사에만 사용하며 이동이 용이함

4. 비계매기

(1) 강관(pipe) 비계 중 단관비계의 일반사항
① 비계기둥, 간격 : 띠장방향 : 1.5~1.8m
② 띠장, 장선간격 : 1.5m
③ 제1띠장의 간격 : 2m 이하
④ 구조체와의 연결 : 수직 및 수평방향 5m 이내
⑤ 가새, 수평재 : 45° 가새 설치
⑥ 강관비계매기에서 건물높이가 30m 이상일 경우 30m에서 매 3.5m를 증가할 때마다 10%씩의 인력품 가산

(2) 공사 현장의 가설건축물
① 하도급자 사무실은 후속공정에 지장이 없는 현장사무실과 가까운 곳에 둔다.
② 시멘트 창고는 통풍이 되지 않도록 출입구 외에는 개구부 설치를 금하고, 벽, 천장, 바닥에는 방수, 방습처리한다.
③ 변전소는 비상시에 대비하여 현장사무실 근처에 설치한다.
④ 인화성 재료저장소는 벽, 지붕, 천장의 재료를 방화구조 또는 불연구조로 하고 소화설비를 갖춘다.

(3) 표준시방서에 따른 시스템비계에 관한 기준
① 수직재와 수직재의 연결은 전용의 연결조인트를 사용하여 견고하게 연결하고, 연결부위가 탈락 또는 꺾어지지 않도록 하여야 한다.
② 수평재는 수직재에 연결핀 등의 결합방법에 의해 견고하게 결합되어 흔들리거나 이탈되지 않도록 하여야 한다.

③ 대각으로 설치하는 가새는 비계의 외면으로 수평면에 대해 40~60° 방향으로 설치하며 수평재 및 수직재에 결속한다.
④ 시스템 비계 최하부에 설치하는 수직재는 받침 철물의 조절너트와 밀착되도록 설치하여야 하며, 수직과 수평을 유지하여야 한다. 이때, 수직재와 받침 철물의 겹침길이는 받침 철물 전체길이의 3분의 1 이상이 되도록 하여야 한다.

4 흙의 특성과 지반조사

1. 지반(흙) 관련 용어
① **예민비** : 함수율 변화가 없는 상태에서 이긴 시료에 대한 자연시료의 강도의 비
② **압밀** : 외력에 의하여 흙입자 사이의 간극수가 제거되며 지반이 수축되는 현상
③ **압밀침하** : 외력에 의하여 간극수가 제거되며 흙입자의 사이가 좁아지며 지반이 침하되는 현상
④ **간극수압** : 지중 토립자 사이의 수압으로 배수공법 및 탈수공법의 선택기준이 되며 피에조미터(Piezometer)로 측정

2. 모래와 점토의 특성 비교

구분	모래	점토(진흙)
시험	표준관입시험	베인테스트
투수성	크다	작다
예민비	작다	크다
압밀성	작다	크다
압밀속도	빠르다	느리다
내부마찰각	크다	작다

(1) 흙의 함수비에 관한 특성
① 연약점토질 지반의 함수비를 감소시키기 위해서 샌드드레인 공법을 사용할 수 있다.
② 함수비가 크면 흙의 전단강도가 작아진다.
③ 모래지반에서 함수비가 크면 내부마찰력이 감소된다.
④ 점토지반에서 함수비가 크면 점착력이 감소한다.

> • Tip   흙을 파낸 후 토량의 부피 변화가 가장 큰 것 : 점토
> 점토는 수분을 많이 함유하고 있기 때문에 흙파기 후 토량의 부피 변화가 가장 심함

3. 지반조사법(지하탐사법)

(1) 지하탐사법
① 지하탐사법의 종류 : 터파보기, 짚어보기(얕은 지층에 적용), 물리적 탐사 및 보링이 있음
② 물리적 탐사법의 종류별 특성
  ㉠ 전기저항식 : 전류 이용
  ㉡ 탄성파식 : 화약의 폭발과 낙하추 이용
  ㉢ 충격식 : 음파나 진동 이용

(2) 보링
① 종류 : 오거식, 수세식, 충격식, 회전식 보링(가장 많이 사용)
② 주의사항
  ㉠ 보링의 깊이는 일반적인 건물의 경우 대략 지지 지층 이상으로 함
  ㉡ 채취 시료는 햇빛에 건조시키지 않고 즉시 검사해야 함
  ㉢ 부지 내에 3개소 이상 실시
  ㉣ 보링 구멍은 수직으로 파는 것이 중요함

(3) 샘플링 : thin wall, composite, foil, denison sampling 등이 있음

5 토질시험

- 토질시험의 종류 : 사운딩시험, 지내력시험
- 사운딩시험의 종류 : 베인테스트, 표준관입시험, 콘시험, 스웨덴식 사운딩
- 지내력시험의 종류 : 평판재하시험, 말뚝재하시험(정재하/동재하시험), 말뚝박기시험
- 지반조사의 토질시험 : 들밀도 시험, 투수시험, 소성한계시험

1. 사운딩 시험

(1) 베인테스트
① 방법 : +자 날개형의 베인테스터를 지반에 관입한 후 회전시켜 그 저항력으로서 진흙의 점착력을 판별함
② 특성 : 연약지반(점토)의 점착력(전단강도)을 판정할 때 이용

(2) 표준관입시험
① 방법 : 스플릿 스푼 샘플러를 지반에다 30cm 관입하는 데 소요된 타격횟수(N값)로 지반의 밀도를 측정
  ㉠ 추의 무게 : 63.5kg
  ㉡ 낙하고 : 75~76cm
② 특성 : 모래의 전단력 또는 사질토의 상대밀도를 측정하는 지반조사

③ N값 : 크면 클수록 밀도가 높은(밀실한) 지반
　㉠ 사질지반 : 10~30
　㉡ 암반(연암, 경암) : 50 이상

(3) 스웨덴식 사운딩 시험
방법 : 로드의 선단에 붙은 스크류 포인트를 회전시켜서 압입하여 흙의 경도나 다짐상태를 판정

2. 지내력 시험
(1) 평판재하시험
① 방법 및 특성
　㉠ 실제의 건물을 지지하는 지반면에 재하판을 설치한 후 하중을 단계적으로 가하여 지반반력계수와 지반의 지지력 등을 구하는 시험이기 때문에 성토작업이 필요하지 않다.
　㉡ 시험 재하판은 실제 구조물의 기초면적에 비해 매우 작으므로 재하판 크기의 영향 즉, 스케일 이펙트(scale effect)를 고려한다.
　㉢ 하중시험용 재하판은 정방형 또는 원형의 판을 사용한다.
　㉣ 침하량을 측정하기 위해 다이얼게이지 지지대를 고정하고 좌우측에 2개의 다이얼 게이지를 설치한다.
　㉤ 지반의 허용지지력을 구하는 것이 목적이다.
　㉥ 침하의 증가가 2시간에 0.1mm 이하가 되면 정지한 것으로 판정한다.
　㉦ 평판재하시험은 다짐을 실시한 후 시작하지 않는다. 예정기초 저면에서 실시하며, 말뚝은 연속적으로 박되 휴식시간을 두지 않고 박는다.
② 주의사항
　㉠ 재하판은 정방형(45cm 각) 또는 원형의 면적 $0.2m^2$의 것을 표준으로 함
　㉡ 예정기초 저면에서 실시함
　㉢ 장기허용 지내력은 단기허용 지내력의 1/2 이하로 함
　㉣ 재하는 매회 1ton 이하, 예정 파괴 하중의 1/5 이하로 함

(2) 말뚝재하시험
① 종류 : 정재하, 동재하 시험
② 말뚝재하시험에 의한 방법만 지지말뚝과 마찰말뚝에 공용으로 사용할 수 있음

(3) 말뚝박기시험
① 주의사항
　㉠ 시험말뚝은 3개 이상으로 한다.
　㉡ 말뚝은 연속적으로 박되 휴식시간을 두지 말아야 한다.
　㉢ 최종 침하량은 최종 5~10회 타격한 침하량의 평균값을 최종 침하량으로 한다.
　㉣ 시험말뚝은 설계상의 말뚝과 똑같은 조건으로 한다.

② 기성말뚝공사 시공 전 시험말뚝박기
  ㉠ 시험말뚝박기를 실시하는 목적 중 하나는 설계내용과 실제 지반조건의 부합 여부를 확인하는 것이다.
  ㉡ 항타작업 전반의 적합성 여부를 확인하기 위해 동재하시험을 실시한다.
  ㉢ 시험말뚝의 시공결과 말뚝길이, 시공방법 또는 기초형식을 변경할 필요가 생긴 경우는 변경검토서를 공사감독자에게 제출하여 승인받은 후 시공에 임하여야 한다.
③ 시험말뚝박기에서 말뚝의 허용지지력 산출에 영향을 주는 요소
  ㉠ 추의 낙하높이
  ㉡ 말뚝의 최종관입량
  ㉢ 추의 무게

(4) 토질주상도에서 알 수 있는 정보
  N값, 토층별 두께, 토층의 구성, 지하상수위

(5) 항목별 지반조사시험
  ① 염분 : 정량분석시험
  ② 연한 점토 : 신월 샘플링

(6) 지반의 지내력
  ① 연암반 : $2,000 kN/m^2$
  ② 자갈 : $300 kN/m^2$
  ③ 모래섞인 점토 : $150 kN/m^2$
  ④ 점토 : $100 kN/m^2$

6 지반개량

1. 지반개량

(1) 일반사항
  ① 공법의 종류 : 치환, 탈수, 다짐, 주입, 동결, 소결
  ② 목적
    ㉠ 지반의 지지력 강화로 지하 굴착 시 안전성 확보
    ㉡ 부동침하 방지
  ③ 점토지반의 지반개량 공법 : 강제압밀공법, 치환공법, 고결공법, 탈수공법
  ④ 모래지반의 지반개량 공법 : 진동다짐공법, 약액주입공법, 전기충격법, 폭파공법

(2) 점성토 지반개량공법
  ① 치환공법 : 연약점토층을 사질토로 바꿔 지지력을 증가하는 공법
  ② 재하공법 : 구조물 하중보다 더 큰 하중을 연약지반(점성토) 표면에 프리로딩하여 압밀침하를 촉진시킨 뒤 하중을 제거하여 지반의 전단강도를 증대하는 공법

③ 선행재하공법(Preloading) : 구조물 축조 전에 인위적으로 재하하여 구조물 하중에 의한 지반의 압밀을 유도하는 방법
④ 탈수공법
    ㉠ 샌드 드레인 : 연약 점토층에 모래 말뚝을 박아 토층 속의 수분을 배수하여 압밀을 촉진시키는 방법
    ㉡ 페이퍼 드레인 : 합성수지로 된 Card Board를 땅속에 박아 압밀을 촉진시키는 공법
    ㉢ 생석회 : 생석회는 수분 흡수 시 체적이 2배로 팽창하는데, 이때 탈수와 압밀 등을 이용하여 지반을 개량하는 공법

(3) 사질토 지반개량공법
    ① 사질토 지반개량공법의 종류 : Vibro Flotation, Vibro Composer, Vibro Compaction 공법
    ② 사질토 지반개량공법의 종류별 특성
        ㉠ 다짐말뚝 공법 : RC, PC말뚝을 땅속에 박아서 말뚝의 체적만큼 흙을 배제하고 압축하는 공법
        ㉡ 다짐모래 말뚝공법 : 충격, 진동 타입에 의하여 지반에 모래를 압밀하여 모래말뚝을 만드는 공법
        ㉢ Vibro Flotation공법 : 수평으로 진동하는 봉 형태의 Vibro Float로 살수와 진동을 동시에 일으켜 공극을 모래나 자갈로 채우는 방법

2. 배수공법
① 정의 : 지표하의 지하수위를 낮춰 터파기 공사를 효율적으로 하기 위해 지반의 안정성을 확보하는 공법
② 중력배수공법의 종류 : 집수정 공법, 깊은 우물 공법
③ 강제배수공법의 종류 : 웰포인트 공법, 진공 깊은 우물공법, 전기삼투 공법
④ 강제배수로 인한 현상
    ㉠ 점성토의 압밀
    ㉡ 주변 침하
    ㉢ 주변 우물의 고갈

3. 웰포인트 공법
강제 배수공법의 대표적인 공법으로 인접 건축물과 토류판 사이에 케이싱 파이프를 삽입하여 지하수를 펌프 배수하는 공법

(1) 웰포인트 공법의 특성
    ① 인접 대지에서 지하수위 저하로 우물 고갈의 우려가 있다.
    ② 투수성이 비교적 낮은 사질 실트층까지도 강제 배수가 가능하다.

③ 압밀침하의 우려가 있으므로 대책이 필요하다.
④ 지반의 안정성을 대폭 향상시킨다.
⑤ 흙파기 밑면의 토질 약화를 예방한다.
⑥ 진공펌프를 사용하여 토중의 지하수를 강제적으로 집수한다.
⑦ 지하수 저하에 따른 인접지반과 공동매설물 침하에 주의가 필요하다.
⑧ 점토층 지반보다 사질지반에서 효과적이다.
⑨ 중력배수가 유효하지 않은 경우에 주로 쓰인다.
⑩ 지하수위를 저하시키는 공법이다.
⑪ 인접지단과 공동매설물 침하에 주의가 필요한 공법이다.

7 터파기

1. Open Cut
① 정의 : 지표면에서부터 순차적으로 굴착하는 방법
② 종류 : 흙의 휴식각을 이용한 비탈면(경사) 파기와 방축널공사를 병행한 수직파기가 있음
③ 주의사항 : 터파기 경사각은 휴식각의 2배 이내로 함
(휴식각 : 흙입자 간의 응집력, 부착력을 무시할 때, 즉 마찰력만으로 중력에 대하여 정지하는 흙의 사면 각도)
④ 터파기 여유 폭 기준
　㉠ 터파기 높이가 5m 미만인 경우 : 60~90cm
　㉡ 터파기 높이가 5m 이상인 경우 : 90~120cm

> **Tip** 시트파일
> 물막이·흙막이 등을 위해 박는 강판으로 된 말뚝으로 강널말뚝이라고도 함. 단면의 형태는 양단이 구멍형 또는 요철(凹凸)로 되어 있어서 서로 끼워 맞출 수 있게 되어 있음
>

2. 흙막이 붕괴
(1) 히빙
하부 지반이 연약할 때 토압에 의해 저면 흙이 붕괴되고 흙막이 바깥의 흙이 안으로 밀려들어와 저면부가 불룩하게 솟아나는 현상

(2) 보일링
투수성이 좋은 사질지반에서 유동지하수에 의해 저면의 모래지반이 공동화되어 지지력이 상실되는 현상

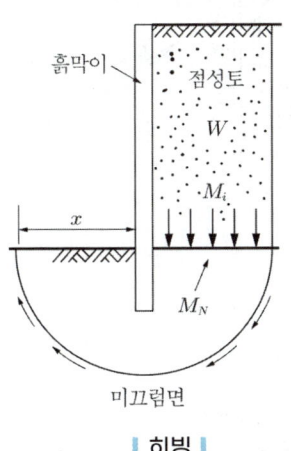 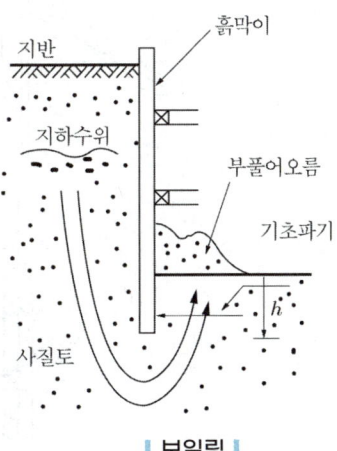

| 히빙 | 보일링 |

(3) 파이핑
사질지반 굴착 시 흙막이벽의 부실공사로 흙막이벽의 뚫린 구멍 또는 널말뚝의 이음부위를 통하여 흙탕물이 새어나오는 현상

3. 터파기 및 흙막이 공법
(1) 트렌치 컷(Trench cut) ↔ 아일랜드 컷(중앙 먼저 굴착)
흙파기면에 따라 2중 널말뚝을 박은 다음 널말뚝 사이(주변 부분)를 먼저 굴착하여 건축물의 바깥공사(지하옹벽)를 먼저 축조한 후 중앙부 흙을 나중에 굴착하는 공법

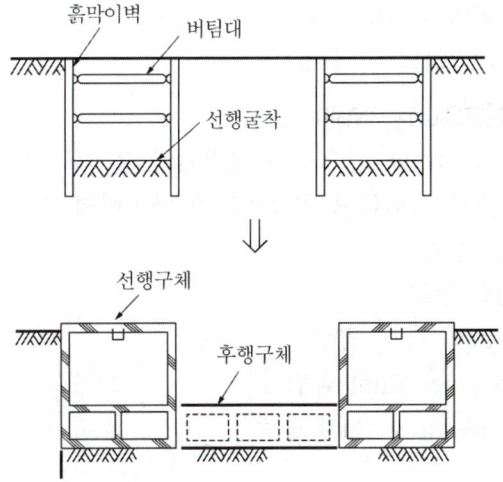

(2) 어스앵커(Earth Anchor) 공법
① 정의 : 흙막이벽의 배변 흙 속에 고강도 강재를 사용하여 보링공 내에 모르타르재와 함께 시공하여 앵커 주변의 인발력(마찰력)으로 흙막이널에 작용되는 측압에 대항하는 공법

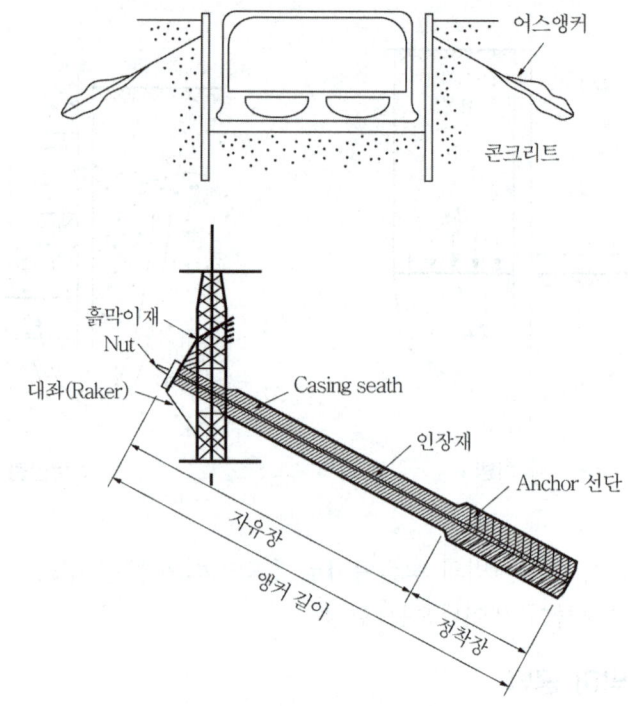

② 특성
  ㉠ 버팀대가 없어 굴착공간을 넓게 활용할 수 있다.
  ㉡ 인접한 구조물의 기초나 매설물이 없는 경우에 효과가 크다.
  ㉢ 대형기계의 반입이 용이하다.
  ㉣ 시공 후 검사가 어렵다.

(3) 지하연속벽/슬러리월(Slurry Wall)
  ① 정의 : 벤토나이트 이수액 등으로 굴착벽면의 붕괴를 방지하면서 지중을 벽 형태로 굴착한 후 철근망을 삽입하고 콘크리트를 타설하여 흙막이 자체가 지하본구조물의 옹벽을 형성하는 공법
  ② 지하연속벽 공법의 종류
    ㉠ 슬러리월(Slurry Wall) 공법
    ㉡ CIP(Cast In Place Pile) 공법
    ㉢ PIP(Packed In Place Pile) 공법
  ③ 장점
    ㉠ 소음과 진동이 낮아 도심지 공사에 적당
    ㉡ 차수성이 우수하여 주변 지반에 대한 영향이 적음
    ㉢ 지반조건에 좌우되지 않고, 임의의 치수와 형상을 선택할 수 있음
  ④ 단점
    고가의 장비소요에 따른 공사비 상승이 우려됨

(4) 역타설(Top Down) 공법
① 정의 : 공기단축의 효과를 얻기 위하여 건물 본체의 바닥 및 보를 먼저 축조한 후, 이에 흙막이 벽에 걸리는 토압을 부담시키며, 지하와 지상 작업을 동시에 진행하는 공법

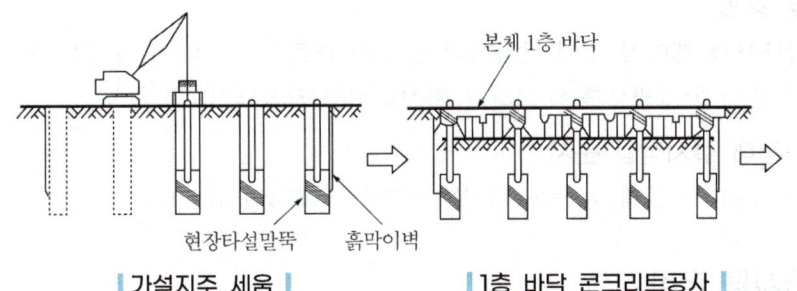

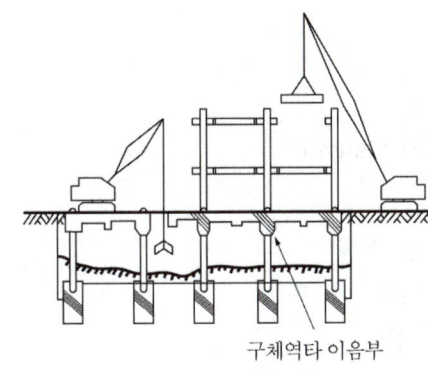

② 장점
㉠ 지하와 지상을 동시에 작업할 수 있어서 공기단축에 효과적
㉡ 주변 지반에 대한 영향이 적음
㉢ 1층 슬래브의 형성으로 작업공간이 확보됨
③ 단점
㉠ 공사비 증가가 우려됨
㉡ 수직부재와 수평부재의 이음부 처리가 어려움

(5) 언더 피닝
기존 건축물의 기초의 침하나 균열, 붕괴 또는 파괴가 염려될 때 기초하부에 실시하는 지반 및 기초 보강공법

4. 터파기의 기타사항

(1) 되메우기의 주의사항
되메우기 간격이 1m 이내이면 사질토로 충분한 물다짐을 한다.

(2) 베노토 공법
해머글래브를 케이싱 내에 낙하시켜 굴착을 완료한 후 철근망을 삽입하고 케이싱을 뽑아 올리면서 콘크리트를 타설하는 현장타설콘크리트말뚝 공법

(3) 수평버팀대 설치작업 순서
규준대 대기 → 흙파기 → 받침기둥 박기 → 띠장버팀대 대기 → 중앙부 흙파기

8 토공사용 장비

1. 계측기기의 종류

(1) 응력(Stress) 계측기
   ① 변형계(Strain Gauge)
   ② 토압계(Soil Pressure Gauge)

(2) 변위(Strain) 계측기
   ① Piezo Meter(간극수압 측정)
   ② Water Level Meter(지하수위 측정)
   ③ Transit(수평이동 측정)
   ④ Load Cell(축하중 변화 및 토압변위 측정)
   ⑤ Tilt Meter(기울기 측정)
   ⑥ Vibro meter(진동 측정)

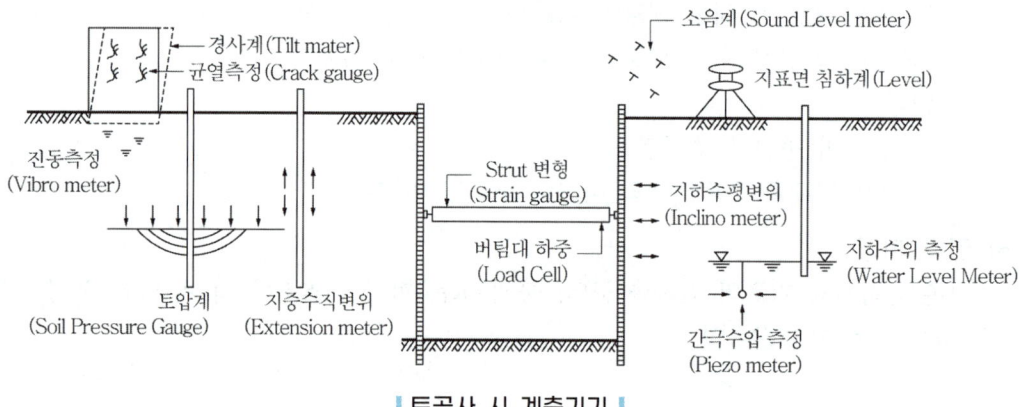

| 토공사 시 계측기기 |

(3) 측정기기의 정밀도
  ① 다이얼 게이지 : 1/100
  ② 마이크로미터 : 1/1,000
  ③ 와이어 스트레인 게이지 : 1/1,000,000

2. 건설장비(토공사용) 중 굴착 장비

(1) 파워 셔블/파워 쇼벨(Power Shovel)
  기계가 서 있는 위치보다 3m 정도 높은 곳의 굴착에 적합

(2) 드래그 라인(Drag Line)
  ① 기계를 설치한 지반보다 낮은 장소 또는 수중을 굴착하는 데 사용
  ② 넓은 면적을 팔 수 있으나 파는 힘이 강력하지 못함

(3) 백호(Back Hoe)
  기계가 서 있는 지반보다 낮은 곳의 굴착에 적합

(4) 클램쉘(Clamshell)
  ① 좁고 낮은 곳의 수직 굴착, 수중 굴착에 적합
  ② 깊은 흙파기용 기계이며, 연약지반에 사용하기에 적당한 기계

(5) 트랙터 셔블(Tractor Shovel)
  기계보다 상향 굴착에 적합

(6) 드래그 셔블(Drag Shovel)
  기계보다 5~6m 낮은 곳의 굴착에 적합

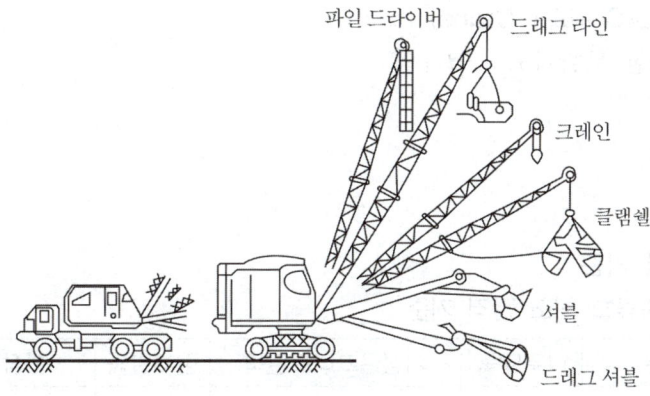

3. 건설장비(토공사용) 중 정지 장비

(1) 도저(Dozer)
   배토 작업용

(2) 모터 그레이더(Motor Grader)
   정지 작업용

(3) 스크레이퍼(Scraper)
   굴착, 정지, 운반용, 대량의 토사를 고속으로 원거리 운송 가능

4. 건설장비(토공사용) 중 다짐 장비

(1) 롤러
   ① 로드 롤러(Road Roller)
   ② 타이어 롤러(Tire Roller)
   ③ 탬덤 롤러(Tamdem Roller)
   ④ 진동 롤러(Vibrating Roller)

(2) 다짐기계
   ① 충격식 다지기 : 램머(Rammer)
   ② 진동식 다지기 : 소일콤팩터(Soil Compactor), 바이브로 콤팩터(Vibro Compactor)

5. 크레인

(1) 정치식 크레인 종류
   타워크레인, 러핑크레인, 집크레인

(2) 크롤러크레인(Crawler Crane)
   이동이 가능한 무한궤도식 크레인

9 지정공사

1. 말뚝 지정
(1) 말뚝의 간격 기준
   ① 말뚝의 종류별 최소 간격 기준

구분	나무말뚝	기성콘크리트말뚝	강재말뚝	현장타설콘크리트말뚝
mm	600	750	750	D+1,000
D(말뚝직경)	2.5D	2.5D	2.0D	2.0D

※ 말뚝의 종류별 최소 간격 기준은 말뚝의 종류와 상관없이 2.5D로 개정되었음

② 말뚝 중심으로부터 기초판 끝까지의 거리(연단 거리)는 Pitch 값의 1/2 이상으로 한다.

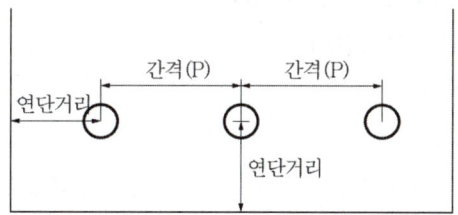

(2) 기성콘크리트말뚝의 시공법 종류
① 타격(관입공법) : 드롭해머, 디젤해머, 스팀해머로 타격 관입
② 압입공법
③ 프리보링 공법
④ 사수법(Water Jet)

(3) 기성콘크리트말뚝의 시공 특성
① 선 굴착 후 경타공법으로 시공하기도 한다.
② 항타장비 전반의 성능을 확인하기 위해 시험말뚝을 시공한다.
③ 말뚝을 세운 후 검측은 기계를 사용하여 직교하는 2방향에서 한다.
④ 말뚝의 연직도나 경사도는 1/100 이내로 관리한다.
⑤ 기성콘크리트말뚝의 이음법에는 충전식, 용접식, 볼트식 이음이 있다.

2. 지정 공사의 기타사항

(1) 트레미관
제자리콘크리트 말뚝이나 수중콘크리트를 칠 경우 콘크리트 속에 2m 이상 묻혀 있도록 하여 콘크리트치기를 용이하게 하는 것

(2) 현장타설말뚝공법의 종류
리버스 서큘레이션 공법, 어스드릴 공법, 베노토 공법

(3) 리버스 서큘레이션 파일
굴착구멍 내 지하수위보다 2m 이상 높게 물을 채워 굴착함으로써 굴착 벽면에 $2t/m^2$ 이상의 정수압에 의해 벽면의 붕괴를 방지하면서 현장타설콘크리트 말뚝을 형성하는 공법

(4) 리버스 서큘레이션 공법의 시공
① 유연한 지반부터 암반까지 굴착 가능하다.
② 시공 심도는 통상 70m까지 가능하다.
③ 시공직경은 0.9~3m 정도이다.

(5) 강재말뚝의 부식에 대한 대책
① 부식을 고려하여 두께를 두껍게 한다.
② 에폭시 등의 도막을 설치한다.
③ 콘크리트로 피복한다.

(6) 지중보의 설치
기초와 기초가 거의 일체식으로 거동하여 주각을 고정으로 간주할 수 있다.

단원별 경향문제

01
관리 사이클의 단계를 바르게 나열한 것은?
① Plan – Check – Do – Action
② Plan – Do – Check – Action
③ Plan – Do – Action – Check
④ Plan – Action – Do – Check

해설   답 ②

관리의 사이클 순서
계획(Plan)–실시(Do)–검토(Check)–조치(Action)

02
어스앵커식 흙막이 공법에 관한 기술로 옳은 것은?
① 굴착단면을 토질의 안정구배에 따른 사면(斜面)으로 실시하는 공법
② 굴착외주에 흙막이벽을 설치하고 토압을 흙막이벽의 버팀대에 부담하고 굴착하는 공법
③ 흙막이벽의 배면 흙 속에 고강도 강재를 사용하여 보링공 내에 모르타르재와 함께 시공하는 공법
④ 통나무를 1.5~2m 간격으로 박고 그 사이에 널을 대고 흙막이를 하는 공법

해설   답 ③

③이 어스앵커 흙막이 공법에 대한 설명

03
연약한 점토지반의 전단강도를 결정하는 데 가장 보편적으로 사용되는 현장시험 방법은?
① 표준관입시험(Penetration Test)
② 딘윌 샘플링(Thin Wall Sampling)
③ 웰 포인트 시험(Well Point Test)
④ 베인 테스트(Vane Test)

해설   답 ④

④ 베인 테스트에 대한 설명

04
건설기계 중 지반 다짐기계가 아닌 것은?
① 탠덤롤러(Tandem Roller)
② 소일콤팩터(Soil Compactor)
③ 램머(Rammer)
④ 클램셸(Clamshell)

해설   답 ④

지반다짐기계
탠덤롤러, 소일콤팩터, 램머
④ 클램셸 : 협소한 장소에 사용되는 굴착기계

단원별 경향문제

05
PERT/CPM 기법의 장점으로 옳지 않은 것은?
① 공사 착수 전 문제점을 예측할 수 있다.
② 공정표의 작성 및 관리가 용이하다.
③ 공정정보(공기, 원가, 노무, 자재 등)의 의사소통이 명확하다.
④ 최저의 비용으로 공기단축이 가능한 단위공정을 추정하기 용이하다.

해설 답 ②

PERT/CPM 기법의 특성
②는 네트워크 공정표의 특성이다.

06
기준점(Bench Mark)에 관한 설명 중 틀린 것은?
① 이동의 염려가 없어야 한다.
② 하나의 대지에 2개 이상 설치하지 않아야 한다.
③ 공사 완료 시까지 존치되어야 한다.
④ 공사 착수 전에 설정되어야 한다.

해설 답 ②

기준점(벤치마크)
② 건물의 각부에서 헤아리기 좋은 곳에 2개소 이상 설치한다.

CHAPTER 02 철근콘크리트(RC)공사 · 철골공사

제1절 | 철근콘크리트(RC)공사

1 철근공사

1. 철근의 가공

(1) Hook(단부 구부림, 갈고리)
   ① 설치장소
      ㉠ 원형철근의 말단부는 원칙적으로 훅(Hook)을 둠(부착력에 대한 고려)
      ㉡ 이형철근은 원칙적으로 훅을 생략할 수 있으나 다음의 경우에는 훅을 두어야 함
         ⓐ 기둥 및 보의 외곽부 철근
         ⓑ 굴뚝근, 대근, 늑근(스터럽, 띠철근) 및 고정근
         ⓒ 도면에서 지시된 부분
         ⓓ 시공이음부

2. 철근의 이음

(1) 일반사항
   ① 종류 : 겹침이음, 기계적이음, 용접이음(가스압접)
   ② 위치
      ㉠ 철근이음의 위치는 가급적 응력이 적게 발생하는 곳에 이음
      ㉡ 한 위치에서 철근 수의 1/2 이상을 잇지 않음
      ㉢ 겹침이음은 굵기가 다른 경우 굵은 철근을 기준하여 적용함
      ㉣ 주근의 이음은 구조부재에 있어 인장력이 가장 적은 부분에 둠

(2) 가스압접이음
   ① 정의 : 철근단면을 맞대고 산소-아세틸렌염으로 가열하여 접합단면을 녹이지 않고 적열상태에서 부풀려 가압, 접합하는 형태
   ② 철근의 가스압접의 특성
      ㉠ 전 이음공법 중 접합강도가 극히 크고 성분 원소의 조직변화가 적다.
      ㉡ 압접공은 작업 대상과 압접 장치에 관하여 충분한 경험과 지식을 가진 자로 책임기술자 승인을 받아야 한다.

ⓒ 가스압접할 부분은 직각으로 자르고 절단면을 깨끗하게 한다.
ⓓ 접합되는 철근의 항복점 또는 강도가 유사한 경우에 주로 사용한다. 따라서 항복강도가 400MPa인 철근과 300MPa인 철근은 가스압접이음을 할 수 없다.

(3) 기계적(Sleeve) 이음의 종류
① 슬리브 압착 : 원형강관 내에 이형철근을 삽입하고 이 강관을 상온에서 압착 가공함으로써 이형철근의 마디와 밀착되게 하는 이음
② 슬리브 충진 : 슬리브의 내부에 약액을 충진시켜 철근을 이음
③ 그립 조인트 : 슬리브를 한쪽에서 천천히 압착하여 철근을 이음
④ 나사 이음 : 내부에 나사가 처리된 커플러를 사용

(4) 철근의 용접이음 종류
플러시버트, 아크용접(가장 많이 사용), 가스압접

3. 철근의 정착

(1) 정착 위치

구분	정착위치
기둥의 주근	기초
큰 보의 주근	기둥
작은 보의 주근	큰 보
지중보의 주근	기초 또는 기둥
바닥 철근	보 또는 벽체
벽체 철근	기둥, 보, 기초 또는 바닥판

4. 철근의 조립

(1) 피복두께
① 정의 : 콘크리트 외면에서부터 첫 번째 나오는 철근의 표면까지의 거리
② 목적
  ⓐ 내구성 유지
  ⓑ 내화성 확보
  ⓒ 유동성 확보
  ⓓ 부착력 증대
③ 최소 피복두께

수중에서 타설하는 콘크리트		100mm
흙에 접하여 콘크리트를 친 후 영구히 흙에 묻혀 있거나 수중에 있는 콘크리트		75mm
흙에 접하거나 옥외의 공기에 직접 노출되는 콘크리트	D19 이상 철근	50mm
	D16 이하 철근/철선	40mm

옥외의 공기나 흙에 직접 접하지 않는 콘크리트	슬래브, 벽체, 장선	D35 초과 철근	40mm
		D35 이하 철근	20mm
	보, 기둥*		40mm
	쉘, 절판부재		20mm

* 콘크리트의 설계기준강도 f_{ck}가 40MPa 이상인 경우 규정된 값에서 10mm를 저감시킬 수 있음

④ 과다한 피복두께는 부재의 구조적인 성능을 감소시켜 사용수명을 줄일 수 있다.
⑤ 철근 순간격과 피복두께

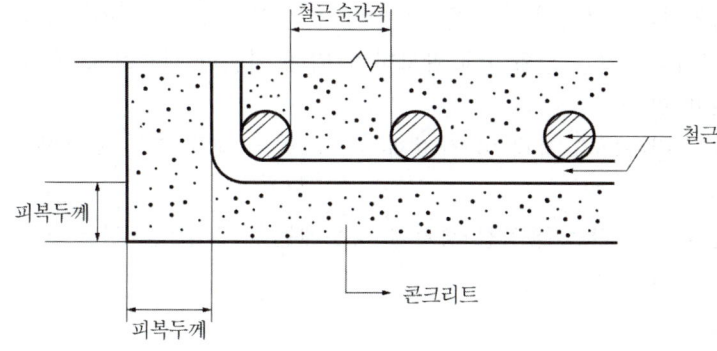

5. 철근의 부식

① 원인
   ㉠ 염분
   ㉡ 중성화
   ㉢ 건조수축
   ㉣ 전기로 인한 부식
② 방지대책
   ㉠ 수밀한 콘크리트
   ㉡ W/C 최소화
   ㉢ 염분허용량 준수
   ㉣ 마감재 사용

6. 기타 항목

(1) 슬래브에서 4변 고정인 경우 철근배근을 가장 많이 하여야 하는 부분
   단변방향의 주열대
(2) 철근의 조립(배근) 순서
   기초 → 기둥 → 벽 → 보 → 슬래브(바닥) → 계단

(3) 철근의 가공·조립
① 철근 배근도에 철근의 구부리는 내면 반지름 표시되어 있지 않은 때에는 건축구조기준에 규정된 구부림의 최소 내면 반지름 이상으로 철근을 구부려야 한다.
② 철근은 상온에서 가공하는 것을 원칙으로 한다.
③ 철근 조립이 끝난 후 철근배근도에 맞게 조립되어 있는지 검사하여야 한다.
④ 철근의 조립은 녹, 기름 등을 제거한 후 실시한다.
⑤ 철근의 가공은 철근상세도에 표시된 형상과 치수가 일치하고 재질을 해치지 않는 방법으로 이루어져야 한다.

(4) 철근의 조립
① 황갈색의 녹이 발생한 철근은 그 상태가 경미하다면 사용이 가능하다.
② 철근의 피복두께를 정확하게 확보하기 위해 적절한 간격으로 고임재 및 간격재를 배치하여야 한다.
③ 거푸집에 접하는 고임재 및 간격재는 콘크리트 제품 또는 모르타르 제품을 사용하여야 한다.
④ 철근을 조립한 다음 장기간 경과한 경우에는 콘크리트를 타설 전에 다시 조립검사를 하고 청소하여야 한다.

(5) 고강도 철근
탄소강에 니켈, 망간, 규소 등을 소량 첨가하여 열간 및 냉간 가공 과정을 거쳐 보통 철근보다 강도를 향상시킨 강재

2 거푸집공사

1. 거푸집의 일반사항

(1) 요구성능
안정성, 정밀성, 시공성, 수밀성, 경제성

(2) 거푸집의 부속재료
① 격리재(세퍼레이터, Separator) : 거푸집에서 간격을 일정하게 유지하여 격리와 긴장재 역할을 하는 것
② 긴장재(Form tie, 폼 타이) : 콘크리트를 부어 넣을 때 거푸집이 벌어지지 않게 연결 고정하며, 콘크리트의 측압을 최종적으로 지지하는 역할을 함
③ 간격재(Spacer, 스페이서) : 철근과 거푸집 간격을 유지하여 피복두께를 확보하기 위한 것
④ 박리제(Form Oil) : 콘크리트와 거푸집의 탈형을 용이하게 하기 위해 미리 거푸집 면에 도포하는 약재
⑤ 웨지 핀 : 시스템거푸집에 주로 사용되며, 유로폼에도 사용되는 체결철물
⑥ 컬럼 밴드 : 기둥 거푸집의 고정 및 측압 버팀용도로 사용됨

(3) 콘크리트 거푸집용 박리제 사용 시 주의사항
① 거푸집 종류에 상응하는 박리제를 선택·사용한다.
② 박리제 도포 전에 거푸집면의 청소를 철저히 한다.
③ 박리제는 거푸집 표면에만 도포하고, 철근에 사용하면 부착성능을 떨어뜨릴 수 있으므로 철근에는 도포하지 않는다.
④ 콘크리트 색조에 영향이 없는지를 시험한다.

2. 거푸집 설계 시 고려하중
① 수평거푸집 : 굳지 않은 콘크리트 중량, 작업하중, 충격하중
② 수직거푸집 : 굳지 않은 콘크리트 중량, 측압

3. 측압
(1) 측압의 증가요인
① 슬럼프가 클수록
② 거푸집의 강성이 클수록
③ 온도가 낮을수록
④ 단위시멘트량이 작을수록
⑤ 사용 철근·철골량이 적을수록
⑥ 벽두께가 두꺼울수록
⑦ 부어넣기(타설) 속도가 빠를수록
⑧ 거푸집 널의 수밀성이 높을수록
⑨ 부배합일수록

(2) 콘크리트 헤드(Concrete head)
수직 거푸집에서 타설된 콘크리트 윗면에서부터 최대측압이 발생하는 수직의 거리

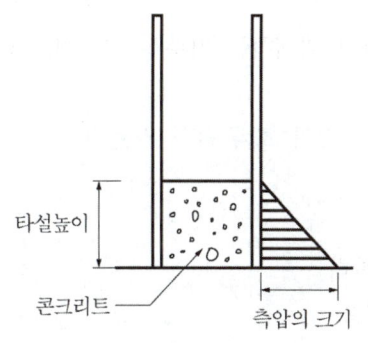
| 콘크리트 타설 시작 |

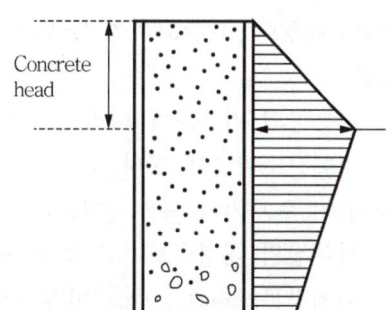
| 하부는 콘크리트가 경화 시작 |

4. 거푸집 시공(조립)
(1) 거푸집의 조립순서
기초 → 기둥 → 내벽 → 계단 → 큰보 → 작은보 → 바닥 → 외벽

(2) 거푸집 시공의 고려사항
전용성 증가, 대형화(시스템화), 경량화, 프리패브화

5. 거푸집 존치기간
(1) 수직재(기초, 기둥 및 벽 거푸집 널, 보 옆)
① 콘크리트 압축강도 5MPa 이상일 때
② 평균기온 10℃ 이상일 때는 아래 표와 같다.

(단위 : 일)

평균기온 \ 시멘트의 종류	조강 포틀랜드 시멘트	보통 포틀랜드 시멘트 고로슬래그시멘트 특급 포틀랜드포졸란시멘트 A종 플라이애시시멘트 A종	고로슬래그시멘트 1급 포틀랜드포졸란시멘트 B종 플라이애시시멘트 B종
20℃ 이상	2	4	5
20℃ 미만 10℃ 이상	3	6	8

(2) 받침기둥(슬래브 밑, 보 밑)
설계기준강도의 2/3 이상 또는 14MPa 이상일 때

(3) 슬래브 및 보 밑 거푸집 설계 시 고려사항
굳지 않은 콘크리트의 중량, 작업하중, 충격하중

6. 거푸집 종류별 특성
(1) 갱(Gang)폼
① 정의 : 대형화·단순화하여 한 번에 설치하고 해체하는 거푸집 시스템, 벽 전용 거푸집
② 특성
　㉠ 기능공의 기능도에 따라 시공정밀도가 크게 좌우되지 않는다.
　㉡ 대형장비가 필요하다.
　㉢ 초기 투자비가 높은 편이다.
　㉣ 거푸집의 대형화로 이음부위가 감소한다.
　㉤ 제치장콘크리트 : 가설 비계공사 불필요

(2) 클라이밍(Climbing)폼
① 정의 : 거푸집과 벽체 마감공사를 위한 비계틀을 일체로 조립하여 한꺼번에 인양시켜 거푸집을 설치하는 공법, 벽 전용 거푸집

② 특성
　　㉠ 비계 설치 불필요
　　㉡ 고소작업 시 안정성 높음
　　㉢ 해체 시 콘크리트에 적은 충격
　　㉣ 초기 투자비 증대

(3) 슬라이딩(Sliding)폼
　① 정의 : 콘크리트를 타설하면서 거푸집을 수평적 또는 수직적으로 반복된 구조물 시공을 위해 거푸집을 연속적으로 이동시키면서 콘크리트를 타설하는 거푸집 공법
　② 특성
　　㉠ 공기 1/3 단축 가능
　　㉡ 내외비계 발판이 필요 없음
　　㉢ 콘크리트의 연속성(일체성)을 확보하기 용이함
　　㉣ 사일로 공사에 많이 사용

(4) 트래블링(Traveling)폼
　① 정의 : 한 구간의 콘크리트를 타설한 후 거푸집을 낮추고 다음에 콘크리트를 타설하는 구간까지 구조물을 따라 거푸집을 이동시키면서 콘크리트를 연속적으로 타설하는 거푸집 공법
　② 특성
　　㉠ 최대한의 거푸집 전용 가능
　　㉡ 시공정밀도의 향상
　　㉢ 초기 투자비 증가
　　㉣ 공기단축 가능

(5) 워플(Waffle)폼
　① 정의 : 무량판 구조에서 2방향 장선 슬래브 공사 시 사용되는 기성재 거푸집
　② 특성
　　㉠ 무량판 구조에 적용
　　㉡ 거푸집 조립에 소요되는 시간 단축
　　㉢ 초기 투자비 증대

7. 거푸집공사의 기타사항
(1) 시스템 거푸집의 종류
　　갱폼, 터널폼, 슬립폼, 클라이밍폼, 테이블폼
(2) 특수거푸집의 종류
　① 벽 전용 : 갱폼, 클라이밍폼
　② 바닥 전용 : 테이블폼, 플라잉폼

③ 벽·바닥전용 : 터널폼
④ 무지주 공법 : 보우빔, 페코빔
⑤ 이동거푸집 : 슬라이딩, 트래블링
⑥ 바닥판식 : 데크플레이트, 하프슬래브, 워플폼(W식)

(3) 플라잉폼
바닥에 콘크리트를 타설하기 위한 거푸집으로서 거푸집판, 장선, 멍에, 서포트 등을 일체로 제작하여 부재화한 거푸집

(4) 터널폼
벽과 바닥의 콘크리트 타설을 한 번에 가능하도록 벽체와 바닥 거푸집을 일체로 제작하여 한 번에 설치하고 해체할 수 있도록 한 거푸집

(5) 무지보공 거푸집의 특성
① 하부공간을 넓게 하여 작업공간으로 활용할 수 있다.
② 슬래브(slab) 동바리의 감소 또는 생략이 가능하다.
③ 트러스 형태의 빔(Pecco beam)을 보 거푸집 또는 벽체 거푸집에 걸쳐 놓고 바닥판 거푸집을 시공한다.
④ 층고가 높을 경우 적용이 유리하다.

3 콘크리트 재료

1. 시멘트
(1) 종류

포틀랜드 시멘트	혼합시멘트	특수시멘트
① 보통 시멘트 ② 중용열 시멘트 ③ 조강 시멘트 ④ 저열 시멘트 ⑤ 내황산염 시멘트	① 고로슬래그 시멘트 ② 플라이애시 시멘트 ③ 포졸란 시멘트	① 초조강 시멘트 ② 팽창 시멘트 ③ 알루미나 시멘트

(2) 시멘트 특성
① 조강시멘트
  ㉠ 조기강도가 큼
  ㉡ 수화 발열량이 큼
  ㉢ 긴급공사나 한중콘크리트 공사에 사용
② 고로시멘트
  ㉠ 응결시간이 길며 단기강도가 부족
  ㉡ 수화열이 적어 매스콘크리트에 유리하며, 건조수축이 작음

ⓒ 화학저항성이 높아 해수 등에 접하는 콘크리트에 적합함
ⓓ 장기간 습윤보양이 필요함

③ 포졸란시멘트
ⓐ 워커빌리티 증진
ⓑ 수밀성 증진
ⓒ 초기강도 감소, 장기강도 증가
ⓓ 단위수량 증가 우려

④ 플라이애시 시멘트
ⓐ 시공연도를 증대시키며 사용수량 감소 가능
ⓑ 초기강도 감소, 장기강도 증가
ⓒ 수화열 감소, 건조수축 감소
ⓓ 수밀성의 향상

> **Tip 플라이애시의 특성**
> ① 화력발전소에서 발생하는 석탄회를 집진기로 포집한 것이다.
> ② 시멘트와 골재 접촉면의 마찰저항을 감소시킨다.
> ③ 건조수축 및 알칼리골재반응 억제에 효과적이다.
> ④ 단위수량과 수화열에 의한 발열량을 감소시킨다.

⑤ 알루미나 시멘트
ⓐ 내화성과 급결성이 가장 큼
ⓑ 단기강도 증가 장기강도는 감소
ⓒ 긴급공사, 해안공사, 동절기공사에 사용

⑥ 포틀랜드 시멘트의 종류별 특성
ⓐ 중용열포틀랜드시멘트는 수화작용에 따르는 발열이 적기 때문에 매스콘크리트에 적당하다.
ⓑ 조강포틀랜드시멘트는 조기강도가 크기 때문에 한중콘크리트공사에 주로 쓰인다.
ⓒ 내황산염포틀랜드시멘트는 알칼리 골재반응의 억제와는 무관하며, 주로 하수도 공사 등에 쓰인다.
ⓓ 조강포틀랜드시멘트를 사용한 콘크리트의 7일 강도는 보통포틀랜드시멘트를 사용한 콘크리트의 28일 강도와 거의 비슷하다.

(3) 시멘트 시험
① 비중 : 르 샤뗄리에 비중병
② 분말도 측정방법 : 체분석법, 피크노메타법, 브레인법
③ 응결/경화
④ 강도

(4) 시멘트의 주원료 : 석회암과 점토

(5) 시멘트의 주성분 : 실리카, 산화철, 석회

(6) 시멘트의 분말도 : 시멘트의 비표면적(중량당 표면적의 비율)을 나타내는 척도

(7) 플로우 시험법 : 페이스트의 시공연도 시험방법

(8) 시멘트 분말의 비표면적 비교

 초조강 > 조강 > 보통 > 중용열 시멘트

(9) 시멘트 화학성분의 응결속도

 알루민산 삼석회(C_3A) > 규산 삼석회(C_3S) > 규산 이석회(C_2S)

(10) 보통 포틀랜드시멘트 경화체의 성질

 ① 응결과 경화는 수화반응에 의해 진행된다.
 ② 경화체의 모세관수가 소실되면 모세관 장력이 작용하여 건조수축을 일으킨다.
 ③ 모세관 공극은 물시멘트비가 커지면 증가한다.
 ④ 모세관 공극에 있는 수분은 동결하면 팽창되고 이에 의해 내부압이 발생하여 경화체의 파괴를 초래한다.

(11) 시멘트의 응결 특성

 ① 분말도가 큰 시멘트는 블리딩을 감소시킨다.
 ② 초기 수화에는 물시멘트비는 응결 속도에 큰 영향이 없다.
 ③ 시멘트가 풍화되면 응결 속도가 늦어진다.
 ④ 분말도가 큰 시멘트는 비표면적이 증대된다.

2. 골재

(1) 불순물의 요구성능

 ① 염화물 : 콘크리트 체적의 0.3kg/m^3 이하(일반, 고강도, 프리캐스트 등 콘크리트의 종류와 무관)
 ② NaCl 환산량의 허용한도 : 0.04% 이하

(2) 골재의 표면 상태

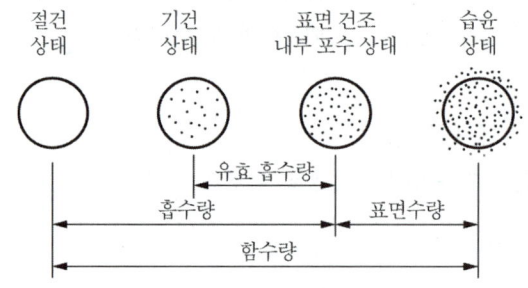

① 함수량 : 습윤상태 골재의 내외부에 함유된 물의 양
② 함수율 : 함수량이 절대건조 상태의 골재 중량에 대한 백분율
③ 흡수량 : 표면건조 내부 포수상태의 골재 중에 포함되는 물의 양
④ 유효흡수량 : 공기 중에서의 건조상태와 표면건조 내부 포화상태의 수량의 차이
⑤ 흡수율 : 절건상태의 골재 중량에 대한 흡수량의 백분율
⑤ 표면수량 : 습윤상태와 표면건조 내부 포화상태의 수량의 차이

(3) 잔골재 부피와 함수율
함수율에 따라 잔골재 부피가 변함, 함수율이 5~8%일 때 부피 최대

(4) 부순 골재의 원석 : 현무암, 안산암, 화강암
응회암의 경우 강도가 약해 부순 골재로 사용하기에 부적합

(5) KS F 2527에 따른 콘크리트용 부순 굵은골재의 실적률 기준
55% 이상

(6) 골재의 입도와 공극률 및 실적률 관계
골재의 입도가 크면 실적률이 크고 공극률이 작아지므로(입도와 공극률은 반비례의 관계) 콘크리트의 투수성은 작아진다.

(7) 콘크리트용 골재의 품질
① 골재는 청정, 견경하고 유해량의 먼지, 유기불순물이 포함되지 않아야 한다.
② 골재의 입형은 콘크리트의 유동성을 갖도록 한다.
③ 골재는 편평, 세장하거나 예각으로 된 것은 시공성을 저해하여 좋지 않으므로 사용하지 않도록 한다.
④ 골재의 강도는 콘크리트 내 경화한 시멘트 페이스트의 강도보다 커야 한다.
⑤ 골재의 단위용적 질량은 입도가 클수록 크다.
⑥ 골재의 입도가 크면 실적률이 좋아져서 공극률이 감소함(입도와 공극률은 반비례의 관계)
⑦ 계량 방법과 함수율에 의한 중량의 변화는 입경이 작을수록 크다.
⑧ 완전침수 또는 완전건조 상태의 모래에 있어서는 계량방법에 의한 용적의 변화는 거의 없다.
⑨ 굵은 골재의 공극률이 크면 수분을 많이 흡수하여 물-시멘트비가 올라가므로 공극률이 작은 것이 좋다.
⑩ 골재의 강도는 경화 시멘트페이스트의 강도 이상이어야 한다.
⑪ 입도는 조립에서 세립까지 균등히 혼합되게 한다.

3. 혼화재료

(1) 특성 비교

구분	혼화제	혼화재
배합	무시	용적계산 시 고려
성분	화학약품	광물질
사용량	소량	다량
대표재료	AE제	플라이애시
정의	시멘트 중량의 5% 미만으로서 약품적 성질만 갖고 있는 재료	시멘트 중량의 5% 이상으로서 시멘트 성질을 개량하는 재료
종류	• AE제 • 감수제 • 응결지연제 • 촉진제 • 유동화제 • 방동제(염화칼슘, 염화마그네슘)	• 포졸란 • 플라이애시 • 고로슬래그

(2) 혼화제

① AE제

㉠ 특징

ⓐ 내구성 증가 ⓑ 동결융해 저항성 증진 ⓒ 워커빌리티 증진

ⓓ 압축강도 감소 ⓔ 단위수량 감소

㉡ 콘크리트 내의 공기 종류

ⓐ 잠재공기(Entrapped Air) : AE제를 사용하지 않아도 생기는 1~2%의 크고 부정형한 기포

ⓑ 연행공기(Entrained Air) : AE제를 사용했을 때 생기는 작고 정형한 기포

㉢ AE제를 사용한 콘크리트의 공기량 : 보통 4~6%

㉣ 콘크리트 중 공기량의 변화

ⓐ AE제의 혼입량이 증가하면 연행공기량도 증가한다.

ⓑ 시멘트 분말도 및 단위시멘트량이 증가하면 공기량은 감소한다.

ⓒ 잔골재 중의 0.15~0.3mm의 골재가 많으면 공기량은 증가한다.

ⓓ 슬럼프가 커지면 공기량은 증가한다.

ⓔ 온도가 낮을수록 증가, 진동기 사용 시 감소, 잔모래 사용 시 증가

② 급경제(급결제) : 수화반응을 촉진시키는 혼화제

(3) 혼화재
① 종류 : 고로슬래그, 플라이애시, 포졸란, 실리카 퓸
② 특징
   ㉠ 워커빌리티 증진
   ㉡ 블리딩, 재료분리 감소
   ㉢ 내구성 증진
   ㉣ 초기강도 감소, 장기강도 증가
③ 실리카 퓸
   ㉠ 페로실리콘 합금이나 실리콘 금속 등을 제조 시 발생하는 폐가스를 집진하여 만든 것
   ㉡ 매우 낮은 투수성을 가진 고강도 콘크리트를 만들 때 사용되는 것
   ㉢ 수화열 저감, 건조수축 저감 등의 목적으로 사용
   ㉣ 초기강도는 낮아지고 장기강도는 증가함
   ㉤ 화학적 저항성 증진효과가 있음
   ㉥ 시공연도 개선효과가 있음
   ㉦ 재료분리 및 블리딩이 감소함

(4) 콘크리트에서 사용하는 상수도물 이외의 비빔용수의 품질기준

항목	품질
현탁물질의 양	2g/L 이하
용해성 증발 잔류물의 양	1g/L 이하
염소(Cl⁻)량	250mg/L 이하
시멘트 응결시간의 차	초결은 30분 이내, 종결은 60분 이내
모르타르의 압축강도비	재령 7일 및 재령 28일에서 90% 이상

4 콘크리트 배합 및 성질

1. 배합

(1) 배합 시 주의사항
구조물에 사용된 콘크리트의 배합강도(f_{cr})를 설계 기준강도(f_{ck})보다 충분히 크게 함

(2) 콘크리트 배합에 영향을 주는 요소
시멘트 강도, 물-시멘트 비, 골재의 입도, 잔골재율, 단위수량

(3) 콘크리트의 계획배합 표시 항목
배합강도, 공기량, 단위수량, 단위시멘트량, 잔골재량, 굵은골재량

(4) 슬럼프값
① 슬럼프 콘이 무너진 후 30cm - 슬럼프 콘의 높이를 슬럼프값으로 산정
② 콘크리트의 시공연도(워커빌리티) 측정의 기준
③ 소요 슬럼프값(cm)

구분	진동다짐을 할 때	진동다짐을 안 할 때
기초, 바닥판, 보	5~10	15~19
기둥, 벽	10~15	19~22

2. 굳지 않은 콘크리트의 성질
(1) 용어
① 시공연도(Workability, 워커빌리티) : 반죽질기 여하에 의한 작업의 난이 정도를 나타내는 성질
② 반죽질기(Consistency, 컨시스턴시) : 수량의 다소에 의한 반죽의 되고 진 정도를 나타내는 성질
③ 성형성(Plasticity, 플라스티시티) : 구조체에 타설된 콘크리트가 거푸집에 잘 채워질 수 있는지의 난이 정도
④ 마감성(Finishability, 피니셔빌리티) : 골재의 최대치수 및 반죽질기에 따르는 표면정리의 난이 정도

(2) 시공연도(Workability, 워커빌리티)
① 요인
  ㉠ 골재의 입도
  ㉡ 혼화제
  ㉢ 혼합시간
  ㉣ 단위수량
  ㉤ 단위시멘트량
  ㉥ 공기량
  ㉦ 잔골재율
  ㉧ 굵은 골재 최대치수
② 시험항목
  ㉠ 슬럼프 시험
  ㉡ 드롭테이블 시험
  ㉢ 구관입 시험
  ㉣ 비비 시험
③ 시공연도와 재료의 관계
  ㉠ AE제/포졸란/플라이애시를 사용하면 시공연도 증가

ⓛ 굵은 골재로 쇄석을 사용하면 시공연도 감소
　　　ⓒ 풍화된 시멘트를 사용하면 시공연도 감소
　　　ⓔ 비빔시간(혼합시간)이 과도하면 시공연도 감소
　④ 콘크리트 시공성에 영향을 주는 요인
　　　㉠ 단위수량이 커지면 슬럼프값이 커지며 컨시스턴시는 증가함
　　　ⓛ 슬럼프가 과도하게 커지면 굵은골재의 분리와 블리딩량이 증가함
　　　ⓒ 물-시멘트비가 클수록 컨시스턴시가 좋아 작업이 용이하지만 재료분리가 쉽게 일어남
　　　ⓔ 동일 슬럼프에서 공기량이 증가하면 단위수량은 감소함
　　　ⓜ 기온이 올라가면 슬럼프는 감소함
　　　ⓗ 콘크리트의 강도가 동일한 경우, 골재의 입도가 작을수록 시멘트의 사용량은 증가함
　⑤ 배합설계 시 물시멘트비 결정요소 : 소요강도, 내구성, 수밀성
　⑥ 콘크리트의 배합의 특성
　　　㉠ 일반적으로 굵은 골재의 최대치수가 클수록 잔골재율을 작게 할 수 있다.
　　　ⓛ 잔골재율은 소요의 워커빌리티가 얻어지는 범위 내에서 단위 수량이 가능한 한 작게 되도록 시험비빔에 의해 결정한다.
　　　ⓒ 단위수량이 동일하면 골재량이나 시멘트량의 근소한 변화는 슬럼프에 그다지 영향을 주지 않는다.
　　　ⓔ 강도 및 슬럼프가 동일하면 실적률이 큰 굵은 골재를 사용할수록 공극률이 작아지고 단위수량도 줄어든다.
　⑦ 굳지 않은 콘크리트 시험 : 슬럼프(slump) 시험, 염화물 시험, 공기량 시험
　⑧ 부순 골재를 사용하는 콘크리트의 배합설계
　　　㉠ 굵은 골재의 크기는 강자갈의 경우보다 조금 작은 편이 좋다.
　　　ⓛ 잔골재는 특히 미립분이 부족하지 않도록 주의한다.
　　　ⓒ 모래는 강자갈 콘크리트의 경우보다 많이 사용한다.
　　　ⓔ 될 수 있는 한 AE제를 사용한다.

(3) 재료분리
　① 원인
　　　㉠ W/C가 크고 모르타르 부분의 점성이 적은 경우
　　　ⓛ 입자가 거친 잔골재를 사용한 경우
　　　ⓒ 타설 높이가 너무 높은 경우
　　　ⓔ 시공연도가 지나치게 큰 경우
　② 대책
　　　㉠ W/C비를 작게 함
　　　ⓛ 잔골재율을 크게 함

ⓒ 잔골재 중의 0.15~0.3mm 정도의 세립분을 증가시킴
　　　ⓔ AE제, 플라이애시 등을 사용함
　③ 블리딩 : 콘크리트 타설 후 표면에 물이 모이게 되는 현상으로 레이턴스의 원인이 됨
　④ 레이턴스 : 블리딩으로 인한 잉여수(extra water)가 증발된 뒤 콘크리트 표면에 남는 하얀 이물질
　⑤ 블리딩의 특성
　　　㉠ 콘크리트의 컨시스턴시가 클수록 블리딩량은 증대한다.
　　　㉡ 콘크리트의 물시멘트비가 클수록 블리딩량은 증대한다.
　　　㉢ 단위시멘트량이 많을수록 블리딩량은 작다.

(4) 균열의 종류
① 건조수축(플라스틱 균열)의 발생원인
　시멘트 성분 중 C_3A, 분말도가 큰 시멘트, 흡수율이 큰 골재, 사용수량 과다 시
② 침하(침강) 균열의 발생원인
　　㉠ 철근 직경이 너무 큰 경우
　　㉡ 콘크리트 피복두께가 작을 때
　　㉢ 슬럼프가 큰 경우
　　㉣ 불충분한 다짐
③ 콘크리트의 경화 전 균열의 원인 : 거푸집의 변형, 소성수축, 침하
④ 콘크리트의 경화 후 균열의 원인 : 알칼리 골재 반응, 동결융해, 탄산화
⑤ 방사형 망상균열의 원인 : 시멘트의 이상 팽창 때문

3. 굳은 콘크리트 성질

(1) 강도
① 시험(압축강도) : $120m^3$마다, 매일, 공구별, 층별 1회
② 강도의 비파괴시험 종류 : 표면경도법, 공진법, 음속법, 복합법, 인발법, Core 채취법
③ 콘크리트의 강도 특성
　　㉠ AE제를 혼합하면 워커빌리티가 향상된다.
　　㉡ 물-시멘트비가 작을수록 콘크리트 강도는 증가된다.
　　㉢ 한중 콘크리트는 동해방지를 위한 양생을 하여야 한다.
　　㉣ 콘크리트 양생이 불량하면 콘크리트 강도가 저하된다.
④ 콘크리트의 고강도화를 위한 방안
　　㉠ 고성능 감수제를 사용하면 단위수량이 감소하여 강도가 증가된다.
　　㉡ 강도발현이 큰 시멘트를 사용한다.
　　㉢ 폴리머(Polymer)를 함침한다.

(2) 크리프
① 정의 : 하중의 증가 없이 일정한 하중이 지속될 때 나타나는 소성 변형
② 특성 : 하중에 제거되면 크리프 변형은 일부 회복되며, 콘크리트의 배합과 골재의 종류는 크리프에 영향을 줌
③ 크리프가 크게 되는 경우
    ㉠ 재령이 짧을수록
    ㉡ 응력(하중)이 클수록
    ㉢ 부재치수가 작을수록
    ㉣ 온도가 높을수록
    ㉤ 습도가 낮을수록
    ㉥ 단위시멘트량이 많을수록
    ㉦ W/C가 클수록

(3) 중성화(탄산화)
① 정의 : 공기 중의 이산화탄소(탄산가스)와 콘크리트 중의 수산화칼슘이 서서히 탄산칼슘으로 되어 콘크리트의 알칼리성이 상실되는 현상
② 대책
    ㉠ 철근의 피복두께를 증가시킴
    ㉡ W/C비를 작게 함
    ㉢ 콘크리트 충분히 다지고 습윤양생
    ㉣ 투기성이 작은 마감재를 사용함

(4) 알칼리골재반응(Alkali Aggregate Reaction)
① 정의 : 시멘트의 알칼리 성분과 골재 중의 Silica 등의 광물이 화합하여 알칼리 Silica Gel이 생성되어 팽창되면서 콘크리트에 균열이 일어나는 현상
② 대책
    ㉠ 반응성 골재, 알칼리 성분, 수분 중 한 가지는 배제
    ㉡ 비반응성 골재 사용
    ㉢ 저알칼리 시멘트 사용
    ㉣ 염분 사용금지

(5) 염해
① 정의 : 콘크리트 중의 염화물에 의하여 강재가 부식되어 콘크리트 구조물이 손상되는 현상
② 대책
    ㉠ 콘크리트 중의 염소 이온량을 적게 함
    ㉡ 콘크리트의 피복두께를 충분히 확보함

ⓒ 물시멘트비가 낮은 콘크리트를 사용함
ⓓ 단위수량을 작게 함

(6) 동결융해
① 원인 : 콘크리트 중의 자유수가 동결하여 수압팽창(9%)을 일으켜 균열이 발생됨
② 대책
 ⓐ AE제 사용
 ⓑ W/C 비와 단위수량을 작게 함
 ⓒ 흡수율이 작은 골재를 사용함

(7) 건조수축
① 정의 : 콘크리트 배합 시 사용된 물이 건조하여 증발함에 따라 빈 공간을 메꾸기 위해 콘크리트 부재에서 발생하는 수축
② 콘크리트의 건조수축 영향인자
 ⓐ 시멘트의 화학성분이나 분말도에 따라 건조수축량이 변화한다.
 ⓑ 골재 중에 포함된 미립분이나 점토, 실트는 일반적으로 건조수축을 증대시킨다.
 ⓒ 바다모래에 포함된 염분은 그 양이 많으면 건조수축을 증대시킨다.
 ⓓ 단위수량이 증가할수록 건조수축량은 증가한다.

(8) 콘크리트의 내화, 내열성
① 콘크리트의 내화, 내열성은 사용한 골재의 품질에 크게 영향을 받는다.
② 콘크리트는 내화성이 우수하지만 600℃ 정도의 화열을 장시간 받으면 압축강도는 약 50% 정도 저하된다.
③ 철근콘크리트 부재의 내화성을 높이기 위해서는 철근의 피복두께를 충분히 하면 좋다.
④ 화재를 입은 콘크리트의 탄산화 속도는 그렇지 않은 것에 비하여 크다.

5 콘크리트 시공

1. 일반사항
① 배쳐 플랜트 : 콘크리트를 제조하는 자동설비, 재료의 저장설비, 계량설비, 혼합설비 등으로 구성
② 타워
 ⓐ 타워의 플로어 호퍼 : 바닥 거푸집 위에 설치해서는 좋지 않음
 ⓑ 타워는 높이 1.5m마다 4가닥의 당김줄로 지지함

2. 운반
(1) 펌프
콘크리트 펌프의 기종은 압송능력이 펌프에 걸리는 최대 압송부하보다 크도록 선정함

(2) 압송관의 호칭치수 기준

굵은 골재의 최대치수(mm)	압송관의 호칭치수(mm)
20	100 이상
25	100 이상
40	125 이상

(3) 콘크리트 펌프의 사용
① 콘크리트 펌프를 사용하여 시공하는 콘크리트는 소요의 워커빌리티를 가지며, 시공 시 및 경화 후에 소정의 품질을 갖는 것이어야 한다.
② 압송관의 지름 및 배관의 경로는 콘크리트의 종류 및 품질, 굵은골재의 최대치수, 콘크리트 펌프의 기종, 압송조건, 압송작업의 용이성, 안전성 등을 고려하여 정하여야 한다.
③ 콘크리트 펌프의 형식은 피스톤식과 스퀴즈식을 모두 사용할 수 있다.
④ 압송은 계획에 따라 연속적으로 실시하며, 되도록 중단되지 않도록 하여야 한다.

3. 부어 넣기(타설)
(1) 방법
① 높이는 낮게
② 수평으로
③ 일체성 확보(콜드조인트 발생 억제)
④ 속도는 각 층을 충분히 다지기 할 수 있는 속도로 함

(2) 주의사항
① 아치이음은 아치축에 직각으로 함
② 이어 붓는 위치는 응력이 작은 곳에서 실시
③ 낮은 곳에서 높은 곳, 즉 기초-기둥-벽-계단-보-바닥판의 순서로 타설
④ 콘크리트의 낙하거리는 1m 이하로 하며, 기둥은 한 번에 부어 넣지 않고, 일반적으로 시간당 2m 이하로 천천히 부어 넣음
⑤ 보는 밑바닥에서 윗면까지 동시에 부어 넣도록 하고 진행방향을 양단에서 중앙으로 부어 넣는다.
⑥ 벽은 콘크리트 주입구를 여러 곳에 설치하여 충분히 다지면서 수평으로 부어 넣는다.

4. 줄눈
(1) 시공줄눈(Construction Joint)
① 설치 이유 : 거푸집의 반복 사용을 위해
② 설치 위치
　㉠ 구조물의 강도에 영향이 적은 곳
　㉡ 압축력의 방향과 직각으로 구획

ⓒ 길이는 짧게 하며, 응력이 적은 곳에 설치
　　　ⓓ 1일 콘크리트 타설이 끝나는 위치

(2) 신축줄눈(Expansion Joint)
　① 설치 이유 : 건축물의 불규칙 균열을 한곳에 집중시키기 위해
　② 설치 위치
　　　㉠ 하중 배분이 다른 곳
　　　㉡ 기초가 다른 곳
　　　㉢ 기존 건축물의 증축 경계 부위

(3) 조절줄눈(Control Joint)
　① 설치 이유 : 바닥판에서 생기는 건조수축에 의한 균열을 막기 위하여

(4) 줄눈대(Delay Joint, 딜레이 조인트, 지연줄눈)
　① 설치 이유 : 장스팬 구조물(100m 이상)에서 신축줄눈을 설치하지 않고, 건조수축을 감소시키기 위해서 설치하는 줄눈

(5) Cold Joint
　① 정의 : 시공과정 중 휴식시간 등으로 응결하기 시작한 콘크리트에 새로운 콘크리트를 이어칠 때 일체화가 저해되어 생기게 되는 줄눈
　② 대책
　　　㉠ 이어 붓기 시간준수
　　　㉡ 타설시간 준수
　　　㉢ 응결지연제 사용

5. 다짐

(1) 목적
　① 콘크리트의 밀실한 충전
　② 소요강도, 수밀성, 내구성 확보

(2) 사용방법
　① 수직으로 사용
　② 철근에 직접 닿지 않도록 함
　③ 굳기 시작한 콘크리트에는 사용 금지

(3) 다짐의 과다 사용 시 부작용
　① 공기량 감소
　② 재료분리
　③ 블리딩 현상

(4) 진동기 효과
빈배합 저슬럼프 > 빈배합 고슬럼프 > 부배합 저슬럼프 > 부배합 고슬럼프

(5) 콘크리트 시공 시의 진동다짐
① 진동의 효과는 봉의 직경, 진동수 등에 따라 다르다.
② 안정되어 엉기거나 굳기 시작한 콘크리트에는 진동기를 사용해서는 안 된다.
③ 진동기를 인발할 때에는 진동을 주면서 천천히 뽑아 콘크리트에 구멍을 남기지 말아야 한다.
④ 고강도콘크리트에서는 고주파 내부진동기가 효과적이다.

(6) 콘크리트 시공 시의 진동다짐
① 봉형 바이브레이터는 콘크리트 내부에 넣어 진동을 통해 다짐을 한다.
② 폼바이브레이터는 거푸집면에 대고 진동을 주어 다짐을 한다.
③ 콘크리트에 삽입하는 바이브레이터의 경우 진동을 주는 시간은 1개소당 10~15초가 적당하다.

(7) 콘크리트 봉형 진동기 사용
① 진동시간은 콘크리트 표면에 페이스트가 얇게 떠오를 정도로 한다.
② 삽입 간격은 50cm 이하로 한다.
③ 철골 및 철근에 직접 닿지 않게 다진다.
④ 가급적 수직으로 다진다.

(8) 콘크리트 내부진동기의 사용법
① 콘크리트 다지기에는 내부진동기의 사용을 원칙으로 하나, 얇은 벽 등 내부진동기의 사용이 곤란한 장소에서는 거푸집진동기를 사용해도 좋다.
② 내부진동기는 연직으로 찔러 넣으며, 그 간격은 진동이 유효하다고 인정되는 범위의 지름 이하로서 일정한 간격으로 한다.
③ 1개소당 진동시간은 다짐할 때 시멘트풀이 표면 상부로 약간 부상하기까지가 적절하다.
④ 진동다지기를 할 때에는 내부진동기를 하층의 콘크리트 속으로 0.1m 정도 찔러 넣는다.

6. 양생
(1) 경화초기에 시멘트의 수화반응에 필요한 수분을 공급하는 과정
(2) 종류
① 습윤 양생 : 살수 또는 수중보양
② 증기 양생 : 콘크리트 거푸집을 조기에 제거하고 단시일에 소요강도를 내기 위해서 고온, 고압 증기로 보양. PC 제품에 이용
③ 콘크리트 양생 시 주의사항
  ㉠ 콘크리트 양생에는 적당한 온도와 습도환경을 유지해야 한다.

ⓒ 직사광선은 수분을 증발시키므로 습윤양생에 불리하다.
ⓒ 직사광선, 폭우, 눈에 대하여 노출시키지 않고 양생한다.
ⓔ 거푸집은 공사에 지장이 없는 한 오래 존치하는 것이 좋다.
ⓜ 진동, 충격 등의 외력으로부터 보호한다.
ⓗ 콘크리트가 경화될 때까지 충격 및 하중을 가하지 않는 것이 좋다.

6 콘크리트 종류

1. 서중 콘크리트

(1) **정의** : 일 평균기온이 25℃를 초과할 때 시공되는 콘크리트
(2) **문제점** : 슬럼프 감소, Cold Joint 발생, 강도 및 내구성 저하, 단위수량 증가
(3) **서중 콘크리트의 특성**
① 동일 슬럼프를 얻기 위한 단위수량이 많아진다.
② 응결이 촉진되어 초기강도의 발현이 빠르고, 장기강도의 증진이 작다.
③ 콜드조인트가 쉽게 발생한다.
④ 워커빌리티가 일정하게 유지되지 않는다.
⑤ 콘크리트의 배합은 소요의 강도 및 워커빌리티를 얻을 수 있는 범위 내에서 단위수량을 적게 한다.
⑥ 콘크리트의 공기연행을 위해 적절한 양의 혼화제를 사용한다.
⑦ 비빈 콘크리트는 가열되거나 건조로 인하여 슬럼프가 저하하지 않도록 적당한 장치를 사용하여 되도록 빨리 운송하여 타설하여야 한다.
⑧ 콘크리트 재료는 온도가 낮아질 수 있도록 하여야 한다.

2. 한중 콘크리트(적산온도 개념 도입)

(1) **정의** : 일 평균기온이 4℃ 이하일 때 시공되는 콘크리트
(2) **적산온도** : 콘크리트 초기 경화 정도를 파악하는 지표, 양생온도(℃)와 경과시간의 곱의 합
(3) **주의사항**
① **재료가열** : 물 또는 골재 가열(시멘트 가열 금지)
② 초기강도 5MPa 발현 시까지 양생
③ 동결한 지반위에 콘크리트를 부어 넣거나 거푸집의 동바리를 세우지 않음
(4) **한중 콘크리트의 양생**
① 보온 양생 또는 급열 양생을 끝마친 후에는 콘크리트의 온도를 서서히 저하시켜 양생을 마무리 하여야 한다.
② 초기양생에서 소요 압축강도가 얻어질 때까지 콘크리트의 온도를 5℃ 이상으로 유지하여야 한다.

③ 초기양생에서 구조물의 모서리나 가장자리의 부분은 보온하기 어려운 곳이어서 초기동해를 받기 쉬우므로 초기양생에 주의하여야 한다.
④ 한중 콘크리트의 보온 양생 방법은 급열 양생, 단열 양생, 피복양생 및 이들을 복합한 방법 중 한 가지 방법을 선택하여야 한다.

(5) 한중 콘크리트의 특성
① 한중 콘크리트는 공기연행콘크리트를 사용하는 것을 원칙으로 한다.
② 콘크리트를 타설한 직후에 찬바람이 콘크리트 표면에 닿지 않도록 하여 초기양생을 실시한다.
③ 물-결합재비는 60% 이하로 하고, 단위수량은 소요의 워커빌리티를 유지할 수 있는 범위 내에서 되도록 작게 정하여야 한다.

3. 해수 콘크리트

(1) 정의 : 해수에 접하거나, 해수의 물보라, 해풍을 받을 우려가 있는 콘크리트

(2) 적용장소별 피복두께
해상 대기 중(70mm) < 해중(80mm) < 물보라(90mm)

(3) 대책 및 주의사항
① 시멘트는 혼합 시멘트
② 연속 타설(Joint 발생 억제)
③ 피복두께 준수
④ 철근 방청 후 사용

4. AE 콘크리트

(1) 정의 : 콘크리트에 AE제를 사용하여 시공연도를 개선한 것

(2) 특징
① 수밀성 및 내마모성 증가
② 동결융해 저항성 증가
③ 워커빌리티 증진
④ 블리딩 및 재료분리 감소
⑤ 강도 감소

(3) AE 콘크리트의 특성
① 공기량이 많을수록 슬럼프가 증대된다.
② AE제 사용 시 0.03~0.3mm 정도의 미세기포가 발생하여 시공연도를 증진시킨다.
③ 물-시멘트비가 일정할 경우 공기량이 1% 증가할 때 압축강도는 약 3~4% 감소한다.
④ AE제는 정확히 계량하여 사용하며 일반적으로 희석해서 사용한다.

5. 쇄석 콘크리트

(1) 정의 : 양질의 암석을 파쇄한 골재를 사용한 콘크리트(깬자갈 콘크리트)

(2) 쇄석 콘크리트의 특징
① 모래의 사용량은 보통 콘크리트에 비해 많아짐
② 쇄석은 각이 둔각인 것을 사용
③ 보통콘크리트에 비해 골재의 표면적이 증가되어 시멘트 페이스트와의 부착력은 증가한다.
④ 동일한 워커빌리티의 보통 콘크리트보다 단위수량이 일반적으로 10% 정도 많이 요구된다.
⑤ 자갈의 원석은 안산암, 화강암 등이 있다.

6. 경량 콘크리트

(1) 정의 : 건축물을 경량화하고 열을 차단하는 데 유리한 콘크리트

(2) 경량 콘크리트의 특징
① 자중이 적어 콘크리트의 인력에 의한 취급, 운반, 부어 넣기 노력이 절감됨
② 내화성이 크고 열전도율이 적으며 방음효과가 크며 흡음률도 큼

(3) 종류
① 보통 경량 콘크리트 : 보통 포틀랜드 시멘트 + 경량 골재 사용
② 기포 콘크리트 : 무수한 기포 함유

(4) 경량 기포콘크리트(ALC)의 특성
① 기건 비중은 보통 콘크리트의 약 1/4 정도로 경량이어서 인력에 의한 취급이 용이함
② 열전도율은 보통 콘크리트의 약 1/10 정도로서 단열성이 우수하여 절연재료로 적당
③ 무기질 소재를 주원료로 사용하여 내화성능이 매우 좋아 불연재인 동시에 내화재로 사용됨
④ 흡음성과 차음성이 우수함
⑤ 아스팔트 온돌바닥 미장용 콘크리트로서 고층적용 실적이 많고 배합을 조닝별로 다르게 하며 타설 바탕면에 따라 배합비 조정이 필요함
⑥ 내부 공극이 커서 흡수율이 크므로 동해에 대해 취약해 지하실 등에 사용할 수 없음

(5) 경량 골재콘크리트의 기준
① 단위시멘트량의 최솟값 : $300kg/m^3$
② 물-결합재비의 최댓값 : 60%
③ 기건단위질량(경량골재 콘크리트 1종) : $1,700 \sim 2,000kg/m^3$
④ 굵은 골재의 최대치수 : 20mm

7. 중량 콘크리트(차폐용 콘크리트)
중량골재(중정석)를 사용하여 방사선을 차폐할 목적으로 만든 콘크리트

8. 폴리머 콘크리트
(1) **정의** : 시멘트 대신 Polymer(유기고분자 중합체)를 사용하여 만든 콘크리트

(2) **폴리머 콘크리트의 특징**
① 단기에 고강도를 발현하고, 완전한 수밀성을 가짐
② 내약품성, 내마모성, 내충격성이 좋음
③ 단위 체적당 단가가 비쌈
④ 난연성, 내화성은 좋지 않음
⑤ 고속도로 포장이나 댐의 보수공사에 사용

9. 유동화 콘크리트
(1) **정의**
유동화제를 투입하여 보통의 단위 수량으로 높은 슬럼프의 묽은 반죽 콘크리트를 만든 콘크리트

(2) **베이스 콘크리트**
유동화 콘크리트를 제조하기 위하여 혼합된 유동화제를 첨가하기 전의 콘크리트

(3) **슬럼프치**

콘크리트의 종류	베이스 콘크리트	유동화 콘크리트
보통 콘크리트	15cm 이하	21cm 이하
경량 콘크리트	18cm 이하	21cm 이하

(4) **유동화 콘크리트의 공기량 기준**
① 보통콘크리트 : 4.5%
② 경량 콘크리트 : 5%

(5) **유동화 콘크리트의 특성**
① 높은 유동성을 가지면서도 단위수량은 보통 콘크리트보다 적다.
② 일반적으로 유동성을 높이기 위하여 화학 혼화제를 사용한다.
③ 동일한 단위시멘트량을 갖는 보통콘크리트에 비하여 압축강도는 거의 유사하다.
④ 일반적으로 건조수축은 묽은 비빔 콘크리트보다 작다.

10. 섬유보강 콘크리트
(1) **정의**
콘크리트의 인장강도와 균열 등을 개선할 목적으로 콘크리트에 섬유 보강재를 넣은 콘크리트

(2) 시공
품질이 얻어지도록 재료, 배합, 비비기 설비 등에 대하여 충분히 고려함

(3) 특징
① 방식성, 내구성 우수
② 온도철근이 불필요하며, 수축균열이 적음
③ 내충격성이 큼
④ 연성, 인성이 큼

11. 레디믹스트 콘크리트

(1) 정의
레미콘 공장에서 콘크리트를 제조하고 운반하여 현장에서 타설되는 콘크리트

(2) 호칭 규격 표시
굵은 골재 최대치수 – 호칭강도 – 슬럼프치(예 25mm–21MPa–12cm)

(3) 특징
① 협소한 장소에서 대량의 콘크리트를 얻을 수 있음
② 현장에서는 균질한 품질의 콘크리트를 얻기 어려움
③ 콘크리트의 혼합이 충분하여 품질이 균등함
④ 콘크리트의 운반거리/운반시간에 제한을 받음

(4) 종류
① 센트럴 믹스트 콘크리트(Central mixed concrete) : 비빔이 완료된 콘크리트를 현장으로 운반
② 슈링크 믹스트 콘크리트(Shrink mixed concrete) : 믹싱 플랜트에서 어느 정도 비빈 것을 운반도중에 완전히 혼합시킴
③ 트랜싯 믹스트 콘크리트(Transit mixed concrete) : 트럭믹서에 모든 재료가 공급되어 운반 도중에 비비며 현장까지 운반하는 것

(5) 공장배합 레미콘의 품질시험 종류
강도시험, 공기량 시험, 슬럼프 시험

12. 프리스트레스트 콘크리트

(1) 정의
콘크리트 부재에서 인장응력이 생기는 부분에 미리 압축의 Prestress를 주어 인장강도를 증가하도록 만든 콘크리트

(2) 주의사항
① PS 강재는 되도록 열의 영향을 많이 받은 강재는 사용 자제
② 쉬스 내부에 시멘트 페이스트가 막히지 않도록 함
③ 정착장치의 지압면은 긴장재와 수직이 되도록 함

(3) 종류
프리텐션(롱라인법 시공이 보통), 포스트 텐션

(4) 프리스트레스트 콘크리트의 특성
① 포스트텐션(post-tension) 공법은 콘크리트의 강도가 발현된 후에 프리스트레스를 도입하는 현장형 공법이다.
② 장스팬 구조물에 적용할 수 있으며 구조물의 자중을 경감할 수 있으며, 부재 단면을 줄일 수 있다.
③ 프리스트레스트 콘크리트는 내화피복이 필요하지는 않지만, 항상 고응력이 가해진 상태이므로 화재에 약한 특징이 있다.
④ 고강도이면서 수축 또는 크리프 등의 변형이 적은 균일한 품질의 콘크리트가 요구된다.

(5) 프리패브 콘크리트(prefab concrete)의 특성
① 제품의 품질을 균일화 및 고품질화 할 수 있다.
② 작업의 기계화로 노무 절약을 기대할 수 있다.
③ 공장생산으로 기계화하지만 부재의 규격을 쉽게 변경할 수 있는 것은 아니다.
④ 자재를 규격화하여 표준화 및 대량생산을 할 수 있다.

13. 제치장 콘크리트

(1) 정의
외장마감 처리를 하지 않고 타설된 콘크리트 자체가 최종 마감이 되는 콘크리트

(2) 특징
① 된비빔 콘크리트를 사용해 진동기가 필요함
② 한 번에 높이 타설하는 경우 기포가 쉽게 발생함
③ 창문, 벽체줄눈 등의 위치가 맞지 않는 경우 재시공/보수가 어려움

14. 매스(Mass) 콘크리트

(1) 정의
콘크리트의 내부 최고온도와 외부 기온과의 차가 25℃ 이상으로 되는 곳에 쓰이는 콘크리트

(2) 타설 시간
① 비빔/타설 － 25℃ 미만 : 120분, 25℃ 이상 : 90분
② 이어붓기 － 25℃ 미만 : 150분, 25℃ 이상 : 120분

(3) 매스콘크리트의 구조기준
매스콘크리트로 다루어야 하는 구조물의 부재치수는 일반적인 표준으로서 넓이가 넓은 평판구조의 경우 두께 0.8m 이상, 하단이 구속된 벽조의 경우 두께가 0.5m 이상으로 한다.

(4) 매스콘크리트(Mass Concrete)의 타설 및 양생
① 내부온도가 최고온도에 달한 후에는 보온하여 중심부와 표면부의 온도차 및 중심부의 온도강하 속도가 크지 않도록 양생한다.
② 신구 콘크리트의 유효탄성계수 및 온도 차이가 작을수록 이어붓기 시간 간격을 짧게 하면 할수록 좋다.
③ 부어넣은 콘크리트의 온도는 온도균열을 제어하기 위해 가능한 한 저온(일반적으로 35℃ 이하)으로 해야 한다.
④ 거푸집널 및 보온을 위하여 사용한 재료는 콘크리트 표면부의 온도와 외기온도와의 차이가 작아지면 해체한다.
⑤ 매스콘크리트의 타설 시간 간격은 균열제어의 관점으로부터 구조물의 형상과 구속 조건에 따라 적절히 정하여야 한다.
⑥ 온도변화에 의한 응력은 신구 콘크리트의 유효탄성계수 및 온도 차이가 크면 클수록 커지므로 신구 콘크리트의 타설 시간 간격을 지나치게 길게 하는 일은 피하여야 한다.
⑦ 매스콘크리트의 균열 방지 및 제어 방법으로는 팽창 콘크리트의 사용에 의한 균열 방지 방법, 또는 수축·온도철근의 배치에 의한 방법 등이 있다.

15. 고강도 콘크리트

(1) 정의
설계기준강도가 40MPa 이상, 경량콘크리트는 27MPa 이상인 콘크리트

(2) 배합/시공
① W/C 50% 이하
② 단위수량 180kg/m^3 이하
③ 공기연행제 배제(동결융해 대책 시는 사용 가능)
④ 된비빔 콘크리트(다짐)
⑤ 흡수율 : 2.0% 이하
⑥ 절대건조밀도 : 2.5g/cm^3
⑦ 점토량 : 0.25% 이하
⑧ 씻기시험에 의한 손실량 : 1.0% 이하

(3) 고강도 콘크리트의 배합 기준
① 단위수량은 소요의 워커빌리티를 얻을 수 있는 범위 내에서 가능한 작게 하여야 한다.
② 잔골재율은 소요의 워커빌리티를 얻도록 시험에 의하여 결정하여야 하며, 가능한 작게 하도록 한다.
③ 고성능 감수제의 단위량은 소요강도 및 작업에 적합한 워커빌리티를 얻도록 시험에 의해서 결정하여야 한다.
④ 기상의 변화가 심하거나 동결융해에 대한 대책이 필요한 경우를 제외하고는 공기연행제를 사용하지 않는 것을 원칙으로 한다.

16. 콘크리트의 기타사항
(1) 수밀콘크리트의 일반사항 및 특성
① 수영장, 지하실 등 압력수가 작용하는 구조물에 시공하는 콘크리트로 물의 침투를 방지하는 것이 목적
② 골재는 입도분포가 고르고 흡수성이 작으며, 밀도가 큰 것을 사용
③ 콘크리트의 다짐을 충분히 하며 가급적 이어치기 하지 않음, 불가피하게 이어치기 할 경우 이어치기 면의 레이턴스를 제거하고 부배합 콘크리트를 사용함
④ 물시멘트비(물결합재비)는 50% 이하로 함
⑤ 원칙적으로 표면활성제를 사용함
⑥ 콘크리트의 표면마감은 진공처리방법을 사용하는 것이 좋다.
⑦ 타설이 완료된 콘크리트면은 충분한 습윤양생을 한다.
⑧ 연속타설 시간간격은 외기온도가 25℃를 넘었을 경우는 1.5시간, 25℃ 이하일 경우는 2시간을 넘어서는 안 됨
⑨ 콘크리트의 소요 슬럼프는 되도록 작게 하여 180mm를 넘지 않도록 한다.
⑩ 콘크리트의 워커빌리티를 개선시키기 위해 공기연행제, 공기연행감수제 또는 고성능 공기연행감수제를 사용하는 경우라도 공기량은 4% 이하가 되게 한다.
⑪ 수밀콘크리트는 누수 원인이 되는 건조수축 균열의 발생이 없도록 시공하여야 하며, 0.1mm 이상의 균열 발생이 예상되는 경우 누수를 방지하기 위한 방수를 검토하여야 한다.
⑫ 거푸집의 긴결재로 사용한 볼트, 강봉, 세퍼레이터 등의 아래쪽에는 블리딩 수가 고여서 콘크리트가 경화한 후 물의 통로를 만들어 누수를 일으킬 수 있으므로 누수에 대하여 나쁜 영향이 없는 재질의 것을 사용하여야 한다.
⑬ 수밀성의 향상을 위한 방수제를 사용하고자 할 때에는 방수제의 사용 방법에 따라 배처플랜트에서 충분히 혼합하여 현장으로 반입시키는 것을 원칙으로 한다.

(2) 합성구조(철근콘크리트 슬래브+철골보)의 특성
① 쉬어커넥터가 필요하다.
② 바닥판의 강성을 증가시키는 효과가 크다.
③ 자재를 절감하므로 경제적이다.
④ 경간이 큰 경우에 주로 적용한다.

(3) 경화콘크리트의 비파괴시험 종류
반발경도법, 초음파속도법, 공진법, 인발법

(4) 콘크리트의 인장강도 계산
$\sigma_t = \dfrac{2P}{\pi l d}$ (여기서, P : 인장력, L : 공시체 길이, d : 공시체 직경)

(5) 콘크리트 보수 및 보강의 특성
① 주입공법은 주입부위의 천공 후 에폭시를 이용하여 20~30cm 간격으로 주입하는 공법이다.
② 표면처리 공법은 균열 0.2mm 이하 부위에 수지로 충전하고 균열표면에 보수재료를 씌우는 공법이다.
③ 충전공법 사용재료는 실링재, 에폭시수지 및 폴리머시멘트 모르타르 등이 있다.
④ 탄소섬유접착공법은 탄소섬유판을 에폭시수지 등으로 콘크리트 면에 부착시켜 탄소섬유판의 높은 인장 저항성으로 콘크리트를 보강하는 공법이다.

(6) 콘크리트의 내화, 내열성의 특성
① 콘크리트의 내화, 내열성은 사용한 골재의 품질에 크게 영향을 받는다.
② 콘크리트는 내화성이 우수하지만 600℃ 정도의 화열을 장시간 받으면 압축강도는 약 50% 정도 저하된다.
③ 철근콘크리트 부재의 내화성을 높이기 위해서는 철근의 피복두께를 충분히 하면 좋다.
④ 화재를 당한 콘크리트의 중성화 속도는 그렇지 않은 것에 비하여 크다.

(7) 콘크리트의 이어치기(이어붓기)
① 보의 이어치기는 전단력이 가장 적은 스팬의 중앙부에서 수직으로 한다.
② 슬래브(Slab)의 이어치기도 보와 마찬가지로 전단력이 최소가 되는 중앙부에서 한다.
③ 아치의 이어치기는 아치축에 직각으로 한다.
④ 기둥의 이어치기는 바닥판 윗면에서 수평으로 한다.
⑤ 기둥 및 벽에서는 기초 및 바닥의 상단에서 수평으로 한다.
⑥ 캔틸레버보는 이어 붓지 않는다.

(8) 일반 콘크리트의 내구성
① 콘크리트에 사용하는 재료는 콘크리트의 소요 내구성을 손상시키지 않는 것이어야 한다.
② 굳지 않은 콘크리트 중의 전 염소이온량은 원칙적으로 $0.3kg/m^3$ 이하로 하여야 한다.
③ 콘크리트는 원칙적으로 공기연행콘크리트로 하여야 한다.
④ 콘크리트의 물-결합재비는 원칙적으로 60% 이하이어야 한다. 수밀성을 기준으로 하면 물-결합재비는 50% 이하이어야 한다.

(9) 진공 콘크리트(Vacuum Concrete)의 특징
① 콘크리트가 경화하기 전에 진공 매트(Mat)로 콘크리트 중의 수분과 공기를 흡수하는 공법이다.
② 건조수축의 저감, 동결방지 등의 목적으로 사용된다.
③ 일반콘크리트에 비해 내구성이 개선된다.
④ 수분과 공기를 흡수하여 초기강도 및 장기강도가 모두 증대된다.

(10) 특수 콘크리트의 정의 및 용도
　① 프리플레이스트 콘크리트(preplaced concrete)란 미리 거푸집 속에 특정한 입도를 가지는 굵은 골재를 채워놓고, 그 간극에 모르타르를 주입하여 제조한 콘크리트이다.
　② 수밀콘크리트는 콘크리트 자체의 밀도를 높이고 내구성, 방수성을 높게 하여 물의 침투를 방지하도록 만든 콘크리트로서 수중 구조물에 사용된다.
　③ 고성능콘크리트는 고강도, 고유동 및 고내구성을 통칭하는 콘크리트의 명칭이다.
　④ 소일 콘크리트(soil concrete)는 흙에 시멘트와 물을 혼합하여 만든다.
　⑤ 숏크리트는 터널의 상부를 타설하기 위한 콘크리트의 순간적인 타설 공법을 말한다.

(11) 프리플레이스트 콘크리트 시공에서 주입관 배치와 압송 시 주의사항
　① 주입관의 간격은 굵은 골재의 치수, 주입 모르타르의 배합, 유동성 및 주입속도에 따라 정한다.
　② 연직주입관의 수평 간격은 2m 정도를 표준으로 한다.
　③ 수평주입관의 수평 간격은 2m 정도, 연직 간격은 1.5m 정도를 표준으로 한다.
　④ 주입은 하부로부터 상부로 순차적으로 한다.

제 2 절 | 철골공사

1 일반사항

1. 철골공사에 사용되는 강재의 재료시험
인장강도, 굽힘, 연신율시험 실시(압축강도시험은 실시할 필요 없음)

2. 공장작업 순서
원척도 → 본뜨기 → 변형 바로잡기 → 금매김 → 절단/가공 → 구멍뚫기 → 가조립 → 본조립 → 검사 → 녹막이칠

3. 절단
가스 절단 : 화염으로 강재를 녹여 자르는 방법, 설비 간단하고 휴대가 간편함

4. 구멍 뚫기
(1) 크기

종류	구멍직경	공칭축 직경(d)
고장력볼트	d+2.0 d+3.0	d≤22 d≥24
볼트	d+0.5	
앵커볼트	d+5.0	

(2) 구멍 뚫기 기구의 종류

① 펀칭해머(Punching Hammer)
  ㉠ 부재 두께 12mm 이하
  ㉡ 리벳 지름 9mm 이하
② 드릴(Drill) : 부재 두께 13mm 이상, 주철재일 때
③ 리머(Reamer) : 가심질(Reaming)에 사용

(3) 철골공사에서 이형철근이 관통하는 구멍의 지름

D10	D13	D16	D19	D22	D25	D29	D32
21	24	28	31	35	38	43	46

5. 녹막이칠

(1) 시공 방법

녹막이도장은 작업장소 주위의 기온이 5℃ 미만이거나 상대습도가 85%를 초과할 때는 작업을 중지함

(2) 방청도료/방법

① 광명단(방청페인트)
② 역청질 도료
③ 아연분말 도료
④ 시멘트 모르타르
⑤ 징크로메이트

> • Tip 징크로메이트
> 크롬산 아연을 안료로 하고, 알키드 수지를 전색료로 한 것으로서 알루미늄 녹막이 초벌칠에 적당한 것

(3) 녹막이칠 금지 부분

① 콘크리트에 매입되는 부분
② 조립에 의하여 맞닿는 면
③ 현장 용접하는 부분(용접부에서 100mm 이내)
④ 고장력 볼트 마찰 접합부의 마찰면

6. 주각부 명칭

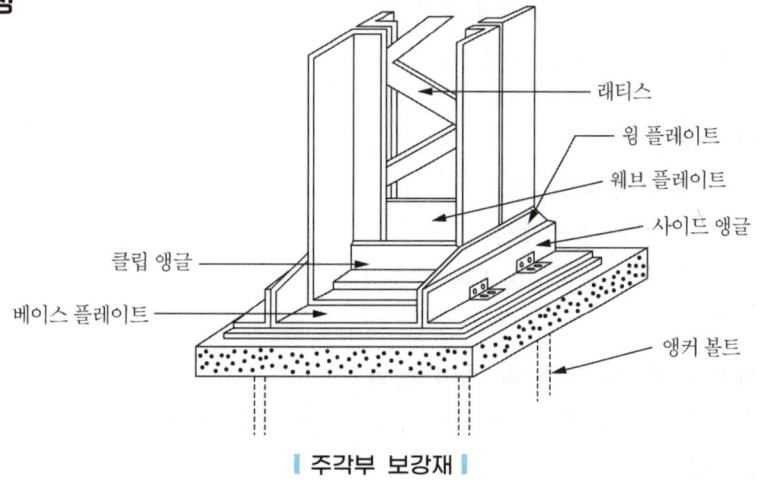

▌주각부 보강재 ▌

> • Tip **가동매입공법**
> 철골 주각부에서 설치 오차를 흡수할 수 있도록 고려된 앵커볼트를 사용하는 공법

7. 철골 세우기용(양중) 장비

(1) 종류
가이데릭, 트럭 크레인, 진폴, 타워 크레인

(2) 진폴
소규모 철골공사에 많이 사용되며 자재를 양중하기에 편리한 것으로 폴 데릭이라고도 불림

(3) 가이데릭의 특성
① 기계대수는 평면높이의 가동범위·조립능력과 공기에 따라 결정한다.
② 붐의 길이는 마스트의 길이보다 짧다.
③ 불 휠(bull wheel)은 가이데릭 하단부에 위치한다.
④ 붐(boom)의 회전각은 360°이다.

8. 내화공법의 종류
미장공법, 뿜칠공법, 성형판 붙임공법, 멤브레인 공법

9. 철골공사의 기타사항

(1) 철골공사의 일반사항
① 조립에 의하여 맞닿는 면이나 고장력 볼트 마찰 접합부의 마찰면에는 방청도장을 하지 않는다.
② 용접부 비파괴 검사에는 침투탐상법, 초음파탐상법 등이 있다.
③ 철골조는 화재에 의한 강성저하가 심하므로 내화피복을 하여야 한다.

> **Tip** 금속재의 부식 용이성(이온화 경향)
>
> Al > Zn > Fe > Ni > Sn > Cu

(2) 일반강재의 명칭
① SS : 일반구조용 압연강재
② SM : 용접구조용 압연강재
③ SMA : 용접구조용 내후성 열간압연강재
④ SN : 건축구조용 압연강재

(3) 철골공사에 사용되는 공구의 용어 정의
① 턴버클 : 와이어로프나 전선 등의 길이와 장력을 조절하거나 가새 등을 조일 때 사용하는 철물
② 리머 : 가심질에 사용하는 홀을 마감하는 공구

(4) 철골구조 판 보의 부재별 저항력
① 수직스티프너 : 웨브를 보강하여 전단력에 저항
② 플랜지 : 휨모멘트에 저항

(5) 경량형 강재의 특징
① 경량형 강재는 중량에 대한 단면계수, 단면2차반경이 큰 것이 특징이다.
② 경량형 강재는 일반구조용 열간 압연한 일반형 강재에 비하여 단면형이 크다.
③ 경량형 강재는 판두께가 얇기 때문에 판의 국부좌굴이나 국부 변형이 쉽게 발생해 불리하다.
④ 일반구조용 열간 압연한 일반형 강재에 비하여 판두께가 얇고 강재량이 적으면서 휨강도는 크고 좌굴강도도 유리하다.

(6) 철골보의 부위별 저항 물리량
① 플랜지 : 휨모멘트에 저항
② 웨브 : 전단력에 저항

(7) 철골조의 부재
① 스티프너(stiffener)는 웨브(web)의 보강을 위해서 사용한다.
② 플랜지플레이트(flange plate)는 조립보(plate girder)의 플랜지 보강재이다.
③ 앵커볼트(anchor bolt)는 기둥 밑에 붙여서 기둥을 기초에 고정시키는 역할을 한다.
④ 트러스 구조에서 상하에 배치된 부재를 현재라 한다.

2 접합

- 접합의 종류 : 리벳접합, 볼트접합, 용접접합
- 볼트접합의 종류 : 일반볼트, 고력볼트

1. 고력볼트 접합
(1) 조임기구
① 임팩트 렌치(Impact Wrench)
② 토크 렌치(Torque Wrench)

(2) 특징
① 현대건축물의 고층화, 대형화 추세에 따라 소음이 심한 리벳은 현재 거의 사용하지 않고 볼트접합과 용접접합이 대부분을 차지하고 있다.
② 토크쉐어형 고력볼트는 조여서 소정의 출력이 얻어지면 자동적으로 핀테일이 파단되는 구조로 되어 있다.
③ 고력볼트의 접합형태는 마찰접합과 전단접합이 있으며, 마찰접합은 하중이나 응력을 부재간에 발생하는 마찰력에 의해 응력을 전달하는 방식이다.

(3) 고력볼트 조임
① 고력볼트의 조임은 1차 조임, 금매김, 본조임 순으로 한다.
② 조임 순서는 기둥 부재는 아래에서 위로, 보 부재는 중앙에서 이음부 외측으로 조임을 실시한다.
③ 볼트의 머리 밑과 너트 밑에 와셔를 1장씩 끼우고, 너트를 회전시킨다.
④ 너트회전법은 본조임 완료 후 모든 볼트에 대해 1차 조임 후에 표시한 금매김에 의해 너트 회전량을 육안으로 검사한다.

> **Tip T.S. 볼트**
> 특수고력볼트의 일종으로 볼트, 너트, 평와셔, 핀테일로 구성됨

2. 용접접합
(1) 용접접합종류
가스압접, 가스용접, 전기저항압접, 아크(Arc) 용접

(2) 구조용 용접이음
아크용접, 플러시버트용접, 가스압접

> **Tip 비구조용 용접이음**
> 가스용접

(3) 아크(Arc)용접
용접봉과 모재 사이에 전류를 통하여 발생하는 열을 이용하여 용접봉을 녹여서 모재에 융합되는 접합방식

> • Tip **자동용접기**
> 용접봉의 내밀기, 이동 등을 기계화한 것으로, 서브머지 아크용접법에 쓰이며, 피복재 대신에 분말상의 플럭스를 쓰는 용접기기

(4) 용접봉의 구성
① 심선 : 특수금속
② 피복재(Flux) : 용접봉을 감싸는 피복재로서 금속화물, 탄산염, 셀룰로오스 등으로 구성

3. 필릿용접, 모살용접(Filler Weld)
(1) 정의
철판과 철판이 겹치는 부분 등을 45° 각도로 용접하는 것, 모재에 개선 등의 사전 가공을 하지 않음

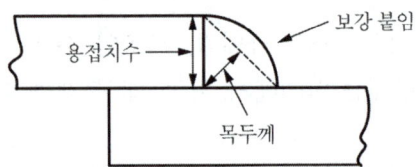

(2) 시공
① 유효 단면=유효 용접길이×유효 목두께로 정의
② 유효 목두께=0.7×용접치수
③ 유효 용접길이=실제 용접길이−2×용접치수

4. 용접검사
(1) 용접 후 검사
외관판단, 비파괴검사, 절단 등이 있으나, 절단검사는 될 수 있는 대로 피함

(2) 비파괴검사의 종류
외관검사, 초음파 탐상법, 자기분말 탐상법(자분 탐상법), 침투 탐상법

(3) 용접 시공 시 주의사항
① 용접 전에 용접 모재 표면의 기름, 녹 등 용접에 지장을 주는 불순물을 제거해야 한다.
② 수축량이 큰 부분부터 용접하고 수축량이 작은 부분일수록 나중에 용접한다.
③ 눈이나 비로 모재 표면이 젖었을 때는 용접 작업을 금한다.
④ 감전방지를 위해 안전홀더를 사용하고, 전격방지장치 부착용접기를 사용한다.

⑤ 현장용접을 하는 부재는 그 용접부에서 100mm 이내 에나멜페인트를 비롯한 녹막이 칠도 할 수 없다.
⑥ 용접봉의 교환 또는 다층용접일 때에는 먼저 슬래그를 제거하고 청소한 후 용접한다.
⑦ 용접할 소재는 용접에 의한 수축변형이 생기고, 또 마무리 작업도 고려해야 하므로 치수에 여분을 두어야 한다.
⑧ 용접이 완료되면 슬래그 및 스패터를 제거하고 청소한다.

5. 용접결함의 종류

Crack	융착금속과 모재에 생기는 균열 (대표적 용접결함)
Blow Hole	용융금속 응고 시 방출가스가 구멍에 남아 있는 현상
Crater	용접 시 Bead 끝에 오목하게 파인 현상
Under Cut	과대전류 등으로 모재가 녹아 용착금속이 채워지지 않은 현상
Pit	작은 구멍이 용접부 표면에 생기는 현상 원인 : 도료, 녹, 밀, 스케일, 모재의 수분
Fish Eye	혼입된 Slag가 모여서 둥근 은색 반점이 생기는 현상
Over Lap	겹침이 형성되는 현상으로서 용접 금속의 가장자리에 모재와 융합되지 않고 겹쳐지는 것

(1) 기타 용접결함의 정의 및 특성
① 슬래그 함입 : 용융금속이 급속하게 냉각되면 슬래그의 일부분이 달아나지 못하고 용착금속 내에 혼입되는 것
② 오버랩 : 용접금속과 모재가 융합되지 않고 겹쳐지는 것, 용접전류가 적은 경우나 용접속도가 너무 느린 경우에 발생
③ 블로우 홀 : 용융금속이 응고할 때 방출되어야 할 가스가 잔류한 것
④ 크레이터 : 모재의 양단에 엔드탭을 부착하면 해결됨
⑤ 엔드탭 : 개선(beveling)이 있는 용접부위 양 끝의 완전한 용접을 하기 위해 모재의 양단에 부착하는 보조강판
⑥ 가우징 : 용접부의 홈파기를 말하는 것으로, 다층 용접 시 먼저 용접한 부위의 결함제거나 주철의 균열보수를 하기 위해 좁은 홈을 파내는 것

6. 용접에 사용되는 용어
(1) 루트(Root)
용접부 단면에서의 밑바닥 부분

(2) 비드(Bead)
용착금속이 모재 위에 열상을 이루는 용접층

(3) 위빙(Weaving)
용접봉을 용접방향에 대하여 서로 엇갈리게 움직여서 용착금속을 녹여 붙이는 방법(위핑(Weeping)과 비슷)

(4) 플럭스(Flux)
자동 용접에서 용접봉의 피복재 역할을 하는 분말상 재료

(5) 스캘럽(Scallop)
용접 시 이음 및 접합부위의 용접선의 교차로 재용접된 부위가 열 영향을 받아 취약해짐을 방지하기 위하여 모재에 부채꼴 모양으로 모따기를 한 것

(6) 가우징(Gauging)
용접이 잘못된 부분을 수정하기 위해 사용되는 방법으로 아크의 고온열로 모재를 순간적으로 녹이고 동시에 압공기의 강한 바람으로 용해된 금속을 뿜어내는 것

(7) 쉬어 커넥터(Shear Connector)
철골 철근콘크리트 구조에서 철골과 콘크리트와의 일체성 확보하고 접합부에 생기는 전단력에 저항시키기 위해 콘크리트 속에 매립된 철골 연결재

(8) 밀스케일
압연강재가 냉각될 때 표면에 생기는 산화철 표피

7. 경량 철골 공사

(1) 특성
① 판두께가 얇기 때문에 국부좌굴, 국부변형, 부재의 비틀림이 생기기 쉬움
② 강재량은 적으면서 휨강도와 좌굴강도는 큼
③ Flange가 큰 관계로 단면적에 비해 단면 2차 반경이 큼

(2) 데크 플레이트
사무실 용도의 건물에서 철골구조의 슬래브 바닥재로 일반적으로 사용됨

(3) 금속의 방식방법
① 큰 변형을 준 것은 가능한 풀림하여 사용한다.
② 도료 또는 내식성이 큰 금속을 사용하여 수밀성 보호피막을 만든다.
③ 부분적으로 녹이 발생하면 녹이 최대로 발생할 때까지 기다리지 않고, 즉시 제거한다.
④ 표면을 평활, 청결하게 하고 가능한 한 건조한 상태로 유지한다.

(4) 비철금속의 특성
① 동에 아연을 합금시킨 일반적인 황동은 아연 함유량이 40% 이하이다.
② 순수한 알루미늄은 내식성이 우수하나 동을 함유하고 있는 구조용 알루미늄 합금은 내식성이 좋지 않다.
③ 주로 합금재료로 쓰이는 주석은 유기산에는 거의 침해되지 않는다.
④ 아연은 철강의 방식용에 피복재로서 사용할 수 있다.

(5) 알루미늄의 특성
① 알루미늄은 산이나 알칼리 및 해수에 침식되기 쉬우므로 부식방지 조치가 필요하다.
② 알루미늄박(箔)을 이용하여 단열재, 흡음판을 만들기도 한다.
③ 구리, 망간 등의 금속과 합금하여 이용이 가능하다.
④ 알루미늄의 표면처리에는 양극산화 피막법 및 화학적 산화피막법이 있다.

(6) 알루미늄 및 그 합금의 특성
① 녹슬지 않고 수명이 길며, 콘크리트 등의 알칼리성에 매우 약하다.
② 용해주조도는 좋으나 내화성이 약하다.
③ 봉재, 필, 선 및 새시, 창문, 문 등을 제작하는 데 사용된다.
④ 비중은 철의 약 1/3이고 고온에서 강도가 저하된다.

(7) 금속재료의 종류와 특성
① 구조용 특수강이란 강의 탄소량을 0.5% 이하로 하고 니켈, 망간, 규소, 크롬, 몰리브덴 등의 금속원소 1~2종을 약 5% 이하로 첨가한 것을 말한다.
② 스테인리스강은 공기 및 수중에서 잘 부식되지 않는 강을 말하며, 일반적으로 전기저항이 작고 열전도율이 낮으며 경도에 비해 가공성이 우수하다.

③ 내후성강은 대기 중에서의 내식성을 보통강보다 2~6배 증대시키면서 보통강과 동등 이상의 재질, 가공성, 용접성 등을 갖게 한 강재이다.
④ TMC 강재는 탄소당량이 낮음에도 불구하고 용접성을 개선하여 용접성이 우수하며, 강재의 두께가 증가하더라도 항복강도의 저하가 없도록 한 것이다.

(8) 용접작업의 용접자세의 표시
① F : 하향자세
② H : 수평자세
③ O : 상향자세
④ V : 수직자세

3 PC(Pre-Cast)/커튼월

1. PC(프리캐스트) 공사

(1) 장점
① **시공용이** : 규격화된 제품 사용
② **품질향상** : 양질의 공장 생산품 사용
③ **공기단축** : 동절기 시공 가능
④ **원가절감** : 공기단축 및 공장 대량생산으로 원가절감

(2) 단점
① 접합부위의 강도 부족
② 운반 거리상의 제약
③ 다양성 부족
④ 현장의 양중 문제 별도 고려 필요

(3) 프리캐스트 콘크리트의 생산 및 특성
① 철근 교점의 중요한 곳은 풀림 철선 혹은 적절한 클립 등을 사용하여 결속하거나 점용접하여 조립하여야 한다.
② 생산에 사용되는 프리스트레스 긴장재는 스터럽이나 온도철근 등 다른 철근과 용접이 불가능하다.
③ 거푸집은 콘크리트를 타설할 때 진동 및 가열 양생 등에 의해 변형이 발생하지 않는 견고한 구조로서 형상 및 치수가 정확하며 조립 및 탈형이 용이한 것이어야 한다.
④ 콘크리트의 다짐은 콘크리트가 균일하고 밀실하게 거푸집 내에 채워지도록 하며, 진동기를 사용하는 경우 미리 묻어둔 부품 등이 손상하지 않도록 주의하여야 한다.

2. 커튼월 : 비내력벽

(1) 특성별 분류

외관 형태	판넬 부착방식	재료
① 멀리온 방식(샛기둥 방식) ② 그리드 방식(격자 방식) ③ 스팬드럴 방식 ④ 쉬스 방식	① 슬라이딩 방식 ② 로킹 방식 ③ 고정 방식	① PC ② 금속제 ③ ALC 패널 ④ GPC ⑤ 성형판

(2) 패스너(Fastener)

① 정의 : 구조체와 커튼월의 긴결 및 시공오차를 조절하기 위한 연결철물, 1차와 2차 Fastener로 구성됨

② 종류
 ㉠ 1차 Fastener : 구조체와 연결된 Fastener
 ㉡ 2차 Fastener : 1차 Fastener와 커튼월과 연결된 Fastener

③ 판넬 부착방식
 ㉠ Sliding 방식(슬라이딩 방식)
 ㉡ Rocking 방식(로킹 방식)
 ㉢ Fixed 방식(고정 방식)

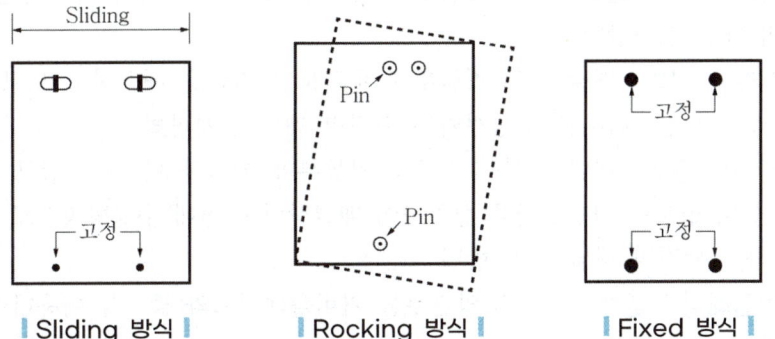

| Sliding 방식 | Rocking 방식 | Fixed 방식 |

(3) 비 처리 방식

커튼월의 접합부 누수방지를 위한 방법으로 정밀한 시공으로 접합부의 구조적 안전, 기밀성 및 방수성을 확보하는 접합부의 처리방식

(4) 커튼월의 빗물 침입 원인

표면장력, 모세관현상, 기압차, 운동에너지, 중력

(5) 커튼월 공사의 특성 : 커튼월의 구조체 설치 시 무비계 작업을 원칙으로 함

① 고층건물에 많이 사용되며, 외벽의 경량화로 건물의 전체 무게를 줄이는 역할을 함
② 공장에서 생산하여 반입하는 프리패브 제품에 따른 품질 제고

③ 무비계 작업을 원칙으로 하므로 가설 비계의 감소
④ 용접이나 볼트조임으로 구조물에 고정시킴

(6) 적층공법
미리 공장 생산한 기둥이나 보, 바닥판, 외벽, 내벽 등을 한 층씩 쌓아 올라가는 조립식으로 구체를 구축하고 이어서 마감 및 설비공사까지 포함하여 차례로 한 층씩 완성해 가는 공법

3. PC 시험

(1) 실물 모형시험(mock up test)의 성능시험 항목
① 구조시험
② 기밀시험
③ 정압 수밀시험
④ 동압 수밀시험
⑤ 내풍압시험
⑥ 층간 변위시험

(2) ALC 패널 설치공법의 종류
① 볼트조임공법 : 패널 장변방향의 양단에 구멍을 뚫고, 이를 관통하는 볼트로 설치하는 수직 또는 수평벽 패널의 설치방법
② 타이플레이트 공법 : 패널의 측면을 타이플레이트로 구조체에 설치하는 수직 또는 수평벽 패널 설치방법
③ 수직철근 공법 : 패널 간의 접합부에 수직보강 철근을 배근하고 모르타르를 충전하여 패널의 상·하부를 고정시키는 수직벽 패널 설치방법
④ 슬라이드 공법 : 패널 간의 수직줄눈 공동부에 패널하부는 보강철근 배근과 모르타르 충전, 상부는 접합철물을 설치하여 패널상단이 면내 수평방향으로 슬라이드 되도록 하는 수직벽 패널 설치 방법
⑤ 커버플레이트 공법 : 패널의 양단부를 커버플레이트와 볼트를 이용하여 설치하는 수평벽 패널 설치방법

(3) 실링재
건축물 커튼월의 연결부 줄눈에서 수밀성능, 기밀성능, 차음성능을 확보하기 위하여 사용하는 재료

(4) 프리캐스트 콘크리트 커튼월의 줄눈폭 허용오차 : ±5mm

(5) 금속 커튼월의 부착철물의 방향별 허용오차
연직방향 ±10mm, 수평방향 ±25mm

단원별 경향문제

01
시공줄눈 설치 이유 및 설치 위치로 잘못된 것은?
① 시공줄눈의 설치 이유는 거푸집의 반복 사용을 위해 설치한다.
② 시공줄눈의 설치 위치는 이음길이가 최대인 곳에 둔다.
③ 시공줄눈의 설치 위치는 구조물 강도상 영향이 적은 곳에 설치한다.
④ 시공줄눈의 설치 위치는 압축력과 직각방향으로 한다.

해설   답 ②
시공줄눈 설치 특성
② 시공줄눈은 길이는 짧게 하며, 응력이 적은 곳에 설치한다.

02
콘크리트 진동다짐에 대한 설명 중 옳지 않은 것은?
① 봉형 바이브레이터는 콘크리트 내부에 넣어 진동을 통해 다짐을 한다.
② 폼 바이브레이터는 거푸집면에 대고 진동을 주어 다짐을 한다.
③ 콘크리트에 삽입하는 바이브레이터의 경우 진동을 주는 시간은 1개소당 10~15초가 적당하다.
④ 바이브레이터를 콘크리트에 삽입할 때 바이브레이터의 선단은 철근, 철물 등에 닿게 하여 진동을 골고루 주도록 한다.

해설   답 ④
진동다짐의 요령
④ 철근 철골에 직접 닿지 않게 다진다.

03
공사현장에서 시멘트 창고를 설치할 경우 주의사항으로 틀린 것은?
① 바닥과 지면은 30cm 정도의 거리를 두는 것이 좋다.
② 먼저 쌓은 것부터 사용하도록 한다.
③ 출입구 채광창 이외에 공기의 유통을 목적으로 환기창을 설치한다.
④ 주위에 배수로를 두어 침수를 방지한다.

해설   답 ③
시멘트 창고의 주의사항
③ 대기의 습기를 막아 시멘트의 풍화를 방지하기 위해 반출입구 이외의 개구부는 설치하지 않음

04
콘크리트의 건조수축에 의한 균열을 극소화시키기 위해 건물의 일정 부위에 남겨 놓고 콘크리트 타설을 하고, 초기 수축 후 나머지 부분을 콘크리트 타설할 때 발생하는 줄눈은?
① 신축줄눈(Expansion Joint)
② 조절줄눈(Control Joint)
③ 지연줄눈(Delay Joint)
④ 미끄럼줄눈(Sliding Joint)

해설   답 ③
③ 지연줄눈에 대한 설명

단원별 경향문제

05
콘크리트 타설량에 따른 압축강도 시험횟수로 옳은 것은? (단, 건축공사 표준시방서 기준)

① 50m³마다 1회
② 120m³마다 1회
③ 180m³마다 1회
④ 250m³마다 1회

| 해설 | 답 ② |

콘크리트 타설량에 따른 압축강도 시험횟수
- 타설량 120m³마다
- 1회 시험에는 3개의 공시체 사용

06
철골 공사용 기계 기구 중 그 사용용도가 나머지 셋과 다른 것은?

① 리머(Reamer)
② 펀칭해머(Punching Hammer)
③ 드릴(Drill)
④ 토크렌치(Torque Wrench)

| 해설 | 답 ④ |

철골공사용 기구
- 구멍 뚫기 기구 : 리머, 펀칭해머, 드릴
- 볼트를 조이는 기구 : 토크렌치

CHAPTER 03 목공사 · 조적공사

제1절 | 목공사

1 일반사항

1. 재료 특성

(1) 장점
  ① 비중이 작고 연질이어서 가공 및 장대재를 얻기 쉬움
  ② 비중에 비해 강도가 커 구조용으로 적합
  ③ 열전도율이 작음
  ④ 색채 무늬가 있어 미려함

(2) 단점
  ① 부패, 충해에 대한 저항성이 약하나 방부제와 방화재를 사용하면 내구성 연장 가능
  ② 가연성이며 함수율에 따른 변형이 큼

(3) 구조용 목재의 요구사항
  ① 강도가 크며, 곧고 긴 부재를 얻을 수 있을 것
  ② 건조수축으로 인한 수축과 변형이 적을 것
  ③ 잘 썩지 않고, 충해에 저항이 클 것
  ④ 질이 좋고 공작이 용이할 것

(4) 목재의 특성
  ① 심재 : 변재보다 강도와 비중이 크며 신축이 적고, 내후성과 내구성이 큼
  ② 변재 : 심재보다 강도와 비중이 작으며 신축이 크고, 내후성, 내구성이 약함

(5) 목구조 재료로 사용되는 침엽수의 특징
  ① 직선부재의 대량생산이 가능해 일반적으로 구조용재로 사용된다.
  ② 가볍고 가공이 용이하다.
  ③ 병·충해에 약하여 방부 및 방충 처리를 하여야 한다.
  ④ 수고(樹高)가 높으며 통직하다(나무결이 곧다).
  ⑤ 종류로는 소나무, 잣나무 등이 있다.
  ⑥ 활엽수에 비해 비중과 경도가 작다.

2. 목재의 성질

(1) 함수율
① 절건상태 : 0%
② 기건상태 : 15%
③ 구조재 : 20%
④ 섬유포화점 : 30%

> **• Tip** 섬유포화점
> 세포 사이의 자유수가 증발하고 세포벽 내의 세포수만 남아 있는 상태

(2) 강도
① 가력방향 : 섬유평행 > 섬유직각
② 크기 : 인장 > 휨 > 압축 > 전단
③ 섬유포화점 기준
  ㉠ 섬유포화점 이상에서는 강도의 변화가 없음
  ㉡ 섬유포화점 이하에서는 함수율이 증가함에 따라 강도는 감소함

(3) 방부제의 종류와 용도
① 콜타르 : 석탄의 고온 건류 시 부산물로 얻어지는 흑갈색의 유성 액체, 방부력이 약하지만 가열 도포하면 방부성이 좋으나 목재를 흑갈색으로 착색하고 페인트칠도 불가능하게 하여 도포용으로만 쓰이며, 상온에서 침투가 잘되지 않고 흑색이므로 보이지 않는 곳 등 사용 장소가 제한되는 유성방부제
② 크레오소트유 : 방부성이 우수하지만 악취가 나고, 흑갈색으로 외관이 불미하므로 눈에 보이지 않는 토대, 기둥, 도리 등에 사용
③ 유성페인트 : 유성페인트 도포로 피막 형성, 착색 자유, 미관 우수
④ P.C.P : 방부력 가장 우수함, 무색, 도료칠 가능

(4) 목재를 천연건조시킬 때의 특성
① 비교적 균일한 건조가 가능하다.
② 시설 투자 비용 및 작업 비용이 적다.
③ 건조 소요시간이 긴 편이다(단점).
④ 타 건조방식에 비해 건조에 의한 결함이 비교적 적은 편이다.

> **• Tip** 홑마루틀
> 목구조의 2층 마루틀 중 복도 또는 간 사이가 작을 때 보를 쓰지 않고 층도리와 간막이도리에 직접 장선을 걸쳐 대고 그 위에 마루널을 깐 것

2 접합(부재가공 및 보강철물)

1. 부재가공

(1) 목구조 접합의 종류
① 이음 : 부재와 부재를 길이 방향으로 잇는 것(주먹장이음, 반턱이음, 빗이음 등)
② 맞춤 : 수직재와 수평재 등을 각도를 가지고 맞추는 것(연귀맞춤 등)
③ 쪽매 : 사용하는 널재를 옆으로 이어대는 것

> **Tip 맞춤의 특성**
> 목조계단에서 디딤판이나 챌판은 옆판(측판)에 통맞춤으로 시공하는 것이 구조적으로 가장 우수함

(2) 이음 맞춤 시 주의사항
① 이음, 맞춤은 가능한 한 응력이 적은 곳에서 설치
② 이음, 맞춤의 단면은 응력의 방향에 직각으로 함
③ 맞춤면은 정확히 가공하여 서로 밀착되어 빈틈이 없게 함
④ 공작이 간단한 것을 쓰고 모양에 치중하지 않음
⑤ 도리, 중도리 등 휨을 받는 부재의 이음은 산지이음종류를 하는 것이 좋음

(3) 엇걸이 이음
① 산지 등을 박아 더욱 튼튼하게 하는 이음
② 휨에 대하여 가장 효과적으로 중요한 가로재의 내이음에 사용

(4) 쪽매

| 반턱쪽매 | 틈막이대쪽매 | 딴혀쪽매 |
| 오니쪽매 | 제혀쪽매 | 맞댐쪽매 |

> **Tip 제혀쪽매**
> 마루널에 주로 이용됨

2. 보강철물의 종류

(1) 못, 나사못, 꺾쇠, 볼트, 듀벨, 띠쇠

(2) 듀벨
볼트와 같이 사용하며 듀벨에는 전단력, 볼트에는 인장력을 부담시킴

(3) 띠쇠
보통 ㄱ자쇠, ㄷ자쇠, 감잡이쇠, 안장쇠 등이 있음

(4) 목구조 접합용 철물
① 층도리와 기둥 : 띠쇠
② 모서리 기둥과 층도리 : ㄱ자쇠
③ 보와 처마도리 : 주걱 볼트
④ 중도리와 ㅅ자보 : 엇꺾쇠
⑤ ㅅ자보와 평보 : 볼트
⑥ 평보와 왕대공 : 감잡이쇠

(5) ㅅ자보의 특성
압축력과 휨모멘트를 함께 받는 부재

(6) 토대
기초 위에 가로놓아 상부에서 오는 하중을 기초로 전달하며, 기둥 밑을 고정하고 벽을 치는 뼈대가 되는 것

(7) 보잡이
왕대공 지붕틀에서 지붕틀 상호 간의 연결을 튼튼히 하고, 평보의 옆 휨을 막기 위하여 평보와 평보 사이에 걸쳐대는 부재로 옆 휨막이 또는 대공 밑둥잡이라고도 불리는 것

(8) 목공사의 철물의 사용 기준
① 안장쇠는 큰 보에 걸쳐 작은 보를 받게 하고, 양나사볼트는 평보를 대공에 달아매는 경우 또는 평보와 ㅅ자보의 밑에 쓰인다.
② 못의 길이는 박아대는 재두께의 2.5배 이상이며, 마구리 등에 박는 것은 3.0배 이상으로 한다.
③ 볼트 구멍은 볼트지름보다 3mm 이상 커서는 안 된다.
④ 듀벨은 볼트와 같이 사용하여 듀벨에는 전단력, 볼트에는 인장력을 분담시킨다.

(9) 목공사의 시공
① 이음과 맞춤의 단면은 응력의 직각방향과 일치시킨다.
② 맞춤면은 정확히 가공하여 상호간 밀착하고 빈틈이 없도록 한다.
③ 못의 길이는 널두께의 2.5~3배 정도로 한다.
④ 이음과 맞춤은 응력이 작은 곳에 만드는 것이 좋다.

3 목조의 가새와 수장

1. 가새
① 목조 뼈대의 변형을 방지하는 가장 유효한 방법
② 모양은 X자형, A자형으로 건축물 전체에 대하여 대칭으로 배치
③ 가새와 샛기둥이 만날 때는 샛기둥을 따내고 가새는 따내지 않음
④ 수평에 대한 각도는 보통 45°로 함

> **Tip 목구조 접합의 특성**
> 목구조에서 기둥보의 접합은 보통 핀접합으로 보기 때문에 접합부 강성을 높이기 위해 가새를 쓰는 것이 바람직하다.

2. 수장

(1) 목조 2층 주택의 마루널과 반자널 작업순서
① 2층 마룻바닥 → 2층 반자 → 1층 마룻바닥 → 1층 반자
② 목조 반자틀의 구조(아래 → 위) : 반자틀 – 반자틀받이 – 달대 – 달대받이

(2) 마루판의 재료
플로어링 보드(Flooring Board), 파키트리 보드(Parquetry Board), 파키트리 블록(Parquetry Block)

(3) 목구조의 벽체
① 목조 벽체를 수평력(횡력)에 견디게 하고 안정한 구조로 하기 위해 가새를 설치한다.
② 목조 벽체에서 샛기둥은 본기둥 사이에 벽체를 이루는 것으로서 가새의 옆 휨을 막는데 유효하다.

(4) 수장공사 적산 시 유의사항
① 수장공사는 각종 마감재를 사용하여 바닥–벽–천장을 치장하므로 도면을 잘 이해하여야 한다.
② 최종 마감재, 단열재 및 도배재료 등을 포함하여 설계도서를 기준으로 각종 부속공사도 포함시켜야 한다.
③ 마무리 공사로서 자재의 종류가 다양하게 포함되므로 자재별로 잘 구분하여 시공 및 관리하여야 한다.
④ 공사범위에 따라서 주자재, 부자재, 운반 등을 포함하고 있는지 파악하여야 한다.

> **Tip 코펜하겐 리브**
> 음악실의 벽면에 사용되는 일종의 흡음재

제 2 절 | 조적공사

1 벽돌공사

1. 줄눈과 벽두께

(1) 일반줄눈
  ① 막힌줄눈 : 세로줄눈의 상하가 단속되는 형태
  ② 통줄눈 : 세로줄눈의 상하가 연속되는 형태, 구조적으로 약하고 습기가 스며들며 외관이 보기 좋음

(2) 치장줄눈의 종류 : 실줄눈도 있음

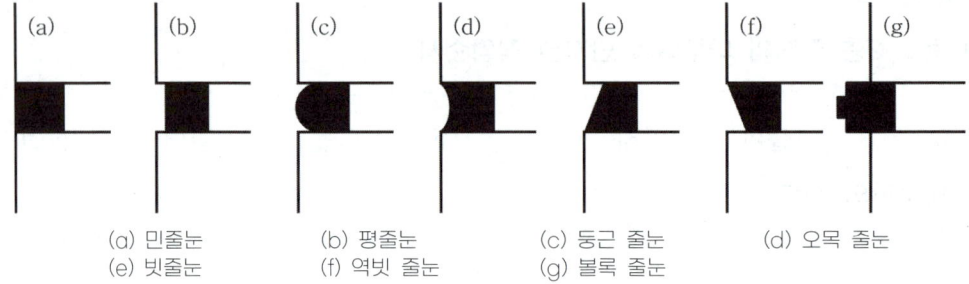

  (a) 민줄눈
  (e) 빗줄눈
  (b) 평줄눈
  (f) 역빗 줄눈
  (c) 둥근 줄눈
  (g) 볼록 줄눈
  (d) 오목 줄눈

(3) 조절줄눈(Control Joint)의 설치 위치
  ① 벽 높이 및 두께가 변하는 곳
  ② 내력벽과 비내력벽의 접합부
  ③ 콘크리트 기둥과의 접합부

(4) 벽두께
  ① B로 표시
  ② 1B= 길이 방향 크기, 0.5B= 마구리 방향 크기
  ③ 1B=0.5B+줄눈+0.5B
  ④ 1.5B=1.0B+줄눈+0.5B
  ⑤ 2.0B=1.0B+줄눈+1.0B
  ⑥ 2.5B=1.0B+줄눈+1.05B+줄눈+0.5B

(5) 벽두께 치수 계산
  ① 1.5B=1.0B+줄눈 크기+0.5B=190+10+90=290mm
  ② 2.0B=1.0B+줄눈 크기+1.0B=190+10+190=390mm

> **Tip** 벽돌의 품질 결정요소
> 압축강도, 흡수율

2. 쌓기에서의 주의사항

(1) 물 축이기
① 시멘트 벽돌 : 2~3일 전에 습윤
② 붉은 벽돌 : 벽돌쌓기 하루 전에 물호스로 충분히 젖게 하여 표면에 습도를 유지한 상태로 준비함
③ 시멘트 블록 : 모르타르 접합부만 습윤
④ 내화 벽돌 : 건조상태(물축임을 하지 않음)

(2) 세로규준틀
① 건조한 목재를 2면 이상 대패질하여 사용
② 기입 내용 : 개구부 위치, 쌓기 높이, 쌓기 단수(켜수) 등
③ 구석이나 모서리에 견고하게 설치
④ 주로 수직으로 쌓는 공사인 벽돌, 블록조 등 조적공사에 주로 사용됨

3. 쌓기법

(1) 형태별 쌓기법
① 마구리 쌓기 : 벽돌의 마구리면이 내보이도록 쌓는 방식, 마구리 쌓기의 벽두께는 1.0B
② 길이 쌓기 : 벽돌을 길게 나누어 놓아 길이면이 내보이도록 쌓는 방식, 길이 쌓기의 벽두께는 0.5B
③ 옆세워 쌓기 : 마구리면이 내보이도록 벽돌 벽면을 수직으로 세워 쌓는 방식
④ 세워 쌓기 : 길이면이 내보이도록 벽돌 벽면을 수직으로 세워 쌓는 방식
⑤ 영롱 쌓기 : 삼각형, 사각형, 십자형 등의 장식적인 구멍을 벽면 중간에 규칙적으로 만들어 쌓는 방식

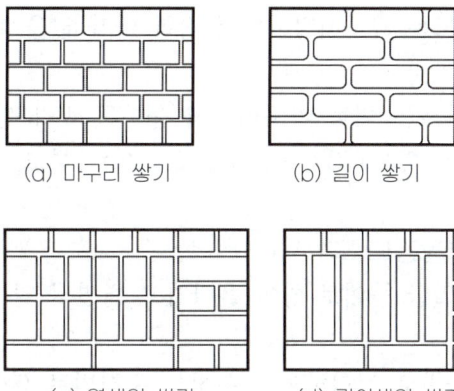

(a) 마구리 쌓기   (b) 길이 쌓기

(c) 옆세워 쌓기   (d) 길이세워 쌓기

(2) 나라별 쌓기법
① 영식 쌓기 : 벽돌쌓기 중 가장 튼튼한 쌓기법
② 화란식 쌓기 : 벽돌쌓기 중 가장 일반적인 쌓기법
③ 불식 쌓기 : 한 켜 안에 길이 쌓기와 마구리 쌓기를 번갈아 쌓아 놓고, 다음 켜는 마구리가 길이의 중심부에 놓이게 쌓는 벽돌쌓기법, 통줄눈이 많이 생겨 튼튼하지 않지만 외관이 좋음
④ 미식 쌓기 : 뒷면은 영식 쌓기로 하고, 표면은 치장 벽돌쌓기

(3) 부위별 쌓기
① 창대 쌓기 : 방수 하자 발생과 관련하여 가장 주의를 요하는 쌓기
② 공간쌓기(Cavity wall bond) : 목적은 방습, 방열, 방한, 방서, 방음, 결로 방지
③ 내쌓기(corbel) : 마구리 쌓기가 유리하며, 내쌓는 벽길이 한도는 2.0B

(4) 아치 쌓기
① 개구부 상단에서 상부하중을 옆벽면으로 분산시키기 위한 쌓기법
② 부재의 하부에서 인장력이 생기지 않도록 함
③ 조적 벽체의 개구부 상부에서는 원칙적으로 아치를 설치해야 함
④ 아치의 종류 : 본 아치, 막 만든 아치, 거친 아치

(5) 벽체 중간
① 벽체 중간부 : 층지어 쌓기
② 벽체 교차부 : 켜걸름 쌓기

(6) 벽돌쌓기 공사 시 주의사항
① 가로 및 세로줄눈의 너비는 도면 또는 공사시방서에 정한 바가 없을 때에는 10mm를 표준으로 한다.
② 벽돌쌓기는 도면 또는 공사시방서에서 정한 바가 없을 때에는 영식 쌓기 또는 화란식 쌓기로 한다.
③ 세로줄눈의 모르타르는 벽돌 마구리면에 충분히 발라 쌓도록 한다.
④ 하루의 쌓기 높이는 1.2m(18켜 정도)를 표준으로 하고, 최대 1.5m(22켜 정도) 이하로 한다.
⑤ 모르타르강도는 벽돌강도보다 커야 한다.
⑥ 각부를 가급적 동일한 높이로 쌓아 올라가고 벽면의 일부 또는 국부적으로 높게 쌓지 않는다.
⑦ 벽돌은 품질, 등급별로 정리하여 사용하는 순서별로 쌓아둔다.
⑧ 수직하중을 벽면 전체로 분산시키기 위해 막힌줄눈으로 쌓는다.
⑨ 모르타르는 정확한 배합으로 시멘트와 모래만을 잘 섞고, 사용 시 물을 부어 반죽하여 쓴다.

⑩ 벽돌쌓기 시 잔토막 또는 부스러기 벽돌을 쓰지 않는다.
⑪ 조적재가 벽돌인 경우에는 내력벽의 두께는 당해 벽높이의 1/20 이상으로 하여야 한다.
⑫ 2층 및 3층 조적식 건물에서 최상층 내력벽 높이는 4m 이하로 한다.

(7) 벽돌쌓기 시공
① 연속되는 벽면의 일부를 나중쌓기 할 때에는 그 부분을 층단 들여쌓기로 한다.
② 내력벽 쌓기에서는 길이 쌓기가 주로 쓰인다.
③ 벽돌쌓기 시 줄눈 모르타르가 부족하면 하중분담이 일정하지 않아 벽면에 균열이 발생할 수 있다.
④ 창대쌓기는 물흘림을 위해 벽돌을 15° 정도 기울여 벽면에서 3~5cm 정도 내밀어 쌓는 시공법이며, 벽돌쌓기에서 방수하자 발생과 관련하여 가장 주의를 요하는 부분임

(8) 콘크리트벽돌 공간쌓기
① 공간쌓기는 도면 또는 공사시방서에서 정한 바가 없을 때에는 바깥쪽을 주벽체로 하고 안쪽은 반장쌓기로 한다.
② 안쌓기는 연결재를 사용하여 주벽체에 튼튼히 연결한다.
③ 연결재로 벽돌을 사용할 경우 벽돌을 걸쳐대고 끝에는 이오토막 또는 칠오토막을 사용한다.
④ 연결재의 배치 및 거리 간격의 최대 수직거리는 400mm를 초과해서는 안 된다.

(9) 벽체에 개구부가 있을 때 보강방법
① 콘크리트 인방보 설치
② 프리캐스트 부재 설치
③ 평아치 쌓기

(10) 조적조의 용어
① 내력벽 : 상층의 연직하중과 건물에 가해지는 풍압력, 지진력 등의 수평하중을 받는 주요 벽체
② 대린벽 : 10m 이하로 서로 직각으로 교차되는 내력벽
③ 부축벽(Buttress)
④ 길이는 층 높이의 1/3
⑤ 단층에서 1m 이상, 2층의 밑에서 2m 이상
⑥ 벽량(cm/m^2) : 단위면적(m^2)에 대한 내력벽길이의 총 합계, 보통 15cm/m^2 이상

4. 하자

(1) 균열
① 계획·설계상 원인
  ㉠ 건물의 평면, 입면의 불균형 및 불합리 배치
  ㉡ 벽돌벽의 길이, 높이, 두께와 벽돌 벽체의 강도

ⓒ 문꼴 크기의 불합리, 문꼴의 불균형 배치
ⓔ 기초의 부동침하
ⓜ 하중의 불균등분포
② 시공상 원인
ⓐ 이질재와의 접합부
ⓑ 벽돌벽의 부분적 시공 결함
ⓒ 벽돌 및 모르타르의 강도 부족과 신축성
③ 조적 벽체에 발생하는 균열을 대비하기 위한 신축줄눈의 설치 위치
ⓐ 벽높이가 변하는 곳
ⓑ 벽두께가 변하는 곳
ⓒ 응력이 집중되는 곳은 신축줄눈 설치 금지
ⓔ 창 및 출입구 등 개구부의 양측

(2) 백화현상

① 정의 : 벽체에 침투된 물이 모르타르 중의 석회분과 결합한 후 증발되면서 공기 중의 탄산가스(CO_2)와 반응하여 벽돌면을 하얗게 오염시키는 현상
② 대책
ⓐ 10% 이하의 흡수율을 가진 양질의 벽돌(잘 구워진 벽돌)을 사용함
ⓑ 줄눈 모르타르에 방수제(석회 ×)를 넣어 바름
ⓒ 구조적으로 빗물막이를 설치함
ⓔ 파라핀 도료칠 등의 벽면 방수처리를 함
③ 백화현상의 특성
ⓐ 배합수 중에 용해되는 가용 성분이 시멘트 경화체의 표면건조 후 나타나는 현상을 말함
ⓑ 시멘트는 수산화칼슘의 주성분인 생석회(CaO)의 다량 공급원으로서 백화의 주된 요인이 됨
ⓒ 백화현상은 미장 표면뿐만 아니라 벽돌벽체, 타일 및 착색 시멘트 제품 등의 표면에도 발생함
ⓔ 백화현상은 물이 증발하는 시간이 길 때 많이 발생하므로 여름철보다는 겨울철에 발생 빈도가 높음

2 블록공사

1. 블록의 시공
(1) 준비작업
- ① 세로 규준틀의 설치 : 곧고 건조한 목재로 10cm 각을 양면 대패질하여 정위치에 견고하게 세움
- ② 반입된 블록의 치수 및 평균오차를 측정하여 먼저 쌓은 것과 대조하고 치수 및 강도 등에 대한 검사 실시
- ③ 기초 또는 바닥판 윗면은 깨끗이 청소하고 충분히 물축이기를 함

(2) 쌓기
- ① 블록의 모르타르 접착면은 적당히 물축이기를 함
- ② 속 빈 블록은 살두께가 두꺼운 편이 위로 가게 쌓음
- ③ 줄눈 모르타르는 쌓은 후 줄눈누르기 및 줄눈파기를 함

2. 보강 블록조
(1) 줄눈

통줄눈이 되도록 함

(2) 세로근
- ① 사용 철근은 D10 이상으로 하는 것이 원칙, 벽 모서리, 벽 교차부, 문꼴 주위에서는 D13을 사용
- ② 세로철근은 원칙적으로 벽체에서 이음을 하지 않으며 테두리보(Wall Girder)에서 이음
- ③ 사용 철근은 같은 단면적이라면 굵은 것을 조금 넣는 것보다는 가는 것을 많이 넣는 것이 유리함

(3) 블록조 벽체에 와이어메시를 가로줄눈에 묻어 쌓기의 특성
- ① 전단작용에 대한 보강이다.
- ② 수직하중을 분산시키는 데 유리하다.
- ③ 교차부의 균열을 방지하는 데 유리하다.

(4) 보강 콘크리트블록조의 내력벽의 특성
- ① 사춤은 3켜 이내마다 한다.
- ② 벽량이 많아야 구조상 유리하다.
- ③ 사춤은 철근이 이동하지 않게 한다.
- ④ 수직하중을 평균적으로 배분하기 위해 내력벽을 균등하게 배치함

(5) 보강 블록공사의 시공
- ① 벽의 세로근은 구부리지 않고 설치한다.
- ② 벽의 세로근은 밑창 콘크리트 윗면에 철근을 배근하기 위한 먹매김을 하여 기초판 철근 위의 정확한 위치에 고정시켜 배근한다.

③ 벽 가로근 배근 시 창 및 출입구 등의 모서리 부분에 가로근의 단부를 수평방향으로 정착할 여유가 없을 때에는 갈구리로 하여 단부 세로근에 걸고 결속선으로 결속한다.
④ 보강 블록조와 라멘구조가 접하는 부분은 보강 블록조를 먼저 시공하고 라멘구조를 나중에 쌓는 것이 원칙이다.
⑤ 사춤콘크리트를 다져 넣을 때에는 철근이 이동하지 않게 함
⑥ 콘크리트용 블록은 물축임하지 않음
⑦ 세로근은 원칙적으로 벽체에서 이음을 하지 않음

(6) 보강콘크리트 블록조의 특성
① 내력벽은 통줄눈 쌓기로 한다.
② 내력벽의 두께는 그 길이, 높이에 의해 결정된다.
③ 테두리보는 수직방향뿐만 아니라 수평방향의 힘도 고려한다.
④ 벽량의 계산에서는 내력벽이 두꺼워도 벽량은 변하지 않는다.

3. 테두리보/기초보

(1) 테두리보(Wall girder)
① 정의 : 분산된 벽체를 일체화하고 하중을 균등히 분포시키기 위해 조적벽의 상부에 설치하는 보
② 목적
   ㉠ 수직 균열의 방지
   ㉡ 벽체의 일체화를 통한 수직하중의 분산

(2) 인방보(Lintel)
① 정의 : 창문 위를 건너질러 상부에서 오는 하중을 좌우벽으로 전달시키기 위해 설치하는 보
② 창문틀의 좌우 옆 턱에 최소 20cm 이상 물려야 함

(3) 기초보(Footing Beam)
① 기초의 부동침하를 억제함
② 내력벽을 연결하여 벽체를 일체화시킴
③ 상부 하중을 균등히 지반에 분포시킴

4. 조적구조의 벽체와 기초의 구조기준

(1) 벽체와 개구부의 구조기준
① 벽돌구조에서 각층의 대린벽으로 구획된 각벽에 있어서 개구부의 폭의 합계는 그 벽의 길이의 2분의 1 이하로 하여야 한다.
② 너비 1.8m를 넘는 문꼴의 상부에는 철근콘크리트 인방보를 설치하고, 벽돌벽면에서 내미는 창 또는 툇마루 등은 철골 또는 철근콘크리트로 보강한다.

③ 하나의 층에 있어서의 개구부와 그 바로 위층에 있는 개구부와의 수직거리는 600mm 이상으로 하여야 한다.
④ 같은 층의 벽에 상하의 개구부가 분리되어 있는 경우 그 개구부 사이의 거리는 600mm 이상으로 하여야 한다.

(2) 조적구조의 기초의 구조기준
① 내력벽의 기초는 연속기초로 한다.
② 기초판은 철근콘크리트구조 또는 무근콘크리트구조로 할 수 있다.
③ 기초벽의 두께는 최하층의 벽체 두께의 1.5배 이상으로서 150mm 이상으로 하여야 한다.

3 석공사

1. 재료

(1) 석재특징
① 장점
  ㉠ 압축강도가 큼(인장강도의 10배)
  ㉡ 내구성, 내화학성, 내수성이 큼
② 단점
  ㉠ 조직이 치밀하여 절단이 어려우므로 가공성이 떨어짐
  ㉡ 장대재를 얻기 어려움
  ㉢ 인장강도가 작음

• Tip 석재의 공극률과 흡수율 관계
석재의 공극률이 클수록 흡수율이 커지고, 동결융해 저항성은 작아진다.

(2) 생성 원인별 분류
① 화성암 : 화강암, 안산암, 현무암
② 수성암 : 점판암, 사암, 응회암, 석회암
③ 변성암 : 사문석, 대리석, 트래버틴, 석면

(3) 종류별 특성
① 화강암
  ㉠ 강도, 내마모성, 내구성이 크고, 빛깔과 가공성이 우수함
  ㉡ 내부/외부 벽체, 기둥으로 사용됨
  ㉢ 화열에 닿으면 균열이 생기거나 파괴됨
② 안산암
  ㉠ 화강암과 비교하여 내열성이 우수함
  ㉡ 장대재가 거의 없음

③ 점판암
   ㉠ 강도, 내구력이 약하나 내화력이 큼
   ㉡ 외벽재, 경량구조재로 이용
④ 응회암
   ㉠ 강도가 약하고 흡수율도 높아 풍화, 변색되기 쉬우나 채석, 가공이 용이함
   ㉡ 경량, 다공질
⑤ 대리석
   ㉠ 광택과 빛깔이 미려하므로 내부 장식용으로 사용
   ㉡ 산 및 화열에 약하고 내구성이 적으므로 외장용으로는 사용하지 않음
⑥ 트래버틴 : 대리석의 일종으로 다공질 무늬가 있고 실내 장식재로 이용됨
⑦ 석재의 종류별 특성
   ㉠ 심성암에 속한 암석은 대부분 입상의 결정 광물로 되어 있어 압축강도가 크고 무겁다.
   ㉡ 화산암의 조암광물은 결정질이 작고 비결정질이어서 경석과 같이 공극이 많고 물에 뜨는 것도 있다.
   ㉢ 안산암은 내열성이 우수하며 가공이 힘들다.
   ㉣ 수성암은 화성암의 풍화물, 유기물, 기타 광물질이 땅속에 퇴적되어 지열과 지압을 받아서 응고된 것이다.

(4) 건축용 석재 사용 시 주의사항
① 석재를 구조재로 사용 시 압축강도가 큰 것을 선택하여 사용할 것
② 석재를 다듬어 쓸 때는 석질이 균일한 것을 사용할 것
③ 동일 건축물에는 동일한 종류 및 같은 산지의 석재를 사용할 것
④ 석재를 마감재로 사용 시 석리와 색채가 우아한 것을 선택하여 사용할 것

(5) 석재의 일반적 성질
① 석재의 비중은 조암광물의 성질·비율·공극의 정도 등에 따라 달라진다.
② 석재의 강도에서 인장강도는 압축강도에 비해 매우 작다.
③ 석재의 공극률이 클수록 흡수율이 크고 동결융해 저항성은 떨어진다.
④ 석재의 강도는 조성결정형이 클수록 작다.

2. 석재의 표면 가공

- 순서 : 혹두기 → 정다듬 → 도드락다듬 → 잔다듬 → 물갈기
- 가공 작업의 특성

(1) 혹두기(쇠메)
마름돌의 거친 면을 쇠메로 대강 다듬는 것

(2) 정다듬(정)
    정으로 쪼아 평탄한 거친 면처리를 함
(3) 도드락 다듬(도드락 망치)
    도드락 망치로 정다듬한 면을 더욱 평탄하게 다듬는 작업
(4) 잔다듬(날망치)
    도드락 다듬면 위에서 날망치로 곱게 쪼아 면다듬을 하는 작업
(5) 물갈기(숫돌)
    잔다듬 또는 톱켜기면을 금강사, 숫돌 및 산화주석 등으로 물을 주어 갈아 광택이 나게 하는 것

3. 돌 붙이기
(1) 습식과 건식공법의 특징
    ① 습식공법
        ㉠ 장점
            ⓐ 시공이 간단
            ⓑ 소규모 건축물에 적합
        ㉡ 단점
            ⓐ 시공 속도가 매우 느림
            ⓑ 온도, 습도의 변화에 의해 붙임돌이 휘거나 뒤틀림
            ⓒ 동결, 백화, 얼룩의 우려가 있음
    ② 건식공법
        ㉠ 장점
            ⓐ 시공 속도가 빠름
            ⓑ 고층 건물에 유리
            ⓒ 동결, 백화 현상이 없음
        ㉡ 단점
            ⓐ 충격으로 파손되기 쉬움
            ⓑ 줄눈 부위 처리가 어려움
            ⓒ 특수가공 부분(모서리 등)과 구조체의 연결이 어려움
(2) 찰쌓기
    모든 석재와 콘크리트가 잘 부착되도록 쌓고, 콘크리트가 앞면접촉부까지 채워지도록 다지는 돌쌓기 방법
(3) 석공사의 시공
    ① 시공 전에 설계도에 따라 돌나누기 상세도, 원척도를 만들고 석재의 치수, 형상, 마감 방법 및 철물 등에 의한 고정방법을 정한다.

② 석재 물갈기 마감 공정의 종류는 거친갈기, 물갈기, 본갈기, 정갈기가 있다.
③ 마감면에 오염의 우려가 있는 경우에는 폴리에틸렌 시트 등으로 보양한다.

(4) 석재 설치공법 중 오픈조인트공법의 특징
① 등압이론 방식을 적용한 수밀방식이다.
② 압력차에 의해서 빗물을 차단할 수 있다.
③ 실링재를 이용한 코킹 처리를 하지 않고 줄눈을 열어놓는 공법이므로 실링재를 거의 사용하지 않는다.
④ 층간변위에도 유동적으로 변위를 흡수할 수 있으므로 파손 확률이 적어진다.

> **Tip** 두겁돌
> 난간벽 위에 설치하는 돌

4 타일공사와 ALC(Autoclaved Lightweight Concrete) 공사

1. 타일 재료

(1) 흡수율 크기
토기질 > 도기질 > 석기질 > 자기질

(2) 타일의 재료별 특성
① 자기질 타일은 용도상 내·외장 및 바닥용으로 사용되며 소성온도는 1,300~1,400℃ 이다.
② 석기질 타일은 현대건축의 벽화 타일이나 이미지 타일로서 폭넓게 활용되고 있다.
③ 자기질 타일은 내구성·내수성이 강하여 옥외나 물기가 있는 곳에 주로 사용된다.
④ 티타늄 타일은 500℃ 전후에 고온에서도 그 성질이 변하지 않으며 내식성도 우수하다.

(3) 용도별 분류 : 외부용, 내부용, 바닥용

(4) 유약 처리상 분류 : 무유(×), 시유(○)

> **Tip** 시유타일
> 재료를 섞고 몰드를 찍은 후 한 번 구워 비스킷을 만든 후 유약을 바르고 다시 한번 구워낸 타일

2. 타일시공 붙이기

(1) 바탕 처리
① 타일을 붙이기 전에 바탕의 들뜸, 균열 등을 검사하여 불량 부분은 보수한다.
② 여름에 타일공사 시 바탕면에 물축임을 해두는 것이 좋다.
③ 흡수성이 있는 타일에는 제조업자의 시방서에 따라 물을 축여 사용한다.
④ 타일을 붙이기 전에 불순물을 제거하고 청소한다.

(2) 타일 나누기
① 가급적 온장이 사용되도록 계획함
② 모양, 패턴을 고려함

(3) 붙이기
① 떠붙이기(떠붙임 공법)
  ㉠ 타일의 뒷면에 모르타르를 떠서 벽체 바탕에 1장씩 붙이는 공법
  ㉡ 재래식 방법으로 백화의 우려가 있음
② 압착붙이기(압착 공법) : 바탕면에 타일접착용 모르타르를 바르고 타일을 눌러 붙이는 공법
③ 개량압착 : 바탕면에 타일접착용 모르타르를 바르고 타일에도 붙임 모르타르를 발라 붙이는 내부용 공법
④ 접착공법(접착제 붙임 공법)
  ㉠ 접착제를 벽체 바탕에 2~3mm 두께로 바른 다음 타일을 붙이는 공법
  ㉡ 바탕면은 충분히 건조시킴(여름 : 1주, 기타 : 2주 이상) 후 시공

> **Tip MCR 공법**
> 거푸집에 전용 시트를 붙이고, 콘크리트 표면에 요철을 부여하여 모르타르가 파고 들어가는 것에 의해 박리를 방지하는 공법

(4) 거푸집면 타일먼저붙이기 공법의 종류
① 타일시트법
② 줄눈대법
③ 줄눈틀법

(5) 타일 붙이기
① 도면에 명기된 치수에 상관없이 징두리벽은 온장타일이 되도록 나누어야 한다.
② 바닥타일이 시공되는 경우 벽체 타일을 먼저 시공 후 작업한다.
③ 대형 벽돌형(외부)타일 시공 시 줄눈너비의 표준은 9mm이다.
④ 벽타일 붙이기에서 타일 측면이 노출되는 모서리 부위는 코너타일을 사용하거나 모서리를 가공하여 측면이 직접 보이지 않도록 한다.

(6) 타일 접착력 시험
① 타일의 접착력 시험은 600m^2당 한 장씩 시험한다.
② 시험할 타일은 먼저 줄눈 부분을 콘크리트면까지 절단하여 주위의 타일과 분리시킨다.
③ 시험은 타일 시공 후 4주 이상일 때 행한다.
④ 시험결과의 판정은 타일 인장 부착강도가 0.39MPa 이상이어야 한다.

(7) 치장줄눈
① 24시간 경과한 후 작업 직전에 줄눈 바탕에 물을 뿌린 후 치장줄눈 설치
② 치장줄눈은 모르타르가 굳기 전에 가급적 빨리 줄눈파기를 함
③ 타일을 붙이고 3시간 경과 후 줄눈파기를 함

(8) 줄눈의 크기

타일 구분(외부)	대형 벽돌형	대형(내부일반)	내화벽돌	모자이크
줄눈 너비	9mm	6mm	6mm	2mm

> **• Tip** 타일의 종류별 시공 순서
> 벽체 타일이 시공되는 경우 바닥타일은 벽체타일을 붙인 후에 시공한다.

3. 타일공사의 하자

(1) 하자종류
① 박리
② 백화현상
③ 동해

(2) 동해방지대책
① 흡수율이 낮은 타일을 사용함
② 소성온도가 높은 타일을 사용함
③ 줄눈누름을 충분히 하여 우수의 침투를 방지함
④ 모르타르의 단위수량을 적게 함

(3) Open Time
① 타일 붙임용 모르타르의 기본 접착강도를 얻을 수 있는 한계의 시간
② 보통 내장타일은 10분, 외장타일은 20분 정도

4. ALC 공사의 시공

(1) 일반사항
① 슬래브는 작업 전 청소를 하며 블록벽체의 개구부와 개구부 사이는 60mm 이상으로 함
② 모든 창호에 인방보를 설치하는 것이 좋으나, 개구부의 폭이 900mm 미만인 경우에는 인방보를 설치하지 않아도 무방함

(2) 주의사항
① 공간쌓기의 경우 보통 바깥쪽을 주벽체로 함
② 블록 보수작업은 설치 후 1일 이상이 경과하면 시행함
③ 블록의 하루쌓기 높이는 1.8m를 표준으로 하고 최대 2.4m 이내로 함

(3) ALC 제품의 특성
① 절건상태의 비중은 보통 0.5 내외이다.
② 압축강도는 3~4MPa 정도이다.
③ 내화성능을 보유하고 있다.
④ 사용 후 변형이나 균열이 적다.

단원별 경향문제

01
블록쌓기 시 주의사항으로 옳지 않은 것은?
① 블록의 모르타르 접착면은 적당히 물축이기를 한다.
② 블록은 살두께가 두꺼운 편이 아래로 향하게 쌓는다.
③ 보강 블록쌓기일 경우 철근위치를 정확히 유지시키고, 세로근은 이음을 하지 않는 것을 원칙으로 한다.
④ 기초 또는 바닥판 윗면은 깨끗이 청소하고 충분히 물을 축인다.

해설 답 ②
블록 쌓기 주의사항
② 블록의 살두께가 큰 편(두꺼운 쪽)을 <u>위로 하여 쌓는다</u>.

02
목공사에 관한 설명 중 옳지 않은 것은?
① 이음과 맞춤의 단면은 응력의 방향과 일치시킨다.
② 맞춤면은 정확히 가공하여 상호간 밀착하고 빈틈이 없도록 한다.
③ 못의 길이는 널두께의 2.5~3배 정도로 한다.
④ 이음과 맞춤은 응력이 작은 곳에 만드는 것이 좋다.

해설 답 ①
목공사 가공
① 이음과 맞춤의 단면은 <u>응력의 직각방향과 일치시킨다</u>.

03
벽돌쌓기에서 방수하자 발생과 관련하여 가장 주의를 요하는 부분은?
① 창대쌓기
② 모서리쌓기
③ 벽쌓기
④ 기초쌓기

해설 답 ①
① 창대쌓기에 대한 설명

04
목구조의 따낸 이음 중 휨에 가장 효과적인 이음은?
① 주먹장 이음
② 메뚜기장 이음
③ 엇걸이 이음
④ 반턱 이음

해설 답 ③
③ 엇걸이 이음 : 휨에 가장 효과적

05

보강콘크리트 블록구조에 있어서 내력벽의 배치는 균등을 유지하는 것이 가장 중요한데 그 이유로서 가장 타당한 것은?

① 수직하중을 평균적으로 배분하기 위해서
② 기초의 부동침하를 방지하기 위해서
③ 외관상 균형을 잡기 위해서
④ 테두리보의 시공을 간단하게 하기 위해서

해설 답 ①

보강블록조의 내력벽 배치
① 수직하중을 평균적으로 배분하기 위해 내력벽을 균등하게 배치함

06

목재 섬유포화점의 대략적인 함수율은?
① 5%
② 15%
③ 30%
④ 45%

해설 답 ③

섬유포화점
③ 목재 섬유포화점의 함수율은 30%이다.

CHAPTER 04 기타공사 · 적산

제1절 | 방수공사

1 일반사항

1. 부위별 분류
지상 방수, 지하실 방수(안방수, 바깥방수)

2. 공법별 분류
(1) 멤브레인 방수

도막방수, 아스팔트 방수, 합성고분자 시트방수, 개량형 시트방수

(2) 침투성 방수

침투성 방수, 시멘트 액체방수

> • Tip 멤브레인 방수
> 아스팔트 방수층, 개량 아스팔트 시트 방수층, 합성고분자계 시트 방수층 및 도막 방수층 등 불투수성 피막을 형성하여 방수하는 공사

3. 안방수 · 바깥방수의 특성 비교

구분	안방수	바깥방수
방수 종류	액체방수	아스팔트방수, 벤토나이트방수
사용 환경	수압이 적고 얕은 실	수압이 크고 깊은 지하실
공사난이도	쉽고 보수가 용이	상당히 까다로움
보호누름	필요함	없어도 무방
경제성	비교적 쌈	비교적 고가
내수압 처리	불가능	가능
시공 순서	비교적 자유로움	본공사보다 방수공사를 먼저 수행

2 시멘트 액체방수(침투성 방수)

1. 정의
모체 표면에 시멘트 방수제를 도포하고 방수성이 높은 모르타르로 방수층을 만들어 지하실의 내방수나 소규모의 지붕방수 등과 같은 비교적 저렴하고 경미한 방수공사에 활용되는 공법

2. 시공순서
바탕면 정리 및 물청소 → 방수시멘트 페이스트 1차 → 방수액 침투 → 방수시멘트 페이스트 2차 → 방수 모르타르

3. 주의사항
① 바탕은 완전 건조시켜 균열을 100% 발생시킨 후 고름 모르타르로 보수함
② 방수층의 부착력을 증진시키기 위하여 고름 모르타르가 반건조된 상태에서 표면처리를 한 후 방수층을 시공하도록 함
③ 방수층은 신축성이 없기 때문에 신축줄눈을 설치하도록 함

4. 시멘트 액체방수의 특성
① 값이 저렴하고 시공, 결함부 발견 및 보수가 용이한 편이다.
② 바탕의 상태가 습하거나 수분이 함유되어 있더라도 시공할 수 있다.
③ 옥상 등 실외에서는 효력의 지속성을 기대할 수 없다.
④ 바탕콘크리트의 침하, 경화 후의 건조수축, 균열 등 구조적 변형이 심한 부분에는 사용할 수 없다.

5. 시멘트 액체방수의 방수층 바름
① 바탕의 상태는 평탄하고, 휨, 단차, 레이턴스 등의 결함이 없는 것을 표준으로 한다.
② 방수층 시공 전에 곰보나 콜드조인트와 같은 부위는 실링재 또는 폴리머 시멘트 모르타르 등으로 바탕처리를 한다.
③ 방수층은 흙손 및 뿜칠기 등을 사용하여 소정의 두께(부착강도 측정이 가능하도록 최소 4mm 두께 이상)가 될 때까지 균일하게 바른다.
④ 각 공정이 이어 바르기의 겹침폭은 100mm 정도로 하여 소정의 두께로 조정하고 끝부분은 솔로 바탕과 잘 밀착시킨다.

3 아스팔트 방수

1. 재료

(1) 석유 아스팔트의 종류
블로운 아스팔트, 아스팔트 컴파운드, 스트레이트 아스팔트

(2) 천연 아스팔트의 종류
로크 아스팔트, 레이크 아스팔트, 아스팔타이트

(3) 블로운 아스팔트
잔류유(찌꺼기)를 저온으로 장시간 증류한 것으로 응집력이 크고 온도에 의한 변화가 적으며 연화점이 높고 안전하여 방수공사에 많이 사용됨

(4) 아스팔트 컴파운드
블로운 아스팔트에 동식물성 섬유를 혼합한 것

(5) 스트레이트 아스팔트
지하실 방수나 아스팔트 펠트 삼투(滲透)용으로 주로 사용

(6) 아스팔트 프라이머
① 아스팔트를 휘발성 용제로 녹인 흑갈색의 액체
② 아스팔트 방수공법에서 제일 먼저 시공되는 방수제
③ 콘크리트 면과 아스팔트 방수층의 접착이 잘되게 하는 것

(7) 아스팔트 펠트
섬유원지에 스트레이트 아스팔트를 가열 용해하여 흡수시킨 것

(8) 아스팔트 루핑
원지에 스트레이트 아스팔트를 침투시킨 다음 그 양면에 컴파운드를 피복한 후 광물질 분말을 살포시킨 것

> • Tip 평지붕 방수공사 재료
> 블로운 아스팔트, 아스팔트 컴파운드, 아스팔트 루핑

(9) 아스팔트의 주요성질
① 침입도
  ㉠ 아스팔트 방수재의 품질판정에 가장 중요한 요소
  ㉡ 25℃에서 100g의 추가 5초 동안 바늘을 누를 때 0.1mm 들어가는 것을 침입도 1이라 함

② 연화점
  ㉠ 아스팔트를 가열하여 액체상태의 점도에 도달했을 때의 온도로 정의
  ㉡ 일반적으로 연화점과 침입도는 반비례 관계
  ㉢ 추운 지역에선 저연화점 재료, 더운 지역은 고연화점 재료를 사용함
③ 인화점 : 아스팔트를 가열하여 불을 붙일 때 점화되는 순간의 온도로 정의
④ 아스팔트 품질시험 항목 : 비중, 침입도, 연화점, 신도, 감온비(감온성)
⑤ 아스팔트 방수의 특성
  ㉠ 옥상·평지붕·지하철 등에 많이 쓰인다.
  ㉡ 결함부의 발견이 쉽지 않다.
  ㉢ 방수가 확실하고 보호처리를 잘하면 내구적이다.
  ㉣ 작업 시 악취가 나는 단점이 있다.
  ㉤ 방수층의 균열 발생 정도가 비교적 적다.
  ㉥ 아스팔트의 용융 중에는 최소한 30분에 1회 정도로 측정하며, 접착력 저하 방지를 위하여 200℃ 이하가 되지 않도록 한다.
  ㉦ 한랭지에서 사용하는 아스팔트는 저연화점이고 침입도 지수가 높은 것이 좋다.
  ㉧ 지붕방수에는 침입도가 크고 연화점(軟化点)이 높은 것을 사용한다.
  ㉨ 아스팔트 용융 솥은 가능한 한 시공장소와 근접한 곳에 설치한다.
⑥ 아스팔트 방수공사의 시공
  ㉠ 아스팔트 프라이머는 건조하고 깨끗한 바탕면에 솔, 롤러, 뿜칠기 등을 이용하여 규정량을 균일하게 도포한다.
  ㉡ 용융 아스팔트는 운반용 기구로 시공장소까지 운반하여 방수 바탕과 시트재 사이에 롤러, 주걱 등으로 뿌리면서 시트재를 깔아 나간다.
  ㉢ 옥상에서의 아스팔트 방수 시공 시 평탄부에서의 방수 시트깔기 작업 전에 특수부위에 대한 보강 붙이기를 먼저 시행한다.
  ㉣ 평탄부에서는 프라이머의 적절한 건조상태를 확인하여 시트를 깐다.
⑦ 방수공사
  ㉠ 방수모르타르는 보통 모르타르에 비해 접착력이 부족한 편이다.
  ㉡ 시멘트 액체방수는 면적이 넓은 경우 익스팬션조인트를 설치해야 한다.
  ㉢ 아스팔트 방수층은 바닥, 벽 모든 부분에 방수층 보호누름을 해야 한다.
  ㉣ 스트레이트 아스팔트의 경우 신축이 좋지만, 탄력성이 떨어지고 내구력이 좋지 않아 옥외방수에는 잘 사용하지 않는다.
⑧ 방수공사용 아스팔트의 표준용융온도
  ㉠ 1종 : 85℃
  ㉡ 2종 : 90℃
  ㉢ 3종 : 100℃
  ㉣ 4종 : 95℃

2. 시공(8층, 3겹 방수)

(1) 순서
① 제1층 : 아스팔트 프라이머 뿜칠 또는 솔칠
② 제2층 : 블로운 아스팔트를 도포
③ 제3층 : 아스팔트 펠트를 부착
④ 제4층 : 아스팔트 도포
⑤ 제5층 : 아스팔트 루핑 부착
⑥ 제6층 : 아스팔트 도포
⑦ 제7층 : 아스팔트 루핑 부착
⑧ 제8층 : 아스팔트 도포

(2) 주의사항 및 특성
① 보호층을 견실하게 해야 함
② 바탕 및 모르타르 바름은 완전 건조시켜 아스팔트의 부착이 잘 되게 함
③ 보수 시에 결함부분을 발견하기가 쉽지 않음

> **Tip** 담수시험
> 방수공사의 성능 확인을 위한 가장 일반적인 시험방법

4 시트방수 및 도막방수

1. 시트방수

(1) 정의
합성고무 또는 열가소성 수지를 사용하여 1겹으로 방수 효과를 내는 공법

(2) 합성고분자계 시트방수의 시공 공법
접착공법, 금속고정공법, 열풍융착공법

(3) 시트방수 시공 시 주의사항
① 접착제 도포에 앞서 먼저 도포한 프라이머의 적정한 건조를 확인함
② 수용성의 프라이머는 저온 시 동결 피해 발생에 주의함
③ 접착공법 적용 시 모서리부, 드레인 주변 등 특수한 부위를 먼저 세심하게 작업함

2. 도막방수

(1) 도막방수의 공법
① 코팅공법 : 단순히 도막 방수재를 이용해 도포만 하는 방법
② 라이닝(Lining)공법 : 합성섬유, 유리섬유 등의 망상포를 적층하여 도포하는 도막방수 공법

(2) 도막방수의 특성
① 방수재의 도포 시 치켜올림 부위를 도포한 다음, 평면부위의 순서로 도포한다.
② 방수재의 겹쳐바르기 폭은 100mm 내외로 한다.
③ 도막두께는 원칙적으로 사용량을 중심으로 관리한다.
④ 우레아수지계 도막방수재를 스프레이 시공할 경우 바탕면과 100mm 이하로 간격을 유지하도록 한다.
⑤ 도막방수의 바탕처리는 시멘트 액체방수에 준하여 실시한다.
⑥ 도막방수에는 노출공법과 비노출법이 있다.
⑦ 아크릴계 도막방수는 용제로 수용성을 사용하여 인화성이 약하므로 시공 시 화기를 엄금할 필요는 없다.
⑧ 용제형 도막방수는 강풍이 불 경우 방수층 접착이 불량하다.
⑨ 복잡한 형상에 대한 시공성이 우수하다.
⑩ 용제형 도막방수는 시공이 쉽지만 화재 발생이나 환기에 주의해야 한다.
⑪ 에폭시계 도막방수는 접착성, 내열성, 내마모성, 내약품성이 우수하다.
⑫ 셀프레벨링공법은 방수 바닥에서 도료 상태의 도막재를 바닥에 부어 도포한다.

(3) 도막방수 시공 시 유의사항
① 도막방수재는 혼합에 따라 재료 물성이 크게 달라지므로 반드시 혼합비를 준수한다.
② 용제형의 프라이머를 사용할 경우에는 화기에 주의하고, 특히 실내 작업의 경우 환기장치를 사용하여 인화나 유기용제 중독을 미연에 예방하여야 한다.
③ 코너 부위, 드레인 주변은 보강이 필요하다.
④ 도막방수 공사는 바탕면 시공과 관통공사가 종결된 후 시공할 수 있다.

(4) 용제형(Solvent) 고무계 도막방수 공법
① 용제는 인화성이 강하므로 부근의 화기는 엄금한다.
② 한 층의 시공이 완료되면 1.5~2시간 경과 후 다음 층의 작업을 시작하여야 한다.
③ 완성된 도막은 피막이 얇아 외상(外傷)에 매우 약하다.
④ 합성고무를 휘발성 용제에 녹인 일종의 고무도료를 칠하여 두께 0.5~0.8mm의 방수 피막을 형성하는 것이다.

5 기타 방수

1. 멤브레인 방수 영문 표기 기호

방수층의 종류	사용재료	바탕과의 고정상태, 단열재 유무, 적용부위
아스팔트 방수(A)	Pr : 보호층 필요(보행용) Mi : 모래 붙은 루핑 Al : ALC패널 방수층 In : 실내용	F : 표면부착 S : 부분부착 T : 바탕과의 사이에 단열재 U : 지하에 적용하는 방수층 W : 외벽에 적용하는 방수층
시트 방수(S)	Ru : 합성 고무계 Pl : 합성 수지계	
개량 아스팔트 방수(M)	Pr : 보호층 필요 Mi : 모래 붙은 루핑	
도막 방수(L)	Ur : 우레탄 Ac : 아크릴 고무 Gu : 고무아스팔트	

2. 실링재 방수

(1) 정의

프리패브 건축, 커튼월 공법에 따른 건축물에서 각 부분의 접합부, 특히 스틸 새시의 부위 틈새 및 균열부 보수 등에 많이 이용되는 방수공법

(2) 실링 공사의 재료 특성

① 가스켓은 일종의 밀봉요소로 관 플랜지 이음 등의 연결면의 기밀을 유지하기 위해 사용한다.
② 프라이머는 접착면과 실링재와의 접착성을 좋게 하기 위하여 도포하는 바탕처리 재료이다.
③ 백업재는 소정의 줄눈 깊이를 확보하기 위하여 줄눈 속을 채우는 재료이다.
④ 마스킹테이프는 시공 중에 실링재 충전 개소 이외의 오염방지와 줄눈선을 깨끗이 마무리하기 위한 보호 테이프이다.

3. 방수 모르타르 바름 공법의 특성

① 상당한 두께가 필요할 때에는 2~3회로 나누어 바름
② 바름 면은 매회 거칠게 해야 함
③ 바름의 총 두께는 12~25mm 정도로 함
④ 모르타르의 강도는 다소 떨어지더라도 방수 능력을 극대화하여야 함

> **• Tip** 슬라이드(slide) 고정 철물
> 바탕에 고정한 부분과 방수층에 고정한 부분 사이에 방수층의 온도 신축에 추종할 수 있도록 고안된 철물

제 2 절 | 지붕공사 · 홈통공사

1 지붕공사 및 홈통공사

1. 지붕공사

(1) 지붕 재료의 요구성능
① 수밀하고 내수적이며 습도에 의한 신축이 적을 것
② 열전도율이 적고 내열성이 클 것
③ 시공이 용이하고 보수가 편리하며 공사비용이 저렴할 것
④ 가볍고 내구성이 클 것
⑤ 외관이 미려하며 건물에 잘 조화될 것

(2) 지붕 재료의 종류
① 천연슬레이트, 금속판, 아스팔트 싱글 등이 사용됨
② 전도성 타일은 열전도성이 높아 지붕 재료로 부적합
③ 머거불 : 한식 기와 지붕에서 지붕 용마루의 끝마구리에 수키와를 옆세워 댄 것
④ 테라코타 : 점토를 구운 것이라는 뜻의 벽돌, 기와

(3) 지붕의 물매
① 정의 : 수평 10cm에 대한 수직 높이의 비율
② 특성 : 지붕 크기, 지붕 재료, 강우량, 풍량 등에 의하여 결정
③ 평물매 : 평보 반길이에 대한 왕대공 높이의 비율
④ 귀물매 : 평물매 값을 $\sqrt{2}$로 나눈 비율

2. 금속판 잇기

(1) 일반사항
① 금속판 지붕은 다른 재료에 비해 가볍고, 시공이 용이함
② 겹침의 두께가 작으며 물매를 완만하게 할 수 있음
③ 대기 중에 장기간 노출되면 산화하며, 염류나 가스에 부식되기 쉬움
④ 금속재료는 온도변화에 의한 신축이 큼

(2) 재료별 특성
① 아연판
 ㉠ 산, 알칼리 및 연탄가스에 약하여 연탄 굴뚝 주위, 부엌에 맞닿는 지붕에 사용 금지
 ㉡ 아연과 동판이 만나면 아연이 부식되므로 아연판과 동판을 같이 사용하지 않음
② 동판 : 알칼리에 약하여 화장실이나 암모니아 가스가 발생하는 곳은 부적합
③ 알루미늄판 : 염에 약하여 해안에는 부적합
④ 납판 : 목재와 회반죽에 닿으면 썩기 쉬우나, 온도에 신축성이 큼

⑤ 함석 : 탄산가스(CO_2)에 약함

(3) 지붕공사 시 사용되는 금속판의 특징
① 금속판 지붕은 다른 재료에 비해 가볍고, 시공이 쉬운 편이다.
② 방수성이 있고 시공이 쉬워 급경사의 지붕 또는 뾰족탑 등에 사용된다.
③ 열전도가 크고 온도변화에 의한 신축이 크다.

(4) 지붕이음 재료
가압시멘트기와, 유약기와, 슬레이트

3. 선홈통 공사의 주의사항
① 선홈통은 콘크리트 속에 매입하지 않고, 홈통이 외관에 노출되는 바깥홈통으로 설치한다.
② 처마홈통의 양 갓은 둥글게 감되, 안감기를 원칙으로 한다.
③ 선홈통의 맞붙임은 거멀접기로 하고, 수밀하게 눌러 붙인다.
④ 선홈통의 하단부 배수구는 45° 경사로 건물 바깥쪽을 향하게 설치한다.
⑤ 상하 이음은 위통을 밑통에 5cm 이상 꽂아 넣음
⑥ 선홈통 홈걸이의 간격은 보통 0.9m마다 줄 바르게 고정함
⑦ 선홈통이 지반에 접하는 하부에는 보호관을 설치함
⑧ 합겹침은 3cm 이상 꽂아 넣어 납땜함

제 3 절 창호공사 · 유리공사

1 창호공사

1. 요구성능
① 단열성
② 내풍압성
③ 기밀성
④ 수밀성
⑤ 내구성
⑥ 차음성

2. 종류 및 용도
① 아코디언도어 : 칸막이용 가변적 구획을 할 수 있음
② 양판철재문 : 60분 방화문, 30분 방화문

3. 알루미늄 창호

(1) 특성
① 장점
  ㉠ 비중은 철의 약 1/3로 가볍고 수명이 긺
  ㉡ 일반적으로 녹슬지 않아 내식성이 좋음
  ㉢ 가공이 용이하며 미려함
② 단점
  ㉠ 전기·화학작용으로 이질 금속재와 접촉하면 부식되므로 부식방지 조치가 필요함
  ㉡ 콘크리트, 모르타르 등의 알칼리성에 대단히 약하므로 접촉을 피함

(2) 주의사항
① 콘크리트나 모르타르와 접촉되는 부분에 납 또는 연(鉛)이 함유되지 않은 도료를 칠하여 녹막이 처리를 함
② 표면이 연하여 운반, 설치작업 시 손상되기 쉬움
③ 풍압에 견디기 위해서 단면을 크게 하거나 멀리온 등으로 보강함

(3) 창호 관련 용어
① 멀리온(mullion) : 창면적이 클 때에는 스틸바(steel bar)만으로는 부족하며, 또한 여닫을 때의 진동으로 유리가 파손될 우려가 있으므로 이것을 보강하고 외관을 꾸미기 위하여 강판으로 중공형으로 접어 가로 또는 세로로 대는 것
② 가변성 있는 경량칸막이 : 큰 개구부나 칸막이를 가변성 있게 한 장치의 문
③ 홀딩 도어 : 실의 크기 조절이 필요한 경우 칸막이 기능을 하기 위해 만든 병풍 모양의 문

(3) 회전문의 특성
① 회전날개 140cm, 1분 8회 이하로 회전하는 것이 보통이다.
② 원통형의 중심축에 돌개 철물을 대어 자유롭게 회전시키는 문이다.
③ 사람의 출입을 조절하고 외기의 유입과 실내공기의 유출을 막을 수 있다.

4. 창호철물

(1) 여닫이 창호철물

명칭	형태
1. 경첩(Hinge)	

2. 플로어 힌지 (Floor Hinge)		
3. 피벗 힌지 (Pivot Hinge)		
4. 도어클로저, 도어체크 (Door Closer, Door Check)		
5. 손잡이볼 (Pin Tumble Lock)		
6. 체인로크 (Chain Lock)		

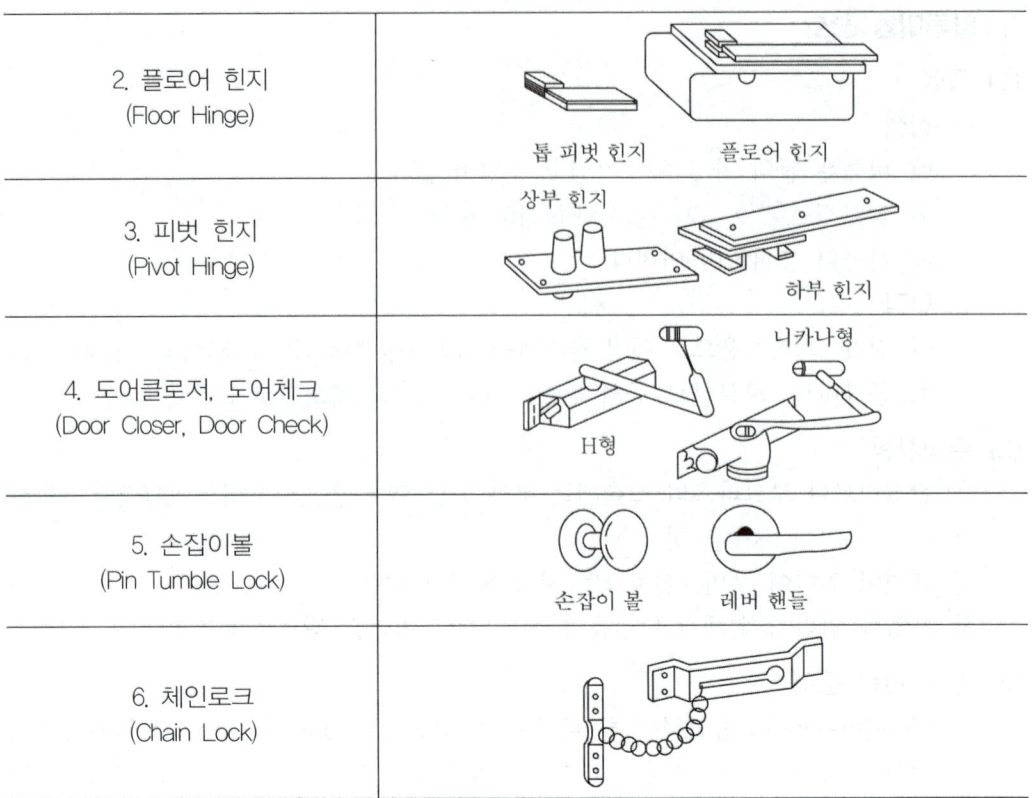

(2) 종류와 특징

① **경첩** : 안팎 개폐용 철물로 자재문에 사용됨
② **도어체크, 도어클로저** : 열려진 문이 자동으로 문이 닫히는 장치
③ **피벗 힌지** : 여닫이 중량문 사용
④ **플로어 힌지** : 자동적으로 여닫이 속도를 조절하며, 중량이 큰 여닫이문에 사용됨
⑤ **실린더 록(cylinder lock)** : 경첩과 유사한 원통형의 철물
⑥ **크리센트(crescent)** : 오르내리창에 사용하는 철물
⑦ **나이트 래취(night latch)** : 안쪽에서는 노브에 달려있는 손잡이를 돌리거나 버튼을 조작하여 문을 잠그고, 외부에서는 열쇠를 사용하는 방식의 노브 도어락

> • **Tip** 미서기 창호철물
>
> 레일, 도어 행거

(3) 건축물에 사용되는 금속제품과 그 용도
① 철판 : 문의 하부 발이 닿는 부분에 대하여 문짝이 손상되는 것을 방지하는 철물
② 코너비드 : 벽, 기둥 등의 모서리에 대는 보호용 철물
③ 논슬립 : 계단에 사용하는 미끄럼 방지 철물
④ 조이너 : 천장, 벽 등의 이음새 감추기용 철물
⑤ 경량철골 M-BAR : 경량철골 천장틀의 한 종류
⑥ 용접철망(와이어 메시)은 철선을 종횡 격자로 배치하고 그 교점을 전기저항용접으로 한 것
⑦ 인서트는 콘크리트구조 바닥판 밑에 반자틀, 기타구조물을 달아맬 때 사용됨
⑧ 펀칭메탈은 얇은 판에 각종 모양을 도려낸 것

> **Tip** 금속제 천장틀의 사용자재
> 달대볼트, 클립, ㄷ자형 반자틀

2 유리공사

1. 보통 창유리의 특성
① 유리의 주성분은 이산화규소(SiO_2)로 자외선을 차단하는 특성이 있음
② 투사각이 0°일 때 투명한 창유리는 약 90%의 광선을 투과함
③ 광선의 파장이 길고 짧음에 따라 투과율이 다르게 됨
④ 보통 창유리도 먼지가 부착되거나 오염되면 투과율이 현저하게 감소함

2. 유리 끼우기 공법
① 퍼티 : 간단한 창문 공사에 사용
② 개스킷(Gasket) : 고무, 합성수지로 끼워 넣음
③ 실링(sealing) : 탄성 실런트로 끼워 넣음
④ 서스펜션(Suspension Glazing System) : 대형 판유리를 사용하여 유리만으로 벽면을 구성하는 공법

3. 유리 종류와 특징

(1) 안전유리
① 접합유리 : 투광성이 낮고, 차음성/보온성이 큼
② 강화유리 : 유리를 연화점(500~600℃) 가깝게 가열하고 양면에 냉기를 불어 넣고 급랭시켜 표면에 압축, 내부에 인장력을 도입한 유리
   ㉠ 내충격강도(압축강도)는 보통판유리의 3~5배
   ㉡ 휨강도는 보통판유리보다 약 6배
   ㉢ 현장가공 및 절단 불가

ⓔ 파괴 시 잘게 부서져 출입구 문이나 창유리 등에 사용

> **Tip 망입유리**
>
> 유리 사이에 그물이 들어있어 잘 깨지지 않고 파손되더라도 파편이 튀지 않으므로 진동에 의해 파손되기 쉬운 곳이나 방화 및 방재용으로 사용

(2) 특수유리

① **복층유리** : 2~3장의 판유리를 간격을 유지하는 스페이서를 이용하여 유리 사이에 중공층을 두고 테두리를 접착제로 밀봉한 유리로서 단열효과, 차음성이 우수, 주택의 창 등에 사용

② **자외선 투과 유리** : 자외선 투과율 90%, 온실 및 병원의 일광욕실로 사용

③ **로이유리(Low-Emissivity)** : 열적외선을 반사하는 은막을 코팅하여 방사율과 열관류율을 낮추고 가시광선 투과율을 높인 유리
  ㉠ 가시광선의 투과율은 75% 이상으로 보통 유리와 비교할 때 큰 차이 없음
  ㉡ 근적외선 영역의 열선 투과율은 현저히 낮음(적외선 반사율이 높아 실내보온성이 뛰어남)
  ㉢ 색유리를 사용했을 때보다 실내는 훨씬 밝아짐
  ㉣ 실외의 물체들이 자연색 그대로 실내로 전달됨

④ **프리즘 유리**
  ㉠ 입사광선의 방향 변경, 확산, 집중의 목적으로 지하실이나 옥상의 채광용에 사용
  ㉡ 글라스 블록의 일종으로, 한 면이 프리즘이 되어 있어 빛을 흩어지게 하거나 빛의 방향을 변화시킬 수 있는 유리

⑤ **골판유리** : 지붕이나 천창에 사용

⑥ **겹유리** : 방탄유리로 사용됨

⑦ **접합유리** : 두 장의 유리를 탄성률이 높은 유기 접착필름으로 붙이고 가압, 가열하여 하나의 판유리로 만든 것

⑧ **단열성과 관련된 유리제품** : 기포유리, 유리섬유, 복층유리

제4절 | 마감공사

1 미장공사

1. 미장재료의 경화성

(1) 기경성
   진흙, 회반죽, 회사벽, 돌로마이트 플라스터

(2) 수경성
   시멘트 모르타르, 순석고 플라스터, 혼합석고 플라스터, 경석고 플라스터

(3) 미장재료의 결합재의 종류 및 특성
   ① 석고계 플라스터는 소석고에 경화시간을 조절할 수 있는 소석회 등의 혼화재를 미리 혼합하거나 사용 시 혼합하여 사용하는 것을 말한다.
   ② 보드용 플라스터는 사용 시 모래를 혼합하여 반죽하는 것으로 바탕이 보드를 대상으로 하기 때문에 부착력이 매우 크다.
   ③ 돌로마이트 플라스터는 미분쇄한 소석회 또는 사용 시 생석회를 물에 잘 연화한 석회크림에 해초 등을 끓인 용액 또는 수지 접착액과 혼합하여 사용하는 것이다. 정벌바름용은 물과 혼합한 후 12시간 정도 지난 후 사용한다.
   ④ 혼합석고 플라스터
      ㉠ 초벌바름용 : 물과 골재와 혼합하여 즉시 사용
      ㉡ 마감바름용 : 물만 혼합하여 즉시 사용

(4) 미장공사의 바름층 구성
   ① 일반적으로 바탕조정과 초벌, 재벌, 정벌의 3개층으로 이루어진다.
   ② 바탕면에 적당한 물축임을 한다.
   ③ 재벌바름은 미장의 실체가 되며 마감면의 평활도와 시공 정도를 좌우한다.
   ④ 정벌바름은 시멘트질 재료가 많아지고 세골재의 치수도 작기 때문에 균열 등의 결함 발생을 방지하기 위해 가능한 한 얇게 바르며 흙손 자국을 없애는 것이 중요하다.

(5) 미장공사의 결함
   균열, 탈락, 백화(참고 부식은 금속공사의 결함)

(6) 미장공사에서 균열을 방지하기 위한 고려사항
   ① 바름면은 바람 또는 직사광선 등에 의한 급속한 건조를 피한다.
   ② 1회의 바름 두께는 가급적 얇게 한다.
   ③ 쇠 흙손질을 충분히 한다.
   ④ 초벌바름은 부착력 증대를 위해 부배합, 정벌바름은 균열을 막기 위해 빈배합으로 한다.

⑤ 시공 중 또는 경화 중에 진동 등 외부의 충격을 방지함
⑥ 초벌바름은 완전히 건조하여 균열을 발생시킨 후 재벌 및 정벌바름을 함

(7) 미장공사의 용어
① 고름질 : 마감두께가 두꺼울 때 혹은 요철이 심할 때 초벌바름 위에 발라 붙여주는 것
② 바탕처리 : 요철 또는 변형이 심한 개소를 고르게 손질바름하여 마감 두께가 균등하게 되도록 조정하는 것
③ 덧먹임 : 균열의 틈새, 구멍 등에 반죽된 재료를 밀어 넣어 때워 주는 것

2. 각종 모르타르의 용도
① 보통 모르타르 : 일반용
② 석고 모르타르 : 실내 마감용 대리석 붙이기
③ 방수 모르타르 : 방수용
④ 아스팔트 모르타르 : 내산 방지용
⑤ 바라이트 모르타르 : 방사선 차단용
⑥ 석면 모르타르 : 균열 방지용

3. 시멘트 모르타르

(1) 시공순서
바탕처리 → 재료조정 → 바름바탕 → 초벌바름 → 존치기간(2주) → 보수(덧먹임) → 재벌바름 → 정벌바름 → 보양/정리

(2) 시공 시 주의사항
① 바탕 처리 : 바탕면이 지나치게 평활할 때에는 거칠게 처리하고, 바탕면의 이물질을 제거하여 미장바름의 부착이 양호하도록 표면을 처리함
② 1회 표준 바름 두께 : 6mm
③ 바탕면의 적당한 물축임과 면을 거칠게 함
④ 초벌 후 재벌까지의 기간은 2주 이상으로 함

(3) 박락 방지대책
① 바름 바탕면을 거칠게 처리
② 바름층의 두께를 얇게
③ 시멘트의 사용량 늘림
④ Open Time 준수

(4) 균열 방지대책
① 초벌 바름면을 완전히 건조시킨 후 재벌 및 정벌바름을 함
② 바름층의 두께를 얇게
③ 시멘트 사용량을 줄임
④ 외부의 충격 방지

(5) 시멘트 모르타르 미장 시공
① 미장바르기 순서는 보통 위에서부터 아래로 하는 것을 원칙으로 한다.
② 초벌바름 후 2주일 이상 방치하여 바름면 또는 라스의 이음매 등에서 균열을 충분히 발생시킨다.
③ 초벌바름 후 표면을 거칠게 하여 재벌바름 시 접착력이 좋아지도록 한다.
④ 정벌바름은 공사의 조건에 따라 색조, 촉감을 결정하여 순마감재료를 사용하거나 혼합물을 첨가하여 바른다.

4. 석고 플라스터

(1) 종류 : 순석고 플라스터, 혼합석고 플라스터, 경석고 플라스터

(2) 석고 플라스터의 특성
① 미장공법 중 균열이 가장 적게 생김
② **사용시간** : 초벌용 2시간 이내, 정벌용 1.5시간 이내에 사용함
③ 경화지연제를 넣어서 경화시간을 너무 빠르지 않게 한다.
④ 경화, 건조 시 치수안정성과 내화성이 뛰어나다.
⑤ 시공 중에는 될 수 있는 한 통풍을 피하고 경화 후에는 적당한 통풍을 시켜야 한다.
⑥ 보드용 플라스터는 초벌바름, 재벌바름의 경우 물을 가한 후 2시간 이상 경과한 것은 사용할 수 없음
⑦ 실내온도가 10℃ 이하인 동절기 공사도 가능함
⑧ 바름작업 중에는 될 수 있는 한 통풍을 방지함
⑨ 바름작업이 끝난 후 실내를 밀폐하지 않고 가열과 동시에 환기하여 바름면이 서서히 건조되도록 함

(3) 킨즈 시멘트(경석고 플라스터)의 특성
① 석고 플라스터 중 경질에 속한다.
② 벽 바름재 뿐만 아니라 바닥바름에 쓰이기도 한다.
③ 약산성의 성질이 있기 때문에 접촉되면 철제를 부식시킬 염려가 있다.
④ 점도가 커서 바르기가 매우 쉽고 표면의 경도가 크다.

> • Tip   미장공법 중 균열이 가장 적게 생기는 것 : 경석고 플라스터
> 경석고 플라스터는 점도가 커서 바르기 쉽고 매끈하게 마무리되어 균열이 가장 적게 발생함

5. 돌로마이트 플라스터

(1) 재료 특성
① 수증기와 물에 약하므로 지하실에는 사용 금지
② 건조수축이 커서 균열 발생

(2) 시공
① 순서 : 초벌바름 → 고름질 → 재벌바름 → 정벌바름
② 고름질은 초벌 10일(또는 7일 이상) 후에 함
③ 정벌은 재벌 반건조 후 물을 축이면서 함

(3) 돌로마이트 플라스터 바름의 특성
① 실내온도가 5℃ 이하일 때는 공사를 중단하거나 난방하여 5℃ 이상으로 유지한다.
② 정벌바름용 반죽은 물과 혼합한 후 12시간 정도 지난 다음 사용하는 것이 바람직하다.
③ 초벌바름에 균열이 없을 때에는 고름질한 후 7일 이상 두어 고름질면의 건조를 기다린 후 균열이 발생하지 아니함을 확인한 다음 재벌바름을 실시한다.
④ 바름두께가 균일하지 못하면 균열이 발생하기 쉽다.
⑤ 시멘트와 혼합하여 2시간 이상 경과한 것은 사용할 수 없다.

6. 회반죽

(1) 회반죽 재료 : 해초풀, 여물, 소석회, 모래

(2) 재료 특성
① 소석회 : 건축공사에서 사용하는 일반적인 석회를 의미하는 것으로 공기 중의 탄산가스(CO_2)에 의해서 굳어지므로 기경성
② 여물 : 회반죽이 건조하여 균열이 생기는 것을 방지

(3) 시공
① 순서 : 바탕처리 → 재료 반죽 → 수염 붙이기 → 초벌바름 → 고름질 → 재벌바름 → 정벌바름 → 보양
② 초벌바름 5일 후 고름질, 10일 후 재벌바름을 하고 반건조 시 정벌바름
③ 보양조건 : 통풍 억제, 2℃ 이하 공사 중지, 5℃ 이상 유지

(4) 회반죽 바름의 균열 방지책
① 초벌, 재벌에는 거친 모래를 넣음
② 초벌, 재벌, 정벌에는 적당량의 여물을 넣음
③ 졸대는 두꺼운 것이 좋고 수염은 충분히 넣음

7. 인조석·테라초 갈기

(1) 순서
바닥청소 → 황동줄눈대 대기 → 인조석 바름 → 양생 및 경화 → 초벌갈기 → 시멘트풀 먹임 → 정벌갈기 → 왁스칠

(2) 줄눈대
① 설치 간격 : 줄눈나누기는 1.2m^2 이내, 최대 간격은 2m 이내

② 목적
- ㉠ 바름의 구획 설정
- ㉡ 균열 방지
- ㉢ 보수 용이

(3) 시공
① 충분한 경화시간 필요(여름은 3일, 겨울은 7일 이상)
② 인조석과 유사하며 마감은 갈기 방법으로 시공

(4) 인조석 마감공사의 종류
씻어내기 마감, 갈아내기 마감, 잔다듬 마감, 도드락다듬 마감

> **Tip** 라프 코트
> 시멘트, 모래, 잔자갈, 안료 등을 섞어 이긴 것을 바탕바름이 마르기 전에 뿌려 붙이거나 또는 바르는 것으로 일종의 인조석 바름으로 볼 수 있는 것

2 도장공사

1. 일반 페인트의 종류 및 특성

(1) 유성페인트 : 안료 + 건성유 + 건조제 + 희석제
① 내알칼리성이 약함
② 목부와 철부 도장에 주로 사용됨
③ 모르타르, 콘크리트면에 직접 사용하지 않음

> **Tip** 보일유
> 유성페인트의 원료로서 정벌칠에서 광택과 내구력을 증가시키는 데 좋은 효과를 나타내는 재료

(2) 에나멜페인트
① 유성페인트와 유성 바니쉬의 중간 성능
② 내후성·내수성·내열성, 내약품성 우수

(3) 수성페인트 : 안료를 물로 용해하여 사용
① 취급이 간단하고 건조가 빠른 편
② 콘크리트나 시멘트벽 등에 주로 사용됨
③ 에멀션페인트는 수성페인트의 한 종류로 볼 수 있음
④ 내알칼리성과 작업성 우수
⑤ 내구성과 내수성이 떨어짐

(4) 에멀션페인트
수성페인트에 합성수지와 유화제를 섞은 것으로 목재나 종이에 부착력이 좋음

2. 바니쉬(Vanish)와 래커(Lacquer)

(1) 바니쉬
① 고분자 수지와 건성유를 가열융합하고 건조제를 넣어 용제로 녹인 것
② 붓칠 시공이 가능하며 건조가 빠르고 광택이나 투명한 도막을 만들어 목재의 무늬를 아름답게 나타낼 수 있는 도료(안료가 포함되지 않음)
③ 건조가 빠르고 옥내 목부의 투명 마무리에 사용

(2) 래커
① 클리어 래커 : 목재의 무늬나 바탕의 재질을 잘 보이게 하는 도장 방법
  ㉠ 래커에 투명한 안료를 넣은 것
  ㉡ 건조속도가 빠르므로 Spray로 시공
② 에나멜 래커
  ㉠ 불투명하며 닦으면 광택이 남
  ㉡ 연마성과 내후성 우수

(3) 방청도료(녹막이칠 도료)의 종류
① 광명단, 징크로메이트 도료, 알루미늄 도료, 그래파이트 도료, 방청산화철 도료, 역청질 도료
② 징크로메이트 도료 : 알키드 수지와 크롬산아연의 합성물질

3. 도장작업

(1) 공법 종류
① 솔칠, 롤러칠, 문지름칠, 뿜칠, 거친면칠, 정전도장
② 뿜칠
  ㉠ 큰 면적을 균등하게 도장할 수 있음
  ㉡ 뿜칠의 폭은 30cm 정도로 뿜칠 너비의 1/3이 겹치게 함
  ㉢ 다음 칠은 직각으로 교차시켜서 함
  ㉣ 뿜칠 공기압은 2~4kg/cm^{2}를 표준으로 함

(2) 시공
① 도료 보관
  ㉠ 환기가 잘되는 곳으로 직사광선을 피함
  ㉡ 도료 보관 시 밀봉
② 시공 시 주의사항
  ㉠ 온도 5℃ 미만(저온)이거나 35℃ 이상(고온), 습도가 85% 이상(다습)일 때는 작업 중지
  ㉡ 칠의 각 층은 얇게 하고 급격한 건조는 피함
  ㉢ 칠하는 횟수(초벌, 재벌)를 구분하기 위해 색을 다르게 함

ⓔ 나중에 칠할수록 색을 진하게 하여 칠하지 않은 부분을 구분함
ⓜ 야간에는 색을 잘못 도장할 염려가 있으므로 시공하지 않음
ⓑ 직사광선은 가급적 피하고 도막이 손상될 우려가 있을 때에는 도장하지 않음
ⓢ 도료의 적부를 검토하여 양질의 도료를 선택한다.
ⓞ 도료량을 표준량보다 너무 두껍지 않도록 얇게 몇 회로 나누어 실시한다(재벌, 정벌칠의 2공정으로 하지 않음).
ⓩ 피막은 각층마다 충분히 건조 경화한 후 다음 층을 바른다.
ⓒ 강한 바람이 불 때는 먼지가 묻게 되므로 외부 공사를 하지 않음
ⓚ 도장 후 기름, 산, 수지, 알칼리 등의 유해물이 배어 나오거나 녹아 나올 때에는 재시공함

> **Tip** 도장공사 시 건조제를 많이 넣었을 때 나타나는 현상
> 도막에 균열이 생김

4. 도장공사의 기타사항

(1) 칠공사에 사용되는 희석제의 분류
 ① 송진건류품 : 테레빈유
 ② 석유건류품 : 휘발유, 석유
 ③ 송근건류품 : 송근유

(2) 도장공사의 희석제 및 용제
 테레빈유, 벤젠, 나프타, 휘발유, 석유, 송근유, 에틸, 메틸, 벤졸

(3) 도료의 원료인 천연수지
 로진, 셀락, 코펄

(4) 도장공사를 위한 목부 바탕만들기 공정
 오염, 부착물 제거 → 송진 처리(수지 제거) → 연마지 닦기(평활화) → 옹이땜 → 구멍땜

(5) 스프레이 도장의 시공
 ① 도장거리는 스프레이 도장면에서 300mm를 표준으로 한다.
 ② 매 회의 에어스프레이는 붓도장과 동등한 정도의 두께로 하고, 2회분의 도막두께를 한 번에 도장하지 않는다.
 ③ 각 회의 스프레이 방향은 전회의 방향에 수직으로 진행한다.
 ④ 스프레이할 때는 항상 평행 이동하면서 운행의 한 줄마다 스프레이 너비의 1/3 정도를 겹쳐 뿜는다.
 ⑤ 에어레스 스프레이 도장은 1회 도장에 두꺼운 도막을 얻을 수 있고 짧은 시간에 넓은 면적을 도장할 수 있다.

(6) 도장공사에 필요한 가연성 도료를 보관하는 창고
    ① 독립한 단층건물로서 주위 건물에서 1.5m 이상 떨어져 있게 한다.
    ② 건물 내의 일부를 도료의 저장장소로 이용할 때는 내화구조 또는 방화구조로 구획된 장소를 선택한다.
    ③ 바닥에는 침투성이 없는 재료를 깐다.
    ④ 지붕은 불연재로 하고, 천장을 설치하지 않는다.

(7) 도장 관련 기타 용어
    ① 번짐 : 도료를 겹칠하였을 때 하도의 색이 상도막 표면에 떠올라 상도의 색이 변하는 도장의 결함
    ② 주걱 도장 : 도장공사에서 표면의 요철이나 흠, 빈틈을 없애기 위하여 주로 점도가 높은 퍼티나 충전제를 메우고 여분의 도료는 긁어 평활하게 하는 도장방법

3 합성수지 공사

1. 특성
① 전성, 연성이 크고 피막이 강하며 착색이 자유롭고 광택이 있음
② 접착성이 크고 기밀성, 안정성이 큰 것이 많음
③ 내열성, 내화성이 적고 비교적 저온에서 연화, 연질됨
④ 콘크리트보다 흡수율이 적음
⑤ 강도에서 인장강도 및 압축강도는 낮으며, 탄성이 금속재보다 떨어짐

2. 합성수지의 종류

(1) 열가소성 수지
    ① 염화비닐수지
    ② 초산 비닐수지
    ③ 아크릴수지
    ④ 폴리스티렌수지
    ⑤ 폴리에틸렌수지
    ⑥ 폴리아미드수지

(2) 열경화성수지 : 목재의 접착제로 사용
    ① 페놀수지
    ② 요소수지
    ③ 멜라민수지
    ④ 폴리에스테르수지
    ⑤ 에폭시수지
    ⑥ 실리콘수지
    ⑦ 우레탄수지

(3) 합성수지의 특성
① 염화비닐수지 : 내후성이 있고, 수도관 등에 사용됨
② 폴리우레탄 : 공기 중의 수분과 화학 반응하는 경우 저온과 저습에서 경화가 늦으므로 5℃ 이하에서는 촉진제를 사용한다.
③ 에폭시수지
    ㉠ 수지페이스트와 수지모르타르용 결합재에 경화제를 혼합하면 생기는 기포의 혼입을 막도록 소포제를 첨가함
    ㉡ 가장 우수한 접착제, 금속접착 및 항공기재 접착에 사용
④ 아크릴수지 : 내약품성이 있고, 조명기구 커버 등에 사용되며, 바름두께가 적은 편이다.
⑤ 클로로프렌고무 : 탄력성과 미끄럼 방지에 유리하여 체육관에 많이 쓴다.
⑥ 페놀수지
    ㉠ 내산, 내수, 전기절연성, 내열성이 있는 열경화성의 수지
    ㉡ 산에는 강하지만 알칼리에 매우 약함
    ㉢ 주로 쟁반, 냄비의 손잡이 주전자의 손잡이에 사용됨
⑦ 요소수지 : 무색으로 착색이 자유롭다.
⑧ 실리콘수지 : 내열성이 우수하고 발포 보온재에 사용된다.
⑨ 폴리스티렌수지 : 건축물의 천장재, 블라인드 등을 만드는 열가소성 수지

(4) 유리섬유의 특성
① 단위면적에 따른 인장강도는 다르고, 가는 섬유일수록 인장강도는 크다.
② 탄성이 적고 전기절연성이 크다.
③ 내화성, 단열성, 내수성이 좋다.
④ 강도가 세지만 굴곡에 약한 취성을 갖고 있다.

4 기타공사

1. 금속공사

(1) 기성재
① 미끄럼막이 : 계단의 디딤판 끝 모서리에 대어 미끄러지지 않게 함
② 계단난간 : 계단에서 사용되는 손스침
③ 코너비드 : 기둥, 벽 등의 모서리에 대어 미장바름용에 사용하는 철물
④ 줄눈대 : 이질재와의 접합부에서 이음새를 감춰 누르는 데 사용

(2) 수장용 철물
① 와이어 메쉬
    ㉠ 연강철선을 전기용접하여 정방형 또는 장방형으로 만든 것
    ㉡ 콘크리트 다짐 바닥 지면, 콘크리트 포장 등에 사용

② 메탈라스
　㉠ 얇은 강판에 동일한 간격으로 펀칭하고 잡아늘려 마름모꼴 구멍을 그물 형태로 제작
　㉡ 벽, 천장, 처마둘레 등 미장 바탕에 사용

2. 단열공사

(1) 열교 또는 냉교
① 정의
　㉠ 바닥, 벽, 지붕 등의 건축물 부위에 열적 취약부위가 있을 때 이 부위를 통해 열의 이동이 발생되는 현상
　㉡ 열의 손실이라는 측면에서 냉교 현상이라고도 함
② 열교 방지대책 : 외단열, 중단열, 내단열 등이 있음

(2) 단열공사의 일반사항
① 단열시공 바탕은 단열재 또는 방습재 설치에 못, 철선, 모르타르 등의 돌출물이 도움이 되지 않으므로 반드시 제거해야 한다.
② 설치 위치에 따른 단열공법 중 내단열 공법은 단열성능이 적고 내부 결로가 발생할 우려가 있다.
③ 단열재를 접착제로 바탕에 붙이고자 할 때에는 바탕면을 평탄하게 한 후 밀착하여 시공하되 초기박리를 방지하기 위해 압착상태를 유지시킨다.
④ 단열재료에 따른 공법은 성형판단열재 공법, 현장발포재 공법, 뿜칠단열재 공법 등으로 분류할 수 있다.

(3) 건축용 단열재
펄라이트판, 세라믹 섬유, 연질섬유판

(4) 무기질 단열재
세라믹 섬유, 펄라이트 판, ALC 패널 (참고 셀룰로오스 섬유판 : 유기질 재료)

3. 바닥깔기

(1) Access Floor
① 정의 : 정방형의 Floor Panel을 받침대로 지지시켜 구성하는 2층 마루구조
② 용도 : 인텔리젼트 빌딩 및 전자계산실에서 배선, 배관 등이 복잡한 공간의 바닥구성 재료로 사용

(2) 구성반자
층단으로 만들어 장식 및 음향효과를 갖도록 하고 전기조명장치도 간접조명으로 할 수 있는 반자

(3) 파이프 구조의 특성
   ① 파이프구조는 경량이며, 외관이 경쾌하다.
   ② 파이프구조는 대규모의 공장, 창고, 체육관, 동·식물원 등에 이용된다.
   ③ 접합부의 절단가공이 어렵다.
   ④ 파이프의 부재형상이 간단하여 공사비가 저렴한 편이다.

제 5 절 | 적산

1 일반사항

1. 용어 정의
(1) 적산
   공사 진행에 필요한 공사량을 산출하는 작업
(2) 견적
   산출된 공사량에 적정한 단가를 곱한 후, 합산하여 총 공사비를 산출하는 작업

2. 견적의 종류
(1) 명세 견적
   가장 정확하고 정밀하게 공사비를 산출하는 방법
(2) 개산 견적
   과거공사의 실적자료, 통계자료 및 물가지수 등을 참고하여 개략적으로 공사비를 산출하는 방법으로 복잡한 건물이라도 짧은 시간에 쉽게 산출할 수 있는 이점이 있음

3. 건축공사의 공사비
(1) 공사원가 구성요소인 직접공사비의 종류
   자재비(재료비), 노무비, 외주비, 경비
(2) 공사비 비목
   ① 재료비 : 직접재료비, 간접재료비, 부산물
   ② 노무비 : 직접노무비, 간접노무비
   ③ 외주비 : 공사목적물의 일부를 위탁, 제작하여 반입되는 재료비와 노무비
   ④ 경비 : 현장관리비, 교통비, 업무추진비, 경비전력비, 운반비, 기계경비, 가설비, 시험검사비, 보험료, 보관비, 외주가공비, 안전관리비
   ⑤ 일반관리비 : 기업의 유지를 위한 관리 부분에서 발생하는 제 비용
   ⑥ 이윤 : 영업이익

(3) 건축공사의 공사원가 계산방법
① 재료비＝재료량×단위당 가격
② 경비＝소요(소비)량×단위당 가격
③ 고용보험료＝인건비(급여)×고용보험요율
④ 일반관리비＝공사원가×일반관리비율(%)

(4) 건설현장의 공사비 절감을 위해 집중분석해야 하는 공종
공사비가 많이 소요되거나 어려운 공정 등을 집중분석해야 함
① 공사비 금액이 큰 공종
② 단가가 높은 공종
③ 지하공사 등의 어려움이 많은 공종

4. 수량산출

(1) 정미량
정확한 길이(m), 면적(m^2), 체적(m^3), 개수 등을 산출한 수량

(2) 할증률
① 1% : 유리, 철근콘크리트
② 2% : 도료, 무근콘크리트
③ 3% : 이형철근, 고력볼트, 붉은벽돌, 고장력볼트, 테라코타, 일반합판, 슬레이트
④ 4% : 시멘트 블록
⑤ 5% : 원형철근, 리벳, 강관, 봉강, 소형형강, 시멘트 벽돌, 목재(각재), 수장합판, 석고보드, 기와
⑥ 7% : 대형형강
⑦ 10% : 강판, 단열재
⑧ 20% : 졸대

> **Tip** 석재의 할증률
> ① 석재(정형)의 할증률 : 10%
> ② 석재(부정형)의 할증률 : 30%

(3) 적산 작업 순서(수량 산출 방법)
① 수평방향에서 수직방향으로 적산한다.
② 시공순서대로 적산한다.
③ 내부에서 외부로 적산한다.
④ 아파트 공사인 경우 단위세대에서 전체로 적산한다.

(4) 공제하지 않는 부분
　① 일반사항
　　㉠ 이음줄눈의 간격
　　㉡ 볼트의 구멍
　　㉢ 철골구조물의 리벳 구멍
　　㉣ 철근콘크리트 내의 철근
　② 거푸집
　　㉠ 개구부 : $1m^2$ 이하의 개구부 면적은 거푸집 면적에서 공제하지 않음
　　㉡ 다음의 접합부 면적은 거푸집 면적에서 공제하지 않음
　　　ⓐ 기초와 지중보
　　　ⓑ 지중보와 기둥
　　　ⓒ 기둥과 보
　　　ⓓ 기둥과 벽체
　　　ⓔ 바닥판과 기둥
　　　ⓕ 보와 벽

2 가설공사

1. 시멘트 창고면적(m^2)

(1) 산정식

$$A = 0.4 \times \frac{N}{n}$$

여기서, n : 최고 쌓기 단수
① 문제조건
② 13
③ 장기저장 시 7단
　N : 저장포대수
사용량이 ① 600포 미만 : 전량
　　　　② 600포 이상~1,800포 이하 : 600포 저장
　　　　③ 1,800포 초과 : 전량의 1/3 저장

(2) 시멘트 창고의 일반사항
① 바닥구조는 일반적으로 마루널깔기로 한다.
② 창고의 크기는 시멘트 100포당 2~3m^2로 하는 것이 바람직하다.
③ 시멘트 창고는 공기의 유통을 최소화시키기 위해 개구부를 가능한 한 작게 한다.
④ 벽은 널판붙임으로 하고 장기간 사용하는 것은 함석붙이기로 한다.

2. 변전소 면적(m²)

$A = \sqrt{W} \times 3.3 (\text{m}^2)$

여기서, W : 사용기계, 기구의 전력(kW)의 합

1kW=1,000W   1HP=746W=0.746kW

3. 비계면적

(1) **내부비계** : 0.9×연면적

(2) **외부비계**

  ① 외줄, 겹비계 : $H \times (\sum L + 8 \times 0.45)$

  ② 쌍줄비계 : $H \times (\sum L + 8 \times 0.9)$

  ③ 단관 파이프 : $H \times (\sum L + 8 \times 1.0)$

> • Tip 동바리량(공m³) 계산
>
> 상층 슬래브 바닥 밑면적 × 높이 × 0.9

3 토공사

1. 부재별 터파기량

(1) **독립기초**

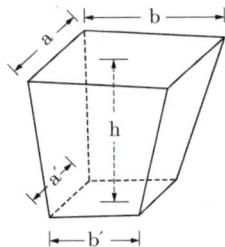

$V = \dfrac{h}{6}\{(2a + a') \times b + (2a' + a) \times b'\}$

(2) **줄기초**

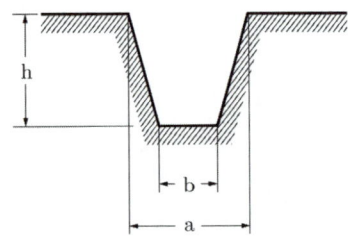

$V =$ 단면적 × 유효길이

① 단면적 $= \dfrac{a+b}{2} \times h$

② 유효길이 : 외측은 중심 간 길이로, 내측은 안목 유효길이로 계산한다.

2. 토공기계 작업량 산정식(1시간당 작업량 : m³/hr)

(1) 불도저 : $Q = \dfrac{60 \times q \times f \times E}{C_m (분)}$

(2) 파워셔블 : $Q = \dfrac{3600 \times q \times k \times f \times E}{C_m (초)}$

여기서, Q : 시간당 작업량(m³/hr)
 g : 1회 작업 토공량(m³)
 f : 작업 변화율
 E : 작업효율
 K : 버킷 계수
 cm : 1회 순환 소요시간

(3) 토공사에 적용되는 체적환산계수

$L = \dfrac{흐트러진 상태의 체적(m^3)}{자연상태의 체적(m^3)}$

4 철근콘크리트 공사

1. 거푸집량(m²) / 콘크리트량(m³)

구분	그림	거푸집량	콘크리트량
1. 산출기준		• 정미량 • 층별, 부재별, 종류별, 회수별 ※ 공제하지 아니하는 부분 적용	• 정미량 • 층별, 부재별, 종류별, 강도
2. 독립기초		$\theta \geq 30°$ 이상 설치	$\dfrac{H}{6}\{(2a'+a) \times b' + (2a+a') \times b\}$
3. 기둥		옆면적(t_s 제외)	기둥밑면적×높이 $(H - t_s)$ 기둥단면적 × (층높이−슬래브 두께)
4. 보		$(D-t_s) \times$ 기둥 안목거리×2(양쪽) ※ 밑면은 슬라브에 삽입	$(D-t_s) \times b \times$ 기둥안목거리

2. 콘크리트 1m³당 재료량

(1) 각 재료량(콘크리트 1m³당 수량)

① 시멘트량 = $\frac{1}{V}(m^3) \times 1{,}500\,(kg/m^3)$

② 모래량 = $\frac{m}{V}(m^3)$

③ 자갈량 = $\frac{n}{V}(m^3)$

④ 물의 양 = 시멘트량 × 물 시멘트비

(2) 일반 배합비(시멘트 1포 = 40kg)

(콘크리트 1m³의 수량)

배합비	시멘트	모래	자갈
1 : 2 : 4	8포	0.45m²	0.9m²
1 : 3 : 6	5.5포	0.47m²	0.94m²

3. 연면적 1m²당

① 철근량 : 60~90kg

② 거푸집 : 4~5m²

③ 콘크리트 : 0.4~0.7m³

4. 단위용적 중량(t/m³)

(1) 무근콘크리트 : 2.3

(2) 철근콘크리트 : 2.4

5. 콘크리트공사의 기타 품셈

(1) 콘크리트 1m³당 거푸집 : 5~8m²

(2) 철근 1ton당 인부수 : 4~6인

5 철골공사

1. 개산견적

(1) 연면적 1m²당 철골량

① 단층(공장, 창고) : 50~80kg으로 계산

② 기타 : 100~150kg으로 계산

(2) 철골 1ton당 도장면적 및 인부 수

① 도장면적 : 45m²(33~50m²)

② 철골공 : 10~13인

③ 보통인부 : 0.25~0.3인
④ 비계공 : 3~4인

6 조적공사

1. 벽돌량 산정

(1) 산출식

벽면적(m^2)×단위수량(장/m^2) → 정미량

(2) 단위수량

구분	0.5B(매)	1.0B(매)	1.5B(매)	2.0B(매)
19×9×5.7 (표준형)	75	149	224	298

(3) 할증률

시멘트 벽돌 5%, 붉은(점토) 벽돌(또는 기본 벽돌) 3%

2. 벽돌쌓기의 모르타르량(m^3)

(1) 산출식 : 벽면적 × 단위수량

(2) 단위수량

(m^2당)

구분	단위	수량(벽두께)		
		0.5B	1.0B	1.5B
모르타르	m^3	0.019	0.049	0.078

3. 블록량

(1) 산출식

벽면적×단위수량 → 소요량(할증 4% 포함)

(2) 단위수량

구분	치수	수량(매)
기본형	390×190×210 390×190×190 390×190×150 390×190×100	13
장려형	190×190×290 150×190×290 100×190×290	17

(3) 블록쌓기의 벽면적 m²당 모르타르량(m³)
  ① 390×190×190mm : 0.010m³
  ② 390×190×150mm : 0.009m³
  ③ 390×190×100mm : 0.006m³

4. 타일의 정미량 계산

(1) 산출식
  시공면적×단위수량 → 정미량

(2) 단위수량
$$\frac{1{,}000(mm)}{타일\ 한\ 변\ 크기 + 줄눈} \times \frac{1{,}000(mm)}{타일\ 다른\ 변\ 크기 + 줄눈} \quad (모든\ 단위를\ mm로\ 통일함)$$

(3) 할증률
  점토타일 3%, 플라스틱 타일 5%

7 마감공사

1. 도장공사

(1) 산출기준(칠면적 배수표)

구분		소요면적 계산	비고
철격자(양면칠)		(안목면적)×0.7	
철제계단(양면칠)		(경사면적)×(3.0~5.0)	
파이프난간(양면칠)		(높이×길이)×(0.5~1.0)	
기와가락잇기(외쪽면)		(지붕면적)×1.2	
큰골함석지붕(외쪽면)		(지붕면적)×1.2	
작은골함석지붕(외쪽면)		(지붕면적)×1.33	
철골표면적	보통구조	33~50m³/ton	
	큰 부재가 많은 구조	23~26.4m³/ton	
	작은 부재가 많은 구조	55~66m³/ton	

※ 해설 : ( ) 안의 수치 중 큰 치수는 복잡한 구조일 때, 작은 수치는 간단한 구조일 때 적용한다.

(2) 할증
  2%

단원별 경향문제

01
로이유리(Low Emissivity Glass)에 대한 설명으로 옳지 않은 것은?
① 판유리를 사용하여 한쪽 면에 얇은 은막을 코팅한 유리이다.
② 가시광선을 75% 넘게 투과시켜 자연채광을 극대화하여 밝은 실내분위기를 유지할 수 있다.
③ 파괴 시 파편이 없어 안전하여 고층건물의 창, 테두리 없는 유리문에 많이 쓰인다.
④ 겨울철에 건물 내에 발생하는 장파장의 열선을 실내로 재반사시켜 실내보온성이 뛰어나다.

해설　　　　　　　　　　　답 ③
Low-E 유리의 특성
- 적외선 반사율이 높음
- 가시광선 투과율은 맑은 유리와 큰 차이 없음
- 실외 물체들의 자연색 그대로 실내로 전달됨
③은 강화유리에 대한 설명

02
건설공사 표준품셈에서 제시하는 철골재의 할증률로서 틀린 것은?
① 소형형강 : 5%
② 봉강 : 3%
③ 고장력 볼트 : 3%
④ 강판 : 10%

해설　　　　　　　　　　　답 ②
할증률 기준
- 3% : 이형철근, 붉은/내화벽돌, 고력볼트
- 5% : 원형철근, 강관(봉강), 소형형강
- 10% : 강판

03
미장공사에서 균열을 방지하기 위한 조치사항으로 틀린 것은?
① 모르타르는 정벌바름 시 부배합으로 한다.
② 1회의 바름 두께는 가급적 얇게 한다.
③ 시공 중 또는 경화 중에 진동 등 외부의 충격을 방지한다.
④ 초벌 바름은 완전히 건조하여 균열을 발생시킨 후 재벌 및 정벌 바름한다.

해설　　　　　　　　　　　답 ①
미장공사의 균열 방지대책
정벌바름에서는 균열을 방지하기 위해 시멘트량이 적게 들어간 빈배합으로 함

04
아스팔트 품질시험 항목과 가장 거리가 먼 것은?
① 비표면적 시험
② 침입도
③ 감온비
④ 신도 및 연화점

해설　　　　　　　　　　　답 ①
아스팔트 품질시험 항목
비중, 침입도, 연화점, 신도, 감온비, 인화점

Chapter 04 • 기타공사 • 적산

단원별 경향문제

05
파워쇼벨(Power Shovel) 사용 시 1시간당 굴착량은? (단, 버킷 용량 : 0.76m³, 토량환산계수 : 1.28, 버킷계수 : 0.95, 작업효율 : 0.50, 1회 사이클 시간 : 26초)

① 12.01m³/h
② 39.05m³/h
③ 63.98m³/h
④ 93.28m³/h

해설 답 ③

파워쇼벨의 시간당 굴착량 계산

$$Q = \frac{3,600 \times q \times k \times f \times E}{C_m(\text{초})}$$

$$= \frac{3,600 \times 0.76 \times 1.28 \times 0.95 \times 0.5}{26}$$

$$= 63.98\text{m}^3/\text{h}$$

06
기본벽돌(190×90×57mm)을 사용하여 줄눈 10mm로 시공할 때 1.5B 벽돌벽의 두께는?

① 190mm
② 210mm
③ 290mm
④ 300mm

해설 답 ③

벽돌벽의 두께 계산
표준형(기준형) 1.5B = 190 + 10 + 90 = 290mm

건축기사 / 건축산업기사

PART 3
건축구조

건축기사 / 건축산업기사

CHAPTER 01 건축물과 구조역학

제1절 | 구조역학의 일반사항

1 구조물

1. 절점
구조물을 구성하고 있는 부재와 부재가 연결된 곳을 절점이라 하며 고정절점과 회전절점으로 나눔

구조물의 절점

절점	표시법	형태상의 특징	부재력의 종류
회전절점		• 하중이 작용하면 두 개의 부재는 약간 회전함	• 축방향력 • 전단력
고정절점		• 회전이 불가능한 절점 • 하중이 작용하더라도 두 개의 부재 사이의 부재각은 변하지 않음	• 축방향력 • 전단력 • 휨모멘트

2. 지점(Support)
구조물 전체가 지지, 연결된 지대 또는 지반을 의미함. 지점 구조는 고정지점, 회전지점, 이동지점의 3가지로 구분됨

3. 반력(Reaction)
물체가 외력을 받았을 때 평형을 이루기 위해 부재 내에서 생기는 힘을 말하며, 외력과 크기는 같고 방향은 반대임. 수평반력(H), 수직반력(V), 모멘트반력(M)이 있음

구조물의 지점형태와 반력

지점	표시법	반력의 형태	반력수
고정지점		수직반력, 모멘트반력, 수평반력 • 부재가 고정 • 이동 및 회전 불가	3개

회전지점	△	↑ 수평반력 △ ↑ 수직반력 • 이동 불가 • 회전 가능	2개
이동지점	△	△ ↑ 수직반력 • 상하 이동 불가 • 좌우 이동, 회전 가능	1개

2 구조물의 판별

1. 구조물의 안정과 불안정

(1) 안정 구조물
① 지지의 안정(외적 안정)
   ㉠ 구조물의 위치가 변하지 않음
   ㉡ 지점의 반력수가 3 이상으로 힘의 3평형조건을 만족할 때
      ⓐ 좌우로 이동하지 않음 $\sum H = 0$
      ⓑ 상하로 이동하지 않음 $\sum V = 0$
      ⓒ 어떤 방향으로도 회전하지 않음 $\sum M = 0$
② 형상의 안정(내적 안정)
   외력이 작용해도 형상이 변하지 않음

(2) 불안정 구조물
① 지지의 불안정(외적 불안정)
   ㉠ 구조물의 위치가 변함
   ㉡ 지점의 반력수가 2 이하인 경우와 3 이상이라도 힘의 3평형조건을 만족하지 못할 때
      ⓐ 상하로 이동함
      ⓑ 좌우로 이동함
      ⓒ 어떤 방향으로 회전함
② 형상의 불안정(내적 불안정)
   외력이 작용하면 형상이 변함

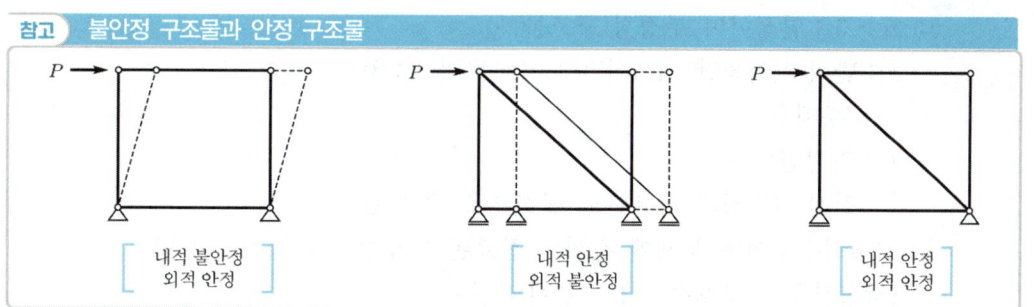

2. 구조물의 정정과 부정정
① 정정 구조물 : 힘의 평형조건만으로 구조물의 반력과 부재력이 구할 수 있음
② 부정정 구조물 : 정정구조물보다 과잉 구속된 구조물로 반력과 부재력을 구하기 위해 힘의 평형조건뿐만 아니라 변형조건을 가하여야만 할 수 있는 구조물

(1) 정정 구조물
① 지지의 정정(외적 정정)
외적으로 안정한 구조물에서 그 지점반력을 힘의 3평형조건만으로 구할 수 있는 구조물
② 형상의 정정(내적 정정)
내적으로 안정한 구조물에서 그 구조물을 구성하고 있는 모든 부재의 부재력을 힘의 3평형조건으로 구할 수 있는 구조물

(2) 부정정 구조물
① 지지의 부정정(외적 부정정)
외적으로 안정한 구조물에서 그 지점 반력을 힘의 3평형조건뿐만 아니라 골조 각부의 변형 조건을 가하여 구할 수 있는 구조물
② 형상의 부정정(내적 부정정)
내적으로 안정한 구조물에서 그 구조물을 구성하고 있는 모든 부재의 부재력을 힘의 3평형조건뿐만 아니라 골조 각부의 변형조건을 가하여 할 수 있는 구조물

(3) 구조물의 안정·불안정 판별
① 관찰로 내적의 안정을 판단함
② 힘의 평형조건식으로 지지의 안정을 검토함

(4) 판별식
① 모든 구조물의 전체 부정정 차수
$n = r + m + k - 2j$
여기서 n : 부정정 차수
㉠ $n < 0$: 불안정 구조물
㉡ $n = 0$: 안정이며 정정 구조물

ⓒ $n > 0$: 안정이며 부정정 구조물
  r : 반력수(이동단 : 1, 회전단 : 2, 고정단 : 3)
  m : 부재수
  k : 강절점수
  j : 절점수(지점과 자유단도 절점으로 세야 함)
ⓔ 강절점수 : 어떤 부재에 강절로 접합된 부재수를 강절점수라 함
  (강절점수 = 부재수 - 1 - 힌지의 수)

| 강절점수의 계산 |

부재	┌	┌	┬	┬	┼
절점수	1	1	1	1	1
부재수	2	2	3	3	4
강절점수	0	1	1	2	3

② 트러스의 부정정 차수
  모든 절점은 힌지로 구성되어 강절점수는 0이므로 삭제함
  $n = r + m - 2j$
③ 단층 구조물의 부정정 차수
  $n = (r - 3) - h$
  여기서, 3 : 힘의 평형 방정식의 수
       h : 구조물에 있는 힌지의 수(지점 힌지는 제외함)

제 2 절 | 힘과 평형조건

1 힘과 우력모멘트

1. 힘

(1) 힘의 개념

정지된 물체를 움직이거나, 움직이고 있는 물체의 속도/방향을 변화시키는 원인을 제공하는 것을 힘이라 함

(2) 힘의 단위

① 국제단위(N) : 1kg의 물체에 작용해서 $1m/sec^2$의 가속도를 일으키는 힘
② 단위 변환 : 1kgf ≒ 10N

(3) 힘의 특징
   ① 힘은 변위, 속도와 같이 크기와 방향을 갖는 벡터의 하나이며, 3요소는 크기, 작용점, 방향이다.
   ② 물체에 힘의 작용 시 발생하는 가속도는 힘의 크기에 비례하고 물체의 질량에 반비례한다.
   ③ 강체에 힘이 작용하면 작용점은 작용선상의 임의의 위치에 옮겨 놓아도 힘의 효과는 변함없다.

2. 모멘트

(1) 정의

모멘트란 어떤 점을 중심으로 돌리려고 하는 능력으로, 모멘트의 크기는 그 힘과 중심점까지의 수직거리를 곱하여 구함(단위 : N·m, kN·m)

$M = P \times l$

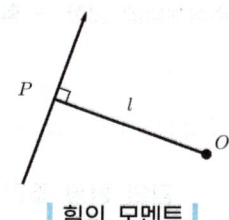

▮ 힘의 모멘트 ▮

(2) 부호
   ① 정(+) : 시계 방향 회전
   ② 부(−) : 반시계 방향 회전

3. 우력 모멘트(Couple Moment)

(1) 정의

크기가 같고 방향이 반대인 나란한 힘을 우력이라 하며, 이 우력에 의한 모멘트를 우력 모멘트라고 정의함

(2) 우력모멘트 크기 = 하나의 힘(P) × 두 힘 간의 수직거리(l)

(3) 특징
   ① 같은 평면 내에 있는 어떠한 점에 대해서도 우력 모멘트 값은 일정함
   ② 우력의 합력은 0

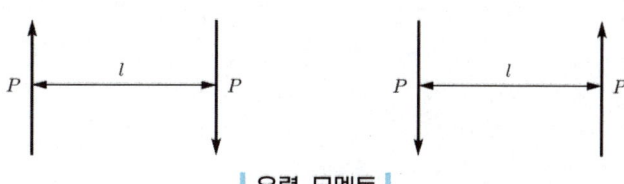

▮ 우력 모멘트 ▮

2 힘의 합성과 평형

1. 한 점에 작용하는 두 힘의 합성
① 두 힘이 직교하는 경우

합력 : $R = \sqrt{P_1^2 + P_2^2}$

② 두 힘이 직교하지 않는 경우

합력 : $R = \sqrt{P_1^2 + P_2^2 + 2P_1 \cdot P_2 \cdot \cos\alpha}$

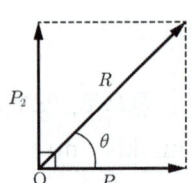 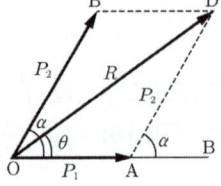

|수식해법에 의한 두 힘의 합성|

2. 힘의 평형
① 정의 : 물체에 다수의 힘이 작용할 때 이동하거나 회전하지 않는 상태를 평형이라 함

|힘의 평형 조건식|

정지조건(평형조건)	역학적 표현
① 좌우(수평방향)로 이동하지 않음 ② 상하(수직방향)로 이동하지 않음 ③ 회전하지 않음	① $\sum H = 0$ ② $\sum V = 0$ ③ $\sum M = 0$

② 한 점에 작용하지 않는 여러 힘의 평형(힘의 평형 3조건식)
  ㉠ $\sum H = 0$
  ㉡ $\sum V = 0$
  ㉢ $\sum M = 0$

제 3 절 | 단면의 성질

1 단면1차모멘트와 도심

1. 단면1차모멘트(Q)

(1) 정의

구조물의 단면에서 미소면적 dA와 축에서의 거리 x 또는 y의 곱을 전단면에 걸쳐 모두 합한 값 즉, 적분한 것을 축에 대한 단면1차모멘트로 정의함(단위 : mm^3, cm^3)

(2) 기본도형으로 나눌 수 있는 경우

① $Q_x = A_1 y_1 + A_2 y_2 + \cdots + A_n y_n = A y_0$

② $Q_y = A_1 x_1 + A_2 x_2 + \cdots + A_n x_n = A x_0$

여기서, y_0 : x축으로부터 도심까지의 거리
x_0 : y축으로부터 도심까지의 거리

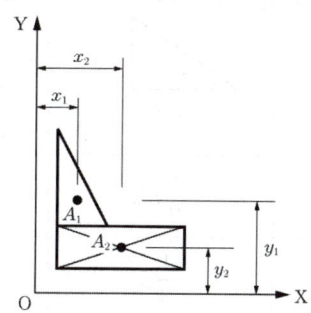

(3) 중공형 도형의 경우(사각형 또는 원형)

① $Q_x = A_1 \dfrac{y_1}{2} - A_2 \dfrac{y_2}{2} = A_0 y_0$

② $Q_y = A_1 \dfrac{x_1}{2} - A_1 \dfrac{x_2}{2} = A_0 x_0$

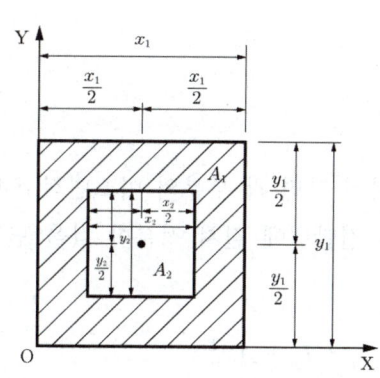

(4) 특성
① 도심을 지나는 축에 대한 단면1차모멘트는 0임
② 좌표축에 따라 부호는 (+), (−)를 모두 나타냄

(5) 용도
도심 위치 계산 및 보의 전단응력 계산에 이용

2. 도심

(1) 정의
어느 단면상의 한 점을 지나는 모든 좌표축에 대해 단면1차모멘트가 0이 되는 점을 도심이라고 정의함

(2) 기본도형인 경우
- $x_0 = \dfrac{Q_y}{A}$
- $y_0 = \dfrac{Q_x}{A}$

(3) 기본도형에 대한 면적과 도심

도형	직사각형	직선	2차곡선	3차곡선
면적	bh	$\dfrac{1}{2}bh$	$\dfrac{1}{3}bh$	$\dfrac{1}{4}bh$
도심(x)	$\dfrac{1}{2}b$	$\dfrac{1}{3}b$	$\dfrac{1}{4}b$	$\dfrac{1}{5}b$

(4) 도형이 복잡한 경우
- $x_0 = \dfrac{Q_y}{A} = \dfrac{A_1 x_1 + A_2 x_2 + \cdots + A_n x_n}{A_1 + A_2 + \cdots + A_n}$
- $y_0 = \dfrac{Q_x}{A} = \dfrac{A_1 y_1 + A_2 y_2 + \cdots + A_n y_n}{A_1 + A_2 + \cdots + A_n}$

2 단면2차모멘트 (I)

1. 정의
임의의 직교 좌표축에 대하여 단면 각 부분의 미소면적 dA에 어떤 축까지의 거리 제곱(x^2 또는 y^2)을 곱한 값을 전단면에 걸쳐 적분한 값을 단면2차모멘트로 정의함

2. 공식(단위 : mm^4, cm^4)
$I_x = I_X + A y_0^2$, $\qquad I_y = I_Y + A x_0^2$

3. 용도
단면2차반경, 단면계수, 휨 및 전단응력도, 처짐, 강도, 좌굴하중 계산에 이용

4. 특성
① I 최솟값은 도심을 지날 때이며 0은 아님
② 좌표축에 상관없이 부호는 항상 (+)를 유지함
③ I가 크면 휨강성이 큼
④ I를 크게 하려면 b보다 h를 크게 해야 함

간단한 도형의 도심축에 대한 단면2차모멘트			
직사각형	삼각형	마름모	원
$I_x = \dfrac{bh^3}{12}$	$I_x = \dfrac{bh^3}{36}$	$I_x = \dfrac{a^4}{12}$	$I_x = \dfrac{\pi D^4}{64} = \dfrac{\pi r^4}{4}$

3 단면계수 (S)

1. 정의
도심을 지나는 축에 대한 단면2차모멘트를 단면의 상·하단까지의 거리로 나눈 값을 말함. 휨에 대한 저항성을 나타내는 계수(단위 : mm^3, cm^3, m^3)
단면계수가 큰 단면이 휨에 대한 저항이 크게 됨

2. 공식
① 상단에 대하여 $Z_1 = \dfrac{I_X}{y_1}$

② 하단에 대하여 $Z_2 = \dfrac{I_X}{y_2}$

③ 단면의 축이 대칭이면 $y_1 = y_2 = y$이므로, $Z = \dfrac{I_X}{y}$ 로 동일함

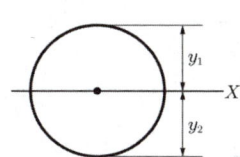

> **참고** 대표적 도형의 단면계수

- $Z = \dfrac{\frac{bh^3}{12}}{\frac{h}{2}} = \dfrac{bh^2}{6}$

- $Z_{x1} = \dfrac{\frac{bh^3}{36}}{\frac{2}{3}h} = \dfrac{bh^2}{24}$ • $Z_{x2} = \dfrac{\frac{bh^3}{36}}{\frac{h}{3}} = \dfrac{bh^2}{12}$

- $Z = \dfrac{\frac{\pi D^4}{64}}{\frac{D}{2}} = \dfrac{\pi D^3}{32}$

3. 용도
보와 같은 휨 부재의 최대 휨응력도 계산에 사용됨

4. 특성
① 항상 (+)의 값을 가지며, 단면계수가 큰 단면이 휨에 대한 저항이 큼
② 소성 단면계수비 : 탄성 단면계수에 대한 소성단면계수의 비
  ㉠ 직사각형 단면 : 1.5
  ㉡ H형 단면 : 대략 1.12

4 단면2차반경(r)

1. 정의
도심축에 대한 단면2차모멘트를 단면적으로 나눈 값의 제곱근을 말함
(단위 : mm, cm)

2. 공식
① x_0축에 대하여 $r_{x_0} = \sqrt{\dfrac{I_{X_0}}{A}}$

② y_0축에 대하여 $r_{y_0} = \sqrt{\dfrac{I_{Y_0}}{A}}$

3. 용도
장주의 세장비 계산에 사용됨

4. 특성
① 단면2차반경이 클수록 좌굴에 대하여 강하고, 부호는 항상(+)
② 설계 시 최소회전반경을 사용함

5 단면극2차모멘트(I_p)

1. 정의
단면 내의 미소면적 dA에 어떤 좌표의 원점까지의 거리 r의 제곱을 전단면에 걸쳐 적분한 값(단위 : mm^4, cm^4, m^4)

$$I_x = \int r^2 \cdot dA$$

2. 단면2차모멘트와 관계식
$$I_p = I_x + I_y$$

3. 용도
보의 비틀림 응력도 계산에 사용됨

4. 특성
좌표에 관계없이 항상 (+)값이며, I_p가 클수록 비틀림에 대한 저항이 큼

6 단면상승모멘트(I_{xy})

1. 정의
단면 내의 미소면적 dA에 어떤 축까지의 거리 x, y를 각각 곱하여 전 단면에 걸쳐 적분한 값을 말함(단위 : mm^4, cm^4, m^4)

2. 공식
① 비대칭
$$I_{xy} = I_{XY} + x_0 y_0 A$$
② 대칭
$$I_{xy} = x_0 y_0 A \; (I_{XY} = 0)$$
③ 대칭이며 한 축 이상이 도심을 지날 때
$$I_{xy} = 0$$
($I_{XY} = 0$이며, $x_0 = 0$ 또는 $y_0 = 0$)

3. 용도
단면의 주축, 단면주2차모멘트 계산에 이용됨

4. 특성
① 부호는 (+) 또는 (−)의 값이며, 단면이 대칭이면 $I_{XY}=0$임
② 단면이 대칭이고 한축 이상이 도심을 지나는 경우는 $I_{XY}=0$이며, x_0 또는 y_0가 0 이므로 $I_{xy}=0$임

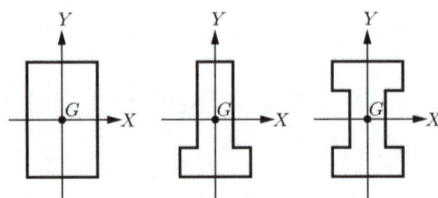

7 각종 단면의 계수들

	단면의 형상	단면적	도심의 위치	도심축에 대한 단면2차모멘트	단면계수
장방형		bh	$\dfrac{h}{2}$	$\dfrac{bh^3}{12}$	$\dfrac{bh^2}{6}$
정방형		h^2	$\dfrac{\sqrt{2}}{2}h$	$\dfrac{h^4}{12}$	$\dfrac{\sqrt{2}}{12}h^3$
중공 정방형		H^2-h^2	$\dfrac{H}{2}$	$\dfrac{H^4-h^4}{12}$	$\dfrac{1}{6H}(H^4-h^4)$
삼각형		$\dfrac{bh}{2}$	$y_1=\dfrac{2h}{3}$ $y_2=\dfrac{h}{3}$	$\dfrac{bh^3}{36}$	$S_1=\dfrac{bh^2}{24}$ $S_2=\dfrac{bh^2}{12}$
원형		$\dfrac{\pi D^2}{4}=\pi r^2$	$\dfrac{D}{2}=r$	$\dfrac{\pi D^4}{64}=\dfrac{\pi r^4}{4}$	$\dfrac{\pi D^3}{32}=\dfrac{\pi r^3}{4}$

1. 처짐에 유리한 단면

① 처짐에 유리하려면 단면2차모멘트가 상대적으로 큰 단면이 유리함
② 폭에 비해 높이가 큰 단면(춤이 큰 직사각형 단면)이 상대적으로 큰 단면2차모멘트를 보임

2. 단면의 성질 계수 요약

$Q_x = \int y dA = A y_0$ $Q_y = \int x dA = A x_0$	cm^3 m^3 (+) (−)
$x_0 = \dfrac{Q_y}{A}$ $y_0 = \dfrac{Q_x}{A}$	cm m (+) (−)
$I_x = \int y^2 dA = I_{X0} + A y_0^2$ $I_y = \int x^2 dA = I_{Y0} + A x_0^2$	cm^4 m^4 (+)
$Z_c = \dfrac{I_X}{y_1}$, $Z_t = \dfrac{I_Y}{y_2}$	cm^3 m^3 (+)
$r_x = \sqrt{\dfrac{I_X}{A}}$ $r_y = \sqrt{\dfrac{I_Y}{A}}$	cm m (+)
$I_{xy} = \int xy dA = A x_0 y_0$ (대칭 시)	cm^4 m^4 (+) (−)
$I_p = \int r^2 dA = I_x + I_y$	cm^4 m^4 (+)

제 4 절 | 응력과 변형률

1 응력(stress)

1. 정의

구조물에 외력이 작용할 때 부재 내에 발생하는 부재력을 부재의 단면적으로 나눈 값을 응력이라고 함

2. 종류

(1) 수직응력도

부재축과 평행한 외력인 축방향력에 의해 발생하는 응력을 수직응력이라 하고, 인장응력도와 압축응력도로 나눔

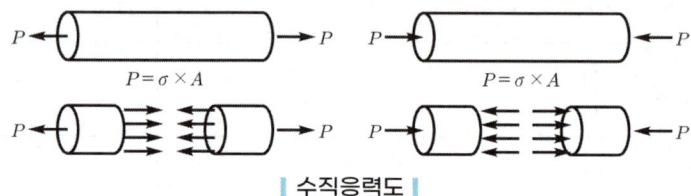

▮ 수직응력도 ▮

① 인장응력도

$$\sigma_t = \frac{P}{A}$$

② 압축응력도

$$\sigma_c = -\frac{P}{A}$$

여기서, σ : 수직응력도(N/mm^2, kN/mm^2)
P : 인장력 또는 압축력(N, kN)
A : 단면적(mm^2)

(2) 전단응력도

외력에 의해 부재축에 직각으로 작용하는 전단력에 의해 발생하는 응력을 전단응력이라고 함

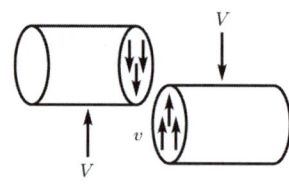

▮ 전단응력도 ▮

$$v = \frac{V}{A}$$

여기서, v : 전단응력도(N/mm^2, kN/mm^2)
V : 전단력(N, kN)
A : 단면적(mm^2)

(3) 휨응력도

휨모멘트에 의해 부재가 휘어지면서 중립축을 중심으로 상부에는 압축응력이 발생하고, 하부에는 인장응력이 발생하게 되며 이 응력을 휨응력도라 함

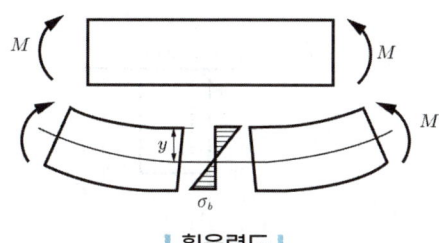

| 휨응력도 |

$$\sigma_b = \frac{M}{I} \times y = \frac{M}{Z}$$

여기서, σ_b : 휨응력도(N/mm^2, kN/mm^2)
M : 모멘트(Nm, kNm)
I : 단면2차모멘트(mm^4)
y : 중립축으로부터 거리(mm)

(4) 온도응력 계산

$$\sigma_t = E \times \alpha \times \Delta t$$

여기서, σ_t : 온도응력(N/mm^2, MPa)
α : 열팽창계수($/℃$)

2 변형률(strain)

1. 정의

구조물이 외력을 받을 때 부재에는 형상과 치수가 변하게 되는데, 변형 전의 길이와 변형된 길이의 비율을 변형률이라고 하며, 단위는 없음

2. 종류

(1) 세로변형률(길이 방향과 평행한 변형률)

축방향력에 의한 변형률로서 힘이 작용한 방향에 대하여 원래의 길이에 대한 변형된 길이의 비율

$$\varepsilon = \frac{\Delta l}{l}$$

여기서, Δl : 변형된 길이
　　　　l : 원래의 길이

(2) 가로변형률(길이 방향과 직각인 변형률)

$$\beta = \frac{\Delta d}{d}$$

여기서, Δd : 변형된 길이
　　　　d : 원래의 길이

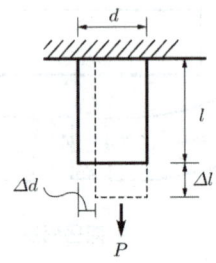

┃ 세로변형률 가로변형률 ┃

(3) 푸아송비(Poisson's Ratio)

수직응력에 의해 발생하는 세로변형률과 가로변형률과의 비를 의미함

$$\nu = \frac{1}{m} = -\frac{\text{가로변형률}(\beta)}{\text{세로변형률}(\varepsilon)}$$

여기서, $\frac{1}{m}$: 푸아송비(앞에 (−) 부호를 붙인 것은 세로변형률과 가로변형률은 대부분 부호가 반대이기 때문임)

　　　　m : 푸아송수(강재 $m=3$, 콘크리트 $m=5\sim8$ 정도)

(4) 전단변형률

전단력에 의한 변형률로 사각형 단면에 전단응력이 작용하면 각도가 변화하는데 이 각도의 변화를 전단변형률(γ)이라 함(단위 : 라디안(Radian)으로 표시)

$$\gamma = \frac{\Delta}{l}$$

여기서, Δ : 전단 변형량
　　　　l : 부재의 길이

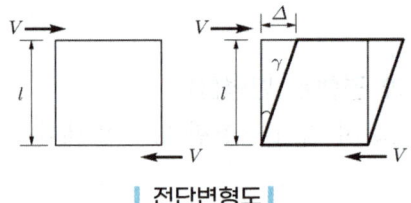

┃ 전단변형도 ┃

3 응력도와 변형률의 관계

1. 탄성과 소성

(1) 탄성
부재가 외력을 받아 변형된 후 그 외력을 제거했을 때 본래의 모양으로 되돌아가는 성질

(2) 소성
부재가 외력을 받아 변형된 후 그 외력을 제거해도 본래의 모양으로 되돌아가지 않고 변형이 남게 되는 것을 말하는데 이 변형을 잔류변형이라 하며, 부재에 탄성한도 이상을 외력을 가할 때 나타남

2. 후크(Hooke) 법칙과 탄성계수(E)

① 후크의 법칙 : 탄성한도 내에서는 응력도와 변형률은 비례함
② 응력도(σ)=탄성계수(E)×변형률(ε)
③ 탄성계수$(E) = \dfrac{응력도(\sigma)}{변형률(\varepsilon)} = \dfrac{\dfrac{P}{A}}{\dfrac{\Delta l}{l}} = \dfrac{P \times l}{A \times \Delta l} (\mathrm{N/mm^2})$

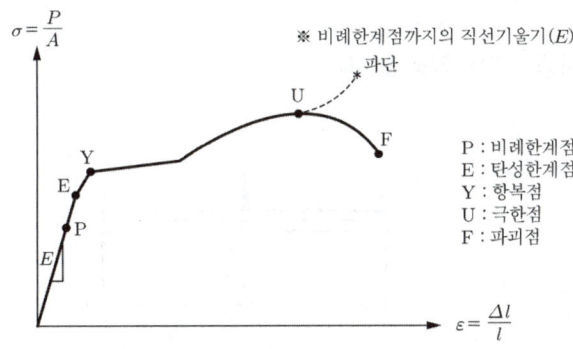

| 응력-변형도 곡선과 탄성계수 |

※ 비례한계점까지의 직선기울기(E)
P : 비례한계점
E : 탄성한계점
Y : 항복점
U : 극한점
F : 파괴점

3. 전단탄성계수(G)

① 전단응력도(v)=전단탄성계수(G)×전단변형률(γ)
② 전단탄성계수$(G) = \dfrac{전단응력도(v)}{전단변형률(\gamma)} = \dfrac{\dfrac{V}{A}}{\dfrac{\Delta}{l}} = \dfrac{V \times l}{A \times \Delta}(\mathrm{N/mm^2})$
③ 탄성체인 경우 탄성계수(E)와 전단탄성계수(G) 사이에는 다음과 같은 관계가 성립함
$G = \dfrac{E}{2(1+\nu)}$

제 5 절 | 정정보

1 반력과 부재력

1. 반력 산정
반력이란 구조물에 작용하는 하중과 평형을 이루기 위해 외력과 반대방향으로 지점에 생기는 힘을 말함

① 지점의 종류에 따라 반력의 형태와 방향을 가정하고 기호를 붙임
  (H_A, V_A, M_A 등)
② 하중과 반력에 대하여 힘의 3평형조건식($\sum V = 0$, $\sum H = 0$, $\sum M = 0$)을 적용시켜 미지의 반력을 계산함
③ 반력을 계산한 결과의 부호가 (−)이면 가정한 반력의 방향과 반대를 의미함
④ 부호의 약속

H	→ (+), ← (−)
V	↑ (+), ↓ (−)
M	↻ (+), ↺ (−)

(1) 단순보에 집중하중 P가 작용할 때

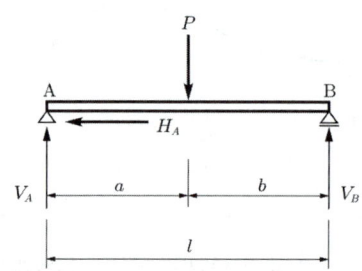

| 단순보에 집중하중 P가 작용할 때 |

① $\sum H = 0 \rightarrow H_A = 0$
② $\sum V = 0 \rightarrow P = V_A + V_B$
③ $\sum M_B = 0 \rightarrow V_A \times l - P \times b = 0$
  $\therefore V_A = \dfrac{Pb}{l}(\uparrow)$
  $\therefore V_B = P - V_A = \dfrac{Pa}{l}(\uparrow)$

(2) 단순보에 모멘트가 작용할 때

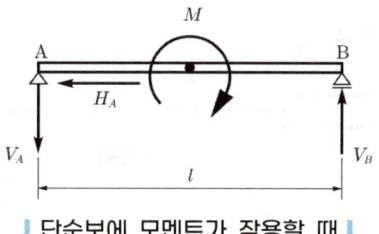

| 단순보에 모멘트가 작용할 때 |

① $\sum H = 0 \rightarrow H_A = 0$

② $\sum V = 0 \rightarrow V_A + V_B = 0 \quad V_B = -V_A$

③ $\sum M_B = 0 \rightarrow V_A \times l + M = 0$

$V_A = -\dfrac{M}{l}(\downarrow)$

④ $V_B = -V_A = \dfrac{M}{l}(\uparrow)$

(3) 등분포하중이 작용할 때

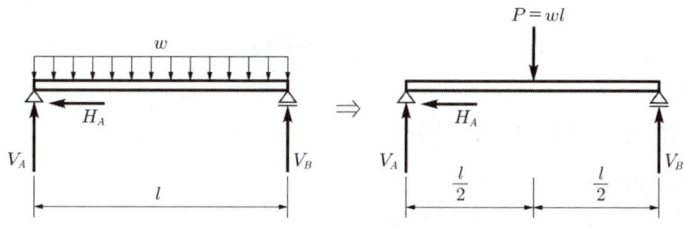

| 단순보에 등분포하중이 작용할 때 |

① $\sum H = 0 \rightarrow H_A = 0$

② $\sum V = 0 \rightarrow wl = V_A + V_B$

③ $\sum M_B = 0 \rightarrow V_A \times l - wl \times \dfrac{l}{2} = 0 \quad V_A = \dfrac{wl}{2}(\uparrow)$

④ $V_B = wl - V_A = \dfrac{wl}{2}(\uparrow)$

2. 부재력

구조물에 하중이 가해지면 지점에는 반력이 생기고 이러한 하중과 반력 때문에 구조물 내부에 생기는 힘을 부재력이라 함. 이러한 부재력은 크게 축방향력, 전단력, 휨모멘트로 나뉘며, 부재의 길이를 변화시키거나 모양이 일그러지게 하거나 또는 휘게 만듦

(1) 부재력의 종류

① 축방항력

하중과 반력이 부재의 길이 방향으로 작용하여 부재의 길이를 변화시키는 힘을 말함

㉠ 기호 : N, P
㉡ 단위 : N, kN
㉢ 부호 : 인장(+), 압축(−)

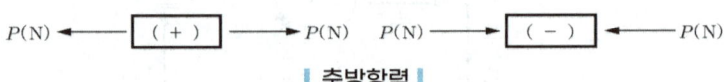

| 축방향력 |

② 전단력

하중과 반력이 부재축과 직각으로 작용하여 부재를 수직방향으로 절단하려고 하는 힘으로서 부재의 모양이 일그러지게 함

㉠ 기호 : V
㉡ 단위 : N, kN
㉢ 부호 : ↑(+)↓ , ↓(−)↑

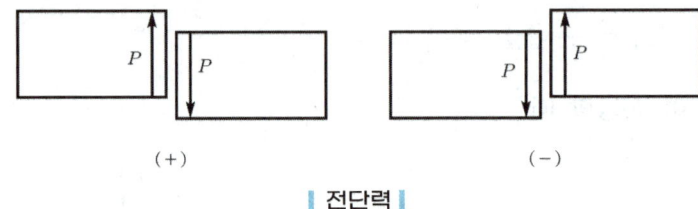

| 전단력 |

③ 휨모멘트

부재를 휘게 만드는 힘을 말함

㉠ 기호 : M
㉡ 단위 : N·m, kN·m
㉢ 부호 : 하부인장(+), 상부인장(−)

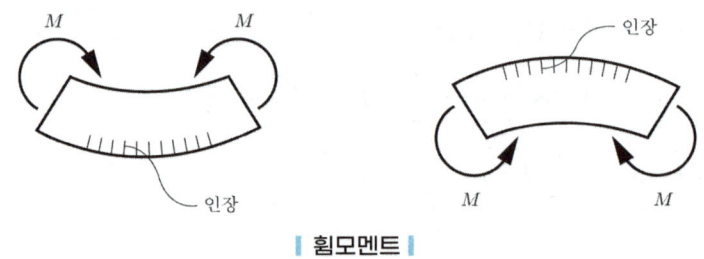

| 휨모멘트 |

(2) 부재력의 도시법

① 부재력도란 단면에 생기는 축방향력, 전단력, 휨모멘트의 크기를 그림으로 나타낸 것으로 부재의 아래 또는 위에 그 단면에서 발생하는 부재력의 크기만큼 비례하여 그림

② 보에서 전단력도는 (+) 전단력을 부재의 위에, (−) 전단력을 부재의 아래에 작도하고, 축방향력도(A.F.D)와 휨모멘트도(B.M.D)는 (+)값을 부재의 아래에 작도함

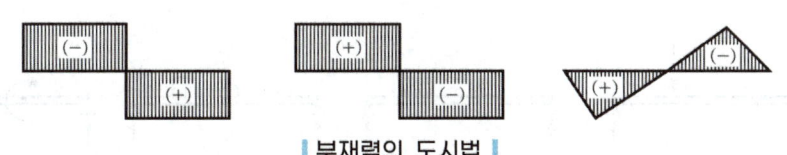

| 부재력의 도시법 |

3. 하중 · 전단력 · 휨모멘트의 관계

① 임의 단면의 휨모멘트(M)를 거리(x)에 대하여 미분한 값은 그 단면에서의 전단력(V)과 같음

$$\frac{dM}{dx} = V$$

② 임의 단면의 휨모멘트(M)의 크기는 그 단면까지의 거리(x)에 대하여 전단력(V)도의 면적 합계와 같음

$$M = \int V dx$$

③ 임의 단면의 전단력(V)을 거리(x)에 대하여 미분한 값은 그 단면에서의 하중의 절대값과 같음

$$\frac{dV}{dx} = -w \qquad V = -\int w dx$$

④ 종합해서 하중(w), 전단력(V), 휨모멘트(M) 사이에는 다음과 같은 관계가 성립함

$$M = \int V dx = -\iint w dx dx$$

⑤ 하중 $\underset{\text{미분}}{\overset{\text{적분}}{\rightleftarrows}}$ 전단력 $\underset{\text{미분}}{\overset{\text{적분}}{\rightleftarrows}}$ 휨모멘트

| 구조물의 지점형태와 반력 |

하중상태	전단력도	휨모멘트도
① 하중이 작용하지 않는 부분	부재축에 평행한 일정한 값	경사진 1차 직선변화
② 집중하중이 작용하는 부분	계단형으로 변화(부호 상반)	좌우로 절곡된 1차 직선변화
③ 등분포하중이 작용하는 부분	경사진 1차 직선변화	2차 곡선
④ 등변분포하중이 작용하는 부분	2차 곡선	3차 곡선
⑤ 모멘트 하중이 작용하는 부분	부재축에 평행한 일정한 값	좌우로 절곡된 1차 직선변화

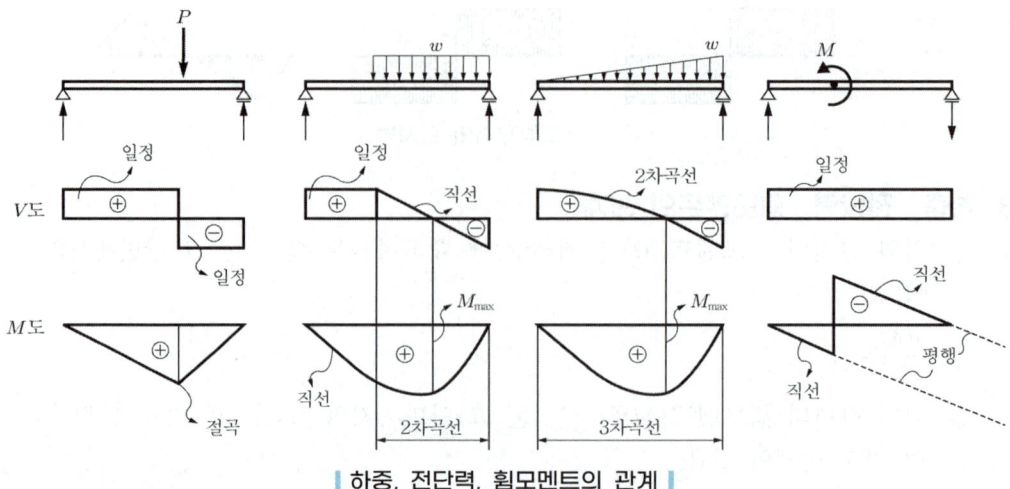

| 하중, 전단력, 휨모멘트의 관계 |

> • Tip 　최대 모멘트
> 휨모멘트가 일정한 값일 때 전단력은 0이다(상수의 미분값은 0이 됨).

2 정정보의 해석

1. 단순보
한 지점은 회전지점이고 다른 한 지점은 이동지점으로 된 보

(1) 집중하중이 작용하는 경우

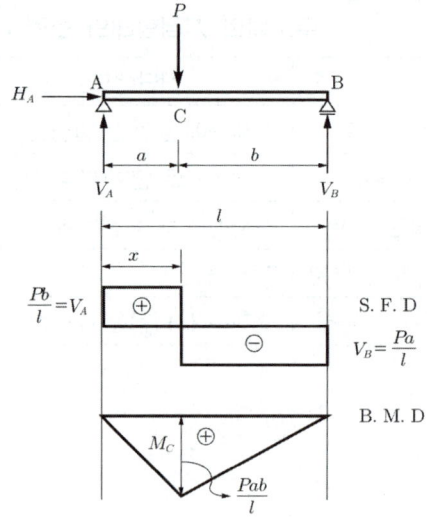

| 집중하중을 받는 단순보 |

① 반력 산정
  ㉠ $\sum H = 0 \rightarrow \quad H_A = 0$
  ㉡ $\sum V = 0 \rightarrow \quad V_A + V_B = P$
  ㉢ $\sum M_B = 0 \rightarrow \quad V_A \times l - P \cdot b = 0 \quad V_A = \dfrac{Pb}{l}(\uparrow)$
    $V_B = P - V_A = \dfrac{Pa}{l}(\uparrow)$

② 부재력 산정
  ㉠ 전단력
    ⓐ A~C 구간
      $V_x = V_A = \dfrac{Pb}{l}$
    ⓑ C~B 구간
      $V_x = V_A - P = -V_B = -\dfrac{Pa}{l}$
  ㉡ 휨모멘트
    ⓐ A~C 구간
      $M_x = V_A \times x = \dfrac{Pbx}{l}$
    ⓑ C~B 구간
      $M_x = V_A \times x - P(x - a) = V_B(l - x) = \dfrac{Pa}{l}(l - x)$
  ㉢ 최대 휨모멘트
    ⓐ $M_{\max} = V_A \cdot a = V_B \cdot b = \dfrac{Pab}{l}$
    ⓑ $a = b = \dfrac{l}{2}$ 인 경우 $\quad M_{\max} = \dfrac{Pl}{4}$

(2) 단순보의 반력과 모멘트

구분				
반력	$V_A = \dfrac{Pb}{l}(\uparrow)$ $V_B = \dfrac{Pa}{l}(\uparrow)$	$V_A = V_B$ $= \dfrac{wl}{2}(\uparrow)$	$V_A = \dfrac{wl}{6}(\uparrow)$ $V_B = \dfrac{wl}{3}(\uparrow)$	$V_A = \dfrac{-M}{l}(\downarrow)$ $V_B = \dfrac{M}{l}(\uparrow)$

M_{max}	$M_{max} = \dfrac{Pab}{l}$, $a = b = \dfrac{l}{2}$ $M_{max} = \dfrac{Pl}{4}$	$M_{max} = \dfrac{wl^2}{8}$	$x = \dfrac{l}{\sqrt{3}}$ 지점 $M_{max} = \dfrac{wl^2}{9\sqrt{3}}$	$M_{max} = \dfrac{M}{2}$

2. 내민보

단순보의 한쪽 또는 양쪽을 돌출시켜 연장한 보로 단순보와 캔틸레버보의 합성 구조. 해석방법은 단순보 및 캔틸레버 보와 같음

| 내민보 |

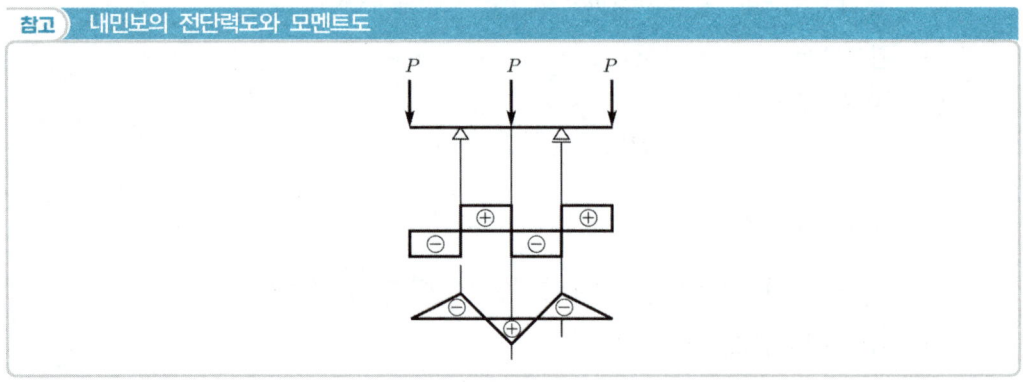

참고) 내민보의 전단력도와 모멘트도

3. 겔버보

부정정보에 부정정차수만큼의 힌지를 넣어 정정보로 만든 것. 형태는 내민보 및 캔틸레버보와 단순보를 합성한 것으로 볼 수 있음

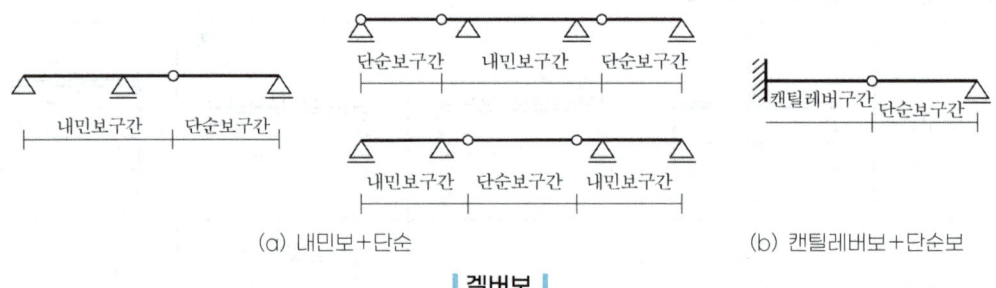

(a) 내민보+단순   (b) 캔틸레버보+단순보

| 겔버보 |

(1) 해석법
    ① 힌지(hinge)를 중심으로 내민보 및 캔틸레버보와 단순보로 분리함
    ② 단순보의 반력을 구한 후 그 반력을 내민보 및 캔틸레버보의 자유단에 반대방향의 하중으로 작용시켜 내민보의 반력을 산정함
    ③ 부재력은 내민보와 캔틸레버보와 단순보로 나누어 구하고 이를 연속시켜 부재력을 구함

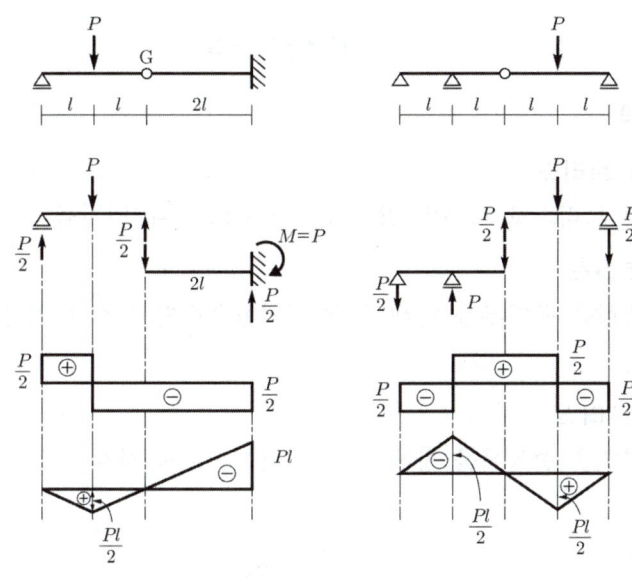

| 겔버보의 해석 |

제 6 절 | 트러스(Truss)

1 일반사항

1. 정의
트러스란 2개 이상의 직선부재의 양끝을 마찰이 없는 핀으로 연결한 구조물로서 각 부재는 인장 또는 압축력만을 받도록 설계된 구조물을 말함

2. 트러스의 구성

(1) 현재
트러스의 상부와 하부를 구성하는 부재로 상현재와 하현재가 있음

(2) 복부재
상현재와 하현재를 연결하는 부재로 수직재와 사재가 있음

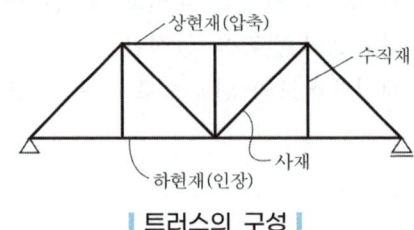

┃ 트러스의 구성 ┃

3. 트러스의 종류

(1) 와렌(Warren) 트러스
수직재가 없는 트러스로 사재의 방향이 좌·우로 교대 배치됨

(2) 프랫(Pratt) 트러스
사재의 경사방향을 중앙부를 향해 하향 배치함으로써 사재가 인장재가 되도록 설계된 트러스를 말함

(3) 하우(Howe) 트러스
사재의 경사방향을 중앙부를 향해 상향 배치함으로써 사재가 압축재가 되도록 설계된 트러스를 말함

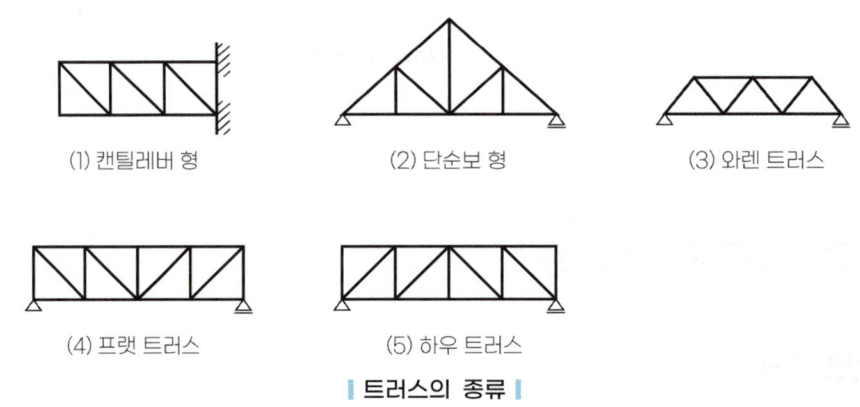

┃ 트러스의 종류 ┃

2 트러스의 해석

1. 트러스 해석의 가정
① 트러스의 모든 절점은 핀(회전절점)으로 구성되어 있다고 가정함
② 각 부재는 직선재로 그 중심축을 절점을 연결한 직선과 일치함
③ 각 부재는 축방향력만 받으며, 전단력과 휨모멘트는 0임
④ 외력은 모두 절점에만 작용함

⑤ 하중이 작용한 경우에도 절점의 위치는 변하지 않음
⑥ 인장응력은 ⊕로, 압축응력은 ⊖로 표시함(항상 절점을 기준으로 표시)
  ㉠ 인장력 ⊕ : ◄――――●――――►
  ㉡ 압축력 ⊖ : ――――►●◄――――

2. 0부재와 부재력의 성질

(1) 트러스의 0부재

트러스에서 변형이 발생하지만 가정에 의해 변형은 미소하여 무시함. 이때 **계산상 부재응력이 0이 되는 부재를 0부재라고 함**

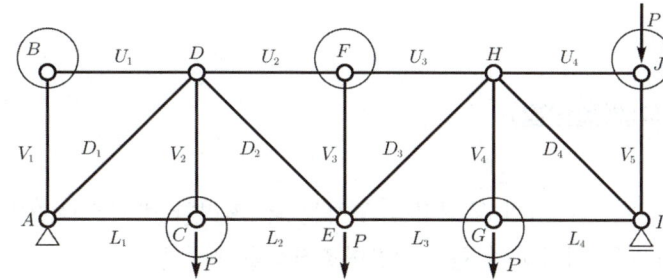

│ 트러스의 부재력에 관한 성질 │

(2) 하나의 절점에 2개의 부재가 모일 때(하중이 가해질 수 있음)

① B점   ② J점

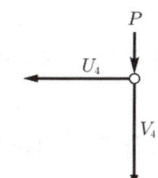

$\sum x = 0$ ∴ $U_1 = 0$ $\sum x = 0$ ∴ $U_4 = 0$
$\sum y = 0$ ∴ $V_1 = 0$

(3) 하나의 절점에 3개의 부재가 모일 때(하중이 가해질 수 있음)

① F점   ② C점

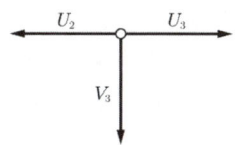 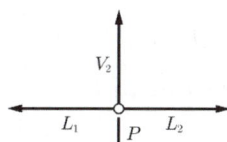

$\sum x = 0$ $\sum x = 0$
$-U_2 + U_3 = 0$ ∴ $U_2 = U_3$ $-L_1 + L_2 = 0$ ∴ $L_1 = L_2$
$\sum y = 0$ ∴ $V_3 = 0$ $\sum y = 0$
                           $-P + V_2 = 0$ ∴ $V_2 = P$

③ G점

$$\sum x = 0$$
$$-L_3 + L_4 = 0 \qquad \therefore L_3 = L_4$$
$$\sum y = 0$$
$$-P + V_4 = 0 \qquad \therefore V_4 = P$$

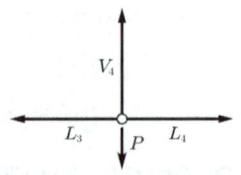

(4) 하나의 절점에 4개의 부재가 모일 때

$$\sum x = 0$$
$$-L_1 + L_2 = 0 \qquad \therefore L_1 = L_2$$
$$\sum y = 0$$
$$V_1 - V_2 = 0 \qquad \therefore V_1 = V_2$$

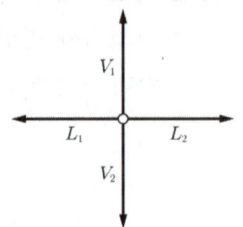

3. 트러스의 해석법(절단법)

(1) 일반사항

임의 단면의 어느 한 개의 부재력을 구하는 데 편리한 방법으로 3개 이하의 미지 부재력을 갖는 단면을 절단하여 힘의 3평형조건식을 적용함

(2) 해석순서

① 트러스 전체를 하나의 보로 생각하고 지점 반력을 계산함
② 부재력을 구하고자 하는 부재를 포함하여 미지의 부재력 수가 3개 이하가 되도록 가상적으로 단면을 절단함
③ 절단된 구조물의 어느 한쪽의 외력과 부재력에 대해서 힘의 평형 조건식을 적용하여 미지의 부재력을 산정함
④ 모든 부재는 인장력(+)으로 가정하고 계산하지만, 계산된 부재력의 부호가 (−)이면 압축재로 판명함

(3) 해석

① 반력산정

$$\sum V = 0 \rightarrow V_A + V_B = 3P$$
$$\sum M_B = 0$$
$$V_A \times 4l - P \times 3l - P \times 2l - P \times l = 0$$
$$V_A \doteq 1.5P(\uparrow) \quad V_B = 1.5P(\uparrow)$$

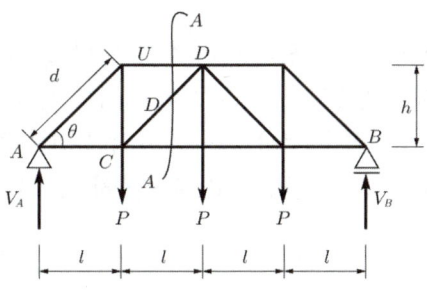

② 부재력 산정(A-A단면, 부재각 $\sin\theta = \dfrac{h}{d}$, $\cos\theta = \dfrac{l}{d}$)

　㉠ 사재의 부재력

　　$\sum V = 0$

　　$V_A - P + D\sin\theta = 0 \quad D = \dfrac{-V_A + P}{\sin\theta}$

　㉡ 상하현재의 부재력

　　$\sum M_C = 0$

　　$V_A \times l + U \times h = 0 \quad U = \dfrac{-V_A \times l}{h}$

　　$\sum M_D = 0$

　　$V_A \times 2l - P \times l - L \times h = 0$

　　$L = \dfrac{2V_A l - Pl}{h}$

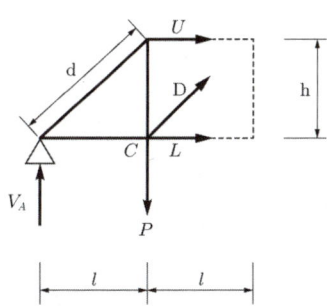

4. 트러스의 해석법(절점법)

(1) 일반사항

① 각 절점에 작용하는 외력과 부재 내에 생기는 부재력 사이에는 평형을 이룬다는 가정 하에 부재력을 계산함

② 모든 부재력 계산에 적용하며, 검산이 어려우며 처음 부재력 계산이 다른 부재력에 영향을 주는 특징이 있음

(2) 해석순서

① 트러스 전체를 하나의 보로 생각하고 지점 반력을 계산함
② 힘의 평형 조건식이 2개($\sum H = 0$, $\sum V = 0$)이므로, 미지의 부재력이 2개 이하인 절점부터 힘의 평형 조건식을 적용하여 미지의 부재력을 산정함
③ 모든 부재는 인장력(+)으로 가정하고 계산하지만, 계산된 부재력의 부호가 (−)이면 압축재로 판명함

(3) 해석

① 반력 산정

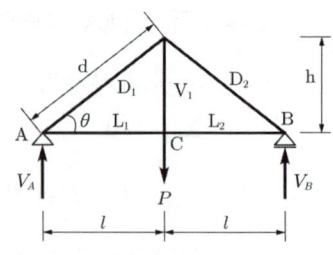

$\sum V = 0 \rightarrow V_A + V_B = P$

$\sum M_B = 0$

$V_A \times 2l - P \times l = 0$

$V_A = \dfrac{P}{2}(\uparrow) \qquad V_B = \dfrac{P}{2}(\uparrow)$

② 부재력 산정(부재각 $\sin\theta = \dfrac{h}{d}, \cos\theta = \dfrac{l}{d}$)

㉠ A점

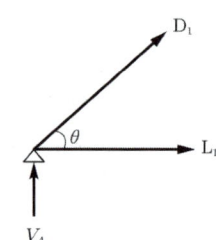

$\sum V = 0$

$V_A + D_1 \sin\theta = 0 \qquad D_1 = -\dfrac{V_A}{\sin\theta}$

$\sum H = 0$

$L_1 + D_1 \cos\theta = 0 \qquad L_1 = -D_1 \cos\theta$

㉡ C점

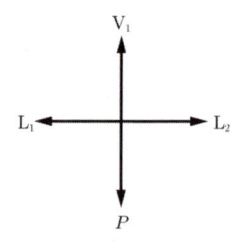

$\sum V = 0$

$V_1 - P = 0 \qquad V_1 = P$

$\sum H = 0$

$L_1 - L_2 = 0 \qquad L_1 = L_2$

제 7 절 | 라멘 및 아치

1 라멘(Rahmen)

1. 일반사항

각 부재가 강접합으로 연결되어 있어서 구조물에 외력이 작용해도 부재각이 변하지 않는 구조물을 라멘이라고 하며, 이러한 라멘 중에서 힘의 3평형조건식만으로 반력과 부재력을 구할 수 있는 라멘을 정정 라멘이라 함

(1) 정정 라멘의 종류

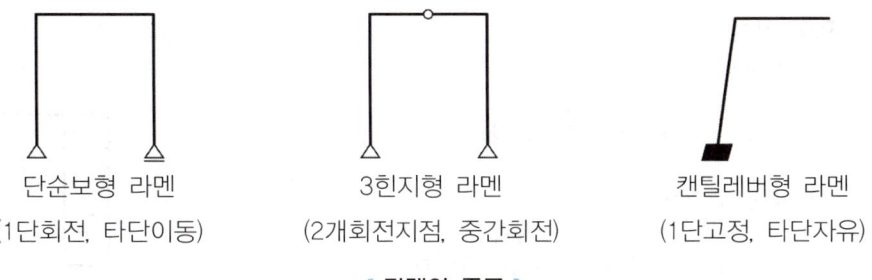

| 라멘의 종류 |

(2) 정정 라멘의 해법
① 힘의 3평형조건식을 이용하여 반력을 산정함
② 3힌지형 라멘의 경우에는 중간 힌지점의 모멘트가 0인 것을 이용함
③ 라멘 구조물은 안쪽에서 바깥쪽을 보고 해석하는 것을 원칙으로 함
㉠ 캔틸레버형 라멘은 자유단부터 해석함
㉡ 한 부재씩 왼쪽에서 오른쪽으로 해석함
④ 일반적으로 보의 축방향력 ↔ 기둥의 전단력, 보의 전단력 ↔ 기둥의 축방향력으로 상호 전달됨

(3) 정정 라멘의 해석순서

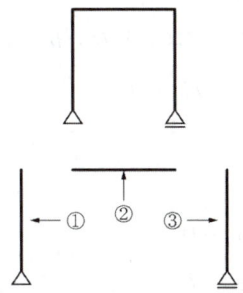

2. 정정라멘의 해석

(1) 단순보형 라멘

① 반력 산정

㉠ $\Sigma H = 0 \rightarrow \quad P = H_A(\leftarrow)$

㉡ $\Sigma V = 0 \rightarrow \quad V_A + V_D = 0$

㉢ $\Sigma M_D = 0$

$P \times h - V_A \times l = 0 \quad V_A = \dfrac{Ph}{l}(\downarrow)$

$\therefore V_D = \dfrac{Ph}{l}(\uparrow)$

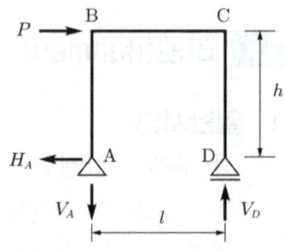

② 부재력 산정

㉠ 축방향력

ⓐ $N_{A-B} = V_A = \dfrac{Ph}{l}$ (인장)

ⓑ $N_{B-C} = 0$

ⓒ $N_{C-D} = -V_D = -\dfrac{Ph}{C}$ (압축)

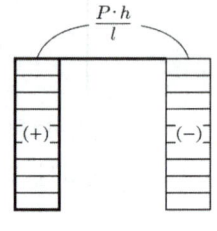

A.F.D

㉡ 전단력

ⓐ $V_{A-B} = H_A = P$

ⓑ $V_{B-C} = -V_A = -\dfrac{Ph}{l}$

ⓒ $V_{C-D} = 0$

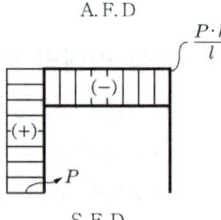

S.F.D

㉢ 휨모멘트

ⓐ $M_{A-B} = H_A \times x = P \times x$

$(x = 0 \; M_A = 0, \; x = h \; M_B = Ph)$

ⓑ $M_{B-C} = H_A \times h - V_A \times x = P \times h - \dfrac{Ph}{l} \times x$

$(x = 0 \; M_B = Ph, \; x = l \; M_C = 0)$

ⓒ $M_{C-D} = -V_A \times l + P \times x + H_A(h-x)$

$= -Ph + Px + Ph - Px = 0$

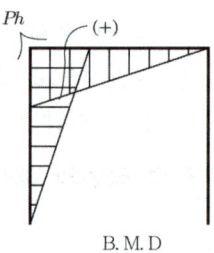

B.M.D

| 단순보형 라멘 |

(2) 3힌지형 라멘

① 반력 산정

㉠ $\Sigma H = 0 \rightarrow \quad H_A + H_F = 0$

㉡ $\Sigma V = 0 \rightarrow \quad V_A + V_F = P$

ⓒ $\Sigma M_F = 0$

　　$V_A \times 4l - P \times 3l = 0$

∴ $V_A = \dfrac{3}{4}P(\uparrow), \quad V_F = \dfrac{1}{4}(\uparrow)$

$\Sigma M_D = 0$

$V_A \times 2l - H_A \times h - P \times l$

$= \dfrac{3}{2}Pl - H_A h - Pl = 0$

∴ $H_A = \dfrac{Pl}{2h}(\rightarrow), \quad H_F = \dfrac{Pl}{2h}(\leftarrow)$

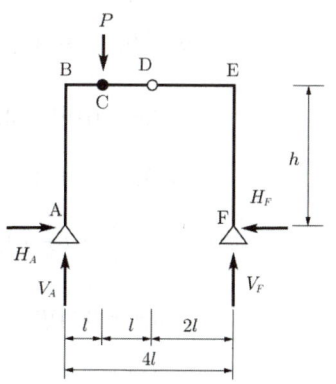

- Tip **3힌지형 라멘의 해석 특징**

① 수평하중이 없어도 수평반력이 생길 수 있음
② 중간힌지 절점의 모멘트가 0인 것을 이용하고, $\Sigma M = 0$인 곳은 4군데

② 부재력 산정
　ⓐ 축방향력
　　ⓐ $N_{A-B} = -V_A = -\dfrac{3}{4}P$(압축)
　　ⓑ $N_{B-E} = -H_A = -\dfrac{Pl}{2h}$(압축)
　　ⓒ $N_{E-F} = V_A - P = \dfrac{3}{4}P - P = -\dfrac{1}{4}P$(압축)

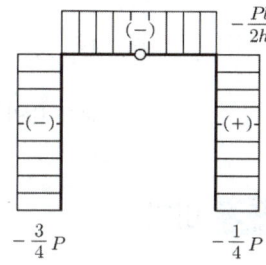

A. F. D

　ⓑ 전단력
　　ⓐ $V_{A-B} = -H_A = -\dfrac{Pl}{2h}$
　　ⓑ $V_{B-C} = V_A = \dfrac{3}{4}P$
　　ⓒ $V_{C-E} = V_A - P = \dfrac{3}{4}P - P = -\dfrac{1}{4}P$
　　ⓓ $V_{E-F} = H_A = \dfrac{Pl}{2h}$

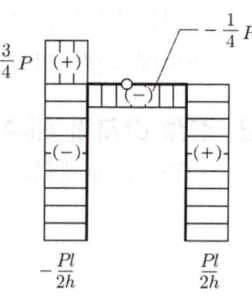

S. F. D

　ⓒ 휨모멘트
　　ⓐ $M_{A-B} = -H_A \times x = -\dfrac{Pl}{2h} \times x$

　　$(x = 0$이면 $M_A = 0, \ x = h$이면 $M_B = -\dfrac{Pl}{2})$

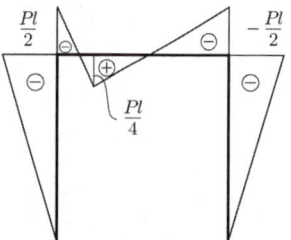

B. M. D

‖ 3힌지형 라멘 ‖

ⓑ $M_{B-C} = V_A \times x - H_A \times h = \frac{3}{4}Px - \frac{Pl}{2}$

   ($x=0$이면 $M_B = -\frac{Pl}{2}$, $x=l$이면 $M_C = \frac{Pl}{4}$)

ⓒ $M_{C-E} = V_A \times (l+x) - H_A \times h - P \times x$

   $= \frac{3}{4}P(l+x) - \frac{Pl}{2} - Px$

   ($x=0$이면 $M_C = \frac{Pl}{4}$이고, $x=l$이면 $M_D = 0$)

   ($x=3l$이면 $M_E = -\frac{Pl}{2}$)

ⓓ $M_{E-F} = V_A \times 4l - H_A \times (h-x) - P \times 3l$

   $= -\frac{Pl}{2h}(h-x)$

   ($x=0$이면 $M_E = -\frac{Pl}{2}$이고, $x=h$이면 $M_F = 0$)

ⓔ $M_{F-E} = -H_F \times x$

   ($x=0$이면 $M_F = 0$이고, $x=h$이면 $M_E = -\frac{Pl}{2}$)

2 아치

1. 일반사항
아치는 일반적으로 곡선 부재로 구성되며 아치 축선에 따라 직압력을 받게 되므로 축방향력에 의한 영향이 크고 전단력이나 휨모멘트의 영향은 비교적 적은 구조물을 말함

2. 정정 아치의 해석
반력 및 부재력의 산정은 정정 라멘의 경우와 같이 계산함

제8절 | 구조물의 변형

1 보의 처짐과 처짐각 해법

1. 처짐 및 처짐각 해법

기하학적 방법	• 모멘트 면적법	• 보, 라멘
	• 공액보법	• 모든 보, 라멘
	• 탄성곡선식(처짐곡선식법) ＝2중적분법, 미분방정식법	• 보, 기둥
에너지 방법	• 가상일의 방법(단위하중법)	• 모든 구조물
	• Castigliano의 제2정리	• 모든 구조물

2. 모멘트 면적법

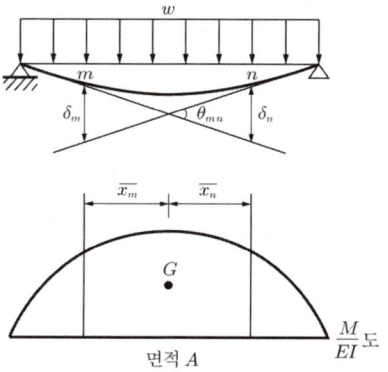

| 모멘트 면적법의 원리 |

(1) 모멘트 면적법 제1정리(처짐각 계산)

탄성곡선 위의 임의의 두 점 m과 n에서 그은 접선에서 이루는 각은 이 두 점 사이의 휨모멘트의 면적을 EI로 나눈 값과 같음

$$\theta = -\int_m^n \frac{M}{EI} dx = -\frac{A}{EI}$$

(2) 모멘트 면적법 제2정리(처짐 계산)

탄성곡선 위의 임의의 m점에서 그은 접선으로부터 탄성곡선 위의 다른 점 n점까지의 연직거리는 그 두 점 사이의 휨모멘트도 면적의 n점을 지나는 축에 대한 단면1차모멘트를 EI로 나눈 값과 같음

$$\delta_m = -\int_m^n \frac{M}{EI} \times x_m dx = -\frac{A}{EI} \times \overline{x_m}$$

$$\delta_n = -\int_m^n \frac{M}{EI} \times x_n dx = -\frac{A}{EI} \times \overline{x_n}$$

(3) 모멘트 면적법에서의 특징
① 계산된 처짐각은 탄성곡선상의 임의의 두 점에서 그은 접선이 이루는 상대 처짐각을 의미함
② 수직 처짐은 탄성곡선상의 임의의 한 점에서 다른 접선까지의 연직 거리임

(4) 기본적인 탄성하중의 도심과 면적

도형	직사각형	삼각형	2차곡선	2차곡선
도심 (x)	$\frac{1}{2}b$	$\frac{1}{3}b$	$\frac{1}{4}b$	$\frac{3}{8}b$
면적 (A)	bh	$\frac{1}{2}bh$	$\frac{1}{3}bh$	$\frac{2}{3}bh$

3. 공액보법

(1) 정의
실제 보를 공액보라는 가상의 보로 변화시킨 후 공액보에 탄성하중법의 원리를 적용시킬 수 있도록 단부의 조건을 변화시켜 처짐을 구하는 방법

(2) 공액보의 적용
① 단부의 조건
  ㉠ 고정단 ⇔ 자유단
  ㉡ 힌지지점 ⇔ 롤러지점
  ㉢ 중간롤러지점 ⇔ 중간힌지절점
② 단부조건도

실제보				
공액보				

(3) 해석순서
① 주어진 하중에 대한 휨모멘트를 계산해 휨모멘트도를 그림
② 주어진 보의 공액보에 휨모멘트를 하중으로 재하함
③ 휨모멘트 하중에 의해 반력, 전단력, 휨모멘트를 계산함
④ 구해진 전단력은 처짐각이 되고, 휨모멘트는 처짐이 됨
⑤ 처짐각 값이 (+)이면 ⌒ 이고, 처짐 값이 (+)이면 하향(↓)을 의미함

4. 가상일의 원리

(1) 일반식

$$\delta_{ik} = \int \frac{\overline{M}M}{EI}dx + \int \frac{\overline{P}P}{EI}dx + k\int \frac{\overline{V}V}{EI}dx$$

여기서, δ_{ik} : 구조물의 외력에 의한 임의의 위치에서 변위(처짐 또는 처짐각)

$\overline{M}$: 단위하중에 의한 부재단면의 휨모멘트

M : 작용하중에 의한 부재단면의 휨모멘트

$\overline{P}$: 단위하중에 의한 부재단면의 축방향력

P : 작용하중에 의한 부재단면의 축방향력

$\overline{V}$: 단위하중에 의한 부재단면의 전단력

V : 작용하중에 의한 부재단면의 전단력

k : 전단력에 대한 부재단면의 형상계수

5. 공액보법에 의한 처짐 및 처짐각 해석

(1) 단순보(중앙에 집중하중이 작용하는 경우)

① $V_A' = \dfrac{Pl}{4EI} \times \dfrac{l}{2} \times \dfrac{1}{2} = \dfrac{Pl^2}{16EI}$

$\theta = \dfrac{Pl^2}{16EI}$

② $M_c' = \dfrac{Pl^2}{16EI} \times \left(\dfrac{l}{2} - \dfrac{l}{6}\right) = \dfrac{Pl^3}{48EI}$

$\delta_c = \dfrac{Pl^3}{48EI}$

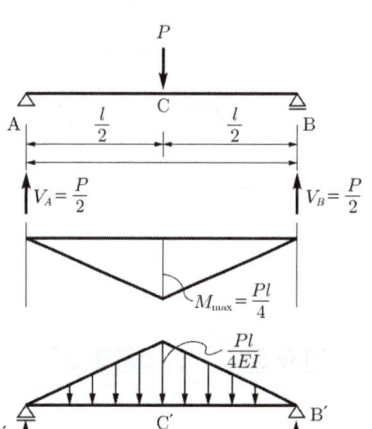

6. 보의 처짐각(θ)과 처짐(δ) 공식 요약

하중상태	처짐각	최대처짐(δ_{max})
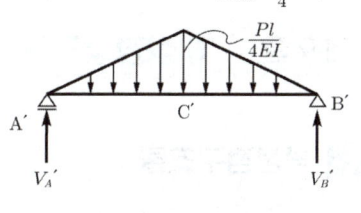	$\theta_A = -\dfrac{Pl^2}{2EI}$	$\delta_A = \dfrac{Pl^3}{3EI}$
	$\theta_A = -\dfrac{wl^3}{6EI}$	$\delta_A = \dfrac{wl^4}{8EI}$
	$\theta_A = -\dfrac{Ml}{EI}$	$\delta_A = \dfrac{Ml^2}{2EI}$

(그림: 단순보 중앙집중하중 P, C점, l/2, l/2)	$\theta_A = -\theta_B$ $= \dfrac{Pl^2}{16EI}$	$\delta_C = \dfrac{Pl^3}{48EI}$
(그림: 단순보 등분포하중 w, l)	$\theta_A = -\theta_B$ $= \dfrac{wl^3}{24EI}$	$\delta_C = \dfrac{5wl^4}{384EI}$
(그림: 단순보 단부모멘트 M, l)	$\theta_A = \dfrac{Ml}{3EI}$ $\theta_B = \dfrac{Ml}{6EI}$	$\delta_{max} = 0.064 \dfrac{Ml^2}{EI}$
(그림: 양단고정보 중앙집중하중 P, l)		$\delta_{max} = \dfrac{Pl^3}{192EI}$
(그림: 양단고정보 등분포하중 w, l)		$\delta_{max} = \dfrac{wl^4}{384EI}$

제 9 절 | 부정정구조물

1 부정정구조물

1. 정의 및 해석방법

구조물의 미지수가 3개 이상으로 힘의 평형 조건식만으로 구조물의 반력과 부재력을 구할 수 없는 구조물을 의미하며, 경계조건, 층방정식, 절점방정식 등을 이용해 부정정 여력을 구한 후 다시 정정구조로 해석함

2. 층방정식

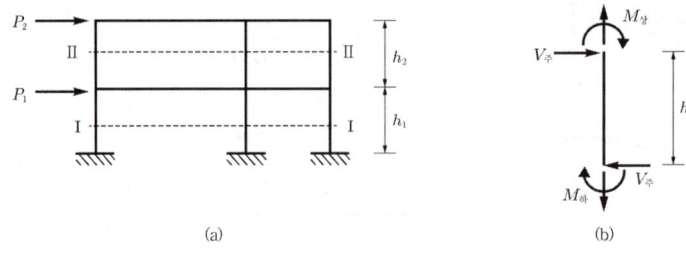

| 층방정식 |

수평하중에 의해 절점이 이동할 때는 절점각 이외에 부재각이 미지수로 추가되고, 따라서 각 층수에 해당하는 층방정식이 필요함

① 층전단력

각층의 전단력을 V_{II}, V_I 이라 하면 각각 단면 II-II, I-I로부터 상부에 있는 수평력의 총합을 의미함

$V_{II} = P_2 \qquad V_I = P_1 + P_2$

② 층모멘트

각층의 전단력(V)과 그 층의 높이(h)와의 곱을 층모멘트라 정의함

$M_{II} = V_{II} \cdot h_2 \qquad M_I = V_I \cdot h_1$

③ 층방정식

㉠ 각층의 전단력(V)은 그 층의 기둥에 분배되고, 각 기둥의 전단력($V_주$)의 합계는 그 층의 전단력(V)과 같음

$V_주 = V$

㉡ 그림 (b)에서 힘의 평형방정식에 의하여 $M_상 + M_하 + V_주 \cdot h = 0$ 이므로

$V_주 = -(\dfrac{M_상 + M_하}{h})$

2 부정정구조의 해석법

1. 변형일치법

부정정구조물에서 부정정차수와 같은 수의 지점반력이나 단면력을 적당히 작용시키거나 제거시켜서 정정구조물로 만든 후 정정구조물을 처짐이나 처짐각을 이용해 구조물을 해석하는 방법을 말함

(1) 개요

$\delta_B = \delta_{B_1} + \delta_{B_2} = 0$의 조건을 이용하여 V_B를 산정함

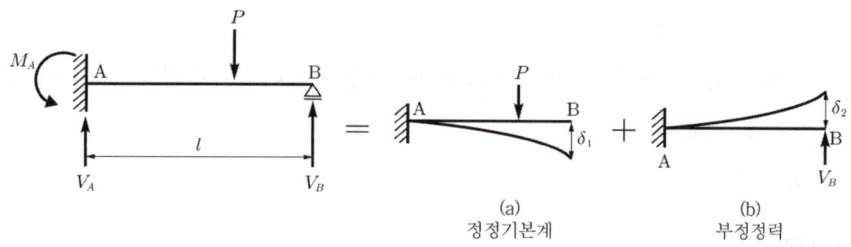

| 변형일치법 |

(2) 해법

① 부정정구조물에서 부정정차수와 같은 수의 지점반력이나 단면력을 적당히 작용시키거나 제거시킴

② 실제구조물에서 변위를 알고 있는 점의 변위를 실제하중과 부정정력에 대해 각각 적용하여 계산
③ 계산된 변위에 대한 적합조건식을 적용하여 부정정력을 구함
④ 실제구조물에 계산된 부정정력을 작용시킨 후 힘에 평형조건식을 사용하여 나머지 반력 부재력을 구함

2. 처짐각법

직선부재에 작용하는 하중과 하중으로 인해 절점에 생기는 절점각과 부재각을 함수로 표시한 기본식을 만든 후, 이 기본식을 이용하여 절점방정식과 층방정식에 의하여 미지수인 절점각과 부재각을 구하고 이 값을 기본식에 대입하여 재단모멘트를 구하는 방법

(1) 기본사항

① 재단모멘트(M)

부재의 양끝에 외부로부터 그 부재를 휘어지게 작용하는 모멘트를 말함

㉠ M_{AB} : A단에서 B단을 향해 가해지는 모멘트
㉡ M_{BA} : B단에서 A단을 향해 가해지는 모멘트
㉢ 부호는 시계방향을 정(+), 반시계방향을 부(−)로 함

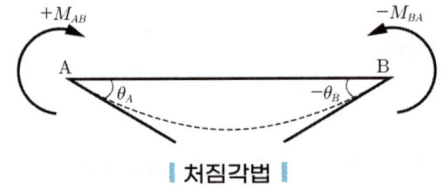

| 처짐각법 |

② 절점각(θ)

부재가 외력에 의해 변형하였을 때 변형 전의 부재축과 변형 후의 접선이 이루는 각을 의미함

③ 부재각(R)

㉠ 부재가 외력에 의해 변형하였을 때 변형 전의 부재축과 변형 후의 부재축이 이루는 각을 의미함
㉡ 그림에서 A, B단이 각각 δ_A, δ_B로 이동하였다면, 처짐 $\delta = \delta_B - \delta_A$이며 부재각($R$)은 다음과 같이 됨

$$R = \frac{\delta}{l}$$

④ 접선각(τ)

부재가 외력에 의해 변형하였을 때 변형 후의 접선과 변형 후의 부재축이 이루는 각을 의미함

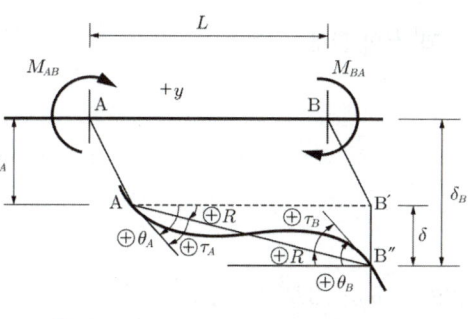

| 절점각, 부재각, 접선각의 정의 |

⑤ 강도(K)

$k = \dfrac{I}{l}$ (I : 단면 2차모멘트, l : 부재의 길이)

⑥ 표준강도(K_0)

임의의 부재를 표준재로 취하였을 경우의 강도를 말함

⑦ 강비(k)

$k = \dfrac{K}{K_0}$ (K : 강도, K_0 : 표준강도)

⑧ 하중항

　㉠ 부재 중간에 수직으로 작용하는 하중에 의해 고정단에 발생하는 반력 모멘트를 말함(시계방향을 정(+), 반시계방향을 부(−)로 표시)

　㉡ 기호 : 양단고정일 때(C), 일단고정 타단힌지일 때(H)

| 하중항 |

하중상태	휨모멘트도	하중항
P, l (양단고정)	C	$C = \dfrac{Pl}{8}$
P, l (일단힌지-타단고정)	H	$H = \dfrac{3Pl}{16}$
w, l (양단고정)	C	$C = \dfrac{wl^2}{12}$
w, l (일단힌지-타단고정)	H	$H = \dfrac{wl^2}{8}$

> **Tip** 하중항에서의 C와 H의 관계
>
> $H = \dfrac{3}{2}C$

(2) 처짐각법의 해법

① 기본식

$$M_{AB} = 2EK_{AB}(2\theta_A + \theta_B - 3R) + C_{AB}$$

$$M_{BA} = 2EK_{BA}(2\theta_B + \theta_A - 3R) + C_{BA} \qquad (K = \dfrac{I}{l})$$

② 실용식

기본식에서 아래와 같이 정리하면 실용식이 되고, 훨씬 많이 사용함

$2EK_{AB}\theta_A = \phi_A$

$2EK_{BA}\theta_B = \phi_B$

$2EK_{AB}(-3R) = \phi$

$K_{AB} = K_0 k_{AB}$

$$M_{AB} = k_{AB}(2\phi_A + \phi_B - \phi) + C_{AB}$$
$$M_{BA} = k_{BA}(2\phi_B + \phi_A - \phi) + C_{BA}$$

(3) 모멘트 분배법

휨모멘트를 근사적으로 구하는 방법으로 처짐각법과 같이 연립방정식이 아니라 단순한 반복계산에 의하여 휨모멘트를 구하는 방법

① 강도(K) $K = \dfrac{I}{l}$

② 강비(k) $k = \dfrac{K}{K_0}$ (K_0 : 기준강도)

③ 유효강비(k_e)

강비는 부재의 양단이 고정일 때를 기준으로 하여 정한 것인데 부재의 타단이 Hinge나 대칭인 경우에는 위의 강비를 수정하여 양단이 고정인 경우와 통일하여 사용하게 되는데 이 수정된 강비를 유효강비라고 함

| 유효강비(k_e)와 도달률 |

단부 및 변형조건	휨모멘트 분포	유효강비(k_e)	도달률
B단이 고정인 경우	M ⤴ A ▭▭▭▭ B $\dfrac{1}{2}M$	k	$\dfrac{1}{2}$

B단이 핀인 경우		$\frac{3}{4}k$	0
휨모멘트가 일정한 경우		$\frac{1}{2}k$	-1

④ 분배율과 분배 모멘트

　㉠ 분배율(μ)

　　여러 부재가 강접합된 한 절점에 모멘트 M이 작용하면 M은 각 부재의 유효강비에 비례하여 각 부재에 분배되며, 이 모멘트 M이 분배되는 비율을 분배율이라 정의함

$$\mu = \frac{\text{자신의 유효강비}}{\text{그 절점에 접한된 모든 부재의 유효강비의 합}} = \frac{k_e}{\sum k_e}$$

　㉡ 분배 모멘트

　　각 부재의 분배율에 의하여 재단에 분배된 모멘트

$$M' = \mu M = \frac{k}{\sum k_e} M$$

⑤ 전달률과 전달 모멘트

　㉠ 전달률($\frac{1}{2}$)

　　ⓐ 타단이 고정인 부재의 고정단에는 분배 모멘트의 1/2이 전달됨
　　ⓑ 타단이 힌지이거나 자유단이면 모멘트는 전혀 전달되지 않음

　㉡ 전달 모멘트

$$M'' = \frac{1}{2}M' = \frac{1}{2} \times \frac{k}{\sum k_e} M$$

⑥ 해법순서

　㉠ 강도($K = \frac{I}{l}$), 강비($k = \frac{K}{K_0}$) 계산

　㉡ 분배율(DF, μ)　　$\mu = \frac{k_e}{\sum k_e}$

　㉢ 고정단 모멘트(하중항 C)의 계산

　　$M_u = \sum C$

　㉣ 분배 모멘트 계산(M')

　　$M' = \mu M$

　㉤ 전달 모멘트 계산(M'')

　　$M'' = \frac{1}{2}M'$

3. 부정정구조물의 해석

(1) 이동-고정지점의 집중하중 작용 시

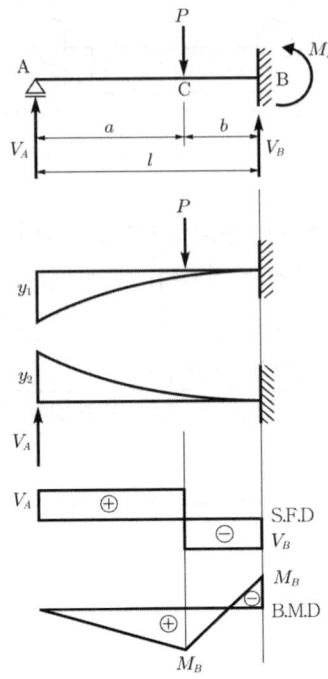

┃ 부정정구조물의 해석 ┃

A점이 지점이므로 $y_A = y_1 + y_2 = 0$

$$y_1 = \frac{Pb^2(3l-b)}{6EI} \qquad y_2 = \frac{-V_A l^3}{3EI} \qquad y_1 + y_2 = \frac{Pb^2(3l-b)}{6EI} - \frac{V_A l^3}{3EI} = 0$$

$$\therefore V_A = \frac{Pb^2(3l-b)}{2l^3}$$

$\sum V = 0 \qquad V_A + V_B = P$

$$\therefore V_B = P - V_A = P = \frac{Pb^2(3l-b)}{2l^3} = \frac{P(2l^3 - 3lb^2 + b^3)}{2l^3}$$

$\sum M_B = 0$

$-M_B + V_A l - Pb = 0$

$$\therefore M_B = V_A l - Pb = \frac{-Pb(l+a)}{2l^2}$$

부정정보의 휨모멘트 공식

하중상태	휨모멘트도	휨모멘트 공식	
		M_C 또는 M_D	M_B
양단고정보, 중앙 집중하중 P, $l/2$, $l/2$		$+\dfrac{Pl}{8}$	$-\dfrac{Pl}{8}$
양단고정보, 등분포하중 w		$+\dfrac{wl^2}{24}$	$-\dfrac{wl^2}{12}$
일단고정 타단힌지, 중앙 집중하중 P		$+\dfrac{5Pl}{32}$	$-\dfrac{3Pl}{16}$
일단고정 타단힌지, 등분포하중 w, $3l/8$, $5l/8$		$+\dfrac{9wl^2}{128}$	$-\dfrac{wl^2}{8}$
양단고정보, 집중하중 P, a, b		$+\dfrac{Pab^2}{l^2}$	$-\dfrac{Pa^2b}{l^2}$
양단고정보, 3등분점 집중하중 P, P, $l/3$, $l/3$, $l/3$		$+\dfrac{Pl}{9}$	$-\dfrac{2Pl}{9}$

제10절 | 보의 해석 및 설계

1 휨응력(Flexural Stress)

1. 정의
보가 외력(집중하중, 등분포하중)에 의해 휘게 되면 중립축을 중심으로 상부에는 압축응력이 하부에는 인장응력이 발생하며, 이때의 응력을 휨응력이라 함

2. 공식
① 휨응력

$$\sigma_b = \pm \frac{M}{I} y$$

여기서, σ_b : 휨응력도(N/mm^2)
  M : 휨모멘트
  I : 중립축에 대한 단면2차모멘트
  y : 중립축으로부터 휨응력을 구하고자 하는 지점까지의 거리

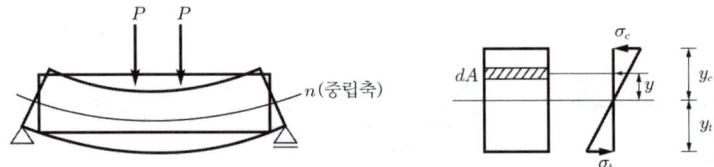

| 보의 휨응력도 |

② 최대 휨응력도
  ㉠ 최대 인장응력도

  $$\sigma_t = \frac{M}{I} \times y_t = \frac{M}{Z_t}$$

  ㉡ 최대 압축응력도

  $$\sigma_c = -\frac{M}{I} \times y_c = -\frac{M}{Z_c}$$

  여기서, y_t : 중립축에서 인장연단까지의 거리
    y_c : 중립축에서 압축연단까지의 거리
    Z_t : 인장측의 단면계수
    Z_c : 압축측의 단면계수
    I : 중립축에 대한 단면2차모멘트

2 전단응력(Shearing Stress)

1. 정의
① 전단력을 받는 보 부재는 보의 수평 및 수직인 면에 따라 미끄러짐이 일어나게 되고 각 요소들의 경계면에서 이러한 변형에 대응해서 발생하는 응력을 전단응력이라 함
② 전단응력은 항상 재축과 나란한 방향과 직각방향으로 직교하여 발생하고 그 크기는 서로 같음

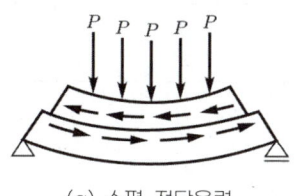

(a) 수평 전단응력　　　(b) 수직 전단응력

│ 수평 전단응력과 수직 전단응력 │

2. 공식
$$v = \frac{VQ}{Ib}$$

여기서, v : 중립축으로부터 y만큼 떨어진 지점의 전단응력도(N/mm^2, kN/mm^2)
　　　　V : 전단력(N, kN)
　　　　Q : 중립축에 대한 단면 1차모멘트
　　　　I : 중립축에 대한 단면 2차모멘트
　　　　b : 보의 폭

3. 평균 전단 응력과 최대 전단응력
① 실제 부재 설계에서 단면 내에 발생하는 전단응력의 크기는 일정하다고 가정함
② 평균 전단응력 : $v_{mean} = \dfrac{V}{A}$
③ 최대 전단응력은 평균 전단응력에 단면형상에 따라 결정되는 형상계수(k)를 곱하여 구할 수 있음
$$v_{\max} = k \times v_{mean} = k \times \frac{V}{A}$$

단면의 형상에 따른 전단응력 분포와 형상계수

단면의 형상과 전단응력 분포			
평균 전단응력도 (v_{mean})	$\dfrac{V}{bh}$	$\dfrac{V}{\dfrac{bh}{2}}$	$\dfrac{V}{\dfrac{\pi D^2}{4}}$
k	$\dfrac{3}{2}$	$\dfrac{3}{2}$	$\dfrac{4}{3}$

3 보의 단면설계

1. 보 단면설계의 순서
① 휨재의 단면설계는 외력에 의해 단면 내에 발생하는 휨응력도 및 전단응력도가 재료의 허용응력도보다 작도록 단면의 크기를 결정
② 진동, 균열, 처짐 등과 같은 사용성에 대해 안전성을 검토함

> • Tip 콘크리트조의 허용균열폭 결정사항
> ① 구조물의 사용목적   ② 소요내구성   ③ 환경조건

2. 휨응력에 대한 설계

$$\sigma_{\max} = \frac{M_{\max}}{Z} \leq f_b$$

여기서, $\sigma_{\max}$: 최대 휨응력도(N/mm^2, kN/mm^2)
$M_{\max}$: 최대 휨모멘트(Nm, kNm)
Z : 단면계수(mm^3)
f_b : 재료의 허용 휨응력도(N/mm^2, kN/mm^2)

3. 전단응력에 대한 설계

$$v_{\max} = k \times \frac{V_{\max}}{A} \leq f_s$$

여기서, $v_{\max}$: 최대 전단응력도(N/mm^2, kN/mm^2)
$V_{\max}$: 최대 전단력(N, kN)
A : 단면적(mm^2)
k : 단면형상계수
f_s : 재료의 허용 전단응력도(N/mm^2, kN/mm^2)

제 11 절 | 기둥 및 기초의 해석

1 단주의 해석

1. 일반사항
보통 재축과 평행한 방향으로 압축력을 받는 부재를 기둥이라고 하며, 이 중 길이에 비하여 단면이 큰 것으로 압축에 의해 지배되는 기둥을 단주라 함

2. 중심 축하중이 작용하는 경우
압축력이 단면의 도심에 작용하는 경우 단면 내에 발생하는 압축응력도는 다음과 같이 구함

$$\sigma_c = -\frac{P}{A}$$

여기서, P : 축방향 압축력(N, kN)
A : 기둥의 단면적(mm^2)

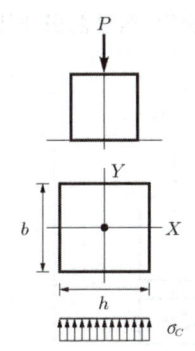

| 중심하중을 받는 단주 |

> **Tip** 단주와 장주의 비교
> ① 단주 : 좌굴의 영향 무시
> ② 장주 : 좌굴에 의해 지배

3. 편심하중이 작용하는 경우
압축력이 도심에서부터 편심거리 e만큼 떨어져 작용하는 경우 단면 내에는 압축응력뿐 아니라 편심에 의한 휨모멘트로 인해 휨응력이 추가로 발생하게 되며 다음 식으로 계산함

① 압축측의 최대응력도

$$\sigma_{max} = -\frac{P}{A} - \frac{M}{Z_c}$$

② 인장측의 최소응력도

$$\sigma_{\max} = -\frac{P}{A} + \frac{M}{Z_t}$$

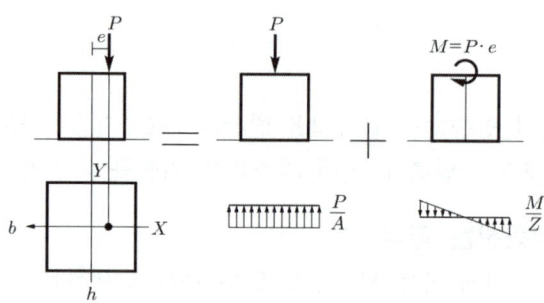

| 편심하중을 받는 단주 |

4. 편심하중의 작용점과 응력도

편심하중을 받는 단주에서 하중의 작용점이 도심에서 멀어짐에 따라 단면 내에 발생하는 인장응력은 점점 증가하게 됨

| 편심하중의 작용점과 단면 내의 응력도 |

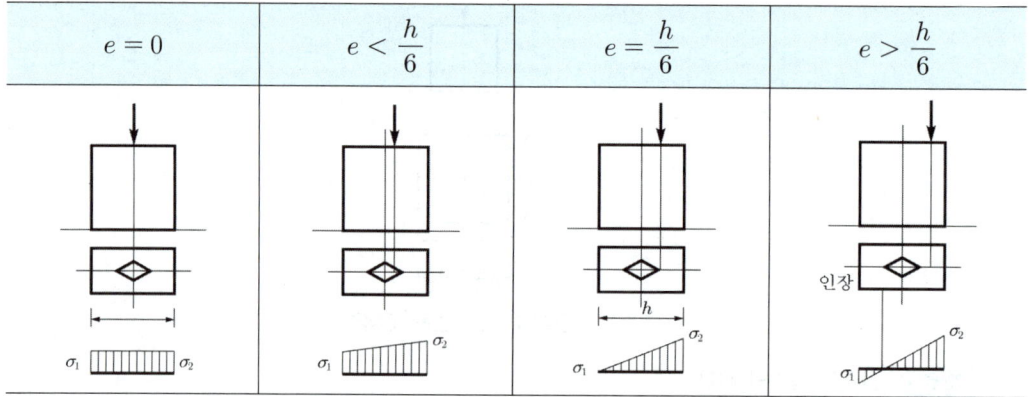

5. 단면의 핵

단면 내에 압축응력만이 일어나는 하중의 편심거리 한계점을 핵점이라고 하며, 핵점에 의하여 둘러싸인 부분을 핵이라고 정의함

① 단면의 핵

$$e = \frac{Z}{A}$$

여기서, Z : 단면계수
A : 단면적

② 기본 단면의 핵반경

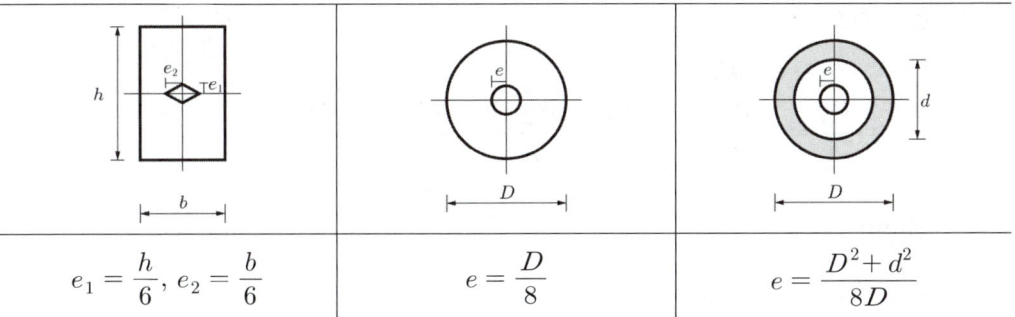

| $e_1 = \dfrac{h}{6}, e_2 = \dfrac{b}{6}$ | $e = \dfrac{D}{8}$ | $e = \dfrac{D^2 + d^2}{8D}$ |

2 장주의 해석

1. 일반사항

① 부재의 길고 가는 정도를 나타내는 세장비(Slenderness Ratio)가 일정한 값 이상이 되는 기둥을 의미하며, 기둥의 파괴가 좌굴(Buckling)에 의하여 지배되는 기둥
② 세장비(λ)란 기둥의 유효 좌굴길이(l_k)를 부재의 단면 2차반경(r)으로 나눈 값으로 정의함

2. 오일러(Euler)의 탄성좌굴

(1) 좌굴하중

$$P_{cr} = \frac{\pi^2 EI}{l_k^2}$$

여기서, E : 탄성계수
　　　　I : 단면 2차모멘트
　　　　l_k : 유효좌굴길이

(2) 유효 좌굴길이

부재 단부의 지지조건에 따른 유효좌굴 길이(l_k)는 다음과 같음

단부의 지지상태	양단고정	일단고정 타단 Pin	양단 Pin	일단 고정 타단 자유
l_k	$0.5l$	$0.7l$	$1.0l$	$2.0l$

(3) 좌굴응력도와 세장비
① 좌굴응력

$$\sigma_{cr} = \frac{P_{cr}}{A} = \frac{\frac{\pi^2 EI}{l_k^2}}{A} = \frac{\pi^2 EI}{l_k^2 A} = \frac{\pi^2 E r^2}{l_k^2} = \frac{\pi^2 E}{(\frac{l_k}{r})^2} = \frac{\pi^2 E}{\lambda^2}$$

② 세장비

$$\lambda = \frac{l_k}{r_{min}} = \frac{l_k}{\sqrt{\frac{I_{min}}{A}}}$$

여기서, l_k : 유효좌굴길이

r_{min} : 최소 단면2차반경

I_{min} : 최소 단면2차모멘트

㉠ 압축재의 경우 세장비의 값이 작을수록 큰 힘에 저항함

㉡ 장주의 좌굴방향은 세장비가 큰 축, 즉 단면 2차반경이 최소인 축을 기준으로 하여 단면 2차반경이 최대인 축과 같은 방향으로 휘어짐

③ 좌굴 방향

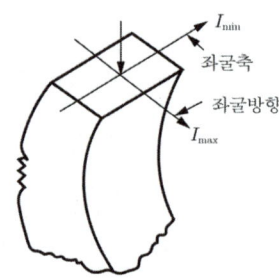

3 기초의 해석

1. 일반사항
상부하중을 지반에 전달할 목적으로 지중에 설치하는 구조물을 기초라고 정의함. 중심축 하중과 모멘트 하중이 동시에 작용하는 경우 기초판 저면에 인장응력이 발생하지 않는 상태에서 최대 압축응력이 허용지내력보다 작도록 설계함

2. 독립기초 저면의 응력도

(1) 응력도
기초의 응력에 대한 부호의 표시는 일반적인 것과 반대인데, 정(+)을 압축응력도, 부(-)를 인장응력도로 하며, 이것은 기초 저면의 응력도가 대부분 압축응력이기 때문임

$$\sigma_{max, min} = \frac{P}{A} \pm \frac{M}{Z}$$

(2) 기초 저면의 크기결정

$$\sigma_{max} = \frac{P}{A} + \frac{M}{Z} \leq f_e$$

여기서, f_e : 허용 지내력(N/mm^2)

(3) 독립기초 또는 편심기초를 설계할 때 수직압력만 받도록 하기 위한 방법
독립기초가 수직압력만 받기 위해서 또는 편심기초의 지내력이 균등하도록 하기 위해서 모멘트를 다른 부재가 받아주면 되므로 지중보의 크기를 증가시켜 모멘트를 분산하는 것이 효과적임

단원별 경향문제

01
그림과 같은 보의 단부(A점)와 중앙부(C점)에서의 휨모멘트 비율 $M_A : M_C$는?

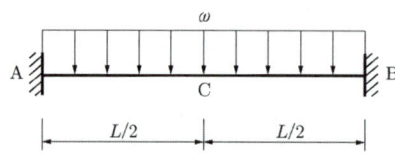

① 1 : 1
② 1 : 2
③ 2 : 1
④ 1 : 3

해설 답 ③

휨모멘트 비교

(1) 단부 모멘트(M_A) = $\dfrac{wl^2}{12}$

(2) 중앙 모멘트(M_C) = $\dfrac{wl^2}{24}$

(3) $M_A : M_C = \dfrac{wl^2}{12} : \dfrac{wl^2}{24} = 2 : 1$

02
다음 구조물의 부정정차수는?

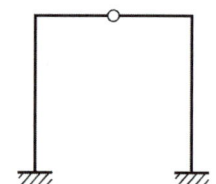

① 1차 부정정
② 2차 부정정
③ 3차 부정정
④ 4차 부정정

해설 답 ②

부정정차수 계산

$n = r + m + k - 2j$
여기서, r : 반력수(6)
m : 부재수(4)
k : 강절점수(2)
j : 절점수(5)
$n = 6 + 4 + 2 - 2 \times 5 = $ 2차 부정정

03
그림과 같이 캔탈레버보에서 집중하중 P가 작용하는 자유단에 생기는 처짐은? (단, 부재의 EI는 일정)

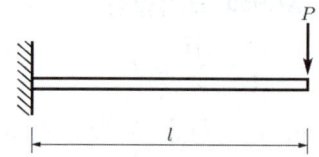

① $\dfrac{Pl^3}{3EI}$
② $\dfrac{2EI}{Pl^2}$
③ $\dfrac{Pl^3}{2EI}$
④ $\dfrac{Pl^2}{3EI}$

해설 답 ①

캔탈레버보의 처짐

$\delta = \dfrac{Pl^3}{3EI}$

04
기초 저면 2.5m×2.5m의 독립기초에 편심하중이 작용하여 축방향력 400kN(기초자중, 상재하중 및 흙의 중량 포함), 모멘트 120kNm를 받을 경우, 기초 저면의 편심거리는 얼마인가?

① 0.2m
② 0.3m
③ 0.4m
④ 0.5m

해설 답 ②

기초의 편심거리 계산

(1) $M = P \cdot e \rightarrow e = \dfrac{M}{P}$

(2) $e = \dfrac{120}{400} = 0.3\text{m}$

단원별 경향문제

05

길이가 10m이고, 단면이 3×3cm인 정사각형 단면의 강재에 인장력이 작용하여 길이가 0.6cm, 폭이 0.0006cm 변형되었다. 이때 강재의 푸아송비는?

① 1/2 ② 1/3
③ 1/3.5 ④ 1/4

해설　답 ②

푸아송비 계산

$$\nu = -\frac{\beta}{\epsilon} = -\frac{\frac{\Delta d}{d}}{\frac{\Delta l}{l}} = -\frac{l\Delta d}{d\Delta l}$$

$$= -\frac{1{,}000 \times (-0.0006)}{3 \times 0.6} = \frac{1}{3}$$

06

기둥에서 장주의 좌굴하중은 Euler공식으로부터 $P_{cr} = \pi^2 EI/(kl)^2$ 이다. 기둥의 지지조건이 양단힌지일 때 기둥의 유효길이계수 K는?

① 0.5 ② 0.7
③ 1.0 ④ 2.0

해설　답 ③

지지조건별 좌굴계수

구분				
l_k	2.0l	1.0l	0.7l	0.5l

Chapter 01 · 건축물과 구조역학　295

CHAPTER 02 일반구조

제1절 | 설계하중

1 설계하중

1. 장기하중과 단기하중

(1) 장기하중
   ① 고정하중 : 건축구조물 자체의 무게와 구조물의 생애주기 중 지속적으로 작용하는 수직하중
   ② 활하중 : 활하중은 점유·사용에 의하여 발생할 것으로 예상되는 최대의 하중이어야 함

(2) 장기하중의 구조기준
   ① 건축구조기준에 의한 용도별 등분포활하중
      ㉠ 도서관의 서고 : $7.5kN/m^2$
      ㉡ 일반사무실 : $2.5kN/m^2$
      ㉢ 학교의 교실 : $3.0kN/m^2$
      ㉣ 백화점 1층 : $5.0kN/m^2$
   ② 하중 관련 용어 정의
      ㉠ 부하면적 : 각 부재가 하중에 실제로 저항하고 있는 면적
      ㉡ 영향면적 : 각 부재가 영향을 미치는 면적
         ⓐ 기둥 및 기초 : 부하면적의 4배
         ⓑ 보 또는 벽체 : 부하면적의 2배
         ⓒ 캔틸레버 부분은 영향면적에 단순합산
         ⓓ 슬래브 : 부하면적
   ③ 활하중의 저감 : 영향면적이 $36m^2$ 이상인 경우 과다설계를 방지하기 위해 활하중에 다음과 같은 활하중저감계수(C)를 곱해 감소시킬 수 있음

   $$C = 0.3 + \frac{4.2}{\sqrt{A}}$$

   여기서, A는 영향면적

(3) 단기하중
① 풍하중
② 지진하중

(4) 단기하중의 구조기준
① 가스트영향계수
바람의 난류로 인해 발생되는 구조물의 동적 거동 성분을 나타내는 것으로 평균변위에 대한 최대변위의 비를 통계적인 값으로 나타낸 계수
② 건축물 전체에 작용하는 풍압력의 크기 산정요소
㉠ 풍속, 건축물의 높이, 건축물의 형태가 사용됨
㉡ 건축물의 중량은 풍압력과는 상관없고 지진하중의 밑면전단력과 관계 있음
③ 저층 강구조 장스팬 건물의 구조계획 시 고려사항
㉠ 층고, 지붕형태 등 건물의 형상 선정
㉡ 적절한 골조 간격의 선정
㉢ 강절점, 활절점에 대한 부재의 접합방법 선정
㉣ 풍하중에 의한 횡변위 제어방법은 고층 건축물의 구조계획의 고려사항
④ 건축구조별 특징
㉠ 가구식 구조는 부재 배치를 사각형보다 삼각형으로 해야 더욱 안정한 구조체가 된다.
㉡ 조적식 구조는 압축력에는 강하지만 횡력에 취약하다.
㉢ 조립식 구조는 부재를 공장에서 생산·가공하여 현장에서 조립하므로 공기가 짧다.
㉣ 일체식 구조는 비교적 균일한 강도를 가진다.
⑤ 건축구조 형식별 정의 및 특성
㉠ 골조 아웃리거 구조 : 고층건물의 구조형식 중에서 건물의 중간층에 대형 수평부재를 설치하여 횡력을 외곽기둥이 분담할 수 있도록 한 형식
㉡ 튜브 구조 : 건물의 외곽기둥을 일체화시켜 빈 상자형 캔틸레버와 같이 거동하게 함으로써 수평하중에 대한 건물 전체의 강성을 높이면서, 내부기둥은 수직하중만 지지하도록 하여 내부공간을 넓게 사용할 수 있도록 만든 구조형식
㉢ 스페이스 프레임 구조 : 트러스를 종횡으로 배치해 판을 구성한 구조이며, 재료에는 형강이나 강관을 사용하며 몇 개의 기둥으로 넓은 공간을 구성하는 데 사용됨
㉣ 라멘구조는 기둥, 보 및 바닥으로 구성되며, 철근콘크리트구조 또는 철골구조 등이 해당된다.
㉤ 벽식구조는 내력벽으로 하여 바닥과 일체로 구성되기 때문에 공동주택 등에 많이 이용되며, 철근콘크리트구조에 의한다.
㉥ 플랫 슬래브 구조는 보 없이 수직하중을 철근콘크리트 기둥 및 지판이 부담하는 구조이다.

ⓢ 트러스 절점은 모두 핀으로 되어 있으므로 트러스 부재는 휨모멘트는 모두 0이고, 축력(압축력, 인장력)만 받는 구조이다.
⑥ 건축물의 평면구조형식과 구조 종별에 대한 관계
㉠ 트러스 구조는 목구조와 강구조로 건축한다.
㉡ 튜브 구조는 현장타설철근콘크리트구조와 철골구조로 건축할 수 있다.
㉢ 절판구조는 철근콘크리트 구조 및 강구조 등에 사용할 수 있다.
㉣ 스페이스 프레임 구조는 강구조로 건축한다.

2 지진하중(Earthquake Loads)

1. 내진설계의 개념

(1) 구조계획 시 고려사항
① 형태가 단순하거나 평면과 입면이 대칭인 건물
② 인접한 층의 강성과 질량이 비슷한 건물

(2) 바람직한 파괴 양상
① 기둥보다는 보가 먼저 파괴
② 접합부보다는 부재의 중앙이 먼저 파괴
③ 취성파괴보다는 연성 파괴, 전단파괴보다는 휨 파괴

(3) 내진설계 시 검토 요소
① 지반의 특성
② 지진위험도
③ 구조물의 고유주기와 중요성
④ 정형, 비정형
⑤ 구조물의 연성

2. 지반의 분류

지반의 토질조건, 지질조건과 지표 및 지하 지형이 지반운동에 미치는 영향을 고려하기 위해 지반을 아래와 같이 5종으로 분류함

| 지반의 분류 |

지반 종류	지반종류의 호칭	상부 30m에 대한 평균 지반특성	
		전단파속도 (m/s)	표준관입시험 $\overline{N}$(타격횟수/300mm)
S_1	경암 지반	1,500 초과	—
S_2	보통암 지반	760~1,500	

S_3	매우 조밀한 토사 지반 또는 연암 지반	360~760	50 이상
S_4	단단한 토사 지반	180~360	15~50
S_5	연약한 토사 지반	180 미만	15 이하

3. 지반증폭계수

단주기 지반증폭계수(F_a)와 1초주기 지반증폭계수(F_v)는 경암 지반(S_1)에서 연약한 토사 지반(S_5)으로 이동함에 따라 증가함

4. 등가정적해석법

(1) 밑면전단력의 산정

$V = C_s W$

여기서, C_s : 지진응답계수

W : 고정하중과 아래에 기술한 하중을 포함한 유효 건물중량

(2) 지진응답계수

$$C_s = \frac{S_{D1} \times I_E}{R \times T}$$

위 식에서 산정한 지진응답계수는 다음 값을 초과하지 않아도 됨

$$C_s = \frac{S_{DS} \times I_E}{R}$$

그러나 지진응답계수는 다음 값 이상이어야 함

$C_S = 0.01$

여기서, I_E : 건물의 중요도계수

R : 반응수정계수

S_{DS} : 단주기 설계스펙트럼 가속도

S_{D1} : 주기 1초에서의 설계스펙트럼 가속도

T : 건물의 고유주기(초)

5. 지진력저항시스템

① 모멘트골조방식 : 수직하중과 횡력을 보와 기둥으로 구성된 라멘골조가 저항하는 구조방식

② 연성모멘트골조방식 : 횡력에 대한 저항능력을 증가시키기 위하여 부재와 접합부의 연성을 증가시킨 모멘트골조

③ 이중골조방식 : 횡력의 25% 이상을 부담하는 연성모멘트골조가 전단벽이나 가새골조와 조합되어 있는 구조방식

④ 건물골조방식 : 수직하중은 입체골조가 저항하고 지진하중은 전단벽이나 가새골조가 저항하는 구조방식

6. 지진하중 관련 구조기준

(1) 구조물의 내진보강 대책
   ① 구조물의 강도를 증가시킨다.
   ② 구조물의 연성을 증가시킨다.
   ③ 구조물의 중량을 감소시킨다.
   ④ 구조물의 감쇠를 증가시킨다.

(2) 내진등급별 허용층간변위(h_{sx}는 x층 층고)
   ① 내진 특등급 : $0.010h_{sx}$
   ② 내진 I등급 : $0.015h_{sx}$
   ③ 내진 II등급 : $0.020h_{sx}$

(3) 지진구역 및 지진구역계수
   ① 지진구역 I : 0.11g
   ② 지진구역 II : 0.07g

(4) 지역계수 S를 결정하는 지진위험도 기준 : 2400년 재현주기 지진

(5) 지진의 진도(Intensity)와 규모(Magnitude)의 특성
   ① 진도는 상대적 개념의 지진 크기이다.
   ② 규모는 장소에 관계없는 절대적 개념의 크기를 가지는 정밀한 값이다.
   ③ 진도는 사람이 느끼는 감각, 물체 이동 등을 계급별로 구분한다.
   ④ 규모는 지진계에 기록된 진폭을 진원의 깊이와 진앙까지의 거리 등을 고려하여 지수로 나타낸 것을 의미한다.

(6) 지진에 의하여 발생되는 현상 : 해일, 지반의 액상화, 단층의 이동

(7) 지진에 대응하는 제진(制震)의 특징
   ① 기존 건물의 구조형식에 좌우되지 않는다.
   ② 지반 종류에 의한 제약을 받지 않는다.
   ③ 대형 건물에 일반적으로 많이 적용된다.
   ④ 댐퍼 등을 사용하여 흔들림을 효과적으로 제어한다.

(8) 구조설계 단위에서의 구조계획 과정
   ① 건축물의 용도, 사용재료 및 강도, 지반 특성, 하중조건 등을 고려한다.
   ② 기둥과 보의 배치는 기둥 간격 및 층고, 설비계획도 함께 고려한다.
   ③ 지진하중이나 풍하중 등 수평하중에 저항하는 구조 요소는 평면 및 입면 상 균형을 고려하여 비틀림을 최소화하는 것이 유리하다.

④ 구조형식이나 구조재료를 혼용할 때는 강성이나 내력의 연속성뿐만 아니라 사용성에 영향을 미치는 진동에도 미리 대비한다.

제 2 절 │ 기초구조

1 기초구조의 정의 및 분류

1. 기초구조의 정의
기초구조란 기초 슬래브와 지정을 총칭한 것으로, 건축물의 상부하중(고정하중과 적재하중)과 동적하중(풍하중과 지진력) 등의 외력을 안전하게 지반에 전달하는 목적으로 지중에 설치된 구조를 말하며, 경미한 구조라도 기초의 저면은 지하동결선 이하에 두어야 함

2. 기초구조의 종류
(1) 기초판 형식에 의한 분류
푸팅기초(독립, 복합, 연속기초)와 온통기초로 구분됨
　① 독립기초
　　㉠ 기둥 1개의 하중을 독립으로 지반에 전달시키는 기초형식
　　㉡ 라멘조에서는 기초보를 두어 기둥의 부동침하 또는 이동을 방지하는 것이 좋음
　② 복합기초
　　㉠ 기둥 2개 또는 그 이상의 하중을 하나의 기초판으로 지반에 전달시키는 기초형식
　　㉡ 2개의 독립기초로 하면 너무 접근할 경우 또는 도심지의 인접 대지경계선에 접근해서 완전한 독립기초를 만들기 힘든 경우에 사용함
　③ 연속(줄)기초
　　기초가 연속해서 형성되어 벽 또는 일련의 기둥 하중을 지반에 전달시키는 기초형식(주로 조적구조에 적용)
　④ 온통기초
　　건물하부의 바닥 전체를 하나의 일체식 기초로 만들어 상부구조인 기둥에서 받은 하중을 지반에 전달시키는 기초형식(연약지반에서 부동침하를 줄이기 위한 가장 효과적)
　　지하수가 높은 지반에서도 유효한 기초방식이며, 기초판의 면적이 넓기 때문에 독립기초에 비하여 구조해석 및 설계가 훨씬 복잡하다.

> **Tip** 푸팅
>
> 기둥 또는 벽의 힘을 지중에 전달하기 위하여 기초가 펼쳐진 부분을 의미함

(2) 지정 형식에 의한 분류

기초 자체를 보강하거나 연약한 지반의 내력을 보강하기 위하여 지반다지기, 잡석다짐, 말뚝 또는 피어기초를 설치하는 것을 지정이라 함

① 직접기초
② 피어기초
③ 말뚝기초 : 지지하는 상태에 따라 마찰말뚝과 지지말뚝으로 구분됨
④ 잠함기초 : 구조물의 기초를 우물통형식으로 하여 무리 말뚝의 역할을 하도록 한 것

3. 기초구조 관련 구조기준

(1) 말뚝재료별 구조세칙(말뚝의 종류별 최소 간격 기준은 말뚝의 종류와 상관없이 2.5D로 개정되었음)

① 현장타설콘크리트말뚝을 배치할 때 중심간격은 말뚝머리지름의 2.0배 이상 또한 말뚝머리지름에 1,000mm를 더한 값 이상으로 한다.
② 나무말뚝은 갈라짐 등의 흠이 없는 생통나무 껍질을 벗긴 것으로 말뚝머리에서 끝마구리까지 대체로 균일하게 지름이 변화하고 끝마구리 지름이 120mm 이상의 것을 사용한다.
③ 기성콘크리트말뚝을 타설할 때 그 중심간격은 말뚝머리지름의 2.5배 이상 또한 750mm 이상으로 한다.
④ 매입말뚝을 배치할 때 그 중심간격은 말뚝머리지름의 2.0배 이상으로 한다.
⑤ 나무말뚝을 타설할 때 그 중심간격은 말뚝머리지름의 2.5배 이상 또한 600mm 이상으로 한다.
⑥ 강재말뚝을 타설할 때 그 중심간격은 말뚝머리의 지름 또는 폭의 2.0배 이상(다만, 폐단강관 말뚝에 있어서 2.5배) 또한 750mm 이상으로 한다.

(2) 말뚝기초의 시공

① 사질토에는 마찰말뚝의 적용이 가능하다.
② 말뚝내력의 결정방법은 재하시험이 정확하다.
③ 철근콘크리트 말뚝은 현장에서 제작 및 양생하여 시공할 수도 있다.
④ 마찰말뚝은 한 곳에 집중하여 시공하지 않는 것이 좋다.
⑤ 말뚝기초는 지반이 연약하고 기초상부의 하중을 지지하지 못할 때 보강공법으로 쓰인다.
⑥ 지지말뚝은 굳은 지반까지 말뚝을 박아 하중을 직접 지반에 전달하며 주위 흙과의 마찰력은 고려하지 않는다.

⑦ 마찰말뚝은 주위 흙과의 마찰력으로 지지되며 n개를 박았을 때 그 지지력은 n배가 되지 않고 n배보다 작게 된다. 그 이유는 마찰말뚝 사이에 마찰력의 상쇄 작용이 일어나 지지력을 감소시키기 때문이다.
⑧ 동일 건물에서는 서로 다른 종류의 말뚝을 혼용하지 않는다.
⑨ 기초판 상연에서부터 하부철근까지의 최소깊이는 300mm 이상으로 한다.

(3) 말뚝기초의 구조기준
① 말뚝은 압밀 등에 대한 침하를 고려하여야 한다.
② 말뚝기초의 허용지지력 산정은 말뚝만이 힘을 받는 것으로 계산하여야 한다.
③ 말뚝기초의 기초판 설계에서 말뚝의 반력은 중심에 집중된다고 가정하여 휨모멘트를 계산할 수 있다.

2 지반조사

1. 조사 항목
① 대지 내의 토층, 토질, 지하수위, 지반의 내력, 장애물 등
② 가장 중요한 항목 : 동결심도(동상의 영향이 없는 토양의 깊이)

2. 조사방법

(1) 시험파기
굳은 층이 얕거나 지층이 단단할 때 많이 사용되며, 토질시험에 필요한 흐트러지지 않는 시료(불교란 시료) 채취가 용이함

(2) 짚어보기
상부지층이 무르고 굳은 층이 비교적 얕을 때, 소규모 건물에서 이용됨

(3) 보링
지표면에서 땅속으로 구멍을 뚫고 물로 흙을 씻어 지상으로 끌어올려 시료를 채취하여 흙의 종류, 지하수위를 측정하고, 지반의 구성 및 토질시험용 시료채취를 목적으로 이용함

① 수세식
지중에 내외관을 설치하여 내관 끝에서 물을 뿜게 하여 외관 밑의 토사를 씻어내어 천공하는 방법으로 30m 정도까지의 연질층에 사용됨

② 충격식
지중에 철관을 설치하여 착공구를 단 보링대를 관 속에서 상하로 회전시켜 충격과 회전에 의해 토석을 분쇄 뚫은 다음 토사 채취 용구를 달아 넣어 관속의 토사를 끌어올리는 방법

③ 회전식

속이 빈 강철재의 절단기를 회전하여 구멍을 뚫고 지층을 원통모양으로 채취, 토사를 분쇄하지 않고 연속적으로 채취할 수 있어서 가장 정확한 방법임

(4) 사운딩(Sounding)

보링구멍을 이용하든지 직접 지표면에 정적 또는 동적으로 시험기를 떨어뜨려서 흙의 저항을 측정하고 그 위치의 물리적 성질을 측정하는 방법. 대표적인 방법으로 표준관입시험방법이 있음

① 표준관입시험(Penetration Test)

보링 구멍을 이용하여 로드(Rod) 끝에 샘플러를 달고 상단에 추를 떨구어 지반으로 30cm 관입시키는 데 필요한 타격 횟수 N을 구하여 지반의 밀도를 측정하는 방법
  ㉠ 추 무게 : 63.5kg
  ㉡ 낙하고 : 76cm

② 베인테스트 : 점토의 점착력(전단력)을 판별함

(5) 지내력시험

지반에 가장 적당한 기초를 결정하기 위해서 지반의 허용지내력을 파악하려고 시행하는 시험

① 용어 정의
  ㉠ 지내력 : 기초에 대한 지반의 내력
  ㉡ 허용지지력(허용지내력) : 지지력 또는 지내력에 안전율을 적용한 것

② 지내력시험(평판재하시험)
  ㉠ 매회의 재하는 1t 이하 또는 예정 파괴하중의 1/5 이하
  ㉡ 재하판의 크기는 보통 30~45cm 각형
  ㉢ 총 침하량이 2cm일 때의 압축응력도를 단기하중에 의한 허용지내력도로 하고 그 1/2를 장기 허용지내력도로 함
  ㉣ 24시간 경과 후의 침하의 증가가 0.1mm 이하로 될 때까지의 침하량을 총 침하량이라 함
  ㉤ 침하의 증가가 2시간에 0.1mm 이하일 때는 침하가 정지한 것으로 보고 다음 단계 재하를 함

③ 각종 지반의 허용 지내력도

지반의 허용지내력도는 지반조사 및 하중시험에 의하여 정하는 경우 이외에는 다음 수치를 적용해야 함

| 각종 지반에 대한 장기 허용 지내력도(kN/m^2) |

지반		장기 허용지내력	단기 허용지내력
경암반	화강암, 섬록암, 편마암, 안산암	4,000	장기응력에 대한 허용응력도의 각각의 수치의 2배로 함
연암반	판암, 편암 등의 수성암	2,000	
	혈암, 표반암 등의 암반	1,000	
자갈		300	
자갈, 모래의 혼합물		200	
모래 섞인 점토 또는 롬토		150	
모래 또는 점토		100	

④ 지중응력 분포도
  ㉠ 점토질 지반 : 중앙 부분이 응력 분포가 적어 침하가 먼저 일어남
  ㉡ 모래질 지반 : 점토질과는 반대로 양단부에서 침하가 먼저 일어남

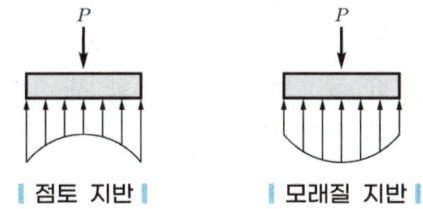

| 점토 지반 | | 모래질 지반 |

3 기초구조와 부동침하

1. 기초구조 시공 시 제한사항
① 지하실은 가급적 건물 전체에 균등히 설치하여 침하를 줄이도록 함
② 지중보를 충분히 크게 하여 강성을 높여 부동침하를 방지하도록 함
③ 말뚝공사로 인하여 인근건물이 밀려나지 않도록 유의함
④ 기초판(Footing)은 그 지방의 동결선 이하에 설치함

2. 부동침하
한 건물에서 부분적으로 서로 다르게 침하되는 현상으로 건물에 치명적이므로 주의해야 함

(1) 부동침하의 원인
① 지반이 연약한 경우
② 연약층의 두께가 다른 경우
③ 경사 지반인 경우
④ 건물이 이질 지층에 걸려 있는 경우
⑤ 건물이 낭떠러지에 접근되어 있는 경우

⑥ 부주의하게 일부 증축을 하였을 경우
⑦ 지하수위가 변경되었을 경우
⑧ 이질 지정을 하였을 경우
⑨ 지반이 메운 땅일 경우

(2) 부동침하의 대책
① 상부구조에 대한 대책
  ㉠ 건물의 길이를 짧게 할 것
  ㉡ 건물의 강성을 높일 것
  ㉢ 건물을 경량화할 것
  ㉣ 건물의 중량 분배를 고려할 것(부분 증축을 가급적 피할 것)
  ㉤ 인접 건물과의 거리를 멀게 할 것
② 하부구조에 대한 대책
  ㉠ 지하실을 설치할 것
  ㉡ 동일 건물의 기초에 이질 지정을 두지 않을 것
  ㉢ 기초 상호간을 강(Rigid)접합으로 연결할 것
  ㉣ 경질지반이 깊을 때는 마찰말뚝을 사용할 것
  ㉤ 경질지반에 기초판을 지지시킬 것

(3) 연약지반 관련 기타사항
① 액상화 : 포화사질토가 비배수상태에서 급속한 재하를 받게 되면 과잉간극수압의 발생과 동시에 유효응력이 감소하며, 이로 인해 전단저항이 크게 감소하는 현상
② 연약지반에 대한 대책
  ㉠ 지반개량공법을 실시한다.
  ㉡ 말뚝기초를 적용한다.
  ㉢ 온통기초를 적용한다.
  ㉣ 건물을 경량화한다.

제3절 | 목구조

1 목재의 접합

1. 이음과 맞춤 시의 주의사항
① 응력이 적은 곳에서 설치할 것
② 접합면은 필요 이상으로 가공 금지
③ 이음, 맞춤 단면은 응력의 방향에 직각으로 할 것
④ 부재는 될 수 있는 한 적게 깎아 낼 것
⑤ 응력이 균등히 전달되도록 할 것

2. 보강철물

(1) 보강철물의 종류
못, 나사못, 꺾쇠(Clamp), 볼트, 듀벨

(2) 듀벨의 특징
① 볼트와 병행하여 듀벨은 전단력에 볼트는 인장력에 저항함
② 듀벨의 배치는 동일 섬유방향에 엇갈리게 배치함

단원별 경향문제

01
다음 기초 구조에 대한 기술 중 옳지 않은 것은?
① 복합기초는 2개의 기둥을 1개의 기초판으로 받게 한 것이다.
② 잠함기초는 구조물의 기초를 우물통형식으로 하여 무리 말뚝의 역할을 하도록 한 것이다.
③ 연속기초는 건축물의 밑바닥 전부를 두꺼운 기초판으로 구성한 것이다.
④ 독립기초는 기둥을 단독으로 지지하는 것이다.

해설 답 ③
③은 온통기초에 대한 설명

02
기둥 또는 벽의 힘을 지중에 전달하기 위하여 기초가 펼쳐진 부분을 의미하는 것은?
① 지정   ② 푸팅
③ 피어   ④ 잔석

해설 답 ②
② 푸팅(Footing)에 대한 설명

03
기초의 분류에서 기초판의 형식에 의한 분류로 부적당한 것은?
① 독립기초   ② 복합기초
③ 온통기초   ④ 직접기초

해설 답 ④
기초판의 형식에 의한 기초의 분류
④ 직접기초는 기초의 지정 형식상 분류

04
건물의 부동침하 원인으로 거리가 먼 것은?
① 지반이 연약한 경우
② 이질기초를 한 경우
③ 지하실을 강성체로 설치한 경우
④ 경사지반에 놓인 경우

해설 답 ③
부동침하의 원인
③ 지하실을 강성체로 설치하면 부동침하를 줄일 수 있다.

단원별 경향문제

05
독립기초 설계 시 탄성체에 가까운 경질 점토에 하중이 작용하였을 경우 지중응력 분포도는?

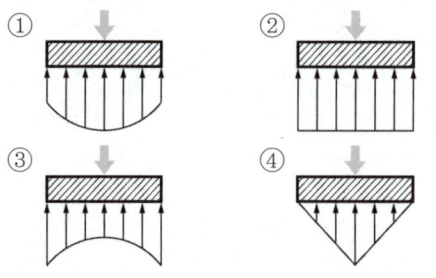

해설 답 ③

점토의 지중응력 분포도
점토의 지중응력분포 : 중앙부가 작고 주변부가 증가하는 형태인 ③번

06
도심지에 건축물의 기초를 설치할 경우 인접대지 경계선 부근에서 인접한 기초가 문제가 될 수 있다. 이때 사용할 수 있는 가장 적합한 기초는?
① 복합기초   ② 독립기초
③ 온통기초   ④ 줄기초

해설 답 ①
① 복합기초에 대한 설명

CHAPTER 03 철근콘크리트구조

제1절 구조설계

1 구조설계의 일반사항

1. 구조해석(Structural Analysis)

(1) 구조해석의 순서
① 구조설계를 위해서는 첫 번째로 구조물에 대해 구조해석을 진행함
② 구조해석은 먼저 외력에 대해 각 지점에서의 반력을 계산하고 그 반력에 따른 부재력을 계산함

(2) 구조해석의 산정
부재 내에 작용하는 부재력(축방향력, 전단력, 휨모멘트)을 부재의 단면적으로 나누어 준 값을 응력도(Stress)라 하며, 각각의 부재 내력에 해당하는 응력도를 산정함

① 수직응력(Normal Stress)
$$\sigma = \frac{축방향력}{부재의 단면적} = \frac{P}{A}(\text{N/mm}^2)$$

② 전단응력(Shear Stress)
$$v = \frac{전단력}{부재의 단면적} = \frac{V}{A}(\text{N/mm}^2)$$

③ 휨 응력(Bending Stress)
$$\sigma_b = \frac{M}{I}y = \frac{M}{Z}(\text{N/mm}^2)$$

2. 구조설계(Structural Design)

(1) 정의
외력에 의해서 단면 내에 발생하는 부재력보다 구조부재가 버틸 수 있는 내력이 크도록 재료의 강도, 단면치수 등을 결정하는 것을 말함

(2) 구조설계법의 종류
크게 허용응력 설계법(Allowable Stress Design)과 한계상태 설계법(Limited State Design), 극한강도 설계법(Ultimated Strength Design), 하중저항계수 설계법(Load & Resistance Factor Design)으로 구분됨

2 강도설계법

1. 일반사항

(1) 강도설계법은 근래 가장 많이 사용되고 있으며, 설계규준에는 다음과 같이 규정하고 있음

$\sum \alpha_i Q_i \leq \phi R_n$, $i = 1, 2, 3 ...$

여기서, α_i : 하중계수 ($\alpha_i > 1.0$)
Q_i : 여러 가지 하중(고정하중, 활하중, 풍하중, 지진하중 등)
ϕ : 강도감소계수($\phi < 1.0$)
R_n : 공칭강도(Nominal Strength)

(2) 하중계수의 규정목적

하중의 종합적 집중에 의한 과하중 상태를 가정하여 안전율을 적용함

(3) 강도감소계수의 규정 목적

① 부재의 중요성
② 파괴의 심각성
③ 치수의 부정확성
④ 재료의 불균질성
⑤ 시공의 부정확성

2. 소요강도와 설계강도

(1) 규준의 구조안전성

소요강도 ≤ 설계강도
$U \leq \phi R_n$

여기서, U : 소요강도
R_n : 공칭강도
ϕR_n : 설계강도

(2) 여러 가지 하중은 일반적으로 하중의 작용에 의하여 구조물에 생기는 모멘트, 전단력, 축력 등 부재 내력을 의미하므로 다음과 같이 나타낼 수 있음

$M_u \leq \phi M_n$
$V_u \leq \phi V_n$
$P_u \leq \phi P_n$
$T_u \leq \phi T_n$

여기서, M_u, V_u, P_u 및 T_u : 하중계수를 적용한 상태에서 휨, 전단, 축력 및 비틀림에 의한 소요강도
M_n, V_n, P_n 및 T_n : 휨, 전단, 축력 및 비틀림의 각각에 대한 공칭강도

3. 하중계수 및 하중조합

하중의 공칭 값과 실제 하중 사이의 차이 및 하중 해석상의 불확실성, 환경 등에 따른 안전계수로서 하중조합에 따른 하중계수는 다음과 같음

│ 하중조합 및 하중계수 │

① $U = 1.4(D+F)$
② $U = 1.2(D+F+T) + 1.6L + 0.5(L_r \text{ 또는 } S \text{ 또는 } R)$
③ $U = 1.2D + 1.6(L_r \text{ 또는 } S \text{ 또는 } R) + (1.0L \text{ 또는 } 0.5W)$
④ $U = 1.2D + 1.0W + 1.0L + 0.5(L_r \text{ 또는 } S \text{ 또는 } R)$
⑤ $U = 0.9D + 1.0W$
⑥ $U = 1.2D + 1.0E + 1.0L + 0.2S$
⑦ $U = 0.9D + 1.0E$

여기서, D : 고정하중
 E : 지진하중
 F : 유체의 중량 및 압력에 의한 하중
 H_h : 수평방향 수압과 토압
 H_v : 수직방향 수압과 토압
 L : 활하중
 L_r : 지붕활하중
 R : 강우하중
 S : 설하중
 T : 온도, 크리프, 건조수축 및 부등침하의 영향
 W : 풍하중

4. 강도감소계수

재료의 공칭강도와 실제 강도와의 차이, 부재를 제작 또는 시공할 때 설계도와의 차이, 그리고 부재 강도의 추정과 해석에 관련된 불확실성을 고려하기 위한 안전계수로서 다음과 같다.

강도감소계수

부재, 부재 간의 연결부 부재 단면력의 종류			강도감소계수(ϕ)
① 휨모멘트나 축력을 받는 단면 또는 휨모멘트와 축력을 동시에 받는 단면	㉠ 인장지배 단면		0.85
	㉡ 변화구간 단면	나선철근 보강 RC부재	0.70~0.85
		기타 RC부재	0.65~0.85
	㉢ 압축지배 단면	나선철근 보강 RC부재	0.70
		기타 RC부재	0.65
② 전단력과 비틀림모멘트			0.75
③ 포스트텐션 정착구역			0.85
④ 콘크리트의 지압력(포스트텐션 정착부나 스트럿-타이 모델은 제외)			0.65
⑤ 스트럿-타이 모델의 타이			0.85
⑥ 스트럿-타이 모델과 그 모델에서 스트럿, 타이, 절점부 및 지압부			0.75
⑦ 무근콘크리트의 휨모멘트, 압축력, 전단력, 지압력			0.55

5. 내구성 설계의 구조기준

(1) 철근콘크리트 구조설계 시 강도설계법의 특징
① 보의 압축측의 응력분포는 사다리꼴, 포물선 등의 형태로 본다.
② 규정된 허용하중이 초과될지도 모를 가능성을 예측하여 하중계수를 사용한다.
③ 재료의 변화, 시공 오차 등의 기술적인 면을 고려하여 강도감소계수를 사용한다.
④ 이 설계방법은 소성이론 하에서 이루어진 설계법이다(허용응력설계법은 탄성이론 하).

(2) 철근콘크리트 구조물의 내구성 설계
① 설계기준강도가 35MPa을 초과하는 콘크리트는 동해저항 콘크리트에 대한 전체 공기량 기준에서 1% 감소시킬 수 있다.
② 동해저항 콘크리트에 대한 전체 공기량 기준에서 굵은 골재의 최대치수가 25mm인 경우 심한 노출에서의 공기량 기준은 6.0%이다.
③ 바닷물에 노출된 콘크리트의 철근 부식방지를 위한 보통골재 콘크리트의 최대 물결합재비는 40%이다.
④ 철근의 부식방지를 위하여 굳지 않은 콘크리트의 전체 염소이온양은 원칙적으로 0.3kg/m^3 이하로 하여야 한다.

(3) 철근콘크리트구조의 내구성 설계기준에 따른 보수·보강 설계
① 손상된 콘크리트 구조물에서 안전성, 사용성, 내구성, 미관 등의 기능을 회복시키기 위한 보수는 타당한 보수설계에 근거하여야 한다.

② 보수・보강 설계를 할 때는 구조체를 조사하여 손상 원인, 손상 정도, 저항내력 정도를 파악한다.
③ 책임구조기술자는 보수・보강 공사에서 품질을 확보하기 위하여 공정별로 품질관리 검사를 시행하여야 한다.
④ 보강설계를 할 때에는 보강 후의 구조내하력 증가는 물론 사용성과 내구성 등의 성능도 고려해야 한다.

(4) 철근콘크리트구조물의 내구성 관련 동결융해에 저항하기 위한 전체공기량의 확보기준
  ① 동결융해의 노출등급
    ㉠ F0 : 동결융해에 노출되지 않음
    ㉡ F1 : 간혹 수분과 접촉하고 동결융해에 노출됨
    ㉢ F2 : 지속적으로 수분과 접촉하고 동결융해에 노출됨
    ㉣ F3 : 제빙화학제에 노출됨
  ② 굵은 골재의 최대치수(20mm)에 따른 공기량 기준
    ㉠ 노출등급 F1 : 5.0%
    ㉡ 노출등급 F2, F3 : 6.0%

제 2 절 | 철근콘크리트구조의 특성

1 일반사항

1. 철근콘크리트의 정의

철근콘크리트(Reinforced Concrete)란 철근을 배근하고 콘크리트를 부어 일체식으로 만든 라멘(Rahmen) 구조를 말함

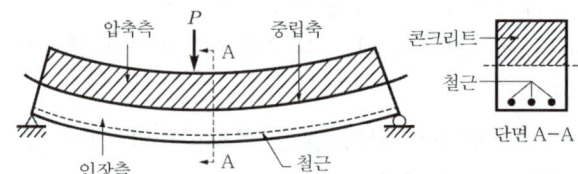

| 철근콘크리트 구조의 원리 |

2. 철근콘크리트의 성립 이유
① 알칼리성인 콘크리트 속에 매립된 철근은 부식이 되지 않아 내구성이 좋음
② 철근과 콘크리트의 선팽창계수가 거의 같음(신이 내린 재료)
   (1×10^{-5} = 1/100000 = 0.00001/℃)
③ 철근과 콘크리트의 부착강도가 커서, 일체로 외력에 작용함

3. 철근콘크리트의 보강 특성
① 철근콘크리트 구조물에서 압축응력은 콘크리트가 응력을 부담하고, 인장응력은 철근이 부담하는 것이 특징
② 철근과 콘크리트는 일체가 되어서 외력이 작용하더라도 철근과 콘크리트는 부착력에 의해 일체식 거동을 함
③ 전단력에 의한 사인장 균열에 대한 보강으로 늑근을 설치하여 균열 방지

4. 철근콘크리트의 장단점

(1) 장점
① 콘크리트 자체는 알칼리성이므로 철근이 부식되는 것을 방지함
② 콘크리트는 내화, 내구적이므로 철근을 보호하여 내화, 내구성, 내진성이 우수함
③ 진동과 소음이 적음
④ 시공 시 동절기 기후의 영향을 받을 수 있음
⑤ 건조수축에 의하여 변형이나 균열이 발생될 수 있음

(2) 단점
① 타 구조에 비해 자체중량이 무거움
   ㉠ 철근콘크리트 : $24kN/m^3$
   ㉡ 경량콘크리트 : $16~20kN/m^3$
② 습식구조이므로 시공 기간이 길며 강도계산이 복잡함
③ 균열 발생이 쉽고 국부적으로 파손되기 쉬움

5. 철근콘크리트의 용어 정의
① 공칭강도 : 강도설계법의 규정과 가정에 따라 계산된 부재나 단면의 강도로 강도감소계수를 적용하기 전의 강도
② 콘크리트 설계기준강도 : 콘크리트 부재를 설계할 때 기준이 되는 콘크리트의 압축강도
③ 계수하중 : 강도설계법으로 부재를 설계할 때 사용하중에 하중계수를 곱한 하중
④ 소요강도 : 철근콘크리트 부재가 사용성과 안전성을 만족할 수 있도록 요구되는 단면의 단면력
⑤ 복근비 : 인장철근량에 대한 압축철근량의 비율, As'/As

2 재료의 성질

1. 콘크리트

(1) 콘크리트용 재료

물 : 염분은 철근을 부식시키므로 염화물의 한도를 0.04% 이하로 규정하고 있음

(2) 탄성계수(E_c)

① 콘크리트의 탄성계수는 할선탄성계수라고 하고, 탄성범위 내에서 변형률에 대한 응력의 변화로 정의함

② 단위질량 $m_c = 2,300 \text{kg/m}^3$인 보통골재를 사용한 콘크리트의 탄성계수는 다음과 같이 구함

$$E_c = 8,500 \sqrt[3]{f_{ck} + \Delta f} \, (\text{MPa})$$

여기서, f_{ck} : 콘크리트의 설계기준압축강도(MPa)

$f_{ck} \leq 40 MPa$이면 $\Delta f = 4$

$f_{ck} \geq 60 MPa$이면 $\Delta f = 6$

(3) 크리프(Creep)

① 정의

콘크리트에 일정한 하중이 지속적으로 작용할 때 하중이 증가하지 않아도 변형은 시간과 더불어 증가하는 현상을 말함

② 증가 원인

㉠ 재하 하중이 클수록

㉡ 온도가 높고 습도가 낮을수록

㉢ 물시멘트비가 클수록

㉣ 단위시멘트량이 많을수록

㉤ 부피가 작을수록

㉥ 재하시기가 빠를수록

㉦ 부재의 경간 길이에 비해 높이가 작을수록

2. 철근

(1) 철근의 탄성계수

철근의 탄성계수는 항복강도에 관계없이 $E_s = 2 \times 10^5 MPa$을 사용함

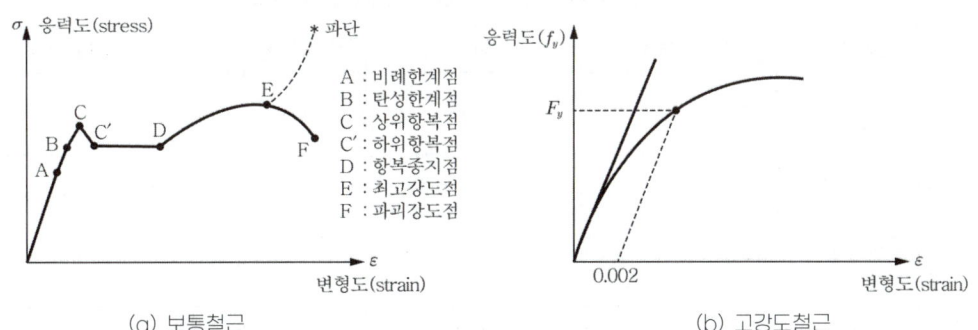

(a) 보통철근   (b) 고강도철근

| 철근의 응력−변형도 곡선 |

| 철근의 종류 및 기계적 성질 |

종류	기호	용도	항복점강도(MPa)
이형철근	SD300	일반용	300 이상
	SD350		350 이상
	SD400		400 이상
	SD500		500 이상
	SD600		600 이상
	SD700		690 이상
	SD400W	용접용	400 이상
	SD500W		500 이상

(2) 탄성계수비(n)

철근의 탄성계수 E_s를 콘크리트의 탄성계수 E_c로 나눈 값을 탄성계수비라 하고, 일반적으로 n으로 표시함(크기는 대략 6에서 13의 값을 보임)

$$n = \frac{E_s}{E_c}$$

(3) 철근의 피복

① 피복두께의 정의

콘크리트의 피복두께란 띠철근과 스터럽의 표면에서 철근을 감싸고 있는 콘크리트의 표면까지의 최단 거리를 말함

② 피복두께를 지정하는 이유

㉠ 철근이 부식되지 않도록 보호(내구성의 확보)

㉡ 철근의 화해(火害) 방지(내화성의 확보)

㉢ 철근의 부착력 확보

현장치기 콘크리트의 최소피복두께

표면조건	부재	철근	피복두께	비고
수중에서 타설하는 콘크리트	-	-	100mm	-
흙에 접하여 콘크리트를 친후 영구히 흙에 묻혀 있는 콘크리트	-	-	75mm	-
흙에 접하거나 옥외의 공기에 직접 노출되는 콘크리트	-	D19 이상	50mm	-
		D16 이하, 지름 16mm 이하 철선	40mm	
옥외의 공기나 흙에 직접 접하지 않는 콘크리트	슬래브, 벽체, 장선	D35 초과	40mm	
		D35 이하	20mm	
	*보, 기둥	모든 철근	40mm	보, 기둥 철근의 경우 $f_{ck} \geq 40MPa$이면 10mm 저감시킴
	쉘, 절판부재	모든 철근	20mm	

(4) 철근과 콘크리트의 부착강도에 영향을 주는 요인
① 이형철근이 원형철근보다 부착강도가 크다.
② 블리딩의 영향(에어포켓의 발생)으로 수평철근이 수직철근보다 부착강도가 작다.
③ 보통의 단위중량을 갖는 콘크리트의 부착강도는 콘크리트의 인장강도, 즉 $\sqrt{f_{ck}}$에 비례한다.
④ 피복두께가 크면 부착강도가 크다.

(5) 철근 가공 시 표준갈고리의 연장
① 주철근의 표준갈고리는 90° 표준갈고리와 180° 표준갈고리가 있다.
② 띠철근과 스터럽의 표준갈고리는 135° 표준갈고리와 90° 표준갈고리가 있다.
③ 주철근의 180° 표준갈고리는 구부린 끝에서 $4d_b$ 이상 또한 60mm 이상 더 연장하여야 한다.
④ 주철근의 90° 표준갈고리는 구부린 끝에서 $12d_b$ 이상 더 연장하여야 한다.
⑤ D16 이하의 띠철근이나 스터럽으로 90° 표준갈고리를 만드는 경우, 구부린 끝에서 $6d_b$ 이상 더 연장하여야 한다.
⑥ D19 이상 D25 이하의 띠철근이나 스터럽으로 90° 표준갈고리를 만드는 경우, 구부린 끝에서 $12d_b$ 이상 더 연장하여야 한다.
⑦ D25 이하의 띠철근이나 스터럽으로 135° 표준갈고리를 만드는 경우, 구부린 끝에서 $6d_b$ 이상 더 연장하여야 한다.

주철근		스터럽 및 띠철근	
철근 직경	최소내면반지름	철근 직경	최소내면반지름
		D10~D16	$2d_b$ 이상
D10~D25	$3d_b$ 이상	D19~D25	$3d_b$ 이상
D29~D35	$4d_b$ 이상	D29~D35	$4d_b$ 이상
D38 이상	$5d_b$ 이상	D38 이상	$5d_b$ 이상

3. 보강철근 관련 구조기준

(1) 철근콘크리트의 보강철근의 특성
① 보강철근으로 보강하지 않은 콘크리트(무근콘크리트)는 취성거동을 한다.
② 보강철근은 콘크리트의 크리프를 감소시키고 균열의 폭을 최소화시킨다.
③ 이형철근은 원형강봉의 표면에 돌기를 만들어 철근과 콘크리트의 부착력을 최대가 되도록 한 것이다.
④ 보강철근을 콘크리트 속에 매립함으로써 콘크리트의 휨강도를 증대시킨다.

(2) 철근의 부착력 결정요소
콘크리트 피복두께, 콘크리트 압축강도, 철근의 외부표면 돌기, 철근의 직경, 정착길이

(3) 철근의 부착력에 영향을 주는 요인
① 철근의 강도가 증가할수록 부착력은 낮아진다.
② 콘크리트의 강도가 증가할수록 부착력은 높아진다.
③ 수평철근에서 상부철근보다 하부철근의 부착력이 높아진다.
④ 지름이 큰 철근보다 동일 면적의 지름이 작은 여러 개의 철근을 사용하면 부착력이 높아진다.
⑤ 인장철근의 주장(길이)을 증가시키면 부착력은 높아진다.

(4) 철근콘크리트 압축부재의 축방향 주철근의 최소 개수
① 사각형/원형 띠철근 : 4개
② 나선철근 : 6개

(5) 나선철근 기둥의 구조기준
① 현장치기콘크리트 공사에서 나선철근 지름은 10mm 이상으로 하여야 한다.
② 나선철근의 순간격 25mm 이상, 75mm 이하이어야 한다.
③ 압축부재의 축방향 주철근 단면적은 전체 단면적의 0.01배 이상, 0.08배 이하로 하여야 한다.
④ 내진설계 시 휨모멘트와 축력을 받는 특수모멘트골조 부재의 축방향 철근의 최대철근비는 0.06으로 한다.

제 3 절 | 보의 휨해석 및 설계

1 개요

1. 휨해석의 일반사항
(1) 해석을 위한 가정
① 철근에 생기는 변형률은 같은 위치의 콘크리트에 생기는 변형률과 동일함
② 변형 전에 부재축에 수직한 평면은 변형 후에도 부재축에 수직함
③ 철근과 콘크리트 응력은 탄성범위 내에서 철근과 콘크리트의 응력-변형률로부터 계산할 수 있음
④ 휨부재를 구성하는 재료의 인장과 압축에 대한 탄성계수는 같음

(2) 설계를 위한 가정
① 콘크리트는 압축변형률이 극한변형률에 도달했을 때 파괴됨
② 콘크리트 압축연단의 극한변형률은 콘크리트의 설계기준압축강도가 40MPa 이하인 경우에는 0.0033으로 가정하며, 40MPa을 초과할 경우에는 매 10MPa의 강도 증가에 대하여 0.0001씩 감소시킴
③ 콘크리트는 인장응력을 지지하지 못한다고 가정
④ 콘크리트의 압축응력도-변형률 관계는 시험결과에 따라 직사각형, 사다리꼴 또는 포물선 등으로 가정할 수 있음
⑤ 철근과 콘크리트의 변형률은 중립축으로부터의 거리에 비례한다.
⑥ 철근의 극한변형률은 f_y/E_s로 본다.
⑦ 보의 휨응력은 중립축에서 0으로 최소이다.
⑧ 철근과 콘크리트의 응력은 철근과 콘크리트의 응력 - 변형도로부터 계산할 수 있다.

2 단근 보의 해석

1. 보의 내부 저항모멘트
① 철근콘크리트보에 외력에 의한 모멘트가 작용하여 부재가 휘게 되면 중립축을 기준으로 축방향과 나란하게 인장응력(하부)과 압축응력(상부)이 발생함
② 압축응력의 합력 C와 인장응력의 합력 T 사이의 우력이 내부 저항모멘트가 되어 외부모멘트와 평형을 이룸
③ 축방향 힘의 평형조건은 다음과 같음
$C = T$

④ 내부 저항모멘트는 다음 그림에서 C와 T 간의 거리를 jd로 하면 다음과 같이 정리할 수 있음

$M = C \times jd$

$M = T \times jd$

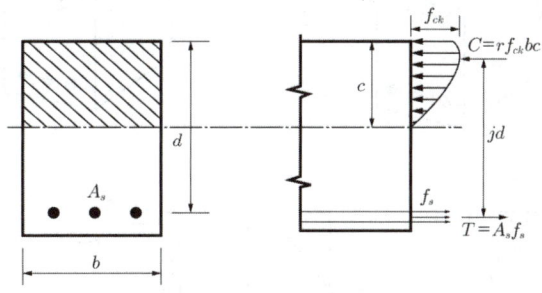

| 보의 내력과 저항모멘트 |

2. 등가응력블록의 산정

(1) 등가응력블록의 조건
① 실제 압축응력분포 면적과 장방형 응력블록의 면적은 같은 것으로 가정
② 실제 압축응력의 도심과 응력블록의 중심은 같은 위치에 있음

(2) 인장응력의 합력 T의 계산
① 콘크리트는 인장응력을 받지 못한다고 가정
② 인장철근의 응력 f_s와 단면적 A_s의 곱으로 산정

$T = f_s A_s$

(3) 압축응력의 합력 C의 계산
① 압축측에서 콘크리트의 응력분포는 극한상태에서 비선형 형태가 되어 압축응력의 합력(면적)을 구하는 것이 어려움
② 따라서 설계기준에서는 콘크리트의 응력분포를 그림 '철근콘크리트 보의 응력-변형률 분포' 속 (d)와 같은 장방형 등가 응력블록으로 바꾸도록 규정하고 있음

(4) 등가응력블록의 깊이(a)

$a = \beta_1 \times c$

① 이 식에서 c는 압축연단으로부터 중립축까지의 거리를 말함
② 계수 β_1은 콘크리트의 f_{ck}에 따라 다음과 같이 산정함

f_{ck}(MPa)	≤40	50	60	70	80	90
ε_{cu}	0.0033	0.0032	0.0031	0.003	0.0029	0.0028
β_1	0.80	0.80	0.76	0.74	0.72	0.70

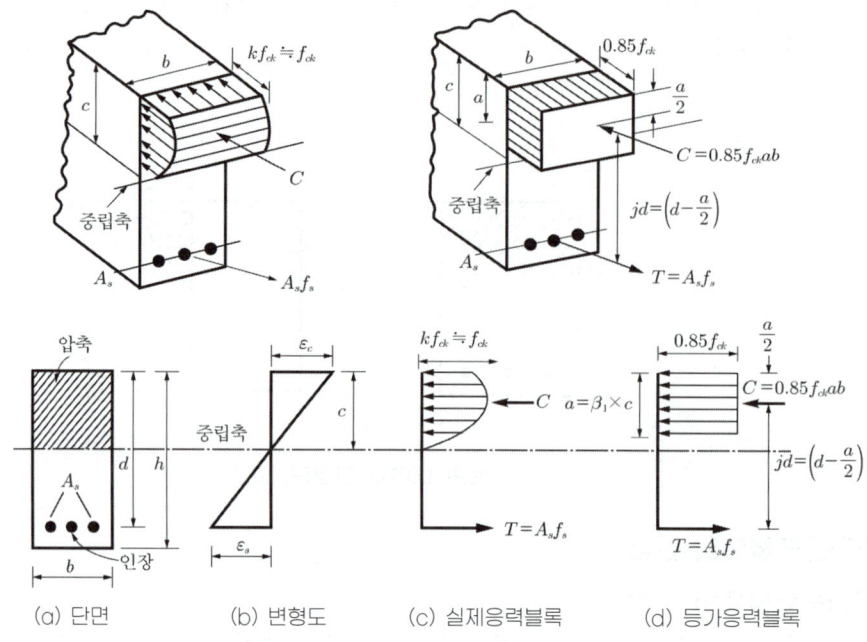

(a) 단면　　(b) 변형도　　(c) 실제응력블록　　(d) 등가응력블록

| 철근콘크리트 보의 응력-변형률 분포 |

3. 휨재의 변형률

(1) 철근의 항복변형률

$$\varepsilon_y = \frac{f_y}{E_s}$$

(2) 균형변형률 상태

인장철근의 변형률이 항복 변형률인 ε_y가 되었을 때, 동시에 콘크리트의 압축변형률이 극한변형률에 도달한 상태를 균형변형률 상태라 함

(3) 최외단 인장철근의 순인장변형률(ε_t)

공칭강도에서 최외단 인장철근 또는 최외단 긴장재의 순인장변형률에서 크리프, 건조수축, 온도변화 등에 의한 변형률을 제외한 계수하중에 의한 인장변형률을 말함

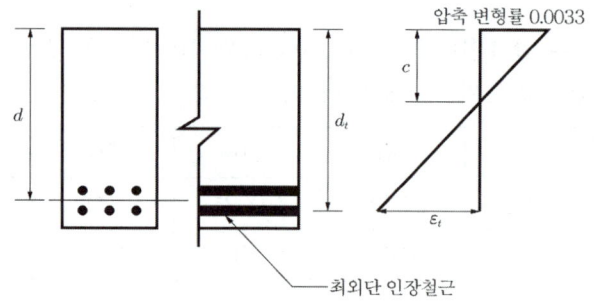

| 최외단 인장철근의 순인장변형률 |

$$\varepsilon_t = \frac{(d_t - c)}{c} \times 0.0033$$

4. 지배단면의 구분

압축콘크리트가 극한변형률에 도달했을 때 최외단 인장철근의 순인장변형률(ε_t)의 값에 따라 다음과 같이 구분함

(1) 인장지배단면
순인장변형률(ε_t)이 0.005와 $2.5\varepsilon_y$ 중 큰 값 이상인 경우의 단면

(2) 압축지배단면
순인장변형률(ε_t)이 항복변형률(ε_y) 이하인 경우의 단면

(3) 변화구간단면
순인장변형률(ε_t)이 인장지배단면과 압축지배단면 사이의 변형률인 단면

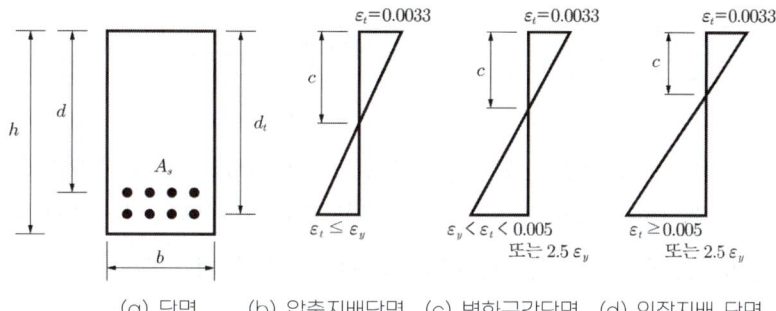

(a) 단면   (b) 압축지배단면   (c) 변화구간단면   (d) 인장지배 단면

┃ 변형률 한계와 강도감소계수 ┃

구분	강재 종류	인장지배단면	변화구간단면	압축지배단면
RC	SD400 이하	$\varepsilon_t \geq 0.005$	$\varepsilon_y < \varepsilon_t < 0.005$	$\varepsilon_t \leq \varepsilon_y$
	SD400 초과	$\varepsilon_t \geq 2.5\varepsilon_y$	$\varepsilon_y < \varepsilon_t < 2.5\varepsilon_y$	$\varepsilon_t \leq \varepsilon_y$
PSC	PS 강재	$\varepsilon_t \geq 0.005$	$0.002 < \varepsilon_t < 0.005$	$\varepsilon_y \leq 0.002$
강도감소계수(ϕ)		0.85	나선철근 0.70~0.85 기타 철근 0.65~0.85	나선철근 0.70 기타 철근 0.65

5. 휨재의 기타 구조제한

(1) 변화구간 단면의 강도감소계수(ϕ), ($f_y = 400MPa$일 때)

$$\phi = 0.65 + (\epsilon_t - 0.002) \times \frac{200}{3} (띠철근)$$

$$\phi = 0.70 + (\epsilon_t - 0.002) \times 50 (나선철근)$$

(2) 최소허용변형률(ϵ_{min})

휨부재의 연성을 확보하기 위한 최소허용변형률은 철근의 항복강도가 400MPa 이하인 경우 0.004로 하며, 철근의 항복강도가 400MPa을 초과하는 경우 $2\epsilon_y$로 함(ϵ_y : 철근의 항복변형률)

(3) 철근콘크리트 보의 사인장 균열의 특성
① 전단력 및 비틀림에 의하여 발생한다.
② 보의 축과 약 45°의 각도를 이룬다.
③ 주인장응력도의 방향과 사인장 균열의 방향은 직각을 이루는 것이 특징이다.
④ 보의 단부에 주로 발생한다.

6. 균형보(Balanced Beam)

(1) 철근비
철근 단면적에 대한 콘크리트 단면적의 비로 정의함

$$\rho = \frac{\text{철근의 단면적}}{\text{콘크리트의 단면적}} = \frac{A_s}{bd} \rightarrow \text{철근량 } A_s = \rho bd$$

(2) 균형보
압축측 콘크리트의 변형률이 극한변형률에 이르는 것과 인장철근의 응력이 항복점에 도달하는 것이 동시에 일어나도록 설계된 보를 말하며 이때의 철근비를 균형철근비라 함

(3) 균형철근비 : 보의 최대 인장철근비를 정하는 기본이 됨

$$\rho_b = \frac{\text{균형철근 단면적}}{\text{콘크리트 단면적}} = \frac{A_{sb}}{bd}$$

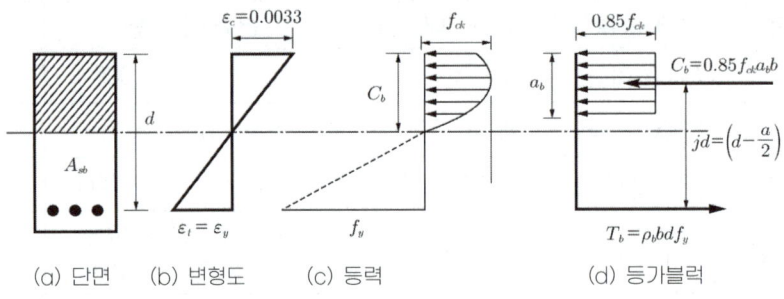

(a) 단면   (b) 변형도   (c) 응력   (d) 등가블럭

단근 직사각형 보의 균형상태

(4) 중립축의 위치
① 일반적인 경우 콘크리트의 설계기준압축강도 $f_{ck} \leq 50MPa$이므로 콘크리트의 최대 압축변형률 0.0033, 인장철근의 변형률은 $\varepsilon_y = f_y/E_s$가 되며, 중립축을 중심으로 선형분포를 보여 닮은꼴 삼각형이 되므로

$$\frac{c_b}{d} = \frac{\varepsilon_u}{\varepsilon_u + \varepsilon_y}$$

$$c_b = \frac{0.0033}{0.0033 + f_y/E_s}d$$

② 철근의 탄성계수는 강도와 관계없이 $E_s = 200,000 MPa$ 값을 가지므로 $0.0033E_s$는 660이 됨

$$c_b = \frac{660}{660 + f_y}d$$

(5) **등가응력블록의 길이**(a_b)

$$a_b = \beta_1 \times c_b$$

(6) **콘크리트의 압축내력**(C_b)

$$C_b = 0.85 f_{ck} \times a_b \times b$$

(7) **철근의 인장내력**(T_b)

균형철근비를 $\rho_b = \dfrac{A_{sb}}{bd}$로 하면, $A_{sb} = \rho_b \times bd$ 이므로

$$T_b = A_{sb}f_y = \rho_b \times bd \times f_y$$

(8) **균형철근비**(ρ_b)

축방향 힘의 평형조건은 $C_b = T_b$이므로 이 조건식에서 중립축의 위치인 $c_b = a_b/\beta_1$를 대입하여 정리하면 아래와 같음

$$\rho_b = (0.85\beta_1)\frac{f_{ck}}{f_y} \times \frac{660}{660 + f_y}$$

(9) **응력중심거리**(jd)

$$jd = d - \frac{a_b}{2}$$

(10) **공칭모멘트**(M_{nb})

$$M_{nb} = T_b \times \left(d - \frac{a_b}{2}\right), \qquad M_{nb} = C_b \times \left(d - \frac{a_b}{2}\right)$$

7. 최대 및 최소철근비

(1) **최대철근비**

① **정의** : 인장철근이 과도하게 보강된 경우에는 철근의 인장저항능력이 훨씬 높아 압축측 콘크리트의 취성파괴가 발생할 수 있으므로 연성파괴를 유도하기 위해 철근량을 제한할 필요가 있음

② 균형철근비를 이용한 최대철근비 계산
  ㉠ $\rho_{\max} = 0.726 \times \rho_b$ ($f_y = 400MPa$일 때)
  ㉡ $\rho_{\max} = 0.692 \times \rho_b$ ($f_y = 350MPa$일 때)
  ㉢ $\rho_{\max} = 0.658 \times \rho_b$ ($f_y = 300MPa$일 때)

(2) 최소철근비

① 철근비를 너무 작게 하여 설계된 보에서는 균열단면의 휨강도가 보에 균열을 일으키는 모멘트(균열모멘트)보다 작을 수 있으며, 이러한 경우 보는 균열이 생기면 취성파괴의 양상을 보임

② 규준에서는 이러한 점을 고려하여 최소철근비를 다음 값 이상으로 규정하고 있음

$$\rho_{\min} \geq \frac{0.25\sqrt{f_{ck}}}{f_y}, \quad A_{s,\min} = \frac{0.25\sqrt{f_{ck}}}{f_y} \times b_w d$$

$$\rho_{\min} \geq \frac{1.4}{f_y}, \quad A_{s,\min} = \frac{1.4}{f_y} \times b_w d$$

(3) 철근비와 보의 파괴형태

보의 철근비 관계와 파괴형태

보의 형태	철근비 관계	파괴형태	비고
① 최소 철근보	$\rho < \rho_{\min}$	콘크리트의 취성파괴	
② 균형 철근보	$\rho = \rho_b$	동시파괴	
③ 과소 철근보	$\rho < \rho_b$	철근의 연성항복	가장 바람직함
④ 과대 철근보	$\rho > \rho_b$	콘크리트의 취성파괴	

3 T형보

1. T형보의 개념

(1) 등분포하중을 받는 그림 'T형보의 개념 및 유효폭' 속 (a)와 같은 구조물을 가정함

(2) 단부(A-A)에서는 중립축을 기준으로 상부는 인장력, 하부는 압축력을 받게 됨 → 폭 b_w로 하는 장방형 보로 설계함

(3) 중앙부(B-B)에서는 중립축을 기준으로 상부는 압축력, 하부는 인장력을 받게 됨 → 유효폭 b_e로 하는 T형보로 설계함

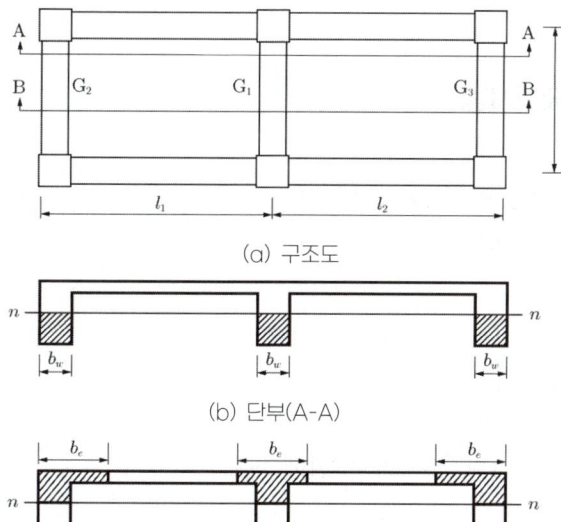

| T형보의 개념 및 유효폭 |

2. T형보의 유효폭(b) 산정

(1) 보의 양쪽에 슬래브가 있는 경우(가장 작은 값 이하)

① $b_e = 16h_f + b_w$

② $b_e =$ 양쪽 슬래브의 중심거리

③ $b_e = \dfrac{l}{4}$

(2) 보의 한쪽에만 슬래브가 있는 경우 또는 반T형보(가장 작은 값 이하)

① $b_e = 6h_f + b_w$

② $b_e =$ (인접보와의 내측거리 $\times 1/2$) $+ b_w$

③ $b_e = \dfrac{l}{12} + b_w$

여기서, b_e : T형보의 유효폭

h_f : 슬래브의 두께

b_w : 보의 웨브 폭

l : 부재의 스팬

4 보의 설계

1. 보의 설계 시 제한사항

(1) 철근 배근간격

① 1단 배근 시 철근의 순간격(p)

　㉠ 공칭지름 d_b 이상

　㉡ 25mm 이상

　㉢ 굵은 골재 최대 치수(G)의 4/3배 이상

② 2단 이상 배근 시

　㉠ 단 사이의 순간격은 25mm 이상

　㉡ 상단철근은 하단철근 바로 위에 배근

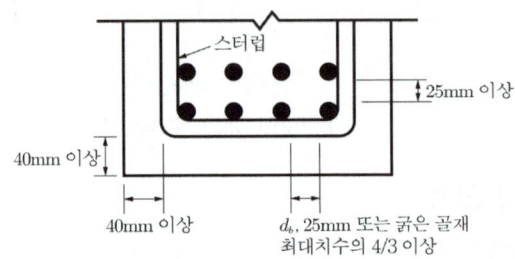

| 보의 피복두께 및 철근간격 |

③ 나선철근 또는 띠철근이 배근된 압축부재에서 축방향철근의 순간격

　㉠ 공칭지름 $1.5d_b$ 이상

　㉡ 40mm 이상

　㉢ 굵은 골재 최대 치수(G)의 4/3배 이상

④ 주근 개수에 따른 철근 배근 폭(b)

$b = 2a + nd_b + (n-1)p + 2r$

여기서, a : 콘크리트 표면에서 주근 표면까지의 거리(피복두께+늑근직경)

　　　　n : 주근 개수

　　　　d_b : 주근 직경

　　　　p : 주근의 순간격(d_b, 25mm, $4/3G$ 이상)

　　　　r : 전단철근의 구부림 내면반지름으로 인해 증가된 길이

2. 보 설계의 기타 구조제한

(1) 콘크리트 구조설계 시 철근의 간격 제한

① 벽체 또는 슬래브에서 휨 주철근의 간격은 벽체나 슬래브 두께의 3배 이하로 하여야 하고, 또한 450mm 이하로 하여야 한다.

② 상단과 하단에 2단 이상으로 배치된 경우 상하 철근은 동일 연직면 내에 배치되어야 하고, 이때 상하 철근의 순간격은 25mm 이상으로 하여야 한다.
③ 나선철근 또는 띠철근이 배근된 압축부재에서 축방향 철근의 순간격은 40mm 이상, 또한 철근 공칭지름의 1.5배 이상으로 하여야 한다.
④ 2개 이상의 철근을 묶어서 사용하는 다발철근은 이형철근으로, 그 개수는 4개 이하이어야 하며, 이들은 스터럽이나 띠철근으로 둘러싸여야 한다.

(2) 하중 전달순서
슬래브 - 작은 보 - 큰 보 - 기둥 - 기초

(3) 강도설계법에서의 깊은 보 : 순경간 L_n이 부재깊이의 4배 이하인 부재

(4) 철근콘크리트 부재의 휨해석
① 콘크리트의 인장강도는 철근콘크리트 부재 단면의 축강도와 휨강도 계산에서 무시할 수 있다.
② f_{ck} = 28MPa인 경우 휨모멘트 또는 휨모멘트와 축력을 동시에 받는 부재의 콘크리트 압축연단의 극한변형률은 0.0033으로 가정한다.
③ 강도설계법에서는 취성파괴보다는 연성파괴를 유도하도록 설계의 초점을 맞추고 있다.

제 4 절 | 보의 전단설계

1 보의 전단설계 기준식

1. 전단설계 방정식
① 전단을 받는 단면의 설계는 다음 식을 기본으로 함
$$V_u \leq \phi V_n = \phi(V_c + V_s)$$
여기서, V_u : 계수하중에 의한 전단력
V_c : 콘크리트에 의한 전단강도
V_s : 전단 보강근에 의한 전단강도
V_n : 부재의 공칭 전단강도
② $\sqrt{f_{ck}}$ 값은 특별한 경우를 제외하고는 $8.4MPa$ 이하로 함

2. 콘크리트의 전단강도(전단력과 휨모멘트가 작용할 때)

$$V_c = \frac{1}{6}\lambda\sqrt{f_{ck}} \times b_w d$$

여기서, λ : 경량콘크리트 계수
- 모래경량 콘크리트 $\lambda=0.85$
- 보통중량 콘크리트 $\lambda=1.0$

3. 전단철근의 전단강도

(1) 전단철근(스터럽)의 전단강도(부재축에 직각인 전단철근을 사용하는 경우)

$$V_s = \frac{A_v f_{yt} d}{s}$$

여기서, A_v : s 거리 내의 전단철근 1조의 단면적(mm^2)
　　　　s : 전단철근(스터럽)의 간격(mm)

(2) 전단철근(스터럽)의 간격

$$s = \frac{A_v f_{yt} d}{V_s} = \frac{\phi A_v f_{yt} d}{V_u - \phi V_c}$$

여기서, f_{yt} : 전단보강철근의 항복강도

4. 전단철근 상세

① 전단철근으로서 다음과 같은 철근이 사용될 수 있음
　㉠ 부재축에 직각인 스터럽이나 용접철망
　㉡ 주인장 철근에 45° 이상의 각도로 설치되는 스터럽
　㉢ 주인장 철근에 30° 이상의 각도로 구부린 굽힘철근
　㉣ 스터럽과 굽힘철근의 조합
　㉤ 나선철근

② 전단철근의 설계기준 항복강도는 $500MPa$ 이하로 함. 다만, 용접이형철망을 사용한 경우는 $600MPa$ 이하로 함

③ 전단철근(늑근, 띠철근)의 사용 목적
　㉠ 전단력에 의한 전단균열 방지
　㉡ 철근조립의 용이성
　㉢ 주철근의 고정, 주철근의 좌굴 방지

5. 최소 전단철근량

① 계수 전단력 V_u가 콘크리트의 전단강도 ϕV_c의 1/2을 초과하는 모든 철근 콘크리트 휨재는 다음의 경우를 제외하고는 최소 단면적의 전단철근을 배근해야 함
　㉠ 슬래브와 기초판
　㉡ 장선구조물

ⓒ 보의 전체 춤이 250mm, 플랜지 두께의 2.5배 또는 웨브폭의 1/2 중 최댓값 이하인 보
② 전단철근의 없이도 계수 휨 모멘트와 전단력에 저항할 수 있다는 것을 실험에 의해 확인할 수 있다면 최소 전단철근은 적용하지 않을 수 있음
③ 최소 전단철근량

$$A_{u,\min} = 0.0625\lambda\sqrt{f_{ck}}\frac{b_w s}{f_{yt}} \geq 0.35\frac{b_w s}{f_{yt}}$$

여기서, b_w와 s의 단위는 mm를 사용함

제 5 절 | 보의 처짐 검토

1 보의 처짐

1. 균열모멘트(M_{cr})
① 보의 인장측에 균열을 처음 발생시키는 모멘트를 균열모멘트라고 함
② 보의 폭 b이고, 춤 h인 장방형보의 균열모멘트

$$M_{cr} = \frac{I_g \times f_r}{y_t} = Z \times f_r$$

여기서, $f_r = 0.63\lambda\sqrt{f_{ck}}$: 휨 인장강도
　　　　y_t : 도심에서 인장연단까지의 거리
　　　　I_g : 콘크리트만 계산한 보의 전단면에 대한 단면2차 모멘트
　　　　Z : 탄성단면계수

2. 즉시처짐(탄성처짐)
(1) 등분포 하중을 받는 단순보의 중앙부 최대 처짐

$$\triangle = \frac{5wl^4}{384EI}$$

(2) 등분포 하중을 받는 양단고정보의 중앙부 처짐

$$\triangle = \frac{wl^4}{384EI}$$

여기서, E : 콘크리트의 탄성계수 E_c를 사용함
　　　　I : 단면 2차 모멘트로서 보의 휨 균열에 따라 변함

① 인장측 콘크리트에 균열이 발생하지 않을 경우
   전단면에 대한 단면 2차모멘트 I_g 사용
② 보에 작용하는 모멘트가 균열모멘트보다 클 경우
   유효 단면 2차모멘트 I_e 사용

3. 장기처짐

휨재의 크리프와 건조수축에 의한 추가 장기처짐을 단기하중에 의해 생긴 즉시처짐에 다음의 계수를 곱하여 계산함

$\triangle_t = \lambda_\triangle \triangle_i$

여기서, $\triangle_t$: 장기처짐
        $\lambda_\triangle$: 하중의 재하 기간에 따른 계수
        $\triangle_i$: 즉시처짐

$\lambda_\triangle = \dfrac{\xi}{1+50\rho'}$

여기서, ρ' : 압축철근비($\rho' = A_s'/bd$)

| 시간경과계수(ξ) |

3개월	6개월	12개월	5년 이상
1.0	1.2	1.4	2.0

4. 처짐제한

| 처짐을 계산하지 않는 경우의 보 또는 1방향 슬래브의 최소 두께 |

부재	최소두께(h)			
	캔틸레버	단순지지	1단 연속	양단 연속
• 1방향 슬래브	$\dfrac{l}{10}$	$\dfrac{l}{20}$	$\dfrac{l}{24}$	$\dfrac{l}{28}$
• 보 • 리브가 있는 1방향 슬래브	$\dfrac{l}{8}$	$\dfrac{l}{16}$	$\dfrac{l}{18.5}$	$\dfrac{l}{21}$

■ 일반 콘크리트($w_c = 2,300 \text{kg/m}^3$)와 설계기준 항복강도 400MPa 철근을 사용한 부재에 대한 값이며 다른 조건에 대해서는 그 값을 수정해야 함

> • Tip   콘크리트보의 처짐에 영향을 미치는 요소
>
> 압축철근, 콘크리트 크리프, 지속하중

제 6 절 | 기둥의 설계

1 일반사항

1. 주근과 띠철근(나선철근)
① 주근 : 부재의 재축방향과 평행하게 배근되는 철근
② 띠철근 : 사각형 기둥의 재축방향과 직각으로 배근되는 철근
③ 나선철근 : 원형 기둥의 재축방향과 직각으로 배근되는 철근

2. 띠철근 및 나선철근의 사용목적
① 주근의 좌굴 방지
② 주근의 위치 확보
③ 전단력에 대한 저항
④ 콘크리트의 구속효과로 기둥의 연성증진

3. 기둥설계 시 구조기준

기둥의 구조제한

구분		띠(철근)기둥	나선(철근)기둥
주근	개수	① 직사각형, 원형 띠기둥은 4개 이상 ② 삼각형 띠기둥은 3개 이상	6개 이상
	순간격	① 40mm 이상, 150mm 이하 ② 철근 지름의 1.5배 이상 ③ 굵은 골재 최대치수의 $\frac{4}{3}$배 이상	좌동
	철근비	① 최소 1% ② 최대 8%	좌동
띠철근 (나선 철근)	철근 지름	① 주근 D32 이하 : D10 이상 ② 주근 D35 이상 : D13 이상	9mm 이상 (기둥단부에서 1.5회 여분으로 감음)
	간격	① 주근 지름의 16배 이하 ② 띠철근 지름의 48배 이하 ⎤ 3개 중 ③ 기둥의 최소폭의 $\frac{1}{2}$ 이하 ⎦ 작은 값 단, 200mm보다 좁을 필요는 없다.	① 최소 25mm 이상 ② 최대 75mm 이하

2 단주의 설계강도

1. 최대 축하중

세장비의 영향을 고려하지 않아도 되는 단주에 중심 축하중이 작용할 때 기둥이 지지할 수 있는 최대 축하중은 다음 식으로 산정함

$$P_0 = 0.85 f_{ck}(A_g - A_{st}) + f_y A_{st}$$

여기서, A_g : 기둥의 전단면적(mm^2)

A_{st} : 철근의 전단면적(mm^2)

2. 최대 설계축하중

실제 설계 시 기둥열의 맞춤이나 철근배근에서의 시공오차 등으로 편심이 불가피하게 되고, 이에 따른 모멘트는 기둥의 축하중 지지능력을 감소시키므로 규준에서는 최대 설계 축하중을 다음과 같이 제한하고 있음

(1) 띠철근 기둥

$$\phi P_{n(\max)} = 0.80\phi[0.85 f_{ck}(A_g - A_{st}) + f_y A_{st}]$$

여기서, $\phi = 0.65$

(2) 나선철근 기둥 또는 합성기둥

$$\phi P_{n(\max)} = 0.85\phi[0.85 f_{ck}(A_g - A_{st}) + f_y A_{st}]$$

여기서, $\phi = 0.7$

> **Tip** 기둥에 편심 축하중이 작용 시의 특성
>
> 편심으로 인해 휨모멘트가 발생하므로 압축력과 휨모멘트가 작용하며, 단면 내에 압축력은 물론 인장력이 발생하는 경우도 있다.

제 7 절 | 슬래브 설계

1 슬래브의 일반사항

1. 1방향 슬래브와 2방향 슬래브

(1) 슬래브는 장변과 단변의 길이 비(β)에 따라 1방향 슬래브와 2방향 슬래브로 분류됨

(2) 1방향 슬래브($\beta = \dfrac{장변순스팬}{단변순스팬} > 2$)

　① 슬래브 하중의 94%가 단변 방향으로 전달되기 때문에 하중이 단변 방향으로만 전달되는 것으로 가정함(단변방향으로 휨 응력에 대한 주근 배근)

　② 장변방향으로는 온도와 건조 수축에 의한 균열을 방지하고, 응력을 분포시키기 위하여 최소한의 수축·온도철근(배력근)을 배근함

　③ 슬래브 끝의 단순 받침부에서도 내민 슬래브에 의하여 부모멘트가 일어나는 경우에는 이에 상응하는 철근을 배치하여야 한다.

(3) 2방향 슬래브($\beta = \dfrac{장변순스팬}{단변순스팬} \leq 2$)

　① 장변 방향으로도 단변에 대한 장변의 길이비에 따라 어느 정도의 하중이 전달됨

　② 단변 및 장변 각 방향에 대하여 휨 인장응력에 대한 철근을 배근해야 함

2 1방향 슬래브

(1) 구조 제한사항

　① 처짐을 계산하지 않는 경우의 보 또는 1방향 슬래브의 두께는 표 '처짐을 계산하지 않는 경우의 보 또는 1방향 슬래브의 최소 두께'에 따라야 하며, 최소 100mm 이상으로 해야 함

| 처짐을 계산하지 않는 경우의 보 또는 1방향 슬래브의 최소 두께 |

부재	최소두께(h)			
	캔틸레버	단순지지	1단 연속	양단 연속
• 1방향 슬래브	$\dfrac{l}{10}$	$\dfrac{l}{20}$	$\dfrac{l}{24}$	$\dfrac{l}{28}$
• 보 • 리브가 있는 1방향 슬래브	$\dfrac{l}{8}$	$\dfrac{l}{16}$	$\dfrac{l}{18.5}$	$\dfrac{l}{21}$

┃1방향 슬래브의 구조제한┃

슬래브 두께	• 100mm 이상	• 과다한 처짐을 방지
배력근 철근비 (온도철근 및 건조수축)	• 최소철근비 $\rho_{min}=0.0014$ 이상 또한 다음 값 이상 ① f_y가 400MPa 이하의 이형철근 또는 용접철망 사용 시 $\Rightarrow 0.0020$ ② 0.0035(0.35%)의 항복 변형률에서 측정한 철근의 항복강도 f_y가 400MPa을 초과한 경우 $\Rightarrow 0.002 \times \dfrac{400}{f_y}$	

② 철근콘크리트 슬래브의 수축·온도철근의 특징
　㉠ 슬래브에서 휨철근이 1방향으로만 배치되는 경우 **휨철근에 직각 방향의 온도철근이 필요하다.**
　㉡ 수축·온도철근비는 **콘크리트 유효 높이와 관계없다.**
　㉢ 수축·온도철근은 **철근의 설계기준강도 f_y를 발휘할 수 있도록 정착**되어야 한다.

3 2방향 슬래브

1. 일반사항

(1) 주열대와 중간대
　① 2방향 슬래브 설계에서는 슬래브의 모멘트가 기둥선에 집중되는 현상을 고려하기 위하여 주열대(Column Strip)와 중간대(Middle Strip)로 나누어 구조해석을 실시함
　② 주열대(Column Strip)란 기둥 중심선을 기준으로 양쪽으로 장변 또는 단변길이의 0.25를 곱한 값 중 작은 값을 한쪽의 폭으로 하는 슬래브의 영역을 의미함
　③ 중간대(Middle Strip)는 2개의 주열대 사이에 구획된 설계대로 정의됨

(2) 보와 슬래브의 강성비
　① 보에 의해 지지되는 슬래브에서는 보와 슬래브의 강성비에 의하여 모멘트 분포와 처짐의 양상이 결정됨
　② 보와 슬래브에 강성비 α는 다음과 같이 정의함

$$\alpha = \frac{보의\ 휨\ 강성}{슬래브의\ 휨\ 강성} = \frac{E_{cb}I_b}{E_{cs}I_s}$$

여기서, E_{cb}, E_{cs} : 보와 슬래브의 콘크리트 탄성계수
　　　　I_b, I_s : 보와 슬래브의 단면 2차모멘트

2. 직접설계법

(1) 적용조건

직접설계법은 등가골조법에 비하여 계산하기 편리한 일종의 근사해석법으로 다음의 조건에 맞는 연속 슬래브에만 적용할 수 있음

① 각 방향으로 3경간 이상 연속되어야 함
② 직사각형 슬래브로, 긴 변이 짧은 변의 2배 이하이어야 함
③ 각 방향으로 연속한 받침부 중심부 경간 길이의 차이는 긴 경간의 1/3 이하이어야 함
④ 기둥은 어떠한 축에서도 연속되는 기둥 중심선에서 경간길이의 10% 이상 벗어나서는 안 됨
⑤ 모든 하중은 등분포된 연직하중으로 활하중은 고정하중의 2배 이하이어야 함
⑥ 보가 모든 변에서 슬래브 판을 지지할 경우, 직교하는 두 방향에서 보의 상대강성은 0.2 이상, 5.0 이하이어야 함

$$0.2 \le \frac{\alpha_1 l_2^2}{\alpha_2 l_1^2} \ge 5.0$$

여기서, l_1 : 모멘트가 결정되는 방향으로 측정한 받침부 중심 사이의 경간
 l_2 : l_1에 수직한 방향으로 측정한 받침부 중심 사이의 경간
 α_1 : l_1 방향으로의 α
 α_2 : l_2 방향으로의 α

(2) 설계 모멘트

① 전체 정적계수 모멘트

$$M_0 = \frac{w_u l_2 l_n^2}{8}$$

여기서, l_n : 순경간(기둥, 기둥머리, 브래킷 또는 벽체 내면 사이의 거리)

$$l_n \ge 0.65 l_1$$

② 정 및 부 모멘트 계수
 ㉠ 내부 경간에서는 전체 정적 계수모멘트를 다음과 같이 분배함
  ⓐ 부계수 모멘트 $M_u^- = 0.65 M_0$
  ⓑ 정계수 모멘트 $M_u^+ = 0.35 M_0$
 ㉡ 단부 경간에서는 외단의 고정도에 따라 정 모멘트나 부 모멘트의 배분이 달라진다.

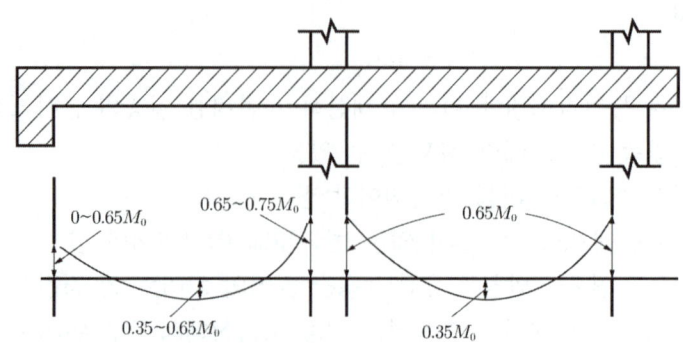

| 경간에 따른 계수 모멘트의 분배 |

3. 과도한 처짐에 의한 순간처짐의 한계값

장기처짐 효과를 고려하여 계산한 처짐량은 다음에 제시된 최대 허용처짐값 이하이어야 한다.

부재의 형태	고려해야 할 처짐	처짐 한계
과도한 처짐에 의해 손상되기 쉬운 비구조 요소를 지지 또는 부착하지 않은 평지붕구조	활하중 L에 의한 순간처짐	$\dfrac{l}{180}$
과도한 처짐에 의해 손상되기 쉬운 비구조 요소를 지지 또는 부착하지 않은 바닥구조	활하중 L에 의한 순간처짐	$\dfrac{l}{360}$
과도한 처짐에 의해 손상되기 쉬운 비구조 요소를 지지 또는 부착한 지붕 또는 바닥구조	전체 처짐 중에서 비구조 요소가 부착된 후에 발생하는 처짐부분(모든 지속하중에 의한 장기처짐과 추가적인 활하중에 의한 순간처짐의 합)	$\dfrac{l}{480}$
과도한 처짐에 의해 손상될 염려가 없는 비구조 요소를 지지 또는 부착한 지붕 또는 바닥구조		$\dfrac{l}{240}$

> **Tip** 과도한 처짐이 발생하는 곳
> - 등분포하중을 받는 4변 고정 2방향 슬래브에서 모멘트량이 가장 크게 나타나는 곳
> - 단변방향의 주열대(단부)로 철근 배근을 가장 많이 하는 부분

4 특수 슬래브

1. 플랫 슬래브(무량판 구조)

(1) 정의

플랫 슬래브는 평 바닥판 구조 또는 무량판 구조라 하며 보 없이 리브와 바닥판만으로 구성하고 그 하중은 직접 기둥에 전달하는 구조를 말함

(2) 장점 및 단점

플랫 슬래브의 장단점

장점	① 층고를 낮출 수 있음 ② 배관설비(방화용 스프링클러 등)의 설치가 용이함 ③ 보가 없으므로 실내 공간 이용률이 높음 ④ 구조가 간단하여 철근배근, 조립 및 콘크리트 공사가 용이함 ⑤ 공사비가 저렴함
단점	① 바닥판이 두꺼워져 고정하중이 증대함 ② 큰 집중하중을 받는 곳은 부적당하며 슬래브가 진동하기 쉬움 ③ 구조계산이 다소 복잡함 ④ 철근 및 콘크리트량이 보통 슬래브에 비해 많이 소요됨

(3) 배근방식

철근 배근방식에 따라 2방향식, 3방향식, 4방향식, 원형식이 있으나 2방향식이 가장 많이 사용됨

(4) 뚫림전단(Punching Shear)

① 플랫 슬래브와 같이 보 없이 기둥에 지지되는 구조나 기초판 같이 기둥을 지지하는 구조에서 집중하중의 작용에 의해 기둥 주위에 구멍이 뚫리는 형태의 전단파괴를 말함

② 2방향 전단의 위험단면은 기둥주변으로부터 $d/2$만큼 떨어져 슬래브에 수직한 면으로 정의함

③ 뚫림전단에 저항하는 위험단면의 둘레길이
$b_0 = 2(c_1 + d) + 2(c_2 + d)$

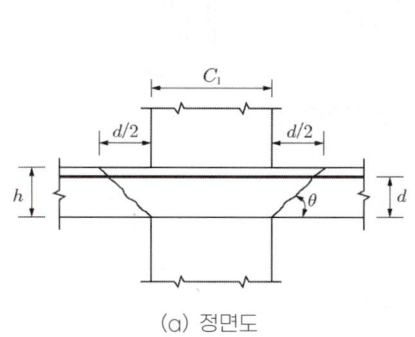
(a) 정면도

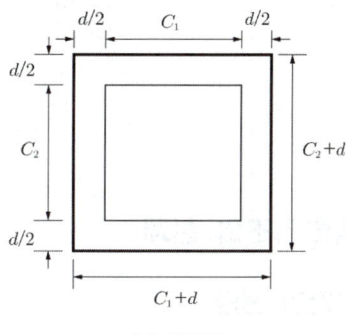
(b) 평면도

플랫 슬래브의 뚫림 전단

2. 기타 슬래브의 특성

① 슬래브의 두께가 구조제한 조건에 따르지 않을 경우 슬래브 처짐과 진동의 문제가 발생할 수 있다.
② 플랫 플레이트는 보 또는 보의 역할을 하는 리브나 지판이 없이 기둥으로 하중을 전달하는 2방향으로 철근이 배치된 콘크리트 슬래브를 의미한다.
③ 워플슬래브는 일종이 격자시스템 슬래브 구조이다.
④ 장선슬래브는 1방향으로 하중이 전달되는 슬래브이다.

제 8 절 | 기초의 설계

1 개요

1. 기초에 작용하는 토압의 분포

① 기초에 작용하는 토압의 분포는 토질에 따라 다르게 나타나며 토질역학에서 주로 다루는 내용임
② 점토질 지반은 주변에서 증가하는 형태이며, 사질토 지반의 경우에는 기초 중심에서 증가하는 형태이나, 실제 설계에서는 계산의 편의를 위해 토압이 등분포로 작용한다고 가정하여 설계함

| 기초에 작용하는 토압의 분포 |

2 독립기초의 설계

1. 기초판의 전단

(1) 1방향 전단

① 1방향 전단에 의한 파괴는 보나 1방향 슬래브의 경우와 유사하게 그림과 같이 기둥면에서 기초판의 유효춤 d 만큼 떨어진 위치에서 발생함
② 독립기초의 1방향 전단에 대한 설계식은 $V_u \leq \phi V_c$ 이 만족되어야 하며, 계수 전단력 V_u 는 다음 식으로 산정함

V_u = 설계용 토압 × 그림의 빗금친 부분의 면적

$$= q_u \times \left\{ \frac{(l_1 - c_1)}{2} - d \right\} \times l_2$$

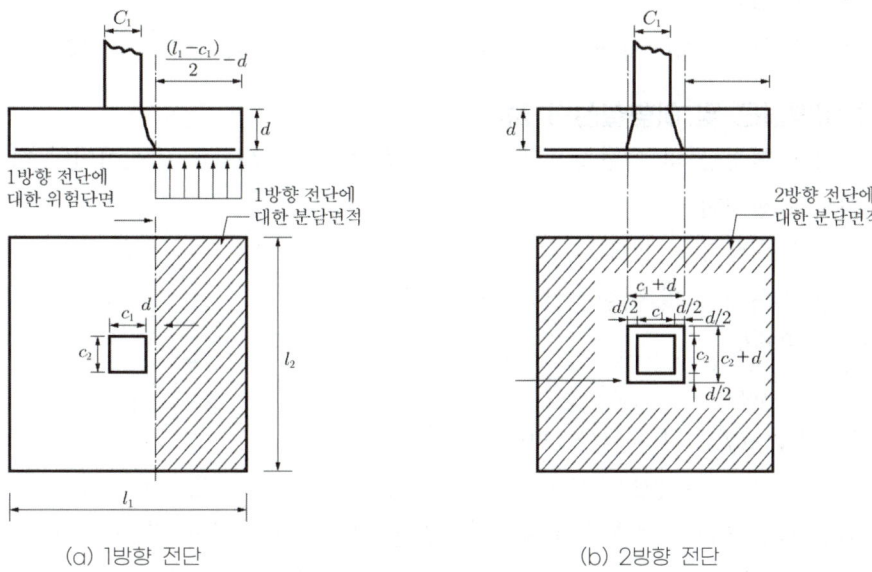

(a) 1방향 전단   (b) 2방향 전단

┃ 기초판의 전단에 대한 부담면적과 위험단면 ┃

(2) 2방향 전단

① 2방향 전단에 의한 기초판의 파괴는 기둥의 4면 주위에 토압에 의한 뚫림 전단 거동에 의해 파괴된다고 가정하고 해석함

② 이것은 플랫 슬래브의 뚫림 전단과 매우 유사하며, 기초판에서도 뚫린 전단의 위험단면은 그림 '기초판의 전단에 대한 부담면적과 위험단면' 속 (b)에서와 같이 각 기둥면에서 $d/2$ 만큼 떨어진 위치에서 발생함

③ 이때 위험단면의 둘레길이 b_0는 그림 '기초판의 전단에 대한 부담면적과 위험단면' (b)에서와 같이 다음과 같음

$$b_0 = 2(c_1 + d) + 2(c_2 + d)$$

④ 독립기초의 2방향 전단에 대한 설계식은 $V_u \leq \phi V_c$이 만족되어야 하며, 계수 전단력 V_u는 다음 식으로 산정함

V_u = 설계용 토압 × 그림 '기초판의 전단에 대한 부담면적과 위험단면 속 (b)' 빗금친 부분의 면적

$$= q_u \times \{(l_1 \times l_2) - (c_1 + d) \times (c_2 + d)\}$$

제 9 절 | 철근의 정착 및 이음

1 철근의 정착

철근이 콘크리트 속에서 빠져나오지 못하게 하는 고정하는 것을 정착이라 한다.

1. 인장 이형철근 및 이형철선의 정착

① 인장 이형철근 및 이형철선의 정착길이 l_d는 항상 300mm 이상이어야 하며, 아래의 식으로 산정함

$l_d = $ 기본정착길이$(l_{db}) \times$ 보정계수

② 인장 이형철근 및 이형철선의 기본정착길이

$$l_{db} = \frac{0.6 d_b f_y}{\lambda \sqrt{f_{ck}}}$$

여기서, $\sqrt{f_{ck}}$: 8.4MPa 이하

λ : 경량콘크리트계수(전경량 : 0.75, 모래경량 : 0.85)

③ 철근 배근 위치, 에폭시 도막 여부 및 콘크리트의 종류에 따른 보정계수는 아래의 표에 의함

철근 직경 조건	D19 이하의 철근과 이형철선	D22 이상의 철근
정착되거나 이어지는 철근의 순간격이 d_b 이상이고, 피복두께도 d_b 이상이면서 l_d 전 구간에 설계기준에서 규정된 최소 철근량 이상의 스터럽 또는 띠철근을 배근한 경우 또는 정착되거나 이어지는 철근의 순간격이 $2d_b$ 이상이고 피복두께가 d_b 이상인 경우	$0.8\alpha\beta$	$\alpha\beta$
기타	$1.2\alpha\beta$	$1.5\alpha\beta$

여기서, α, β, λ 는 다음과 같음

㉠ α : 철근배근 위치계수

ⓐ 상부철근(정착길이 또는 이음부 아래 300mm를 초과되게 굳지 않는 콘크리트를 친 수평철근) : 1.3

ⓑ 기타 철근 : 1.0

ⓒ β : 철근 도막계수
  ⓐ 피복두께가 $3d_b$ 미만 또는 순간격이 $6d_b$ 미만인 에폭시 도막철근 또는 철선 : 1.5
  ⓑ 아연도금 철근 : 1.0
  ⓒ 도막되지 않은 철근 : 1.0

2. 압축 이형철근 및 이형철선의 정착

① 압축 이형철근 및 이형철선의 정착길이 l_d는 항상 200mm 이상이어야 함
$$l_d = 기본정착길이(l_{db}) \times 보정계수$$

② 압축 이형철근 및 이형철선의 기본정착길이
$$l_{db} = \frac{0.25 d_b f_y}{\lambda \sqrt{f_{ck}}} \geq 0.043 d_b f_y$$

③ 압축에 대한 보정계수는 다음과 같음
  ㉠ 해석 결과 요구되는 철근량을 초과하여 배근한 경우 : $\left(\dfrac{\text{소요}\,A_s}{\text{배근}\,A_s}\right)$
  ㉡ 지름이 6mm 이상이고 나선간격이 100mm 이하인 나선철근 또는 중심간격 100mm 이하로 배근된 D13 띠철근으로 둘러싸인 압축이형철근 : 0.75

3. 표준갈고리 철근의 정착길이

① 단부에 표준갈고리가 있는 인장 이형철근 정착길이 l_{dh}는 항상 $8d_b$ 이상 또한 150mm 이상이어야 하며, 아래의 식으로 산정함
$$l_{dh} = 기본정착길이(l_{hb}) \times 보정계수$$

② 기본정착길이 l_{hb}는 다음 식에 의해 구할 수 있음
$$l_{hb} = \frac{0.24 \beta d_b f_y}{\lambda \sqrt{f_{ck}}}$$

여기서, β : 철근 도막계수
  λ : 경량 콘크리트계수

③ 표준갈고리를 갖는 인장철근의 정착길이에 대한 보정계수는 다음과 같음
  ㉠ 콘크리트의 피복두께
    D35 이하 철근에서 갈고리 평면에 수직방향인 측면 피복두께가 70mm 이상이며, 90° 갈고리에 대해서는 갈고리를 넘어선 부분의 철근 피복두께가 50mm 이상인 경우 : 0.7
  ㉡ 띠철근 또는 스터럽
    D35 이하의 철근에서 갈고리를 포함한 전체 정착길이 l_{dh} 구간에서 $3d_b$ 이하 간격으로 띠철근 또는 스터럽이 둘러싼 경우 : 0.8

4. 다발철근의 정착길이

① 인장 또는 압축을 받는 하나의 다발철근 내에 있는 개개 철근의 정착길이 L_d는 다발철근이 아닌 경우의 각 철근의 정착길이보다 3개의 철근으로 구성된 다발철근에 대해서 20%를 증가시켜야 한다.

② 또한 4개의 철근으로 구성된 다발철근의 정착길이 L_d는 33%를 증가시켜야 한다.

5. 부재별 정착 위치

① 보의 주근은 기둥에, 작은 보는 큰 보에 정착함
② 기둥의 주근은 기초에 정착함
③ 지중보(기초보)의 주근은 기초 또는 기둥에 정착함
④ 벽 철근은 기둥, 보 또는 슬래브에 정착함
⑤ 슬래브 철근은 보 또는 벽체에 정착함

2 철근의 이음

1. 인장 이형철근 및 이형철선의 이음

① 인장을 받는 이형철근 및 이형철선의 겹침이음길이는 A급, B급으로 분류하며 다음값 이상 또한 300mm 이상이어야 함
  ㉠ A급 이음 : l_d 이상
  ㉡ B급 이음 : $1.3l_d$ 이상
  여기서, l_d는 인장 이형철근의 정착길이

② 겹침이음에서 A급 이음과 B급 이음은 다음과 같이 분류함
  ㉠ A급 이음
  배근된 철근량이 이음부 전체 구간에서 해석결과 요구되는 소요철근량의 2배 이상이고 소요 겹침이음길이 내 겹침이음된 철근량이 전체 철근량의 1/2 이하인 경우
  ㉡ B급 이음 : ㉠항에 해당되지 않는 경우

2. 압축 이형철근의 이음

① 압축철근의 겹침이음길이는 다음 식으로 구함

$$l_s = (\frac{1.4f_y}{\lambda\sqrt{f_{ck}}} - 52)d_b$$

여기서, 산정된 이음길이는 f_y가 $400MPa$ 이하인 경우는 $0.072f_y d_b$보다 길 필요가 없고, f_y가 $400MPa$을 초과할 경우에는 $(0.13f_y - 24)d_b$보다 길 필요가 없음. 이때 겹침이음길이는 300mm 이상이어야 하며 콘크리트의 설계기준압축강도가 $21MPa$ 미만인 경우 겹침이음길이를 1/3 증가시켜야 함. 압축철근의 겹침이음길이는 인장철근의 겹침이음길이보다 길 필요는 없음

② 서로 다른 크기의 철근을 압축부에서 겹침이음하는 경우, 이음길이는 크기가 큰 철근의 정착길이와 크기가 작은 철근의 겹침이음길이 중 큰 값 이상이어야 하며, 이때 D42와 D52 이하의 철근과의 겹침이음이 허용됨

3. 철근 이음의 구조제한

① D35를 초과하는 철근은 겹침이음을 할 수 없다.
② 용접 이음은 철근의 설계기준항복강도 f_y의 125% 이상을 발휘할 수 있는 완전 용접이어야 한다.
③ 기계적 연결은 철근의 설계기준항복강도 f_y의 125% 이상을 발휘할 수 있는 완전 기계적 연결이어야 한다.
④ 휨부재에서 서로 직접 접촉되지 않게 겹침이음된 철근은 횡방향으로 소요 겹침이음길이의 1/5 또는 150mm 중 작은 값 이상 떨어지지 않아야 한다.
⑤ 다발철근의 겹침이음은 다발 내의 개개철근에 대한 겹침이음길이를 기본으로 하여 결정하여야 한다.

제10절 | 벽체 및 옹벽 설계

1 벽체

1. 최소철근비

벽체의 최소철근비

	수직철근비	수평철근비
f_y가 400MPa 이상으로서 D16 이하의 이형철근* 지름 16mm 이하의 용접철망	0.0012	0.0020
기타 이형철근	0.0015	0.0025

■ $f_y \geq 400MPa$이고 D16 이하 이형철근의 최소 수평철근비 : $0.0020 \times \dfrac{400}{f_y} (f_y \leq 500MPa)$

2 옹벽

1. 토압
옹벽은 토압 등의 수평력에 견디도록 설계하여 활동, 전도, 침하 등에 대해 안전검토를 해야 함

2. 안정조건
① 활동에 대한 저항력은 옹벽에 작용하는 수평력의 1.5배 이상으로 함
② 전도에 대한 저항모멘트는 횡토압에 의한 전도모멘트의 2.0배 이상으로 함
③ 지지 지반에 작용하는 최대 압력이 지반의 허용지지력 이하로 함

> **Tip** 철근콘크리트 구조의 H.P 쉘의 특징
> ① H.P 곡면을 몇 개의 단위로 짜 맞추면 여러 종류의 지붕형태를 구성할 수 있다.
> ② 쌍곡포물선면으로 된 쉘이다.
> ③ 면 내 전달력에 의하여 하중을 주변 지지체에 전달할 수 있다.
> ④ HP 쉘의 면 내에는 인장력과 압축력이 발생한다.

단원별 경향문제

01
강도설계에서 단철근 직사각형의 등가응력깊이 a를 구하면? (단, $f_y = 300\text{MPa}$, $f_{ck} = 21\text{MPa}$)

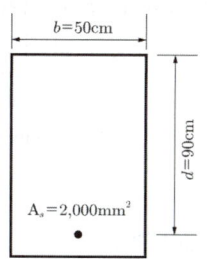

① 52.6mm ② 67.2mm
③ 75.9mm ④ 82.5mm

해설 답 ②

등가응력블록의 깊이 계산

$$a = \frac{A_s f_y}{0.85 f_{ck} b} = \frac{2,000 \times 300}{0.85 \times 21 \times 500} = 67.2\text{mm}$$

02
그림과 같은 철근콘크리트 기둥에서 띠철근의 수직간격으로 옳은 것은?

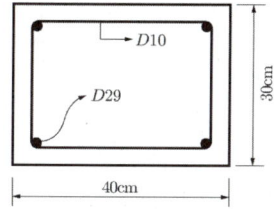

① 20cm 이하 ② 32cm 이하
③ 46cm 이하 ④ 48cm 이하

해설 답 ①

띠철근의 간격 계산
(1) 주근 직경의 16배 = $16 \times 2.9 = 46.4\text{cm}$
(2) 띠철근 직경의 48배 = $48 \times 1.0 = 48\text{cm}$
(3) 단면 최소치수의 $\frac{1}{2} = 15\text{cm}$

그러나 200mm보다 좁을 필요는 없으므로 정답은 20cm

03
강도설계법에 의한 철근콘크리트 설계 시 강도감소계수값으로 옳지 않은 것은?

① 인장지배단면 − 0.85
② 전단력 및 비틀림모멘트 − 0.75
③ 압축지배단면(띠철근 기둥) − 0.70
④ 변화구간 단면 − 0.65~0.85

해설 답 ③

용도별 강도감소 계수
③ 압축지배단면(띠철근 기둥) : 0.65

04
보통 콘크리트에 D19 철근이 사용될 때 인장 이형철근의 기본정착길이는 약 얼마인가? (단, 경량콘크리트계수=1, $f_{ck} = 27\text{MPa}$, $f_y = 300\text{MPa}$)

① 290mm
② 330mm
③ 660mm
④ 820mm

해설 답 ③

인장철근의 기본정착길이 계산

$$l_{db} = \frac{0.6 \times 19 \times 300}{\sqrt{27}} = 658.2\text{mm}$$

05

극한강도설계법에서 전단력과 휨모멘트만이 작용하는 다음 부재의 콘크리트 설계전단강도를 구하면? (단, 경량콘크리트계수=1, $f_{ck}=24\text{MPa}$)

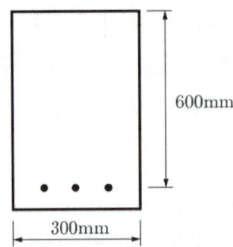

① 110kN ② 125kN
③ 132kN ④ 147kN

해설   답 ①

콘크리트의 설계전단강도 계산

$$\phi V_c = \phi \frac{1}{6} \lambda \sqrt{f_{ck}} b_w d$$
$$= 0.75 \times \frac{1}{6} \times 1 \times \sqrt{24} \times 300 \times 600 \times 10^{-3}$$
$$= 110\text{kN}$$

06

강도설계법에 의한 철근콘크리트 보 설계 시 단근 직사각형 보에서 균형단면을 이루기 위한 중립축의 위치 c_b가 300mm인 경우 등가응력블록의 깊이 a는? (단, $f_{ck}=27\text{MPa}$이다.)

① 180mm ② 210mm
③ 225mm ④ 240mm

해설   답 ④

등가응력블록의 깊이 계산

$f_{ck}=27\text{MPa}$이므로 $\beta_1=0.80$
$a = \beta_1 \cdot c_b = 0.80 \times 300 = 240\text{mm}$

CHAPTER 04 철골구조

제1절 강구조 일반사항

1. 강구조 관련 용어 정의

(1) 전단 중심
   외력이 부재에 작용할 때 부재의 단면에 비틀림이 생기지 않고 휨변형만 발생하는 위치

(2) 엔드탭(End Tap)
   용접부의 개시 및 종료 시에 생기는 크레이터를 방지할 목적으로 용접단부에 대는 덧판

(3) 거셋 플레이트(Gusset Plate)
   트러스, 가새 등의 접합 절점을 보강하는 6~12mm 보강 강판

(4) 데크플레이트(Deck Plate)
   일반적으로 사무실 용도의 건물에서 철골구조의 합성구조에서 슬래브 바닥재로 사용되는 골형의 강판

(5) 하이브리드 거더(Hybrid Girder)
   보통 강도의 웨브에 고강도의 플랜지를 용접한 조립보

(6) 비렌딜 거더(Vierendeel Girder)
   상·하현재와 수직재만으로 강접하여 만든 보(사각형 형상)

(7) 쉬어커넥터(Shear Connector)
   철골플레이트 위에 철근콘크리트 바닥판을 일체화할 때 바닥슬래브와 철골보 사이에 발생하는 전단력에 저항시키기 위하여 설치하는 접합 철물

(8) 메탈터치(Metal Touch)
   기둥 접합면에 축력이 매우 크고 인장력 발생 우려가 없는 경우 상하 기둥 부재의 접촉면에서 축력을 전달시키는 방법으로 압축력 및 휨모멘트는 각각의 50%가 접촉면에서 직접 전달되도록 한 구조

(9) 스터드 볼트
   합성보에서 강재보와 철근콘크리트 또는 합성슬래브 사이의 미끄러짐을 방지하기 위하여 설치하는 것

(10) 플레이트 거더(Plate girder)
강판과 ㄱ형강 등을 리벳 또는 용접으로 I형의 큰 단면으로 만든 조립보 또는 강판만으로 용접한 용접보

> • Tip H형강의 플랜지에 커버 플레이트를 붙이는 주목적
>
> H형강에서 플랜지는 주로 휨내력을 담당하고 웨브는 전단내력을 담당하는데, 플랜지의 휨내력을 보강하기 위해 커버 플레이트를 붙임(철골조의 주각부와 무관)

2. 강구조의 접합부

(1) 보-기둥 접합
① 단순접합(전단접합)의 특성
  ㉠ 접합부가 보의 회전에 대해 저항하지 못함
  ㉡ 기둥에는 전단력만 전달하고 휨모멘트를 전달하지 못함
  ㉢ 수평하중에 의한 휨모멘트를 보가 분담하지 않아 골조의 강성을 줄이는 단점이 있음
  ㉣ 접합이 간단하므로 공사비가 절약됨
② 강접합(모멘트 접합)의 특성
  ㉠ 완전한 휨모멘트 저항능력을 갖추고 있어 보의 모멘트를 기둥 또는 기둥의 모멘트를 보에 분배시킴
  ㉡ 시공이 복잡하고 재료비용이 많이 소요됨
  ㉢ 수직하중 작용 시 보의 휨모멘트의 균형을 잡게 하므로 보의 단면을 줄일 수 있는 장점이 있음
  ㉣ 수평하중에 의한 휨모멘트를 보가 같이 부담하므로 고층골조에서 유리함
③ 강구조 접합부의 종류 및 구조기준
  ㉠ 기둥-보 접합부는 접합부의 성능과 회전에 대한 구속 정도에 따라 전단접합, 부분강접합, 완전강접합으로 구분된다.
  ㉡ 주요한 건물의 접합부에는 미끄럼 발생을 방지하기 위해 고력볼트를 사용한다. 일반볼트는 가조임용으로만 사용한다.
  ㉢ 접합부의 설계강도는 45kN 이상이어야 한다. 다만, 연결재, 새그로드 또는 띠장은 제외한다.

(2) 보의 이음
이음은 모멘트가 0이 되는 위치 근처에서 하는 것이 유리함

(3) 기둥의 이음
① 제작, 운반, 시공 및 경제성을 고려하여 이음위치는 바닥판 위 1m 전후의 높이에 일정하게 설치하는 것이 일반적임

② 압축력을 받는 기둥의 접합부 단부 면을 절삭 가공하여 밀착이 되는 경우에는 밀착면으로 소요강도의 1/2이 전달된다고 가정하여 소요강도의 1/2을 소요강도로 가정하여 설계할 수 있음(메탈 터치)

(4) 주각

① 주각은 기둥의 하중과 모멘트를 기초를 통하여 지반에 전달하며, 형태에는 핀주각, 고정주각, 매입형 주각이 있다.

② 주각은 베이스 플레이트(Base Plate), 앵커 볼트(Anchor Bolt), 윙 플레이트(Wing Plate), 접합 앵글(Clip Angle), 사이드 앵글(Side Angle), 리브 플레이트(Rib plate) 등으로 구성됨

③ 베이스 플레이트는 기초콘크리트 면에 무수축 모르타르로 충전하여 직접 밀착시켜야 하며, 기초콘크리트에 지압응력이 잘 분포되도록 충분한 면적과 두께를 가져야 한다.

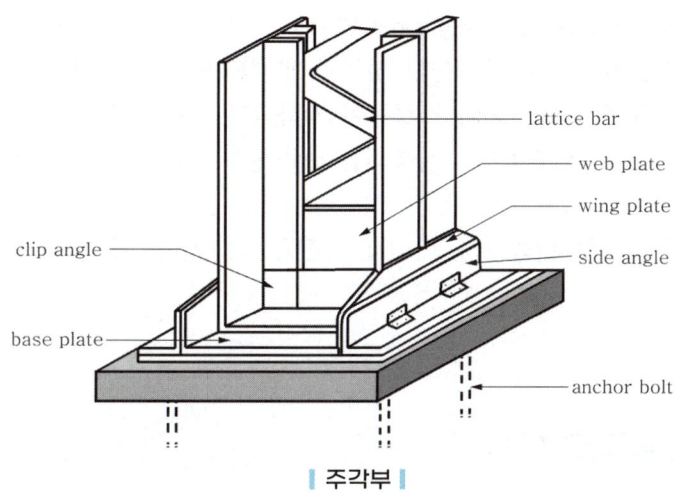

∥ 주각부 ∥

④ 강구조 기둥의 주각부의 특징
  ㉠ 기둥의 응력이 크면 윙 플레이트, 접합앵글, 리브 등으로 보강하여 응력의 분산을 도모한다.
  ㉡ 앵커볼트는 기초콘크리트에 매입되어 주각부의 이동을 방지하는 역할을 한다.
  ㉢ 주각은 조건에 따라 고정단이나 회전단으로 가정하여 응력을 산정한다.
  ㉣ 축방향력이나 휨모멘트는 베이스 플레이트 저면의 압축력이나 앵커볼트의 인장력에 의해 전달된다.

제 2 절 | 강구조 설계

1. 한계상태설계법(Limit State Design)
(1) 일반사항

한계상태설계법은 구조물이 모든 계수하중 조합에 대하여 어떠한 작용 한계상태도 초과하지 않도록 구조물을 설계하는 방법으로 다음 두 가지의 상태에 따라 설계함

① 강도 한계상태(Strength Limit State)
  ㉠ 발생 가능한 최대하중에 대해서 구조적으로 안전성을 확보하도록 하는 상태를 말하며, 강도한계상태를 초과하게 되면 구조물이 전체적 또는 부분적으로 파괴에 이르게 됨을 의미함
  ㉡ 기둥의 좌굴, 골조의 불안정성, 취성파괴, 접합부 파괴, 피로파괴 등이 이에 해당됨

② 사용성 한계상태(Serviceability Limit State)
  ㉠ 사용하중 상태에서 구조물의 성능과 관계되며, 구조물이 바로 파괴에 이르지는 않으나 구조물의 기능이나 성능이 저하되는 상태를 말함
  ㉡ 이 경우 모든 하중조합에 사용되는 하중계수는 1.0으로 하지만, 지진하중에 대한 하중계수는 0.7을 사용함
  ㉢ 부재의 과다한 탄성변형, 바닥재의 진동, 장기변형 등이 이에 해당됨

제 3 절 | 철골구조의 특성

1 개요

1. 철골구조의 정의

건물의 뼈대를 강재 및 각종 형강을 사용해서 볼트, 고력볼트, 용접 등의 접합방법으로 조립하는 구조 또는 건축물을 철골구조라고 하며 강구조라고도 함

2. 철골구조의 특성

철골구조의 장점 및 단점

장점	① 장스팬의 구조물이나 고층 구조물에 적합함 ② 다른 구조재료에 비하여 균질도가 높음 ③ 인성이 커서 변형에 유리하고, 연성능력이 높아 소성변형 능력이 우수함 ④ 철근콘크리트조에 비하여 넓은 전용면적을 얻을 수 있음 ⑤ 기존 구조물의 증축, 보수에 유리함 ⑥ 강도가 커서 구조체의 자중을 가볍게 하는 것이 가능
단점	① 일반적 강재는 녹슬기 쉬움 ② 내화성이 약해 고온에서 강도 저하나 변형하기 쉽고 내화피복이 필요함 ③ 단면에 비하여 부재길이가 비교적 길고 두께가 얇아 변형, 좌굴이 생기기 쉬워 좌굴의 영향이 큼 ④ 접합부에서는 정밀한 시공이 필요함 ⑤ 처짐 및 진동을 고려해야 함

2 강재

1. 화학적 조성에 따른 강재의 분류

(1) TMC강(Thermo Mechanical Control Process Steels)
  ① 압연과정 중 열처리 공정을 동시에 수행함으로써 압연온도와 냉각조건을 제어하여 높은 강도와 인성을 갖는 저탄소당량의 제어 열처리강을 말함
  ② 용접성과 내진성이 뛰어난 극후판의 고강도 강재로서 소성 변형 능력이 우수하여 초고층 건물과 장대교량에 사용됨
  ③ 판두께 40mm 이상의 후판인 경우라도 항복강도의 저하가 없고, 용접성이 우수함

2. 재료의 성질

(1) 응력(σ)-변형도(ε) 곡선

  ① 응력(σ) = $\dfrac{축방향력(P)}{단면적(A)}$

  ② 변형도(ε) = $\dfrac{변형길이(\Delta l)}{원래 길이(l)}$

  ③ 비례한도(A점)
   변형도가 응력에 비례하는 구간
  ④ 탄성한도(B점)
   외력을 제거하면 변형이 O점으로 복귀하는 한도
  ⑤ 항복점(C점, C'점)
   응력의 증가 없이 변형은 증가하기 시작하는 점(상항복점, 하항복점)

⑥ 변형도 경화구간(D-E 구간)
  C'에서 D점까지 소성거동을 하고 이점부터 다시 인장에 대한 저항이 회복되어 응력도가 상승하는 구간
⑦ 인장강도(E점)
  인장시험을 통하여 얻어진 탄소강의 응력-변형도 곡선에서 **변형도 경화영역의 최대응력**
⑧ 탄성계수(Elastic Modulus)
  응력과 변형도의 곡선에서 OA의 기울기를 영계수(Young's modulus)라 하고 보통 E로 표시하며, 그 강재의 성질을 판단하는 데 중요한 자료로 됨
  $$E = \frac{응력도}{변형도} = \frac{\sigma}{\varepsilon}$$
⑨ 인성(Toughness)
  재료가 변형에너지를 흡수할 수 있는 능력

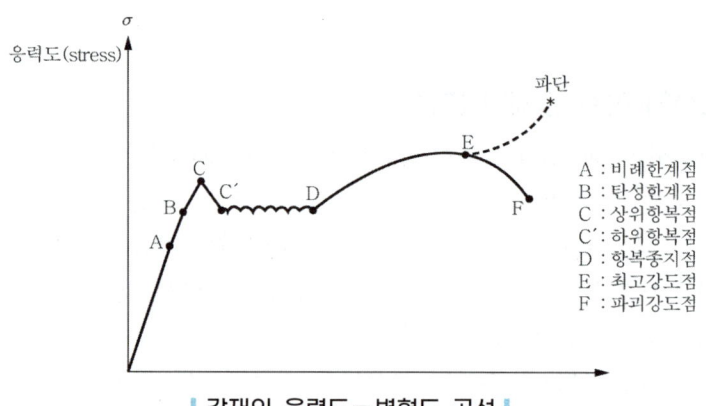

| 강재의 응력도-변형도 곡선 |

⑩ 연성(Ductility)
  재료가 하중을 받아 항복 후 파괴에 이르기까지 소성 변형할 수 있는 능력

(2) 구조용 강재의 명칭 및 재료 강도
① SS 강재(일반구조용 압연강재)
② SM 강재(용접구조용 압연강재)
③ SN 강재(건축구조용 압연강재)
  건축물의 내진성능을 확보하기 위하여 항복점의 상한치 제한 등에 의한 품질의 편차를 줄이고, 용접성 및 냉간 가공성을 향상시킨 강재
④ SGT 강재(일반구조용 탄소강관)

3. 강재의 종류와 표기법

(1) 일반형강
① L형강(Angle) : 등변과 부등변으로 분류
② I형강(I-Beam) : 단면형은 H형강과 비슷하나 Flange 두께가 지지부와 선단부가 다르며 Flange 선단부가 곡면으로 되어 있음
③ H형강(Wide Flange Shape) : 좌굴과 휨에 대하여 유리한 단면으로 Flange 두께가 일정하며 단면성능도 우수하며 최근 가장 많이 사용하는 형강
④ ㄷ형강(Channel) : 단면성능은 떨어지지만 접합 시공성이 우수하여 가새 등에 많이 사용됨

(2) 강재의 표기법

높이 × 폭 × 웨브 두께 × 플랜지 두께

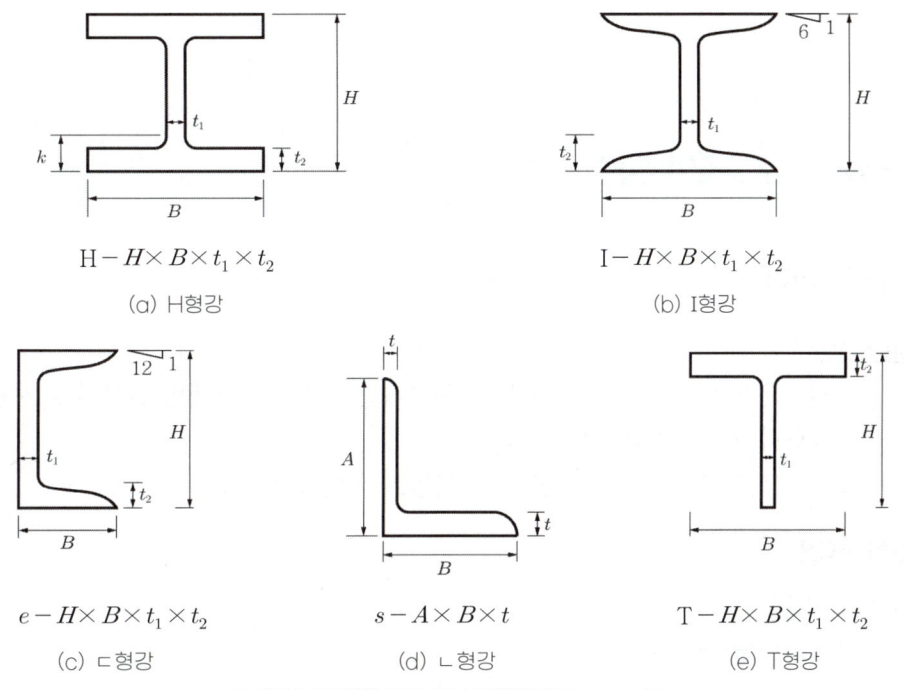

| 압연 단면형상과 표시방법(단위 : mm) |

(3) 강종 표시기호

| SMA | 355 | B | W |
| (가) | (나) | (다) | (라) |

(가) : 용도에 따른 강재의 명칭 구분
(나) : 강재의 항복강도 구분
(다) : 충격흡수에너지 등급 구분
(라) : 내후성 등급 구분

4. 강구조의 기타 용어 정의

(1) F8T, F10T, F11T
볼트의 기계적 등급을 나타내기 위한 표시 F8T, F10T, F11T에서 가운데 숫자는 볼트의 인장강도를 의미함

(2) 바우쉰거 효과
강재의 응력-변형도 시험에서 인장력을 가해 소성상태에 들어선 강재를 다시 반대 방향으로 압축력을 작용하였을 때의 압축항복점이 소성상태에 들어서지 않은 강재의 압축항복점에 비해 낮은 것을 볼 수 있는 현상

(3) 지레 반력(prying action)
강구조에서 하중점과 볼트, 접합된 부재의 반력 사이에서 지렛대와 같은 거동에 의해 볼트에 작용하는 인장력이 증폭되는 현상

제 4 절 | 강구조의 접합

1 볼트 접합

1. 일반사항
① 시공이 간단하며 볼트 및 고력볼트 접합하는 경우에는 1개의 볼트만을 사용하지 않고 반드시 2개 이상의 볼트로 체결함
② 볼트는 가공정밀도에 따라 상볼트, 중볼트, 흑볼트로 나뉨

2. 접합 용어

(1) 게이지 라인
볼트의 중심선을 연결한 선

(2) 게이지(Gauge)
게이지라인과 게이지라인 사이의 거리

(3) 피치(Pitch)
볼트 중심 사이의 간격으로 보통 볼트 직경의 3~4배 정도

(4) 연단거리
게이지라인상의 마지막 볼트의 중심에서 부재 끝까지의 응력방향의 거리

(5) 측단거리
게이지라인상의 마지막 볼트의 중심에서 부재 끝까지의 응력직각방향의 거리

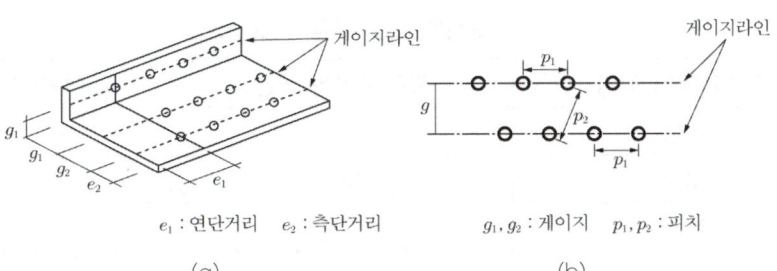

볼트의 접합 용어

2 고력볼트 접합

1. 고력볼트 접합 및 마찰접합의 특징

(1) 고장력볼트접합의 특징
① 유효단면적당 응력이 작으며, 피로강도가 높다.
② 강한 조임력으로 너트의 풀림이 생기지 않는다.
③ 응력방향이 바뀌더라도 혼란이 일어나지 않는다.
④ 접합방식에는 마찰접합, 지압접합, 인장접합이 있다.

(2) 고장력볼트 마찰접합의 특징
① 시공이 용이하여 공기가 절약된다.
② 접합부의 강성과 강도가 크다.
③ 품질관리가 용이하다.
④ 국부적인 응력집중이 거의 발생하지 않는다.

2. 구조 제한사항
① 피접합재의 조임두께를 그립(Grip)이라 하며, $5d$ 이하로 함
② 고력볼트의 게이지, 피치, 연단거리 등은 볼트접합과 동일한 규정 적용
③ 고력볼트의 기계적 성질은 표 '고력볼트의 기계적 성질', 고력볼트의 구멍지름은 표 '고력볼트의 구멍직경'에 따름

고력볼트의 기계적 성질

기계적 성질에 의한 고력볼트의 등급	기계적 성질		
	항복내력 (MPa)	인장강도 (MPa)	연신율 (%)
F8T	640 이상	800 ~ 1,000	16 이상
F10T	900 이상	1,000 ~ 1,200	14 이상
F13T	1,170 이상	1,300 ~ 1,500	12 이상

고력볼트의 구멍직경(mm)		
고력볼트의 직경	표준구멍의 직경	대형구멍의 직경
M16	18	20
M20	22	24
M22	24	28
M24	27	30
M27	30	35
M30	33	38

3. 접합부의 내력산정

(1) 인장접합

일반 조임된 볼트의 설계인장강도는 다음과 같이 산정함

$\phi R_n = \phi F_{nt} A_b$

여기서, $\phi : 0.75$, $F_{nt} : 0.75 F_u$, $A_b : \dfrac{\pi d^2}{4}$

(2) 고력볼트의 조임토크 계산

$T = k \times d_1 \times N$

여기서, k : 토크계수

d_1 : 볼트의 직경

N : 표준볼트장력(설계볼트장력의 1.1배)

3 용접접합

1. 그루브용접(맞댐용접, Groove Welding)

(1) 일반사항

① 한쪽 또는 양쪽 부재의 끝을 용접이 양호하게 되도록 끝단면을 비스듬히 절단하여 용접하는 방법

② 부재의 끝을 절단해낸 것을 홈 또는 개선(Groove)이라 하며, 그림 '그루브용접의 각 부 명칭과 홈 단면 형식' 속 (b)와 같은 홈의 형상이 있음

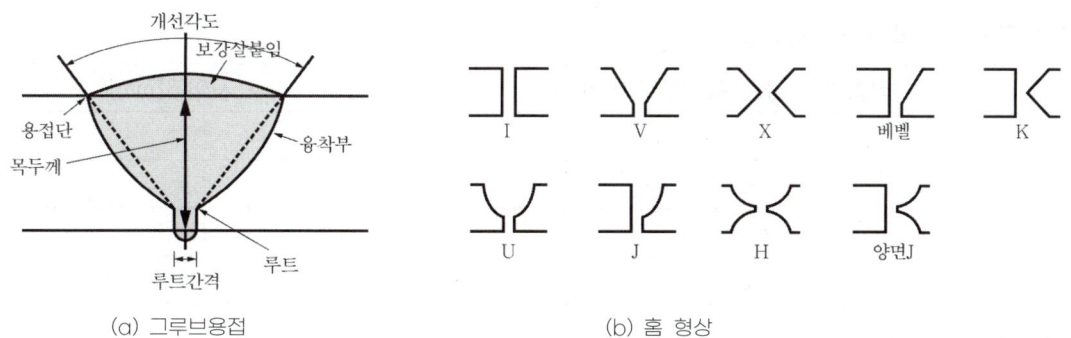

(a) 그루브용접   (b) 홈 형상

| 그루브용접의 각부 명칭과 홈 단면 형식 |

(2) 유효단면적(A_w)

유효단면적(A_w) = 유효목두께(a) × 유효길이(l_e)

① 유효목두께(a)는 접합판 중 얇은 쪽 판두께로 함
② 부분용입용접의 유효목두께는 $2\sqrt{t}$ (mm) 이상으로 하며, 이때 t는 두꺼운 쪽 판두께로 함
③ 유효길이(l_e)는 접합되는 부분의 폭으로 함

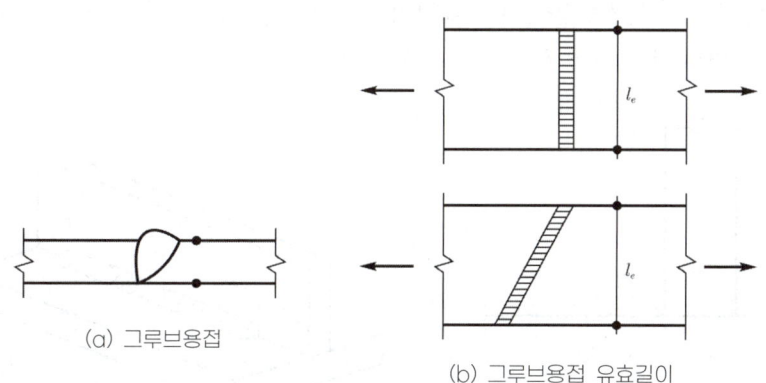

(a) 그루브용접   (b) 그루브용접 유효길이

| 그루브용접의 유효목두께와 유효길이 |

2. 필릿용접(모살용접, Fillet Welding)

(1) 일반사항

① 모재에 홈(Groove) 등의 사전가공을 하지 않고 모재와 모재의 교선을 따라서 삼각형 모양으로 용접하는 방법
② 필릿용접은 외력을 받으면 용접부에 대해 전단에 의해 파단되므로 대부분이 용접 유효단면적에 대해 전단응력으로 설계됨
③ 필릿용접은 구조물의 접합부에 상당히 많이 사용되는 방법임

(2) 필릿용접의 최소 사이즈

접합부의 얇은 쪽 판 두께, t(mm)	최소 사이즈[mm]
t < 6	3
6 ≤ t < 13	5
13 ≤ t < 20	6
20 ≤ t	8

(3) 유효면적(A_w)

유효면적(A_w)=유효목두께(a)×유효길이(l_e)

① 유효목두께(a)는 용접루트로부터 용접표면까지의 최단거리로 함. 단, 이음면이 직각인 경우에는 필릿사이즈(s)의 0.7배로 함
② 유효길이(l_e)는 필릿용접의 총길이에서 2배의 필릿사이즈(s)를 공제한 값으로 함
③ 필릿사이즈(s)는 원칙적으로 접합되는 모재의 얇은 쪽 판두께 이하로 함
④ 응력을 전달하는 필릿용접 이음부의 길이는 필릿사이즈의 10배 이상 또한 30mm 이상을 원칙으로 함
⑤ 구멍필릿과 슬롯필릿용접의 유효길이는 목두께의 중심을 잇는 용접중심선의 길이로 함
⑥ 유효단면적(A_w) = $0.7 \times s \times (L - 2 \times s)$

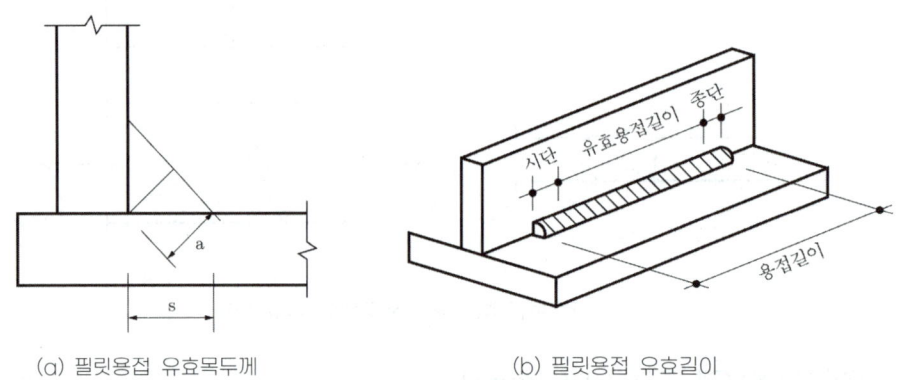

(a) 필릿용접 유효목두께   (b) 필릿용접 유효길이

| 필릿용접의 유효목두께와 유효길이 |

(4) 용접 기호의 설명

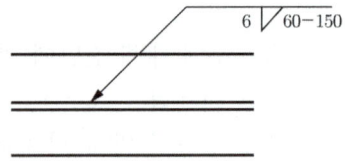

① 필릿용접이다.
② 용접되는 부위는 화살표가 가리키는 쪽이다(기선의 아래에 표시되어 있으므로).
③ 필릿치수는 6mm이다.
④ 용접길이는 60mm, 용접피치는 150mm의 단속용접이다.

3. 설계강도

용접의 설계강도 ϕP_w는 다음 식으로 산정함

$\phi P_w = \phi F_w A_w$

여기서, $\phi = 0.9$

A_w : 용접부의 유효단면적(mm^2)

F_w : 용접부의 공칭강도 (표 '용접의 공칭강도' 참조)

용접의 공칭강도(N/mm^2)

용접 구분	응력 구분	공칭강도
완전 용입용접 (맞댐용접)	유효단면에 직교인장	F_y
	유효단면에 직교압축	F_y
	유효단면에 전단	$0.6F_w$
부분 용입용접	유효단면에 직교압축	F_y
	용접선에 평행한 인장, 압축	
	용접선에 평행한 전단	$0.6F_w$
	유효단면 직교인장	$0.6F_w$
필릿용접	용접선에 평행한 전단	$0.6F_w$
	용접선에 평행한 인장, 압축	$0.6F_w$
플러그 및 슬롯 용접	유효단면에 평행한 전단	$0.6F_w$

4. 철골구조 접합의 기타사항

(1) 엔드탭

강구조의 용접에서 용접 개시점과 종료점에 용착금속에 결함이 없도록 임시로 부착하는 것

(2) 강구조 기둥과 강구조 보의 모멘트 접합(강접합)의 특징

① 전단접합에 비해 시공이 복잡하고 재료비가 증가한다.
② 단부를 고정지점으로 가정하여 접합하는 방법이다.
③ 보의 휨모멘트를 기둥이 일부 부담하므로 보를 경제적으로 설계할 수 있다.
④ 접합부가 휨모멘트에 대한 저항능력을 갖고 있다.

(3) 강재의 용접의 특징
① 탄소 함유량은 용접성에 큰 영향을 미친다.
② 용접부에는 용접에 의한 잔류응력이 존재한다.
③ 강재를 예열하여 용접하면 용접성이 좋아진다.
④ 동일 두께의 강재에서는 강도가 높을수록 용접성이 나빠진다.

(4) 강재 보의 특성
① 보는 휨과 전단에 의한 응력과 변형이 주로 발생한다.
② 보는 횡좌굴 방지를 고려할 필요가 있다.
③ 보는 부재의 단면 형상으로는 H형 단면이 주로 사용하며, 박스형, I형, ㄷ형 단면이 사용되기도 한다.
④ 처짐에 대한 사용성이 확보되어야 한다.

제 5 절 | 인장재 설계

1 인장재

인장재는 부재의 축방향으로 인장력을 받는 구조부재를 의미하며, 대표적인 단면 형태로는 강봉, ㄱ형강, T형강이 주로 사용하고, 현수구조에 쓰이는 케이블이 대표적인 인장재이다.

1. 순단면적

인장재 접합부의 연결재 구멍에 의한 결손부분을 뺀 단면적을 순단면적이라고 하며 구멍의 배열상태에 따라 파단이 일어나는 형태가 달라짐

(1) 정렬 배치인 경우

$A_n = A_g - ndt$

여기서, n : 인장력에 의한 파단선상에 있는 구멍의 수
d : 파스너 구멍의 직경(mm)+여유구멍
t : 부재의 두께(mm)

(2) 엇모배치인 경우

$A_n = A_g - ndt + \sum \dfrac{s^2}{4g} t$

여기서, s : 인접한 2개 구멍의 응력방향 중심간격(mm)
g : 파스너 게이지선 사이의 응력 수직방향 중심간격(mm)

(a) 정렬 배치　　　　　　　　(b) 엇모 배치

┃ 인장재의 파단선 ┃

인장재의 파단선 그림에서 파단선 A-1-3-B와 파단선 A-1-2-3-B의 경우 중에서 작은 값이 순단면적이 됨

① 파단선 A-1-3-B : $A_n = (h - 2d)t$

② 파단선 A-1-2-3-B : $A_n = (h - 3d + \dfrac{s^2}{4g_1} + \dfrac{s^2}{4g_2})t$

2. 설계미끄럼강도의 산정

$\phi R_n = \phi \mu h_f T_o N_s$

여기서, $\phi = 1.0$(표준구멍 시)
μ : 미끄럼계수
$h_f = 1.0$(일반적 경우)
T_o : 설계볼트장력
N_s : 전단면의 수

제 6 절 │ 압축재 설계

1 유효 좌굴길이와 세장비

1. 유효 좌굴길이

(1) 좌굴하중의 일반식

$P_{cr} = \dfrac{\pi^2 EI}{(kl)^2}$

(2) 유효 좌굴길이(kl)

① 위 식에서 분모항의 kl을 유효 좌굴길이라 하며 k를 유효 좌굴길이 계수라고 함
② 표 '지지조건에 따른 유효 좌굴길이'에는 지지조건에 따른 유효 좌굴길이를 나타냄

지지조건에 따른 유효 좌굴길이

재단의 지지상태	양단 고정	1단 핀 타단 고정	양단 핀	1단 자유 타단 고정
좌굴형태				
유효 좌굴길이(kl)	$0.5l$	$0.7l$	$1.0l$	$2.0l$

(3) 탄성좌굴응력

$$F_{cr} = \frac{P_{cr}}{A} = \frac{\pi^2 E}{(kl/r)^2}$$

여기서, kl/r : 세장비

kl : 압축재의 유효 좌굴길이(mm)

k : 유효 좌굴길이 계수

l : 부재길이(mm)

r : 압축재의 단면 2차반경(mm)

A : 단면적(mm^2)

(4) 세장비의 산정

$$세장비 = \frac{유효좌굴길이}{단면 2차 반경} = \frac{kl}{r}$$

2 판폭두께비와 압축재 설계

1. 판요소의 판폭두께비

(1) 비구속 판요소(플랜지)의 판폭두께비

① 압연 및 용접 H형강

$$\lambda = \frac{B/2}{t_f} = \frac{b}{t_f}$$

여기서, B = 플랜지의 폭(mm)

t_f = 플랜지의 두께(mm)

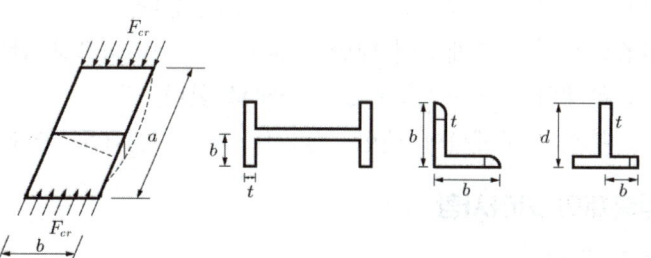

┃ 비구속판 요소의 폭과 두께 ┃

(2) **구속 판요소(웨브)의 판폭두께비**
   ① 압연 H형강
   $$\lambda = \frac{H - 2(t_f + r)}{t_w} = \frac{h}{t_w}$$
   ② 용접 H형강
   $$\lambda = \frac{H - 2t_f}{t_w} = \frac{h}{t_w}$$

   여기서, H = 보의 전체 춤(mm)
   t_w = 웨브의 두께(mm)
   r = 웨브 필렛의 반지름(mm)

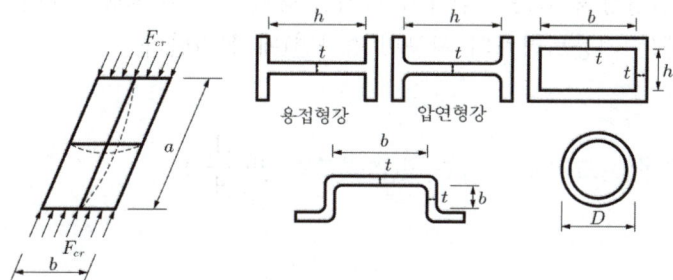

┃ 구속판 요소의 폭과 두께 ┃

2. 압축재 설계

(1) **강구조 기둥 압축재의 특성**
   ① 압축재는 단면적이 클수록 저항성능이 우수하다.
   ② 압축재는 단면2차모멘트가 클수록 저항성능이 우수하다.
   ③ 압축재는 단면2차반지름이 클수록 저항성능이 우수하다.
   ④ 압축재는 세장비가 작을수록 저항성능이 우수하다.

(2) **래티스형식 조립압축재의 일반사항 및 구조제한**
   ① 띠판, 띠판, 래티스형식(단일래티스, 복래티스) 등이 있다.
   ② 평강, ㄱ형강, ㄷ형강이 래티스로 사용된다.

③ 단일 래티스 부재의 세장비 L/r은 140 이하로 한다.
④ 단일 래티스 부재의 부재축에 대한 기울기는 60° 이상으로 한다.
⑤ 복 래티스 부재의 세장비 L/r은 200 이하로 한다.
⑥ 복 래티스 부재의 부재축에 대한 기울기는 45° 이상으로 한다.

3. 철골구조 압축재의 기타사항

(1) 철골 트러스의 특성
① 직선 부재들이 삼각형의 형태로 구성되어 안정적인 거동을 한다.
② 트러스의 개방된 웨브 공간으로 전기배선이나 덕트 등과 같은 설비 배관의 통과가 가능하다.
③ 부정정차수가 낮은 트러스의 경우에는 일부 부재나 접합부의 파괴가 트러스의 붕괴를 야기할 수 있다.
④ 비정형 구조물에도 적용이 가능하다.

(2) 철골조 가새의 특성
① 트러스의 절점 또는 기둥의 절점을 각각 대각선 방향으로 연결하여 구조체의 변형을 방지하는 부재이다.
② 풍하중, 지진력 등의 수평하중에 저항하는 것으로 부재에는 인장응력 및 압축응력이 모두 발생한다.
③ 보통 단일형강재 또는 조립재를 쓰지만 응력이 작은 지붕가새에는 봉강을 사용한다.
④ 수평가새는 지붕트러스의 지붕면(경사면)에 설치한다.

(3) 강재비
강재 단면적과 콘크리트의 유효 단면적과의 비($\frac{A_s}{A_c}$)

제 7 절 | 철골 보의 해석

1 철골 보의 응력

1. 전단응력

(1) 전단응력의 일반식

보가 전단력 V를 받는 경우, 보의 임의 단면에 생기는 전단응력은 보 이론으로부터 다음과 같이 계산되며, 최대 전단응력은 웨브의 중앙에서 발생함

$$f_v = \frac{V \times Q}{I \times b}$$

여기서, Q : 전단응력을 측정하는 위치에서 중립축에 대한 단면1차모멘트
I : 중립축에 대한 전단면의 단면2차모멘트
b : 전단응력을 측정하는 지점의 웨브의 두께 또는 단면 폭

(2) 최대 전단응력

$$f_{v\max} = k \frac{V_{\max}}{A}$$

여기서, k = 형상비(직사각형=1.5, 원형=1.33, H형강=1.10~1.18)

(3) 실용식

H형강이나 I형강과 같은 보의 최대 전단응력도는 실용적으로 다음 식과 같이 약산할 수 있음

$$f_v = \frac{V}{d \times t_w}$$

여기서, V : 전단력(N)
d : 보의 전체 춤
t_w : 웨브와 두께

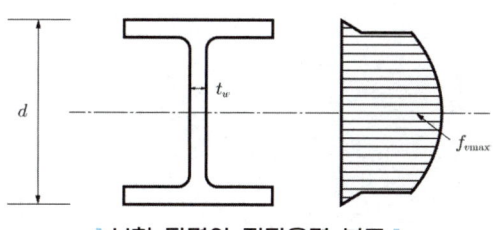

| H형 단면의 전단응력 분포 |

2. 고력볼트의 설계전단강도

$\phi R_u = \phi A_b F_{nv}$

여기서, $\phi = 0.75$, $A_b = \dfrac{\pi \times D^2}{4}$

$F_{nv} = 0.5 F_u$

F_u : 인장강도

3. 철골구조 해석의 기타사항

(1) 철골구조의 소성설계와 관련된 용어
형상계수, 소성힌지, 붕괴기구, 하중계수

(2) 합성보의 유효폭 계산 - 세 가지 값 중 최솟값×2
① 보 스팬의 1/8
② 보 중심선에서 인접보 중심선까지 거리의 1/2
③ 보 중심선에서 슬래브 가장자리까지의 거리

(3) 콘크리트 충전강관(CFT) 구조의 특징
① 철근콘크리트구조에 비해 내력과 변형능력이 뛰어나다.
② 강관 안에 콘크리트가 타설되므로 콘크리트의 충전성 확인이 어렵다.
③ 강구조에 비해 국부좌굴의 위험성이 낮다.
④ 콘크리트 타설 시 별도의 거푸집이 필요 없다.
⑤ 강재비는 철골의 단면적/콘크리트의 단면적으로 정의한다.

단원별 경향문제

01
압축부재의 유효좌굴길이는 무엇으로 결정되는가?
① 부재단면의 단면2차모멘트
② 부재단면의 단면계수
③ 재단의 지지조건
④ 부재의 처짐

해설 　　　　　　　　　　　　　답 ③
유효좌굴길이의 결정 요소
압축부재의 유효좌굴길이는 재단의 지지조건에 의해 결정된다.

02
강구조에 대한 설명 중 틀린 것은?
① 장스팬 구조물이나 고층 건물에 적합하다.
② 고열에 강하고 내화성이 우수하다.
③ 부재 길이가 비교적 길고 좌굴하기 쉽다.
④ 다른 구조재료에 비하여 균질도가 우수하다.

해설 　　　　　　　　　　　　　답 ②
강구조의 단점
② 고열(화재)에 약하므로 내화피복이 필요함

03
강구조 기둥과 강구조 보의 모멘트 접합에 관한 설명으로 틀린 것은?
① 전단접합에 비해 시공이 간단하고 재료비가 줄어든다.
② 단부를 고정지점으로 가정하여 접합하는 방법이다.
③ 보의 휨모멘트를 기둥이 일부 부담하므로 보를 경제적으로 설계할 수 있다.
④ 접합부가 휨모멘트에 대한 저항능력을 갖고 있다.

해설 　　　　　　　　　　　　　답 ①
모멘트 접합의 특성
① 전단접합에 비해 시공이 복잡하고 재료비가 증가한다.

04
SN275A로 표기된 강재에 관한 설명으로 옳은 것은?
① 일반구조용 압연강재이다.
② 용접구조용 압연강재이다.
③ 건축구조용 압연강재이다.
④ 인장강도가 275MPa이다.

해설 　　　　　　　　　　　　　답 ③
SN강재
건축구조용 압연강이라 하며, 건축물의 내진성능을 확보하기 위하여 항복점의 상한치 제한 등에 의한 품질의 편차를 줄이고, 용접성 및 냉간 가공성을 향상시킨 강재

05

강구조 기둥 압축재에 대한 설명으로 옳지 않은 것은?

① 압축재는 단면적이 클수록 저항성능이 우수하다.
② 압축재는 단면2차모멘트가 클수록 저항성능이 우수하다.
③ 압축재는 단면2차반지름이 클수록 저항성능이 우수하다.
④ 압축재는 세장비가 클수록 저항성능이 우수하다.

해설 답 ④

④ 압축재는 세장비가 클수록 좌굴에 대한 <u>저항성능이 좋지 않음</u>

06

강구조 관련 용어에 관한 설명으로 옳지 않은 것은?

① 턴버클 – 강재보와 콘크리트슬래브 사이의 미끄럼 방지
② 커버플레이트 – 플랜지 보강용으로 휨모멘트에 저항
③ 스캘럽 – 보와 기둥의 용접접합 시 반원형으로 웨브를 잘라낸 부분
④ 엔드탭 – 용접결함을 방지하기 위해 용접단부에 임시로 설치한 보조강판

해설 답 ①

① 턴버클 : 두 점 사이에 연결된 강삭 등을 죄는 데 사용하는 죔기구의 하나

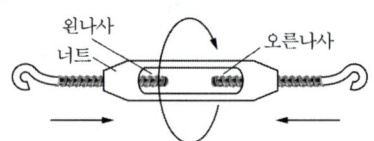

건축기사 / 건축산업기사

PART
4

건축설비

PART 4 건설적산

건축기사 / 건축산업기사

CHAPTER 01 위생설비

제1절 급수설비

1 일반사항

1. 유체의 특성

(1) 건축설비의 SI단위

건축설비에서 사용되는 주요 물리량의 SI단위는 다음과 같음

① 힘(F)의 단위
  ㉠ N(Newton) : 질량 1kg의 물질에 가속도 $1m/s^2$이 작용할 때의 힘(중력가속도가 작용하지 않음)
  ㉡ kgf : 질량 1kg의 물질에 중력가속도($g=9.8m/s^2$)가 작용할 때의 힘
  ㉢ 힘에 대한 SI 단위는 N이며 $1kgf=1kg \times 9.8m/s^2=9.8N$

② 열량의 단위
  ㉠ 칼로리(Calorie) : 표준기압 하에서 물 1g을 1℃ 올리는데 필요한 열량
  ㉡ 열량에 대한 SI단위는 kJ이며 1kJ≒0.24kcal이며, 1kcal≒4.2kJ
  $1J = 1N \cdot m$

③ 압력의 단위 : 압력은 유체에 대한 단위면적당 작용하는 힘을 의미하며, 2006년까지는 중력단위계인 kgf/cm^2를 주로 사용하였지만, 이후에는 SI단위계인 Pa를 사용하여야 함
  ㉠ 압력에 대한 SI단위는 Pa이며 $1Pa=1N/m^2$이고, $1MPa=1,000kPa=1N/mm^2$
  ㉡ 수압과 수두의 관계를 정리하면, 수압 P=0.01H(MPa)=10H(kPa)
  또한 $1kgf/cm^2=0.1MPa=100kPa$이며, $1MPa=10kgf/cm^2$

④ 동력
  ㉠ 정의 : 단위 시간마다 하는 일의 비율
  ㉡ 동력에 대한 SI단위는 W이며 $1W=1J/s=1N \cdot m/s$, $1kcal/h=1.163W$

⑤ 수압의 단위
  ㉠ 물의 단위용적당 중량 : $w=1,000kgf/m^3$
  ㉡ 수압(P)과 수두(H)와의 관계식

  $$P = 0.1H = \frac{H}{10}[kgf/cm^2] = 0.01H[MPa]$$

(2) 베르누이의 정리
　① 정의
　　유체가 흐르는 속도, 압력, 높이의 관계를 수량적으로 나타낸 법칙으로, 유체의 운동에너지, 위치에너지 및 압력에너지의 총합은 어디에서나 항상 일정하다는 유체에 대한 에너지 보존의 법칙을 말함
　② 특징
　　유체의 유속은 좁은 통로를 흐를 때 증가하고 넓은 통로를 흐를 때 감소하며, 유체의 유속이 증가하면 유체의 압력이 낮아지고, 반대로 유속이 감소하면 내부 압력이 높아진다.

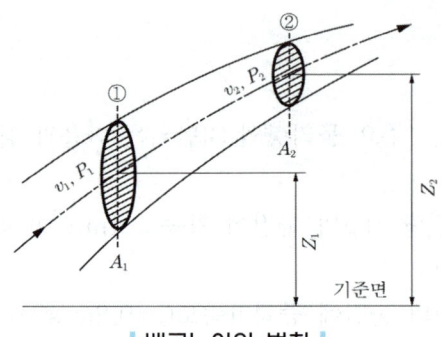

| 베르누이의 법칙 |

> **Tip** 유체의 유속 계산
>
> $v = \dfrac{Q}{A}$
> 여기서, Q : 유체의 유량
> 　　　　A : 배관의 단면적

2. 수질

(1) 중수(재처리 수)
　① 수자원 부족을 해결하기 위한 대책으로 1차로 사용된 물을 모아 수 처리하여 재사용하는 것
　② 중수 용도의 설정 : 화장실, 세차, 청소, 화단용
　③ 요구 수량과 수질에 따른 수 처리 시설이 필요함
　④ **중수도** : 건물·시설 등에서 발생하는 오수를 다시 처리하여 생활용수·공업용수 등으로 재이용하는 시설

(2) 물의 경도(Hardness of Water)
　물 속에 녹아 있는 칼슘(Ca), 마그네슘(Mg) 등의 염류의 양을 탄산칼슘($CaCO_3$)의 농도를 100만분율(PPM : Parts Per Million)로 환산하여 표시한 것으로, 일반적으로 지표수는 연수, 지하수는 경수로 간주함

① 연수(Soft Water)
  ㉠ 경도가 낮은 물로 탄산칼슘($CaCO_3$)의 함유량이 90ppm 이하인 물
  ㉡ 세탁, 염색, 보일러용에 적합
② 경수(Hard Water)
  ㉠ 경도가 큰 물로 탄산칼슘($CaCO_3$)의 함유량이 110ppm 이상인 물
  ㉡ 음료용, 세탁, 표백, 염색에는 부적합
  ㉢ 경수를 보일러 용수로 사용하면 그 내면에 스케일이 생겨 전열효율이 감소됨

2 급수압력

1. 급수압력

① 수압과 수두

액체의 압력은 액체의 어떤 면에 대하여 항상 수직으로 작용하며, 수압과 수두와의 관계는 다음과 같음

$$P = 10H(kPa) = 0.01H(MPa)$$

여기서, P : 액체의 압력(수압)
       H : 수두 또는 수전고(m)

② 급수 압력

각 위생 기구가 가지는 기능을 충분히 발휘하기 위해서는 적정한 급수압이 요구되는데, 각 기구의 최저 필요압력과 건물용도별 허용 최고압력을 나타내면 아래와 같다.

| 각 기구에서의 최저 필요압력 |

기구명	필요압력(kPa)	필요압력(MPa)
블로우 아웃식 대변기	100	0.1
세정밸브(플러시밸브)	70(최저) 표준 100	0.07(최저) 표준 0.1
보통밸브	30(최저) 표준 100	0.03(최저) 표준 0.1
자동밸브	70	0.07
샤워	70	0.07
순간온수기(대)	50	0.05
순간온수기(중)	30	0.03
순간온수기(소)	10(저압용)	0.01(저압용)

건물용도별 허용최고수압과 수직높이

구분	최고압력(MPa)	수직높이(m)
주택, 호텔, 병원	0.3~0.4	30~40
사무소, 그 외 일반건물	0.4~0.5	40~50

3 급수량 산정

1. 1일당 급수량(Q_d) 산정

(1) 건물 면적에 의한 방법

건물 사용 인원을 모를 경우 건물의 유효 면적비와 건물 종류별 1인당 1일 사용수량에 의해 표를 사용하여 산정함

$$Q_d = A \times k \times n \times q(l/day)$$

여기서, A : 건물의 연면적(m^2)
k : 건물 연면적에 대한 유효 면적의 비율(%)
n : 유효 면적당의 인원(인/m^2)
q : 건물 종류별 1일 1인당 사용수량($l/d \cdot$ 인)

건물 종류	용도	1일평균사용수량(l)	1일 평균 사용시간(h)	유효면적당 인원(인/m^2)	유효면적/연면적 (%)	비고
사무소	통근	100~120	8	0.2	55~60	
은행·관청	통근	100~120	8	0.2	사무소와 같음	1명 상당 외래객 8l
병원	1bed당	고급 1,000 이상 중급 500 이상 기타 250 이상	10	외래 8l 이상 직원 120l	45~48	간호원 160l 직원 120l
백화점	손님	3 40	8 6	1.0 1.0	55~60	점원 100l 상주 160l
주택	주거	160~200	8~10	0.16	50~53	
아파트	주거	160~250 120	8~10 8	0.16 0.2	45~50 —	독신 100l
호텔	손님	250~300 200	10 10	0.17 0.24	— —	
초·중학교	학생	40~50 80	5~6 6	0.25~0.14 0.1	58~60	교사 100l
공장	공원	60~140	8	0.1~0.3		남자 80l 여자 100l

2. 급수단위

(1) 급수단위
급수단위는 미국 위생 기준에서 정해진 급수 기구 단위(Fixture Unit)를 이용하여 세면기를 기준으로 산정되며, 1FU=30l/min(7.5gal/min)를 단위로 각 기구의 단위를 산출하여 급수량을 산정함

4 급수방식

1. 수도직결방식
도로 밑에 매설되어 있는 수도 본관에서 인입관을 이끌어 각 건물의 소요 급수 개소에 직접 급수하는 방식을 말함

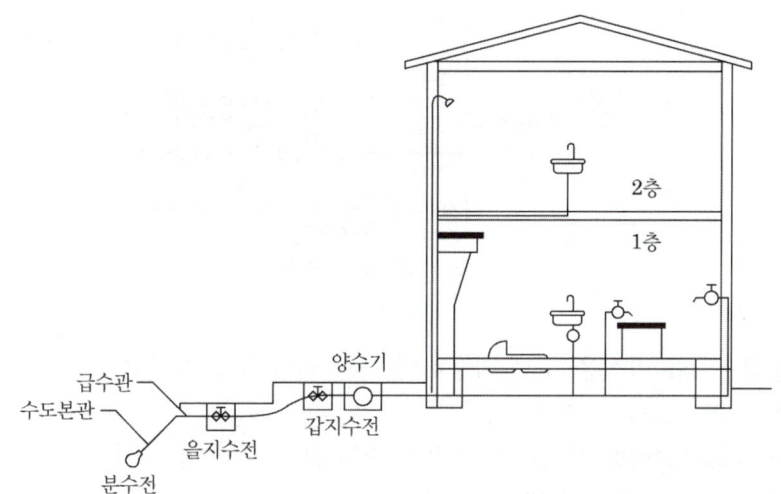

| 수도직결방식 |

(1) 특징
① 급수오염 가능성이 가장 적어 위생성 측면에서 가장 바람직함
② 2층 이하의 소규모 건물에 적합함(건물의 높이에 관계가 있음)
③ 정전 시에도 급수가 가능해 단수의 염려가 없음
④ 저수조가 없으므로 단수 시에는 급수가 전혀 불가능함

(2) 수도 본관의 최저 필요압력(P_o)

$$P \geq P_1 + P_2 + 0.01h(MPa) \text{ 또는 } P \geq P_1 + P_2 + 10h(kPa)$$

여기서, P : 수도 본관의 최저 필요압력
P_1 : 기구 최저 필요압력
P_2 : 마찰손실수압
h : 수도 본관에서 최고층 급수기구까지의 높이(m)(h=0.1P)

2. 고가탱크 방식

3층 이상의 고층 건물에서는 상수를 지하 저수조에 받아 이 물을 펌프로 고가수조에 양수시킨 물을 필요기구에 중력식으로 하향 급수하는 방식

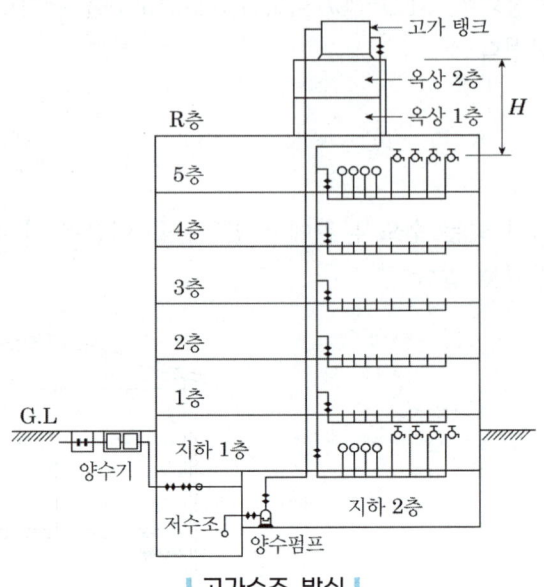

┃ 고가수조 방식 ┃

(1) 특징
① 하향급수 배관방식을 주로 사용하여 항상 급수압이 일정함
② 수질 오염 가능성이 가장 큼
③ 대규모 급수설비에 적합하며 외관이 좋지 않고, 구조설계 시 수조 중량에 의한 구조적 보강이 필요하며 설비비가 증가함
④ 단수 시에도 저수량을 확보하여 일정시간 급수가 가능함
⑤ 물 공급 순서 : 상수도 → 저수조 → 펌프 → 고가수조 → 위생기구
⑥ 3층 이상의 고층으로의 급수는 쉽지만, 최상층 세대에 충분한 수압으로 급수하기 어려운 경우가 많아 급수펌프를 추가로 설치하는 것이 대부분임
⑦ 취급이 간단하고 고장이 적다.

(2) 고가탱크 설치높이(H)

$$H \geq H_1 + H_2 + H_3 \,(m)$$

여기서, H_1 : 최고층 급수전에서의 소요 압력에 상당하는 높이(m)
H_2 : 관내 마찰손실수두(m)
H_3 : 지상에서 최고층에 있는 수전까지의 높이(m)

3. 압력탱크 방식

압력수조 내부에 물을 먼저 인입시키고, 압축공기로써 물에 압력을 가하는 방식

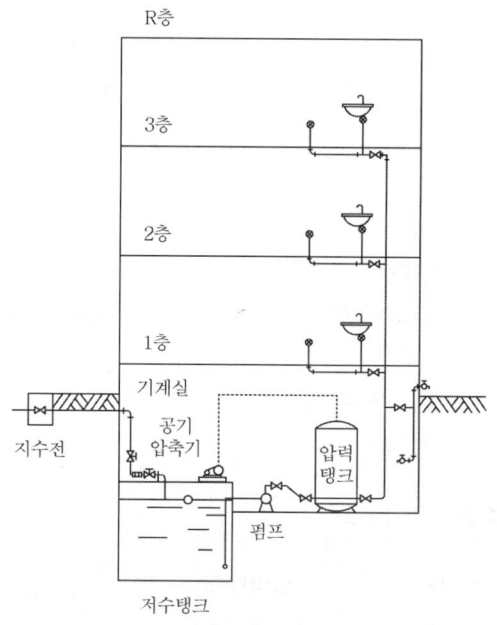

| 압력탱크방식 | 　　 | 압력탱크 배관 및 부속기구 |

(1) 특징
① 국부적으로 일시적인 고압을 필요로 할 때 적합
② 고가수조방식에 비해 수조의 설치위치에 제한이 적으며, 고가수조가 필요 없어 미관상 좋음
③ 조작상 최고·최저의 압력차가 크므로 급수압의 변동이 큼
④ 정전 시 급수가 곤란하지만, 단수 시 저수조의 물을 사용할 수 있어 일정량의 급수가 가능함
⑤ 펌프의 양정이 길어야 하므로 동력비가 비쌈
⑥ 탱크는 압력 용기이므로 제작비가 비쌈

(2) 압력탱크의 압력
① 최저 필요압력(P_I)

$$P_\mathrm{I} = P_1 + P_2 + P_3\,(MPa)$$

여기서, P_1 : 기구별 소요압력(MPa)
　　　　P_2 : 관내 마찰손실수두(MPa)
　　　　P_3 : 압력탱크의 최고층 수전의 수압(MPa)

4. 탱크가 없는 부스터 방식(펌프직송방식)

수도 본관으로부터 저수탱크에 물을 받은 후 자동 펌프를 이용하여 각 수전 또는 기구에 급수하는 방식으로 현재 많이 상용되는 추세임

(1) 특징
① 옥상탱크나 압력탱크가 필요 없어 건축적으로 건물의 외관 디자인이 용이해지고 구조적 부담이 경감됨
② 정전 시 급수가 불가능함
③ 설비비가 비싸고 전력 소비가 많음
④ 자동 제어 시스템이어서 고장 시 수리가 어려움
⑤ 적정한 수압과 수량확보를 위해서는 정교한 제어장치 및 내구성 있는 제품의 선정이 필요함
⑥ 고가수조방식에 비해 수질오염 가능성이 적지만 있음
⑦ 배관 내 압력변동 등을 감지하여 펌프를 기동함

∥각종 급수방식의 비교∥

조건 \ 급수방식	수도직결식	고가탱크식	압력탱크식	부스터 방식 (펌프직송)
수질 오염의 가능성	거의 없음	많음	보통임	보통임
급수압의 변화	수도본관의 압력에 따라 변화함	거의 일정함	수압변화가 큼	거의 일정함
단수 시의 급수	급수가 안 됨	저수조와 고가탱크에 남아있는 수량을 이용할 수 있음	저수조에 남아있는 물을 이용할 수 있음	압력탱크식과 같음
정전 시의 급수	관계없음	고가탱크에 남아 있는 수량을 이용할 수 있음	발전기를 설치하면 가능함	압력탱크식과 같음
설비비	저렴	조금 비쌈	보통임	비쌈
유지·관리비	저렴	보통임	비쌈	조금 비쌈

5. 초고층 건물의 급수방식

(1) 조닝(Zoning)의 목적
① 급수압력의 균등화(가장 큰 이유)
② 소음이나 진동 방지
③ 기구나 부속품의 파손이 적게 함
④ 수압을 낮추어 수격작용 방지

(2) 조닝(Zoning) 종류
① 층별식(세퍼레이트 방식, 중간수조 방식)
건물을 몇 개의 존(Zone)으로 나누어 각 존마다 수조를 설치하고, 최하층에 양수펌프를 설치해서 각 존의 수조에 각각 양수하는 방식으로 가장 많이 쓰임
② 중계식(부스터 방식)
각 존마다 수조를 설치하여 양수펌프가 각 존의 수조를 수원으로 하여 상부수조로 중계하는 방식
③ 압력 조정(조압) 펌프식
건물을 몇 개의 존으로 구분하여, 각 존마다 사용 수량의 변동에 따라 수량을 자동적으로 조절하여 급수관 속의 수압을 항상 일정하게 자동 제어하는 방식
④ 감압 밸브식
건물의 상층부는 고가탱크에서 그대로 급수하고 하층부는 감압밸브에 의해 감압시켜 급수하는 방식. 감압밸브방식에는 주관감압방식, 각층 감압방식, 그룹 감압방식이 있음
⑤ 압력탱크식
각 존마다 압력탱크를 설치하여 주로 상향 급수하는 방식. 중층과 저층부는 최하층에 압력탱크를 설치하여 상향 급수하게 되고, 고층부는 최하층의 펌프로 고층부의 수수탱크에 일단 양수한 후, 이를 압력탱크로 옮겨 고층부의 각 층에 상향 급수함

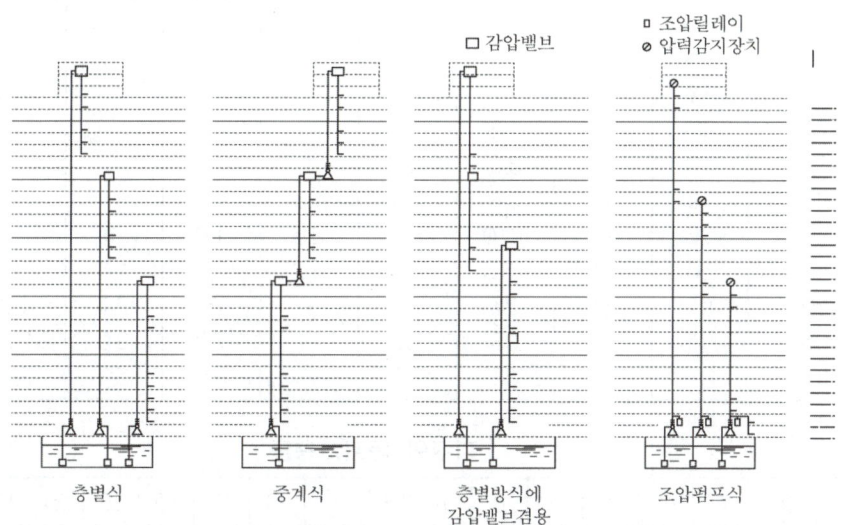

| 최고층 건물의 급수조닝 |

(3) 급수배관의 설계 및 시공상의 주의점
① 급수관의 기울기는 1/250을 표준으로 한다.
② 수평배관에는 공기가 정체하지 않도록 하며, 어쩔 수 없이 공기 정체가 일어나는 곳에는 공기빼기밸브를 설치한다.
③ 급수주관으로부터 분기하는 경우는 티(tee)를 사용한다.
④ 음료용 급수관과 다른 용도의 배관을 크로스 커넥션하지 않도록 한다.
⑤ 급수배관의 최소 관경은 20mm로 한다.
⑥ 주배관으로 적당한 위치에 플랜지 이음을 하여 보수점검을 용이하게 한다.
⑦ 수격작용이 발생할 염려가 있는 급수계통에는 에어챔버나 워터 햄머 방지기 등의 완충장치를 설치한다.

5 급수관의 관경 결정법

1. 균등표(관균등표)에 의한 약산법
옥내 급수관과 같은 간단한 배관의 관경계산에 사용하는 방법으로 균등표와 동시 사용률을 적용하여 계산하는 약산법이다.

급수관의 균등표

관지름 (mm)	10	15	20	25	32	40	50	65	80
10	1								
15	1.8	1							
20	3.6	2	1						
25	6.6	3.7	1.8	1					
32	13	7.2	3.6	2	1				
40	19	11	5.3	2.9	1.5	1			
50	36	20	10.0	5.5	2.8	1.9	1		
65	56	31	15.5	8.5	4.3	2.9	1.6	1	
80	97	54	27	15	7	5	2.7	1.7	1
90	139	78	38	21	11	7.2	3.9	2.5	1.4
100	191	107	53	29	15	9.9	5.3	3.4	2

기구의 동시사용률

기구수	2	3	4	5	6	7	8	9	10	15	20	30	50	100	500	1,000
동시사용률 (%)	100	80	75	70	65	60	58	55	53	48	44	40	36	33	27	25

(1) 균등표에 의한 관경결정의 순서
① 각종 기구에 연결하는 급수지관의 관경 결정
② 균등표에 의하여 급수지관의 관경을 15A관의 상당수로 환산
③ 급수관의 말단에서 각 분기구까지의 15A관의 상당수를 누계
④ 그 누계에 각각의 기구수에 대한 기구의 동시 사용률을 곱해서 동시 사용개수를 구함
⑤ ④에서 구한 값을 균등표의 15A와 비교하여 관경 결정

(2) 급수관의 관경 결정 요소
관균등표, 동시사용률, 마찰저항선도

> **참고**
> 동적부하해석법 : 일종의 에너지 해석법

6 펌프

1. 펌프의 종류
(1) 터보형 펌프
① 원심 펌프
  ㉠ 온수 순환 펌프, 소방용으로 사용
  ㉡ 볼류트 펌프(Volute Pump) : 저양정으로서 비교적 많은 양수량을 필요로 할 때 사용됨. Guide Vane이 없고 다수의 임펠러가 케이싱 내에서 고속회전하는 방식으로 일반건물의 급수·공조용으로 많이 사용됨
② 사류 펌프
③ 축류 펌프

(2) 용적형 펌프
① 왕복식 펌프 : 고압을 요구하는 곳에 적용
② 회전식 펌프 : 점성이 있는 유체에 적합한 유압펌프

(3) 특수 펌프
마찰 펌프, 제트 펌프, 기포 펌프 등

2. 펌프의 용량
(1) 펌프의 양수량 = 옥상 탱크의 용량 × 2(m³/h)

(2) 펌프의 구경(d)

$$d = 1.13\sqrt{\frac{Q}{V}} = \sqrt{\frac{4Q}{V\pi}}\,(m)$$

여기서, Q : 양수량(m³/sec), V : 유속(m/sec)

(3) 급수펌프의 양정(펌프의 전양정)

① $H(전양정) = H_S + H_d + H_f(m)$ H_S : 흡입양정(m)
② $H_a(실양정) = H_S + H_d(m)$ H_d : 토출양정(m)
   H_f : 관내 마찰손실수두(m)

③ 관내 마찰손실수두(H_f, 마찰저항수두)

$$H_f = \lambda \frac{l}{d} \cdot \frac{V^2}{2g}(m) \text{ 또는 } H_f = \lambda \frac{l}{d} \cdot \frac{V^2}{2} \cdot \rho(Pa)$$

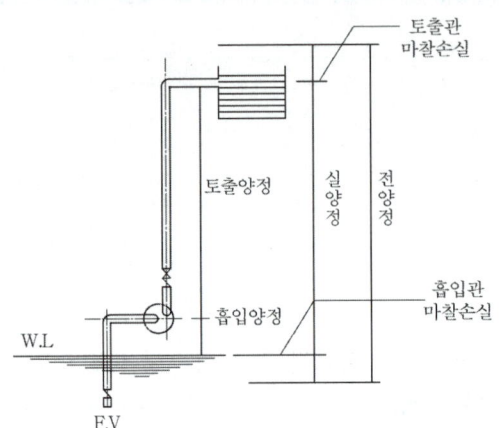

λ : 관 마찰 저항계수
l : 관의 길이(m)
V : 유속(m/sec)
d : 관경(m)
g : 중력가속도(9.8m/sec²)
ρ : 물의 밀도(1,000kg/m³)

| 펌프의 양정 |

(4) 펌프의 용량(축동력 산정)

$$\frac{WQH}{6,120E}(kw)$$

여기서, W : 비중량(kg/m³, 물의 비중량 : 1,000kg/m³)
Q : 양수량(m³/min)
H : 전양정(m)
E : 효율(%)

(5) 펌프의 전동기 출력(P)

$$P = P' \times (1.1 \sim 1.2)(kW) \ (P' : 펌프의 용량)$$

1kW = 102kg·m/sec = 6120kg·m/min

3. 펌프 관련 기타사항

(1) 펌프의 회전수와 여러 물리량과의 관계(전동기의 회전수가 증가할 경우)
① 양수량 : 회전수에 비례하여 증가
② 양정 : 회전수의 제곱에 비례하여 증가
③ 축마력 : 회전수의 3제곱에 비례하여 증가

(2) 펌프에서 발생하는 공동현상(Cavitation)의 방지대책
① 흡입양정을 낮춘다.
② 펌프 흡입 측에 공기 유입 방지

(3) 동일 특성의 펌프 2대를 직렬로 연결한 경우
유량의 변화는 없으나 양정은 2배로 높아짐

(4) 펌프특성곡선의 구성
① 가로축 : 토출량
② 세로축 : 효율, 전양정, 축동력

7 수질 오염의 원인과 방지

1. 저수탱크에 유해 물질 침입에 따른 오염방지
① 건축 구조체의 이용을 피함
② 음료수 탱크는 완전히 밀폐하고, 맨홀 뚜껑을 통하여 다른 물이나 먼지 등이 들어가지 않도록 함
③ 음료수 탱크 내에는 다른 목적의 배관을 하지 않음
④ 음료수 탱크에 부착된 오버플로(Overflow)관은 철망들을 씌워 벌레 등의 침입을 막음
⑤ 콘크리트 제품은 완전한 방수시공을 기대할 수 없으므로 스테인리스 강판, FRP제품 및 강판 제품을 사용함
⑥ 탱크의 재질, 보강재의 재질 및 사용 도료는 수질에 영향이 없는 것으로 함
⑦ 탱크는 정기적으로 청소할 수 있는 구조로 함

2. 배수의 급수설비로의 역류
① 배수의 역류는 단수 시 급수관 내의 일시적 부압이 형성되거나 변기의 세정밸브에 진공방지기가 달려 있지 않은 경우 일어나는 현상임
② 역사이펀 작용이 일어나지 않게 진동방지기를 설치하기도 하고 토수구 공간을 두기도 함. 토수구 공간을 취할 수 없는 경우는 반드시 역류방지기를 설치하여야 함
③ 역류의 방지책
  ㉠ 토수구 공간을 둔다.
  ㉡ 역류방지밸브를 설치한다.
  ㉢ 대기압식 또는 가압식 진공브레이커를 설치한다.

3. 크로스 커넥션(Cross Connection)

크로스 커넥션은 수돗물과 수돗물 이외의 물질이 혼합되어 오염되는 것으로 이와 같은 현상은 백플로(Backflow)·수수탱크·고가탱크 등을 통하여 일어난다. 백플로는 음료수 배관과 그 밖의 배관을 연결하였거나 또는 역사이펀 작용에 의해 발생됨

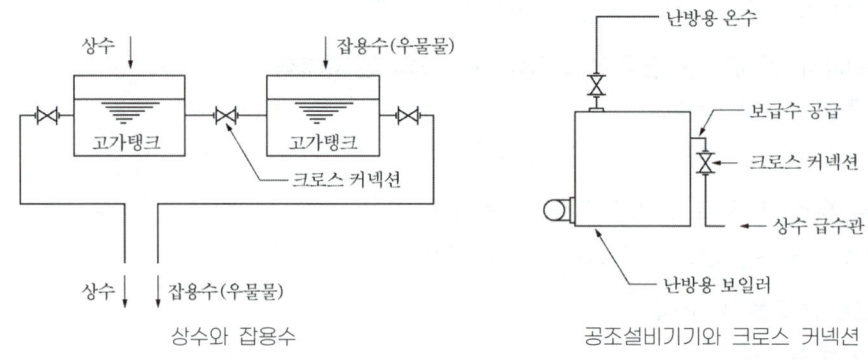

| 크로스 커넥션의 예 |

4. 배관의 부식

배관의 부식은 특히 금속관의 경우에 심한데 관의 재질, 배관 내에 흐르는 유체의 화학적 성질에 따라 차이가 있음

8 급수배관 시공상 일반사항

1. 공기빼기 밸브(Air Vent Valve)

굴곡 배관이 되어 공기가 생기게 되는 부분에 설치하여 공기를 제거하여 배관의 유체의 흐름을 원활하게 함

2. 수격작용(Water Hammering, 워터 해머)

관내 유속이 빠르거나 혹은 밸브 등의 관내 흐름을 순간적으로 폐쇄하면, 관내에 압력이 상승하면서 생기는 배관 내의 마찰음 현상을 말함

(1) 발생원인

① 플러시 밸브, 콕밸브 등의 급조작할 때 발생함
② 관경이 작을수록/유속이 빠를수록 일어나기 쉬움
③ 굴곡 개소가 있을 경우 일어나기 쉬움
④ 배관 방법의 불량
⑤ 수도 본관의 고수압(高水壓)

(2) 방지대책
① 공기실(Air Chamber)의 설치
② 관경을 확대하거나 적정 유속의 유지
③ 밸브 조작을 서서히 하거나 감압밸브의 설치
④ 가능한 직선 배관으로 설치함

(3) 방지대책을 고려하여야 하는 지점
① 물 탱크 등에 설치된 볼탭
② 급폐쇄형 수도꼭지 사용 개소
③ 펌프 토출측 및 양수관 구간에 설치된 체크밸브 상단
④ 급수배관 계통의 전자밸브, 모터밸브 등 급폐형 밸브설치 개소

> **Tip 볼탭**
> 여러 가지 탱크의 급수전에 부착되어 자동급수에 사용되며, 레버 선단에 볼 모양의 플로트가 있고, 물체의 부력을 이용하여 수면의 상하 변동에 의한 볼의 변위에 따라 레버 근원부의 밸브를 개폐한다.

3. 급수배관

(1) 급수배관의 기울기
① 급수배관의 모든 기울기는 1/250을 표준으로 함
② ㄷ자형으로 배관 시 공기 빼기 밸브를 설치해야 함

(2) 초고층 건물 급수 배관법
초고층 건물은 급수압 조절을 통한 각 층의 급수의 균등공급을 위해 조닝을 함

제 2 절 | 급탕설비

1 일반사항

1. 물의 성질
순수한 물은 4℃일 때 밀도가 최대가 되며, 온도에 따라 그 부피가 팽창 또는 수축함
① 0℃ 물 → 0℃ 얼음 : 약 9% 체적 증가(냉장고 유리병 속의 물이 팽창하여 깨짐)
② 4℃ 물 → 100℃ 물 : 약 4.3% 체적 증가
③ 100℃ 물 → 100℃ 증기 : 약 1,700배 체적 증가

2. 열량
① 비열 : 어떤 물질 1kg을 1K(또는 1℃) 올리는 데 필요한 열량
② 열량(Q)은 다음 식으로 산정함

$$Q = m \cdot C \cdot \triangle t (kJ)$$

여기서, m : 물체의 질량(kg), 온수 순환량 계산 시 사용됨
C : 물체의 비열(kJ/kg·K)
$\triangle t$: 온도차(K 또는 ℃)

3. 급탕설비의 특성
① 냉수, 온수를 혼합 사용해도 압력차에 의한 온도변화가 없도록 한다.
② 배관은 적정한 압력손실 상태에서 피크시를 충족시킬 수 있어야 한다.
③ 도피관의 도중에는 절대로 밸브를 설치해서는 안 되며 배수는 간접배수로 한다.
④ 밀폐형 급탕시스템에는 온도상승에 의한 압력을 도피시킬 수 있는 팽창탱크 등의 장치를 설치한다.

4. 보일러의 스케일의 특성
① 보일러 전열면의 과열 원인이 된다.
② 열의 전도를 방해하고 보일러 효율을 불량하게 한다.
③ 수처리장치 등을 이용하여 발생을 방지할 수 있다.

5. 급탕기기 용량 특성
① 일반적으로 가열기 능력과 저장탱크 용량과의 사이에는 반비례 관계가 있다.
② 급탕기기는 건물 내 사람의 일일 사용량과 피크시간대에 대응할 수 있는 용량으로 선정한다.
③ 동시사용률이 높은 건물은 일반적으로 가열기 능력을 크게 하고 저장탱크는 소용량으로 한다.
④ 가열장치의 능력에는 단위시간 내에 물을 가열할 수 있는 가열능력과 피크 사용 시에 대비해 온수를 저장하는 저탕용량이 있다.

6. 급탕부하량

급탕부하란 시간당 필요한 온수를 얻기 위해 소요되는 열량을 말함. 여기에서 열량은 kJ로 나타내며 시간개념이 포함된 급탕부하는 일반적으로 kW(kJ/s)로 나타내므로 kJ/h로 되어있는 식을 kW(kJ/s)로 변환하기 위해 3,600(s/h)으로 나눔에 유의

$$급탕부하 = \frac{급탕량\,G(kg/h) \times 비열\,C(kJ/kg \cdot k) \times 온도차\,\triangle t(k)}{3,600(s/h)}(kW)$$

2 급탕방식

급탕방식의 특성 비교

구분	종류	특징
개별식 (국소식)	• 순간온수기 • 기수 혼합식 • 저탕형 탕비기	① 급탕개소마다 가열기의 설치 스페이스가 필요함 ② 급탕개소와 급탕량이 작은 소규모 급탕에 유리함 ③ 배관의 열손실이 적음 ④ 용도에 따라 필요한 개소에서 필요한 온도의 탕을 비교적 간단하게 얻을 수 있음 ⑤ 건물 완공 후에도 급탕 개소의 증설이 비교적 쉬움 ⑥ 보통 유지관리가 용이하지만, 급탕 규모가 커지면 가열기가 필요하므로 유지관리가 어려움
중앙식	• 직접가열식 • 간접가열식	① 배관 및 기기로부터의 열손실이 많음 ② 열원장치는 공조설비와 겸용하여 설치됨 ③ 호텔이나 병원 등과 같이 급탕개소가 많고 대규모인 경우 경제적임 ④ 급탕기구의 동시사용률을 고려하기 때문에 가열장치의 전체용량을 줄일 수 있음 ⑤ 설비의 유지관리가 용이해 연료비가 적게 듦 ⑥ 배관에 의해 필요개소에 어디든지 급탕할 수 있음

1. 중앙식 급탕

중앙 기계실에서 급탕장치를 설치하고 배관에 의해 각 사용장소로 공급하는 방식으로 대규모 급탕에 적합하지만 배관길이에 따라 열 손실이 큼
중앙식 급탕방식은 복관식을 원칙으로 함

(1) 직접가열식

온수 보일러에서 가열된 온수를 저탕조에 저장한 후 급탕관에 의해 기구에 공급하는 방식

(2) 간접가열식

난방용 보일러에서 얻은 증기를 이용해 냉수를 가열하여 온수를 공급하는 방식
① 저압 보일러를 써도 되는 경우가 많아 중압 또는 고압 보일러를 사용할 필요가 없다.

② 간접가열식 급탕방식은 일반적으로 규모가 큰 건물에 사용된다.
③ 급탕용 보일러는 난방용 보일러와 겸용할 수 있다.
④ 직접가열식에 비해 보일러 내면에 스케일이 발생할 염려가 적다.
⑤ 비교적 안정된 급탕을 할 수 있다.
⑥ 직접가열식에 비해 가열보일러의 열효율이 낮다.
⑦ 저탕조는 가열코일을 내장하는 등 구조가 약간 복잡하다.
⑧ 저장탱크에는 써모스탯(thermostat)을 설치하여 온도를 조절할 수 있다.
⑨ 증기보일러 또는 고온수보일러를 사용하는 경우 고온의 탕을 얻을 수 있다.

| 중앙식 급탕방식 비교 | | |

구분	직접 가열식	간접 가열식
보일러	급탕용 보일러 난방용 보일러	난방용 증기를 사용하면 별도의 보일러는 필요 없음
열효율	유리	불리
급탕 규모	소규모	대규모
보일러 내 압력	고압	저압
보일러 수명	짧음	긺
저탕조 내 가열 코일	필요 없음	필요
보일러 내 스케일	많이 생김	거의 생기지 않음
설비비	많음	적음

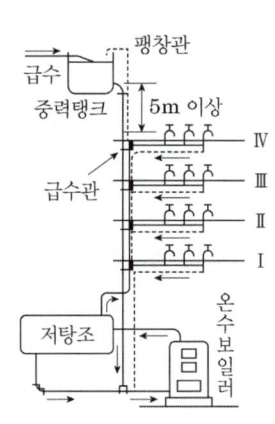

| 직접가열식 급탕배관 |

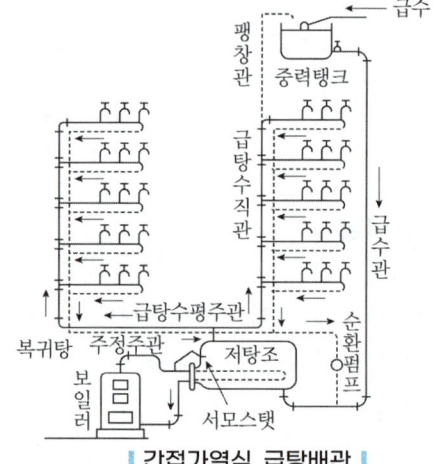

| 간접가열식 급탕배관 |

- Tip 리버스 리턴(reverse returen) 급탕방식
① 전 계통의 탕의 순환을 촉진하는 방식
② 계통별로 마찰저항을 균등하게 하여 온수의 유량을 균일하게 분배하는 배관 방식이다.

3 급탕량 산정

1. 급탕량의 산정방법

(1) 급탕량의 산정방법 종류
① 사용인원수에 의한 방법
② 급탕단위에 의한 방법
③ 사용기구수에 의한 방법

(2) 사용인원수에 의한 보일러의 급탕량 산정
① 가열 능력 비율이 주어진 경우
  ㉠ 가열장치는 그 구조에 따라 순간식과 저탕식이 있는데, 주로 대규모 건물인 경우 저탕식이 쓰임
  ㉡ 주철제 보일러와 강판제 보일러가 쓰임
  ㉢ 보일러의 가열능력(H)

$$H = \frac{Q_d \cdot \gamma \cdot C \cdot (t_h - t_c)}{3,600} [\text{kW}]$$

여기서, Q_d : 1일 급탕량(l/d)
γ : 가열 능력 비율
t_h : 급탕온도(℃)
t_c : 급수온도(℃)
C : 물의 비열(4.2kJ/kg·K)

② 가열 능력 비율이 주어지지 않은 경우

$$H = \frac{Q_d \cdot C \cdot \Delta t}{3,600} [\text{kW}], \quad Q_d = \frac{3,600 \cdot H[\text{kW}]}{C \cdot \Delta t}$$

4 급탕배관 시공

1. 배관법

(1) 복관식(순환식, 2관식)
① 급탕관과 반탕관을 설치하여 온수순환이 빠르고 수전을 열면 뜨거운 물이 바로 나옴
② 대규모 건축물에 사용됨

(2) 급탕방식에 의한 분류
① 강제순환식 : 순환펌프로 순환시키며 배관 구배는 1/200 정도가 적합하다.
② 중력식 : 탕의 순환이 온도차에 의해 이루어지며 배관 구배는 1/150 정도가 적합하다.

(3) 급탕배관 설계 시 주의사항
① 하향 배관법에서 급탕관 및 반탕관은 모두 앞내림 구배로 한다.
② 상향 배관법에서 급탕 수평 주관은 앞올림 구배, 반탕관은 앞내림 구배로 한다.
③ 급탕배관의 신축이음 간격은 강관은 30m, 동관은 20m, PVC는 10m마다 1개 설치한다.
④ 건물의 벽 관통 부분의 배관에는 슬리브를 설치한다.
⑤ 중앙식 급탕설비는 원칙적으로 강제순환방식으로 한다.
⑥ 이종금속 배관재의 접속 시에는 전식(電蝕) 방지 이음쇠를 사용한다.

2. 배관의 신축이음
관내의 팽창량을 흡수하여 누수 등을 방지하는 것으로 슬리브형과 벨로스형이 많이 쓰이며, 보통 1개의 신축이음쇠로 30mm 전후의 팽창량을 흡수함

(1) 종류
① 스위블 이음(Swivel Joint)
  ㉠ 엘보가 2개 이상 필요
  ㉡ 방열기 주위에 사용됨
  ㉢ 누수 우려가 있음
② 루프 또는 신축곡관(Expansion Loop)
  ㉠ 넓은 범위의 공간 필요
  ㉡ 고압에 견딜 수 있으며, 누수의 우려가 적음
  ㉢ 옥상 등 옥외배관에 적당
③ 벨로즈형(Bellows Type)
  온도에 융통성 있게 대응하여 흡수하는 기구
④ 슬리브형(Sleeve Type)
  ㉠ 관의 신축을 슬리브의 미끄럼에 의해서 흡수하는 기구
  ㉡ 관의 설치 및 교체, 수리를 편리하게 하고, 배관의 신축에 무리가 생기지 않도록 건물의 벽 관통 부분의 배관에 사용함

3. 급탕배관의 기타사항
(1) 급탕배관의 시공
① 관의 신축을 고려하여 굽힘 부분에는 스위블 이음 등으로 접합한다.
② 관의 신축을 고려하여 건물의 벽 관통 부분의 배관에는 슬리브를 사용한다.
③ 역구배나 공기 정체가 일어나기 쉬운 배관 등 온수의 순환을 방해하는 것은 피한다.
④ 배관재로 동관을 사용하는 경우 관내 유속이 1.5m/s 이상이면 부식이 발생하므로 유속을 느리게 해야 한다.

(2) 팽창관
① 보일러, 저탕조 등 밀폐가열장치 내의 이상 압력이 생겼을 때 압력상승을 도피시키기 위해 그 압력을 흡수하는 도피관을 말함
② 급탕수직주관 끝을 연장하여 팽창관으로 하고 팽창탱크에 자유개방함
③ 팽창관에는 절대로 밸브류를 달아서는 안 됨
④ 증기나 공기를 배출함

(3) 팽창탱크
① 보일러 또는 저탕조에 급수함
② 팽창관으로부터 나온 온수, 증기, 공기를 받음
③ 팽창탱크의 종류별 탱크설치 높이
  ㉠ 개방형 팽창탱크 : 탱크 저면이 최고층 급탕전보다 5m 이상 높게 설치함
  ㉡ 밀폐형 팽창탱크 : 설치 위치에 제한 없음

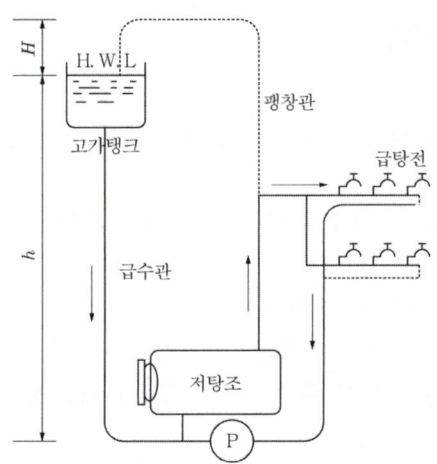

∥ 팽창탱크의 설치 높이 ∥

(4) 배관의 팽창량 계산
$\Delta L = \alpha \times \Delta t \times L$
여기서, α : 선팽창계수
Δt : 온도차
L : 배관의 길이

제 3 절 | 배수 및 통기설비

1 일반사항

1. 배수계통의 분류
① 직접배수 : 트랩을 이용한 위생기구에서의 배수를 의미
② 간접배수 : 세탁기, 제빙기, 식기세정기, 냉장고, 에어컨 등의 배수방식으로 배수관에 직접 연결하지 않고 공기 중에 노출시켰다가 배수관으로 배수하는 방법

2. 트랩의 설치목적과 요구 조건
트랩이란 무언가를 잡아두는 장치를 의미하며, 급배수위생설비 중의 악취나 벌레를 잡아두는 배수트랩과 증기난방 설비에서 응축수 환수를 위해 사용되는 증기트랩이 있음

(1) 목적
① 악취/벌레의 유입 방지
② 유독가스의 침투 방지

(2) 트랩의 요구조건
① 자체 유수로 배수로를 세정하고 오수에 포함된 오물 등이 부착 또는 침전하기 어려운 구조일 것
② 항상 봉수가 파괴되지 않고 유지할 수 있는 구조여야 함
③ 구조가 간단해야 함
④ 재질은 내식성, 내구성이 있어야 함
⑤ 봉수부 이음에 금속재를 사용해도 상관없음
⑥ 봉수부의 소제구는 나사식 플러그 및 적절한 가스켓을 이용한 구조일 것

3. 트랩의 종류와 특징

| 트랩의 종류와 특징 |

트랩	용도	특징
P트랩	위생기구에 가장 많이 쓰임	• 통기관을 설치하면 봉수가 안정됨 • 배관이 벽체로 이어짐
S트랩	대변기, 소변기, 세면기	• 사이펀 작용이 심하여 봉수파괴가 쉬움 • 배관이 바닥으로 이어짐
U트랩	일명 가옥트랩(house trap) 또는 메인트랩(main trap)	• 옥내 수평주관에 사용함 • 공공하수관으로부터의 유독가스를 차단하기 위해 사용 • 배수관 최말단에 위치하여 유속을 저하시키는 단점이 있음
드럼 트랩	싱크대	• 봉수가 안정됨 • 다량의 물 배수
벨 트랩	욕실 등 바닥 배수에 이용	종 모양으로 다량의 물을 배수함
그리스 트랩	호텔 식당 조리실 등 주방바닥	• 주방 바닥의 기름기(유지분) 제거용 트랩 • 양식 등 기름이 많은 조리실에 이용함

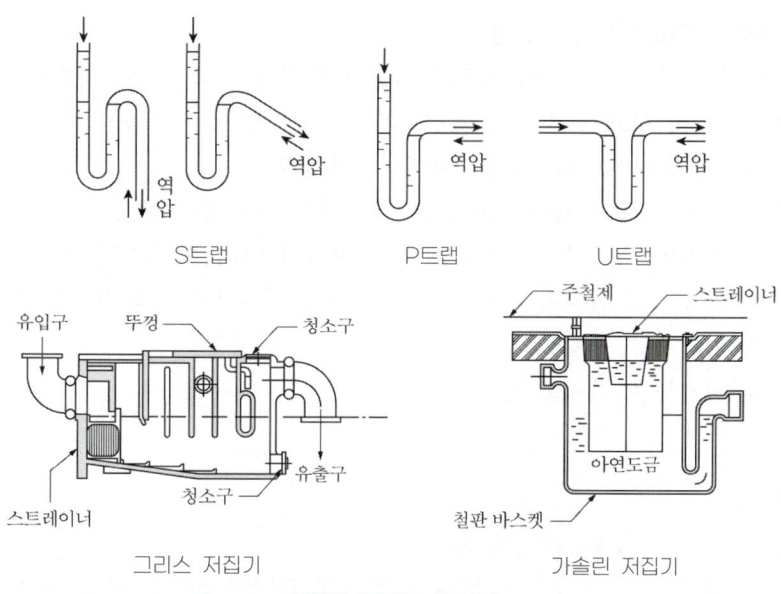

| 각종 트랩의 종류 |

> **Tip 포집기**
> 배수관을 막히게 하는 유지분, 모발, 섬유 부스러기 및 인화 위험 물질 등을 물리적으로 수거하기 위하여 설치하는 것

(1) 트랩의 종류
① 사이펀식 트랩(관트랩) : S트랩, P트랩, U트랩
② 비사이펀식 트랩 : 드럼 트랩, 벨 트랩, 그리스 트랩, 가솔린 트랩
③ 관트랩
  ㉠ 사이펀 작용을 일으키기 쉽기 때문에 사이펀 트랩이라고도 불림
  ㉡ 구조가 간단하고 자기 사이펀 작용을 일으키면 자정작용을 갖는 배수 트랩

(2) 사용금지 트랩
2중 트랩, 격벽 트랩, 가동부분이 있는 트랩, 내부 치수가 동일한 S트랩

(3) 배수용 트랩의 종류
관 트랩, 벨 트랩, 드럼 트랩

(4) 증기난방의 방열기 트랩
① 종류 : 버킷 트랩, 플로트 트랩, 벨로즈 트랩, 실로폰 트랩
② 벨로즈형 방열기 트랩의 사용 목적 : 방열기 내에 생긴 응축수를 환수시키기 위하여

(5) 기계식 증기트랩의 종류
버킷 트랩, 플로트 트랩, 플로트·서모스탯 트랩

(6) 배수 트랩의 구비조건 및 특성
① 가동부분이 있으면 유수의 힘으로 가동 부분이 열리고 유수가 끝나면 자동으로 닫히게 되는데 이 구조는 막히기 쉽고 성능이 불완전하므로 피한다.
② 설치목적 : 하수가스 및 취기(냄새)의 역류 방지
③ 트랩은 위생기구에 가능한 한 접근시켜 설치하는 것이 좋음
④ 오수에 포함된 오물 등이 부착 또는 침전하기 어려운 구조일 것
⑤ 트랩은 이중으로 설치하면 유속이 감소하고 배수가 원활하지 않으므로 일반적으로 트랩은 이중으로 설치하지 않음
⑥ 자기세정 기능을 가지고 있을 것

4. 봉수

(1) 봉수 깊이
① 표준 깊이 : 50~100mm가 보통
　㉠ 봉수깊이가 너무 낮으면 봉수가 쉽게 파괴되어 봉수를 손실하기 쉽다.
　㉡ 봉수깊이를 너무 깊게 하면 통수능력이 감소되며, 유수의 저항이 증가되어 봉수의 흐름이 느려진다.
② 대변기 종류별 깊이

| 대변기의 종류별 봉수 깊이 |

종류	봉수 깊이(mm)
세락식	50
일식(세출식)	50
블로 아웃식	55
사이펀식	65
사이펀 제트식	75

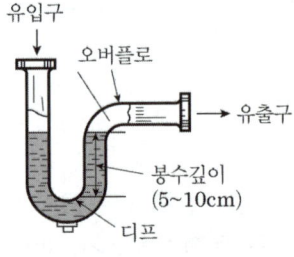

| 트랩의 봉수깊이 |

(2) 봉수파괴 원인 및 방지책

봉수파괴의 종류	방지책	원인
자기사이펀 작용	통기관 설치	배수가 관속을 꽉차서 흐를 때 물이 배수관 쪽으로 흡인되어 봉수가 파괴되는 현상
역압에 의한 분출 작용	하단부에 통기관 설치	대규모 배수설비에서 배수관의 하저곡부 가까이에 설치된 경우 수직관에 다량의 물이 정체되어 있고 수직관에 다량의 물이 배수될 때 중간에 압력이 발생하여 봉수가 실내 쪽으로 분출하게 됨
감압에 의한 흡입 작용(유도사이펀 작용)	도피통기관 설치	배수 수직주관 가까이 있는 트랩의 경우 다량의 물이 일시에 낙하할 때 진공상태가 되어 봉수가 흡입되는 현상
증발	트랩 봉수 급수보급장치 설치	건물을 장기간 비우거나 사용 빈도가 적을 때 봉수가 자연 증발되는 현상
모세관 현상	거름망 설치	트랩출구에 머리카락, 천조각 등이 걸렸을 경우 모세관 현상에 의해 봉수가 파괴됨
자기 운동량에 의한 관성작용	• 유속감쇠 • 격자석쇠 설치	스스로의 운동량에 의해 트랩의 봉수가 빠져나가는 현상

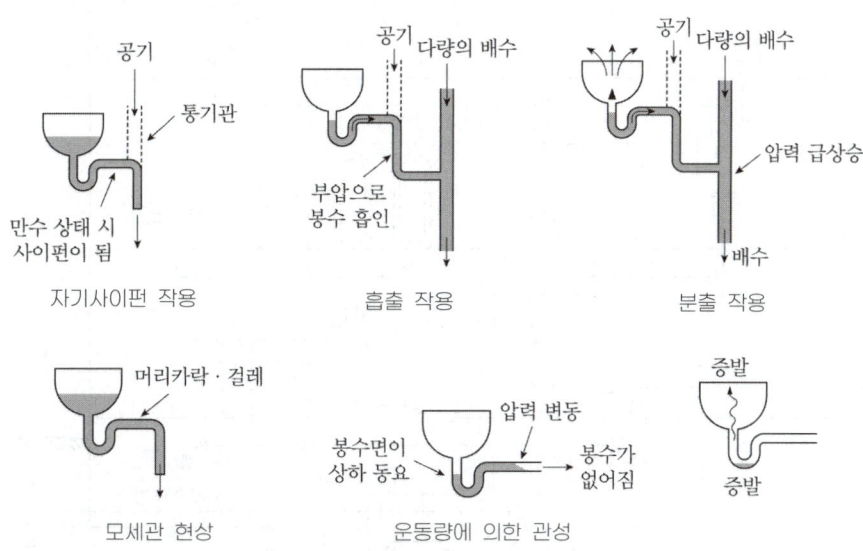

| 배수 트랩의 봉수파괴 원인 |

2 통기관

1. 통기관 설치목적
① 배수 흐름을 원활히 유지
② 트랩의 봉수 보호
③ 환기 도모
④ 배수관 내 악취 배출 및 청결 유지

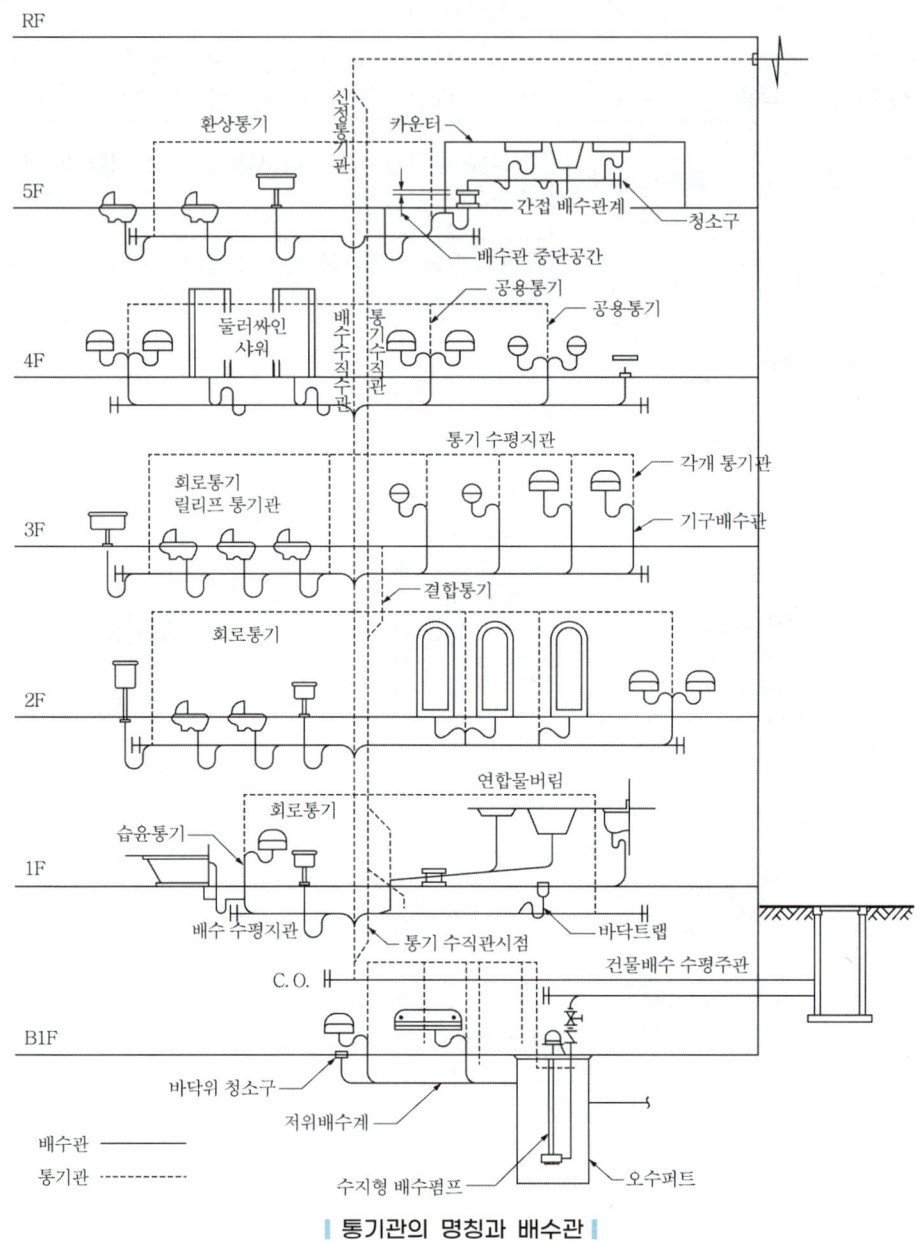

| 통기관의 명칭과 배수관 |

2. 통기관의 종류
(1) 통기관의 종류 및 특징

종류	특징	최소 관경
각개통기관	• 1개의 트랩을 위해 트랩 하류에서 취출하여, 그 기구보다 윗부분에서 통기 계통에 접속하거나 또는 대기 중에 개구하도록 설치하는 방법 • 트랩마다 통기되기 때문에 가장 안정도가 높은 방식 • 설비비가 많이 소요됨	32A 이상
회로 통기관 (환상, 루프통기관)	• 2개 이상의 기구트랩에 공통으로 하나의 통기관을 설치하는 방식 • 배수 수평지관 최상류 기구 바로 아래 배수관에 통기관을 세워 통기 수직관 또는 신정 통기관에 연결 • 관경 : 배수수평지관 및 통기수직관 관경의 1/2 이상	40A 이상
도피통기관	• 배수 수평지관 하류에 통기관을 연결함 • 루프통기의 효과를 높이는 역할과 함께 배수·통기 양 계통간의 공기의 유통을 원활히 하기 위해 설치 • 관경 : 배수 관경의 1/2 이상	32A 이상
신정통기관	• 배수수직관 상부에 관경을 축소하지 않고 연장하여 대기에 개방시킴 • 최상부의 배수수평관이 배수수직관에 접속된 위치보다도 더욱 위로 배수수직관을 끌어올려 통기관으로 사용하는 부분 • 통기수직관을 설치하지 않음	
결합통기관	• 오배수 수직관 내의 압력변화를 방지 또는 완화하기 위해, 오배수 수직관으로부터 분기·입상하여 통기수직관에 접속하는 (도피)통기관 • 배수입상관 + 통기입상관을 연결 • 관경 : 50mm 이상(통기관 중 가장 큼)	50A 이상
습윤통기관	배수 수평지관 최상류기구에 설치하여 통기와 배수를 동시에 하는 통기관	
공용통기관	기구가 반대방향(좌우분기) 또는 병렬로 설치된 기구배수관의 교점에 접속하여 입상하며, 그 양 기구의 트랩 봉수를 보호하기 위한 1개의 통기관	

(2) 통기관의 특징
① 통기관은 가능한 관길이를 짧게 하고 굴곡부분을 적게 한다.
② 통기관의 배관길이를 길게 하면 저항이 커지므로 관경이 커진다.
③ 통기관의 관경은 접속되는 배수관의 관경이나 기구배수부하단위수에 의해 구할 수 있다.

3 배수 및 통기시설의 배관

1. 배수관

(1) 배수관의 일반사항
① 건물 내에서 지중배관은 피하고 피트 내 또는 가공배관을 한다.
② 배수는 원칙적으로 중력에 의해 옥외로 배출하도록 한다.
③ 엘리베이터 샤프트, 엘리베이터 기계실 등에는 배수 배관을 설치하지 않는다.
④ 트랩의 봉수보호, 배수의 원활한 흐름, 배관 내의 환기를 위해 통기배관을 설치한다.
⑤ 배수관의 관경은 접속하는 기구배수관의 최대 관경 이상으로 함

(2) 배수관의 구배
배수관의 구배는 너무 급해도 좋지 않고 너무 완만해도 좋지 않음
① 표준 구배 : 1/50~1/100
② 관내 유속 : 0.6~1.2m/s

관경에 의한 배관의 구배

배수관의 구경(mm)	최대 구배	최소 구배
32~75	100~200	250 이상
75 이하	–	1/50
100 이상	–	1/100

(3) 배수관의 관경 결정법
① 기구 단위법
세면기의 배수량 28.5l/min을 기구배수단위 1로 정하여 다른 기구의 배수량을 그 배수로 표시하여 그 기구단위에 따라 관경을 결정함
② 정상 유량법
배수기구의 배수량을 시간적으로 평균화해서 정상 연속배수했을 때의 유량을 기준으로 평균 배수유량, 기구 배수량, 기구 평균 배수간격을 가지고 관경을 계산함

(4) 배수관의 관경과 구배의 관계
① 배관구배를 완만하게 하면 세정력이 저하된다.
② 배수관경을 크게 하면 유속이 느려져 배수능력은 저하된다.
③ 배관구배를 너무 급하게 하면 흐름이 빨라 고형물이 남는다.
④ 배관구배를 너무 급하게 하면 관로의 수류에 의한 파손 우려가 높아진다.

2. 청소구 설치
(1) 목적
배수관 내 이물질 제거를 위해 설치
(2) 위치
① 가옥 배수관과 택지 하수관이 접속되는 곳
② 배수 수평지관 및 수평주관의 기점
③ 배수 수평주관의 기점
④ 배수수직관의 최하부 또는 그 부근
⑤ 배수관이 45°를 넘는 각도에서 방향을 전환하는 개소
⑥ 수평 배수관
  ㉠ 관경 100mm 미만 : 15m 이내마다 청소구 설치
  ㉡ 관경 100mm 이상 : 30m 이내마다 청소구 설치

3. 배수와 통기 배관상 유의사항
① 통기 수직주관과 빗물 수직주관의 겸용 금지
② 바닥 아래의 통기 배관은 안 됨
③ 오수, 잡배수는 각개통기관으로 함
④ 오물 정화조는 단독으로 개구함
⑤ 간접배수 통기관은 단독 개구함
⑥ 2중 트랩이 되지 않도록 배관함
⑦ 통기관을 실내 환기용 덕트와 연결해서는 안 됨

4 위생기구
1. 하이탱크식
① 세정관의 관경 : 32mm
② 급수관의 관경 : 15mm
③ 세정 탱크의 높이 : 1.9m
④ 특징 : 세정시 소음이 크나 점유면적이 작음

2. 로탱크식
① 세정관의 관경 : 50mm
② 급수관의 관경 : 15mm
③ 특징 : 세정시 소음이 적으나 점유면적이 큼

3. 세정 밸브식(Flush Valve)
① 급수관의 관경 : 25mm 이상으로 가장 큼
② 특징 : 세정시 소음이 가장 크나 점유면적은 가장 작음
③ 상수의 급수・급탕계통과 그 외의 계통 배관이 장치를 통하여 직접 접속되어 오수에 의해 오염되는 것을 크로스 커넥션(Cross Connection)이라고 하며, 이렇게 오수가 급수관으로 역류하는 현상을 방지하기 위해 진공방지기(버큠 브레이커, Vaccum Breaker)를 설치함

제 4 절 | 배관재료

1 일반사항

1. 배관재료의 종류 및 특성
(1) 강관
  ① 특징
    ㉠ 다른 관에 비해 가볍고 인장강도가 커서 가장 많이 사용하는 관
    ㉡ 굴곡성이 좋고 충격에 강함
    ㉢ 부식되기 쉬움
  ② 이음 방법
    ㉠ 플랜지 이음 : 지름이 큰 대형관에서 배관 조립이나 관의 교체를 손쉽게 할 목적으로 이용함
    ㉡ 나사 이음(유니언 이음) : 50A 이하의 관이음에 적합
    ㉢ 용접 이음 : 그루브 용접 또는 슬리브 용접으로 함

(2) 주철관
  ① 특징
    ㉠ 오배수관이나 지중 매설 배관에 사용됨
    ㉡ 값이 저렴하고 내압성과 내식성이 좋음
    ㉢ 충격에 약하고 인장강도가 작음
  ② 접합 방법
    ㉠ 소켓 접합 : 누수의 우려가 있음
    ㉡ 플랜지 접합 : 기밀성이 높고 기체의 누설이 적어 고압배관에 적합

(3) 연관(납관)
  ① 특징
    ㉠ 내식성이 커서 배수용이나 통기관에 주로 사용됨
    ㉡ 산에는 강하지만 알칼리에 약하여 콘크리트에 매입 시 주의해야 함
    ㉢ 관이 유연하여 시공하기 용이함
  ② 접합방법
    ㉠ 플라스턴 접합 : 주석 40%와 납 60%를 녹여 합금으로 접합함
    ㉡ 납땜 접합

(4) 동관
  ① 특징
    ㉠ 전기 및 열전도율이 좋고 전성·연성이 풍부하며 급탕이나 난방배관에 사용됨
    ㉡ 내식성이 높고 배관 시공이 용이함
  ② 접합방법
    ㉠ 납땜 접합
    ㉡ 플레어 접합

(5) 황동관
  ① 동의 합금관으로 배관의 내외면에 주석 도금을 한 것
  ② 동관의 접합방법과 동일

(6) 경질 비닐관(PVC관)
  ① 특징
    ㉠ 절연성과 내식성은 우수하나 충격에 약함(부식성 가스가 발생하는 곳에 사용할 수 있음)
    ㉡ 일종의 플라스틱이므로 내화학적(내산, 내알칼리)
    ㉢ 마찰손실이 적고 가벼움
    ㉣ 열에 약하여 온도 변화에 따라 기계적 강도가 변함(급탕관 등에 부적합)
    ㉤ 자성체가 아니며 금속관보다 시공이 용이함
  ② 접합 방법
    ㉠ 냉간 공법
    ㉡ 열간 공법

> **Tip** 서로 다른 재질의 배관을 접합할 경우 반드시 수행해야 하는 것
> 각 금속판의 부식을 방지하기 위해 반드시 절연을 수행해야 함

2. 배관 이음
① 배관을 휠 때 : 엘보(Elbow), 벤드(Bend)
② 관을 분기할 때 : T, Y, 크로스(Cross)
③ 배관 직선연결 : 소켓, 유니온, 플랜지, 니플
④ 서로 다른 구경의 관을 접합할 때 : 이경 소켓, 이경 엘보, 이경 T, 부싱(Bushing), 리듀서(Reducer)
⑤ 배관의 말단부 : 플러그, 캡
⑥ 유니온(Union)과 플랜지(Flange) : 관의 교체나 펌프의 고장 수리 시 이용
　㉠ 유니언 : 50mm 미만의 관에 사용
　㉡ 플랜지 : 50mm 이상의 관에 사용
⑦ 플랜지 이음 : 급수설비에서 주배관에서 배관의 수리 및 교체를 용이하게 하기 위해 설치하는 것

2 밸브의 종류 및 특성

1. 밸브의 종류 및 특성

(1) 슬루스 밸브(Sluice Valve)
① 일명 게이트 밸브라 함
② 마찰 저항 손실이 적음
③ 배관 도중에 설치하며 증기배관에 주로 사용
④ 유량조절 및 개폐기능 있음(개폐용 밸브에 주로 사용)

(2) 글로브 밸브(Glove Valve)
① 스톱 밸브, 구형 밸브라 함
② 직선 배관 중간에 설치되며 유체에 대한 저항이 큼
③ 배관말단에 설치하며 유로 폐쇄 또는 유량 조절에 적합
④ 슬루스 밸브에 비해 리프트가 작아서 개폐를 빠르게 할 수 있음
⑤ 유체가 밸브의 아래로부터 유입하여 밸브 시트 사이를 통해 흐르게 되어 있음

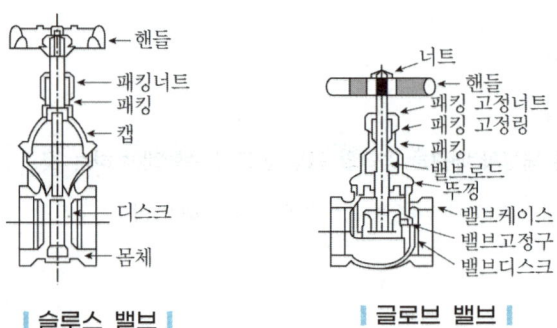

| 슬루스 밸브 | | 글로브 밸브 |

(3) 앵글 밸브(Angle Valve)
  ① 글로브 밸브의 일종
  ② 싱크, 변기 등 벽에서 나오는 유체의 흐름을 직각으로 바꾸는 역할을 함
  ③ 유량조절이 가능함
  ④ 옥내소화전의 개폐 밸브로 이용됨

(4) 체크 밸브(Check Valve)
  ① 유체의 흐름을 한 방향으로만 흐르게 하고 반대 방향으로는 흐르지 못하게 함
  ② 리프트형 : 수평 배관에 사용
     스윙형 : 수직, 수평배관에 사용
  ③ 양수 펌프 토출구에 주로 사용하며 유량 조절 불가능

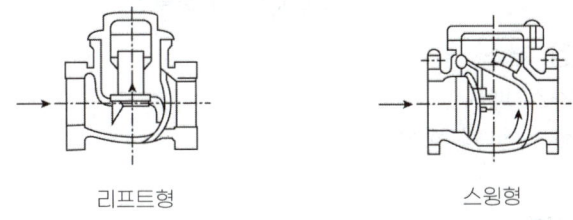

| 체크밸브 |

(5) 플러시 밸브(Flush Valve)
  ① 대변기, 소변기의 세정에 주로 사용됨
  ② 한 번 누르면 $0.7kg/cm^2$의 수압으로 일정량의 물이 나온 다음 자동으로 잠김
  ③ 플러시 밸브식 대변기의 특성
     ㉠ 대변기의 연속사용이 가능하다.
     ㉡ 최소 급수관경은 25mm, 최소 급수압은 0.1MPa 이상으로 급수관경과 급수압력에 제한이 있다.
     ㉢ 우리나라의 일반 주택에는 거의 사용되고 있지 않다.
     ㉣ 소음이 크고, 단시간에 다량의 물이 필요하다.
  ④ 세정밸브식 대변기의 최소 급수관경 : 25A
  ⑤ 대변기의 세정방식별 특징
     ㉠ 플러시 밸브식은 로 탱크식에 비해 화장실 내를 넓게 사용할 수 있다는 장점이 있다.
     ㉡ 로 탱크식은 탱크로의 급수압력에 관계없이 대변기로의 공급수량이나 압력이 일정하다.
     ㉢ 하이 탱크식은 낙차에 의해 대변기를 세척하는 방식으로 연속사용이 어렵다는 단점이 있다.

(6) 스트레이너(Strainer)

밸브류보다 앞에 설치하여 배관 중의 이물질 등을 제거하는 부속품

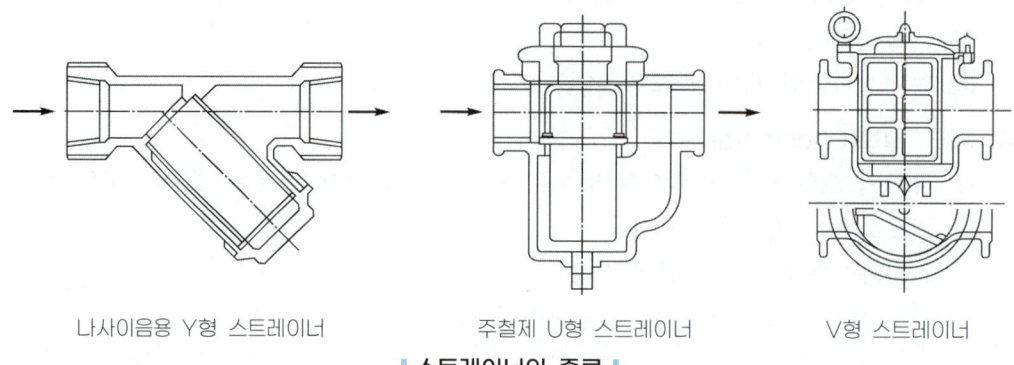

나사이음용 Y형 스트레이너　　　주철제 U형 스트레이너　　　V형 스트레이너

| 스트레이너의 종류 |

(7) 기타 밸브의 사용 개소
　① 볼 밸브 - 가스 배관
　② 풋 밸브 - 양수 펌프 흡입구

3 배관의 도시기호

1. 배관의 색채

| 색채에 의한 식별 |

종류	색	종류	색
공기	백색	산, 알칼리	회자색
가스	황색	기름	진한 황정색
증기	진한 적색	전기	엷은 황적색
물	청색		

제 5 절 | 오수처리설비

1 일반사항

1. 수질에 관한 용어

(1) BOD(Biochemical Oxygen Demand : 생물화학적 산소 요구량)
  ① 오수 중의 유기물이 미생물에 의해 분해되는 과정에서 필요한 산소의 요구량을 나타내는 수치
  ② 수질 오염 정도의 측정치

(2) COD(Chemical Oxygen Demand : 화학적 산소 요구량)
  ① 용존 유기물을 미생물이 아닌 화학적으로 산화시키는 데 필요한 산소량
  ② 공장 폐수의 오염 정도를 측정함

(3) BOD 제거율
오물정화조의 성능을 나타내는데 주로 사용되는 지표로 BOD 제거율이 높을수록, 유출수의 BOD가 낮을수록 고성능 정화조라 할 수 있음

$$\text{BOD 제거율} = \frac{\text{유입수}\,BOD - \text{유출수}\,BOD}{\text{유입수}\,BOD} \times 100$$

(4) BOD 부하량 계산 = 1인 1일 오수량 × BOD 농도

2 정화조

1. 정화 순서
(오수 유입) → 부패조 → 여과조 → 산화조 → 소독조 → (방류)

2. 오수 정화조 설치
  ① 주변의 공지는 녹화하는 것이 좋다.
  ② 배수의 수위 변동에 의한 오수의 역류가 없도록 한다.
  ③ 건물로부터의 배수가 펌프 없이 유입될 수 있도록 낮은 곳에 설치한다.
  ④ 환경문제가 발생하지 않도록 건물로부터 멀리 설치하는 것이 좋다.

3. 분뇨 정화조의 구성

(1) 부패조
  ① 혐기성균에 의해 소화 및 침전 작용, 최소 2개 이상의 부패조와 예비여과조로 구성됨
  ② 제1부패조 : 제2부패조 : 여과조의 부피비는 4 : 2 : 1 또는 4 : 2 : 2
  ③ 수심 : 1.2~3m
  ④ 도입관의 하단은 수심의 1/3에 위치시킴

⑤ 부패조의 용량

부패조의 용량산정

처리대상 인원	부패조의 용량(m^3)
5인 미만	$V = 1.5$
5~500인 미만	$V = 1.5 + (n-5) \times 0.1$
500인 이상	$V = 51 + (n-500) \times 0.075$

(2) 여과조
① 부패조와 산화조 사이에 설치하는 예비 여과조에 오수를 하부에서 위로 유입시켜 오수중의 부유물을 쇄석층에서 제거함
② 여과층은 수심의 1/3로 하고, 쇄석의 크기는 5~7.5cm 정도가 적당함

(3) 산화조
① 호기성균에 의해 산화됨
② 쇄석층 깊이 : 90cm~2m
③ 산화조의 용량 : 부패조 용량의 1/2배로 함
④ 산화조의 하단 송기공 : 10cm 이상 간격을 둠
⑤ 배기관의 높이 : 3m 이상
⑥ 산화조 밑의 구배 : 소독조를 향하여 1/100 내림구배로 함

(4) 소독조
① 차아염소산소다[NaClO]와 차아염소산칼슘[Ca(ClO)$_2$] 등의 소독제를 이용하여 세균을 소독함
② 처리 대상 인원이 500명 이상일 때 의무적으로 소독조를 설치해야 함

단원별 경향문제

01
옥내의 습기 많은 노출장소에 시설이 가능한 배선공사는?

① 금속관 공사
② 금속몰드 공사
③ 금속덕트 공사
④ 플로어덕트 공사

해설 답 ②

노출 및 은폐, 습기 등에 관계없는 배선공사
합성수지관 공사, 금속관 공사, 케이블 공사

02
펌프의 회전수가 100rpm에서 전양정이 40m인 펌프가 있다. 회전수를 50rpm으로 감소시켰을 때 전양정은?

① 10m
② 20m
③ 40m
④ 80m

해설 답 ①

펌프의 회전수와 여러 물리량과의 관계
전동기의 회전수가 감소하면,
- 양수량 : 회전수에 비례하여 감소
- 전양정 : 회전수의 제곱에 비례하여 감소
- 축마력 : 회전수의 3제곱에 비례하여 감소

$$\frac{H'}{H} = \left(\frac{N'}{N}\right)^2 \therefore H' = H\left(\frac{N'}{N}\right)^2$$

$$\therefore H' = H\left(\frac{N'}{N}\right)^2 = 40 \times \left(\frac{50}{100}\right)^2 = 10\text{m}$$

03
가스사용시설의 지상배관은 어떤 색으로 도색하는 것이 원칙인가?

① 백색
② 황색
③ 적색
④ 청색

해설 답 ②

배관의 색채에 따른 식별

종류	색	종류	색
공기	백색	산, 알칼리	회자색
가스	황색	기름	진한 황적색
증기	진한 적색	전기	엷은 황적색
물	청색		

04
급수방식 중 고가탱크방식에 관한 설명으로 옳지 않은 것은?

① 급수압력이 일정하다.
② 물탱크에서 물이 오염될 가능성이 있다.
③ 일반적으로 상향급수 배관방식이 사용된다.
④ 단수 시에도 일정량의 급수를 계속할 수 있다.

해설 답 ③

고가탱크방식의 특성
③ 고가탱크의 물을 중력에 의해 하향급수 배관방식

> 단원별 경향문제

05
배수용 트랩에 속하지 않는 것은?
① 관 트랩
② 벨 트랩
③ 드럼 트랩
④ 벨로우즈 트랩

해설 답 ④

배수용 트랩의 종류
관 트랩, 벨 트랩, 드럼 트랩
※ 벨로우즈 트랩 : 증기트랩의 일종

06
통기관의 설치목적과 가장 관계가 먼 것은?
① 배수의 흐름을 원활히 한다.
② 배수관 내의 환기를 도모한다.
③ 사이펀 작용에 의한 봉수 파괴를 방지한다.
④ 모세관 현상에 의한 봉수 파괴를 방지한다.

해설 답 ④

통기관의 설치 목적
- 배수의 흐름 원활히
- 배수관 내의 환기 도모
- 사이펀 작용에 의한 봉수 파괴 방지

CHAPTER 02 공기조화설비

제1절 | 공기조화설비

1 일반사항

1. 습공기
(1) 습공기 구성요소
  ① 절대습도(Absolute Humidity ; AH) : x(kg/kg(DA))
     공기 중에 포함된 수분의 양, 건공기 1kg을 포함하는 습공기 중의 수증기량(kg)
     $$절대습도 = \frac{수증기중량}{건공기중량}(kg/kg')$$
  ② 상대습도(Relative Humidity ; RH) : ϕ(%)
     어떤 온도에서 포화수증기압에 대한 동일한 온도의 현재 수증기압에 대한 백분율
     $$상대습도 = \frac{현재수증기압}{포화수증기압} \times 100(\%)$$
  ③ 노점온도(Dew Point Temperature ; DPT) : ℃(결로 온도)
     습공기가 냉각되어 포함되어 있던 수증기가 응축되어 이슬이 맺히기 시작하는 온도
  ④ 엔탈피(Enthalpy ; $i(kJ/kg(DA))$
     건공기와 수증기에 포함된 열량
  ⑤ 현열비$(SHF) = \dfrac{현열}{현열 + 잠열}$: 엔탈피 변화량에 대한 현열 변화량의 비
     (현열비가 1에 가까울수록 잠열이 적음)

(2) 습공기의 상태변화
  ① 공기를 가열하거나 냉각해도 절대습도는 절대 변함이 없음
  ② 공기를 가열하면 상대습도는 낮아지고 냉각하면 상대습도는 높아짐(반비례)
  ③ 건구온도는 항상 습구온도보다 높으며 포화상태에서만 습구온도와 건구온도는 동일
  ④ 포화상태(상대습도 100%)일 때는 건구온도, 습구온도, 노점온도가 모두 동일
  ⑤ 가열하면 엔탈피와 건구온도는 증가하고, 냉각하면 비체적과 습구온도는 감소함

(3) 습공기의 기타사항
  ① 건구온도와 상대습도의 관계 : 건구온도와 상대습도는 반비례의 관계가 있음
  ② 열수분비 : 엔탈피의 변화량을 절대온도 변화량으로 나눈 값

(4) 습공기의 엔탈피

① (건증기 정압비열 × 건구온도) × (절대습도 × 수증기 정압비열 × 건구온도)로 정의함
② 습공기 엔탈피는 절대습도와 건구온도에 비례함
③ 습공기를 냉각, 가습하면 건구온도는 낮아지지만 절대습도가 높아져 엔탈피는 증가할 수 있음

2. 습공기선도

보통 압력은 대기압인 1기압으로 일정하다고 가정하고, 여러 가지 구성요소 중 2가지를 구하면 다른 것은 따라서 결정되므로 2개의 변수를 좌표로 하는 선도로 표시할 수가 있음. 이와 같이 습공기의 상태를 표시하는 선도를 습공기 선도라고 함

(1) 습공기 선도(Psychrometric Chart)

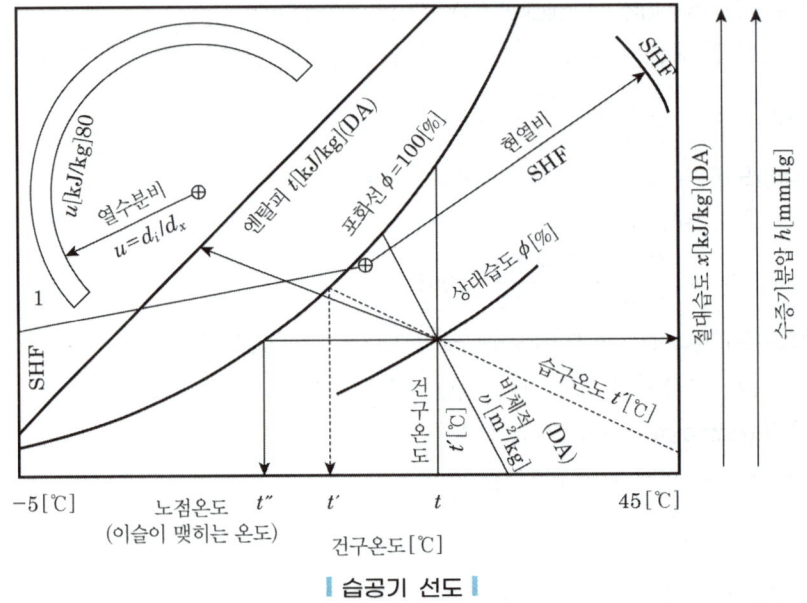

∥ 습공기 선도 ∥

(2) 습공기 선도(Mollier 선도) 내용

① 습공기 선도를 구성하는 요소들 : 건구온도, 습구온도, 노점온도, 절대습도, 상대습도, 포화도, 수증기분압, 비체적, 엔탈피, 현열비 등
② 습공기 선도의 구성요소들 중 2가지만 알면 나머지 모든 요소들을 알아낼 수 있음
③ 공기를 냉각 가열하여도 절대습도는 절대 변하지 않음
④ 공기를 냉각하면 상대습도는 높아지고 공기를 가열하면 상대습도는 낮아짐

⑤ 습구온도가 건구온도보다 높을 수는 없음(같을 수는 있음)

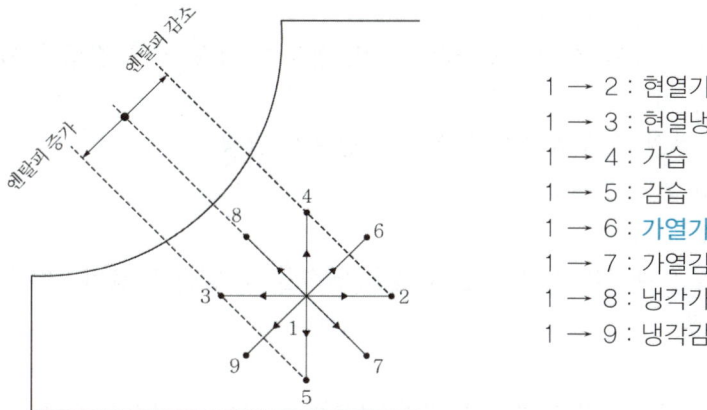

1 → 2 : 현열가열
1 → 3 : 현열냉각
1 → 4 : 가습
1 → 5 : 감습
1 → 6 : **가열가습**
1 → 7 : 가열감습
1 → 8 : 냉각가습
1 → 9 : 냉각감습

| 공기조화의 각 과정 |

(3) 혼합공기의 온도계산

온도와 양이 서로 다른 공기를 혼합했을 때의 건구온도 계산은 다음 식으로 계산하며 공기, 물 모두 같은 방법으로 계산함

$$Q_1 \times t_1 + Q_2 \times t_2 = (Q_1 + Q_2) \times t_3$$
$$t_3 = \frac{Q_1 \times t_1 + Q_2 \times t_2}{Q_1 + Q_2} \, ℃$$

여기서, Q_1, Q_2 : 혼합 전 공기량
　　　　t_1, t_2 : 혼합 전 공기온도
　　　　t_3 : 혼합 후 공기온도

3. 결로(Condensation)

(1) 결로의 종류

① 표면결로

표면결로는 건물의 표면온도가 접촉하고 있는 공기의 노점온도(포화온도)보다 낮을 때 발생함. 이 같은 표면결로는 표면이 불투습성이라면 간단히 처리할 수 있음

② 내부결로

실내의 습도가 외부보다 높고 벽체가 투습력이 있으면 벽체 내에 수증기압 구배가 생기고, 외부온도보다 낮으면 온도 구배도 생김. 벽체 내부의 수증기압이 포화 수증기압보다 높을 때 벽체 내부의 노점온도가 건구온도보다 높을 때 내부결로가 발생함

(2) 결로의 원인
① 실내의 온도차
실내의 단열 성능이 가장 나쁜 곳이 표면 온도가 가장 낮아 결로가 쉽게 발생함
② 생활 습관에 의한 환기 부족
방범, 보온 등의 환기 부족으로 인하여 결로가 발생함
③ 실내 습기의 과다 발생
④ 구조재의 열적 특성
투습성이 높은 재료의 사용 또는 단열을 연속할 수 없는 단열의 취약부위에서 결로가 쉽게 발생
⑤ 시공불량
시공불량으로 단열 취약 부위가 생겨 지속적인 결로가 생기기 쉬움

(3) 결로의 방지 계획
① 실내 습기 방지책
㉠ 실내 공기의 수증기압이 포화 수증기압보다 적도록 계획
㉡ 환기 계획을 잘 함
㉢ 부엌 및 욕실에서 발생하는 수증기를 외부로 배출시킴
② 벽체의 열관류 저항을 크게 만듦
③ 열교 현상이 일어나지 않도록 단열 계획 및 시공을 완벽히 함
④ 실내측벽의 표면온도를 실내 공기의 노점온도보다 높게 설계함
⑤ 벽에 방습층을 둘 것(방습층 설치는 고온측인 실내측에 가깝게 시공)

(4) 겨울철 주택의 단열 및 결로의 특성
① 단층 유리보다 복층 유리의 사용이 단열에 유리하다.
② 벽체 내부로 수증기 침입을 억제할 경우 내부결로 방지에 효과적이다.
③ 단열이 잘 된 벽체에서는 열손실이 거의 없기 때문에 내부결로와 표면결로가 모두 발생하지 않는다.
④ 실내측 벽 표면온도가 실내공기의 노점온도보다 높은 경우 표면결로는 발생하지 않는다.

4. 열환경

(1) 열 환경구성 4요소(인체의 온열 감각에 영향을 주는 4요소)
① 기온(DBT)
② 습도(RH)
③ 기류(m/s)
④ 복사열

(2) 유효온도(Effective Temperature : ET)
   ① 유효온도는 온도, 기류, 습도를 조합한 감각 지표로 체감온도, 감각온도 또는 실효온도라고도 함
   ② 덕트식 냉난방(공기조화)의 평가에 널리 사용됨

(3) 수정 유효온도(Corrected Effective Temperature : CET)
   ① ET 선도를 이용하여 건구온도 대신 글로브 온도계의 온도를 사용함
   ② ET에 복사의 영향을 고려하기 위해 고안되었음

(4) 습도, 기류, 주벽면온도(복사열)과 관련된 온열지표

	기온	습도	기류	복사열
작용온도	○		○	○
등가온도	○		○	○
불쾌지수	○	○		
등온지수	○	○	○	○
유효온도	○	○	○	
신유효온도	○	○	○	
수정유효온도	○	○	○	○

   ① 등온지수 : 기온, 습도, 기류, 주벽면온도의 4요소를 조합하여 체감과의 관계를 나타냄
   ② 불쾌지수 : 날씨에 따라서 사람이 느끼는 불쾌감의 정도를 기온과 습도를 이용해 나타내는 수치
   ③ 신유효온도 : 습도와 관련있는 온열지표 중 하나

(5) 일사의 특성
   ① 일사에 의한 건물의 수열은 방위에 따라 차이가 있다.
   ② 추녀와 차양은 창면에서의 일사조절 방법으로 사용된다.
   ③ 블라인드, 루버, 롤스크린은 계절이나 시간, 실내의 사용상황에 따라 일사를 조절할 수 있다.
   ④ 일사조절의 목적은 일사에 의한 건물의 수열이나 흡열을 크게 하여 동계의 실내 기후의 악화를 방지하는데 있다. 또한 하계에는 수열과 흡열을 작게 한다.

(6) 일사의 특성
   ① 전천일사량 : 시간당의 직달 일사량과 천공 방사장을 합한 것으로 다른 일사량보다 값이 가장 큼
   ② clo
      ㉠ 의복의 단열성을 나타내는 단위
      ㉡ 그 값이 클수록 인체에서 발생되는 열이 주위 공기로 적게 발산됨을 의미함

③ 상당외기온도
   냉방부하의 산정 시 외벽 또는 지붕에서 일사의 영향을 고려한 온도
④ 상당외기온도차
   ㉠ 태양복사열이 벽체에 미치는 영향을 고려한 가상의 온도차를 의미함
   ㉡ 일사량이 클수록 상당외기온도차는 커짐
⑤ met : 주관적 온열요소 중 인체의 활동상태의 단위

2 환기설비

환기란 실내공기가 냄새, 유해가스 또는 분진 등에 의해 오염되어 인간의 거주 등에 장애를 만들 때, 오염공기를 실외로 제거해서 청정한 외기와 교체되는 것을 의미함

1. 실내공기 기준

구분	기준
공기 중에 있는 먼지의 양	공기 1m³당 0.15mg 이하(0.15mg/m³)
일산화탄소(CO)의 함유율	1백만 분의 10 이하(10ppm)
탄산가스(CO_2)의 함유율	1백만 분의 1천 이하(1000ppm)
상대습도	40% 이상, 70% 이하
기류의 이동속도	1초간 0.5m 이하(0.5m/sec)

2. 환기횟수

환기횟수란 1시간에 실내의 공기를 외기와 교체하는 횟수이며, 환기의 정도를 나타내는 지표로 사용되며, 한 시간 동안의 환기량을 실의 용적으로 나눈 값으로 정의한다.

$$n = \frac{Q}{V}$$

여기서, n : 환기횟수(회/h)
　　　　V : 실체적(m³)
　　　　Q : 환기량(m³/h)

3. 환기의 일반사항

(1) 실의 용도별 주된 환기 목적
   ① 화장실 : 악취 제거
   ② 옥내주차장 : 유독가스 제거
   ③ 배전실 : 취기, 열, 습기 제거
   ④ 보일러실 : 열 제거, 연소용 공기공급

(2) 환기의 특성
① 외부 풍속이 커지면 환기량은 많아진다.
② 실내외 온도차가 크면 환기량은 많아진다.
③ 중성대란 중력환기에서 실내외의 압력이 같아지는 위치이다.
④ 중력환기는 실내외의 온도차에 의한 공기의 밀도차가 원동력이 된다.
⑤ 자연환기량은 중성대로부터 공기유입구 또는 유출구까지의 높이가 클수록 많아진다.
⑥ 환기는 단독 배기 계통으로 하는 것을 원칙으로 한다.
⑦ 필요 환기량은 실의 이용목적과 사용 상황을 충분히 고려하여 결정한다.
⑧ 외기를 받아들이는 경우에는 외기의 오염도에 따라서 공기청정장치를 설치한다.
⑨ 전열교환기에서 열회수를 하는 배기계통에는 악취나 배기가스 등 오염물질을 수반하는 배기는 사용하지 않는다.
⑩ 오염원이 있는 실은 오염된 공기를 배출시켜야 하므로 배기 위주 방식을 사용한다.

(3) 자연환기의 특성
① 풍력환기에 의한 환기량은 풍속에 비례한다.
② 풍력환기에 의한 환기량은 유량계수에 비례한다.
③ 중력환기에 의한 환기량은 공기의 입구와 출구가 되는 두 개구부의 수직거리에 비례한다.
④ 중력환기에서는 실내온도가 외기온도보다 높을 경우, 공기는 건물 하부의 개구부에서 들어와서 상부의 개구부로 나간다.
⑤ 중력환기에 의한 환기량은 실내외 온도차가 클수록 증가한다.

(4) 필요 환기량(외기량) 산정식
① 실내외의 CO_2 허용 농도가 주어진 경우

$$Q = \frac{M}{C - C_O}$$

여기서, Q : 필요 환기량(m^3/h)
M : 실내에서의 CO_2 발생량(m^3/h)
C : CO_2 허용 농도(m^3/h)
C_O : 신선공기의 CO_2 농도(m^3/h)

② 실내외 온도와 발열량 및 비열이 주어진 경우

$$Q = \frac{H}{C \times \gamma \times \Delta T}$$

여기서, Q : 필요 환기량(취출풍량), H : 발열량(현열, kW),
C : 밀도, γ : 정압비열, T : 온도차
$1 m^3/h = 1 m^3/3{,}600s$

(5) 환기 관련 기타사항
① 실내공기오염의 종합적 지표로서 사용되는 오염물질 : 이산화탄소(CO_2)
② 실내 환기량은 이산화탄소(CO_2) 농도를 기준으로 함
③ PM10 : 실내공기 중에 부유하는 직경 10μm 이하의 미세먼지를 의미함
④ 침입외기량 산정 방법
  ㉠ 창 면적에 의한 방법
  ㉡ 환기횟수에 의한 방법
  ㉢ 창문의 틈새 길이에 의한 방법
⑤ HEPA 필터의 특성
  ㉠ HEPA 필터 유닛 시공 시 공기 누설이 없어야 한다.
  ㉡ 클린룸이나 방사성 물질을 취급하는 시설에 사용한다.
  ㉢ 0.3μm의 미세한 분진까지 높은 포집률로 포집할 수 있다.
  ㉣ HEPA 필터의 수명연장을 위해 HEPA 필터의 앞에 프리필터를 설치한다.

4. 환기의 종류
(1) 기계환기의 송풍방식
① 중앙식
  ㉠ 한 장소에서 환기 조작을 하여 외기 혹은 실내 공기의 외부를 통하여 각 실에 보내 환기하는 방식
  ㉡ 분류
   • 병용식 : 기계 송풍 + 기계 배기(제1종 환기)
   • 압입식 : 기계 송풍 + 자연 배기(제2종 환기)
   • 호출식 : 자연 급기 + 기계 배기(제3종 환기)
  ㉢ 개별식
   각 실에 개별적으로 설치한 소형 송풍기를 통하여 임의로 각 실을 환기하는 것이다.

명칭	급기	배기	실내압	적용대상 건물
제1종 환기	기계	기계	임의	병원의 수술실
제2종 환기	기계	자연	정압	공장의 무균실, 반도체공장, 병원의 수술실
제3종 환기	자연	기계	부압	화장실, 욕실, 주방

▮ 기계환기방식 ▮

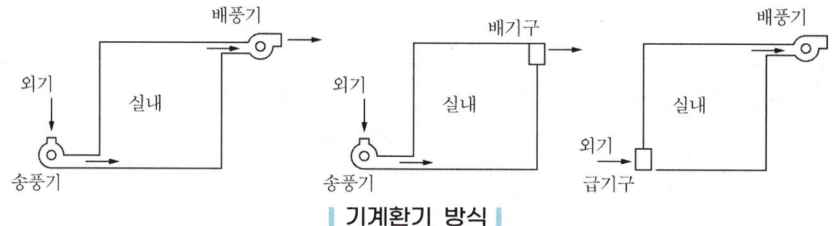

▮ 기계환기 방식 ▮

(2) 환기의 기타사항
① 기밀성이 높은 주택의 경우 잦은 기계환기를 통해 실내 공기의 오염을 낮추는 것이 바람직하다.
② 병원의 수술실은 오염공기가 실내로 들어오는 것을 방지하기 위해 실내압력을 주변 공간보다 높게 설정한다.
③ 공기의 오염농도가 높은 도로에 면해 있는 건물의 경우, 공기조화설비 계통의 외기 도입구를 가급적 높은 위치에 설치한다.

3 공기조화 방식

1. 공기조화의 조닝(Zoning)
공조설비에서 건물의 사용 목적 또는 요구 조건에 따라 건물을 몇 개의 구역으로 나누어 각각의 계통별로 구분하여 설비하는 것을 조닝이라 하며, 조닝으로 인해 초기 설비비는 상승되지만 유지 차원에서의 에너지는 절약됨

2. 공기조화 방식의 분류

열매의 종류에 따른 분류	종류	특징
전공기 방식	단일 덕트 방식 (정풍량 방식, 변풍량방식) 이중덕트 방식 멀티존 유닛 방식	① 실내의 기류분포가 좋으며 겨울철 가습이 용이함 ② 팬코일 유닛과 같은 기구의 노출이 없어 실내 유효면적이 증가함 ③ 덕트가 크므로 설치공간이 커짐 ④ 송풍동력이 크므로 반송동력이 커짐 ⑤ 송풍량이 많아서 실내 공기오염이 적음 ⑥ 중간기에 외기 냉방이 가능함
수공기 방식	각층 유닛 방식 유인 유닛 방식 팬코일 유닛 방식 복사패널 덕트 병용식	① 필터 보수 등으로 관리비 증대 ② 송풍량이 적으므로 고성능 필터 사용 불가능 ③ 덕트 면적이 적음 ④ 반송동력이 적음 ⑤ 유닛별로 제어하면 개별제어 가능
전수 방식	팬코일 유닛 방식 복사 냉난방 방식	① 덕트가 불필요하며, 열의 운송동력이 공기에 비해 적게 소요됨 ② 실내 배관에 의한 누수의 우려가 있음 ③ 개별제어가 용이함 ④ 실내 공기오염이 커서 극장의 관객석과 같이 많은 풍량을 필요로 하는 곳에는 사용되지 않음 ⑤ 외기를 도입하기 어려움
냉매식	패키지 방식	① 부분 운전이 가능함 ② 온도조절기 내장으로 개별제어가 용이함 ③ 미래의 부하변동에 대응하기 용이함

3. 공기조화 방식의 특징
(1) 단일 덕트 방식(Single Duct System)
공조기에서 냉풍이나 온풍을 한 개의 덕트를 이용하여 송풍하는 방식

① **정풍량 방식**

 냉·온풍을 각 실로 보낼 때 송풍량은 항상 일정하며, 송풍의 온·습도만을 변화시켜 실내의 온·습도를 조절하는 가장 기본적인 공조 방식

　㉠ 장점
　　ⓐ 실내에 송풍량이 가장 많아 외기의 취입이나 중간기의 환기에 적합함
　　ⓑ 운전 관리가 용이하고 효율이 좋은 필터를 설치하여 쾌적한 실내 환경을 만들 수 있음

　㉡ 단점
　　ⓐ 큰 덕트가 필요해 천장 속에 넓은 덕트 공간이 요구됨
　　ⓑ 각 실에서의 온도 조절이 곤란함(개별 제어 곤란)

　㉢ 용도 : 바닥면적이 크고 천장이 높은 곳에 적합함(중·소규모 건물, 극장, 공장 등)

② **가변풍량 방식(Variable Air Volume System)**

 덕트의 관말에 VAV유닛을 설치하여 송풍온도를 일정하게 하여 송풍량을 실내 현열 부하의 변동에 따라서 변화시키는 방식으로, 에너지 절약형 방식임

　㉠ 장점
　　ⓐ 부하 변동을 정확히 파악하여 실온을 유지하기 때문에 에너지 손실이 적어 운전비가 감소함
　　ⓑ 인버터로 송풍기의 회전수를 제어하여 덕트 내 정압을 조정함
　　ⓒ 각 실이나 존의 온도를 개별 제어할 수 있음
　　ⓓ 정풍량방식에 비해 부하변동에 대한 제어 응답이 빠름
　　ⓔ 저부하 시 풍량이 감소되어 동력을 절약할 수 있음

　㉡ 단점
　　ⓐ 환기량 확보 문제로 실내공기가 오염될 수 있음
　　ⓑ 가변 풍량 유닛의 설비비가 고가임

　㉢ 용도 : 발열량 변화가 심한 내부존, OA 사무소 건물, 일사량 변화가 심한 페리미터 존

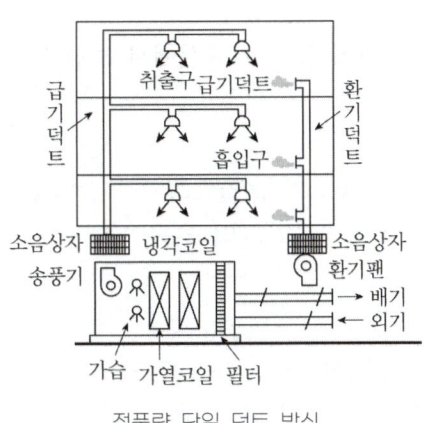 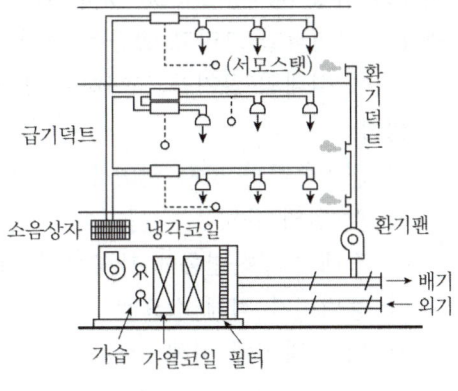

| 단일덕트 방식의 종류 |

(2) **이중덕트 방식(Double Duct System)**
    공조기에서 냉풍과 온풍을 만들어 각각 덕트를 통하여 공급하고, 이것을 혼합상자를 이용하여 냉·온풍을 혼합하여 공급하는 방식
    ① 장점
        ㉠ 개별제어가 용이함
        ㉡ 부하변동에 따른 온도조절이 우수함
        ㉢ 계절마다 냉·난방의 전환이 불필요함
    ② 단점
        ㉠ 덕트 스페이스를 크게 차지하므로 설비비가 많이 소요됨
        ㉡ 혼합손실이 발생되는 에너지 다소비형
        ㉢ 여름철에도 보일러 운전이 요구됨
        ㉣ 소음과 진동이 크게 발생한다.
        ㉤ 혼합상자 설치와 고속덕트 방식 도입으로 설비비와 운전비가 많이 듦
    ③ 용도 : 냉난방부하 분포가 복잡하여 부하특성이 다른 여러 개의 실이나 존이 있는 건물, 고급 사무소 건물

(3) **멀티존 유닛 방식(Multi Zone Unit System)**
    공조기 1대로 냉풍과 온풍을 혼합하여 부하조건이 다른 계통마다 공기를 공급하는 방식으로 이중덕트의 병용된 방식

(4) 팬코일 유닛 방식(Fancoil Unit System)
냉각과 가열코일 그리고 송풍용 팬이 내장된 유닛에 중앙 기계실에서 보낸 냉·온수를 이용하여 실내의 공기를 조화하는 방식

① 장점
- ㉠ 공기공급을 하지 않아 덕트 샤프트나 스페이스가 불필요하거나 작아도 됨
- ㉡ 각 실의 유닛은 수동으로도 제어할 수 있고, 개별 제어가 용이함
- ㉢ 장래의 부하변동에 대응하기 쉬움
- ㉣ 동력비가 적게 소요됨
- ㉤ 덕트 방식에 비해 유닛의 위치 변경이 용이함
- ㉥ 유닛을 창문 밑에 설치하면 콜드 드래프트를 줄일 수 있음

② 단점
- ㉠ 송풍량이 적어 고성능 필터(HEPA)를 사용하기 어려워서 각 실의 공기 정화 능력이 나쁨
- ㉡ 각 실에 수배관으로 인한 누수의 우려가 있음
- ㉢ 유닛은 개구부 아래에 설치해야 하므로 실 이용률이 적음
- ㉣ 설비비와 보수관리비 고가

③ 용도
호텔의 객실, 아파트, 주택, 사무실에 적당함. 극장, 방송국의 스튜디오는 부적당함

4. 공기조화 방식의 기타사항

(1) 공조설비의 덕트 내 압력 : 전압= 정압 + 동압

(2) 덕트의 치수 결정방법 : 등속법, 등마찰법, 정압재취득법

(3) 아네모스탯형 취출구
- ① 확산형 취출구의 일종
- ② 몇 개의 콘이 있어서 1차공기에 의한 2차공기의 유인성능이 좋음
- ③ 확산반경이 크고 도달거리가 짧기 때문에 천장 취출구로 많이 사용됨

(4) 펑커 루버형 취출구
- ① 취출구 방향을 상하좌우 자유롭게 조절할 수 있는 노즐형 취출구
- ② 공장이나 주방 등 국부냉방을 행하는 곳에 사용

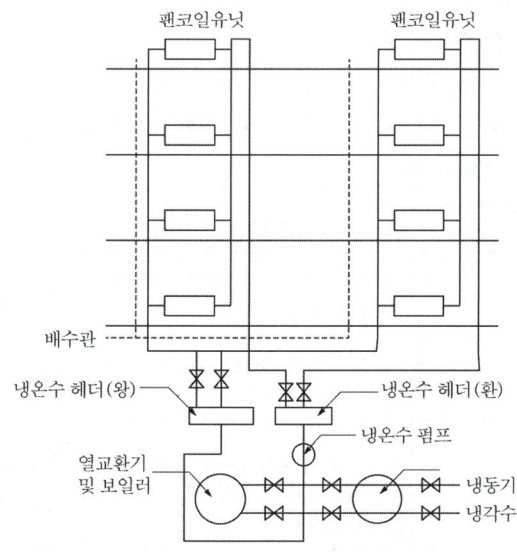

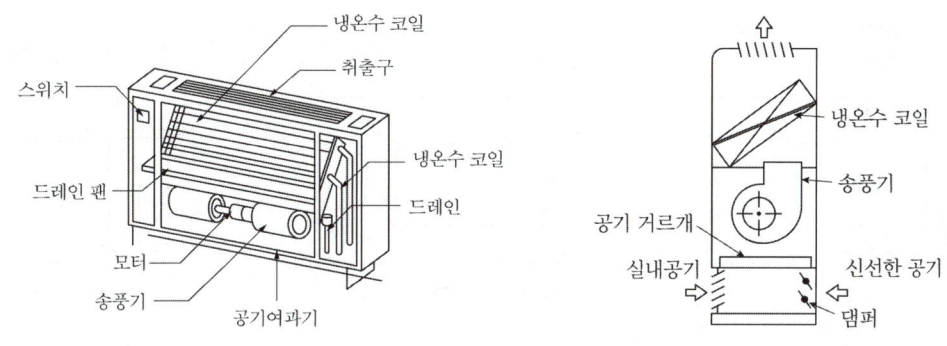

| 팬 코일 유닛 방식 |

4 공기조화용 설비 기기

1. 열운반 장치
팬, 덕트 등으로 공기 조화실에서 실내까지 열을 운반하는 장치를 말함

(1) 댐퍼(Damper)

① 볼륨 댐퍼(Volume Damper) : 풍량을 조절하는 댐퍼

② 단익 댐퍼(버터플라이 댐퍼) : 소형 덕트용으로 기류가 불안정함

③ 다익 댐퍼(루버 댐퍼) : 대형 덕트용으로 기류가 안정함

④ 스플릿 댐퍼(Split Damper) : 덕트의 분기부에 설치하여 풍량조절용으로 사용됨

⑤ 루버 댐퍼 : 대형 덕트의 개폐용으로 주로 사용됨

⑥ 방화 댐퍼(Fire Damper) : 덕트 내 온도가 72℃ 이상 올라갈 경우 자동으로 잠김

(2) 덕트의 소음 방지대책

① 덕트의 도중에 흡음재를 부착함
② 송풍기 출구 부근에 플리넘 체임버를 설치함
③ 덕트의 적당한 장소에 소음을 위한 흡음장치(셀형·플레이트형)를 설치함
④ 댐퍼 취출구에 흡음재를 부착함

설치장소	취출구	흡입구
천장	아네모형, 팬형, 노즐형, 슬롯형, 라인디퓨저, 다공판	팬형, 슬롯형, 그릴형, 다공판라인형
벽면	유니버설형, 그릴형, 노즐형, 슬롯형, 라인디퓨저, 다공판	팬형, 그릴형, 슬롯형, 다공판라인형
바닥면	슬롯형	슬롯형, 다공판, 그릴형, 매시룸형
실내에 노출하는 덕트에 취부하는것	아네모형, 팬형, 그릴형, 유니버설형, 노즐형	그릴형, 팬형

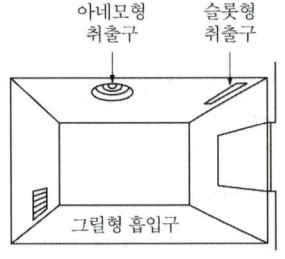 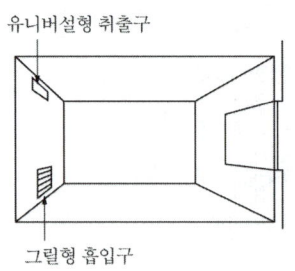 

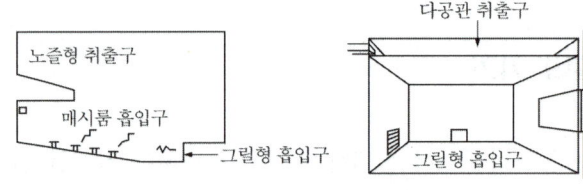

∥ 취출구와 흡입구 ∥

(3) 고속덕트의 특성

① 소음 및 진동이 발생하므로 소음상자를 사용하는 것이 원칙이다.
② 공기 혼합상자는 설치하지 않아도 상관없다.
③ 덕트 설치공간을 적게 할 수 있다.
④ 공장이나 창고 등과 같이 소음이 별로 문제가 되지 않는 곳에 사용된다.
⑤ 장방형 덕트는 저속용으로 사용하고, 원형 덕트는 관마찰저항이 가장 적어 고속용으로 사용한다.
⑥ 동일한 풍량을 송풍할 경우 저속덕트에 비해 송풍기 동력이 많이 든다.

⑦ 동일한 풍량을 송풍할 경우 저속덕트에 비해 덕트의 단면치수가 작아도 된다.
⑧ 등마찰손실법은 덕트 내의 마찰 저항값이 다른 덕트의 마찰 저항값과 동일하게 유지할 수 있도록 덕트 치수를 결정하는 방법이다.
⑨ 같은 양의 공기가 덕트를 통해 송풍될 때 풍속을 높게 하면 덕트의 단면치수를 작게 할 수 있다.

(4) 공조시스템의 전열교환기의 특성
① 공기 대 공기의 열교환기로서 현열과 잠열 모두의 교환이 가능하다.
② 공조기는 물론 보일러나 냉동기의 용량을 줄일 수 있다.
③ 공기방식의 중앙공조시스템이나 공장 등의 환기에서 에너지를 절약하기 위해 에너지 회수방식으로 사용된다.
④ 전열교환기를 사용한 공조시스템에서 중간기(봄, 가을)를 제외한 냉방기와 난방기의 열 회수량은 실내·외의 온도차가 클수록 많다.

(5) 덕트 설비의 설계 및 시공
① 덕트계통에서 엘보 하류로부터 적정거리를 지난 후 취출구를 설치한다.
② 아스펙트비(aspect ratio)란 장방형덕트에서 장변길이와 단변길이의 비율을 의미한다.
③ 송풍기와 덕트의 접속부는 캔버스이음을 설치하여 덕트계통으로의 진동 전달을 방지한다.
④ 덕트의 단위길이당 압력손실이 일정한 것으로 가정하는 치수결정법을 등마찰법이라 한다.

2. 공기조화용 설비 기기의 기타사항
① 공기조화기 설계에서 사용되는 바이패스 팩터(bypass factor) : 냉온수코일의 통과 공기 중 냉온수코일과 접촉하지 않고 통과하는 공기의 비율
② 다중이용시설 등의 실내공기질관리법령에 따른 오염물질
   ㉠ 오존
   ㉡ 라돈
   ㉢ 폼알데하이드

제 2 절 │ 난방설비

1 열

1. 현열(Sensible)과 잠열(Latent Heat)

온도가 변하면서 출입하는 열을 현열(sensible heat)이라 하고, 상태만 변하면서 출입하는 열을 잠열(latent heat)이라 함

① 현열 : 온도가 변하면서 출입하는 열

> (예) 10℃ 물 $\xrightarrow{가열(현열)}$ 70℃ 물), 온수난방에 이용

② 잠열 : 온도 변화 없이 상태만 변하면서 출입하는 열

> (예) 100℃ 물 $\xrightarrow{가열(잠열)}$ 100℃ 증기), 증기난방에 이용

③ 물의 증발잠열 : 100℃ 물 1kg을 100℃ 증기 1kg으로 전환시키는 데 필요한 열량
→ 2,257kJ/kg

④ 현열비(Sensible Heat Factor : SHF) = $\dfrac{현열}{전열} = \dfrac{현열}{현열+잠열}$

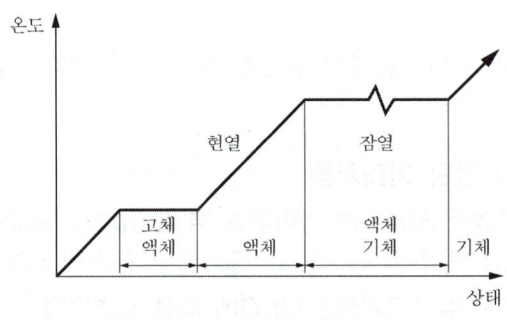

│ 물의 온도변화 및 상태변화 │

2. 전열

(1) 건물 내의 전열과정

① 열전도율 λ(Thermal Conducitving, w/m·k)
  ㉠ 두께 1m의 재료 양쪽 온도차가 1℃일 때 단위 시간 동안에 흐르는 열량
  ㉡ 작은 공극이 많으면 열전도율이 작음(기체가 열전도율이 가장 작음)
  ㉢ 재료에 습기가 차면 열전도율이 커짐(열전도율 : 액체 〉 기체)
  ㉣ 같은 종류의 재료일 경우 비중이 크면 열전도율이 큼(비례)

> • Tip 전도 열량 계산
>
> $Q = \dfrac{\lambda \Delta T}{t}$ λ : 열전도율(W/mK) ΔT : 온도차 t : 벽의 두께(m)

② 열전달률 α(Heat Transfer Coefficient, w/m² · k)
　㉠ 벽 표면과 유체 사이의 열의 이동 정도를 표시함
　㉡ 벽 표면적 1m², 벽과 공기의 온도차 1℃일 때 단위시간 동안에 흐르는 열량
③ 열관류율 K(w/m² · k)

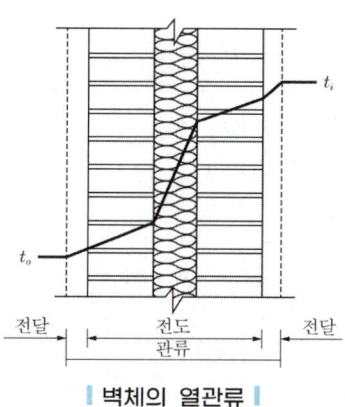

| 벽체의 열관류 |

| 열관류율 K(Heat Transmission Coefficient, w/m² · k) 계산방법 |

구분	공기층이 없는 경우	공기층이 있는 경우
외벽, 지붕내벽 (칸막이 벽)	$K = \dfrac{1}{\dfrac{1}{\alpha_i} + \sum \dfrac{d}{\lambda} + \dfrac{1}{\alpha_o}}$	$K = \dfrac{1}{\dfrac{1}{\alpha_i} + \sum \dfrac{d}{\lambda} + \dfrac{1}{\alpha_o} + r_a}$

여기서, α_i, α_o : 실내·외의 열전달률
　　　　d : 벽체의 두께(m)
　　　　λ : 벽체의 열전도율
　　　　r_a : 공기층의 열저항
　　　　l/k : 열관류 저항
　　　　l/α : 열전달 저항

　㉠ 전달+전도+전달이 동시에 복합적으로 일어나는 열의 이동 정도를 표시함
　㉡ 벽 표면적 m², 단위 시간당 1℃의 온도차가 있을 때 흐르는 열량
　㉢ 열전도율이 적은 재료를 사용하면 열관류율이 적은 벽을 만들 수 있음
④ 벽체의 열관류율 계산 시 필요 요소
　㉠ 재료의 두께
　㉡ 공기층의 열저항
　㉢ 재료의 열전도율
　㉣ 벽체의 표면열전달률

3. 난방부하(H_L : Heating Load) 전열손실, 극간풍, 외기취입
환기, 구조체, 틈새바람에 의한 손실열량이 포함됨

(1) 구조체(벽, 천장, 문 등)를 통한 관류에 의한 열손실량 $H_C(W)$

① 일사 영향을 무시한 경우

$$H_C = K \cdot A \cdot \triangle t (W)$$

여기서, K : 열관류율(w/m² · k)
A : 구조체의 표면적(m²)

② 일사 영향을 고려한 경우

$$H_C = K \cdot A \cdot \triangle t \cdot C (W)$$

여기서, $\triangle t$: 실내외의 온도차(℃)
C : 방위계수

방위계수

위치	남	동·서	북	지붕	바람 강한 곳	고립된 곳
보정계수	1	1.1	1.2	1.2	1.2	1.15

③ 열손실량을 계산할 때 필요한 요소 : 열전도율(열관류율), 벽체의 두께, 외기온도, 구조체의 표면적

> **Tip** 방위에 따른 손실열량
> 방위계수에 비례함 : 북 〉동·서 〉남

(2) 틈새바람(극간풍)의 현열부하량(환기에 의한 손실 현열량) 계산

$$H_i = 0.337 \cdot Q \cdot \triangle t (W)$$
$$= 0.337 \cdot n \cdot V \cdot \triangle t (W)$$

0.337 : 공기의 밀도 1.2kg/m³과 공기의 정압비열 1.01kJ/kg·K, $kW = kJ/s$ 및 $kJ/h = kJ/3600s$을 모두 감안하여 계산한 단위환산계수(W·h/m³·K)

여기서, Q : 환기량(m³/h)
n : 환기횟수(회/h)
V : 실의 체적(m³)
$\triangle t$: 실내외 온도차(℃)
$kW = kJ/s$, $kJ/h = kJ/3600s$

(3) 침입 외기의 잠열 부하량 계산

$$H = Q \times \gamma \times T_L \times (H_O - H_I)$$

여기서, H : 잠열부하(kJ/h)

Q : 환기량(m³/h)

γ : 공기의 밀도(kg/m³)

T_L : 물의 증발 잠열(kJ/kg)

H_O : 실외의 절대습도(kg/kg')

H_I : 실내의 절대습도(kg/kg')

1W=3.6kJ/h, $kJ/h = kJ/3600s$

> • Tip 축열
>
> 고체나 액체의 재료에 열이 흡수되어 일정한 온도로 유지되는 성질

2 난방 설비용 기기

1. 보일러
(1) 보일러의 종류 및 특징
① 주철제 보일러
  ㉠ 특징
    ⓐ 내식성이 우수하고 수명이 길다.
    ⓑ 내압, 충격에 약하므로 고압과 대용량에 부적당하다.
    ⓒ 니플, 볼트에 의한 조립식으로 분할 반입과 용량의 증감이 용이함
    ⓓ 가격이 저렴하지만 설치 면적이 큼
  ㉡ 사용압력 : 온수는 수두 50m 이하로 제한
  ㉢ 용도 : 소규모 주택에 사용
② 수관보일러
  ㉠ 특징
    ⓐ 보일러 하부의 물드럼과 상부의 기수드럼을 연결하는 다수의 관을 연소실 주위에 배치한 구조로 상부 기수드럼 내의 증기를 사용함
    ⓑ 예열시간이 짧고 효율이 좋음
    ⓒ 부하변동에 대한 추종성이 높음
    ⓓ 사용압력이 높고 설치면적이 넓음
    ⓔ 지역난방에 적용하기에 가장 적합함
    ⓕ 대형건물 또는 병원과 같이 고압증기를 다량 사용하는 곳이나 지역난방 등에 사용됨

ⓖ 값이 비싸고 효율이 좋고, 고도의 수처리가 필요해 연관식보다 수처리가 까다로움

ⓗ 보유 수량이 적어 증기 발생이 빠르고 전열면적이 큼

ⓘ 열효율이 좋으나 수명이 짧고 압력 변화가 심함

ⓒ 용도 : 대규모 건물, 고압용

③ 관류보일러

㉠ 보유수량이 적어 예열시간이 짧음

㉡ 수처리가 필요함

㉢ 수드럼과 증기드럼이 없음

㉣ 부하변동에 대한 추종성이 좋음

④ 노통 연관보일러 : 부하변동에 잘 적응되며, 보유수면이 넓어서 급수용량 제어가 쉬움

⑤ 입형보일러

㉠ 수직으로 세운 드럼 내에 연관 또는 수관이 있는 소규모의 패키지형 보일러

㉡ 규모가 작은 건물이나 일반 가정용 난방에 사용됨

㉢ 설치 면적이 작고 취급이 용이함

(2) 보일러 성능 및 효율

① 보일러의 용량결정

㉠ 정격출력=난방부하 + 급탕부하 + 배관부하 + 예열부하

㉡ 상용출력=난방부하 + 급탕부하 + 배관부하

㉢ 정미출력=난방부하 + 급탕부하

② 보일러 출력의 크기 비교

과부하출력 〉 정격출력 〉 상용출력 〉 정미출력

2. 방열기(Radiator)

(1) 상당방열면적(EDR : Equivalent Direct Radiation)

① 표준방열상태에서 방열기의 단위면적당 방사열량(kcal/m²·h)

㉠ 증기 : $1EDR = 650 kcal/m^2 h = 756 W/m^2 = 0.756 kW/m^2$

㉡ 온수 : $1EDR = 450 kcal/m^2 h = 523 W/m^2 = 0.523 kW/m^2$

② 표준상태일 때의 상당방열면적은 다음 식으로 구함

㉠ 증기난방의 경우 $EDR = \dfrac{H_L(kW)}{0.756} = \dfrac{H_L(kJ/h)}{2,730}(m^2)$

㉡ 온수난방의 경우 $EDR = \dfrac{H_L(kW)}{0.523} = \dfrac{H_L(kJ/h)}{1,890}(m^2)$

H_L : 손실열량

(2) 방열기기의 선정 시 고려사항
  ① 사용하는 열매 종류에 적합할 것
  ② 실내온도 분포가 균일하게 될 것
  ③ 설치장소에 적합한 디자인과 견고성을 가질 것

3 난방방식

1. 난방방식에 의한 분류
(1) **개별난방** : 페치카, 난로, 스토브(열원기기를 실내에 설치하여 난방)
(2) **중앙난방**
  ① 직접난방 : 증기, 온수난방(실내 공기를 직접 가열함)
  ② 간접난방 : 온풍난방(외부 공기를 가열하여 온풍을 실내에 공급함과 동시에 습도의 제어도 가능함)
  ③ 복사난방 : 복사난방(배관 파이프의 복사열을 이용함)
(3) **지역난방** : 일정지역의 난방

2. 난방방식 및 특징
(1) **증기난방(Steam Heating)**
  ① 증기난방의 특징
    ㉠ 장점
      ⓐ 증발 잠열을 이용하므로 열의 운반 능력이 큼
      ⓑ 예열 시간이 짧고 증기순환이 빠름
      ⓒ 설비비, 유지비가 저렴
      ⓓ 열매온도가 높으므로 방열기의 방열면적과 관경이 작아도 됨
      ⓔ 한랭지에서 동결의 우려가 거의 없음
      ⓕ 건물 높이에 관계없이 증기를 쉽게 운반할 수 있음
    ㉡ 단점
      ⓐ 계통별 용량제어가 어려움
      ⓑ 쾌감도가 나쁨
      ⓒ 난방개시 때 증기해머로 인한 소음 발생의 우려가 있음
      ⓓ 실내방열량 조절이 어렵고 화상의 우려(102℃의 증기 사용)가 있음
      ⓔ 응축수 환수관 내에 부식이 발생하기 쉬움

② 진공 환수식의 특징
  ㉠ 진공펌프를 이용한 응축수의 환수
  ㉡ 증기의 순환이 가장 빨라 대규모 건축물에 사용
  ㉢ 환수관의 관경이 작아도 됨
  ㉣ 공기빼기 밸브의 불필요
  ㉤ 방열기 위치에 제한을 받지 않음(리프트 이음)
  ㉥ 리프트 이음(Lift Fitting)
    ⓐ 방열기가 보일러보다 낮은 곳에 위치할 때 응축수를 끌어 올리는 방법
    ⓑ 보일러의 주위에 리프트 이음을 사용함
    ⓒ 길이는 1.5m 이내 리프트관은 환수관보다 한 치수 작은 것으로 함
③ 증기 압력에 의한 분류
  ㉠ 저압 증기난방 : 0.1MPa 미만, 중력 순환식, 소규모에 적당
  ㉡ 고압 증기난방 : 0.1MPa 이상, 기계/진공 순환식, 대규모에 적당

| 수배관 방식에 의한 분류 |

비교	건식 환수방식	습식 환수방식
정의	환수주관이 보일러 수면보다 낮게 위치함	환수주관이 보일러 수면보다 높게 위치함
특징	• 환수주관이 파손되어도 보일러의 누수가 없음 • 완전한 응축수를 환수시킬 수 있음	• 완전한 응축수를 환수시키기 힘듦 • 환수주관이 파손되면 보일러의 누수가 생김
필요설비	냉각다리(Cooling Leg) ① 길이는 1.5m 이상 ② 완전한 응축수를 환수시킴 ③ 보온피복이 필요 없음 ④ 관경은 환수주관보다 한 치수 작게 함	하트포드접속법(Hartford Connection) ① 밸런스관을 부착하여 보일러의 안전수위 확보 ② 빈불때기를 방지함 ③ 환수주관 안의 찌꺼기 등 이물 유입방지

④ 증기 헤더(스팀 헤더, Steam Header, Supply Header)
  증기를 각 계통으로 분류 송기하기 위해서 사용하는 설비
⑤ 난방용 열매로서의 증기
  ㉠ 증기의 포화온도는 압력의 변화에 따라 변한다.
  ㉡ 포화증기의 비체적은 증기의 압력이 증가할수록 감소한다.
  ㉢ 증기의 압력이 증가하면 포화증기가 갖게 되는 잠열은 감소하게 된다.
  ㉣ 건포화증기를 다시 가열하면 증기의 온도는 포화온도보다 높아지며 체적은 더욱 증가한다.

3. 온수난방(Hot Water Heating)
현열을 이용한 난방으로 보일러에서 가열된 온수를 단관식 또는 복관식의 배관을 통해 방열기에 공급하여 난방하는 방식

(1) 온수난방의 특징
① 장점
- ㉠ 방열량(온도 조절) 조절 용이
- ㉡ 증기난방에 비해 보일러의 취급이 비교적 쉽고 안전하며 쾌감도가 좋음
- ㉢ 열용량이 커서 난방을 정지하여도 여열이 오래 감(연속 난방 시 유리)
- ㉣ Water Hammering이 없어 소음·진동이 없음
- ㉤ 배관부식의 우려가 적음

② 단점
- ㉠ 방열 면적과 관경이 커서 설비비가 비쌈
- ㉡ 예열부하가 커서 예열시간이 길다는 단점
- ㉢ 한랭지에서 운전 정지 중에 동결의 우려가 있음

(2) 온수난방의 분류
① 온도에 의한 분류
- ㉠ 보통 온수난방
    - ⓐ 온수온도 100℃ 미만(80~90℃)의 온수를 사용함
    - ⓑ 건축물의 난방용으로 가장 널리 사용되고 있음
- ㉡ 고온수난방
    - ⓐ 온수온도가 100℃ 이상을 사용
    - ⓑ 장치의 열용량이 크므로 예열시간이 길게 됨(시간 지연 현상이 발생함)
    - ⓒ 공급과 환수의 온도차를 크게 할 수 있으므로 열수송량이 큼
    - ⓓ 공업용과 같이 고압증기를 다량으로 필요로 할 경우에는 부적당
    - ⓔ 대규모 단지의 지역난방에 많이 이용됨
    - ⓕ 밀폐식 팽창탱크를 사용함

> **Tip** 온수난방설비에 사용되는 팽창탱크의 기능
> 온도상승으로 생기는 물의 체적팽창으로 장애를 일으키는 압력을 흡수함

② 배관방식에 의한 분류
- ㉠ 단관식 : 온수공급관과 환수관을 하나의 관으로 사용함
- ㉡ 역환수식 : 보일러에서 방열기까지의 온수 공급관과 방열기에서 보일러까지의 환수관의 길이를 같게 하는 방법, 온수의 유량분배를 균일하게 하기 위해 사용함

③ 역환수 배관방식의 특징
  ㉠ 방열기, FCU 등의 기기마다 배관마찰저항이 비슷해져 유량이 균등하게 공급되도록 공급관과 환수관을 더한 길이가 기기마다 동일하게 배관하는 것으로 냉온수배관에만 적용하며 증기관이나 급수/급탕관 등에는 필요 없는 배관방식
  ㉡ 고층건물에서는 층별로도 유량이 균등하게 공급되도록 수직관도 역환수배관방식으로 설치함
④ 순환방식에 의한 분류
  ㉠ 중력 순환식 : 온수난방에서 온수의 밀도차를 이용하는 방식으로 방열기는 보일러보다 높은 장소에 설치함
  ㉡ 강제 순환식 : 중력 순환식보다 관경이 작아도 됨

4. 복사난방(Panel Heating)

천장, 벽, 바닥 등에 동관, 플라스틱관 등의 코일을 매설하여 여기에 온수나 증기를 보내 그 복사열로 실을 난방하는 방식

(1) 복사난방의 특징

① 장점
  ㉠ 실내온도 분포가 균등하여 쾌감도가 가장 좋음
  ㉡ 방을 개방하여도 난방효과가 좋음
  ㉢ 방열기를 설치하지 않아 실내 바닥면의 이용도가 높고 바닥, 벽체, 천장 등을 방열면으로 할 수 있음
  ㉣ 실온이 낮기 때문에 열손실이 적음
  ㉤ 천장이 높은 실에도 난방효과가 좋음

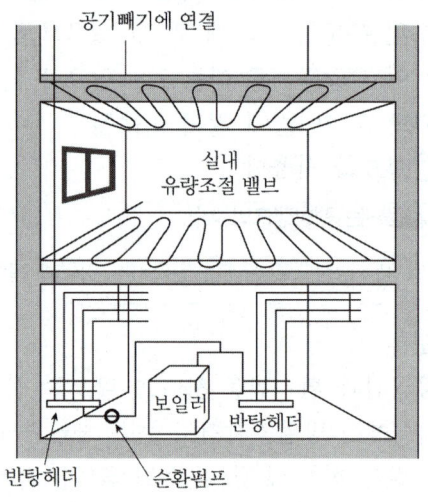

‖ 복사난방 계통도 ‖

② 단점
　㉠ 외기의 급변에 따른 방열량 조절이 어려움
　㉡ 열용량이 커서 예열시간이 길어 일시적인 난방에는 바람직하지 않음
　㉢ 온수관이 매입되므로 시공이 어렵고 수리비, 설비비가 고가임
　㉣ 고장 발견이 어렵고 수리가 곤란함

(2) MRT(평균복사온도)

$$MRT = \frac{\Sigma A_i T_i}{\Sigma A_i}$$

여기서, A_i : 내표면적(m²)
　　　　T_i : 온도(℃)

5. 지역난방

한 장소에서 고온수나 고압증기를 이용하여 대규모의 일정지역 또는 단지 내에 공급하여 난방하는 방식

① 설비의 고도화에 따라 도시의 매연을 경감시킬 수 있음
② 배관 도중 열손실이 큼
③ 열효율이 좋고 연료비가 저렴함
④ 초기 시설비가 높음
⑤ 열원설비의 집중화로 관리가 용이함
⑥ 설비의 고도화로 대기오염 등 공해를 방지할 수 있음
⑦ 각 건물의 이용 시간차를 이용하면 보일러의 용량을 줄일 수 있음
⑧ 고온수난방의 경우 감압장치가 필요하지 않음

6. 난방의 기타사항

(1) 난방별 용도
① **증기난방** : 대규모 건물(사무소, 학교)
② **온수난방** : 중소규모의 병원, 아파트
③ **복사난방** : 병원, 주택 등 쾌감도를 요구하는 곳
④ **온풍난방** : 극장, 강당

(2) 난방방식의 비교
① **쾌감도** : 온풍 < 증기 < 온수 < 복사
② **예열시간** : 온풍 < 증기 < 온수 < 복사
③ **설치비** : 온풍 < 증기 < 온수 < 복사
④ **방열량 조절** : 복사 < 증기 < 온수 < 온풍

제 3 절 | 냉방 및 냉동 설비

1 일반사항

1. 냉방부하

(1) 냉방부하의 종류

부하의 종류		내용	현열(S), 잠열(L)
실부하	외피부하 내부부하	• 일사에 의한 부하 • 전열부하(온도차에 의해 외벽, 천장 등을 통한 관류 열량) • 틈새바람(극간풍)에 의한 부하	S S S & L
장치부하		실내발생열 : • 조명기구 　　　　　　 • 인체 　　　　　　 • 기타의 열원기기	S S & L S & L
		• 환기부하(외기의 도입에 의한 부하) • 덕트의 열손실 • 송풍 시 부하 • 재열부하	S & L S S S
열원부하		• 배관 열손실 • 혼합손실(2중 덕트의 냉온풍 혼합손실) • 펌프에서의 열취득	S S S

(2) 냉방부하의 산정
   ① 부하의 종류에 따라 현열과 잠열을 구분해서 산정
   ② 부하 계산 시 난방부하와 다른 부하 : 인체열과 실내 발생열은 난방부하가 아닌 냉방부하 계산 시 포함됨
   ③ 최대부하를 계산하는 목적 : 장치의 용량을 구하기 위함

(3) 냉방부하를 감소시키기 위한 유리창 계획
   ① 유리창의 면적을 작게 한다.
   ② 반사율이 큰 유리를 사용한다.
   ③ 차폐계수가 작은 유리를 사용한다(차폐계수 : 일사 차폐물에 의해 차폐된 후 실내에 침입하는 일사열의 비율).
   ④ 열관류율이 작은 유리를 사용한다.

2. 냉동기
(1) 압축식 냉동기
압축식 냉동기의 냉동 사이클 : 압축기 - 응축기 - 팽창밸브 - 증발기의 순으로 순환하며 증발기에서 냉동이 이루어짐
① 압축기 : 저온 저압 → 고온 고압
② 응축기 : 고온 고압 → 저온 고압
③ 팽창밸브 : 저온 고압 → 저온 저압
④ 증발기 : 저온 저압 → 저온 저압(냉각)

> **Tip 열펌프**
> 냉동기의 압축기에서 토출된 고온·고압의 냉매 증기는 응축기에서 방열하고 액화된다. 이때 방열되는 응축열로 물이나 공기를 가열하여 난방에 이용하는 장치

(2) 흡수식 냉동기
① 흡수식 냉동기의 냉동 사이클 : 증발기 - 흡수기 - 재생기 - 응축기
② 특징
  ㉠ 기계에너지가 아닌 열에너지를 사용하여 냉동효과를 얻음(증기나 고온수 사용)
  ㉡ 전력 소비가 적음(압축식의 1/3)
  ㉢ 냉매는 물, 흡수액은 브롬화리튬을 사용함
  ㉣ 소음과 진동이 적음
  ㉤ 냉방용의 흡수식 냉동기는 물과 브롬화리튬의 혼합용액을 사용함
  ㉥ 2중효용 흡수식 냉동기는 단효용 흡수식 냉동기보다 에너지 절약적임
③ 2중효용 흡수식 냉동기
  ㉠ 저온 발생기(재생기)와 고온 발생기(재생기)가 있음
  ㉡ 증기사용량은 단효용의 50~60% 정도

(3) 기타 냉동기
① 터보식 냉동기
  ㉠ 왕복동식에 비하여 진동이 적다.
  ㉡ 흡수식에 비해 소음 및 진동이 심하다.
  ㉢ 임펠러 회전에 의한 원심력으로 냉매 가스를 압축한다.
  ㉣ 대용량 설비에 적합하며 압축효율이 좋고 비례제어가 가능하다.
  ㉤ 대·중형 규모의 중앙식 공조에서 냉방용으로 사용된다.
  ㉥ 출력이 지나치게 낮은 경우 서징 현상이 발생한다.
② 왕복식 냉동기 : 피스톤의 왕복운동에 의한 냉동방식

3. 냉각탑(Cooling Tower)
냉동기의 응축열을 제거하기 위해 또는 냉매를 응축시키는 데 사용된 냉각수를 재사용하기 위해 냉각시키는 설비

(1) 냉각탑의 종류
① 개방식 냉각탑
  냉각수가 냉각탑 내에서 대기에 노출되는 방식으로, 대부분의 공조설비에서 사용됨
② 밀폐식 냉각탑
  냉각수 배관이 밀폐된 것으로 대기오염이 심할 때나 연중 사용하는 전산실 등에 사용됨

4. 냉동축열 시스템
냉동축열 시스템은 심야전력(야간 22:00~08:00)을 이용하여 얼음 또는 물의 형태로 저장한 후 주간에 건물의 냉방에 활용하는 시스템으로, 심야의 값싼 전력을 이용하며 주야간의 전력 불균형을 해소할 수 있는 장점이 있음

(1) 종류
① 빙축열 시스템 : 얼음의 형태로 축열하는 잠열 축열 시스템
② 수축열 시스템 : 물의 형태로 축열하는 현열 축열 시스템

(2) 빙축열 시스템
① 얼음을 축열 매체로 사용하여 냉열을 얻는다.
② 값싼 심야전력을 이용하여 전력의 피크부하를 감소시킨다.
③ 저온용 냉동기가 필요하다.
④ 얼음의 잠열을 이용하여 방축열조가 필요하다.
⑤ 응고 및 융해열을 이용하므로 저장열량이 크다.
⑥ 백화점 등 냉방부하가 크고 냉방기간이 긴 건물에 적합하다.
⑦ 필요 축열량이 같은 경우 빙축열방식은 수축열방식에 비해 축열조 크기가 작다.

단원별 경향문제

01
온수난방에 관한 설명으로 옳지 않은 것은?
① 강제 순환식은 중력 순환식보다 관경이 작아도 된다.
② 중력 순환식 온수난방에서 방열기는 보일러보다 높은 장소에 설치한다.
③ 고온수 방식에서는 개방식 팽창탱크를 사용하며 밀폐식 팽창탱크는 사용할 수 없다.
④ 단관식 배관방식은 온수의 공급과 환수를 하나의 관으로 사용하는 방식이다.

해설　　　　　　　　　　　　　　답 ③
온수난방-고온수 방식
밀폐식 팽창탱크를 사용함

02
35℃의 옥외공기 30kg과 27℃의 실내공기 70kg을 단열혼합하였을 때, 혼합공기의 온도는?
① 28.2℃　　② 29.4℃
③ 30.6℃　　④ 32.6℃

해설　　　　　　　　　　　　　　답 ②
혼합공기의 온도 계산
$Q_1 \times t_1 + Q_2 \times t_2 = (Q_1 + Q_2) \times t_3$
$t_3 = \dfrac{Q_1 \times t_1 + Q_2 \times t_2}{Q_1 + Q_2}$
$= \dfrac{30 \times 35 + 70 \times 27}{30 + 70} = 29.4℃$

03
공기조화방식 중 전공기 방식에 관한 설명으로 옳지 않은 것은?
① 팬코일유닛 방식 등이 있다.
② 중간기에 외기 냉방이 가능하다.
③ 송풍량이 많아서 실내 공기의 오염이 적다.
④ 대형 덕트로 인한 덕트 스페이스가 요구된다.

해설　　　　　　　　　　　　　　답 ①
전공기 방식의 종류
단일덕트방식(정풍량방식, 변풍량방식), 이중덕트방식, 멀티존 유닛방식
※ 팬코일 유닛방식 : 전수/수공기방식

04
다음 중 습공기를 가열하였을 경우 증가하지 않는 것은?
① 엔탈피　　② 비체적
③ 건구온도　　④ 상대습도

해설　　　　　　　　　　　　　　답 ④
습공기의 온도와 상대습도
습공기를 가열하면 상대습도는 낮아진다.
※ 습공기를 가열해도 절대습도는 불변

Chapter 02 · 공기조화설비

단원별 경향문제

05
복사난방에 관한 설명으로 옳지 않은 것은?
① 복사열에 의해 난방하므로 쾌감도가 높다.
② 온수관이 매입되므로 시공, 보수가 용이하다.
③ 열용량이 크기 때문에 방열량 조절에 시간이 걸린다.
④ 실내에 방열기를 설치하지 않으므로 바닥이나 벽면을 유용하게 이용할 수 있다.

해설 답 ②
복사난방의 특성
② 가열코일의 매입으로 시공 및 보수가 불리하다.

06
다음의 공기조화방식 중 전공기방식에 해당하는 것은?
① 유인 유닛방식
② 멀티존 유닛방식
③ 팬코일 유닛방식
④ 패키지 유닛방식

해설 답 ②
전공기방식의 종류
단일덕트(정풍량/변풍량), 이중덕트방식, 멀티존 유닛방식

CHAPTER 03 전기설비

제1절 | 강전 설비

1 일반사항

1. 전기설비의 일반사항

(1) 전압(V)

전류를 흐르게 하는 힘을 전압 또는 전위차라 하며 단위는 V를 사용함

분류	교류	직류
저압	1,000V 이하	1,500V 이하
고압	1,000~7,000V 이하	1,500~7,000V 이하
특고압	7,000V 이상	

전압의 종류

(2) 전류(I)

도체의 단면에 흐르는 단위시간당 전기량을 말하며 단위는 A를 사용함

$$I = \frac{V}{R} (R : 저항(\Omega))$$

(3) 저항(R)

전기흐름을 방해하는 성질을 말하며 R로 표시함

① 저항이 일정한 회로에서 전류는 전압에 비례함
② 전압이 일정한 경우 전류는 저항에 반비례함
③ 저항은 단면적에 반비례하고 길이에 비례함
④ 전압 강하가 큰 전선은 전열기에 낮은 전압을 가하게 되어 정상적인 작동을 저해할 수 있음
⑤ 절연저항 : 절연체에 전압을 가했을 때 나타나는 전기저항을 의미하며, 절연저항의 값은 클수록 안전함

$$저항(R) = 비저항(p) \times \frac{길이(l)}{단면적(S)}$$

(4) 직렬과 병렬의 저항 계산(R[Ω]의 저항 n개 접속)
   ① 직렬 접속 : $n \times R = nR[\Omega]$
   ② 병렬 병렬 : $n \times (1/R) = n/R[\Omega]$

(5) 직류와 교류
   ① 직류 전류
      전류가 항상 일정한 방향으로 일정량이 흐르는 특성이 있으며, 전화·전자시계 등 통신설비나 고급 엘리베이터의 전원에만 사용됨
   ② 교류 전류
      전류가 순간순간 그 흐르는 방향과 흐르는 양이 변하는 특성이 있으며, 일반 건축의 전등, 전열, 동력 등 대부분의 전기설비에 사용됨

(6) 전력(W, kW)
   ① 전력은 전기가 하는 일로 정의하며, 전력의 단위는 W 또는 kW로 나타내며, 전기가 하는 일의 양을 전력량이라 하고 Wh 또는 kWh로 표시함
   ② 1W란 전압이 1V일 때 1A의 전류가 1s 동안에 하는 일을 의미함
   ③ 전력과 전력량의 계산
      ㉠ 직류 : $W = VI = I^2R = V^2/R$
      ㉡ 3상 교류 : $W = VI \times \sqrt{3}$ 역률
      ㉢ 단상교류 : $W = VI \times$ 역률
      ㉣ 전력량 : $P = VIt = I^2Rt = V^2t/R$

(7) 강전 및 약전설비
   ① 강전설비 : 주로 100V 이상의 교류 전기를 사용하는 조명, 동력, 전원설비 등
   ② 약전설비 : 9V, 12V, 24V와 같은 낮은 전압의 직류 전기를 사용하는 전화, 인터폰, 전기시계, 방송설비 등

2 수·변전설비

발전소에서 만들어진 전기는 여러 단계의 변전소를 거쳐 고압인 상태로 건축물에 인입되는데 이 전기를 수전반에서 수전하여 건축물에 사용하기 적당한 전압으로 낮추는 장치를 수변전설비라 하며 전기실 또는 변전실이라도 함

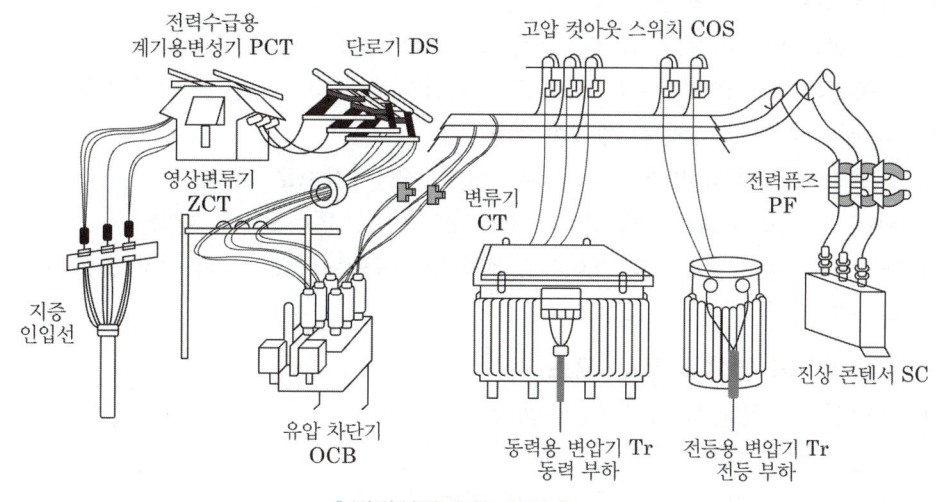

변전실의 주요 기기

1. 수변전설비의 용량 산정

(1) 수변전설비 용량산출

소요전력의 산출은 건물의 용도나 규모에 따라 단위 면적당의 소요 전력, 즉 부하밀도(VA/m^2)에 의해 산출함

$$부하설비용량(VA) = 부하밀도(VA/m^2) \times 연면적(m^2)$$

(2) 수변전설비의 용어 정의

① 수용률(수요율) = $\dfrac{최대사용전력}{부하설비용량} \times 100(\%)$: 일반건물은 보통 60~70% 정도

② 부등률 = $\dfrac{각\ 부하의\ 최대수용전력의\ 합계}{최대사용전력} \times 100(\%)$: 보통 1보다 큼(1.1~1.5)

③ 부하율
  ㉠ 정의 : 전기설비가 어느 정도 유효하게 사용되는가를 나타냄
  ㉡ 부하율 = $\dfrac{평균수용전력}{최대사용전력} \times 100(\%)$: 보통 1보다 작음(0.25~0.6)

(3) 수변전설비의 설계 순서

수전전압 결정 → 배전전압 결정 → 변전설비 용량 계산 → 변전실 설치면적 계산

2. 변전실

(1) 위치

① 건물의 부하중심에 가까운 곳
② 채광 및 통풍이 양호하며 습기와 먼지가 적은 곳
③ 전기기기의 반출입이 용이한 곳

④ 외부로부터 전원의 인입이 쉬운 곳
⑤ 변전실은 발전기실과 최대한 인접하여 설치한다.
⑥ 건축물의 최하층에는 원칙적으로 설치하지 않는다. 다만, 부득이하게 최하층 사용 시 침수에 대한 대책을 세워야 한다.
⑦ 용량의 증설에 대비한 면적을 확보할 수 있는 장소로 한다.
⑧ 사용 부하의 중심에 가깝고, 간선의 배선이 용이한 곳으로 한다.
⑨ 변전실의 높이는 바닥의 케이블트렌치 및 무근콘크리트 설치 여부 등을 고려한 유효높이로 한다.

(2) 변전실 면적에 영향을 주는 요소
① 변전설비 변압방식 및 변압기 용량
② 수전전압 및 수전방식
③ 설치기기와 큐비클의 종류 및 배치방법
④ 건축물의 구조적 여건

(3) 변전실의 높이 결정 시 고려사항
① 천장 배선방법
② 바닥 트렌치 설치 여부
③ 실내에 설치되는 기기의 최고높이
④ 무근콘크리트 설치 여부

> **Tip** 전기설비용 시설공간(실)의 설치
> ① 중앙감시실은 일반적으로 방재센터와 겸하도록 한다.
> ② 일반적으로 외부로 직접 출입할 수 있는 반출입구를 설치한다.

3. 수변전 설비용 기기

(1) 배전반
전면이나 후면 또는 양면에 개폐기, 과전류 차단장치 및 기타 보호장치, 모선 및 계측기 등이 부착되어 있는 하나의 대형 패널 또는 여러 대의 패널, 프레임 또는 패널 조립품으로서, 전면과 후면에서 접근할 수 있는 것
① 감시 제어용 기기 : 계기, 표시등 조작 개폐기, 보호 릴레이, 경보장치 등
② 주회로용 기기 : 차단기, 단로기 등

(2) 차단기(Circuit Breaker)
수동으로 회로를 개폐하고, 미리 설정된 전류의 과부하에서 자동적으로 회로를 개방하는 장치로 정격의 범위 내에서 적절히 사용하는 경우 자체에 어떠한 손상을 일으키지 않도록 설계된 장치

① 공기 차단기(ACB : Air Circuit Breaker)
　개방할 때 접촉자가 떨어지면서 발생되는 아크를 강력한 압축공기($10\sim30kg/m^2$)로 불어서 보호하는 방식
② 유입 차단기(OCB : Oil Circuit Breaker)
③ 배선용 차단기(MCCB)
　㉠ 최근 저압선로의 배선보호용 차단기로 가장 많이 사용됨
　㉡ 각 극을 동시에 차단하므로 결상의 우려가 없음
　㉢ 과부하 및 단락사고 차단 후 재투입이 용이함
　㉣ 전기조작, 전기신호 등의 부속장치를 사용하여 자동제어가 가능함
　㉤ 개폐기구 및 트립장치 등이 절연물인 케이스에 내장되어 있어 안전하게 사용 가능함

(3) 콘덴서(축전기)
전압을 저장하는 장치로 동력의 역률개선에 사용됨

(4) 단로기 또는 단로 스위치(DS : Disconnectioning Switch)
회로의 접속을 절환하고, 전원으로부터 회로나 장치를 분리하는 데 사용하는 스위치

(5) 변압기
전자유도 작용을 이용하여 전압을 변환하는 것으로 교류 전기에서 사용되며 높은 전압을 낮은 전압으로 또는 낮은 전압을 높은 전압으로 바꾸어 주는 기기
① 내진성이 우수하다.
② 내습성이 우수하다.
③ 반입, 반출이 용이하다.
④ 옥외 설치 및 소용량 제작이 용이하다.

4. 축전기
(1) 축전기의 충전방식 종류
① 보통충전 : 필요할 때마다 표준 시간율로 소정의 충전을 하는 방식
② 부동충전
　㉠ 전지의 자기방전을 보충함과 동시에 상용부하에 대한 전력공급은 충전기가 부담하도록 하되 충전기가 부담하기 어려운 일시적인 대전류 부하는 축전지로 하여금 부담하게 하는 방식
　㉡ 일반적으로 거치용 축전기 설비에서 가장 많이 사용하는 방식
③ 세류충전 : 부동충전 방식의 일종

(2) 알칼리 축전지의 특성
① 과방전, 과전류에 대해 강하다.
② 공칭전압은 1.2(V/셀)이다.
③ 고율방전특성이 좋다.
④ 부식성의 가스가 발생하지 않는다.

(3) 연축전지(자동차 배터리)의 특성
① 공칭전압은 2(V/셀)이며, 충방전 전압의 차이가 작음
② 축전지의 필요 셀 수가 적어도 되며, 전해액의 비중에 의해 충방전상태 추정 가능

3 예비전원설비, 전동기

1. 예비전원설비
축전지설비, 자가발전설비, 무정전 전원설비를 의미함

(1) 예비전원이 필요한 곳(인명, 재산 피해가 우려되는 곳)
① 은행 전산실, 병원의 수술실
② 교통 신호등
③ 환기용 팬
④ 아파트의 엘리베이터, 복도 비상등

(2) 예비전원의 조건
① 축전지는 정전 후 30분 이상 충전하지 않고 방전할 수 있어야 함(약전)
② 자가발전설비는 정전 후 10초 이내에 가동하여 규정전압을 30분 이상 유지하여야 하며 수전설비용량의 10~30% 정도로 함(승강기 포함)
③ 축전지와 자가발전설비를 병용할 경우 축전지는 충전 없이 20분 이상 방전이 가능해야 하고 자가발전설비는 정전 후 45초 이내에 가동하여 30분 이상 공급이 가능해야 함(수술실, 방송실, 전산실 등)

(3) 발전기실의 구조
① 방음과 방진구조 및 내화구조여야 함
② 유효높이는 발전장치 최고 높이의 2배 이상으로 함
③ 변전실에 가까워야 함
④ 바닥은 절연재료로 하여야 함
⑤ 주위온도가 5℃ 이내로 내려가지 않아야 함

> **Tip** 전기와 관련된 플레밍의 오른손 법칙
> ① 플레밍의 오른손 법칙 : 유도기전력의 방향을 알기 위해 사용, 발전기에 적용
> ② 플레밍의 왼손 법칙 : 자기장의 전류에 미치는 힘의 방향에 관한 법칙, 전동기에 적용

(4) 축전지실의 구조
   ① 천장높이는 2.6m 이상으로 함
   ② 전기 배선은 비닐선을 사용함
   ③ 환기는 용이하게 함

2. 전동기

(1) 전동기의 종류

분류	종류			특징
직류	직권 전동기			• 시동토크가 큼 • 속도제어가 용이함 • 가격이 고가
	복권 전동기			
	분권 전동기			
교류	단상 교류형	분상 기동형		세탁기나 얕은 우물펌프 등에 사용
		반발 기동형		깊은 우물 펌프
		콘덴서형		
	3상 교류형	유도전동기	농형 전동기	전자에 농형도체를 사용함
			권선형 전동기	회전자에 3상 권선을 사용함
		동기 전동기		구조, 취급이 복잡함
		정류자 전동기		송풍기용을 사용함

(2) 교류용 3상 유도전동기
   값이 저렴하고 조작이 간편해 설비에서 가장 많이 사용되는 전동기

(3) 유도전동기의 특성
   ① 회전자계를 만드는 여자 전류가 전원측으로부터 흐르는 관계로 역률이 나쁘다는 결점이 있다.
   ② 구조와 취급이 간단하고 기계적으로 견고하다.
   ③ 건축설비에서 가장 널리 사용되고 있다.
   ④ 가격이 비교적 싸고 운전이 대체로 쉽다.

(4) 3상 유도전동기의 속도제어 방법
   ① 인버터를 사용하여 주파수를 변화시킨다.
   ② 2선의 접속을 바꿔 회전자계의 방향이 반대로 되도록 하면 역회전을 하게 되므로 피해야 함
   ③ 회전자에 접속되어 있는 저항을 변화시켜 비례추이의 원리로 제어한다.
   ④ 독립된 2조의 극수가 서로 다른 고정자 권선을 감아 놓고 필요에 따라 극수를 선택하여 극수를 변화시킨다.

4 배전 및 배전설비

1. 용어 정의

① 배전 : 전력을 발생하는 것을 발전, 발전된 전력을 수송하는 것을 송전, 수요지에서 분배하는 것

$$\text{발전소} \rightarrow \text{송전선로} \rightarrow \text{배전선로} \rightarrow \text{옥내배선}$$

② 수전점에서 변압기 1차측까지의 기기 구성을 수전설비라 하고 변압기에서 전력 부하 설비의 배전반까지를 배전설비라 정의한다.

2. 전기방식

① 단상 2선식
   소형주택 등에 많이 사용되며 110V와 220V 중 한 종류를 사용함
② 단상 3선식 : 대규모 전등용
   아파트, 사무실, 학교 등에 많이 사용되며 110V와 220V를 동시에 사용할 수 있음
③ 3상 3선식
   동력용으로 공장 등에서 많이 사용됨
④ 3상 4선식 380/220V
   3상 동력(380V)과 단상(220V) 전등, 전열부하를 동시에 사용 가능한 방식으로 사무소 빌딩, 대규모 공장 건물에 가장 많이 사용되는 구내 배전방식

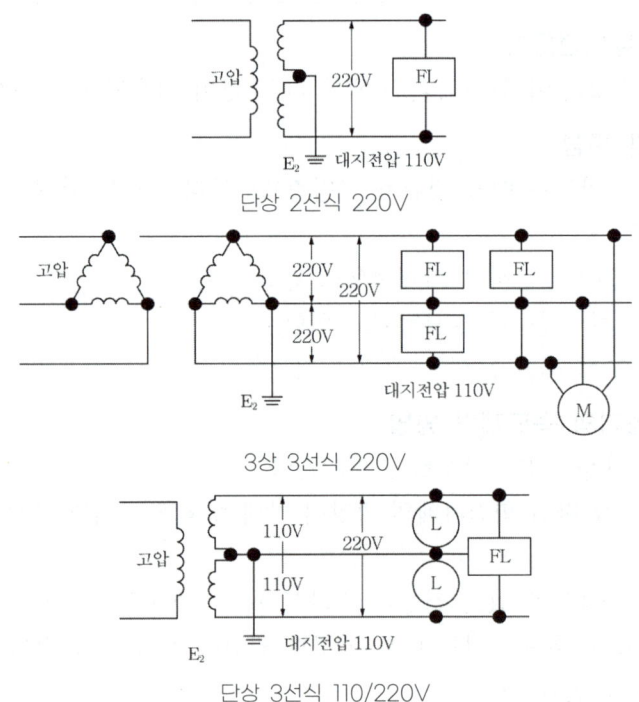

단상 2선식 220V

3상 3선식 220V

단상 3선식 110/220V

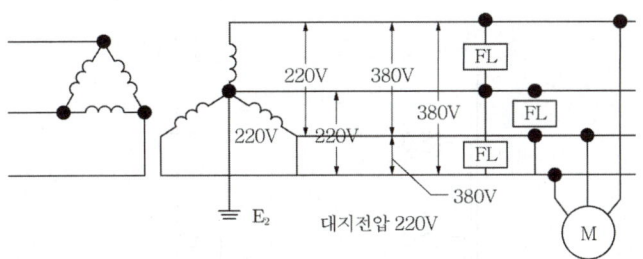

3상 4선식 220V/380V

| 배전방식 |

3. 3상 전압의 종류별 전압
① 3상 Y결선 선간전압 : 380V
② 3상 교류의 상전압 : 220V

4. 배선 방식
(1) 인입계통도
① 소규모 : 저압인입 → 전력계 → 분전반 → 분기 (콘센트, 전등, 스위치) / 회로

② 대규모 : 고압인입 → 변전실 → 전력계 → 간선 배전반 → 분전반 → 분기 / 회로

(2) 간선의 배선방식의 종류
배전반에서 분전반까지의 배선방식을 말함

① 개별방식(평행식)
  ㉠ 배전반으로부터 각 층의 분전반까지 단독으로 배선함
  ㉡ 전압강하가 적어 평균화되고, 전압이 안정되어 부하의 증가에 적응할 수 있다.
  ㉢ 화재 등 사고 발생 시 파급 범위가 가장 좁음(사고의 영향을 최소화할 수 있음)
  ㉣ 설비비가 비싸며(경제적이지 못함), 대규모 건물에 적합함
  ㉤ 나뭇가지식에 비해 배선이 복잡하지만 공급 신뢰도가 높음

② 나뭇가지식(수지상식)
  ㉠ 한 개의 간선이 각 분전반을 거쳐 가며 공급함
  ㉡ 넓게 분산된 구역의 소규모 건물에 적합
  ㉢ 경제적이나 1개소의 사고가 전체에 영향을 미침
  ㉣ 각 분전반별로 동일전압을 유지할 수 없음

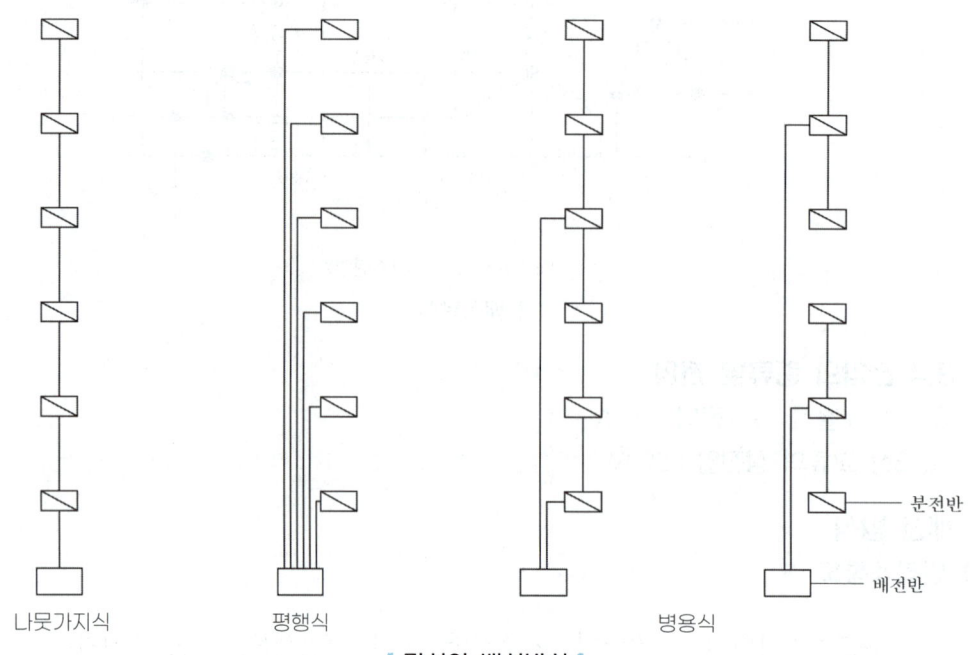

| 간선의 배선방식 |

③ 병용식
ㄱ 일반적으로 가장 많이 사용되며, 평행식과 나뭇가지식을 병용한 것

(3) 배선방식의 설계순서
① 간선의 부하용량 산정
② 전기방식과 배선방식의 결정
③ 배선방법의 결정
④ 전선 굵기의 결정

(4) 분기회로 : 간선에서 분기하여 회로를 보호하는 최종 과전류 차단기와 부하 사이의 전로
① 같은 스위치로 점멸되는 전등은 같은 회로로 함
② 분기회로의 전선 길이는 30m 이하로 하는 것이 바람직함
③ 전등회로와 콘센트회로는 별도의 회로로 함
④ 습기가 있는 장소의 수구는 가능하면 별도의 회로로 함

(5) 분전반
배전반의 일종으로 말단 부하에 배전하는 역할을 담당
① 위치
ㄱ 가능한 한 부하의 중심에 두어야 함
ㄴ 분전반 한 개에서 분기회로는 예비회로 포함 시 40회선으로 함
ㄷ 분전반 접지는 3종 접지함
ㄹ 분전반 설치간격은 분기회로 길이가 30m 이내가 되게 함

② 설비

분기회로 개폐기, 주개폐기, 자동 차단기(퓨즈 차단기)

5. 배선공사

(1) 애자사용공사
노출공사와 은폐공사가 있으며 전선 상호 간의 간격은 6cm 이상으로 하고, 전선과 건축물의 간격은 300V 이하에서는 2.5cm 이상, 300V 이상에서는 4.5cm 이상을 격리시킴

(2) 목재 몰드 공사
보통 300V 이하에서만 시공하는데, 목재의 홈에 전선을 넣고 뚜껑을 덮는 방식

(3) 합성수지 몰드공사
화학공장 등에 간단히 배선할 때 적합

(4) 금속 몰드공사
철근콘크리트 건물의 증설 배관 시 용이함

(5) 합성수지관 공사(경질비닐관 공사)
① 변형이 일어날 수 있으므로 열적 영향을 받을 수 있는 곳은 피하며, 금속배관과 같이 광범위하게 사용 가능함
② 관 자체가 절연체이므로 감전의 우려가 없으며 자성체가 아니며 시공이 쉬운게 장점임
③ 옥내의 점검할 수 없는 은폐 장소에도 사용이 가능함
④ 내식성, 내화학성, 그리고 절연성이 좋아 부식성 가스가 발생하는 곳인 화학공장이나 연구소에 적당
⑤ 온도 변화에 따라 기계적 강도가 변하므로 기계적 외상을 받기 쉬운 곳에 사용이 곤란함

(6) 금속관 공사
저압 옥내배선방법 중 노출되고 습기가 많은 장소에 시설이 가능한 방식으로 콘크리트 건물에 매립하여 배관하는 방식
① 신뢰성이 높은 가장 완벽한 공사
② 고조파의 영향이 없음
③ 전선 이상 시 인입, 교체가 용이함
④ 기계적 손상과 화재의 위험이 적어 열적영향이나 기계적 외상을 받기 쉬운 곳에 시공이 가능함
⑤ 저압, 고압, 통신설비 등에 널리 사용됨
⑥ 제3종 접지공사를 해야 함
⑦ 사용장소로는 은폐장소, 노출장소, 옥측, 옥외 등 광범위하게 사용할 수 있음
⑧ 금속관에 부설되는 전선의 절연피복을 포함한 총단면적은 금속관 내 단면적의 최대 40% 이하가 되어야 함

⑨ **시공순서** : 거푸집 설치 → 박스 설치 → 금속관 배관 → 철근조립 → 콘크리트 타설 → 전선배선

(7) 가요 전산관 공사(Flexible Conduit)
굴곡이 많은 곳에서 사용하며 특히 움직임이 많고 진동이 많은 엘리베이터, 전동기, 기차 등의 배선에 적합한 것으로 콘크리트에 매립해서는 안 됨

(8) 금속 덕트 공사
① 천장이나 벽면에 노출하여 배선하는 것으로 덕트 내의 전체 전선 단면적은 덕트 단면적의 20% 이하로 함
② 다수회선의 절연전선이 동일 경로에 부설되는 간선 부분에 사용된다.

(9) 버스 덕트 공사
비교적 큰 전류를 사용하는 공장, 빌딩 등에 적합함

(10) 플로어덕트 공사
① 콘크리트 바닥에 덕트를 설치하여 전기를 공급하는 방식으로 넓은 사무실이나 백화점 등에 사용됨
② 배선은 주로 콘크리트 구조물 밑에 매설하는 배선으로 노출시키지 않으므로 옥내의 노출된 건조한 장소에 시설할 수 없음
③ 사무용 빌딩에 채용되고 있으며 강·약전을 동시에 배선할 수 있는 2로, 3로 방식이 가능함

> **Tip** 노출 및 은폐, 습기 등에 관계없는 배선공사
> 합성수지관 공사, 금속관 공사, 케이블 공사

(11) 배선공사별 특성
① 전개 및 은폐, 습기 등에 관계없이 모든 곳에 가능한 전기공사
   경질 비닐관 공사, 금속관 공사, 케이블 공사
② ~ 몰드 공사 : 전선을 넣고 뚜껑을 엎는 형태의 공사이므로 습기가 있는 곳이나 점검할 수 없는 은폐장소에는 사용 불가능
③ ~ 덕트 공사 : 점검할 수 없는 은폐장소에는 사용 불가능

6. 배선 재료

(1) 전선의 종류
① 형태에 의한 분류
　㉠ 단선 : 전선의 도체가 한 가닥으로 되어 있는 전선
　㉡ 연선 : 전선의 도체가 여러 가닥으로 꼬아져서 된 전선
② 용도에 의한 분류
　㉠ 동선 : 경동선, 연동선
　㉡ 나전선 : 전선의 표면을 절연물로 피복하지 않은 전선
　㉢ 절연전선 : 전선의 표면을 고무, 면, 합성수지 등 절연물로 피복한 전선

(2) 전선 굵기 결정
배선 설비에 사용되는 전선 굵기를 결정할 때에는 전선의 허용전류, 전압강하, 기계적 강도를 고려해서 결정함

① 허용전류
　전선에 전류가 흐르게 되면 열이 발생하게 되며, 이때 발생한 열에 의하여 전선의 온도가 상승함. 그러므로 전선에 흐르는 전류가 어느 한도를 넘게 되면 열로 인하여 전선의 절연물이 손상되며 화재의 원인이 되므로 이러한 위험을 방지하기 위하여 전선의 굵기에 따라 절연물의 손상 없이 안전하게 흘릴 수 있는 최대 전류의 값을 허용 전류(Allowable Current)라고 함

② 전압강하
　전원에서 공급하여 준 전압보다 부하에 실제로 걸리는 전압은 낮아지게 됨. 이것은 전류가 전선을 통하여 흐르는 사이에 저항에 의하여 전압이 떨어지기 때문인데, 이를 전압 강하(Voltage Drop)라고 함
　㉠ 저항이 적은 전선을 사용하면 전압강하는 감소한다.
　㉡ 전압강하가 크면 전등은 광속이 감소하고 전동기는 토크가 감소한다.
　㉢ 전선 단면적에 반비례하므로 전선을 가늘게 하면 전압강하가 증가한다.

③ 기계적 강도
　배선 공사 중 단선 등의 어려움이 있거나 특수한 경우를 제외하고는 직경이 1.6(mm) 이상인 연동선이나 동등 이상의 기계적 강도를 갖는 전선을 허용 전류 및 전압 강하 등을 고려하여 선택하여 사용함

7. 배선기구

(1) 과전류 보호기
과전류(정격전류의 120% 이상)가 흐르면 전로를 차단하는 장치

① 퓨즈
과부하와 단락 시에 가용체를 이용하여 회로를 차단하는 것으로 회복이 불가능함

② 서킷 브레이커(Circuit Breaker)
과전류가 흐를 때 자동적으로 회로를 차단하고 원인 제거 시 다시 원상태로 복귀하여 재사용할 수 있는 것으로 자동 차단기, 노퓨즈 브레이커(Nofuse Breaker)라고도 함

(2) 스위치

① 단로 스위치
회로의 접속을 절환하고, 전원으로부터 회로나 장치를 분리하는 데 사용하는 스위치

② 절환 스위치
하나 또는 몇 개의 부하도체의 접속을 하나의 전원으로부터 다른 전원으로 절체하는 장치

③ 범용 스위치
일반 배전 및 분기회로에 사용되는 스위치, 해당 정격전압에서 정격전류를 차단할 수 없음

④ 범용 스냅 스위치
배선시스템의 결합에 사용되며, 대량 생산장치의 외함이나 콘센트함의 커버에 설치할 수 있는 범용 스위치의 한 종류

(3) 전기 샤프트(ES)

① 각층마다 같은 위치에 설치한다.
② 전기 샤프트(ES)의 면적은 보, 기둥 부분을 제외하고 산정한다.
③ 전력용(EPS)과 정보통신용(TPS)을 공용으로 설치하지 않는 것이 원칙이다. 다만, 설치 장비 및 배선이 적은 경우는 공용으로 사용할 수 있다.
④ 점검구는 유지보수 시 기기의 반입 및 반출이 가능하도록 하여야 하며, 점검구 문의 폭은 최소 600mm 이상으로 한다.
⑤ 현재 장비 이외에 장래의 배선 등에 대한 여유성을 고려한 크기로 한다.
⑥ 공급대상 범위의 배선거리, 전압강하 등을 고려하여 가능한 한 공급 대상설비 시설 위치의 중심부에 위치하도록 한다.

8. 전기 관련 기타사항

(1) 누전차단기
지락전류를 영상변류기로 검출하는 전류 동작형으로 지락전류가 미리 정해 놓은 값을 초과할 경우 설정된 시간 내에 회로나 회로의 일부의 전원을 자동으로 차단하는 장치

(2) 전압강하의 특성
전압강하가 크면 일반적으로 전등은 광속이 감소하고 전동기는 토크가 감소함

(3) 영상변류기
① 수·변전계통에서 지락 사고 발생 시 흐르는 영상전류를 검출하여 지락 계전기에 의하여 차단기를 동작시키는 것
② 비교적 낮은 송전전류의 접지보호를 위하여 사용하는 변류기

제 2 절 | 약전 설비

1 약전 설비

1. 전화설비

(1) 국선과 내선
 ① 국선 : 통신회사에서 교환기실의 PBX까지 인입된 회선
 ② 내선 : 구내교환기의 내선회로로부터 내선전화기까지 사이의 전화회선

(2) 전화회선 기준 설비수

업종		10m^{2}당 표준전화 회선수	
		국선 인입 회선수	실내 회선수
상사회사		0.5	1.3
은행·일반사무실		0.4	0.8
백화점·증권회사·연쇄상사		0.5	1.0
관공서·신문사		0.4	1.0
병원	입원실	0.1	0.5
	사무실	0.3	1.0

2. 인터폰 설비
(1) 인터폰 분류
　　① 작동 원리에 따른 분류
　　　　㉠ 동시 통화 방식 : 도어 폰에 주로 사용됨
　　　　㉡ 프레스 토크(Press Talk)식
　　② 통화망 구성방식에 따른 분류
　　　　㉠ 모자식 : 한 대의 모기에 여러 대의 자기를 접속하는 방식
　　　　㉡ 상호식 : 모든 기계에서 임의로 통화가 가능한 방식
　　　　㉢ 복합식 : 모자식과 상호식을 절충한 방식으로, 모기 상호 간 통화가 가능하고, 모기에 접속된 모자간에도 통과가 가능함

(2) 공동주택 관리용 인터폰의 기능
　　① 주출입구의 개폐 기능
　　② 비상 푸시 버튼에 의한 비상 통보기능
　　③ 방범스위치에 의한 불법침입 통보기능

3. 안테나(공동수신) 설비
(1) 안테나 구성요소
　　① 안테나
　　② 분배, 분기장치
　　③ 증폭기
　　④ 정합기

(2) 방송공동수신(TV 공청) 설비
　　① 증폭기
　　② 컨버터
　　③ 혼합기

4. 강전 및 약전설비의 종류
　　① 강전설비 : 수변전, 변전, 자가발전, 축전지, 조명설비
　　② 약전설비 : 전화, 인터폰, 전기음향, 감시제어, 주차관제, 안테나, 방송설비

2 방재설비

1. 피뢰침 설비

(1) 피뢰침 규정
① 설치대상 : 낙뢰의 우려가 있는 건축물, 높이가 20m 이상인 건축물
② 위험한 건축물인 경우의 보호각 : 45° 이하(주유소, 가스저장소 등)
③ 일반 건축물 피뢰침의 보호각 : 60° 이하(박물관 등)
④ 높이에 관계없이 피뢰설비를 해야 하는 건축물
   낙뢰 가능성이 많은 지역, 천연기념물, 중요 건축물, 많은 사람이 집합하는 건축물, 위험물을 취급·저장하는 건축물
⑤ 돌침(突針) 생략 : 철골철근콘크리트·철근콘크리트 건물의 지붕이 두께 2mm 이상의 금속판으로 된 건축물

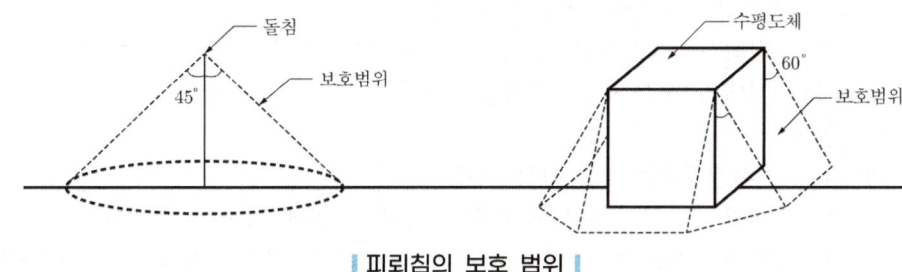

∥ 피뢰침의 보호 범위 ∥

(2) 피뢰설비의 보호의 4등급
① 케이지 방식(완전보호)
   피보호물을 연속된 망상도체나 금속판으로 싸는 방법으로 뇌격을 받더라도 내부에 전위차가 발생하지 않으므로 건물이나 내부에 있는 사람에게 위해를 주지 않는 피뢰설비 방식(산꼭대기의 관측소, 매점, 휴게소, 골프장의 독립 휴게소 등)
② 수평도체 방식(증강보호)
   건축물 윗면의 모서리 부분, 뾰족한 모양을 한 부분의 위쪽에 수평 도체식 피뢰설비를 하여 전체의 보호 능력이 증강된 방식으로, 중요건축물의 완전 보호(케이지 방식) 방식이 어려운 경우에 사용
③ 돌침 방식(보통보호)
   목조 가옥에서는 증강보호가 좋고, 철근콘크리트 건축물로서 옥상에 난간이 있는 경우는 보통보호로 함
④ 가공지선 방식(간이보호)
   보통보호보다 간단하며, 뇌해가 많은 지방의 높이 20m 이하 건물에서 자주적인 피뢰설비를 실시할 때 사용

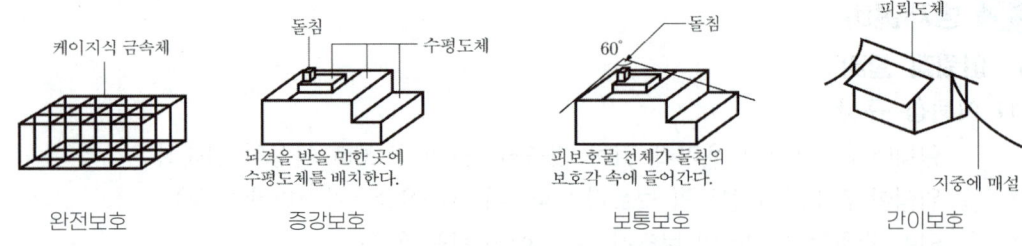

| 보호등급에 따른 피뢰설비의 4등급 |

(3) 구조
① 돌침부
  ㉠ 지름 12mm 이상인 알루미늄, 철, 강봉 등의 막대를 사용함
  ㉡ 건축물의 맨 윗부분으로부터 25cm 이상 돌출시켜 설치함
② 피뢰도선
  ㉠ 가연성 물질과 20cm 이상 이격시킴
  ㉡ 전선, 전화선, 가스관과 1.5m 이상 이격시킴
  ㉢ 1.5m 이내의 전선 등은 접지공사를 함
③ 접지전극
  ㉠ 다른 접지전극과는 2m 이상 띄움
  ㉡ 접지전극은 각 인하 도선의 하단을 상수면 밑에 오도록 설계함
    단, 상수면이 3m 이상 깊은 경우의 접지전극 하단은 지하 3m에 달하면 됨
  ㉢ 접지전극은 두께 1.4mm 이상이고 면적 $0.35m^2$ 이상인 동판, 두께 3mm 이상이고 면적 $0.35m^2$ 이상인 용해 아연 도금철판을 사용함
  ㉣ 피뢰침의 종합 접지저항은 10Ω 이하로 함

종류	접지저항	접지선의 굵기	적용장소
1종접지	10Ω 이하	2.6mm 이상	• 피뢰설비 • 고압전동기 • 변압기의 외함

2종접지	• 150/I 이하
	• 특고압 300V 미만 : 10Ω 이하
	• 특고압 300V 이상 : 5Ω 이하
		• 고압 → 저압
		  : 2.6mm 이상
		• 특고압 → 저압
		  : 4.0mm 이상
			변압기의 2차측

3종접지	100Ω 이하. 단, 저압전로에서 0.5초 이내에 자동적으로 전로를 차단하는 설비가 있을때는 500Ω 이하	1.6mm 이상	• 분전반, 계기용 변압기와 변류기의 2차선 계기용 변성기의 외함 • 주택접지 • 200V 전동기
특별 3종접지	10Ω 이하. 단, 저압전로에서 0.5 이내에 자동적으로 전로를 차단하는 설비가 있을 때는 500Ω 이하	1.6mm 이상	에어콘, 만능재료 시험기

(4) 피뢰시스템의 특징
① 등급 구분
  ㉠ 피뢰시스템은 보호성능 정도에 따라 등급을 구분한다.
  ㉡ 피뢰시스템의 등급은 Ⅰ, Ⅱ, Ⅲ, Ⅳ의 4등급으로 구분된다.
② 기타 특성
  ㉠ 수뢰부의 구성요소 : 돌침, 메시도체, 수평도체
  ㉡ 수뢰부시스템은 보호범위 산정방식(보호각, 회전구체법, 메시법)에 따라 설치한다.
  ㉢ 피보호건축물에 적용하는 피뢰시스템의 등급 및 보호에 관한 사항은 한국산업표준의 낙뢰 리스트평가에 의한다.

(5) 피뢰시스템의 기타사항
① 항공장애표시등 : 건축물 등에 항공기의 추돌을 방지하기 위하여 설치하는 각종의 안전등화
② 통합접지 : 기능상 목적이 서로 다르거나 동일한 목적의 개별접지들을 전기적으로 서로 연결하여 구현한 접지 시스템

2. 자동화재 통보설비
화재발생을 신속하게 알리기 위한 설비

(1) 열감지기
① 정온식 : 주위온도가 일정 온도 이상으로 되면 작동하는 것으로 화기 및 열원기기를 취급하는 보일러실, 주방 등에 이용됨
② 차동식 : 주위온도가 일정한 온도상승률 이상으로 되었을 때 작동하는 것으로 일반 사무실 등에 많이 사용됨
③ 보상식 : 정온식과 차동식을 복합한 것으로 온도가 일정한 값 이상으로 오르거나 온도 상승률이 일정한 값을 초과할 경우 작동함

(2) 연기 감지기
천장이 높은 장소 즉, 강당, 복도, 계단식 등에 적당함
① 광전식 : 연기 입자로 광전 소자에 대한 입사광량이 변화하는 것을 이용함
② 이온화식 : 연기의 입자 때문에 이온 전류가 변화하는 것을 이용함

(3) 자동화재탐지설비의 수신기 종류
① P형 수신기
② R형 수신기
③ M형 수신기
④ GP형 수신기

3. 비상콘센트설비
(1) 설치목적

　초고층 건물에 화재 발생시 배연과 조명 전원을 공급하기 위해 설치함

(2) 설치기준

　① 지하층을 포함하는 층수가 11층 이상인 특정소방대상물의 경우에는 11층 이상의 층에 설치함

　② 전원회로는 각층에 있어서 2층 이상이 되도록 설치하는 것을 원칙으로 함

　③ 바닥면에서 0.8~1.5m의 높이에 설치함

　④ 1개의 비상콘센트까지의 수평거리는 50m 이하로 함

　⑤ 1회선에 접속되는 콘센트 수는 10개 이하로 함

(3) 피뢰설비의 시스템레벨 : 한국산업표준 Ⅱ 이상으로 함

제 3 절 | 조명설비

1 조명의 용어 및 단위

1. 광속(빛의 양)
① 단위시간당 흐르는 빛의 양
② 균일한 1cd의 광원이 단위 입체각 내에 방사하는 광량
③ 단위 : lm(lumen)
④ 기호 : F

2. 광도(광속의 입체각밀도)
① 빛을 발하는 점에서 어느 방향으로 향한 단위 입체각당의 발산광속
② 점광원 : 광원 크기의 5배 이상 되는 거리에서의 광원
③ 단위 : cd
④ 기호 : I

$$광도(I) = \frac{광속(F)}{입체각(W)}$$

3. 조도(Luminous)
① 광원에 의해 비춰진 면의 밝기 정도를 의미함
② 일반적인 실의 밝기를 조도로 나타냄
③ 단위 : lux
④ 조도에 대한 거리의 역자승 법칙 : 조도는 거리의 제곱에 반비례
⑤ 광도, $\cos\theta$(입사각)에 비례하지만, 측정점의 반사율과는 관련이 없음

$$E = \frac{I}{d^2}$$

여기서, E : 조도
I : 광도
d : 거리

4. 휘도(Brightness)
① 표면 밝기의 척도로 사용됨. 휘도가 클수록 눈부심이 큼
② 단위 : Sb(스틸브), nt(니트)
③ 기호 : B

5. 광속 발산도(Luminous Radiance)
물체의 표면으로부터 방사되는 광속의 밀도를 광속 발산도라고 함

용어	기호	정의와 정의식	단위
광속	F	단위시간당 흐르는 빛의 양	lumen(lm)
광도	I	점광원부터의 단위입체각당의 발산 광속	candela(cd)
조도	E	단위면적당의 입사 광속	lux(lx)
광속 발산도	R	단위면적당의 발산 광속	radlux(rlx)
휘도	B	발산면의 단위투영면적당 단위 입체각당의 발산광속	$\frac{candela}{m^2}\left(\frac{cd}{m^2}(nt)\right)$

6. 조명설비에서 눈부심의 특성
① 광원의 크기가 클수록 눈부심이 강하다.
② 광원의 시선에 가까울수록 눈부심이 강하다.
③ 배경이 어둡고 눈이 암순응될수록 눈부심이 강하다.

2 광원 종류별 특징

1. 백열등
① 스위치를 넣고 점등에 이르는 순응성이 큼
② 일반적으로 휘도가 높고 열방사가 많음
③ 온도가 높을수록 주광색에 가까움

2. 형광램프
① 빛의 어른거림이 있으며, 열발산이 백열전구보다 적음
② 점등장치가 필요하며 점등까지 시간이 걸림
③ 저휘도이고 광색의 조절은 비교적 용이하며 광질이 좋음
④ 백열전구에 비해 수명이 긺
⑤ 주위 온도의 영향을 받음
  (-10℃ 이하에서는 점등이 불가, 20℃ 이상에서 효율이 제일 좋음)
⑥ 백열전구에 비해 효율이 높음
⑦ 역률이 낮음(백열전구의 역률은 100%)
⑧ 옥내외 전반조명, 국부조명에 사용됨
⑨ 전원 전압의 변동에 대한 광속 변동이 작다.

3. 기타 광원의 특징
① 고압수은램프 : 광속이 크고 수명이 긴 것이 특징
② 할로겐 전구 : 효율, 수명 모두 백열전구보다 약간 우수함
③ 저압나트륨등 : 효율은 가장 좋으나 등황색의 단색광으로 색채의 식별이 곤란해 연색성은 가장 떨어져 실내용보다는 도로 가로등이나 터널 조명으로 많이 사용됨

3 조명의 기타사항

1. 조명 효율(lm/w)
① 정의 : 1와트(w)의 전기에너지를 소요하여 발생하는 빛의 양(lm)
② 조명 효율의 순서
  나트륨등 > 메탈할라이드등 > 형광등 > 수은등 > 할로겐등 > 백열전구

2. 조명설비에서 연색성의 특징
① 연색성이란 물체가 광원에 의하여 조명될 때, 그 물체의 색의 보임을 정하는 광원의 성질을 말한다.
② 연색성을 수치로 나타낸 것을 연색평가수라고 한다.
③ 평균 연색평가수(Ra)란 많은 물체의 대표색으로서 7종류의 시험색을 사용하여 그 평균값으로부터 구한 것이다.
④ 평균 연색평가수(Ra)가 100에 가까울수록 연색성이 좋다.

⑤ 일반적으로 할로겐전구가 고압수은램프보다 연색성이 좋다.
⑥ 고압수은램프의 평균 연색평가수(Ra)는 40~60이고 백열등의 경우 100이다.

3. 연색성의 순서
주광색형광등 〉 메탈할라이드등 〉 백색형광등 〉 수은등 〉 백열전구 〉 나트륨등

4. 조명률에 영향을 주는 요소
광원의 높이, 실내마감재의 반사율, 조명기구의 배경(배광방식), 실의 크기(치수)

4 조명방식

1. 기구배치에 의한 분류

(1) 직접조명
① 조명 방식 중 가장 간단하고 적은 전력으로 높은 조도를 얻을 수 있으나 주위와의 휘도차가 큼
② 방 전체의 균일한 조도를 얻기 어려움
③ 음영이 생기므로 눈이 쉽게 피로하게 됨

(2) 간접조명
조명 능률은 떨어지지만 음영이 부드럽고 균일한 조도를 얻을 수 있어 안정된 분위기를 유지할 수 있음
① 강한 음영이 없고 부드럽다.
② 경제성보다 분위기를 중요시하는 장소에 적합하다.
③ 일반적으로 발산광속 중 상향광속이 90~100[%] 정도이다.
④ 실내 반사율의 영향이 크므로 천장, 벽면 등은 빛이 잘 반사되는 색과 재료를 사용하여야 한다.
⑤ TAL 조명(Task and Ambient Lighting) 방식 : 작업구역에는 전용의 국부조명방식으로 조명하고, 기타 주변 환경에 대하여는 간접조명과 같은 낮은 조도레벨로 조명하는 방식

(3) 전반 국부혼용 조명
① 약한 전반 조명(1/10 이상)에 국부조명을 혼용하는 방법
② 정밀 작업이 요구되는 실험실, 공장, 설계실 등에 좋은 방법
③ 경제적인 조명방법

(4) 기타 조명
① 반간접조명방식은 직접조명방식에 비해 글레어가 작다는 장점이 있다.
② 반직접조명방식은 광원으로부터의 발산 광속 중 10~40%가 천장이나 윗벽 부분에서 반사된다.

2. 배광에 의한 분류

명칭		기구의 예	상향광속 %	하향광속 %	특징	
					장점	단점
직접 조명형	작업면상에 오는 광선이 거의 전부 광원에서부터 직사광선인 방식	0~10% / 90~100%	0~10	90~10	• 조명효율이 좋음 • 먼지에 의한 감광이 적음 • 설비비가 저렴 • 시계에 암명의 차이가 적음 • 기구, 전구의 손상이 적어서 유지가 편리함	• 그루프를 사용하지 않는 경우 센 조명이 되기 쉬움 • 기구의 선택을 잘 못하면 눈부시며, 소용전력이 큼
반직접 조명형	광원에서 광선의 대부분을 직사광선으로 이용하고 나머지 일부를 반사광선으로 사용하는 방식	10~40% / 60~90%	10~40	60~90		
간접 조명형	작업면상에 오는 광선 중 광원으로부터의 직사광선이 전무인 경우, 즉 작업면은 난반사를 이용한 반사광선만으로 조명하는 방식	90~100% / 0~10%	90~100	0~10	• 조도가 가장 균일하고 음영이 가장 유연함 • 연직물에 대한 조도가 가장 높고, 설비비는 직접조명형에 비해 고가	• 조명률이 가장 낮음, 즉 조명효율이 나쁘며 먼지에 의한 감광이 많음 • 천장면 마무리의 양부가 크게 영향을 미침
반간접 조명형	반직접조명형과 반대로 광원으로부터의 광선 중 대부분을 반사광선으로 이용하며, 나머지 일부를 직사광선을 사용하는 방식	60~90% / 10~40%	60~90	10~40	득실 모두 직접조명과 간접조명형의 중간전확산조명형	
전확산 조명형	광원에서 광선의 절반을 직사광선으로 하고, 나머지 반을 반사광선으로 이용하는 방식	40~60% / 40~60%	40~60	40~60	모두 직접조명형, 반직접조명형과 같음	

> • Tip **직접조명형의 특성**
> ① 상향광속(0~10)과 하향광속(10~90)이 완전히 다르다.
> ② 천장을 주광원으로 이용하지 않으므로 천장의 색과 별로 상관이 없다.
> ③ 좁은 면적이 광원으로서의 역할을 하기 때문에 직사 눈부심이 있다.
> ④ 작업면에 고조도를 얻을 수 있으나 심한 휘도 차 및 짙은 그림자가 생긴다.

3. 건축화 조명
천장, 벽, 기둥 등 건축 부분에 광원을 만들어 실내를 조명하는 것을 의미

(1) 특징
① 눈부심이 적음
② 명랑한 느낌을 주어 현대적인 감각을 느끼게 함
③ 조명 효율이 떨어짐
④ 비용이 많이 소요됨

(2) 천장면 이용방식의 종류
① 코브라이트 조명 : 광원을 천장 또는 벽면에 가려 일단 벽이나 천장에 반사시켜 반사광을 이용하는 간접조명 방식
② 다운라이트 조명 : 천장에 작은 구멍을 뚫어 그 속에 기구를 매입한 방식
③ 라인라이트 조명 : 천장에 매립한 조명의 하나로 광원을 선형으로 배치하는 방식
④ 광천장조명 : 천장 전면에 광원 또는 조명기구를 배치하고, 발광면을 확산투과성 플라스틱판이나 루버 등으로 전면을 가리는 조명 방법

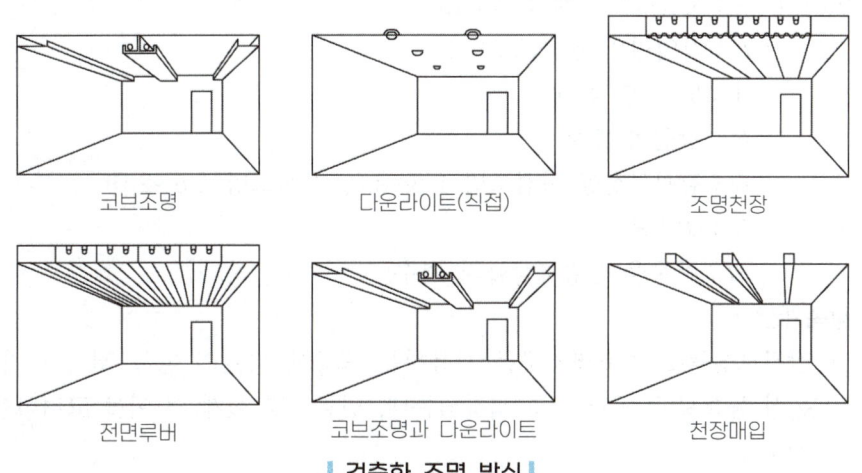

| 건축화 조명 방식 |

4. 전반조명방식
① 조명대상인 실내 전체를 일정하게 조명하는 것으로 대표적인 조명방식
② 책상의 배치나 작업대상물이 바뀌어도 대응이 용이함

5. 광창조명
지하실 등에 설치하는 벽면을 이용한 조명방식

6. 코니스 조명방식
① 코너 조명과 같이 천장과 벽면 경계에 건축적으로 둘레턱을 만들어 내부에 등기구를 배치하여 조명하는 방식이다.
② 아래 방향의 벽면을 조명하는 방식으로 형광램프를 이용하는 건축화 조명에 적당하다.

7. 조명설계

(1) 조명설계순서
일반적으로 실내 조명의 계산 및 설계순서는 다음과 같이 함

① 소요조도의 결정
  방의 종류, 용도에 따라 필요 조도를 결정하며, 조명설계의 순서에서 가장 먼저 이루어져야 하는 사항

② 전등 종류의 결정(광원선택)
  실별로 광원의 종류 및 광색 등 결정

③ 조명방식 결정

④ 조명기구 선정

$$F = \frac{A \cdot E \cdot D}{N \cdot U} = \frac{A \cdot E}{M \cdot U \cdot N}(lm) \quad \therefore E = \frac{FNU}{AD}$$

$$조명률(U) = \frac{작업면의\ 광속}{광원의\ 총광속} \quad \therefore N = \frac{AED}{FU} = \frac{AE}{FUM}$$

여기서, F : 사용광원 1개의 광속(lm)
  E : 작업면의 평균조도(lx)
  A : 방의 면적(m^2)
  N : 광원의 개수
  D : 감광보상률(직접조명 1.3~2.0, 간접조명 1.5~2.0)
  U : 조명률
  M : 보수율(감광보상률의 역수)

⑤ 광속계산
  ㉠ 감광보상률(D) : 조명기구를 사용하는 도중에 광원의 능률 저하나 기구의 오염, 손상 등으로 조도가 점차 저하되는데, 인공조명 설계 시 이를 고려하여 반영하는 계수
  ㉡ 조명률(U) : 램프에서 나온 빛 가운데 작업면에 도달하는 빛이 몇 %인가를 나타내는 비율
  ㉢ 유지율(M) : 조명시설을 어느 기간 사용한 후의 작업면상의 평균 조도와 초기 조도와의 비율. 즉, 조명시설의 조도는 설비의 사용 시간경과와 함께 램프 자체의 광속 감쇠, 램프·조명기구의 더러움, 천장, 벽, 바닥 등 실내면의 반사율 저하 등에 의해 내려감

⑥ 조명기구 배치

　㉠ $S \leq 1.5H$ (간접조명)

　㉡ $S_w \leq \dfrac{H}{2}$ (벽 가까이에서 작업을 하지 않는 경우)

　㉢ $S_w \leq \dfrac{H}{3}$ (벽 가까이에서 작업을 할 경우)

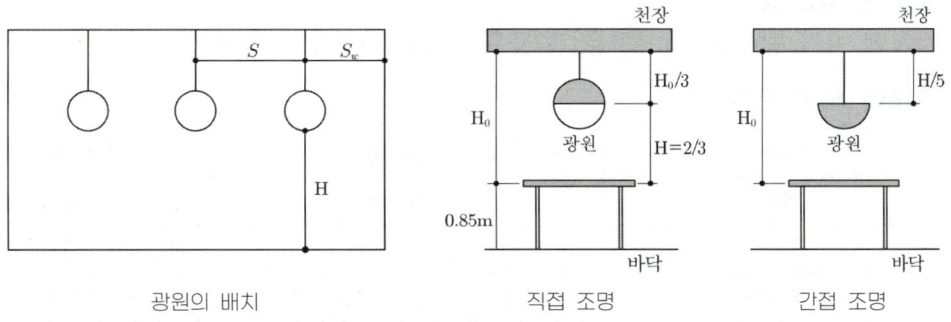

| 조명방식에 따른 광원의 높이 |

(2) 할로겐 램프의 특성
① 백열전구에 비해 수명이 긺
② 연색성이 좋고 설치가 용이함
③ 흑화가 거의 일어나지 않고 광속이나 색온도의 저하가 적음

(3) 균제도 : 작업대상물의 수평면상에서 조도의 균일정도를 표시하는 척도

$$균제도 = \dfrac{수평면상의\ 최소조도(lx)}{수평면상의\ 평균조도(lx)}$$

(4) 명시적 조명의 좋은 조명 조건
① 조도 : 필요한 밝기로서 적당한 밝기가 좋다.
② 휘도 분포 : 얼룩이 없을수록 좋다
③ 눈부심 : 눈부심(직시, 반사)이 없어야 한다.
④ 분광 분포 : 표준 주광이 좋다.

제 4 절 | 승강 및 운송 설비

1 엘리베이터

1. 엘리베이터의 분류

(1) 용도에 의한 분류

용도에 따라 승객용, 자동차용, 화물용, 덤웨이터 등으로 분류

(2) 속도에 의한 분류

구분	속도(m/min)	구동방식
저속도	15, 20, 30, 45	교류1단, 교류2단
중속도	60, 70, 90, 105	교류2단, 직류기어
고속도	120, 150, 180, 210, 240, 300	직류 기어레스

(3) 구동방식에 의한 분류

① 60m/min 이하 : 교류 엘리베이터를 사용
② 90m/min 이상 : 직류 엘리베이터를 사용

(4) 엘리베이터 종류별 특징

① 교류 엘리베이터
  ㉠ 기동토크가 적음
  ㉡ 승차감이 좋지 않음
  ㉢ 속도를 임의적으로 선택, 제어가 불가능함
  ㉣ 가격이 저렴함
  ㉤ 속도 : 30, 45, 60m/min

② 직류 엘리베이터
  ㉠ 기동 토크가 크며, 임의의 기동 토크를 얻을 수 있음
  ㉡ 승차감이 좋음
  ㉢ 원활한 가감속이 가능하여 승차감이 좋음
  ㉣ 가격이 고가
  ㉤ 속도 : 90m/min 이상으로 고속 엘리베이터용으로 사용함

(5) 운전방식에 의한 분류

① 카 스위치 방식 : 운전원이 조작반의 핸들을 사용해 시동을 조작하는 방식
② 기록 운전방식 : 운전원이 승객의 목적층과 승강장으로부터의 호출 신호를 보고 조작반의 목적층 단추를 누르면 순서대로 자동적으로 정지하는 방식
③ 시그널 컨트롤 방식 : 기동은 운전원의 버튼 조작으로 하며, 정지는 목적층 단추를 누르는 것과 승강장의 호출신호로 층의 순서대로 자동 정지하는 방식

④ 승합전자동식 : 승객 스스로 운전하는 전자동 엘리베이터로, 승강장으로부터의 호출 신호로 기동, 정지를 이루는 조작 방식이며, 누른 순서에 상관없이 각 호출에 응하여 자동적으로 정지하는 방식

(6) 유압식 엘리베이터의 특성
① 오버헤드가 작다.
② 기계실의 위치가 자유롭다.
③ 큰 적재량으로 승강행정이 짧은 경우 적용할 수 있다.
④ 지하주차장 엘리베이터와 같이 지하층에만 운전하는 경우 적용할 수 있다.
⑤ 정전 발생 시 최하층으로 자동 착상하므로 안전성이 높음
⑥ 설치공간이 적고 건물설계 시 편리

(7) 엘리베이터의 기타사항
① 전기식 엘리베이터의 정격 하중 : 1인당 65kg으로 계산함
② 1200형 에스컬레이터의 공칭 수송능력 : 9,000인/h

2. 엘리베이터의 구조

(1) 기계실
① 권상기
  ㉠ 전동기로 카를 오르내리게 하는 기계
  ㉡ 전동기, 제동기, 감속기, 견인구차, 로프, 균형추 등으로 구성됨
② 균형추
  ㉠ 권상기의 부하를 줄여 에너지를 절약할 목적으로 카의 반대측에 설치함
  ㉡ 균형추의 중량 = 카의 중량 + 최대 적재량 × (0.4~0.6)

(2) 안전장치
① 완충기
  카가 미끄러질 때 승강로 하부에서 충격을 완화시켜 주어 충돌하는 것을 방지하는 장치
② 비상정지장치
  엘리베이터의 정격속도가 130%를 초과할 때 카에 부착된 비상 정지 장치가 레일을 잡아 정지시키는 장치
③ 종점 스위치
  최상, 최하층에서 카 정지 스위치를 잊은 경우 자동정지 시키는 장치
④ 리미트(리밋) 스위치
  엘리베이터 카(car)가 최상층이나 최하층에서 정상 운행 위치를 벗어나 그 이상으로 운행하는 것을 방지하기 위해 설치하는 전기적 안전장치

⑤ 전자 브레이크(제동기)
  ㉠ 기계적 제동기 : 전동기의 제동 바퀴를 브레이크를 이용해 감속시킴
  ㉡ 전기적 제동기 : 역회전력을 이용하여 감속시킴
⑥ 조속기
  엘리베이터의 정격속도가 120%를 초과할 때 권상기의 전원을 자동으로 끊거나 브레이크 등을 작동시키는 장치

> **Tip** 엘리베이터의 가이드 레일
> 카 및 균형추에 상하 이동 시 흔들림을 잡아주기 위해 설치하는 장치

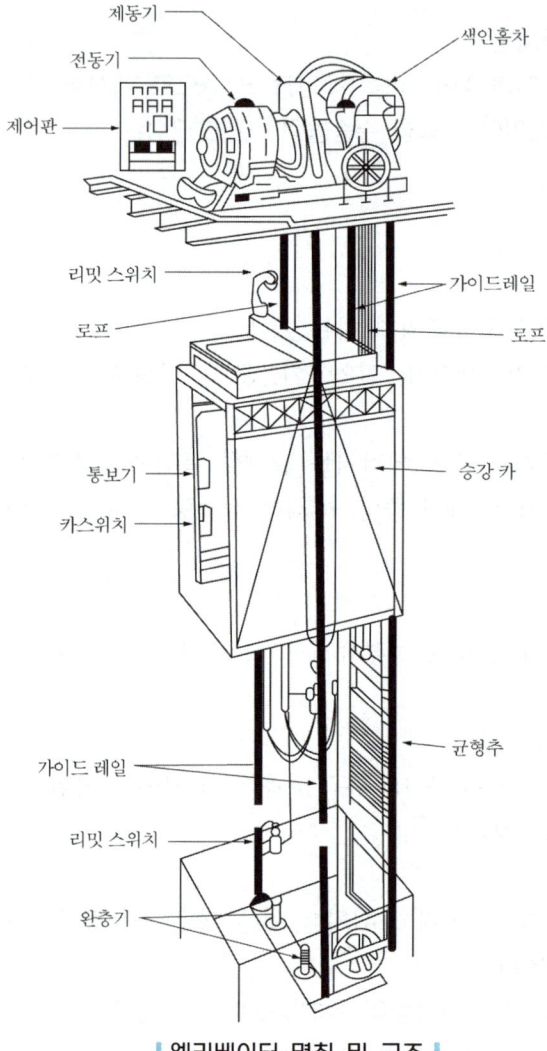

┃엘리베이터 명칭 및 구조┃

3. 엘리베이터의 기타사항

(1) 일주시간의 구성요소
일주시간 = 주행시간 + 일주 중 도어 개폐시간 + 일주 중 승객출입시간 + 일주 중 손실시간

(2) 백화점의 밀도율 산정식
A/C_{TU}

A : 2층 이상 매장면적 합계(m^2)

C_{TU} : 수송능력 합계(엘리베이터, 에스컬레이터의 총 수송능력)(인/h)

2 에스컬레이터(Escalator)

1. 에스컬레이터의 구조와 특징
① 엘리베이터의 10배 이상 수송능력을 가지며 점유면적에 비해 수송량이 큼
② 경사도는 30° 이하여야 하지만, 높이가 6m 이하이고 공칭속도가 0.5m/s 이하인 경우에는 경사도를 35°까지 증가시킬 수 있음
③ 디딤바닥의 정격속도는 30m/min 이하로 해야 함
④ 대기시간이 없고 연속적인 수송설비임
⑤ 연속 운전되므로 전원설비에 부담이 적음

2. 에스컬레이터의 배열방식 및 특징

형식	각종배열법	장점	단점
직렬형		승객의 시야가 넓다.	점유면적이 넓다.
단열 중복형 (병렬 단속형)		• 에스컬레이터의 존재를 잘 알 수 있다. • 시야를 막지 않는다.	• 교통이 불연속으로 되고 서비스가 나쁘다. • 승강객이 혼잡하다.
단열 승계형 복렬형 (병렬 연속형)		• 교통이 연속되고 있다. • 타고 내리는 교통이 명백히 분할될 수 있다. • 승객의 시야가 넓어진다. • 에스컬레이터의 존재를 알 수 있다.	
복렬교차형 교환형 (교차형)		• 교통이 연속되고 있다. • 승강객의 구분이 명확하므로 혼잡이 적다. • 점유 면적이 적다.	• 승객의 시야가 좁다. • 에스컬레이터의 위치를 표시하기 힘들다.

3. 에스컬레이터의 특징

(1) 에스컬레이터의 배치
① 건물 내 교통의 중심에 설치되어 엘리베이터와 현관의 위치를 고려하여 결정할 것
② 주행 거리를 짧게 할 것
③ 승객의 시야를 막지 않을 것
④ 교통이 연속되도록 할 것

(2) 에스컬레이터의 안전장치
① 비상정지 스위치, 구동체인 안전장치, 핸드레일 인입 안전장치
② 리타이어링 캠은 에스컬레이터의 안전장치가 아닌 엘리베이터의 문 개폐에 관한 장치임

(3) 에스컬레이터의 특징
① 수송량에 비해 점유면적이 작다.
② 대기시간이 없고 연속적인 수송설비이다.
③ 연속 운전되므로 전원설비에 부담이 적다.
④ 스텝체인 : 에스컬레이터의 좌우에 설치되어 있으며 스탭을 주행시키는 역할을 하는 것

(4) 수평보행기(이동식 보도, 무빙워크)
① 수평보행기 디딤판(필릿)의 디딤면의 주행방향 길이는 제한하지 않음
② 주로 역이나 공항 등에 이용되며 승객을 수평으로 수송하는데 사용됨
③ 일반적으로 속도는 40~50m/min이며, 경사도가 8° 이하인 것은 50m/min 이하로 해야 함
④ 일반적으로 수평으로부터 10° 이내의 경사로 하며 디딤면이 고무제품 등 미끄러지기 어려운 구조일 경우 경사도를 15° 이하로 할 수 있음

4. 에너지절약과 관련된 기타사항

(1) 건축물의 에너지절약을 위한 기계부문의 권장사항
① 냉방기기는 전력피크 부하를 줄일 수 있도록 한다.
② 난방 순환수 펌프는 가능한 한 대수제어 또는 가변속제어방식을 채택한다.
③ 폐열회수를 위한 열회수설비를 설치할 때에는 중간기에 대비한 바이패스(by-pass) 설비를 설치한다.
④ 위생설비 급탕용 저탕조의 설계온도는 55℃ 이하로 하고 필요한 경우에는 부스터히터 등으로 승온하여 사용한다.

(2) 건축물의 에너지절약설계기준에 따른 건축물의 단열을 위한 권장사항
   ① 외벽 부위는 외단열로 시공한다.
   ② 열손실이 많은 북측 거실의 창 및 문의 면적은 최소화한다.
   ③ 외피의 모서리 부분은 열교가 발생하지 않도록 단열재를 연속적으로 설치한다.
   ④ 발코니 확장을 하는 공동주택에는 단열성이 우수한 로이(Low-E) 복층창이나 삼중창 이상의 단열 성능을 갖는 창을 설치한다.

(3) 공기조화설비에서 에너지절약 방법
   ① 열교환기를 청소한다.
   ② 전열교환기를 설치한다.
   ③ 적절한 조닝을 실시한다.
   ④ 예열운전 시에 외기도입을 최대한 늘리면 에너지 효율이 떨어지므로 외기도입을 최소화한다.

(4) 전열교환 방식
   공기조화설비의 에너지 절약방법 중 배열을 회수하여 이용하는 방식

단원별 경향문제

01
다음과 같이 정의되는 전기설비 관련 용어는?

> 전면이나 후면 또는 양면에 개폐기, 과전류차단장치 및 기타 보호장치, 모선 및 계측기 등이 부착되어 있는 하나의 대형 패널 또는 여러 대의 패널, 프레임 또는 패널 조립품으로서, 전면과 후면에서 접근할 수 있는 것

① 캐비닛　　② 배전반
③ 분전반　　④ 차단기

해설　　답 ②

② 배전반에 대한 정의

02
다음 중 변전실의 높이 결정 시 고려할 사항과 가장 관계가 먼 것은?

① 천장 배선방법
② 실내 환기방법
③ 바닥 트렌치 설치 여부
④ 실내에 설치되는 기기의 최고 높이

해설　　답 ②

변전실의 높이 결정 시 고려사항
- 천장 배선방법
- 바닥 트렌치 설치 여부
- 실내에 설치되는 기기의 최고높이
- 무근 콘크리트 설치 여부

03
교류전동기에 해당하지 않는 것은?

① 동기전동기
② 복권전동기
③ 3상 유도전동기
④ 분상 기동형전동기

해설　　답 ②

전동기의 분류
- 직류 전동기 : 직권, 복권, 분권 전동기
- 교류 전동기 : 분상 기동형, 반발 기동형, 콘덴서형, 3상 유도 전동기, 동기 전동기

04
전기설비에서 다음과 같이 정의되는 것은?

> 간선에서 분기하여 회로를 보호하는 최종 과전류차단기와 부하 사이의 전로

① 나도체　　② 분기회로
③ 절연전선　　④ 인입케이블

해설　　답 ②

② 분기회로에 대한 설명

단원별 경향문제

05
어느 균등 점광원과 2m 떨어진 곳의 직각면 조도가 100[lx]일 때, 이 광원과 1m 떨어진 곳의 직각면 조도는?

① 200[lx] ② 300[lx]
③ 400[lx] ④ 600[lx]

해설 답 ③

조도에 대한 거리의 역자승 법칙

$E = \dfrac{I}{d^2}$ 에서 조도는 거리(d)의 제곱에 반비례하며, 거리가 2m에서 1m로 1/2배로 감소했으므로 원래 조도의 100lx에 4배를 하면 됨

06
축전지에 관한 설명으로 옳지 않은 것은?

① 연축전지의 공칭전압은 1.5[V/셀]이다.
② 연축전지는 충방전 전압의 차이가 적다.
③ 알칼리축전지의 공칭전압은 1.2[V/셀]이다.
④ 알칼리축전지는 과방전, 과전류에 대해 강하다.

해설 답 ①

연축전지와 알칼리축전지의 특성 비교

연축전지	알칼리 축전지
1. 공칭전압 : 2V/셀 2. 충방전 전압의 차이가 적다.	1. 공칭전압 : 1.2V 2. 과방전, 과전류에 대해 강하다. 3. 고율방전특성이 좋다.

CHAPTER 04 기타 설비

제1절 | 소화 설비

1 소화 설비

1. 옥내소화전 설비
건물 내에 설치하는 소화 설비로 화재를 초기에 진압하거나 소방차 도착 전까지 진화할 목적으로 사용

① 표준 방수 압력 : 0.17MPa 이상
② 표준 방수량 : 130L/min(20분 이상 방수)
③ 설치 간격 : 각 층에서 소화전까지 수평거리는 25m 이내로 함
④ 수원의 수량 : $2.6m^3$ × N(한 층에 최고 2개로 제한)
⑤ 소화전 높이(개폐밸브) : 바닥에서 1.5m 이하
⑥ 송수구는 지면으로부터 깊이가 0.5m 이상 1m 이하로 소방차가 쉽게 접근할 수 있는 잘보이는 장소에 설치한다.
⑦ 전동기에 따른 펌프를 이용하는 가압송수장치를 설치하는 경우, 펌프는 전용으로 하는 것이 원칙이다.
⑧ 옥내소화전설비의 송수구는 구경 65mm의 쌍구형 또는 단구형으로 한다.
⑨ 가압송수장치의 주펌프는 전동기에 따른 펌프로 설치한다.

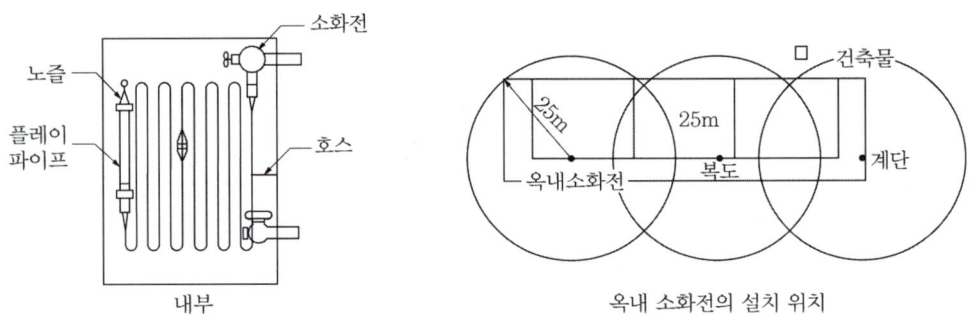

| 옥내 소화전의 상세도 및 설치기준 |

2. 옥외소화전 설비

건물의 외부에 설치하여 건물 1, 2층의 화재를 진압하는 설비를 말함

① 표준 방수 압력 : 0.25MPa 이상
② 표준 방수량 : 350l/min
③ 설치 간격 : 건물 각 부분에서 소화전까지 수평거리는 40m 이내로 함
④ 수원의 수량 : 7m^3 × N(한 층에 최고 2개로 제한)
⑤ 호스의 구경 : 65mm

3. 스프링클러(Sprinkler) 설비

화재 시 열이 헤드에 전달되면 72℃ 정도에서 합금편이 녹아 동시에 물을 분출시켜 소화를 하는 장치

(1) 기준

① 헤드 방수 압력 : 0.1MPa 이상
② 표준 방수량 : 80L/min
③ 헤드 1개의 소화 면적 : 10m^2
④ 지관 1개에 설치하는 헤드 수 : 8개 이하
⑤ 수원수량
　㉠ 1.6m^3 × N(30개 이하)
　㉡ 80l/min × 20분 × N(30개 초과)

(2) 스프링클러 헤드

① 구조
　㉠ 프레임
　㉡ 가용편 : 72℃ 내외에서 녹음
　㉢ 디플렉터(Deflector) : 방수구에서 유출되는 물을 확산시키는 작용을 하는 부분

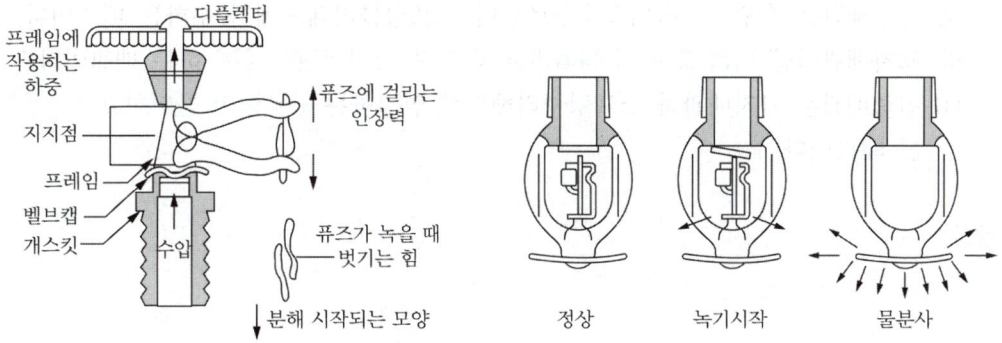

▌습식헤드의 구조 및 작동방법 ▌

② 종류
  ⊙ 폐쇄형 : 정상상태에서 방수구를 막고 있는 감열체가 일정 온도에서 자동적으로 파괴/용해 또는 이탈됨으로써 방수구가 개방되는 스플링클러 헤드
    ⓐ 건식 : 관내에 공기가 채워져 있다가 화재 시 공기가 빠진 후 살수됨
    ⓑ 습식 : 관내에 물이 항상 채워져 있어 화재 시 곧바로 살수 가능
    ⓒ 아파트의 폐쇄형 스프링클러 헤드의 기준 개수 : 10개
  ⓒ 개방형
    ⓐ 천장이 높은 무대 위나 공장, 창고 위험물 저장소 등에서 자동이 아닌 수동으로 작동시키는 방식
    ⓑ 개방형헤드를 사용하는 연결살수설비에 있어서 하나의 송수구역에 설치하는 살수헤드의 수는 10개 이하가 되도록 하여야 함
③ 스프링클러 헤드의 설치 간격
  ⊙ 무대부 : 1.7m 이하
  ⓒ 내화건축물 : 2.3m 이하
  ⓒ 내화구조가 아닌 건축물 : 2.1m 이하
  ⓔ 개구부의 윗인방 : 2.5m 이하
  ⓕ 아파트 : 3.2m 이하

(3) 스프링클러 설비의 특징
  ① 초기 화재 진압에 효과가 크다.
  ② 소화 기능은 물론 경보기능도 있는 경우도 있다.
  ③ 물로 인한 2차 피해가 발생할 수 있다.
  ④ 고층 건축물이나 지하층의 소화에 적합하다.

(4) 스프링클러 설비의 배관별 특성
  ① 가지배관은 스프링클러헤드가 설치되어 있는 배관이다.
  ② 급수배관은 수원 및 옥외송수구로부터 스프링클러헤드에 급수하는 배관이다.
  ③ 교차배관이란 직접 또는 수직배관을 통하여 가지배관에 급수하는 배관이다.
  ④ 신축배관은 가지배관과 스프링클러헤드를 연결하는 구부림이 용이하고 유연성을 가진 배관이다.

4. 소화 설비의 기타사항

(1) 소화 설비의 종류
소화기, 옥내소화전, 옥외소화전, 스프링클러, 물분무등소화설비

(2) 드렌처 설비
외부로부터의 화재에 의하여 탈 염려가 있는 건물의 외벽이나 지붕을 수막으로 덮어 연소를 방지하는 설비

(3) 주배관
스프링클러 설비에서 각 층을 수직으로 관통하는 수직배관

2 소화 활동 설비

1. 소화 활동 설비의 종류
연결송수관 설비, 연결살수 설비, 제연 설비, 비상콘센트 설비, 무선통신보조 설비, 연소방지 설비

2. 연결송수관설비
빌딩에 소방대전용 송수관을 설치해 놓았다가 소방차로부터 소방용수를 공급받아 해당 층의 전용 방수구를 통하여 본격적인 소화 활동을 하는 소방대 전용 소화전 설비

① 방수구 방수 압력(노즐 끝) : 0.35MPa 이상
② 표준 방수량 : $450l/\min$
③ 방수구 설치간격 : 3층 이상의 계단실, 비상승강기의 로비부근 등에 방수구를 중심으로 50m 이내
④ 설치 기준 : 7층 이상의 건축물 또는 5층 이상의 연면적 6,000m^2 이상의 건물에 설치
⑤ 설치 높이 : 바닥으로부터 0.5~1m
⑥ 방수구의 위치표시는 표시등 또는 축광식 표지로 함
⑦ 개폐 기능을 가진 것으로 설치하여야 하며, 평상시 닫힌 상태를 유지하도록 함
⑧ 연결송수관설비의 전용방수구 또는 옥내소화전 방수구로서 구경은 최소 100mm의 것으로 설치

3. 연결살수 설비
① 정의 : 송수 구역에 개방형 헤드를 사용하여 살수에 사용하는 설비
② 개방형 살수헤드의 수 : 10개 이하

4. 화재 관련 기타사항

(1) 화재의 분류
  ① A급 화재(일반 화재) : 나무, 섬유, 종이, 고무, 플라스틱류 등의 화재
  ② B급 화재(유류 화재) : 등유, 경유, 페인트의 화재
  ③ C급 화재(전기 화재) : 전류가 흐르고 있는 전기기기, 배선의 화재
  ④ D급 화재(금속 화재)
  ⑤ K급 화재(유지 화재) : 식물성 및 동물성 기름 등의 화재

(2) 소화기구를 설치 의무 대상물
  특정소방대상물의 연면적이 33m² 이상이면 화재안전기준에 따라 소화기구를 설치해야 한다.

(3) 소방시설의 종류(방화설비는 소방시설이 아님)
  소화설비, 피난설비, 경보설비

(4) 경보설비의 종류
  비상방송설비, 자동화재속보설비, 자동화재탐지설비

제 2 절 | 가스 설비

1 도시가스

1. 도시가스의 특성

(1) 가스공급 압력
  ① 저압 : 0.1MPa 미만
  ② 중압 : 0.1 이상~1MPa 미만
  ③ 고압 : 1MPa 이상

(2) 액화석유가스(LPG)
  ① 비중이 공기보다 크고, 공기보다 무거워 안전성이 낮고 가스검출검지기를 바닥에 가깝게 설치한다.
  ② 순수한 LPG는 무색, 무취이다.
  ③ 액화하면 그 체적은 약 1/250로 된다.
  ④ 석유를 주성분으로 분별 증류한 후 액화시킨 것으로 LNG에 비해 발열량이 크다.
  ⑤ 상압에서는 기체이지만 압력을 가하면 액화된다.
  ⑥ 연소 시 다량의 공기가 필요하다.

(3) 액화천연가스(LNG)
① 공기보다 가볍다.
② 무공해, 무독성이다.
③ 액화천연가스(LNG)의 도시가스용으로 널리 사용되고 주성분은 메탄(CH_4)이다.
④ 대규모의 저장시설을 필요로 하며, 공급은 배관을 통하여 이루어진다.

2. 가스 배관
(1) 배관 상 주의사항
① 응축수의 유입 방지를 위해 배관의 기울기는 하향 구배로 함(1/100~1/200)
② 관리 및 검사가 용이하도록 노출배관으로 함
③ 지중 매설 깊이는 60cm 이상으로 하되, 콘크리트에 매설 금지
④ 배관 도중에 신축 흡수를 위한 이음을 하며, 건물의 규모가 크고 배관 연장이 길 경우는 계통을 나누어 배관함
⑤ 건물의 주요 구조부를 관통하지 않도록 함
⑥ 장래의 증설 및 이설 등을 고려함
⑦ 손상이나 부식 및 전식을 받지 않도록 함

(2) 전기설비와 가스관의 이격거리
① 전기 계량기와 전기 개폐기에서 60cm 이상 이격시켜야 함
② 전기 콘센트, 굴뚝에서 30cm 이상 이격시킴
③ 저압전선에서 15cm 이상 이격시킴
④ 계량기는 바닥에서 1.6~2m 이내에 설치함

(3) LPG 용기 설치 시 주의사항
① 옥외에 설치함
② 통풍이 잘되는 그늘진 곳에 설치함
③ 화기와는 2m 이상 이격시킴
④ 온도는 40℃ 이하가 되도록 보관함
⑤ 충격을 금하며, 습기로 인한 부식을 고려함

3. 가스 관련 기타사항
(1) 가스계량기의 설치 및 특성
① 전기점멸기 및 전기접속기와의 거리는 30cm 이상 유지하여야 함
② 전기계량기 및 전기개폐기와의 거리는 60cm 이상 유지하여야 함
③ 공동주택의 대피공간, 방·거실 및 주방 등으로서 사람이 거처하는 곳은 설치금지
④ 루츠식 : 실측식 가스계량기에 일반적으로 사용되는 방식

(2) 도시가스 설비
　① 정압기 : 도시가스 압력을 낮추는 감압 기능을 갖는 기기
　② 기화기 : 액체를 기화시키는 기기
(3) 거버너(Governor) : 일종의 가스 변압기
　가스공급회사로부터 공급받은 가스를 건물에서 사용하기 적합한 압력으로 조정하는 장치
(4) 가스의 연소성 지수(웨버지수)
　가스의 단위시간당 방출되는 에너지를 나타냄

2 음환경

1. 음환경의 일반사항

(1) Sone : 음의 크기 단위의 일종
　음의 대소 크기에 대해 인간의 감각량으로 나타낸 단위
(2) 흡음과 차음의 특성
　① 벽의 차음성능은 투과손실이 클수록 높다.
　② 흡음과 차음은 서로 반비례의 관계가 있으므로 차음성능이 높은 재료는 흡음성능이 낮다.
　③ 벽의 차음성능은 사용재료의 면밀도에 크게 영향을 받는다.
　④ 벽의 차음성능은 동일 재료에서도 두께와 시공법에 따라 다르다.
(3) 잔향시간
　① 실의 흡음력이 높을수록 잔향시간은 짧아진다.
　② 잔향시간을 길게 하기 위해서는 실내공간의 용적을 크게 하여야 한다.
　③ 잔향시간은 음향청취를 목적으로 하는 공간이 음성전달을 목적으로 하는 공간보다 길어야 한다.
　④ 잔향시간은 실내가 확장음장이라고 가정하여 구해진 개념으로 원리적으로는 음원이나 수음점의 위치에 상관없이 일정하다.
　⑤ Sabine의 잔향시간 산정식
　　여기서, $R_t = K \times \dfrac{V}{A} = 0.16 \dfrac{V}{A}$

　　R_t : 잔향시간(초)　　　　V : 실의 용적(m^3)
　　K : 비례상수(0.16)　　　A : 실내의 총 흡음력(m^2)

(4) 음의 세기 레벨(IL) 계산
　　$IL = 10\log \dfrac{I}{I_O}$

　　I : 음의 세기　　　I_O : 기준음의 세기

단원별 경향문제

01
옥내소화전설비에 관한 설명으로 옳은 것은?
① 송수구는 지면으로부터 깊이가 0.5m 이상 1m 이하의 위치에 설치한다.
② 옥내소화전 노즐선단의 방수압력은 0.1MPa 이상이어야 한다.
③ 옥내소화전용 펌프의 토출량은 옥내소화전이 가장 많이 설치된 층의 설치개수에 100L/min를 곱한 양 이상이어야 한다.
④ 수원은 그 저수량이 옥내소화전의 설치개수가 가장 많은 층의 설치개수에 $1.3m^3$를 곱한 양 이상이 되도록 하여야 한다.

해설 답 ①

옥내소화전설비의 특성
② 옥내소화전 노즐선단의 방수압력은 0.17MPa 이상이어야 한다.
③ 옥내소화전용 펌프의 토출량은 옥내소화전이 가장 많이 설치된 층의 설치개수(옥내소화전이 2개 이상 설치된 경우에는 2개)에 130L/min를 곱한 양 이상이어야 한다.
④ 수원은 그 저수량이 옥내소화전의 설치개수가 가장 많은 층의 설치개수에 $2.6m^3$를 곱한 양 이상이 되도록 하여야 한다.

02
자동화재 탐지설비의 감지기 중 설치된 감지기의 주변 온도가 일정한 온도상승률 이상으로 되었을 경우에 작동하는 것은?
① 차동식   ② 정온식
③ 광전식   ④ 이온화식

해설 답 ①

자동화재 탐지설비의 감지기 종류
- 차동식 : 주위온도가 일정한 온도상승률 이상
- 정온식 : 실온이 일정온도 이상 상승

03
다음은 옥내소화전의 화재 안전기준에 관한 내용이다. ( ) 안에 알맞은 것은?

> 옥내소화전설비의 수원은 그 저수량이 옥내소화전의 설치개수가 가장 많은 층의 설치개수(2개 이상 설치된 경우에는 2개)에 ( )를 곱한 양 이상이 되도록 하여야 한다.

① $1.3m^3$
② $2.6m^3$
③ $5m^3$
④ $7m^3$

해설 답 ②

수원의 저수량 계산
- 옥내소화전 : $2.6m^3 \times N$(2개 이하)
- 옥외소화전 : $7m^3 \times N$(2개 이하)

04
다음의 소방시설 중 소화설비에 속하지 않는 것은?
① 옥내소화전설비
② 스프링클러설비
③ 연결송수관설비
④ 물분무등소화설비

해설 답 ③

소화설비의 종류
소화기, 옥내소화전, 옥외소화전, 스프링클러, 물분무등소화설비
③ 연결송수관설비 : 소화활동설비

05

옥내소화전설비에 관한 설명으로 옳지 않은 것은?

① 가압송수장치의 주펌프는 전동기에 따른 펌프로 설치한다.
② 옥내소화전 방수구는 바닥으로부터의 높이가 1.5m 이하가 되도록 한다.
③ 수원의 유효저수량은 소화전의 설치 개수가 가장 많은 층의 소화전 수에 2.3m³를 곱한 값 이상이 되도록 한다.
④ 해당 특정소방대상물의 각 부분으로부터 하나의 옥내소화전 방수구까지의 수평거리가 25m 이하가 되도록 한다.

해설　　　　　　　　　　　　　　답 ③

수원의 저수량 계산식
- 옥내소화전 : 2.6m³×N(2개 이하)
- 옥외소화전 : 7m³×N(2개 이하)

06

다음 중 소방시설에 속하지 않는 것은?

① 소화설비
② 피난설비
③ 경보설비
④ 방화설비

해설　　　　　　　　　　　　　　답 ④

④ 방화설비는 화재가 난 후에 사용하는 설비가 아니고 화재를 방지하는 설비임

건축기사 / 건축산업기사

PART 5

건축법규

건축기사 / 건축산업기사

CHAPTER 01 건축법

제1절 | 총칙

1 용어의 정의[법 제2조]

1. 건축물

(1) 정의
① 토지에 정착하는 공작물 중 지붕과 벽 또는 기둥이 있는 것
② ①에 부수되는 시설물(담장, 대문 등)
③ 일정규모가 넘는 공작물
  ㉠ 높이 2m를 넘는 : 옹벽·담장
  ㉡ 높이 4m를 넘는 : 광고탑·광고판, 장식탑, 기념탑
  ㉢ 높이 6m를 넘는 : 굴뚝
  ㉣ 높이 8m를 넘는 : 고가수조
  ㉤ 바닥면적 $30m^2$를 넘는 : 지하대피호

(2) 지하층
건축물의 바닥이 지표면 아래에 있는 층으로서 바닥에서 지표면까지의 평균높이가 해당 층높이의 2분의 1 이상인 것

$$\therefore h \geq \frac{H}{2}$$

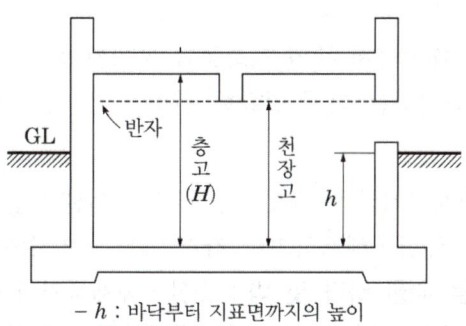

- h : 바닥부터 지표면까지의 높이
- H : 당해층 높이

| 여러 가지 높이 |

(3) 거실
건축물 안에서 거주·집무·집회·오락 기타 이와 유사한 목적을 위하여 사용되는 방

(4) 주요구조부
내력벽·기둥·보·바닥·지붕틀 및 주계단

> **예외** | 사이기둥, 최하층바닥, 작은 보, 옥외계단, 차양 등

(5) 건축 : 신축, 증축, 개축, 재축, 이전
① 신축
  ㉠ 건축물이 없는 대지에 새로 건축물을 축조하는 행위
  ㉡ 기존건축물의 철거 또는 멸실된 대지에 새로 건축물을 축조하는 행위
② 증축
  기존건축물이 있는 대지 내에서 건축물의 건축면적·연면적·층수 또는 높이를 증가시키는 것
③ 개축
  기존건축물의 전부 또는 일부(내력벽·보·기둥·지붕틀 중 세 가지 이상이 포함되는 경우)를 철거하고 그 대지 내에 종전과 동일한 규모의 범위 내에서 건축물을 다시 축조하는 것
④ 재축
  건축물이 천재지변 기타 재해에 의하여 멸실된 경우 그 대지 내에 다음의 요건을 갖추어 다시 축조하는 것
  ㉠ 연면적 합계는 종전 규모 이하로 할 것
  ㉡ 동수, 층수 및 높이가 모두 종전 규모 이하일 것. 동수, 층수 또는 높이의 어느 하나가 종전 규모를 초과하는 경우에는 해당 동수, 층수 및 높이가 「건축법」, 이 영 또는 건축조례에 모두 적합할 것
⑤ 이전 : 건축물의 그 주요구조부를 해체하지 아니하고 동일한 대지 내의 다른 위치로 옮기는 것
⑥ 부속건축물 : 같은 대지에서 주된 건축물과 분리된 부속용도의 건축물로서 주된 건축물을 이용 또는 관리하는 데에 필요한 건축물

(6) 대수선
① 내력벽 : 증설·해체하거나 벽면적 30m² 이상 수선 또는 변경하는 것
② 기둥, 보, 지붕틀 : 증설·해체하거나 각각 3개 이상 수선 또는 변경하는 것
③ 방화벽, 방화구획을 위한 바닥 및 벽 : 증설·해체하거나 수선 또는 변경하는 것
④ 주계단, 피난계단, 특별피난계단 : 증설·해체하거나 수선 또는 변경하는 것
⑤ 다가구주택, 다세대주택 : 가구 및 세대 간 경계벽을 증설·해체하거나 수선 또는 변경하는 것

⑥ 건축물의 외벽에 사용하는 마감재료 : 증설·해체하거나 벽면적 30m² 이상 수선 또는 변경하는 것

(7) 리모델링
건축물의 노후와 억제 또는 기능향상을 위하여 대수선 또는 일부 증축 또는 개축하는 행위

(8) 도로
① 보행과 자동차 통행이 가능한 너비 4m 이상의 도로로서 다음 중 어느 하나에 해당하는 도로나 그 예정도로를 말함
  ㉠ 「국토의 계획 및 이용에 관한 법률」, 「도로법」, 「사도법」, 그 밖의 관계 법령에 따라 신설 또는 변경에 관한 고시가 된 도로
  ㉡ 건축허가 또는 신고 시에 특별시장·광역시장·특별자치시장·도지사·특별자치도지사 또는 시장·군수·구청장이 위치를 지정하여 공고한 도로
② 막다른 도로의 너비

막다른 도로의 길이	도로의 너비
10m 미만	2m
10m 이상 35m 미만	3m
35m 이상	6m (도시지역이 아닌 읍·면지역에서는 4m)

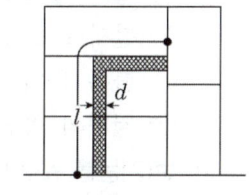

l : 막다른 도로의 길이
d : 막다른 도로의 너비

(9) 건축주
건축물의 건축·이전·대수선·용도 변경, 건축설비의 설치 또는 공작물의 축조에 관한 공사를 발주하거나 현장관리인을 두어 스스로 공사를 행하는 자

(10) 공사감리자
자기 책임하에 이 법이 정하는 바에 의하여 건축물·건축설비 또는 공작물이 설계도서의 내용대로 시공되는지의 여부를 확인하고, 품질관리·공사관리 및 안전관리 등에 대하여 지도·감독하는 자

(11) 구조기준(내화구조 및 방화구조)
① 내화구조 : 화재에 견딜 수 있는 성능을 가진 구조
  ㉠ 벽
    ⓐ 기준에서 (　) 안은 외벽 중 비내력벽
      ㉮ 철근·철골철근콘크리트조 : 10cm(7cm) 이상
      ㉯ 벽돌조 : 19cm 이상

- 땨 철골조 공구 양면구조(단, 바름바탕을 불연재료로 하지 않는 것은 제외)
  - 철망모르타르로 덮은 것 : 4cm(3cm) 이상
  - 콘크리트블록·벽돌·석재로 덮은 것 : 5cm(4cm) 이상
- 랴 철재로 보강된 콘크리트블록조·벽돌조·석조 : 5cm(4cm) 이상
  ⓑ 외벽 중 비내력벽
  무근콘크리트조·콘크리트블럭조·벽돌조·석조 : 7cm 이상
- ⓛ 기둥(작은 지름이 25cm 이상인 것)
  - ⓐ 철근, 철골철근콘크리트조 : 두께 무관
  - ⓑ 철골구조 (   ) 안은 경량골재를 사용한 경우
    - 갸 철망모르타르를 덮은 것 : 6cm(5cm) 이상
    - 냐 콘크리트블록·벽돌·석재로 덮은 것 : 7cm 이상
    - 댜 콘크리트로 덮은 것 : 5cm 이상
- ⓒ 바닥
  - ⓐ 철근, 철골철근콘크리트조 : 10cm 이상
  - ⓑ 철재로 보강된 콘크리트블록조·벽돌조 또는 석조로서 철재에 덮은 콘크리트 블록 등의 두께 : 5cm 이상
  - ⓒ 철재의 양면에 철망모르타르 또는 콘크리트로 덮은 것 : 5cm 이상
- ⓔ 보(지붕틀 포함)
  - ⓐ 철근, 철골철근콘크리트조 : 두께 무관
  - ⓑ 철골구조 (   ) 안은 경량골재를 사용한 경우
    - 갸 철망모르타르로 덮은 것 : 6cm(5cm) 이상
    - 냐 콘크리트로 덮은 것 : 5cm 이상
  - ⓒ 철골조의 지붕틀로서 바로 아래에 반자가 없거나 불연재료로 된 반자가 있는 것(바닥으로부터 지붕틀 아랫부분까지의 높이가 4m 이상인 것에 한함)
- ⓜ 지붕
  - ⓐ 철근, 철골철근콘크리트조 : 두께 무관
  - ⓑ 철재로 보강된 콘크리트블록조·벽돌조·석조 : 두께 무관
  - ⓒ 유리블록·망입유리로 된 것 : 두께 무관
- ⓗ 계단
  - ⓐ 철근, 철골철근콘크리트조 : 두께 무관
  - ⓑ 무근콘크리트조·콘크리트블록조·벽돌조·석조 : 두께 무관
  - ⓒ 철재로 보강된 콘크리트블록조·벽돌조·석조 : 두께 무관
  - ⓓ 철골조 : 두께무관

② 방화구조 : 화염의 확산을 막을 수 있는 방화성능을 가진 구조
　㉠ 심벽에 흙으로 맞벽치기 한 것
　㉡ 철망모르타르 바르기 : 바름두께가 2cm 이상인 것
　㉢ 시멘트모르타르 위에 타일을 붙인 것 : 두께의 합계가 2.5cm 이상인 것
　㉣ 석고판 위에 시멘트모르타르 또는 회반죽을 바른 것 : 두께의 합계가 2.5cm 이상인 것
　㉤ 「산업표준화법」이 정하는 바에 의하여 시험한 결과 방화 2급 이상에 해당하는 것

(12) 발코니
건축물의 내부와 외부를 연결하는 완충공간으로써 전망·휴식 등의 목적으로 건축물 외벽에 접하여 부가적으로 설치되는 공간을 의미하며 필요에 따라 거실·침실·창고 등 다양한 용도로 사용

(13) 고층건축물
① 고층건축물 : 층수가 30층 이상이거나 높이가 120m 이상인 건축물
② 초고층 건축물 : 층수가 50층 이상이거나 높이가 200m 이상인 건축물
③ 준초고층 건축물 : 고층건축물 중 초고층 건축물이 아닌 것

(14) 실내건축
건축물의 실내를 안전하고 쾌적하며 효율적으로 사용하기 위하여 내부 공간을 칸막이로 구획하거나 벽지, 바닥재, 천장재, 유리 등 재료 또는 장식물을 설치하는 것

(15) 다중이용건축물
① 다음의 용도로 쓰는 바닥면적의 합계가 5,000m² 이상인 건축물
　㉠ 문화 및 집회시설(전시장 및 동물원·식물원은 제외)
　㉡ 종교시설
　㉢ 판매시설
　㉣ 운수시설 중 여객용 시설
　㉤ 의료시설 중 종합병원
　㉥ 숙박시설 중 관광숙박시설
② 16층 이상인 건축물

(16) 건축물의 용도
① 단독주택(※ 노인복지주택 제외)
　㉠ 단독주택
　㉡ 다중주택
　　ⓐ 학생 또는 직장인 등 다수인이 장기간 거주할 수 있는 구조로 되어 있을 것
　　ⓑ 독립된 주거의 형태가 아닐 것
　　※ 각 실별로 욕실은 설치할 수 있으나, 취사시설은 설치하지 아니한 것

ⓒ 1개 동의 주택으로 쓰이는 바닥면적의 합계가 660m² 이하이고 주택으로 쓰는 층수(지하층은 제외)가 3개 층 이하일 것. 다만, 1층의 전부 또는 일부를 필로티 구조로 하여 주차장으로 사용하고 나머지 부분을 주택(주거 목적으로 한정) 외의 용도로 쓰는 경우에는 해당 층을 주택의 층수에서 제외함

ⓒ 다가구주택 : 다음의 요건 모두를 갖춘 주택으로서 공동주택에 해당하지 아니하는 것
　　ⓐ 주택으로 쓰이는 층수(지하층을 제외)가 3개층 이하일 것. 다만, 1층 바닥면적의 전부 또는 일부를 필로티 구조로 하여 주차장으로 사용하는 경우에는 필로티 부분을 층수에서 제외
　　ⓑ 1개 동의 주택으로 쓰이는 바닥면적(지하주차장 면적을 제외)의 합계가 660m² 이하일 것
　　ⓒ 19세대(대지 내 동별 세대수를 합한 세대) 이하가 거주할 수 있을 것
ⓔ 공관

② **공동주택**(가정어린이집·공동생활가정·지역아동센터·공동육아나눔터·작은도서관·노인복지시설·아파트형 주택 포함)
※ 노인복지주택 제외
　ⓐ 아파트 : 주택으로 쓰이는 층수가 5개층 이상인 주택
　ⓑ 연립주택 : 주택으로 쓰이는 1개 동의 바닥면적 합계가 660m²를 초과하고, 층수가 4개층 이하인 주택
　ⓒ 다세대주택 : 주택으로 쓰이는 1개 동의 바닥면적 합계가 660m² 이하이고, 층수가 4개층 이하인 주택
　ⓓ 기숙사 : 다음의 어느 하나에 해당하는 건축물로서 공간의 구성과 규모 등에 관하여 국토교통부장관이 정하여 고시하는 기준에 적합한 것. 다만, 구분소유된 개별 실(室)은 제외
　　ⓐ 일반기숙사 : 학교 또는 공장 등의 학생 또는 종업원 등을 위하여 사용하는 것으로서 해당 기숙사의 공동취사시설 이용 세대 수가 전체 세대 수(건축물의 일부를 기숙사로 사용하는 경우에는 기숙사로 사용하는 세대 수)의 50% 이상인 것(「교육기본법」에 따른 학생복지주택을 포함)
　　ⓑ 임대형기숙사 : 「공공주택 특별법」에 따른 공공주택사업자 또는 「민간임대주택에 관한 특별법」에 따른 임대사업자가 임대사업에 사용하는 것으로서 임대 목적으로 제공하는 실이 20실 이상이고 해당 기숙사의 공동취사시설 이용 세대 수가 전체 세대 수의 50퍼센트 이상인 것

③ **제1종 근린생활시설**
　ⓐ 식품·잡화·의류·완구·서적·건축자재·의약품·의료기기 등 일용품을 판매하는 소매점으로서 바닥면적의 합계가 1,000m² 미만인 것

- ⓒ 휴게음식점, 제과점 등 음료·차·음식·빵·떡·과자 등을 조리하거나 제조하여 판매하는 시설로서 바닥면적의 합계가 300m² 미만인 것
- ⓓ 이용원, 미용원, 목욕장, 세탁소 등 사람의 위생관리나 의류 등을 세탁·수선하는 시설
- ⓔ 의원, 치과의원, 한의원, 침술원, 접골원, 조산원, 안마원, 산후조리원 등 주민의 진료·치료 등을 위한 시설
- ⓜ 탁구장, 체육도장으로서 바닥면적의 합계가 500m² 미만인 것
- ⓗ 지역자치센터, 파출소, 지구대, 소방서, 우체국, 방송국, 보건소, 공공도서관, 건강보험공단 사무소 등 공공업무시설로서 바닥면적의 합계가 1,000m² 미만인 것
- ⓢ 마을회관, 마을공동작업소, 마을공동구판장, 공중화장실, 대피소, 지역아동센터(단독주택과 공동주택 제외)등 주민이 공동으로 이용하는 시설
- ⓞ 변전소, 도시가스배관시설, 통신용시설, 정수장, 양수장 등 에너지공급이나 급수, 배수와 관련된 시설
- ⓩ 금융업소, 사무소, 부동산중개사무소, 결혼상담소 등 소개업소, 출판사 등 일반업무시설로서 같은 건축물에 해당 용도로 쓰는 바닥면적의 합계가 30m² 미만인 것
- ⓧ 전기자동차 충전소(해당 용도로 쓰는 바닥면적의 합계가 1,000m² 미만인 것으로 한정)
- ⓚ 동물병원, 동물미용실 및 「동물보호법」에 따른 동물위탁관리업을 위한 시설로서 같은 건축물에 해당 용도로 쓰는 바닥면적의 합계가 300m² 미만인 것

④ 제2종 근린생활시설
- ㉠ 공연장(극장, 영화관, 연예장, 음악당, 서커스장, 비디오물감상실, 비디오물소극장)으로서 바닥면적의 합계가 500m² 미만인 것
- ㉡ 종교집회장(교회, 성당, 사찰, 기도원, 수도원, 수녀원, 제실)으로서 바닥면적의 합계가 500m² 미만인 것
- ㉢ 자동차 영업소로서 바닥면적의 합계가 1,000m² 미만인 것
- ㉣ 서점(제1종 근린생활시설에 해당하지 않는 것)
- ㉤ 총포판매점
- ㉥ 사진관, 표구점
- ㉦ 청소년게임제공업소, 복합유통게임제공업소, 인터넷컴퓨터게임시설제공업소, 가상현실체험 제공업소, 그 밖에 이와 비슷한 게임 및 체험 관련 시설로서 바닥면적의 합계가 500m² 미만인 것
- ㉧ 휴게음식점, 제과점 등 음료·차·음식·빵·떡·과자 등을 조리하거나 제조하여 판매하는 시설로서 바닥면적의 합계가 300m² 이상인 것
- ㉨ 일반음식점

- ⓩ 장의사, 동물병원, 동물미용실, 동물위탁관리업을 위한 시설, 그 밖에 이와 유사한 것
- ㉠ 학원(자동차학원 및 무도학원은 제외), 교습소(자동차교습 및 무도교습을 위한 시설은 제외), 직업훈련소(운전·정비 관련 직업훈련소는 제외)로서 바닥면적의 합계가 500m² 미만인 것
- ㉡ 독서실, 기원
- ㉢ 테니스장, 체력단련장, 에어로빅장, 볼링장, 당구장, 실내낚시터, 골프연습장, 놀이형 시설 등 주민의 체육활동을 위한 시설로서 바닥면적의 합계가 500m² 미만인 것
- ㉣ 금융업소, 사무소, 부동산중개사무소, 결혼상담소 등 소개업소, 출판사 등 일반업무시설로서 바닥면적의 합계가 500m² 미만인 것
- ⓐ 다중생활시설로서 바닥면적의 합계가 500m² 미만인 것
- ⓑ 제조업소, 수리점 등 물품의 제조·수리 등을 위한 시설로서 바닥면적의 합계가 500m² 미만인 것
- ⓒ 단란주점으로서 바닥면적의 합계가 150m² 미만인 것
- ⓓ 안마시술소, 노래연습장

⑤ 문화 및 집회시설
- ㉠ 공연장으로서 제2종 근린생활시설에 해당하지 아니하는 것
- ㉡ 집회장(예식장·공회당·회의장·마권장외발매소·마권전화투표소 기타 이와 유사한 것)으로서 제2종 근린생활시설에 해당하지 아니하는 것
- ㉢ 관람장(경마장·경륜장·경정장·자동차경기장 기타 이와 유사한 것 및 체육관·운동장으로서 관람석의 바닥면적의 합계가 1,000m² 이상인 것)
- ㉣ 전시장(박물관·미술관·과학관·문화관·체험관·기념관·산업전시장·박람회장 기타 이와 유사한 것)
- ㉤ 동·식물원(동물원·식물원·수족관 기타 이와 유사한 것)

⑥ 종교시설
- ㉠ 종교집회장으로서 제2종 근린생활시설에 해당하지 아니하는 것
- ㉡ 종교집회장 안에 설치하는 봉안당으로서 제2종 근린생활시설에 해당하지 아니하는 것

⑦ 판매시설
- ㉠ 도매시장(농수산물도매시장, 농수산물공판장, 그 밖에 이와 비슷한 것을 말하며, 그 안에 있는 근린생활시설을 포함)
- ㉡ 소매시장(대규모 점포, 그 밖에 이와 비슷한 것을 말하며, 그 안에 있는 근린생활시설을 포함)
- ㉢ 상점(상점에 소재한 근린생활시설을 포함)

⑧ 운수시설
   ㉠ 여객자동차터미널
   ㉡ 철도시설
   ㉢ 공항시설
   ㉣ 항만시설
   ㉤ 「도심항공교통 활용 촉진 및 지원에 관한 법률」에 따른 버티포트(Vertiport)
   ㉥ 그 밖에 ㉠부터 ㉤까지의 규정에 따른 시설과 비슷한 시설
⑨ 의료시설
   ㉠ 병원(종합병원·병원·치과병원·한방병원·정신병원 및 요양병원)
   ㉡ 격리병원(전염병원·마약진료소 기타 이와 유사한 것)
⑩ 교육연구시설(제2종 근린생활 시설에 해당하는 것은 제외)
   ㉠ 학교(유치원·초등학교·중학교·고등학교·전문대학·대학·대학교·기타 이에 준하는 각종 학교)
   ㉡ 교육원(연수원 기타 이와 유사한 것을 포함)
   ㉢ 직업훈련소(운전 및 정비 관련 직업훈련소를 제외)
   ㉣ 학원(자동차학원 및 무도학원은 제외), 교습소(자동차교습 및 무도교습 제외)
   ㉤ 연구소(연구소에 준하는 시험소와 계측계량소를 포함)
   ㉥ 도서관
⑪ 노유자시설
   ㉠ 아동관련시설(어린이집·아동복지시설, 그 밖에 이와 유사한 것으로서 단독주택·공동주택 및 제1종 근린생활시설에 해당하지 아니하는 것)
   ㉡ 노인복지시설(단독주택과 공동주택에 해당하지 아니하는 것)
   ㉢ 그 밖에 다른 용도로 분류되지 아니한 사회복지시설 및 근로복지시설
⑫ 수련시설
   ㉠ 생활권수련시설(청소년수련관·청소년문화의 집·청소년특화시설, 그 밖에 이와 유사한 것)
   ㉡ 자연권수련시설(청소년수련원·청소년야영장, 그 밖에 이와 유사한 것)
   ㉢ 유스호스텔
   ㉣ 제29호에 해당하지 아니하는 야영장시설
⑬ 운동시설
   ㉠ 탁구장·체육도장·테니스장·체력단련장·에어로빅장·볼링장·당구장·실내낚시터·골프연습장, 놀이형시설 및 이와 유사한 것으로서 제1종 근린생활시설 및 제2종 근린생활 시설에 해당하지 아니하는 것
   ㉡ 체육관(관람석이 없거나 관람석 바닥면적이 1,000m² 미만인 것)

ⓒ 운동장(육상장·구기장·볼링장·수영장·스케이트장·롤러스케이트장·승마장·사격장·궁도장·골프장 등과 이에 부수되는 건축물로서 관람석이 없거나 바닥면적이 1,000m² 미만인 것)

⑭ 업무시설
  ㉠ 공공업무시설 : 국가 또는 지방자치단체의 청사와 외국공관의 건축물로서 제1종 근린생활시설에 해당하지 아니하는 것
  ㉡ 일반업무시설 : 금융업소·사무소·결혼상담소 등 소개업소·출판사·신문사·오피스텔(업무를 주로 하는 건축물이고, 분양 또는 임대하는 구획에서 일부 숙식을 할 수 있도록 한 건축물) 그 밖에 이와 유사한 것으로서 제1종 근린생활시설 및 제2종 근린생활시설에 해당하지 아니하는 것

⑮ 숙박시설
  ㉠ 일반숙박시설 및 생활숙박시설
  ㉡ 관광숙박시설(관광호텔·수상관광호텔·한국정통호텔·가족호텔, 호스텔, 소형호텔, 의료관광호텔 및 휴양콘도미니엄)
  ㉢ 다중생활시설(제2종 근린생활시설에 해당하지 아니하는 것)

⑯ 위락시설
  ㉠ 단란주점으로서 제2종 근린생활시설에 해당하지 아니하는 것
  ㉡ 유흥주점이나 그 밖에 이와 비슷한 것
  ㉢ 테마파크업의 시설, 기타 이와 유사한 것(제2종 근린생활시설과 운동시설에 해당하는 것을 제외)
  ㉣ 무도장과 무도학원
  ㉤ 카지노영업소

⑰ 공장
  물품의 제조·가공(염색·도장·표백·재봉·건조·인쇄 등을 포함) 또는 수리에 계속적으로 이용되는 건축물로서 제1종 및 제2종 근린생활시설, 위험물저장 및 처리시설, 자동차 관련 시설, 자원순환 관련 시설 등으로 따로 분류되지 아니한 것

⑱ 창고시설
  ㉠ 창고(물품저장실로서의 일반창고와 냉장·냉동 창고를 포함)
  ㉡ 하역장
  ㉢ 물류터미널
  ㉣ 집배송 시설

⑲ 위험물 저장 및 처리시설
  「위험물안전관리법」, 「석유 및 석유대체연료 사업법」, 「도시가스사업법」, 「고압가스안전관리법」, 「액화석유가스의 안전관리 및 사업법」, 「총포·도검·화약류 등 단속법」, 「화학물질 관리법」에 의하여 설치 또는 영업의 허가를 받아야 하는 건축물로서

다음 각 목의 어느 하나에 해당하는 것. 다만, 자가난방·자가발전과 이와 유사한 목적에 쓰이는 저장시설을 제외
- ㉠ 주유소(기계식 세차설비를 포함) 및 석유판매소
- ㉡ 액화석유가스충전소·판매소·저장소(기계식 세차설비를 포함)
- ㉢ 위험물 제조소·저장소·취급소
- ㉣ 액화가스취급소·판매소
- ㉤ 유독물 보관·저장·판매시설
- ㉥ 고압가스충전소·판매소·저장소
- ㉦ 도료류 판매소
- ㉧ 도시가스 제조시설
- ㉨ 화약류 저장소
- ㉩ 기타 ㉠ 내지 ㉨의 시설과 유사한 것

⑳ **자동차 관련 시설**(건설기계관련시설을 포함)
- ㉠ 주차장
- ㉡ 세차장
- ㉢ 폐차장
- ㉣ 검사장
- ㉤ 매매장
- ㉥ 정비공장
- ㉦ 운전학원 및 정비학원(운전 및 정비 관련 직업훈련소를 포함)
- ㉧ 「여객자동차 운수사업법」, 「화물자동차 운수사업법」 및 「건설기계관리법」에 따른 차고 및 주기장(駐機場)
- ㉨ 전기자동차 충전소로서 제1종 근린생활시설에 해당하지 않는 것

㉑ **동물 및 식물 관련 시설**
- ㉠ 축사(양잠·양봉·양어·양돈·양계·곤충사육 시설 및 부화장 등을 포함)
- ㉡ 가축시설(가축용운동시설, 인공수정센터, 관리사, 가축용창고, 가축시장, 동물검역소, 실험동물사육시설 기타 이와 유사한 것)
- ㉢ 도축장
- ㉣ 도계장
- ㉤ 작물지배사
- ㉥ 종묘배양시설
- ㉦ 화초 및 분재 등의 온실
- ㉧ 동물 또는 식물과 관련된 ㉠부터 ㉦까지의 시설과 유사한 것(동·식물원을 제외)

㉒ **자원순환 관련 시설**
- ㉠ 하수 등 처리시설

ⓒ 고물상
　　ⓒ 폐기물재활용시설
　　ⓔ 폐기물 처분시설 및 폐기물감량화시설
㉓ **교정시설**(제1종 근린생활시설에 해당하는 것을 제외)
　　㉠ 교정시설(보호감호소·구치소 및 교도소)
　　ⓒ 갱생보호시설 그 밖에 범죄자의 갱생·보육·교육·보건 등의 용도에 쓰이는 시설
　　ⓒ 소년원 및 소년분류심사원
㉔ **국방·군사시설**(제1종 근린생활시설에 해당하는 것을 제외)
　「국방·군사시설 사업에 관한 법률」에 따른 국방·군사시설
㉕ **방송통신시설**(제1종 근린생활 시설에 해당하는 것을 제외)
　　㉠ 방송국(방송프로그램 제작시설 및 송신·수신·중계시설을 포함)
　　ⓒ 전신전화국
　　ⓒ 촬영소
　　ⓔ 통신용시설
　　ⓜ 데이터센터
　　ⓑ 그 밖에 ㉠부터 ⓜ까지의 시설과 비슷한 것
㉖ **발전시설**
　발전소(집단에너지 공급시설을 포함)로 사용되는 건축물로서 제1종 근린생활시설로 분류되지 아니한 것
㉗ **묘지 관련 시설**
　　㉠ 화장시설
　　ⓒ 봉안당(종교시설에 해당하는 것을 제외)
　　ⓒ 묘지와 자연장지에 부수되는 건축물
　　ⓔ 동물화장시설, 동물건조장(乾燥葬)시설 및 동물 전용의 납골시설
㉘ **관광휴게시설**
　　㉠ 야외음악당
　　ⓒ 야외극장
　　ⓒ 어린이회관
　　ⓔ 관망탑
　　ⓜ 휴게소
　　ⓑ 공원·유원지 또는 관광지에 부수되는 시설
㉙ **장례식장**(의료시설의 부수시설에 해당하는 것은 제외), 동물 전용의 장례식장
㉚ **야영장시설** : 야영시설로서 관리동, 화장실, 샤워실, 대피소, 취사시설 등의 용도로 쓰는 바닥면적 합계가 300m² 미만인 것

2 면적, 높이 및 층수의 산정[법 제84조, 영 제119조]

1. 대지면적

(1) **원칙** : 대지의 수평투영면적으로 함

(2) **대지면적 제외 부분**
   ① 예정도로의 부분
   ② 소요너비에 미달되는 도로에서의 건축선과 도로경계선 사이 부분
      ㉠ 중심선으로부터 소요너비 1/2에 상당하는 후퇴선(양측 대지인 경우)
      ㉡ 반대측 도로경계선에서 소요너비에 상당하는 선(경사지, 하천, 철도, 선로부지 등이 있는 경우)
         – 대지면적에서 제외(건축선과 도로 사이의 부분)
      ㉢ 도로 모퉁이에서의 건축선
         – 대지면적에서 제외(건축선과 도로 사이의 부분)
   ③ 대지에 건축선이 정하여진 경우 그 건축선과 도로 사이의 대지면적
   ④ 대지에 도시·군계획 시설인 도로, 공원 등이 있는 경우 그 도시·군계획 시설에 포함되는 대지면적

도로모퉁이의 건축선(가각전제)

도로의 교차각	해당 도로의 너비		교차되는 도로의 너비
	6m 이상 8m 미만	4m 이상 6m 미만	
90° 미만	4m	3m	6m 이상 8m 미만
	3m	2m	4m 이상 6m 미만
90° 이상 120° 미만	3m	2m	6m 이상 8m 미만
	2m	2m	4m 이상 6m 미만

※ 하나의 도로가 8m 이상이면 가각전제하지 않는다.

2. 건축면적

(1) **원칙**
   ① 건축물의 외벽(외벽이 없는 경우에는 외곽부분의 기둥)의 중심선으로 둘러싸인 부분의 수평투영면적
   ② 처마, 차양, 부연 그밖에 이와 비슷한 것으로서 그 외벽의 중심선으로부터 수평거리 1m 이상 돌출된 부분의 경우 그 돌출된 끝부분으로부터 다음의 구분에 따른 수평거리를 후퇴한 선으로 둘러싸인 부분의 수평투영면적

   > **참고** 건축면적의 대상과 수평거리
   > ㉠ 전통사찰 : 4m
   > ㉡ 한옥 : 2m
   > ㉢ 그 밖의 건축물 : 1m
   > ㉣ 태양열을 주된 에너지원으로 이용하는 주택 : 건축물의 외벽 중 내측 내력벽 중심선

(2) 제외 부분
① 지표면으로부터 1m 이하에 있는 부분(창고 중 물품을 입출고하기 위하여 차량을 접안시키는 부분의 경우에는 지표면으로부터 1.5m 이하 부분)
② 다중이용업소의 비상구에 연결하여 설치하는 폭 2m 이하의 옥외 피난계단
③ 건축물 지상층에 일반인이나 차량이 통행할 수 있도록 설치한 보행통로나 차량통로
④ 지하주차장의 경사로
⑤ 건축물 지하층의 출입구 상부(출입구 너비에 상당하는 규모의 부분)
⑥ 생활폐기물 보관함(음식물 쓰레기, 의류 등의 수거시설)
⑦ 영유아보육시설(2005년 1월 29일 이전에 설치된 것)의 비상구에 연결하여 설치하는 폭 2m 이하의 영유아용 대피용 미끄럼대 또는 비상계단
⑧ 장애인용 승강기, 장애인용 에스컬레이터, 휠체어리프트 또는 경사로

3. 바닥면적

(1) 원칙

건축물의 각 층 또는 그 일부로서 벽, 기둥 등의 구획의 중심선으로 둘러싸인 부분의 수평투영 면적

(2) 바닥면적 산정
① 벽·기둥의 구획이 없는 건축물에 있어서는 지붕 끝부분으로부터 수평거리 1m를 후퇴한 선으로 둘러싸인 수평투영면적
② 주택의 발코니 등 건축물의 노대 기타 이와 유사한 것의 바닥은 난간 등의 설치 여부에 관계없이 노대 등의 면적(외벽의 중심선으로부터 노대 등의 끝부분까지의 면적)에서 노대 등이 접한 가장 긴 외벽에 접한 길이에 1.5m를 곱한 값을 뺀 면적
③ 바닥면적에서 제외되는 경우
  ㉠ 필로티, 기타 이와 유사한 구조(벽면적의 1/2 이상이 해당 층의 바닥면에서 위층 바닥 아래면까지 공간으로 된 것에 한함)의 부분이 다음과 같은 용도로 쓰이는 경우
    ⓐ 공중의 통행
    ⓑ 차량의 통행·주차에 전용
    ⓒ 공동주택의 경우
  ㉡ 승강기탑·계단탑·장식탑·층고 1.5m 이하인 다락
  ㉢ 건축물의 외부 또는 내부에 설치하는 굴뚝·더스트슈트·설비덕트 등
  ㉣ 옥상·옥외 또는 지하에 설치하는 물탱크·기름탱크·냉각탑·정화조·도시가스정압기 그 밖에 이와 비슷한 것을 설치하기 위한 구조물과 건축물 간에 화물의 이동에 이용되는 컨베이어 벨트만을 설치하기 위한 구조물
  ㉤ 공동주택으로서 지상층에 설치한 기계실·전기실·어린이놀이터·조경시설 및 생활폐기물 보관시설

ⓑ 다중이용업소(2004년 5월 29일 이전의 것에 한함)의 비상구에 연결하여 설치하는 폭 1.5m 이하의 옥외피난계단
ⓢ 건축물을 리모델링하는 경우로서 미관 향상, 열의 손실 방지 등을 위하여 외벽에 부가하여 마감재 등을 설치하는 부분
ⓞ 단열재를 구조체의 외기측에 설치하는 단열공법으로 건축된 건축물의 경우에는 단열재가 설치된 외벽 중 내측 내력벽의 중심선을 기준으로 산정한 면적을 바닥면적으로 한다.
ⓩ 영유아보육시설(2005년 1월 29일 이전에 설치된 것만 해당)의 비상구에 연결하여 설치하는 폭 2m 이하의 영유아용 대피용 미끄럼대 또는 비상계단 면적의 바닥면적

4. 연면적

(1) 원칙
하나의 건축물 각 층 바닥면적의 합계

(2) 용적률 산정 시 연면적
동일대지 안에 2동 이상의 건축물이 있는 경우에는 그 연면적의 합계

> **예외**
> ㉠ 지하층의 면적
> ㉡ 지상층의 주차장으로 사용되는 면적(해당 건축물의 부속용도인 경우)
> ㉢ 초고층 건축물과 준초고층 건축물에 설치하는 피난안전구역의 면적
> ㉣ 건축물의 경사지붕 아래에 설치하는 대피공간의 면적
>
> ※ 연면적 : 하나의 건축물에는 하나의 연면적만 존재, 용적률 = $\dfrac{건축면적}{대지면적}$

3 건축물의 높이 및 층수 산정

1. 건축물의 높이 산정

(1) 일반적인 원칙
① 지표면으로부터 건축물 상단까지의 높이
② 건축물 1층 전체가 필로티인 경우(경비실, 계단실, 승강기실 등 포함)
건축물의 높이제한 및 공동주택의 높이제한의 규정을 적용함에 있어서 필로티의 층고를 제외한 높이

(2) 전면도로에 의한 건축물의 높이 산정
① 전면도로 중심선에서 건축물 상단까지의 높이
② 전면도로의 노면에 고저차가 있는 경우
해당 건축물이 접하는 범위의 전면도로부분의 수평거리에 따라 가중평균한 높이의 수평면을 전면도로로 본다.

③ 건축물 대지의 지표면이 전면도로면보다 높은 경우

그 고저차가 1/2의 높이만큼 올라온 위치에 전면도로가 있는 것으로 본다. 단, 공동주택의 일조 등의 확보를 위한 높이제한 적용 시 해당 대지가 인접대지보다 낮을 경우 그 대지를 지표면으로 본다.

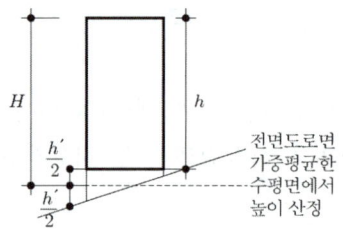

| 경사도로면에 고저차가 있는 경우 |

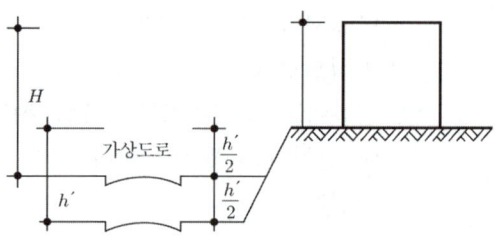

| 경사도로가 낮은 경우의 높이 산정 |

(3) 건축물 옥상부분의 높이 산정

① 건축물의 옥상에 설치되는 승강기탑·계단탑·망루·장식탑·옥탑 등으로서 그 수평 투영면적의 합계가 해당 건축물의 건축면적의 1/8(공동주택 중 세대별 전용면적이 $85m^2$ 이하인 경우에는 1/6) 이하인 경우로서 그 부분의 높이가 12m를 넘는 경우에는 그 넘는 부분에 한하여 해당 건축물의 높이에 산입

② 지붕마루장식·굴뚝·방화벽의 옥상돌출부 기타 이와 유사한 옥상돌출물과 난간벽(그 벽면적의 1/2 이상이 공간으로 되어 있는 것), 장애인용 승강기의 승강탑으로서 그 높이가 12m 이하인 것은 해당 건축물의 높이에 산입하지 아니한다.

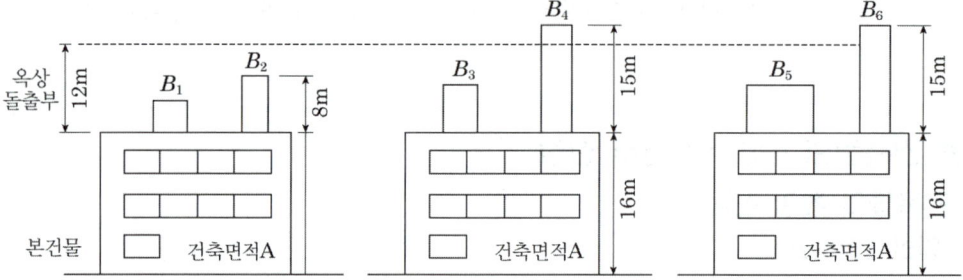

(4) 처마높이

지표면으로부터 건축물의 지붕틀 또는 이와 유사한 수평재를 지지하는 벽·깔도리 또는 기둥의 상단까지 높이

(5) 반자높이

방의 바닥면으로부터 반자까지의 높이(높이가 다른 경우 그 각 부분의 반자 면적에 따라 가중평균한 높이)

(6) 층고

바닥구조체 윗면으로부터 위층 바닥구조체 윗면까지의 높이
(높이가 다를 경우 그 각 부분의 높이에 따른 면적에 따라 가중평균한 높이)

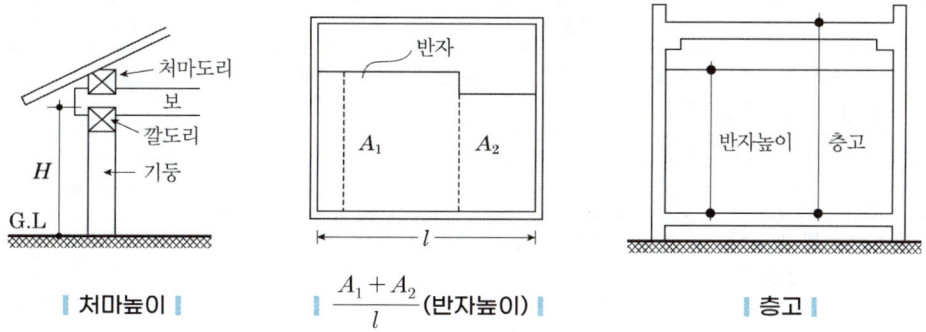

| 처마높이 | $\frac{A_1 + A_2}{l}$ (반자높이) | 층고 |

2. 층수산정

(1) 층수산정 원칙
① 층의 구분이 명확하지 아니한 건축물은 해당 건축물의 높이 4m마다 하나의 층으로 산정
② 건축물의 부분에 따라 그 층수를 달리하는 경우에는 그중 가장 많은 층수로 산정
③ 승강기탑, 계단탑, 망루, 장식탑, 옥탑 기타 이와 유사한 건축물의 옥상 부분으로서 그 수평투영면적의 합계가 해당 건축물의 건축면적의 1/8을 초과하는 경우

(2) 층수산정 제외
① 지하층
② 승강기탑, 계단탑, 망루, 장식탑, 옥탑, 기타 이와 유사한 건축물의 옥상부분으로서 그 수평투영면적의 합계가 해당 건축물 건축면적의 1/8(공동주택 중 세대별 전용면적이 85m² 이하인 경우에는 1/6) 이하인 것
③ 장애인용 승강기의 승강기탑

4 특례 또는 적용 제외[법 제3조]

1. 리모델링에 대비한 특례[법 제8조, 영 제6조의 5]

리모델링이 용이한 구조의 공동주택에 대한 완화기준

구조	대상	기준
① 각 세대는 인접한 세대와 수직 및 수평방향으로 통합하거나 분할할 수 있을 것	용적률, 높이 제한, 일조 등의 확보를 위한 건축물의 높이 제한	120/100 범위
② 구조체에서 건축설비, 내부 마감재료 및 외부 마감재료를 분리할 수 있을 것		
③ 개별 세대 안에서 구획된 실의 크기, 개수 또는 위치 등을 변경할 수 있을 것		

2. 건축법을 적용하지 않는 건축물

(1) 「문화유산의 보존 및 활용에 관한 법률」에 따른 지정문화유산이나 임시지정문화유산 또는 「자연유산의 보존 및 활용에 관한 법률」에 따라 지정된 천연기념물등이나 임시지정천연기념물, 임시지정명승, 임시지정시·도자연유산, 임시자연유산자료

(2) 철도 또는 궤도의 선로부지 안에 있는 다음의 시설
   ① 운전보안시설
   ② 철도선로의 상하를 횡단하는 보행시설
   ③ 플랫폼
   ④ 해당 철도 또는 궤도사업용 급수·급탄 및 급유시설

(3) 고속도로 통행료 징수시설

(4) 컨테이너를 이용한 간이창고(공장의 용도로만 사용되는 건축물의 대지 안에 설치하는 것으로서 이동이 용이한 것에 한한다.)

(5) 하천구역 내의 수문조작실

5 건축위원회[법 제4조]

건축위원회 구성 및 심의사항

구분	중앙건축위원회	지방건축위원회
구성 의무자	국토교통부 장관	㉠ 특별시장·광역시장·특별자치시장·도지사·특별자치도지사 ㉡ 시장·군수·구청장
설치	국토교통부	특별시·광역시·특별자치시·도·특별자치도 및 시·군·구(자치구)
위원	80인 이내(위원장·부위원장 각 1명)	25명 이상 150명 이하(위원장·부위원장 포함 각 1명 포함)
위원장	국토교통부장관이 임명·위촉	시·도지사 및 시장·군수·구청장이 임명·위촉
임기	2년(공무원을 제외하고 한 차례만 연임 가능)	공무원이 아닌 위원 임기는 3년 이내
심의사항	㉠ 표준설계도서의 인정에 대한 사항 ㉡ 건축물의 건축·대수선·용도변경, 건축설비의 설치 또는 공작물의 축조와 관련된 분쟁의 조정 또는 재정에 관한 사항 ㉢ 법과 이 영의 제정·개정 및 시행에 관한 중요 사항 ㉣ 다른 법령에서 중앙건축위원회의 심의를 받도록 한 경우 해당 법령에서 규정한 심의사항 ㉤ 그 밖에 국토교통부장관이 중앙건축위원회의 심의가 필요하다고 인정하여 회의에 부치는 사항	㉠ 건축선의 지정에 관한 사항 ㉡ 법 또는 이 영에 따른 조례(해당 지방자치단체의 장이 발의하는 조례만 해당)의 제정·개정 및 시행에 관한 중요 사항 ㉢ 다중이용 건축물 및 특수구조 건축물의 구조안전에 관한 사항 ㉣ 다른 법령에서 지방건축위원회의 심의를 받도록 한 경우 해당 법령에서 규정한 심의사항 ㉤ 건축조례로 정하는 건축물의 건축 등에 관한 것으로서 특별시장·광역시장·특별자치시장·도지사 또는 특별자치도지사 및 시장·군수·구청장이 지방건축위원회의 심의가 필요하다고 인정한 사항

제 2 절 | 건축물의 건축

1 건축허가[법 제11조]

1. 특별시장 또는 광역시장의 허가를 받아야 하는 대상
① 21층 이상이거나 연면적의 합계가 100,000m² 이상인 건축물의 건축
② 연면적의 3/10 이상의 증축으로 인하여 층수가 21층 이상으로 되거나 연면적의 합계가 10만m² 이상으로 되는 경우의 증축

> **참고** 허가대상 제외
> ① 공장
> ② 창고
> ③ 지방건축위원회의 심의를 거친 건축물(초고층 건축물은 제외)

2. 건축허가 제한[법 제18조]
(1) 건축허가 제한요건 및 제한권자

제한권자	피제한권자	제한의 요건
① 국토교통부장관	허가권자	• 국토관리상 특히 필요하다고 인정하는 경우 • 주무부장관이 국방·국가유산의 보존·환경보전·국민경제상 특히 필요하다고 요청한 경우
② 특별시장·광역시장·도지사	시장·군수 구청장	지역계획 또는 도시·군계획에 특히 필요하다고 인정한 경우

(2) 건축허가 제한방법
① 건축물의 착공을 제한하는 경우 제한기간은 2년 이내로 하되, 제한기간의 연장은 1회에 한하여 1년 이내로 할 것
② 착공제한 시 목적·기간·용도·위치·면적·구역 경계 등을 상세하게 정하여 허가권자에게 통보

(3) 건축허가신청에 필요한 설계도서
① 건축계획서
② 배치도, 평면도, 입면도, 단면도
③ 구조도, 구조계산서
④ 소방설비도

(4) 건축계획서에 표시하여야 할 사항
① 개요(위치, 대지면적 등)
② 지역·지구 및 도시 계획사항
③ 건축물의 규모(건축면적·연면적·높이·층수 등)
④ 건축물의 용도별 면적
⑤ 주차장 규모
⑥ 에너지절약계획서(해당 건축물에 한함)
⑦ 노인 및 장애인 등을 위한 편의시설 설치계획서

(5) 대형건축물의 건축허가 사전승인 신청 시 제출도서의 종류
① 건축계획서
  ㉠ 설계설명서 : 공사개요(공사금액 포함), 사전조사사항, 건축계획(동선계획, 교통처리계획), 시공방법, 개략공정계획, 주요설비계획
  ㉡ 구조계획서
  ㉢ 지질조사서
  ㉣ 시방서
② 기본설계도서
  ㉠ 건축
    ⓐ 투시도 또는 투시도 사진
    ⓑ 평면도(주요층, 기준층)
    ⓒ 2면 이상의 단면도
    ⓓ 2면 이상의 입면도
    ⓔ 내외마감표
    ⓕ 주차장평면도
  ㉡ 설비
    ⓐ 건축설비도
    ⓑ 소방설비도
    ⓒ 상·하수도 계통도

(6) 설계도서 중 배치도에 표시해야 할 사항
① 축척 및 방위
② 대지에 접한 도로의 길이 및 너비
③ 대지의 종·횡단면도
④ 건축선 및 대지경계선으로부터 건축물까지의 거리
⑤ 주차동선 및 옥외주차계획
⑥ 공개공지 및 조경계획

2 건축신고[법 제14조]

1. 건축신고 대상

(1) 바닥면적의 합계가 85m² 이내의 증축·개축 또는 재축

다만, 3층 이상 건축물인 경우 증축·개축 또는 재축하려는 부분의 바닥 면적 합계가 건축물 연면적의 1/10 이내인 경우로 한정

(2) 관리지역, 농림지역, 자연환경보전지역 안에서 연면적 200m² 미만이고 3층 미만인 건축물의 건축(지구단위계획구역 및 방재지구 등 재해취약지역 제외)

(3) 연면적 200m² 미만이고 3층 미만인 건축물의 대수선

(4) 주요구조부의 해체가 없는 등 다음으로 정하는 대수선
   ① 내력벽의 면적을 30m² 이상 수선하는 것
   ② 기둥·보·지붕틀을 3개 이상 수선하는 것
   ③ 방화벽 또는 방화구획을 위한 바닥 또는 벽을 수선하는 것
   ④ 주계단·피난계단 또는 특별피난계단을 수선하는 것

(5) 기타 소규모 건축물
   ① 연면적의 합계가 100m² 이하인 건축물
   ② 건축물의 높이를 3m 이하의 범위 안에서 증축하는 건축물
   ③ 표준설계도서에 의하여 건축하는 건축물로서 그 용도, 규모가 주위환경, 미관상 지장이 없다고 인정하여 건축조례로 정하는 건축물
   ④ 공업지역, 지구단위계획구역(산업·유통형만 해당) 및 산업단지 안에서 건축하는 2층 이하인 건축물로서 연면적의 합계가 500m² 이하인 공장
   ⑤ 농업 또는 수산업을 영위하기 위하여 읍·면 지역
      ㉠ 연면적 200m² 이하의 창고
      ㉡ 연면적 400m² 이하의 축사·작물 재배사, 종묘배양시설, 화초 및 분재 등의 온실

2. 건축신고의 효력상실

신고를 한 자가 신고일로부터 1년 이내에 공사에 착수하지 아니한 경우에는 그 신고의 효력은 상실된다.

〈다만〉 건축주의 요청에 따라 허가권자가 정당한 사유가 있다고 인정하면 1년의 범위에서 착수기한을 연장할 수 있다.

3 용도변경[법 제19조]

1. 용도변경 절차
사용승인을 받은 건축물의 용도를 변경하려는 자는 다음의 구분에 따라 특별자치시장·특별자치도지사 또는 시장·군수·구청장의 허가를 받거나 신고를 하여야 한다.

2. 용도변경의 시설군과 대상
① 자동차관련시설군 : 자동차 관련시설
② 산업 등의 시설군 : 운수시설, 창고시설, 공장, 위험물저장 및 처리시설, 자원순환관련시설, 묘지관련시설, 장례식장
③ 전기통신시설군 : 방송통신시설, 발전시설
④ 문화 및 집회시설군 : 문화 및 집회시설, 종교시설, 위락시설, 관광휴게시설
⑤ 영업시설군 : 판매시설, 운동시설, 숙박시설, 다중생활시설
⑥ 교육 및 복지시설군 : 의료시설, 교육연구시설, 노유자시설, 수련시설, 야영장시설
⑦ 근린생활시설군 : 제1종 근린생활시설, 제2종 근린생활시설(다중생활시설 제외)
⑧ 주거업무시설군 : 단독주택, 공동주택, 업무시설, 교정시설, 국방·군사시설
⑨ 그 밖의 시설군 : 동물 및 식물 관련시설
  ㉠ 허가대상 : 상위군에 해당하는 용도로 변경하는 행위
  ㉡ 신고대상 : 하위군에 해당하는 용도로 변경하는 행위

4 가설건축물[법 제20조]과 착공신고[법 제21조]

1. 허가대상 가설건축물(특별자치시장·특별자치도지사·시장·군수·구청장이 허가)
허가대상은 존치기간 만료일 14일 전까지, 신고대상은 7일 전까지 가설건축물 존치기간 연장 신청 또는 신고해야 한다.

2. 착공신고
허가를 받거나 신고를 한 건축물의 공사를 착수하고자 하는 건축주는 허가권자에게 그 공사계획을 신고하여야 한다.

(1) 제출서류
① 착공신고서
② 건축관계자 상호간의 계약서 사본(해당 사항이 있는 경우)
③ 별표 4의2의 설계도서. 다만, 건축허가 또는 신고를 할 때 제출한 경우에는 제출하지 않으며, 변경사항이 있는 경우에는 변경사항을 반영한 설계도서를 제출
④ 감리 계약서(해당 사항이 있는 경우로 한정)
⑤ 「건축사법 시행령」에 따라 제출받은 보험증서 또는 공제증서의 사본

5 건축물의 사용승인[법 제22조]과 건축지도원[영 제24조]

1. 사용승인서 교부
① 건축주가 허가를 받았거나 신고를 한 건축물의 건축공사를 완료한 후 그 건축물을 사용하려면 공사감리자가 작성한 감리완료보고서와 국토교통부령으로 정하는 공사완료도서를 첨부하여 허가권자에게 사용승인을 신청하여야 한다.
② 사용승인 신청서 접수 시 접수날부터 7일 이내 사용승인을 위한 현장검사를 하며, 합격된 건축물에 대하여 사용승인서를 교부하여야 한다.

2. 사용승인에 따른 내진능력 공개 대상건축물
① 층수가 2층(목구조 건축물은 3층) 이상인 건축물
② 연면적이 200m^2(목구조 건축물은 500m^2) 이상인 건축물

3. 건축지도원의 지정과 업무
① 건축지도원은 시장, 군수, 구청장이 지정할 수 있다.
② 건축지도원의 자격과 업무범위는 대통령령으로 정한다.
③ 허가를 받지 아니하고 건축하거나 용도 변경한 건축물의 단속 업무를 수행한다.
④ 건축신고를 하고 건축 중에 있는 건축물의 시공 지도와 위법 시공 여부의 확인·지도 및 단속 업무를 수행한다.

6 건축물의 공사감리[법 제25조]

1. 공사감리 대상건축물

감리자	대상건축물
건축사	• 공사감리자를 지정하여 공사감리를 하게 되는경우 • 건축허가를 받아야 하는 건축물 및 리모델링
• 건설기술용역업자(공사시공자 본인 및 계열회사인 건설기술 용역업자 제외) • 건축사(건설사업관리기술자를 배치한 경우)	다중이용건축물

2. 상세 시공도면 작성 요청
연면적의 합계가 5,000m^2 이상인 건축공사의 공사감리자가 필요하다고 인정하는 경우에는 공사시공자로 하여금 상세시공도면을 작성하도록 요청할 수 있다.

3. 공사감리 방법 및 범위
(1) 일반공사감리
수시 또는 필요한 때 공사현장에서 감리업무를 수행

(2) 상주공사감리
건축사보를 해당 공사기간 동안 공사현장에서 감리업무를 수행

상주공사감리 대상 건축물	감리인원 및 감리기간
① 바닥면적 5,000m² 이상인 건축공사 (축사 또는 작물재배사의 건축공사 제외) ② 연속된 5개층(지하층 층수에 산입) 이상으로 바닥면적 합계 3,000m² 이상인 건축공사 ③ 아파트 건축공사 ④ 준다중이용 건축물 건축공사	① 건축분야 건축사보 1인 이상 : 전체공사 기간 동안 상주 ② 토목, 전기, 기계분야 건축사보 1인 이상 : 각 분야별 해당 공사기간 동안 상주

※ 이 경우 건축사보는 해당분야의 건축공사의 설계·시공·시험·검사·공사감독 또는 감리업무 등에 2년 이상 종사한 경력이 있는 자이어야 한다.
※ 건축사보를 두는 공사감리자는 최초로 건축사보를 배치, 변경·철수한 경우에는 7일 이내에 배치현황을 허가권자에게 제출

4. 공사감리자 감리 업무내용
① 공사시공자가 설계도서에 따라 적합하게 시공하는지 여부의 확인
② 공사시공자가 사용하는 건축자재가 관계법령에 의한 기준에 적합한 건축자재인지 여부의 확인
③ 공사현장에서의 안전관리의 지도
④ 시공계획 및 공사관리의 적정여부의 확인
⑤ 설계변경의 적정 여부의 검토·확인
⑥ 공정표의 검토
⑦ 상세시공도면의 검토·확인
⑧ 구조물의 위치와 규격의 적정여부의 검토·확인
⑨ 품질 시험의 실시여부 및 시험성과의 검토·확인

5. 공사감리자의 감리중간보고서 작성 시기(RC구조)
① 기초공사 시 철근배치를 완료한 경우
② 지붕슬래브배근을 완료한 경우
③ 지상 5개 층마다 상부 슬래브배근을 완료한 경우

7 허용오차[법 제26조]와 건축물의 철거 등의 신고

1. 허용오차의 목적
공사 중에 부득이하게 발생하게 되는 오차를 현실적으로 수용하기 위함

2. 항목별 허용오차

관련	항목	허용되는 오차 범위
① 대지	건폐율	0.5% 이내(건축면적 5m²를 초과할 수 없다)
	용적률	1% 이내(연면적 30m²를 초과할 수 없다)
	건축선의 후퇴 거리	3% 이내
	인접 건축물과의 거리	3% 이내
	인접 대지 경계선과의 거리	3% 이내
② 건축물	건축물의 높이	2% 이내(1m를 초과할 수 없다)
	평면길이	2% 이내(건축물 전체 길이는 1m를 초과할 수 없고, 벽으로 구획된 각 실의 경우는 10cm를 초과할 수 없다)
	출구너비	2% 이내
	반자높이	2% 이내
	벽체두께	3% 이내
	바닥판두께	3% 이내

3. 건축물 철거 신고기간

신고자	신고기관	신고대상	신고기간
소유자 관리자	특별자치시장 특별자치도지사 시장·군수·구청장	허가대상 건축물	임의적으로 철거 시 철거예정일 7일 전까지
			재해로 인해 멸실될 경우 멸실 후 30일 이내

제 3 절 | 건축물의 대지 및 도로

1 대지의 분할과 대지의 안전 등[법 제40조]

1. 면적에 의한 대지의 분할 제한
① 주거지역 : 60m² 이상
② 상업지역 : 150m² 이상
③ 공업지역 : 150m² 이상
④ 녹지지역 : 200m² 이상

2. 옹벽 등 필요 조치사항
손궤의 우려가 있는 토지에 대지를 조성하고자 하는 경우에는 다음과 같이 옹벽을 설치하거나, 기타 필요한 조치를 하여야 한다.

> **예외** | 건축사 또는 건축구조기술사에 의하여 해당 토지의 구조안전이 확인된 경우

(1) 성토 또는 절토하는 부분의 경사도가 1 : 1.5 이상으로써, 높이 1m 이상인 부분에는 옹벽을 설치할 것

(2) 옹벽의 높이가 2m 이상인 경우에는 이를 콘크리트구조로 할 것

> **예외** | 옹벽에 관한 기술적 기준에 적합한 석축인 경우

(3) 옹벽의 외벽면에는 이의 지지 또는 배수를 위한 시설외의 구조물이 밖으로 튀어 나오지 아니하게 할 것

(4) 옹벽의 윗가장자리로부터 안쪽으로 2m 이내에 묻는 배수관은 주철관, 강관 또는 흄관으로 하고, 이음부분은 물이 새지 아니하도록 할 것

(5) 옹벽에는 3m²마다 하나 이상의 배수구멍을 설치하여야 하고, 옹벽의 윗가장자리로부터 안쪽으로 2m 이내에서의 지표수는 지상으로 또는 배수관으로 배수하여 옹벽의 구조상 지장이 없도록 할 것

(6) 성토부분의 높이는 법 제40조에 따른 대지의 안전 등에 지장이 없는 한 인접대지의 지표면보다 0.5m 이상 높게 하지 아니할 것. 다만, 절토에 의하여 조성된 대지 등 허가권자가 지형조건상 부득이하다고 인정하는 경우에는 그러하지 아니함

2 대지의 조경[법 제42조]과 공개공지 등의 확보[법 제43조]

1. 조경대상 및 기준

(1) 대상

대지면적이 200m² 이상인 대지에 건축을 하는 건축주는 용도지역 및 건축물의 규모에 따라 대지 안에 조경, 기타 필요한 조치를 하여야 함

> **예외**
> ① 녹지지역에 건축하는 건축물
> ② 면적 5,000m² 미만인 대지에 건축하는 공장
> ③ 연면적의 합계가 1,500m² 미만인 공장
> ④ 축사
> ⑤ 가설건축물
> ⑥ 연면적의 합계가 1,500m² 미만인 물류시설

(2) 기준

구분	기준	
① 공장(제외 : 조경대상 예외 공장) ② 물류 시설(제외 : 조경제외 대상 물류시설 및 주거지역, 상업지역에 건축하는 물류시설)	연면적 합계 2,000m² 이상인 경우	대지면적의 10% 이상
	연면적 합계 1,500m² 이상 2,000m² 미만인 경우	대지면적의 5% 이상
③ 공항시설	대지면적의 10% 이상(활주로・유도로・계류장・착륙대 등 이・착륙에 이용하는 면적은 대지면적에서 제외)	
④ 「철도건설법」에 의한 역시설	대지면적 10% 이상(선로・승강장 등 철도운행에 이용되는 시설의 면적은 제외)	
⑤ 200m² 이상 300m² 미만인 대지에 건축하는 건물	대지면적의 10% 이상	

(3) 옥상조경의 기준

옥상부분의 조경면적 2/3에 해당하는 면적을 대지 안에 조경면적으로 산정할 수 있으며, 이 경우 조경면적의 50/100을 초과할 수 없다.

2. 공개공지 등의 확보

다음에 해당하는 지역은 환경을 쾌적하게 조성하기 위하여 다음에서 정하는 용도 및 규모의 건축물을 일반 사용할 수 있도록 소규모 휴식시설 등의 공개공지 등을 설치하여야 한다.

(1) 대상지역

① 일반주거지역, 준주거지역

② 상업지역

③ 준공업지역

④ 특별자치시장・특별자치도지사・시장・군수・구청장이 도시화의 가능성이 크거나 노후 산업단지의 정비가 필요하다고 인정하여 지정・공고하는 지역

(2) 대상건축물의 용도 및 규모

연면적의 합계	용도
5,000m² 이상	• 문화 및 집회시설 • 판매시설(농수산물 유통시설 제외) • 업무시설 • 숙박시설 • 종교시설 • 운수시설(여객용 시설)
기타 다중이 이용하는 시설로서 건축조례가 정하는 건축물	

(3) 공개공지 설치 시 건축기준의 완화

연면적의 합계	용도
① 용적률	해당 지역에 적용되는 용적률의 1.2배 이하
② 도로너비에 의한 높이 제한	해당 건축물에 적용되는 높이기준의 1.2배 이하

※ 바닥면적의 합계가 5,000m² 이상인 건축물로서, 공개공지 등의 설치대상이 아닌 건축물의 대지에 법률의 규정에 적합한 공개공지를 설치하는 경우에도 건축기준 완화규정을 준용한다.

예외 「주택법」의 규정에 의한 사업계획승인대상인 공동주택

3 대지와 도로의 관계[법 제44조]

1. 건축물의 대지가 도로에 접해야 하는 길이
건축물의 대지는 2m 이상을 도로(자동차 전용도로 제외)에 접하여야 한다.

2. 대규모 건축물의 대지조건
건축물의 대지가 접하는 도로의 너비, 그 대지가 도로에 접하는 부분의 길이, 기타 그 대지와 도로의 관계에 있어서 연면적의 합계가 2,000m²(공장인 경우에는 3,000m²) 이상인 건축물의 대지는 너비 6m 이상의 도로에 4m 이상 접하여야 한다.

예외 축사, 작물재배사, 그 밖에 이와 비슷한 건축물로서 건축조례로 정하는 규모의 건축물

4 건축선의 지정[법 제46조]과 건축선에 따른 건축제한[법 제47조]

1. 건축선의 정의
건축선이란 도로와 접한 부분에 있어서 건축물을 건축할 수 있는 선으로 대지와 도로의 경계선으로 한다.

2. 소요너비에 미달되는 도로의 건축선

① 그 중심선으로부터 해당 소요너비의 1/2(2m)에 상당하는 수평거리를 후퇴한 선을 건축선으로 한다.
② 해당 도로의 반대쪽에 경사지·하천·철도·선로부지, 기타 이와 유사한 것이 있는 경우 해당경사지 등이 있는 쪽 도로경계선에서 소요너비에 상당하는 수평거리의 선을 건축선으로 한다.

3. 너비 8m 미만인 도로의 모퉁이에 위치한 대지의 경우(가각전제)

도로의 교차각	해당 도로의 너비		교차되는 도로의 너비
	6m 이상 8m 미만	4m 이상 6m 미만	
90° 미만	4m	3m	6m 이상 8m 미만
	3m	2m	4m 이상 6m 미만
90° 이상 120° 미만	3m	2m	6m 이상 8m 미만
	2m	2m	4m 이상 6m 미만

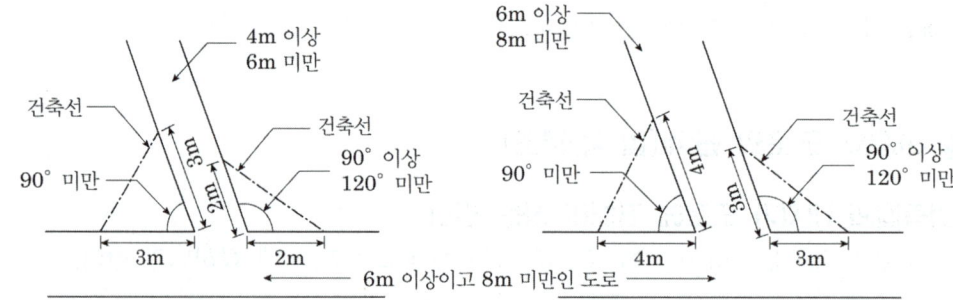

> **Tip** 건축선의 지정
>
> 국토계획법에 따라 시장·군수·구청장은 도시지역에서 4m 범위 내에서 건축선을 따로 지정할 수 있다.

4. 건축선에 대한 건축제한 기준

① 건축물과 담장은 건축선의 수직면을 넘어서는 안 된다.

예외 | 지표하의 부분

② 도로면으로부터 높이 4.5m 이하에 있는 출입구·창문 기타 이와 유사한 구조물은 개폐 시에 건축선의 수직면을 넘는 구조로 하여서는 아니 된다.

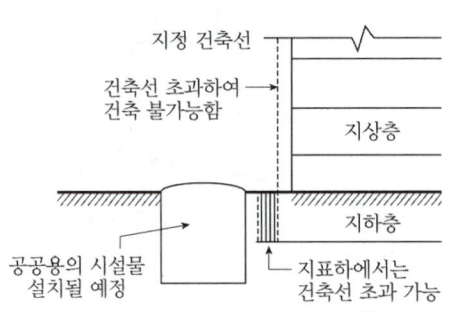
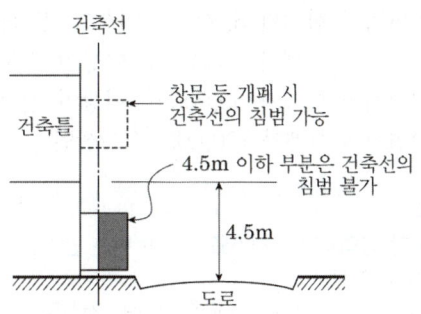

01
특별시나 광역시에 건축할 경우, 특별시장이나 광역시장의 허가를 받아야 하는 대상 건축물의 연면적 기준은?

① 연면적의 합계가 5,000m² 이상인 건축물
② 연면적의 합계가 10,000m² 이상인 건축물
③ 연면적의 합계가 50,000m² 이상인 건축물
④ 연면적의 합계가 100,000m² 이상인 건축물

해설 답 ④

특별시장/광역시장의 허가를 받아야 하는 건축물 대상
(1) 21층 이상
(2) 연면적 합계 100,000m² 이상인 건축물

03
다음과 같은 건축물의 높이는? (단, 건축면적 400m², 옥탑의 수평투영면적 40m²이다.)

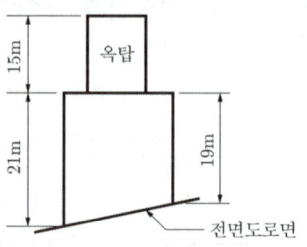

① 21m ② 23m
③ 27m ④ 36m

해설 답 ②

건축물의 높이 산정
- 건물의 가중평균 높이 : $\dfrac{(21\text{m}+19\text{m})}{2}=20\text{m}$
- 옥탑높이 : $\dfrac{40\,\text{m}^2}{400\,\text{m}^2} < \dfrac{1}{8}$ 이므로 15m−12m=3m

∴ 20m+3m=23m이다.

02
다음 중 대지 및 건축물 관련 건축기준의 허용오차(백분율)가 가장 작은 것은?

① 건폐율   ② 용적률
③ 반자높이   ④ 벽체두께

해설 답 ①

용도별 허용오차 기준
- 0.5% 이내 : 건폐율
- 1% 이내 : 용적률
- 2% 이내 : 건축물의 높이, 평면길이, 출구너비, 반자높이
- 3% 이내 : 벽체두께, 바닥판두께, 인접 대지 경계선과의 거리, 인접 건축물과의 거리, 건축선의 후퇴거리

04
다음 중 건축법령상 주요구조부에 속하는 것은?

① 차양   ② 지붕틀
③ 작은 보   ④ 옥외 계단

해설 답 ②

주요구조부의 구성요소
내력벽, 기둥, 바닥, 보, 지붕틀 및 주계단

단원별 경향문제

05
다음은 건축선에 따른 건축제한에 관한 기준 내용이다. ( ) 안에 알맞은 것은?

> 도로면으로부터 높이 ( ) 이하에 있는 출입구, 창문, 그 밖에 이와 유사한 구조물은 열고 닫을 때 건축선의 수직면을 넘지 아니하는 구조로 하여야 한다.

① 1.5m ② 3.0m
③ 4.5m ④ 6.0m

해설 답 ③

도로면으로부터 높이 4.5m 이하에 있는 출입구, 창문, 그 밖에 이와 유사한 구조물은 열고 닫을 때 건축선의 수직면을 넘지 아니하는 구조로 하여야 한다.

06
면적이 5,000m²인 대지에 연면적의 합계가 2,000m²인 공장을 건축하려고 한다. 이 경우 확보하여야 할 최소 조경면적은?

① 200m² ② 300m²
③ 400m² ④ 500m²

해설 답 ④

조경면적 산정
5,000m² 이상인 대지에 연면적 합계 2,000m² 이상인 공장의 경우 대지면적 10% 이상의 조경면적을 확보하여야 한다.

$$\therefore 5,000\text{m}^2 \times \frac{10}{100} = 500\text{m}^2$$

제4절 | 건축물의 구조 및 재료

1 구조내력 등[법 제48조]

1. 구조안전 확인서류 제출대상 건축물(표준설계도서에 따라 건축하는 건축물 제외)
① 층수가 2층[목구조 건축물의 경우에는 3층] 이상인 건축물
② 연면적이 200m²(목구조 건축물의 경우에는 500m²) 이상인 건축물. 다만, 창고, 축사, 작물 재배사는 제외함
③ 높이가 13m 이상인 건축물
④ 처마높이가 9m 이상인 건축물
⑤ 기둥과 기둥 사이의 거리가 10m 이상인 건축물
⑥ 건축물의 용도 및 규모를 고려한 중요도가 높은 건축물로서 국토교통부령으로 정하는 건축물
⑦ 국가적 문화유산으로 보존할 가치가 있는 건축물로서 국토교통부령으로 정하는 것
⑧ 한쪽 끝은 고정되고 다른 끝은 지지되지 아니한 구조로 된 보·차양 등이 외벽(외벽이 없는 경우에는 외곽 기둥)의 중심선으로부터 3m 이상 돌출된 건축물
⑨ 무량판 구조를 가진 건축물로서 무량판 구조인 어느 하나의 층에 수직으로 배치된 주요구조부의 전체 단면적에서 보가 없이 배치된 기둥의 전체 단면적이 차지하는 비율이 4분의 1 이상인 건축물
⑩ 특수한 설계·시공·공법 등이 필요한 건축물로서 국토교통부장관이 정하여 고시하는 구조로 된 건축물
⑪ 단독주택 및 공동주택

> **참고** 건축물에 대한 구조의 안전을 확인하는 경우 건축구조기술사의 협력을 받아야 하는 건축물
> ① 6층 이상 건축물 ② 특수구조 건축물
> ③ 다중 이용 건축물 ④ 준다중 이용 건축물
> ⑤ 3층 이상의 필로티형식 건축물

2. 안전영향평가 대상 건축물
① 초고층 건축물
② 층수가 16층 이상으로 연면적 10만m² 이상

2 건축물의 피난시설 등[법 제49조, 영 제34, 35, 36조]

1. 직통계단의 설치
(1) 원칙

피난층 외의 층에서의 보행거리는 30m 이하로 한다.

> **예외** 지하층에 설치하는 바닥면적 300m² 이상인 공연장·집회장·관람장 및 전시장

> **참고** 완화규정
>
> - 주요구조부가 내화구조 또는 불연재료로 된 건축물 : 50m 이하
> - 층수가 16층 이상인 공동주택 : 40m 이하
> - 자동화 생산시설에 스프링클러 등 자동식 소화설비를 설치한 공장 : 75m 이하(무인화 공장인 경우 : 100m 이하)

(2) 피난층에서의 보행거리

구분	원칙	주요구조부가 내화구조, 불연재료일 경우
① 계단으로부터 옥외로의 출구까지	30m 이하	50m 이하 (16층 이상 공동주택 : 40m)
② 실로부터 옥외로의 출구까지(피난에 지장이 없는 출입구가 있는 것은 제외)	60m 이하	100m 이하 (16층 이상 공동주택 : 80m)

(3) 직통계단을 2개소 이상 설치해야 하는 건축물(경사로 포함)

용도	해당부분	바닥면적
• 제2종 근린생활시설 중 공연장·종교집회장, 문화 및 집회시설(전시장 및 동·식물원 제외) • 장례식장 • 위락시설 중 주점영업 • 종교시설	그 층의 관람석 또는 집회실의 바닥면적 합계	200m² 이상 (제2종 근린생활시설 중 공연장·종교집회장은 각각 300m²)
• 판매시설 • 의료시설(입원실이 없는 치과병원 제외) • 교육연구시설 중 학원 • 운수시설(여객용 시설만 해당) • 아동시설, 노인복지시설 및 유스호스텔 • 숙박시설 • 다중주택, 다가구주택 • 인터넷컴퓨터게임 시설제공업소, 학원, 독서실 • 제1종 근린생활시설 중 정신과의원(입원실이 있는 경우만)	3층 이상의 층으로서 그 층의 해당용도로 쓰이는 거실 바닥면적 합계	200m² 이상
지하층	그 층의 거실바닥면적의 합계	200m² 이상
• 공동주택(층당 4세대 이하는 제외) • 업무시설 중 오피스텔	그 층이 해당용도에 쓰이는 거실의 바닥면적의 합계	300m² 이상
위의 규정된 용도에 해당하지 않는 용도	3층 이상의 층으로 그 층의 거실 바닥면적의 합계	400m² 이상

(4) 건축물 바깥쪽에 경사로 설치대상 건축물
① 교육연구시설 중 학교
② 제1종 근린생활시설 중 마을회관·변전소·대피소·공중화장실 등
③ 연면적이 5,000m² 이상인 판매시설, 운수시설
④ 제1종 근린생활시설 중 지역자치센터·파출소·소방서·우체국·방송국 등으로 바닥면적의 합계가 1,000m² 미만인 것

(5) 피난안전구역
① 피난안전구역 설치
　㉠ 초고층건축물 : 피난층 또는 지상으로 통하는 직통계단과 직접 연결되는 피난안전구역을 지상층으로부터 최대 30개 층마다 1개소 이상 설치
　㉡ 준초고층건축물 : 피난층 또는 지상으로 통하는 직통계단과 직접 연결되는 피난안전구역을 해당 건축물 전체 층수의 1/2에 해당하는 층으로부터 상하 5개층 이내에 1개소 이상 설치

② 설치기준
　㉠ 피난안전구역은 해당건축물의 1개층을 대피공간으로 하며, 대피에 장애가 되지 아니하는 범위에서 기계실, 보일러실, 전기실 등 건축설비를 설치하기 위한 공간과 같은 층에 설치할 수 있다. 이 경우 피난안전구역은 건축설비가 설치되는 공간과 내화구조로 구획하여야 한다.
　㉡ 피난안전구역에 연결되는 특별피난계단은 피난안전구역을 거쳐서 상·하층으로 갈 수 있는 구조로 설치하여야 한다.
　㉢ 피난안전구역의 구조 및 설비기준
　　• 피난안전구역의 바로 아래층 및 위층은 적합한 단열재를 설치할 것. 이 경우 아래층은 최상층에 있는 거실의 반자 또는 지붕 기준을 준용하고, 위층은 최하층에 있는 거실의 바닥 기준을 준용할 것
　　• 피난안전구역의 내부 마감재료는 불연재료로 설치할 것
　　• 건축물의 내부에서 피난안전구역으로 통하는 계단은 특별피난계단의 구조로 설치할 것
　　• 비상용 승강기는 피난안전구역에서 승하차 할 수 있는 구조로 설치할 것
　　• 피난안전구역에는 식수공급을 위한 급수전을 1개소 이상 설치하고 예비전원에 의한 조명설비를 설치할 것
　　• 관리사무소 또는 방재센터 등과 긴급연락이 가능한 경보 및 통신시설을 설치할 것
　　• 피난안전구역의 면적은 (피난안전구역 위층의 재실자 수×0.5)×0.28m² 이상일 것
　　• 피난안전구역의 높이는 2.1m 이상일 것
　　• 배연설비를 설치할 것
　　• 그 밖에 소방청장이 정하는 소방 등 재난관리를 위한 설비를 갖출 것

2. 피난계단의 설치

(1) 피난 및 특별피난계단의 설치

구분	대상	예외
피난계단 또는 특별피난계단	① 5층 이상의 층으로부터 피난층 또는 지상으로 통하는 직통계단 ② 지하 2층 이하의 층으로부터 피난층 또는 지상으로 통하는 직통계단 ③ 지하 1층인 건축물은 5층 이상의 층으로부터 피난층 또는 직상으로 통하는 직통계단과 직접 연결된 지하 1층의 계단 ※ 판매시설의 용도에 쓰이는 층으로부터의 직통계단은 1개소 이상을 특별피난계단으로 설치하여야 한다.	건축물의 주요구조부가 내화구조 또는 불연재료로 되어 있고 ① 5층 이상의 바닥면적 합계가 200m² 이하인 경우 ② 5층 이상의 바닥면적 200m² 이내마다 방화구획이 되어 있는 경우
특별피난 계단	① 11층(공동주택은 16층) 이상의 층으로부터 피난층 또는 지상으로 통하는 직통계단 ② 지하 3층 이하인 층으로부터 피난층 또는 지상으로 통하는 직통계단	① 갓복도식 공동주택 ② 해당 층의 바닥면적이 400m² 미만인 층

(2) 피난계단 및 특별피난계단의 구조

① 피난계단의 구조

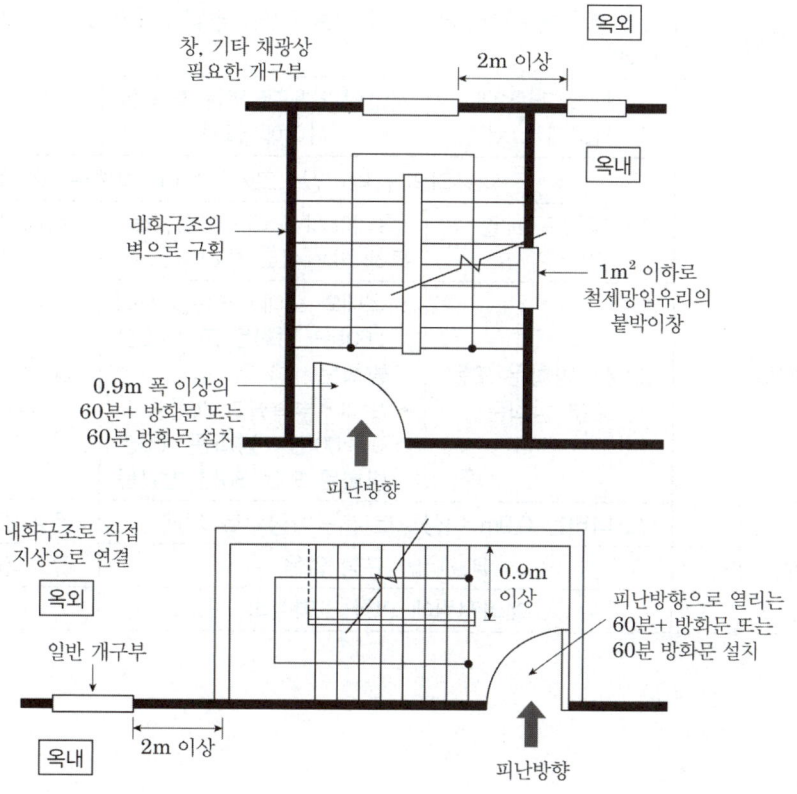

② 특별피난계단의 구조

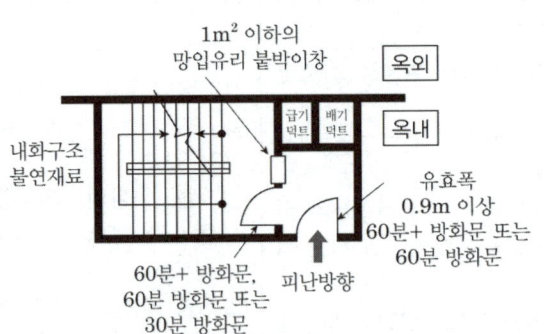
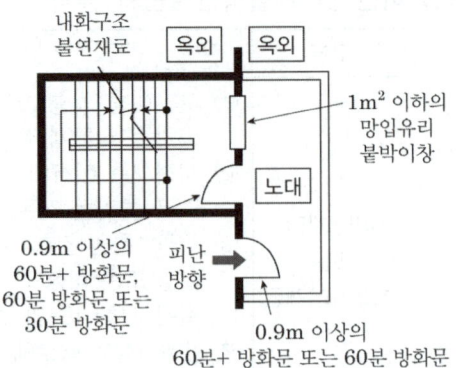

구분		옥내피난계단	특별피난계단	옥외피난계단
① 계단실		내화구조의 벽으로 구획(단, 창문·출입구 기타 개구부 등 제외)		–
		계단은 내화구조로 하되, 피난층 또는 지상층까지 직접연결		지상층까지 직접연결
		–	노대 또는 부속실 (배연설비설치)과 연결	–
② 마감재료		불연재료		–
③ 외부창문		다른 창문으로부터 2m 이상 띄울 것(단, 망입유리의 붙박이창으로 1m² 이하 제외)		
④ 내부창문		계단실과 옥내 사이에 설치	계단실과 노대 또는 부속실 사이에 설치	–
		망입유리의 붙박이창으로서 각 1m² 이하로 할 것		
⑤ 출입문		피난방향으로 열 수 있는 구조	옥내에서 노대·부속실을 통해 계단실로 통하는 구조	옥내에서 계단실로 통하는 구조
		60분+ 방화문 또는 60분 방화문	• 옥내와 노대·부속실 사이 : 60분+ 방화문 또는 60분 방화문 • 노대·부속실과 계단실 사이 : 60분+ 방화문, 60분 방화문 또는 30분 방화문	60분+ 방화문 또는 60분 방화문
		유효너비는 0.9m 이상으로 피난방향으로 개폐		유효너비 규정 없음
⑥ 계단너비		유효너비 규정 없음		유효너비 0.9m 이상
⑦ 조명		예비전원에 의한 조명설비		–

3. 지하층과 피난층 사이 개방공간의 설치[영 제37조]

바닥면적의 합계가 3,000m² 이상인 공연장·집회장·관람장 또는 전시장을 지하층에 설치하는 경우에는 재실자가 지하층 각 층에서 건축물 밖으로 피난하여 옥외계단 또는 경사로 등을 이용하여 피난층으로 대피할 수 있도록 천장이 개방된 외부공간을 설치하여야 한다.

4. 계단의 설치[영 제48조]

(1) 대상
연면적 200m²를 초과하는 건축물에 설치하는 계단 및 복도

(2) 설치기준
① 계단참 : 높이 3m를 넘는 계단에는 높이 3m 이내마다 유효너비 1.2m 이상의 계단참 설치
② 난간 및 난간벽 : 높이 1m를 넘는 계단 및 계단참의 양 옆에는 난간(벽 또는 이에 대치되는 것을 포함)을 설치
③ 너비가 3m를 넘는 계단에는 계단의 중간에 너비 3m 이내마다 난간을 설치할 것
④ 거실 바닥면적의 합계가 100m² 이상인 지하층에 설치하는 계단인 경우 계단 및 계단참의 유효너비는 120cm 이상으로 할 것
⑤ 계단을 대체하여 설치하는 경사로의 경사도는 1 : 8을 넘지 아니할 것
⑥ 관람장, 판매시설의 용도에 쓰이는 건축물의 계단의 너비 120cm 이상
⑦ 바로 윗층의 거실의 바닥면적의 합계가 200m² 이상인 층의 계단의 너비 120cm 이상
⑧ 계단의 유효높이 : 2.1m 이상(계단의 바닥 마감면부터 상부 구조체의 하부 마감면까지의 연직 방향의 높이)

(3) 계단 및 계단참의 유효너비, 단높이 및 단너비(옥내계단)

(단위 : cm)

건축물의 용도	계단 및 계단참	단 높이	단 너비
① 초등학교의 계단	150 이상	16 이하	26 이상
② 중·고등학교의 계단	150 이상	18 이하	26 이상

5. 관람실 등으로부터의 출구 설치기준[영 제38조]

(1) 설치대상 건축물
① 제2종 근린생활시설 중 공연장·종교집회장(바닥면적 합계 300m² 이상인 경우)
② 문화 및 집회시설(전시장 및 동·식물원을 제외)
③ 장례식장

④ 위락시설
⑤ 종교시설
※ 밖으로의 출구로 사용하는 문은 안여닫이로 하여서는 아니 됨

(2) 공연장 개별관람실의 출구 설치기준(바닥면적 300m² 이상인 것에 한함)
① 관람실별로 2개소 이상 설치할 것
② 각 출구의 유효너비는 1.5m 이상일 것
③ 개별관람실 출구의 유효너비의 합계

$$= \frac{\text{개별 관람석의 면적}(m^2)}{100m^2} \times 0.6m \, (\text{이상})$$

6. 건축물의 바깥쪽으로의 출구 설치[영 제39조]와 회전문

(1) 건축물의 바깥쪽으로의 출구 설치대상
① 제2종 근린생활시설 중 공연장·종교집회장·인터넷컴퓨터게임시설제공업소(해당 용도로 쓰는 바닥면적의 합계가 각각 300m² 이상인 경우만 해당)
② 문화 및 집회시설(전시장 및 동·식물원은 제외)
③ 종교시설
④ 판매시설
⑤ 위락시설
⑥ 교육연구시설 중 학교
⑦ 장례시설
⑧ 승강기를 설치하여야 하는 건축물
⑨ 업무시설 중 국가 또는 지방자치단체의 청사
⑩ 연면적이 5천m² 이상인 창고시설

(2) 회전문 설치기준
① 계단이나 에스컬레이터로부터 2m 이상의 거리를 둘 것
② 회전문과 문틀 사이 및 바닥 사이는 다음에서 정하는 간격을 확보하고 틈 사이를 고무와 고무펠트의 조합체 등을 사용하여 신체나 물건 등에 손상이 없도록 할 것
  ㉠ 회전문과 문틀 사이는 5cm 이상
  ㉡ 회전문과 바닥 사이는 3cm 이상
③ 출입에 지장이 없도록 일정한 방향으로 회전하는 구조로 할 것
④ 회전문의 중심축에서 회전문과 문틀 사이의 간격을 포함한 회전문 날개 끝부분까지의 길이는 140cm 이상이 되도록 할 것
⑤ 회전문의 회전속도는 분당 회전수가 8회를 넘지 아니하도록 할 것

7. 복도의 설치[영 제48조]
(1) 공연장에서 설치하는 복도기준
① 공연장의 개별 관람실(바닥면적이 300m² 이상인 경우)의 바깥쪽에는 그 양쪽 및 뒤쪽에 각각 복도를 설치할 것
② 하나의 층에 개별 관람실(바닥면적 300m² 미만인 경우)을 2개소 이상 설치하는 경우에는 그 관람석의 바깥쪽의 앞쪽과 뒤쪽에 각각 복도를 설치할 것

(2) 복도의 폭

구분	양옆에 거실이 있는 복도	그 밖의 복도
유치원·초등학교·중학교·고등학교	2.4m 이상	1.8m 이상
공동주택·오피스텔	1.8m 이상	1.2m 이상
해당 층 거실의 바닥면적 200m² 이상인 경우	1.5m 이상 (의료시설의 복도는 1.8m 이상)	1.2m 이상
종교집회장·공연장·집회장·관람장·전시장 아동관련시설 및 노인복지시설 생활권 수련시설 유흥주점 장례식장	해당층 바닥면적의 합계 ① 500m² 미만 : 1.5m 이상 ② 500m² 이상 1,000m² 미만 　 : 1.8m 이상 ③ 1,000m² 이상 : 2.4m 이상	

8. 옥상광장 등의 설치[영 제40조]
(1) 난간설치
옥상광장 또는 2층 이상의 층에 있는 노대, 기타 이와 유사한 것의 주위에는 높이 1.2m 이상의 난간을 설치

(2) 옥상광장 설치
5층 이상의 층이 제2종 근린생활시설 중 공연장·종교집회장·인터넷컴퓨터 게임시설 제공업소(바닥면적 합계가 각각 300m² 이상인 경우) 문화 및 집회시설(전시장 및 동·식물원을 제외), 판매시설, 종교시설, 장례식장 또는 위락시설 중 주점영업의 용도에 쓰이는 경우에는 피난의 용도에 쓸 수 있는 광장을 옥상에 설치

(3) 헬리포트 설치 또는 헬리콥터를 이용한 인명구조 등을 위한 공간 확보
설치대상 : 층수가 11층 이상인 건축물로서, 11층 이상인 층의 바닥면적의 합계가 10,000m² 이상인 건축물

① 건축물의 지붕을 평지붕으로 하는 경우	헬리포트를 설치하거나 헬리콥터를 통하여 인명 등을 구조할 수 있는 공간
② 건축물의 지붕을 경사지붕으로 하는 경우	경사지붕 아래에 설치하는 대피공간

9. 피난 및 소화에 필요한 통로[영 제41조]

(1) 통로의 설치
건축물의 대지 안에는 그 건축물 바깥쪽으로 통하는 주된 출구와 지상으로 통하는 피난계단 및 특별피난계단으로부터 도로 또는 공지(공원, 광장, 그 밖에 이와 비슷한 것)로 통하는 다음의 기준에 따라 설치하여야 한다.

(2) 통로의 유효폭

① 단독주택	0.9m 이상
② 바닥면적 합계 500m² 이상인 • 문화 및 집회시설 · 의료시설 · 종교시설 • 위락시설 • 장례식장	3m 이상
③ 그 밖의 건축물	1.5m 이상

10. 방화구획의 설치[영 제46조]

(1) 설치구조
주요구조부가 내화구조 또는 불연재료로 된 건축물로 연면적이 1,000m²를 넘는 것은 다음의 기준에 의한 내화구조의 바닥, 벽 및 60분+ 방화문, 60분 방화문 또는 자동방화셔터로 구획하여야 한다.

규모	구획기준	
나머지 층	층마다 구획(면적에 무관) 예외) 지하 1층에서 지상으로 직접 연결하는 경사로 부위	
10층 이하의 층	바닥면적 1,000m²(3,000m²) 이내마다 구획	
11층 이상의 층	실내마감이 불연재료인 경우	바닥면적 500m²(1,500m²)
	실내마감이 불연재료가 아닌 경우	바닥면적 200m²(600m²) 이내마다 구획

※ ( )안의 면적은 스프링클러 등의 자동식 소화설비를 설치한 경우

그러나 다음에 해당하는 건축물의 부분에는 위의 기준을 적용하지 않거나 그 사용에 지장이 없는 범위에서 완화하여 적용할 수 있다.
① 복층형 공동주택의 세대별 층간 바닥 부분
② 주요구조부가 내화구조 또는 불연재료로 된 주차장
③ 계단실 부분 · 복도 또는 승강기의 승강로 부분으로서 그 건축물의 다른 부분과 방화구획으로 구획된 부분
④ 문화 및 집회시설(동 · 식물원은 제외)의 용도로 쓰는 거실로서 시선 및 활동공간의 확보를 위하여 불가피한 부분

(2) 대규모 건축물(목조건축물 포함)의 방화벽 등

① **설치대상** : 연면적이 1,000m² 이상인 건축물은 방화벽으로 구획하되, 각 구획된 바닥면적의 합계는 1,000m² 미만이 되도록 구획

> **예외**
> - 주요구조부가 내화구조이거나 불연재료인 건축물
> - 단독주택, 동물 및 식물 관련 시설, 발전시설, 교도소·소년원 또는 묘지 관련 시설(화장시설 및 동물화장시설은 제외)의 용도로 쓰는 건축물과 철강 관련 업종의 공장 중 제어실로 사용하기 위하여 연면적 50m² 이하로 증축하는 부분은 제외
> - 내부설비의 구조상 방화벽으로 구획할 수 없는 창고시설

② 구조
  ㉠ 내화구조로서 홀로 설 수 있는 구조일 것
  ㉡ 방화벽의 양쪽 끝과 위쪽 끝을 건축물의 외벽면 및 지붕면으로부터 0.5m 이상 튀어 나오게 할 것
  ㉢ 방화벽에 설치하는 출입문의 너비 및 높이는 각각 2.5m 이하로 하고, 출입문에는 60분+ 방화문 또는 60분 방화문을 설치할 것

③ **연면적 1,000m² 이상인 목조건축물**
외벽 및 처마 밑 다음과 같은 부분을 방화구조로 하되, 그 지붕은 불연재료로 하여야 한다.

(3) 대피공간 설치기준

공동주택 중 아파트로서 4층 이상의 층에 각 세대가 2개 이상의 직통계단을 사용할 수 없는 경우에는 발코니에 인접세대와 공동으로 또는 각 세대별로 다음의 요건을 모두 갖춘 대피공간을 하나 이상 설치하여야 한다.

대피공간	예외
① 바깥공기와 접할 것 ② 실내의 다른 부분과 방화구획으로 구획할 것 ③ 바닥면적은 인접세대와 공동으로 설치하는 경우에는 3m² 이상, 각 세대별로 설치하는 경우에는 2m² 이상일 것 ④ 대피공간으로 통하는 출입문은 60분+ 방화문으로 설치할 것	아파트의 4층 이상의 층에서 발코니의 다음에 해당하는 구조 또는 시설을 설치한 경우 ① 인접 세대와의 경계벽이 파괴하기 쉬운 경량구조 등인 경우 ② 경계벽에 피난구를 설치한 경우 ③ 발코니의 바닥에 하향식 피난구를 설치한 경우 ④ 국토교통부장관이 대피공간과 동일하거나 그 이상의 성능이 있다고 인정하여 고시하는 구조 또는 시설을 갖춘 경우(이 경우 한국건설기술연구원의 기술검토를 받은 후 고시해야 함)

> **Tip** 건축물의 경사지붕 아래에 설치하는 대피공간에 관한 기준
> ① 특별피난계단 또는 피난계단과 연결되도록 할 것
> ② 관리사무소 등과 긴급 연락이 가능한 통신시설을 설치하는 것
> ③ 대피공간의 면적은 지붕 수평투영면적의 10분의 1 이상일 것
> ④ 출입구는 유효너비 0.9m 이상으로 하고, 그 출입구에는 60분+ 방화문 또는 60분 방화문을 설치할 것
> ⑤ 대피공간에 설치하는 창문 등은 망이 들어있는 유리의 붙박이창으로서 폭 0.9m, 높이 1.2m 이상은 반드시 개폐 가능하도록 할 것

11. 방화에 장애가 되는 용도의 제한[영 제47조]

(1) 대상 시설
의료시설, 노유자시설(아동관련시설 및 노인복지시설에 한함), 공동주택, 장례식장 또는 제1종 근린생활시설(산후조리원만 해당)과 위락시설, 위험물저장 및 처리시설, 공장 또는 자동차정비공장은 같은 건축물 안에 함께 설치할 수 없다.

(2) 용도제한 중 하나 이상을 함께 설치하고자 하는 경우 기준
① 공동주택 등의 출입구와 위락시설 등의 출입구는 서로 그 보행거리가 30m 이상이 되도록 설치할 것
② 공동주택과 위락시설 등은 내화구조로 된 바닥 및 벽으로 구획하여 서로 차단할 것
③ 공동주택 등과 위락시설 등은 서로 이웃하지 아니하도록 배치할 것
④ 건축물의 주요구조부를 내화구조로 할 것
⑤ 거실의 벽 및 반자가 실내에 면하는 부분(반자돌림대·창대 그밖에 이와 유사한 것을 제외)의 마감은 불연재료·준불연재료 또는 난연재료로 하고, 그 거실로부터 지상으로 통하는 주된 복도·계단 그밖에 통로의 벽 및 반자가 실내에 면하는 부분의 마감은 불연재료 또는 준불연재료로 할 것

(3) 용도시설에 대한 설치 가능한 시설물 및 설치 불가능한 시설물

구분	하나의 건축물 내 용도의 시설	
① 설치 가능한 시설물	공동주택 중 기숙사	공장
	중심상업지역·일반상업지역·근린상업지역	재개발사업을 시행하는 경우
	공동주택과 위락시설이 같은 초고층 건축물에 있는 경우	
	지식산업센터와 직장어린이집이 같은 건축물에 있는 경우	
② 설치 불가능한 시설물	의료시설·노유자시설·공동주택·장례식장	위락시설·위험물저장 및 처리시설·공장·자동차 정비공장
	아동관련시설·노인복지시설	도매시장 또는 소매시장
	• 단독주택(다중주택, 다가구주택) • 공동주택 • 제1종 근린생활시설 중 조산원 또는 산후 조리원	제2종 근린생활시설 중 다중생활시설

12. 건축물의 주요구조부를 내화구조로 해야 하는 건축물[법 제50조]

건축물의 용도	바닥면적의 합계
① 문화 및 집회시설(전시장, 동·식물원 제외) ② 장례시설 ③ 종교시설 ④ 위락시설 중 유흥주점으로 사용되는 건축물의 관람실, 집회실	200m² 이상 (옥외 관람석 1,000m²) 이상
① 제2종 근린생활시설 중 공연장·종교집회장	300m² 이상
① 문화 및 집회시설 중 전시장, 동·식물원 ② 판매시설 ③ 수련시설 ④ 운동시설 중 체육관 및 운동장 ⑤ 위락시설(주점영업의 용도에 쓰이는 것 제외) ⑥ 창고시설 ⑦ 위험물저장 및 처리시설 ⑧ 자동차관련시설 ⑨ 방송국, 전신전화국 및 촬영소 ⑩ 묘지관련시설 중 화장장 ⑪ 관광휴게시설의 용도에 쓰이는 건축물 ⑫ 운수시설	500m² 이상
① 공장(화재의 위험이 적은 공장으로서 주요구조부가 불연재료로 되어 있는 2층 이하의 공장은 제외)	2,000m² 이상
① 단독주택 중 다중주택 및 다가구주택 ② 공동주택 ③ 제1종 근린생활시설(의료용도로 쓰이는 시설만 한함) ④ 제2종 근린생활시설 중 다중생활시설 ⑤ 의료시설 ⑥ 아동관련시설, 노인복지시설 및 유스호스텔 ⑦ 업무시설 중 오피스텔 ⑧ 숙박시설 또는 장례식장의 용도	400m² 이상(2층의 건축물)
① 3층 이상인 건축물 ② 지하층이 있는 건축물(단, 2층 이하인 경우는 지하층부분에 한한다)	모든 건축물 다만, 단독주택(다중주택 및 다가구 주택을 제외) 및 동물 및 식물관련시설·발전시설·교도소 및 소년원 또는 묘지관련시설(화장장 제외)은 제외

예외
- 연면적 50m² 이하인 단층의 부속 건축물로서 외벽 및 처마 밑변을 방화구조로 한 것
- 무대의 바닥

3 거실에 관한 규정[영 제50, 51, 52, 53, 54, 55조]

1. 시설별 반자높이

(1) 반자높이는 4m 이상(노대 아랫부분의 반자높이는 2.7m 이상)

① 문화 및 집회시설(전시장 및 동·식물원을 제외), 장례식장, 종교시설, 위락시설 중 유흥주점

② 관람실 또는 집회실로서 그 바닥면적이 200m² 이상인 시설

예외 | 기계환기장치 설치 시

(2) 공동주택 거실의 반자높이는 2.1m 이상

2. 거실의 채광 및 환기

(1) 대상 용도

단독주택 및 공동주택의 거실, 교육연구시설 중 학교의 교실, 의료시설의 병실 또는 숙박시설의 객실

(2) 채광 및 환기를 위한 창문

구분	창문 등의 면적	예외 규정
① 채광창	거실 바닥면적의 1/10 이상	거실의 용도에 따라 [별도]의 규정에 의한 조도 이상의 조명장치를 설치한 경우
② 환기창	거실 바닥면적의 1/20 이상	기계환기장치 및 중앙관리방식의 공기조화 설비를 설치한 경우

※ 수시로 개방할 수 있는 미닫이로 구획된 2개의 거실은 거실의 채광 및 환기를 위한 규정을 적용함에 있어서 이를 1개의 거실로 본다.

(3) 거실의 용도에 따른 조도 기준

거실의 용도구분	조도구분	85cm 높이의 수평면 조도	거실의 용도구분	조도구분	85cm 높이의 수평면 조도
① 거주	독서, 식사, 조리, 기타	150 70	④ 집회	회의 집회 공연, 관람	300 150 70
② 집무	설계, 제도, 계산 일반사무 기타	700 300 150	⑤ 작업	(정밀)검사, 시험, 수술 일반 작업, 제조, 판매 포장, 세척 기타	700 300 150 70
③ 오락	오락 일반 기타	150 30			

3. 거실 등의 방습

(1) 건축물의 최하층에 있는 거실의 바닥이 목조인 경우

바닥높이는 지표면으로부터 45cm 이상

(2) 바닥으로부터 높이 1m까지의 안벽을 내수재료로 하여야 하는 경우
  ① 제1종 근린생활시설 : 목욕장의 욕실, 휴게음식점 및 제과점의 조리장
  ② 제2종 근린생활시설 : 일반음식점, 휴게음식점 및 제과점의 조리장과 숙박시설의 욕실

4. 내화구조인 경계벽 등의 설치 적용 대상
  ① 단독주택 중 다가구주택의 각 가구 간 또는 공동주택(기숙사 제외)의 각 세대간 경계벽(거실·침실 등 용도로 사용되지 아니하는 발코니 부분 제외)
  ② 공동주택 중 기숙사의 침실, 의료시설의 병실, 교육연구시설 중 학교의 교실 또는 숙박시설의 객실 간의 경계벽
  ③ 제2종 근린생활시설 중 다중생활시설의 호실 간 경계벽
  ④ 노유자시설 중 노인복지주택의 각 세대 간 경계벽
  ⑤ 노유자시설 중 노인요양시설의 호실 간 경계벽

5. 창문 등의 차면시설
  인접대지경계선으로부터 직선거리 2m 이내에 이웃주택의 내부가 보이는 창문을 설치하는 경우에는 차면시설을 설치하여야 한다.

4 지하층[법 제53조]과 건축물의 범죄예방[영 제63조의7]

1. 지하층의 구조
(1) 지하층의 구조

바닥면적의 구조	설치기준
① 거실의 바닥면적 50m² 이상인 층	직통계단 외에 비상탈출구 및 환기통 설치 예외) 직통계단이 2개 이상이 된 경우는 제외
② 바닥면적 1,000m² 이상인 층	방화구획으로 구획하는 각 부분마다 1개 이상의 피난계단 또는 특별피난계단 설치
③ 거실의 바닥면적의 합계가 1,000m² 이상인 층	환기설비 설치
④ 지하층의 바닥면적이 300m² 이상인 층	식수공급을 위한 급수전을 1개소 이상 설치

※ 거실의 바닥면적 50m² 이상 건축물에 직통계단을 2개소 이상 설치대상
  공연장, 단란주점, 당구장, 노래연습장, 예식장, 생활권수련시설, 자연권수련시설, 여관, 여인숙, 유흥주점, 다중이용업의 용도

(2) 비상탈출구의 구조
  ① 비상탈출구의 유효너비는 0.75m 이상으로 할 것
  ② 비상탈출구의 유효높이는 1.5m 이상으로 할 것
  ③ 비상탈출구는 출입구로부터 3m 이상 떨어진 곳에 설치할 것
  ④ 비상탈출구의 문은 피난방향으로 열리도록 하고, 실내에서 언제든지 열 수 있는 구조로 할 것

2. 범죄예방 기준에 따라 건축하여야 하는 대상건축물

① 다가구주택, 아파트, 연립주택 및 다세대주택
② 제1종 근린생활시설 중 일용품을 판매하는 소매점
③ 제2종 근린생활시설 중 다중생활시설
④ 문화 및 집회시설(동·식물원은 제외)
⑤ 교육연구시설(연구소·도서관은 제외)
⑥ 노유자시설
⑦ 수련시설
⑧ 업무시설 중 오피스텔
⑨ 숙박시설 중 다중생활시설

제 5 절 | 지역 및 지구의 건축물

1 건축물의 대지가 지역·지구 또는 구역에 걸치는 경우의 조치[법 제54조]

1. 건축물의 대지가 지역·지구 또는 구역에 걸치는 경우의 조치

(1) 지역, 지구(녹지지역 및 방화지구 제외) 구역에 걸치는 경우의 조치

① 원칙
그 건축물 및 대지의 전부에 대하여 그 대지의 과반이 속하는 지역·지구 또는 구역 안의 건축물 및 대지 등에 관한 규정을 적용

② 방화지구와 그 밖의 구역에 걸치는 경우
그 전부에 대하여 방화지구 안의 건축물에 관한 규정을 적용

> **예외** | 그 건축물이 방화지구와 그 밖의 구역의 경계가 방화벽으로 구획되는 경우에는 그 밖의 구역에 있는 부분에 대하여는 예외

③ 대지가 녹지지역과 그 밖의 지역·지구 또는 구역에 걸치는 경우 각 지역·지구 또는 구역 안의 건축물 및 대지에 관한 규정을 적용

> **예외** | 녹지지역 안의 건축물이 방화지구에 걸치는 경우에는 앞의 ②에 의한다.

2 건축물의 건폐율[법 제55조] [국토법 제77조]

1. 정의

$$건폐율 = \frac{건축면적}{대지면적} \times 100(\%)$$

※ 건축면적 : 대지에 2층 이상 건축물이 있는 경우 이들 건축면적의 합계

2. 건폐율 기준

용도지역 안에서 건폐율이 최대한도는 관할구역의 면적 및 인구규모, 용도지역의 특성 등을 감안하여 다음의 범위 안에서 특별시·광역시·특별자치시·특별자치도·시 또는 군의 도시·군계획 조례로 정한다.

(단위 : %)

지역	용도지역	건폐율의 최대한도	용도지역의 세분화		건폐율 기준
① 도시지역	주거지역	70/100 이하	전용주거지역	제1종	50/100 이하
				제2종	50/100 이하
			일반주거지역	제1종	60/100 이하
				제2종	60/100 이하
				제3종	50/100 이하
			준주거지역		70/100 이하
	상업지역	90/100 이하	근린상업지역		70/100 이하
			일반상업지역		80/100 이하
			유통상업지역		80/100 이하
			중심상업지역		90/100 이하
	공업지역	70/100 이하	전용공업지역		70/100 이하
			일반공업지역		70/100 이하
			준공업지역		70/100 이하
	녹지지역	20/100 이하	보전녹지지역		20/100 이하
			생산녹지지역		20/100 이하
			자연녹지지역		20/100 이하
② 관리지역	보전관리지역	20/100 이하	–		20/100 이하
	생산관리지역	20/100 이하	–		20/100 이하
	계획관리지역	40/100 이하	–		40/100 이하
③ 농림지역	–	20/100 이하	–		20/100 이하
④ 자연환경 보전지역	–	20/100 이하	–		20/100 이하

3 건축물의 용적률[법 제56조] [국토법 제78조]

1. 정의

$$용적률 = \frac{연면적}{대지면적} \times 100(\%)$$

※ 연면적 : 대지에 2 이상의 건축물이 있는 경우에는 이들 연면적의 합계
※ 연면적의 산정에는 지하층의 면적을 산입하나 용적률 산정 시에는 지하층의 면적을 산입하지 않는다.

2. 용적률 기준

지역	용도지역	용적률의 최대한도	용도지역 세분화		용적률 기준
① 도시지역	주거지역	500% 이하	전용 주거지역	제1종	50% 이상 100% 이하
				제2종	100% 이상 150% 이하
			일반 주거지역	제1종	100% 이상 200% 이하
				제2종	100% 이상 250% 이하
				제3종	100% 이상 300% 이하
			준주거지역		200% 이상 500% 이하
	상업지역	1,500% 이하	중심상업지역		200% 이상 1,500% 이하
			일반상업지역		200% 이상 1,300% 이하
			근린상업지역		200% 이상 900% 이하
			유통상업지역		200% 이상 1,100% 이하
	공업지역	400% 이하	전용공업지역		150% 이상 300% 이하
			일반공업지역		150% 이상 350% 이하
			준공업지역		150% 이상 400% 이하
	녹지지역	100% 이하	보전녹지지역		50% 이상 80% 이하
			생산녹지지역		50% 이상 100% 이하
			자연녹지지역		50% 이상 100% 이하
② 관리지역	보전관리지역	80% 이하	-		50% 이상 80% 이하
	생산관리지역	80% 이하	-		50% 이상 80% 이하
	계획관리지역	100% 이하	-		50% 이상 100% 이하
③ 농림지역		80% 이하	-		50% 이상 80% 이하
④ 자연환경 보전지역		80% 이하	-		50% 이상 80% 이하

4 대지 안의 공지[법 제58조]와 건축물의 높이제한[법 제60조]

1. 건축선으로부터 건축물까지 띄워야 하는 거리
건축물을 건축하거나 용도변경하는 경우에는 용도지역·지구, 건축물의 용도 및 규모에 따라 건축선 및 인접대지경계선으로부터 6m 이내의 범위에서 해당 지방 자치단체의 조례로 정하는 거리 이상을 띄어야 한다.

2. 가로구역별 건축물의 높이 지정·공고 시 고려사항
허가권자는 가로구역(도로로 둘러싸인 지역)을 단위로 하여 건축물의 최고높이를 지정·공고할 수 있다.
① 도시·군 관리계획 등의 토지이용계획
② 해당 가로구역이 접하는 도로의 너비
③ 해당 가로구역의 상·하수도 등 간선시설의 수용능력
④ 도시미관 및 경관계획
⑤ 해당 도시의 장래발전계획

5 일조 등의 확보를 위한 건축물 높이제한[법 제61조]

1. 전용주거지역 및 일반주거지역 안에서 건축하는 건축물의 높이 제한
(1) 정북방향의 인접대지 경계선으로부터 띄우는 거리

높이	띄우는 거리(인접대지경계선 기준)
① 10m 이하	1.5m 이상
② 10m 초과	해당 건축물 각 부분 높이의 1/2 이상

예외
① 다음에 해당하는 구역 안의 너비 20m 이상의 도로(자동차·보행자·자전거 전용도로를 포함하며, 도로와 대지 사이에 공공공지, 녹지, 광장, 그 밖에 건축미관에 지장이 없는 도시·군계획시설이 있는 경우 해당 시설을 포함)에 접한 대지 상호 간에 건축하는 건축물의 경우
　㉠ 지구단위계획구역, 경관지구
　㉡ 중점경관관리구역
　㉢ 특별가로구역
　㉣ 도시미관 향상을 위하여 허가권자가 지정·공고하는 구역
② 건축협정구역 안에서 대지 상호 간에 건축하는 건축물(건축협정에 일정 거리 이상을 띄어 건축하는 내용이 포함된 경우만 해당)의 경우
③ 건축물의 정북 방향의 인접 대지가 전용주거지역이나 일반주거지역이 아닌 용도지역에 해당하는 경우

(2) 공동주택을 다른 용도와 복합하여 건축할 때의 건축물의 높이 산정 기준
공동주택의 가장 낮은 부분을 기준으로 함

(3) 정남방향의 인접대지 경계선으로부터 띄우는 대상지역
① 택지개발지구
② 대지조성사업지구
③ 지역개발사업구역
④ 국가산업단지·일반산업단지·도시첨단산업단지·농공단지
⑤ 도시개발구역
⑥ 주거환경정비구역
⑦ 정북방향으로 도로·공원·하천 등 건축이 금지된 공지에 접하는 대지
⑧ 정북방향으로 접하고 있는 대지의 소유권자와 합의한 경우
⑨ 기타 대통령령으로 정하는 경우

6 특별건축구역의 지정[법 제69조]

1. 특별건축구역의 지정
① 국토교통부장관이 지정하는 경우
② 시·도지사가 지정하는 경우

2. 위의 경우에도 불구하고 특별건축구역을 지정할 수 없는 경우
① 「개발제한구역의 지정 및 관리에 관한 특별조치법」에 따른 개발제한구역
② 「자연공원법」에 따른 자연공원
③ 「도로법」에 따른 접도구역
④ 「산지관리법」에 따른 보전산지

3. 국토교통부장관이 특별건축구역을 지정하는 경우
① 국가가 국제행사 등을 개최하는 도시 또는 지역의 사업구역
② 관계법령에 따른 국가정책사업으로서 대통령령으로 정하는 사업구역

제 6 절 │ 건축설비

1 승강기[법 제64조]

1. 승용승강기

(1) 설치대상 건축물

층수가 6층 이상으로서, 연면적이 2,000m² 이상인 건축물

건축물의 용도	6층 이상 거실면적의 합계(Am²)	
	3,000m² 이하	3,000m² 초과
① 문화 및 집회시설 (공연장, 집회장, 관람장) ② 판매시설 ③ 의료시설	2대	2대에 3,000m²를 초과하는 경우에는 그 초과하는 매 2,000m² 이내마다 1대의 비율로 가산한 대수 $\therefore 2 + \dfrac{A - 3,000\text{m}^2}{2,000\text{m}^2}$
① 문화 및 집회시설 (전시장, 동·식물원) ② 업무시설 ③ 숙박시설 ④ 위락시설	1대	1대에 3,000m²를 초과하는 경우에는 그 초과하는 매 2,000m² 이내마다 1대의 비율로 가산한 대수 $\therefore 1 + \dfrac{A - 3,000\text{m}^2}{2,000\text{m}^2}$
① 공동주택 ② 교육연구시설 ③ 노유자시설 ④ 그 밖의 시설	1대	1대에 3,000m²를 초과하는 경우에는 그 초과하는 매 3,000m² 이내마다 1대의 비율로 가산한 대수 $\therefore 1 + \dfrac{A - 3,000\text{m}^2}{3,000\text{m}^2}$

※ 비고: 승강기의 대수 기준을 산정함에 있어서 8인승 이상 15인승 이하는 위 표에 의한 1대의 승강기로 보고, 16인승 이상의 승강기는 위 표에 의한 2대의 승강기로 본다.

(2) 설치 예외 건축물

층수가 6층인 건축물로서 각 층 거실의 바닥면적 300m² 이내마다 1개소 이상의 직통계단을 설치한 건축물

2. 비상용승강기

(1) 설치대상

높이 31m를 초과하는 건축물에는 다음의 기준에 의한 설치대수 이상의 비상용승강기를 설치(비상용승강기의 승강장 및 승강로 포함)

(2) 설치기준

높이 31m를 넘는 각층의 바닥면적 중 최대바닥면적(Am²)	설치대수
① 1,500m² 이하	1대 이상
② 1,500m² 초과	1대에 1,500m²를 넘는 3,000m² 이내마다 1대씩 가산 $\therefore 1 + \dfrac{A - 1,500\text{m}^2}{3,000\text{m}^2}$

(3) 설치 예외 규정

높이	대상
31m를 넘는	① 각 층을 거실 외의 용도로 쓰는 건축물
	② 각 층 바닥면적의 합계가 500m² 이하인 건축물
	③ 층수가 4층 이하로서 해당 각층의 바닥면적의 합계가 200m²(벽 및 반자가 실내에 접하는 부분의 마감을 불연재료로 한 경우에는 500m²) 이내마다 방화구획으로 구획한 건축물

(4) 비상용승강기의 승강장 및 승강로의 구조

① 고층건축물 피난승강기 설치

고층건축물에는 승용승강기 중 1대 이상을 피난용승강기의 설치기준에 적합하게 설치하여야 한다.
다만) 준초고층 건축물 중 공동주택은 제외한다.

② 비상용승강기 승강장의 구조

㉠ 승강장의 창문, 출입구 기타 개구부를 제외한 부분은 해당 건축물의 다른 부분과 내화구조의 바닥 및 벽으로 구획할 것
㉡ 승강장은 각 층의 내부와 연결될 수 있도록 하되, 그 출입구(승강로의 출입구 제외)에는 60분+ 방화문 또는 60분 방화문을 설치할 것. 다만, 피난층에는 60분+ 방화문 또는 60분 방화문을 설치하지 아니할 수 있다.
㉢ 노대 또는 외부를 향하여 열 수 있는 창문이나 배연설비를 설치할 것
㉣ 벽 및 반자가 실내에 접하는 부분의 마감재료(마감을 위한 바탕을 포함)는 불연재료로 할 것
㉤ 승강장의 바닥면적은 비상용승강기 1대에 대하여 6m² 이상으로 할 것
(예외 : 옥외에 승강장을 설치하는 경우)
㉥ 피난층이 있는 승강장의 출입구(승강장이 없는 경우에는 승강로의 출입구)로부터 도로 또는 공지(공원, 광장 등)에 이르는 거리가 30m 이하일 것
㉦ 승강로는 각 층으로부터 피난층까지 이르는 승강로를 단일구조로 연결하여 설치할 것
㉧ 채광이 되는 창문이 있거나 예비전원에 의한 조명설비를 할 것
㉨ 승강장 출입구 부근의 잘 보이는 곳에 당해 승강기가 비상용승강기임을 알 수 있는 표지를 할 것

2 건축물의 냉방설비[규칙 제23조]와 개별난방설비[규칙 제13조]

1. 배기구 및 배기장치 설치기준
상업지역 및 주거지역에서 건축물에 설치하는 냉방시설 및 환기시설의 배기구와 배기장치의 설치는 다음의 기준에 모두 적합하여야 한다.
① 배기구는 도로면으로부터 2m 이상의 높이에 설치할 것
② 배기장치에서 나오는 열기가 인근 건축물의 거주자나 보행자에게 직접 닿지 아니하도록 할 것

2. 공동주택과 오피스텔 난방설비 기준
① 보일러는 거실 이외의 곳에 설치하되, 보일러를 설치하는 곳과 거실 사이의 경계벽은 출입구를 제외하고는 내화구조의 벽으로 구획할 것
② 보일러실의 윗부분에는 면적이 0.5m² 이상인 환기창을 설치하고, 보일러실의 윗부분과 아랫부분에는 각각 지름 10cm 이상의 공기흡입구 및 배기구를 항상 열려 있는 상태로 바깥공기에 접하도록 설치할 것
③ 보일러실과 거실사이에 출입구는 그 출입구가 닫힌 경우에는 보일러가스가 거실에 들어갈 수 없는 구조로 할 것
④ 기름보일러를 설치하는 경우에는 기름저장소를 보일러실 외의 다른 곳에 설치할 것
⑤ 오피스텔의 경우에는 난방구획을 방화구획으로 구획할 것
⑥ 보일러의 연도는 내화구조로서 공동연도로 설치할 것

3 관계전문기술자와의 협력[법 제67조]

1. 건축구조기술자 협력대상 및 시기
(1) 협력대상
① 6층 이상 건축물
② 특수구조 건축물
③ 다중이용 건축물
④ 준다중이용 건축물
⑤ 3층 이상의 필로티형식 건축물

(2) 관계전문기술자 협력대상
① 연면적이 10,000m² 이상인 건축물(창고시설 제외)
② 다음에 해당하는 에너지를 대량으로 소비하는 건축물

용도	바닥면적 합계
냉동냉장시설, 항온항습시설, 특수청정시설	500m²
아파트, 연립주택	–
목욕장, 물놀이형시설, 수영장	500m²
기숙사, 의료시설, 유스호스텔, 숙박시설	2,000m²
판매시설, 연구소, 업무시설	3,000m²
문화 및 집회시설, 종교시설, 교육연구시설, 장례식장	10,000m²

관계전문기술자의 협력사항		
협력 기술자	협력사항
건축전기설비기술사 발송배전기술사	전기, 승강기(전기분야), 피뢰침
건축기계설비기술사 공조냉동기계기술사	가스, 급수, 배수, 환기, 난방, 소화 배연, 오물처리설비, 승강기(기계분야)

4 공동주택 및 다중이용시설의 환기설비기준 등[규칙 제11조]

1. 자연 또는 기계환기시설의 환기설비기준 등
① 신축 또는 리모델링하는 30세대 이상의 공동주택에는 시간당 0.5회 이상의 환기가 이루어질 수 있도록 자연 또는 기계환기설비를 설치하여야 한다.
② 세대의 환기량 조절을 위하여 환기설비의 정격풍량을 3단계 또는 그 이상으로 조절할 수 있는 체계를 갖추어야 한다.
③ 기계환기설비에서 발생하는 소음의 측정은 한국산업규격(KS B 6361)에 따르는 것을 원칙으로 한다.
④ 기계환기설비는 주방 가스대 위의 공기배출장치, 화장실의 공기배출 송풍기 등 급속 환기설비와 함께 설치할 수 있다.

5 배연설비[영 제51조, 규칙 제14조]

1. 설치대상
① 6층 이상 건축물의 제2종 근린생활 중 공연장·종교집회장, 인터넷컴퓨터 게임시설제공업소 및 다중생활시설(바닥면적 합계가 각각 300m² 이상인 경우)·문화 및 집회시설, 종교시설, 판매시설, 운수시설, 의료시설, 연구소·아동관련시설·노인복지시설 및 유스호스텔, 운동시설, 업무시설, 숙박시설, 위락시설, 관광휴게시설, 장례식장에 쓰이는 거실
② 특별피난계단의 전실·비상용승강기의 승강장

2. 구조기준
(1) 거실의 배연설비

구분	구조기준
① 배연창의 위치	건축물에 방화구획이 설치된 경우 그 구획마다 1개소 이상의 배연창을 설치하되, 배연창의 상변과 천장 또는 반자로부터 수직거리가 0.9m 이내일 것 다만) 반자높이가 3m 이상인 경우 배연창의 하변이 바닥으로부터 2.1m 이상의 위치에 놓이도록 설치
② 배연창의 유효면적	1m² 이상으로서 바닥면적의 1/100 이상 예외) 방화구획이 된 경우 거실바닥면적의 1/20 이상으로 환기창을 설치한 거실의 바닥면적을 제외
③ 배연구의 구조	연기감지기, 열감지기에 의해 자동으로 열 수 있는 구조로 하되 손으로 여닫을 수 있도록 할 것

(2) 특별피난계단 및 비상용승강기의 승강장에 설치하는 배연설비구조 기준

구분		구조기준
① 배연구 및 배연풍도		불연재료로 하고, 화재가 발생한 경우 원활하게 배연시킬 수 있는 규모로서 외기 또는 평상시에 사용하지 아니하는 굴뚝에 연결할 것
② 배연구의 구조		• 배연구는 예비전원에 의하여 열 수 있도록 할 것 • 배연구에 설치하는 수동개방장치 또는 자동개방장치는 손으로도 열고 닫을 수 있도록 할 것 • 평상시에는 닫힌 상태를 유지하고, 연 경우에는 배연에 의한 기류로 인하여 닫히지 아니하도록 할 것
③ 배연기	설치	배연구가 외기에 접하지 아니하는 경우에는 배연기를 설치할 것
	개폐방식	배연구의 열림에 따라 자동적으로 작동하고, 충분한 공기배출 또는 가압능력이 있을 것
	전원	예비전원을 설치할 것

6 배관설비[규칙 제17조]와 피뢰설비[규칙 제20조]

1. 먹는물용 배관설비의 설치 및 구조[규칙 제18조]

① 급수・배수 등의 용도로 쓰이는 배관설비의 설치 및 구조에 적합할 것
② 먹는물용 배관설비는 다른 용도의 배관설비와 직접 연결하지 아니할 것
③ 급수 및 저수탱크는「수도시설의 청소 및 위생관리 등에 관한 규칙」규정에 의한 저수조 설치 기준에 적합한 구조로 할 것
④ 먹는물의 급수관의 지름은 건축물의 용도 및 규모에 적정한 규격 이상으로 할 것

> **예외** 주거용 건축물은 해당 배관에 의하여 급수되는 가구수 또는 바닥면적의 합계에 따라 다음 표의 기준에 적합한 지름의 관으로 배관하여야 한다.

주거용 건축물 급수관의 지름

기준 \ 가구(세대)	1	2~3	4~5	6~8	9~16	17 이상
① 급수관 지름의 최소기준(mm)	15	20	25	32	40	50
② 가구 또는 세대의 구분이 불분명한 가구수 산정의 바닥면적 합계(m²)	85 이하	85~150	150~300	300~500		500(초과)

2. 피뢰설비의 설치대상

① 낙뢰의 우려가 있는 건축물
② 높이 20m 이상의 건축물
③ 높이 20m 이상의 공작물(건축물에 공작물을 설치하여 그 전체 높이가 20m 이상인 것을 포함)

7 건축설비의 기타사항

1. 방송공동수신설비 의무설치 대상
① 공동주택(아파트, 다세대주택, 연립주택, 기숙사)
② 바닥면적의 합계가 5,000m² 이상으로서 업무시설의 용도로 쓰는 건축물
③ 바닥면적의 합계가 5,000m² 이상으로서 숙박시설의 용도로 쓰는 건축물

2. 전기설비 설치공간의 면적 기준[건축물의 설비기준 등에 관한 규칙 별표 3의 3]

특고압, 고압	100kW 이상	가로 2.8m, 세로 2.8m
저압	75kW 이상 150kW 미만	가로 2.5m, 세로 2.8m
	150kW 이상 200kW 미만	가로 2.8m, 세로 2.8m
	200kW 이상 300kW 미만	가로 2.8m, 세로 4.6m
	300kW 이상	가로 2.8m 이상, 세로 4.6m 이상

3. 소음 방지를 위한 층간바닥 설치대상 건축물
① 단독주택 중 다가구주택
② 공동주택
③ 업무시설 중 오피스텔
④ 숙박시설 중 다중생활시설
⑤ 제2종 근린생활시설 중 다중생활시설

4. 주택관리지원센터의 수행 업무
① 간단한 보수 및 수리지원
② 건축물의 유지·관리에 대한 법률 상담
③ 건축물의 개량·보수에 관한 교육 및 홍보

단원별 경향문제

01
제2종 일반주거지역에서 건축할 수 없는 건축물은?
① 종교시설
② 숙박시설
③ 노유자시설
④ 제1종 근린생활시설

해설 답 ②

제2종 일반주거지역 안에서 건축할 수 있는 건축물
- 단독주택, 공동주택
- 노유자시설
- 제1종 근린생활시설, 문화 및 집회시설, 박물관·미술관·기념관, 종교시설로서 바닥면적의 합계가 1,000m² 미만인 것
- 유치원·초등학교·중학교 및 고등학교

02
건폐율에 관한 설명으로 가장 알맞은 것은?
① 대지면적에 대한 연면적의 비율
② 대지면적에 대한 바닥면적의 비율
③ 대지면적에 대한 건축면적의 비율
④ 대지면적에 대한 공지면적의 비율

해설 답 ③

건폐율과 용적률 정의
- 건폐율 : 대지면적에 대한 건축면적의 비율
- 용적률 : 대지면적에 대한 연면적의 비율

03
구조안전을 확인한 건축물 중 확인서류를 허가권자에게 제출하여야 하는 건축물이 아닌 것은?
① 층수가 2층 이상인 건축물
② 높이가 13m 이상인 건축물
③ 처마높이가 9m 이상인 건축물
④ 연면적이 500m² 이상인 건축물

해설 답 ④

④ 연면적이 200m² 이상인 건축물

04
연면적 200m²를 초과하는 건축물에 설치하는 계단에 관한 기준 내용으로 옳지 않은 것은?
① 너비가 4m를 넘는 계단에는 계단의 중간에 너비 2m 이내마다 난간을 설치할 것
② 높이가 3m를 넘는 계단에는 높이 3m 이내마다 유효 너비 1.2m 이상의 계단참을 설치할 것
③ 높이가 1m를 넘는 계단 및 계단참의 양옆에는 난간(벽 또는 이에 대치되는 것 포함)을 설치할 것
④ 계단의 바닥 마감면부터 상부 구조체의 하부 마감면까지의 연직방향의 높이는 2.1m 이상으로 할 것

해설 답 ①

① 너비가 3m를 넘는 계단에는 계단의 중간에 너비 3m 이내마다 난간을 설치할 것

05

다음의 옥상광장 등의 설치와 관련된 기준 내용 중 ( ) 안에 해당되지 않는 것은?

> 5층 이상인 층이 ( )의 용도로 쓰는 경우에는 피난 용도로 쓸 수 있는 광장을 옥상에 설치하여야 한다.

① 판매시설 중 상점
② 판매시설 중 소매시장
③ 의료시설 중 격리병원
④ 위락시설 중 주점영업

해설   답 ③

옥상광장 설치 기준
5층 이상의 층이 문화 및 집회시설(전시장 및 동·식물원 제외), 판매시설, 종교시설, 장례식장 또는 위락시설 중 주점영업의 용도에 쓰이는 경우에는 피난의 용도에 쓸 수 있는 광장을 옥상에 설치해야 한다.

06

바닥면적이 1,000m²인 의료시설 병실에서 환기를 위하여 설치하는 창문 등의 면적은 최소 얼마 이상으로 하여야 하는가? (단, 기계환기장치 및 중앙관리방식의 공기조화설비를 설치하지 않은 경우)

① 40m²
② 50m²
③ 60m²
④ 70m²

해설   답 ②

거실의 환기 면적 계산
- 환기를 위한 창문의 면적 : 거실 바닥면적의 $\frac{1}{20}$ 이상

$$\therefore 1,000\text{m}^2 \times \frac{1}{20} = 50\text{m}^2 \text{ 이상}$$

CHAPTER 02 주차장법

제1절 | 총칙

1 용어의 정의[법 제2조]

1. 주차장

(1) 주차장

① 노상주차장

도로의 노면 또는 교통광장(교차점광장에 한함)의 일정한 구역에 설치된 주차장으로서, 일반의 이용에 제공되는 것

② 노외주차장

도로의 노면 및 교통광장 외의 장소에 설치된 주차장으로서, 일반의 이용에 제공되는 것

③ 부설주차장

건축물, 골프 연습장, 기타 주차수요를 유발하는 시설에 부대하여 설치된 주차장으로서, 해당 건축물·시설의 이용자 또는 일반의 이용에 제공되는 것

(2) 주차전용건축물[영 제1조의 2]

① 주차면적 비율

건축물의 용도	주차면적 비율
건축물의 연면적 중 주차장으로 사용되는 부분(의료시설 등)	95% 이상
단독주택, 공동주택, 제1종 및 제2종 근린생활시설, 문화 및 집회시설, 종교시설, 판매시설, 운수시설, 운동시설, 업무시설, 창고시설, 자동차관련시설	70% 이상

② 주차전용건축물의 기준

  ㉠ 건폐율 : 90% 이하
  ㉡ 용적률 : 1,500% 이하
  ㉢ 대지면적의 최소한도 : 45m² 이상
  ㉣ 높이 제한(대지가 너비 12미터 미만의 도로에 접하는 경우) : 건축물의 각 부분의 높이는 그 부분으로부터 대지에 접한 도로의 반대쪽 경계선까지의 수평거리의 3배

제 2 절 | 주차장기준 등

1 주차장 설비기준 등[법 제6조]

1. 주차장 형태[규칙 제2조]

구분	형식	종류
자주식 주차장	운전자가 직접 운전하여 주차장으로 들어가는 형식	• 지하식 • 지평식 • 건축물식(공작물식 포함)
기계식 주차장	기계식주차장치를 설치한 노외주차장 및 부설주차장	• 지하식 • 건축물식

2. 주차장의 주차구획[규칙 제3조]

주차형식	구분	주차구획
평행주차형식의 경우	경형	1.7×4.5m 이상
	일반형	2.0×6.0m 이상
	보도와 차도의 구분이 없는 주거지역의 도로	2.0×5.0m 이상
	이륜자동차 전용	1.0×2.3m 이상
평행주차형식 외의 경우	경형	2.0×3.6m 이상
	일반형	2.5×5.0m 이상
	확장형	2.6×5.2m 이상
	장애인 전용	3.3×5.0m 이상
	이륜자동차 전용	1.0×2.3m 이상

3. 주차장의 수급 실태 조사

① 사각형 또는 삼각형 형태로 조사구역을 설정한다.
② 각 조사구역은 「건축법」에 따른 도로를 경계로 구분한다.
③ 조사구역 바깥 경계선의 최대거리가 300m를 넘지 아니하도록 한다.
④ 실태조사의 주기는 3년으로 한다.
⑤ 주거기능과 상업·업무기능이 섞여 있는 지역의 경우에는 주차시설 수급의 적정성, 지역적 특성 등을 고려하여 같은 특성을 가진 지역별로 조사구역을 설정한다.

제 3 절 | 노상주차장

1 노상주차장의 설치기준[규칙 제4조]
1. 노상주차장 설치금지 장소

설치금지 장소	예외
① 주간선도로	분리대, 기타 도로의 부분으로서 도로교통에 지장을 초래하지 않는 부분
② 너비 6m 미만의 도로	보행자의 통행이나 연도의 이용에 지장이 없는 경우로서 해당 지방자치단체의 조례로 따로 정하는 경우
③ 종단기울기가 4%를 초과하는 도로	종단기울기가 6% 이하로서 보도와 차도의 구별이 되어 있고, 차도의 너비가 13m 이상인 경우
	종단기울기가 6% 이하의 도로로서 시장·군수·구청장이 안전에 지장이 없다고 인정하는 도로의 주거지역에 설치된 노상주차장으로서 인근주민의 자동차를 위한 경우
④ 고속도로·자동차전용도로·고가도로	
⑤ 주·정차 금지구역에 해당하는 도로의 부분(도로교통법)	

(2) 장애인전용 주차구획

주차대수 규모	주차구획
① 20대 이상 50대 미만	한 면 이상
② 50대 이상	2~4% 범위

(3) 노상주차장의 전용 주차구획의 설치
① 주거지역에 설치된 노상주차장으로서 인근주민의 자동차를 위한 경우
② 하역주차구간으로서 인근이용자의 화물자동차를 위한 경우
③ 대한민국에 주재하는 외교공관 및 외교관의 자동차를 위한 경우
④ 승용차공동이용 지원을 위해 사용되는 자동차를 위한 경우

제 4 절 | 노외주차장

1 단지조성사업 등에 따른 노외주차장[법 제12조의 3, 영 제4조]
1. 경형자동차 및 환경친화적 자동차에 대한 전용주차 구획

단지조성사업 등으로 설치되는 노외주차장에는 경형자동차 및 환경친화적 자동차에 대한 전용주차구획을 합한 주차구획이 노외주차장 총 주차대수의 10/100 이상이 되도록 설치해야 한다. 또한 환경친화적 자동차를 위한 전용주차구획은 총 주차대수의 5/100 이상이 되도록 설치해야 한다.

2 노외주차장의 설치에 대한 계획기준[규칙 제5조]
1. 노외주차장의 출구 및 입구 설치 금지장소
① 「도로교통법」에 의하여 정차·주차가 금지되는 도로의 부분
② 횡단보도(육교 및 지하 횡단보도를 포함)에서 5m 이내의 도로부분
③ 너비 4m 미만의 도로(주차대수 200대 이상인 경우에는 너비 10m 미만의 도로)
④ 종단기울기가 10%를 초과하는 도로
⑤ 유아원, 유치원, 초등학교, 특수학교, 노인복지시설, 장애인 복지시설 및 아동전용시설 등의 출입구로부터 20m 이내의 도로부분

2. 주차대수 400대를 초과하는 규모

주차대수 400대를 초과하는 규모의 노외주차장의 경우에는 노외주차장의 출구와 입구는 각각 따로 설치

> **예외** | 출입구 너비의 합이 5.5m 이상으로서 출구와 입구가 차선 등으로 분리되는 경우

3. 자연녹지지역의 노외주차장 설치 가능 지역
① 토지의 형질변경 없이 주차장의 설치가 가능한 지역
② 주차장 설치를 목적으로 토지의 형질변경 허가를 받은 지역
③ 하천구역 및 공유수면으로서 주차장이 설치되어도 해당 하천 및 공유수면의 관리에 지장을 주지 아니하는 지역

3 노외주차장의 구조 및 설비기준[규칙 제6조]
1. 출구와 입구

자동차의 회전을 용이하게 하기 위하여 필요한 경우에는 차로와 도로가 접하는 부분을 곡선형으로 하여야 한다.

2. 출구 부근의 구조

해당 출구로부터 2m를 후퇴한 노외주차장 차로의 중심선상 1.4m의 높이에서 도로의 중심선에 직각으로 향한 좌·우측 각 60°의 범위 안에서 해당도로를 통행하는 자를 확인할 수 있도록 하여야 한다.

3. 차로의 설치

① 주차구획선의 긴 변과 짧은 변 중 한 변 이상이 차로에 접하여야 한다.
② 차로의 너비는 주차형식에 따라 다음의 기준 이상으로 하여야 한다.

구분	주차형식	차로의 폭	
		출입구가 2개 이상인 경우	출입구가 1개인 경우
이륜자동차 전용	평행주차	2.25m	3.5m
	직각주차	4.0m	4.0m
	45° 대향주차	2.3m	3.5m
이륜자동차 전용 이외 일반	평행주차	3.3m	5.0m
	직각주차	6.0m	6.0m
	60° 대향주차	4.5m	5.5m
	45° 대향주차	3.5m	5.0m
	교차주차	3.5m	5.0m

4. 출입구의 너비

① 3.5m 이상
② 주차대수 규모가 50대 이상인 경우에는 출구와 입구를 분리하거나 너비 5.5m 이상의 출입구를 설치할 것

5. 자주식주차장의 차로기준

지하식 또는 건축물식에 의한 노외주차장과 기계식주차장으로서 자동차용승강기로 주차하고자 하는 층까지 운반된 자동차가 주차구획까지 자주식으로 들어가는 노외주차장의 차로

① 높이는 주차바닥면으로부터 2.3m 이상
② 곡선부분은 자동차가 6m 이상의 내변반경으로 회전이 가능하도록 할 것
③ 경사로의 차로너비 및 종단기울기

주차형식	차선 1차선	차선 2차선	종단경사도	연석설치	노면
직선형	3.3m 이상	6m 이상	17% 이하	경사로의 양측벽면으로부터 30cm의 거리에 높이 10~15cm의 연석을 설치	경사로의 노면은 거친 면으로 할 것
곡선형	3.6m 이상	6.5m 이상	14% 이하		

④ 주차대수 규모가 50대 이상인 경우의 경사로는 너비 6m 이상인 2차선의 차로를 확보하거나 진입차로와 진출차로를 분리

6. 자동차용 승강기 설치
자동차용 승강기로 운반된 자동차가 주차구획까지 자주식으로 들어가는 노외주차장의 경우는 주차대수 30대마다 1대의 자동차용 승강기를 설치

7. 주차부분 높이
노외주차장의 주차에 사용되는 부분의 높이는 주차바닥면으로부터 2.1m 이상으로 설치

8. 일산화탄소의 농도
실내 일산화탄소(CO)의 농도는 차량이용이 빈번한 전후 8시간의 평균치를 50ppm 이하(「실내공기질관리법」 규정에 의한 실내주차장은 25ppm 이하)로 유지

9. 조명장치
자주식주차장으로서(지하식 또는 건축물식) 벽면에서부터 50cm 이내를 제외한 바닥면적의 최소조도와 최대조도기준

위치	최소조도	최대조도
주차구획 및 차로	10럭스 이상	최소조도의 10배 이내
주차장 출구 및 입구	300럭스 이상	없음
사람이 출입하는 통로	50럭스 이상	없음

10. 부대시설
부대시설의 총면적은 주차장 총 시설면적의 20% 이하로 한다.
① 관리사무소, 휴게소, 공중화장실
② 간이매점, 자동차의 장식품판매점 및 전기자동차 충전시설, 태양광발전시설, 집배송시설
③ 주유소

제 5 절 | 부설주차장

1 부설주차장의 설치[법 제19조]

1. 부설주차장의 설치기준[영 제6조]
(1) 부설주차장 설치대상 시설물 종류 및 설치기준

시설물	설치기준
① 위락시설	시설면적 100m²당 1대
② • 문화 및 집회시설(관람장 제외) • 종교시설, 판매시설, 운수시설 • 의료시설(정신병원, 요양병원, 격리병원 제외) • 운동시설(골프장·골프연습장 및 옥외 수영장을 제외) • 업무시설(외국공관 및 오피스텔 제외) • 방송통신시설 중 방송국 • 장례식장	시설면적 150m²당 1대
③ • 제1종 근린생활시설 예외) 지역자치센터, 파출소, 지구대, 소방서, 우체국, 방송국, 보건소, 공공도서관, 건강보험공단 사무소 등으로서 1,000m² 미만 마을회관, 마을공동작업소, 마을공동구판장 등 • 제2종 근린생활시설 • 숙박시설	시설면적 200m²당 1대
④ 단독주택 (다가구주택 제외)	• 시설면적 50m² 초과 150m² 이하의 경우에는 1대 • 시설면적 150m² 초과의 경우에는 1대에 150m²를 초과하는 100m²당 1대를 더한 대수 $\therefore\ 1 + \dfrac{\text{시설면적} - 150\text{m}^2}{100\text{m}^2}$

⑤ • 다가구주택 • 공동주택 (기숙사 제외) • 업무시설 중 오피스텔	주차장 설치기준(대/m²)				
	주택의규모별 (전용면적 : m²)	특별시	광역시 및 수도권 내의 시지역	시지역 및 수도권 내의 군지역	기타지역
	85 이하	1/75	1/85	1/95	1/110
	85 초과	1/65	1/70	1/75	1/85

※ 세대당 전용면적이 60m² 이하인 경우에는 0.7대 이상이 되도록 한다.
※ 다가구주택 및 오피스텔의 전용면적은 공동주택의 전용면적 산정방법 적용

시설물	설치기준
⑥ • 골프장 • 골프연습장 • 옥외 수영장 • 관람장	1홀당 10대 1타석당 1대 정원 15인당 1대 정원 100인당 1대
⑦ 수련시설, 발전시설 공장(아파트형은 제외)	시설면적 350m²당 1대
⑧ 창고시설, 학생용 기숙사, 방송통신시설 중 데이터센터	시설면적 400m²당 1대
⑨ 그 밖의 건축물	시설면적 300m²당 1대

2. 건축물의 용도 변경에 따른 부설주차장 설치

건축물의 용도를 변경하는 경우에는 용도변경 시점의 주차장 설치기준에 따라 변경 후 용도의 주차대수와 변경 전 용도의 주차대수를 산정하여 그 차이에 해당하는 부설주차장을 추가로 확보하여야 한다.

예외 | 부설주차장을 추가 확보하지 않고 건축물의 용도변경이 가능한 경우

용도변경 행위	예외 규정(부설주차장 설치 의무 있음)
① 사용승인 후 5년이 지난 연면적 1,000m² 미만의 건축물의 용도변경	• 문화 및 집회시설 중(공연장, 집회장, 관람장) • 위락시설 • 주택 중 다세대·다가구주택 용도로 변경
② 해당 건축물 안에서 용도상호 간의 변경	부설주차장 설치기준이 높은 용도의 면적이 증가하는 경우

2 부설주차장의 인근 설치[영 제7조]와 설치 의무 면제 등[영 제8조]

1. 부설주차장의 설치기준[영 제6조]

(1) 부설주차장의 주차대수
부설주차장의 주차대수 300대 이하인 때에는 시설물의 부지 인근에 지방자치단체의 조례로 정하는 부지에 단독 또는 공동으로 부설주차장을 설치할 수 있다.

(2) 부설주차장의 시설물 부지 인근 설치
다음의 경우에는 부설주차장 설치기준에 의하여 산정한 주차대수에 상당하는 규모 이하의 부설주차장을 시설물의 부지 인근에 설치할 수 있다.
① 차량통행이 금지된 장소의 시설물인 경우
② 시설물의 부지에 접한 대지나 시설물의 부지와 통로로 연결된 대지에 부설주차장을 설치하는 경우
③ 시설물의 부지가 너비 12m 이하인 도로에 접하여 있는 경우 도로의 맞은 편 토지에 부설주차장을 해당 도로에 접하도록 설치하는 경우
④ 산업단지 안에 있는 공장인 경우

(3) 부지 인근의 범위
① 해당 부지의 경계선으로부터 부설주차장의 경계선까지의 직선거리 300m 이내 또는 도보거리 600m 이내
② 해당 시설물이 소재하는 동·리 및 해당 시설물과의 통행여건이 편리하다고 인정되는 인접 동·리

2. 부설주차장의 설치 의무 면제[영 제9조]

(1) 시설물의 위치·용도·규모 및 부설주차장의 규모 등이 다음의 기준에 해당하는 때에는 해당 주차장의 설치에 소요되는 비용을 시장·군수 또는 구청장에게 납부함으로써 부설주차장의 설치에 갈음할 수 있다.

① 해당 시설물의 건축 또는 설치에 대한 허가·인가 등을 받기 전까지	그 설치에 필요한 비용의 50%
② 해당 시설물의 준공검사(사용승인 또는 임시사용승인)신청 전까지	

(2) 부설주차장 설치 의무가 면제되는 시설물의 위치·용도·규모 등
  ① 시설물의 위치
   ㉠ 차량통행의 금지 또는 주변의 토지이용상황으로 인하여 부설주차장의 설치가 곤란하다고 특별자치도지사·시장·군수 또는 자치구의 구청장이 인정하는 장소
   ㉡ 부설주차장의 출입구가 도심지 등의 간선도로변에 위치하게 되어 자동차교통의 혼잡을 가중시킬 우려가 있다고 시장·군수 또는 구청장이 인정하는 장소
  ② 용도 및 규모
   ㉠ 연면적 10,000m^2 이상의 판매시설 및 운수시설에 해당하지 않는 경우
   ㉡ 연면적 15,000m^2 이상의 문화 및 집회시설(공연장·집회장·관람장에 한함)·위락시설·숙박시설 또는 업무시설에 해당하지 않는 시설물

> • Tip
> 부설주차장 설치 면제의 종교시설 : 수도원·수녀원·제실 및 사당

  ③ 부설주차장의 규모
    주차대수가 300대 이하(차량통행이 금지된 장소에서는 부설주차장 설치기준에 의하여 상당하는 규모)

3 부설주차장의 구조 및 설비기준[규칙 제11조]

1. 소규모 자주식 부설주차장

(1) 규모
부설주차장의 총 주차대수 규모가 8대 이하인 자주식주차장

(2) 차로의 너비
  ① 원칙 : 차로의 너비는 2.5m 이상
  ② 주차단위구획과 접하여 있는 차로의 너비

주차형식	평행주차	직각주차	60° 대향주차	45° 대향주차/교차주차
차로의 너비	3.0m 이상	6.0m 이상	4.0m 이상	3.5m 이상

(3) 주차단위 구획의 배치

① 보도와 차도의 구분이 없는 너비 12m 미만의 도로에 접하여 있는 부설주차장은 그 도로를 차로로 하여 주차단위구획을 배치할 수 있다.
  ㉠ 차로의 너비 : 도로를 포함하여 6m 이상(평행주차인 경우 4m 이상)
  ㉡ 도로의 포함범위 : 중앙선까지로 하되 중앙선이 없는 경우에는 도로 반대 측 경계선까지
② 보도와 차도의 구분이 있는 12m 이상의 도로에 접하여 있고 주차대수가 5대 이하인 부설주차장은 해당주차장의 이용에 지장이 없는 경우에 한하여 그 도로를 차로로 하여 직각주차형식으로 주차단위구획을 배치할 수 있다.
③ 주차대수 5대 이하의 주차단위구획은 차로를 기준으로 하여 세로로 2대까지 접하여 배치할 수 있다.

(4) 출입구의 너비

원칙 : 출입구의 너비는 3m 이상

> **예외** | 막다른 도로에 접하여 있는 부설주차장으로서 시장·군수 또는 구청장이 차량의 소통에 지장이 없다고 인정하는 경우에는 2.5m 이상으로 할 수 있다.

제6절 | 기계식주차장

1 기계식주차장의 설치기준[법 제19조의 5, 규칙 제16조의 2]

1. 출입구의 전면공지 및 방향전환장치

주차장의 종류	중형기계식주차장	대형기계식주차장
주차장 규모 (길이×너비×높이)	5.05×1.9×1.55m 이하 (무게 1,850kg 이하)	5.75×2.15×1.85 이하 (무게 2,200kg 이하)
전면 공지 (너비×길이)	8.1×9.5m 이상	10×11m 이상
방향전환장치	직경 4m 이상 및 이에 접한 너비 1m 이상의 여유 공지	직경 4.5m 이상 및 이에 접한 너비 1m 이상의 여유 공지
도해	(중형자동차 주차장 도해)	(대형자동차 주차장 도해)

2. 진입로 또는 정류장 설치

기계식주차장에는 도로에서 기계식주차장치 출입구까지의 차로("진입로") 또는 전면 공지와 접하는 장소에 자동차가 대기할 수 있는 장소("정류장")를 설치해야 한다.

주차대수가 20대를 초과하는 매 20대마다 1대분의 정류장을 확보

(완화)

① 주차장의 출구와 입구가 따로 설치되어 있거나
② 종단경사도가 6% 이하인 진입로의 너비가 6m 이상인 경우 진입로 6m마다 1대분의 정류장을 확보하는 것으로 본다.

3. 기계식주차장치의 안전기준[규칙 제16조의5]

구분	중형 기계식주차장	대형 기계식주차장
① 사용재료	한국산업표준 또는 그 이상	
② 출입구의 크기 (너비×높이)	2.3m×1.6m 이상	2.4m×1.9m 이상
	사람이 통행하는 기계식주차장치 출입구의 높이는 1.8m 이상	
③ 주차구획의 크기 (너비×높이×길이)	2.2m×1.6m×5.15m	2.3m×1.9m×5.3m
	※ 차량의 길이가 5.1m 이상인 경우에는 주차구획의 길이는 차량의 길이보다 최고 0.2m 이상을 확보	
④ 운반기의 크기(자동차가 들어가는 바닥의 너비)	1.9m 이상	1.95m 이상

⑤ 기계식주차장치 안에서 자동차를 입출고하는 사람이 출입하는 통로의 너비는 50cm 이상, 높이는 1.8m 이상

⑥ 기계식주차장치 출입구에는 출입문을 설치하거나 기계식주차장치가 작동하고 있을 때 기계식주차장치 출입구 안으로 사람 또는 자동차가 접근할 경우 즉시 그 작동을 멈추게 할 수 있는 장치를 설치

⑦ 자동차가 주차구획 또는 운반기 안에서 제자리에 위치하지 아니한 경우에는 기계식주차장치의 작동을 불가능하게 하는 장치를 설치

⑧ 기계식주차장치에는 자동차의 높이가 주차구획의 높이를 초과하는 경우 작동하지 아니하게 하는 장치를 설치하여야 한다.
  다만) 다음에 해당하는 기계식 주차장치는 제외
    ㉠ 2단식 주차장치
    ㉡ 다단식 주차장치
    ㉢ 수직순환식 주차장치

⑨ 기계식주차장치의 작동 중 위험한 상황이 발생하는 경우 즉시 그 작동을 멈추게 할 수 있는 안전장치를 설치

단원별 경향문제

01
기계식 주차장의 형태에 속하지 않는 것은?
① 지하식 　　② 지평식
③ 건축물식 　④ 공작물식

해설　　　　　　　　　　　　　　답 ②

주차장 형태
(1) 자주식 주차장 : 지하식, 지평식, 건축물식
(2) 기계식 주차장 : 지하식, 건축물식, 공작물식

02
노외주차장의 차로의 최소 너비가 작은 것에서 큰 것 순으로 올바르게 나열한 것은? (단, 이륜자동차 전용 외의 노외주차장으로서 출입구가 2개 이상인 경우)
① 평행주차 < 직각주차 < 교차주차
② 평행주차 < 교차주차 < 직각주차
③ 45도 대향주차 < 60도 대향주차 < 교차주차
④ 45도 대향주차 < 평행주차 < 60도 대향주차

해설　　　　　　　　　　　　　　답 ②

이륜자동차전용 외의 노외주차장 차로너비

주차형식	차로의 폭	
	출입구가 2개 이상인 경우	출입구가 1개인 경우
평행주차	3.3m	5.0m
직각주차	6.0m	6.0m
60° 대향주차	4.5m	5.5m
45° 대향주차	3.5m	5.0m
교차주차	3.5m	5.0m

03
다음 중 부설주차장의 최소 설치대수가 가장 많은 시설물은? (단, 시설면적이 1,000m²인 경우)
① 장례식장 　② 종교시설
③ 판매시설 　④ 위락시설

해설　　　　　　　　　　　　　　답 ④

부설주차장 최소 설치대수
- 위락시설 : 시설면적 100m²당 1대
- 장례식장·종교시설·판매시설 : 시설면적 150m²당 1대

04
노상주차장의 구조·설비에 관한 기준 내용으로 옳지 않은 것은?
① 고속도로에 설치하여서는 안 된다.
② 자동차전용도로에 설치하여서는 아니 된다.
③ 너비 8m 미만의 도로에 설치하여서는 아니 된다.
④ 주차대수 규모가 20대 이상인 경우에는 장애인 전용 주차구획을 한 면 이상 설치하여야 한다.

해설　　　　　　　　　　　　　　답 ③

노상주차장의 설치 기준
너비 6m 미만의 도로에 설치하여서는 아니 된다.

단원별 경향문제

05
지하식 또는 건축물식 노외주차장의 차로에 관한 기준 내용으로 옳지 않은 것은?

① 높이는 주차바닥면으로부터 2.3m 이상으로 하여야 한다.
② 경사로의 종단경사도는 직선 부분에서는 14%를 초과하여서는 아니 된다.
③ 경사로의 양쪽 벽면으로부터 30cm 이상의 지점에 높이 10cm 이상 15cm 미만의 연석을 설치하여야 한다.
④ 주차대수 규모가 50대 이상인 경우의 경사로는 너비 6m 이상인 2차로를 확보하거나 진입차로와 진출차로를 분리하여야 한다.

해설 답 ②
지하식 노외주차장의 종단경사도 기준
(1) 직선부분 : 17% 이하
(2) 곡선부분 : 14% 이하

06
다음과 같은 조건에 있는 노외주차장에 설치하여야 하는 차로의 최소 너비는?

[조건]
- 이륜자동차전용외의 노외주차장
- 주차형식 : 평행주차
- 출입구가 2개 이상인 경우

① 3.3m   ② 3.5m
③ 4.5m   ④ 6.0m

해설 답 ①
이륜자동차전용 외의 노외주차장 차로너비

주차형식	차로의 폭	
	출입구가 2개 이상인 경우	출입구가 1개인 경우
평행주차	3.3m	5.0m
직각주차	6.0m	6.0m
60° 대향주차	4.5m	5.5m
45° 대향주차	3.5m	5.0m
교차주차	3.5m	5.0m

CHAPTER 03 국토의 계획 및 이용에 관한 법률

제1절 총칙

1 목적[법 제1조]

이 법은 국토의 이용·개발과 보전을 위한 계획의 수립 및 집행 등에 관하여 필요한 사항을 정하여 공공복리를 증진시키고 국민의 삶의 질을 향상시키는 것을 목적으로 한다.

2 용어의 정의[법 제2조]

1. **광역도시계획**

    광역계획권의 장기발전 방향을 제시하는 계획

2. **도시·군기본계획**

    특별시·광역시·특별자치시·특별자치도·시 또는 군의 관할구역에 대하여 기본적인 공간구조와 장기발전방향을 제시하는 종합계획으로서 도시·군관리계획 수립의 지침이 되는 계획(5년마다 타당성을 전반적으로 재검토하여 재정비)

3. **도시·군관리계획**

    특별시·광역시·특별자치시·특별자치도·시 또는 군의 개발·정비 및 보전을 위하여 수립하는 토지이용·교통·환경·경관·안전·산업·정보통신·보건·복지·안보·문화 등에 관한 다음의 계획을 말한다.
    ① 용도지역·용도지구의 지정 또는 변경에 관한 계획
    ② 구역(개발제한·도시자연공원·시가화조정·수산자원보호구역)의 지정 또는 변경에 관한 계획
    ③ 기반시설의 설치·정비 또는 개량에 관한 계획
    ④ 도시개발사업 또는 정비사업에 관한 계획
    ⑤ 지구단위계획구역의 지정 또는 변경에 관한 계획과 지구단위계획

    > • Tip 도시·군 관리계획도서 중 계획도
    > 축척 1천분의 1 또는 축척 5천분의 1의 지형도에 도시·군사관리계획사항을 명시한 도면으로 작성

4. 지구단위계획

도시·군계획 수립대상 지역 안의 일부에 대하여 토지이용을 합리화하고 그 기능을 증진시키며 미관을 개선하고 양호한 환경을 확보하며, 해당 지역을 체계적·계획적으로 관리하기 위하여 수립하는 도시·군관리계획을 말한다.

5. 기반시설

(1) 기반시설의 종류

시설	종류
① 교통시설	도로·철도·항만·공항·주차장·자동차정류장·궤도·차량 검사 및 면허시설
② 공간시설	광장·공원·녹지·유원지·공공공지
③ 유통·공급시설	유통업무설비, 수도·전기·가스·열공급설비, 방송·통신시설, 공동구·시장, 유류저장 및 송유설비
④ 공공·문화체육시설	학교·공공청사·문화시설·공공 필요성이 인정되는 체육시설·연구시설·사회복지시설·공공직업훈련시설·청소년수련시설
⑤ 방재시설	하천·유수지·저수지·방화설비·방풍설비·방수설비·사방설비·방조설비
⑥ 보건위생시설	장례식장·도축장·종합의료시설
⑦ 환경기초시설	하수도·폐기물처리 및 재활용 시설·빗물저장 및 이용시설·수질오염방지시설·폐차장

(2) 기반시설의 세분

구분	세분	
① 도로	① 일반도로 ③ 보행자전용도로 ⑤ 자전거전용도로 ⑦ 지하도로	② 자동차전용도로 ④ 보행자우선도로 ⑥ 고가도로
② 자동차정류장	① 여객자동차터미널 ③ 공영차고지 ⑤ 화물자동차 휴게소 ⑦ 환승센터	② 물류터미널 ④ 공동차고지 ⑥ 복합환승센터
③ 광장	① 교통광장 ③ 경관광장 ⑤ 건축물부설광장	② 일반광장 ④ 지하광장

6. 광역시설

기반시설 중 광역적인 정비체계가 필요한 다음의 시설

(1) 2 이상의 특별시·광역시·특별자치시·특별자치도·시 또는 군(광역시의 관할구역에 있는 군을 제외)의 관할구역에 걸치는 시설

도로·철도·운하·광장·녹지·수도·전기·가스·열공급설비·방송, 통신시설, 공동구, 유류저장 및 송유설비, 하천·하수도(하수도종말처리시설은 제외)

(2) 2 이상의 특별시·광역시·특별자치시·특별자치도·시 또는 군이 공동으로 이용하는 시설

항만·공항·자동차정류장·공원·유원지·유통업무설비·운동장·문화시설·공공필요성이 인정되는 체육시설·사회복지시설·공공직업훈련시설·청소년수련시설·유수지·화장장·공동묘지·봉안시설·도축장, 하수도(하수도종말처리시설)·폐기물처리시설·수질오염방지시설·폐차장

7. 공동구

지하매설물(전기·가스·수도 등의 공급설비, 통신시설, 하수도시설 등)을 공동 수용함으로써 미관의 개선, 도로구조의 보전 및 교통의 원활한 소통을 기하기 위하여 지하에 설치하는 시설

8. 공공시설

① 도로·공원·철도·수도·항만·공항·운하·광장·녹지·공공공지·공동구·하천·유수지·방화설비·방풍설비·방수설비·사방설비·방조설비·하수도·구거
② 행정청이 설치하는 주차장·운동장·저수지·화장장·공동묘지·봉안시설
③ 스마트도시서비스의 제공 등을 위한 스마트도시 통합운영센터 등 스마트도시의 관리·운영에 관한 시설

9. 용도지구

① 토지의 이용 및 건축물의 용도·건폐율·용적률·높이 등에 대한 용도지역의 제한을 강화 또는 완화하여 적용함으로써
② 용도지역의 기능을 증진시키고 미관·경관·안전 등을 도모하기 위해 도시·군관리계획으로 결정하는 지역

10. 용도구역

① 토지의 이용 및 건축물의 용도·건폐율·용적률·높이 등에 대한 용도 지역 및 용도 지구의 제한을 강화 또는 완화하여 따로 정함으로써
② 시가지의 무질서한 확산방지, 계획적이고 단계적인 토지이용의 도모, 토지이용의 종합적 조정·관리 등을 위하여 도시·군관리계획으로 결정하는 지역

11. 개발밀도관리구역
개발로 인하여 기반시설이 부족할 것이 예상되나 기반시설의 설치가 곤란한 지역을 대상으로 건폐율 또는 용적률을 강화하여 적용하기 위하여 지정하는 구역

12. 기반시설설치비용의 부과대상 및 산정기준
200제곱미터(기존 건축물의 연면적을 포함)를 초과하는 건축물의 신축·증축 행위

제 2 절 | 광역도시계획

1 광역도시계획의 내용[법 제11-12조]

1. 광역도시계획의 내용
① 광역계획권의 공간구조와 기능 분담에 관한 정책 방향
② 광역계획권의 녹지관리체계와 환경보전에 관한 사항
③ 광역시설의 배치·규모·설치에 관한 사항
④ 경관계획에 관한 사항
⑤ 그 밖에 광역계획권에 속하는 특별시·광역시·특별자치시·특별자치도·시 또는 군 상호간의 기능 연계에 관한 사항으로서 다음에서 정하는 사항
　㉠ 광역계획권의 교통 및 물류유통체계에 관한 사항
　㉡ 광역계획권의 문화·여가 공간 및 방재에 관한 사항

2. 광역도시계획의 기타사항
① 인접한 둘 이상의 특별시·광역시·특별자치시·특별자치도·시 또는 군의 관할구역 전부 또는 일부를 광역계획권으로 지정할 수 있다.
② 군수가 광역도시계획을 수립하는 경우 도지사의 승인을 받아야 한다.
③ 광역계획권이 같은 도의 관할 구역에 속하여 있는 경우, 관할 시장 또는 군수가 공동으로 수립한다.
④ 광역계획권이 둘 이상의 시·도의 관할구역에 걸쳐 있는 경우, 관할 시·도지사가 공동으로 수립한다.
⑤ 광역도시계획을 공동으로 수립하는 시·도지사는 그 내용에 관하여 서로 협의가 되지 아니하면 공동이나 단독으로 국토교통부장관에게 조정을 신청할 수 있다.
⑥ 국가계획과 관련된 광역도시계획의 수립이 필요한 경우 국토교통부장관이 수립한다.
⑦ 광역계획권을 지정한 날부터 3년이 지날 때까지 관할 시장 또는 군수로부터 광역도시계획의 승인 신청이 없는 경우 국토교통부장관이 수립한다.

제 3 절 | 도시·군기본계획

1 도시·군기본계획의 내용[법 제19조]

1. 도시·군기본계획의 내용
① 지역적 특성 및 계획의 방향·목표에 관한 사항
② 공간구조, 인구의 배분에 관한 사항
③ 생활권의 설정과 생활권역별 개발·정비 및 보전 등에 관한 사항
④ 토지의 이용 및 개발에 관한 사항
⑤ 토지의 용도별 수요 및 공급에 관한 사항
⑥ 환경의 보전 및 관리에 관한 사항
⑦ 기반시설에 관한 사항
⑧ 공원·녹지에 관한 사항
⑨ 경관에 관한 사항
⑩ 기후변화 대응 및 에너지 절약에 관한 사항
⑪ 방재·방범 및 안전에 관한 사항
⑫ 도심 및 주거환경의 정비·보전에 관한 사항
⑬ 다른 법률에 따라 도시·군기본계획에 반영되어야 하는 사항
⑭ 도시·군계획의 시행을 위하여 필요한 재원조달에 관한 사항
⑮ 그 밖에 도시·군기본계획 승인권자가 필요하다고 인정하는 사항

제 4 절 | 시·군관리계획

1 도시·군관리계획의 수립[법 제30조]
1. 도시·군관리계획의 변경
① 지구단위계획 중 다음에 해당하는 경우에는 관계 행정기관의 장과의 협의, 국토교통부장관과의 협의 및 중앙도시계획위원회 또는 지방도시계획위원회의 심의를 거치지 아니하고 지구단위계획을 변경할 수 있다.
② 이 경우 특별시·광역시·특별자치시·특별자치도·시 또는 군의 도시·군계획조례가 정하는 사항에 대하여는 건축위원회와 도시계획위원회의 공동심의를 거치지 아니하고 변경할 수 있다.
　㉠ 지구단위계획으로 결정한 용도지역·용도지구 또는 도시·군계획시설에 대한 변경결정으로서 단위도시·군계획시설부지 면적의 5% 미만의 변경에 해당하는 변경인 경우
　㉡ 가구 면적 10% 이내의 변경인 경우
　㉢ 획지면적의 30% 이내의 변경인 경우
　㉣ 건축물 높이의 20% 이내의 변경인 경우(층수 변경이 수반되는 경우를 포함)
　㉤ 획지의 규모 및 조성계획의 변경인 경우
　㉥ 건축선의 1m 이내의 변경인 경우
　㉦ 건축선 또는 차량출입구의 변경으로서 교통영향분석·개선대책의 심의를 거쳐 결정된 경우
　㉧ 건축물의 배치·형태 또는 색채의 변경인 경우
　㉨ 지구단위계획에서 경미한 사항으로 결정된 사항의 변경인 경우(제외 : 용도지역·용도지구·도시·군계획시설·가구면적·획지면적·건축물 높이 또는 건축선의 변경에 해당하는 사항을 제외)
　㉩ 제2종 지구단위계획으로 보는 개발계획에서 정한 건폐율 또는 용적률을 감소시키거나 10% 이내에서 증가시키는 경우(건폐율·용적률의 한도를 초과하는 경우를 제외)
　㉪ 지구단위계획구역 면적의 10%(용도지역 변경을 포함하는 경우에는 5%를 말함) 이내의 변경 및 동 변경지역 안에서의 지구단위계획을 변경
　㉫ 국토교통부령으로 정하는 경미한 사항의 변경인 경우

2 용도지역 · 용도지구 · 용도구역

1. 용도지역의 지정[법 제36조, 영 제30조]

(1) 지정 목적

국토교통부장관 및 시·도지사 또는 대도시 시장은 도시·군관리계획구역 안에서 토지의 경제적·효율적인 이용과 공공복리의 증진을 도모하기 위하여 필요하다고 인정할 때에는 지역의 지정을 도시·군관리계획으로 지정할 수 있다.

(2) 지역 구분

① 도시지역
  ㉠ 주거지역(거주의 안녕과 건전한 생활환경의 보호를 위하여 필요한 지역)
    ⓐ 전용 주거지역
      • 제1종 전용주거지역 : 단독주택중심의 양호한 주거환경을 보호
      • 제2종 전용주거지역 : 공동주택중심의 양호한 주거환경을 보호
    ⓑ 일반주거지역
      • 제1종 일반주거지역 : 저층주택중심으로 편리한 주거환경을 조성
      • 제2종 일반주거지역 : 중층주택중심으로 편리한 주거환경을 조성
      • 제3종 일반주거지역 : 중·고층주택을 중심으로 편리한 주거환경을 조성
    ⓒ 준주거지역 : 주거기능을 주로 하면서 상업·업무기능의 보완
  ㉡ 상업지역(상업 그 밖에 업무의 편익증진을 위하여 필요한 지역)
    ⓐ 중심 상업지역 : 도심·부도심의 업무 및 상업기능의 확충
    ⓑ 일반 상업지역 : 일반적인 상업 및 업무기능 증진
    ⓒ 근린 상업지역 : 근린지역에서의 일용품 및 서비스공급
    ⓓ 유통 상업지역 : 도시 내 및 지역 간의 유통기능 증진
  ㉢ 공업지역(공업의 편익증진을 위하여 필요한 지역)
    ⓐ 전용 공업지역 : 주로 중화학공업·공해성 공업 등 수용
    ⓑ 일반 공업지역 : 환경을 저해하지 아니하는 공업의 배치
    ⓒ 준공업 지역 : 경공업 그 밖의 공업을 수용하면서 주거·상업·업무 기능의 보완
  ㉣ 녹지지역(자연환경·농지 및 산림의 보호, 보건위생, 보안과 도시의 무질서한 확산을 방지하기 위하여 녹지의 보전이 필요한 지역)
    ⓐ 보전 녹지지역 : 도시의 자연환경·경관·산림 및 녹지의 보전
    ⓑ 생산 녹지지역 : 주로 농업적 생산을 위한 개발의 유보
    ⓒ 자연 녹지지역 : 도시의 녹지공간의 확보, 도시확산의 방지, 장래 도시용지의 공급 등을 위하여 보전할 필요가 있는 지역으로서 불가피한 경우에 한하여 제한적인 개발이 허용되는 지역

② 관리지역
- ㉠ 보전관리지역
    - ⓐ 자연환경보호, 산림보호, 수질오염방지, 녹지공간 확보 및 생태계 보전 등을 위하여 보전이 필요한 지역
    - ⓑ 주변 용도지역과의 관계 등을 고려할 때 자연환경보전지역으로 지정하여 관리하기가 곤란한 지역
- ㉡ 생산 관리지역
    - ⓐ 농업·임업·어업생산 등을 위하여 관리가 필요한 지역
    - ⓑ 주변 용도지역과의 관계 등을 고려할 때 농림지역으로 지정하여 관리하기가 곤란한 지역
- ㉢ 계획 관리지역
    - 도시지역으로의 편입이 예상되는 지역 또는 자연환경을 고려하여 제한적인 이용·개발을 하려는 지역으로 계획적·체계적인 관리가 필요한 지역

③ 농림지역
도시지역에 속하지 아니하는 「농지법」에 의한 농업진흥지역 또는 보전산지 등으로서 농림업의 진흥과 산림의 보전을 위해 필요한 지역

④ 자연환경보전지역
자연환경·수자원·해안·생태계·상수원 및 문화재의 보전과 수산자원의 보호·육성 등을 위하여 필요한 지역

2. 용도지구의 지정[법 제37조, 영 제31조]

(1) 지정 목적
국토교통부장관 및 시·도지사 또는 대도시 시장은 토지의 이용 및 건축물의 용도·용적률·건폐율 또는 높이 등을 제한함으로써 용도지역의 기능증진, 미관·기능·경관·안전등을 도모하기 위하여 지정할 수 있다.

(2) 지구 구분
① 경관지구 : 경관을 보호·형성하기 위하여 필요한 지구
- ㉠ 자연경관지구 : 산지·구릉지 등 자연경관의 보호하거나 유지하기 위하여 필요한 지구
- ㉡ 시가지경관지구 : 지역 내 주거지, 중심지 등 시가지의 경관을 보호 또는 유지하거나 형성하기 위하여 필요한 지구
- ㉢ 특화경관지구 : 지역 내 주요 수계의 수변 또는 문화적 보존가치가 큰 건축물 주변의 경관 등 특별한 경관을 보호 또는 유지하거나 형성하기 위하여 필요한 지구

② 고도지구 : 쾌적한 환경 조성 및 토지의 효율적 이용을 위하여 건축물 높이의 최고한도를 규제할 필요가 있는 지구

③ 방화지구 : 화재의 위험을 예방하기 위하여 필요한 지구
④ 방재지구 : 풍수해, 산사태, 지반의 붕괴 그 밖의 재해를 예방하기 위하여 필요한 지구
  ㉠ 시가지 방재지구 : 건축물·인구가 밀집되어 있는 지역으로서 시설 개선 등을 통하여 재해 예방이 필요한 지구
  ㉡ 자연 방재지구 : 토지의 이용도가 낮은 해안변, 하천변, 급경사지 주변 등의 지역으로서 건축 제한 등을 통하여 재해 예방이 필요한 지구

> **Tip 차수설비의 설치**
> 국토계획법에 따른 방재지구에서 연면적 10,000m² 이상의 건축물을 건축하려는 자는 빗물 등의 유입으로 건축물이 침수되지 아니하도록 해당 건축물의 지하층 및 1층의 출입구(주차장의 출입구를 포함한다)에 차수설비를 설치하여야 한다.

⑤ 보호지구 : 국가유산, 중요 시설물 및 문화적·생태적으로 보존가치가 큰 지역의 보호와 보존을 위하여 필요한 지구
  ㉠ 역사문화환경보호지구 : 국가유산·전통사찰 등 역사·문화적으로 보전가치가 큰 시설 및 지역의 보호와 보존을 위하여 필요한 지구
  ㉡ 중요시설물보호지구 : 중요시설물의 보호와 기능의 유지 및 증진 등을 위하여 필요한 지구
  ㉢ 생태계보호지구 : 야생동물서식처 등 생태적으로 보존가치가 큰 지역의 보호와 보존을 위해 필요한 지구
⑥ 취락지구 : 녹지지역·관리지역·농림지역·자연환경보전지역 또는 개발제한구역 또는 도시자연공원구역의 취락을 정비하기 위한 지구
  ㉠ 자연취락지구 : 녹지지역·관리지역·농림지역 또는 자연환경보전지역 안의 취락을 정비하기 위하여 필요한 지구
  ㉡ 보호취락지구 : 녹지지역·관리지역·농림지역 또는 자연환경보전지역 안의 취락을 농촌의 주거환경 보호와 주거기능 강화를 목적으로 정비하기 위한 지구
  ㉢ 집단취락지구 : 개발제한구역 안의 취락을 정비하기 위하여 필요한 지구
⑦ 개발진흥지구 : 주거기능·상업기능·공업기능·유통물류기능·관광기능·휴양기능 등을 집중적으로 개발·정비할 필요가 있는 지구
  ㉠ 주거개발 진흥지구 : 주거기능을 중심으로 개발·정비할 필요가 있는 지구
  ㉡ 산업·유통 개발진흥지구 : 공업기능 및 유통·물류기능을 중심으로 개발·정비할 필요가 있는 지구
  ㉢ 관광·휴양 개발진흥지구 : 관광·휴양기능을 중심으로 개발·정비할 필요가 있는 지구
  ㉣ 복합개발 진흥지구 : 주거기능, 공업기능, 유통·물류기능 및 관광·휴양기능 중 2 이상의 기능중심으로 개발·정비할 필요가 있는 지구

㉺ 특정개발 진흥지구 : 주거기능, 공업기능, 유통·물류기능 및 관광·휴양기능 외의 기능을 중심으로 특정한 목적을 위하여 개발·정비할 필요가 있는 지구
⑧ 특정용도제한지구 : 주거 및 교육 환경 보호나 청소년 보호 등의 목적으로 오염물질 배출시설, 청소년 유해시설 등 특정시설의 입지를 제한할 필요가 있는 지구
⑨ 복합용도지구 : 지역의 토지이용 상황, 개발 수요 및 주변 여건 등을 고려하여 효율적이고 복합적인 토지이용을 도모하기 위하여 특정시설의 입지를 완화할 필요가 있는 지구

3. 용도구역의 지정[법 제38조, 38조의 2, 39, 40조]

(1) 지정 목적
용도구역이라 함은 용도지역 및 용도지구의 제한을 보다 더욱 강화 또는 완화하여 따로 정함으로써 도시 및 시가지의 무질서한 확산방지, 계획적이고 단계적인 토지이용의 도모 등을 위하여 국토교통부장관이 도시·군관리계획으로 결정하는 지역

(2) 구역 구분
① 개발제한구역
  ㉠ 국토교통부장관은 도시의 무질서한 확산을 방지하고
  ㉡ 도시주변의 자연환경을 보전하여 도시민의 건전한 생활환경을 확보하기 위하여 도시의 개발을 제한할 필요가 있거나
  ㉢ 국방부장관의 요청이 있어 보안상 도시의 개발을 제한할 필요가 있다고 인정되는 경우
    ※ 개발제한구역의 지정 또는 변경에 관하여 필요한 사항은 따로 법률로 정한다.
② 도시자연 공원구역
  시·도지사 또는 대도시 시장은 도시의 자연환경 및 경관을 보호하고 도시민에게 건전한 여가·휴식공간을 제공하기 위하여 도시지역 안의 식생이 양호한 산지의 개발을 제한할 필요가 있다고 인정하는 경우에는 도시자연공원구역의 지정 또는 변경을 도시·군관리계획으로 결정할 수 있다.
    ※ 도시자연공원구역의 지정 또는 변경에 관하여 필요한 사항은 따로 법률로 정한다.
③ 시가화 조정구역
  ㉠ 시·도지사는 직접 또는 관계 행정기관의 장의 요청을 받아 도시지역과 그 주변지역의 무질서한 시가화를 방지하고 계획적·단계적인 개발을 도모하기 위하여
  ㉡ 5년 이상 20년 이내의 기간 동안 시가화를 유보할 필요가 있다고 인정되는 경우에는 시가화조정구역의 지정 또는 변경을 도시·군관리계획으로 결정할 수 있다.
    ※ 시가화 유보기간이 만료된 날의 다음 날부터 그 효력을 상실한다. 이 경우 그 사실을 고시하여야 한다.

④ 수산자원 보호구역

해양수산부장관은 직접 또는 관계 행정기관의 장의 요청을 받아 수산자원의 보호·육성을 위하여 필요한 공유수면이나 그에 인접된 토지에 대한 수산자원보호구역의 지정 또는 변경을 도시·군관리계획으로 결정할 수 있다.

4. 도시·군계획시설 결정의 실효[법 제48조]

도시·군계획시설결정이 고시된 도시·군계획시설에 대하여 그 고시일부터 20년이 지날 때까지 해당 시설의 설치에 관한 도시·군계획시설사업이 시행되지 아니하는 경우 그 도시·군계획시설 결정은 그 고시일부터 20년이 되는 날의 다음 날에 그 효력을 상실한다.

5. 지구단위계획

(1) 지구단위계획의 내용[법 제52조]

지구단위계획구역의 지정목적을 이루기 위하여 지구단위계획에는 다음사항 중 ③과 ⑤의 사항을 포함한 2 이상이 포함되어야 한다.

① 용도지역 또는 용도지구를 세분하거나 변경하는 사항
② 기존의 용도지구를 폐지하고 그 용도지구에서의 건축물이나 그 밖의 시설의 용도·종류 및 규모 등의 제한을 대체하는 사항
③ 기반시설의 배치와 규모
④ 도로로 둘러싸인 일단의 지역 또는 계획적인개발·정비를 위해 구획된 일단의 토지의 규모와 조성계획
⑤ 건축물의 용도제한·건축물의 건폐율 또는 용적률·건축물 높이의 최고한도 또는 최저한도
⑥ 건축물의 배치·형태·색채 또는 건축선에 관한 계획
⑦ 환경관리계획 또는 경관계획
⑧ 교통처리계획
⑨ 그 밖에 토지이용의 합리화, 도시 또는 농·산·어촌의 기능증진 등에 필요한 사항으로서 대통령령이 정하는 사항

(2) 공공시설 부지 제공[영 제46조]

도시지역에 지정된 지구단위계획구역 내에서 건축물을 건축하려는 자가 그 대지의 일부를 공공시설 부지로 제공하는 경우 그 건축물에 대하여 완화하여 적용할 수 있는 항목
① 건폐율
② 용적률
③ 건축물의 높이

(3) 하나 이상의 필지의 일부를 하나의 대지로 할 수 있는 토지 기준
   ① 도시·군계획시설이 결정·고시된 경우 그 결정·고시된 부분의 토지
   ② 농지법에 따른 농지전용허가를 받은 경우 그 허가받은 부분의 토지
   ③ 국토의 계획 및 이용에 관한 법률에 따른 개발행위허가를 받은 경우 그 허가받은 부분의 토지
   ④ 산지관리법에 따른 산지전용허가를 받은 경우 그 허가받은 부분의 토지

제 5 절 │ 용도지역·용도지구·용도구역 안에서의 행위제한

1 용도지역 및 용도지구 안에서의 건축제한 등[법 제76조, 영 제71조]

1. 용도지역 안에서의 건축제한

(1) 제1종 전용주거지역 안에서 건축할 수 있는 건축물
   ① 단독주택(다가구주택을 제외)
   ② 제1종 근린생활시설 중 바닥면적의 합계가 1천㎡ 미만인 것
   ③ 노유자시설
   ④ 유치원·초등학교·중학교 및 고등학교
   ⑤ 제2종 근린생활시설 중 종교집회장

(2) 제2종 전용주거지역 안에서 건축할 수 있는 건축물
   ① 단독주택
   ② 공동주택
   ③ 제1종 근린생활시설로서 바닥면적의 합계가 1천㎡ 미만인 것
   ④ 유치원·초등학교·중학교 및 고등학교
   ⑤ 노유자시설

(3) 제1종 일반주거지역 안에서 건축할 수 있는 건축물
   건축할 수 있는 건축물[4층 이하(단지형 연립주택 및 단지형 다세대주택인 경우에는 5층 이하를 말하며, 단지형 연립주택의 1층 전부를 필로티 구조로 하여 주차장으로 사용하는 경우에는 필로티 부분을 층수에서 제외하고, 단지형 다세대주택의 1층 바닥면적의 1/2 이상을 필로티 구조로 하여 주차장으로 사용하고 나머지 부분을 주택외의 용도로 쓰는 경우에는 해당 층을 층수에서 제외)의 건축물만 해당. 다만, 4층 이하의 범위에서 도시·군계획조례로 따로 층수를 정하는 경우에는 그 층수 이하의 건축물만 해당]
   ① 단독주택
   ② 공동주택(아파트 제외)

③ 제1종 근린생활시설
④ 유치원·초등학교·중학교 및 고등학교
⑤ 노유자시설
⑥ 종교시설
⑦ 자동차관련시설 중 주차장

(4) 제2종 일반주거지역 안에서 건축할 수 있는 건축물
건축할 수 있는 건축물(경관관리 등을 위하여 도시·군계획조례로 건축물의 층수를 제한하는 경우에는 그 층수 이하의 건축물로 한정)
① 단독주택
② 공동주택
③ 제1종 근린생활시설
④ 종교시설
⑤ 유치원·초등학교·중학교 및 고등학교
⑥ 노유자시설
⑦ 문화 및 집회시설 중 전시장(관람장은 제외)

(5) 준주거지역 안에서 건축할 수 없는 건축물
① 제2종 근린생활시설 중 단란주점
② 의료시설 중 격리병원
③ 숙박시설(생활숙박시설로서 공원·녹지 또는 지형지물에 의하여 주택 밀집지역과 차단되거나 주택 밀집지역으로부터 도시·군계획조례로 정하는 거리 밖에 있는 대지에 건축하는 것은 제외)
④ 위락시설
⑤ 공장
⑥ 위험물 저장 및 처리 시설 중 시내버스차고지 외의 지역에 설치하는 액화석유가스 충전소 및 고압가스 충전소·저장소
⑦ 자동차 관련 시설 중 폐차장
⑧ 동물 및 식물 관련 시설 중 축사·도축장·도계장
⑨ 자원순환 관련 시설
⑩ 묘지 관련 시설

(6) 일반상업지역 안에서 건축할 수 없는 건축물
① 숙박시설 중 일반숙박시설 및 생활숙박시설
② 위락시설
③ 공장
④ 자동차 관련 시설 중 폐차장
⑤ 동물 관련 시설

⑥ 위험물 저장 및 처리 시설 중 시내버스차고지 외의 지역에 설치하는 액화석유가스 충전소 및 고압가스 충전소·저장소
⑦ 자원순환 관련 시설
⑧ 묘지 관련 시설

(7) 생산녹지지역 안에서 건축할 수 있는 건축물

건축할 수 있는 건축물(4층 이하의 건축물에 한함, 다만, 4층 이하의 범위 안에서 도시·군계획조례로 따라 층수를 정하는 경우에는 그 층수 이하의 건축물)

① 단독주택
② 제1종 근린생활시설
③ 교육연구시설 중 유치원·초등학교
④ 노유자시설
⑤ 수련시설
⑥ 운동시설 중 운동장
⑦ 창고시설(농업·임업·축산업·수산업용)
⑧ 위험물저장 및 처리시설 중 액화석유가스충전소 및 고압가스충전·저장소
⑨ 동물 및 식물관련시설
⑩ 교정 및 국방·군사 시설
⑪ 방송통신시설
⑫ 발전시설

(8) 자연녹지지역 안에서 건축할 수 있는 건축물

건축할 수 있는 건축물(4층 이하의 건축물에 한함, 다만, 4층 이하의 범위 안에서 도시·군계획조례로 따라 층수를 정하는 경우에는 그 층수 이하의 건축물)

① 단독주택
② 제1종 근린생활시설
③ 제2종 근린생활시설(일반음식점·단란주점 및 안마시술소를 제외)
④ 의료시설(종합병원·병원·치과병원 및 한방병원을 제외)
⑤ 교육연구시설(직업훈련소 및 학원을 제외)
⑥ 노유자시설
⑦ 수련시설
⑧ 운동시설
⑨ 창고시설(농업·임업·축산업·수산업용)
⑩ 동물 및 식물관련시설
⑪ 자연순환관련시설
⑫ 교정 및 국방·군사 시설
⑬ 방송통신시설

⑭ 발전시설
⑮ 묘지관련시설
⑯ 관광휴게시설
⑰ 장례식장

(9) 시가화조정구역 안에서 허가를 거부할 수 없는 행위
① 허가를 받지 않아도 되는 경미한 행위
  ㉠ 도시지역 또는 지구단위계획구역에서 무게가 50t 이하, 부피가 50m^3 이하, 수평투영면적이 50m^2 이하인 공작물의 설치
  ㉡ 조성이 완료된 기존 대지에 건축물이나 그 밖의 공작물을 설치하기 위한 토지의 형질 변경(절토 및 성토 제외)
  ㉢ 도시지역 또는 지구단위계획구역에서 채취면적이 25m^2 이하인 토지에서의 부피 50m^3 이하의 토석 채취
  ㉣ 녹지지역 또는 지구단위계획구역에서 물건을 쌓아놓는 면적이 25m^2 이하인 토지에 전체무게 50t 이하, 전체부피 50m^3 이하로 물건을 쌓아놓는 행위
② 다음에 해당하는 행위
  ㉠ 축사의 설치 : 1가구(시가화조정구역 안에서 주택을 소유하면서 거주하는 경우로서 농업 또는 어업에 종사하는 1세대를 말한다.)당 기존축사의 면적을 포함하여 300m^2 이하(나환자촌의 경우에는 500m^2 이하). 다만, 과수원·초지 등의 관리사 인근에는 100m^2 이하의 축사를 별도로 설치할 수 있다.
  ㉡ 퇴비사의 설치 : 1가구당 기존퇴비사의 면적을 포함하여 100m^2 이하
  ㉢ 잠실의 설치 : 뽕나무밭 조성면적 2,000m^2당 또는 뽕나무 1,800주당 50m^2 이하
  ㉣ 창고의 설치 : 시가화조정구역 안의 토지 또는 그 토지와 일체가 되는 토지에서 생산되는 생산물의 저장에 필요한 것으로서 기존창고면적을 포함하여 그 토지면적의 0.5% 이하. 다만, 감귤을 저장하기 위한 경우에는 1% 이하로 한다.
  ㉤ 관리용 건축물의 설치 : 과수원·초지·유실수단지 또는 원예단지 안에 설치하되, 생산에 직접 공여되는 토지면적의 0.5% 이하로서 기존관리용 건축물의 면적을 포함하여 33m^2 이하

제 6 절 | 도시계획위원회

1 중앙도시계획위원회[법 제106조 내지 112조]

1. 조직

① 중앙도시계획위원회는 위원장·부위원장 각 1인을 포함한 25인 이상 30인 이내의 위원으로 구성
② 중앙도시계획위원회의 위원장 및 부위원장은 위원 중에서 국토교통부 장관이 임명 또는 위촉
③ 위원은 관계 중앙행정기관의 공무원과 토지이용·건축·주택·교통·환경·방재·문화·농림 등 도시·군계획에 관한 학식과 경험이 풍부한 자중에서 국토교통부장관이 임명 또는 위촉
④ 공무원이 아닌 위원의 수는 10인 이상으로 하고, 그 임기는 2년

단원별 경향문제

01
토지의 이용 및 건축물의 용도·건폐율·용적률·높이 등에 대한 용도지역의 제한을 강화하거나 완화하여 적용함으로써 용도지역의 기능을 증진시키고 미관·경관·안전 등을 도모하기 위하여 도시·군관리계획으로 결정하는 지역은?

① 용도구역
② 용도지구
③ 도시계획지역
④ 개발밀도관리구역

해설 답 ②
② 용도지구에 대한 설명

02
용도지역의 세분 중 저층주택을 중심으로 편리한 주거환경을 조성하기 위하여 필요한 지역은?

① 준주거지역
② 제2종 전용주거지역
③ 제1종 일반주거지역
④ 제2종 일반주거지역

해설 답 ③

주거지역 세분

전용주거지역	제1종	단독주택중심의 양호한 주거환경을 보호
	제2종	공동주택중심의 양호한 주거환경을 보호
일반주거지역	제1종	저층주택중심으로 편리한 주거환경을 조성
	제2종	중층주택중심으로 편리한 주거환경을 조성
	제3종	중·고층주택을 중심으로 편리한 주거환경을 조성
준주거지역		주거기능을 주로 하면서 상업·업무기능의 보완

03
상업지역의 세분에 속하지 않는 것은?

① 준상업지역
② 일반상업지역
③ 중심상업지역
④ 유통상업지역

해설 답 ①

상업지역의 세분
근린상업, 일반상업, 중심상업, 유통상업지역

04
다음 중 보호지구의 지정 목적으로 가장 알맞은 것은?

① 경관을 보호·형성하기 위하여
② 국가문화유산, 중요 시설물 및 역사·문화적으로 보전가치가 큰 지역의 보호와 보존을 위하여
③ 학교시설·공용시설·항만 또는 공항의 보호, 업무기능의 효율화, 항공기의 안전운항 등을 위하여
④ 주거기능 보호나 청소년 보호 등의 목적으로 청소년 유해시설 등 특정시설의 입지를 제한하기 위하여

해설 답 ②
②번이 보호지구의 지정 목적

Chapter 03 · 국토의 계획 및 이용에 관한 법률

05

허가권자가 가로구역을 단위로 하며 건축물의 높이를 지정·공고할 때 고려하여야 하는 사항에 속하지 않는 것은?

① 도시미관 및 경관계획
② 해당 가로구역이 접하는 도로의 너비
③ 해당 가로구역을 통과하는 모든 차량의 통행량
④ 해당 가로구역의 상·하수도 등 간선시설의 수용능력

해설 답 ③

건축물 높이의 지정·공고 시 고려사항
- 도시·군관리계획 등의 토지이용계획
- 해당 가로구역이 접하는 도로의 너비
- 해당 가로구역의 상·하수도 등 간선시설의 수용능력

06

국토의 계획 및 이용에 관한 법령상 공동주택 중심의 양호한 주거환경을 보호하기 위하여 지정하는 지역은?

① 제1종 전용주거지역
② 제2종 전용주거지역
③ 제1종 일반주거지역
④ 제2종 일반주거지역

해설 답 ②

주거지역 세분

전용 주거지역	제1종	단독주택중심의 양호한 주거환경을 보호
	제2종	공동주택중심의 양호한 주거환경을 보호
일반 주거지역	제1종	저층주택중심으로 편리한 주거환경을 조성
	제2종	중층주택중심으로 편리한 주거환경을 조성
	제3종	중·고층주택을 중심으로 편리한 주거환경을 조성
준주거 지역		주거기능을 주로 하면서 상업·업무기능의 보완

MEMO

MEMO

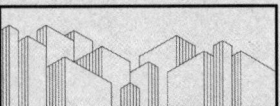